Blog Boosting

Michael Firnkes

Blog Boosting

Marketing | Content | Design | SEO

mitp

Bibliografische Information der Deutschen Nationalbibliothek
Die Deutsche Nationalbibliothek verzeichnet diese Publikation in der
Deutschen Nationalbibliografie; detaillierte bibliografische
Daten sind im Internet über <http://dnb.d-nb.de> abrufbar.

Bei der Herstellung des Werkes haben wir uns zukunftsbewusst für
umweltverträgliche und wiederverwertbare Materialien entschieden.
Der Inhalt ist auf elementar chlorfreiem Papier gedruckt.

ISBN 978-3-8266-9238-3
1. Auflage 2012

E-Mail: kundenbetreuung@hjr-verlag.de

Telefon: +49 6221/489-555
Telefax: +49 6221/489-410

www.mitp.de

© 2012 mitp, eine Marke der Verlagsgruppe Hüthig Jehle Rehm GmbH
Heidelberg, München, Landsberg, Frechen, Hamburg

Lektorat: Miriam Robels
Sprachkorrektorat: Petra Heubach-Erdmann
Satz: III-satz, Husby, www.drei-satz.de
Druck: Westermann Druck Zwickau GmbH
Coverbild: © pixelfabrik – Fotolia.de

Inhaltsverzeichnis

Über den Autor

Ursprünglich war es ein reiner Selbstversuch: Der Berliner Informatiker und Autor Michael Firnkes bloggt seit sechs Jahren mit diversen Portalen, unter anderen in den Bereichen Existenzgründung und Finanzen. 2010 hat er sich als hauptberuflicher Blogger selbstständig gemacht.

Zuvor arbeitete er unter anderem als Marketing- & Sales-Verantwortlicher, Bankkaufmann und Redakteur, zuletzt als CRM-Manager bei einem der größten deutschsprachigen Internetportale.

Seine Erfahrungen zu dem hierzulande noch recht jungen Berufsbild »(Corporate) Blogger« gibt er unter anderem über das Portal www.blogprofis.de an seine Leser weiter.

Einleitung

Warum dieses Buch?

Ende 2010 habe ich mich – nach zahlreichen Jobs im Bereich IT, Online & Marketing – mit meinen Blog-Portalen selbstständig gemacht und bin somit quasi zu einem der – derzeit noch – wenigen Berufsblogger im deutschsprachigen Raum mutiert. Die Betonung liegt dabei auf »noch«. Was etwa in den USA schon seit Langem gang und gäbe ist, ob durch die Gestaltung eigener Blogs, der Arbeit als Corporate-Blog-Redakteur oder gar dem Betrieb ganzer Blog-Netzwerke, entwickelt sich auch hierzulande ganz allmählich zu einem eigenen, äußerst spannenden Berufsbild.

Umfragen der WordPress-Community ergaben beispielsweise, dass in den USA mittlerweile fast jedes fünfte neu entstehende Internetportal mit dem führenden Blogsystem WordPress betrieben wird (Stand August 2011, Quelle: http://wordpress.org/news/2011/08/state-of-the-word/). Vor allem in den Vereinigten Staaten – aber eben nicht nur dort – ist inzwischen eine komplette kleine Blogger-Industrie entstanden, die nicht unerheblich zur Online-Wertschöpfungskette des Landes beiträgt und zahlreiche kleinere, aber auch größere Existenzgründungen rund um Blogs und Co. möglich gemacht hat. Egal ob als Betreiber eines Weblog-Netzwerks, als WordPress-Programmierer, Blog-Consultant oder in sonstigen Bereichen, alleine die erwähnte Umfrage des Initiators und leitenden Entwicklers von WordPress Matt Mullenweg befragte beinahe 7.000 selbstständige Blogexperten in aller Welt, die insgesamt für 170.000 WordPress-Projekte verantwortlich zeichneten. Und wie schließt Matt in seinem zugehörigen Artikel so treffend?

> *There has never been a better time to be part of the WordPress community.*

Auch dass sowohl die Plattform Blogger.com (Platz 7) als auch Wordpress.com (Platz 18) derzeit zu den Top 20 der meistbesuchten Internetseiten weltweit gehören, spricht für sich (Quelle: www.google.com/adplanner/static/top1000/, Stand September 2011). Berücksichtigt man nun zudem die üblichen zwei bis drei Jahre, die Trends aus Übersee benötigen, um auch in Europa und Deutschland, Österreich und der Schweiz entsprechend Fuß zu fassen, so dürfte das Berufsbild eines Bloggers – egal in welcher Form – auch hierzulande sehr bald und sehr schnell an Bedeutung gewinnen sowie ebenfalls eine Art »Blog-Industrie« begründen. Wenn ich derzeit jedoch Freunden und Bekannten von meiner Arbeit erzähle, so kommt meist recht schnell die erstaunte Frage: »Du bist Blogger? Was ist das denn?« sowie, unmittelbar danach, die Ergänzung: »Und davon kann man leben?« Wenn ich es unkompliziert halten möchte, so bezeichne ich mich von daher dann oft auch etwa als »Online-Journalist«, »Internetportalbetreiber«, »Webdesigner« oder Ähnliches.

Doch eigentlich bin ich Berufsblogger, was durchaus ein gewichtiger Unterschied ist. Das Arbeiten mit einem Weblog und vor allem dessen Vermarktung ist nicht gleichzusetzen mit dem Marketing für ein »normales« Internetportal. Vor allem die kontinuierliche Schaffung neuer Textinhalte ist ein äußerst wichtiger Faktor dieser Arbeit, meist eine mehr journalistische denn eine rein technische Tätigkeit. Hinzu kommt, dass die so genannte Blogosphäre ihren ganz eigenen Gesetzen folgt, doch dazu später mehr.

Anfang 2011 begann ich, mit einer Art Metablog – den www.blogprofis.de – meinen eigenen Werdegang hin zum Berufsblogger zu dokumentieren. Und obwohl ich mittlerweile über 30 Blog-Projekte initiiert, gestaltet oder mitbetreut habe, so stieß doch kein einziges dieser Themen so schnell auf eine solch unglaubliche Resonanz wie eben dieses Portal. Schnell lernte ich: Da draußen, in Deutschland, Österreich, der Schweiz sowie gar in Übersee bewegen sich unzählige deutschsprachige Blogger an der Schwelle, »mehr« aus ihrem einstigen Hobby zu machen, und sind dankbar für jeden Tipp eines »ProBloggers« auf diesem Weg. Ich war – obwohl es bereits einige sehr gute deutschsprachige Blogs für Blogger gibt – auf eine Art Nische gestoßen.

Eine, wenn auch nicht-repräsentative, Umfrage auf den Blogprofis ergab, dass sich bis zu 25 Prozent der Leser vorstellen können, ihren Weblog oder ihre Blogs in naher Zukunft hauptberuflich zu betreiben. Fast die Hälfte aller Befragten tun dies schon jetzt für einen kleinen Nebenerwerb, neben- oder gar hauptberuflich. Gleichzeitig verfolgen viele Firmenblog-Betreiber und -Redakteure unsere Artikel. Denn auch hier sind ja meist keine reinen »Blog-Profis« am Werk. Irgendwann hatte die Geschäftsführer-Etage eine tolle Idee wie »wir machen jetzt einen Blog«. Und ein fähiger, aber nicht immer wirklich Weblog-erfahrener Marketingmitarbeiter/in wurde dann mit dieser spannenden, aber nicht eben trivialen Aufgabe betraut, den Corporate-Blog doch bitte möglichst schnell zu einem idealen und erfolgreichen Marketingkanal auszubauen.

Zwar gibt es für all diese Blogger und Blogbetreiber mehrere Bücher zu Themen wie etwa der Einrichtung und der korrekten Installation von WordPress & Co., meist hören diese aber genau an der Stelle auf, an der es für Fortgeschrittene, aber auch für Einsteiger in diese Materie wirklich spannend wird: dem Marketing für Blogs, also der Frage »wie erziele ich mit meinen Blog-Portalen mehr Leser und/oder mehr Einnahmen«. Im Laufe meiner Arbeit mit diversen Blogs als auch bei den Blogprofis konnte ich dabei immer wieder feststellen, dass es eben nicht ausreicht, eines der Standardwerke zum Thema Onlinemarketing, Suchmaschinenoptimierung, Social-Media-Vermarktung oder Texten für das Web 2.0 etc. zu lesen. Viele meiner Marketingkenntnisse, die ich im Umgang mit »normalen« Internetportalen jeglicher Größe erwerben durfte, erwiesen sich plötzlich als längst nicht mehr so effizient und vielversprechend, wenn es um meine Blogs ging.

Andererseits lernte ich – oft durch Ausprobieren oder durch Denkanstöße von Bloggerkollegen – schnell Methoden der erfolgreichen Blogvermarktung kennen, die so manchem Marketeer der alten Schule wohl als relativ unkonventionell (um es gelinde auszudrücken) erscheinen würden. Doch in der sehr vielschichtigen Blogosphäre erwiesen sich meist genau diese kleinen Tipps & Tricks als äußerst wertvoll und hilfreich. Das professionelle Blog-Marketing folgt oft seinen ganz eigenen Regeln, die ich – allesamt vielfach praxiserprobt – in diesem Buch vermitteln möchte.

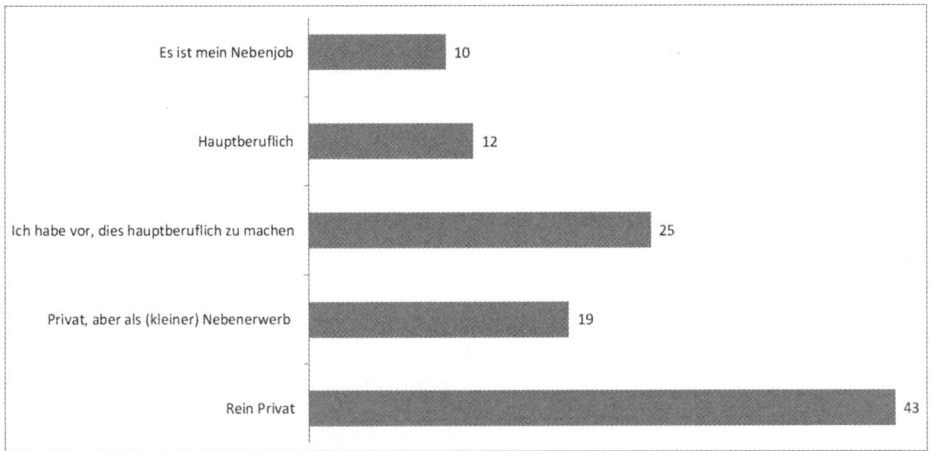

Abb. 1: Leserumfrage auf Blogprofis.de »Wie betreiben Sie Ihren Blog?« – Mehrfachnennungen waren möglich

Begriffsdefinition – Was ist ein »ProBlogger«?

In den kommenden Kapiteln wird Ihnen des Öfteren der Begriff des professionellen Bloggers, kurz ProBlogger begegnen. Entlehnt aus der US-amerikanischen Blog-Szene, insbesondere der Plattform www.problogger.net (und damit quasi dem ursprünglichen Vorbild der Blogprofis.de), werde ich trotzdem immer wieder einmal gefragt, was ich eigentlich unter einem »ProBlogger« verstehe, gerade im Gegensatz zu rein privaten Bloggern.

Nun, ein ProBlogger ist im Sinne dieses Ratgebers quasi jeder, der nicht nur aus reiner Lust und Laune über seine privaten Themen und Hobbys bloggt, sondern damit eine gewisse professionelle Absicht verfolgt: mehr Leser, mehr Reichweite, mehr Einnahmen, Verbreitung eines Themas oder einer Idee, Selbstmarketing und vieles andere mehr. Diese Absicht muss dabei keinesfalls monetärer Art sein, meist ist jedoch eine Gewinnerzielung – in welcher Form auch immer – zumindest ein gewünschter Nebeneffekt. Um diese Absicht zu erreichen, werden also professionelle Ansätze und Methoden verfolgt, um dem eigenen Blog-Portal mehr Gewicht zu verleihen: ob spezielle Blog-Marketingmaßnahmen, Suchmaschinenoptimierung (SEO), die technische Optimierung der jeweiligen Blogger-Plattform, der Einsatz von entsprechenden AddOns (Plugins), die Öffentlichkeitsarbeit & PR, eigene Werbung, Kooperationen und so weiter.

Auch ein möglichst professionell gestalteter Auftritt des Weblogs ist diesen professionellen Bloggern meist gemeinsam. Hier dienen die optimale Seitengestaltung, ausgereiftes Design etc. nicht nur dem persönlichen Basteltrieb, sondern der Portalbetreiber möchte hierdurch möglichst viele neue als auch Stamm-Leser gewinnen.

Unter einem ProBlogger könnte man so etwa verstehen:

- Den hauptberuflichen Blogger, der von den Einnahmen seiner Portale lebt
- Inhaber von Blognetzwerken
- Alle Blogbetreiber, die Werbeflächen auf ihrem Portal schalten, um die Ausgaben (Hosting, Arbeitszeit etc.) zu refinanzieren beziehungsweise zusätzliche Nebeneinnahmen zu generieren
- Redakteure und Verantwortliche für Corporate-Blogs

Aber eben genauso auch:

- Einen »privaten« Blogger, der sein Blog-Thema immer weiter voranbringen will (ein Hobby, das wissenschaftliche, politische oder gesellschaftliche Thema, eine Interessengemeinschaft, ein Verband, Verein, eine Berufsgruppe etc.)
- Den Einzelhändler, Selbstständigen, Freiberufler und Gewerbetreibenden, der mit einem Blog die eigenen Dienstleistungen oder Waren bekannter machen möchte
- Künstler oder Modeschaffende unterschiedlichster Art, die mit ihrem Weblog mehr Publikum für sich gewinnen wollen
- Regionale, Presse- und Content-Blogger
- Blogs aus den Bereichen Kultur, Erziehung, Gesellschaft, Videoblogs, Watchblogs u.v.m.

Mehr Erfolg mit dem eigenen Blog

Wie Sie sehen, ist man recht schnell ein so genannter »ProBlogger«, und dabei kommt es auch nicht darauf an, wie viele unterschiedliche Blogs man sein Eigen nennt, wie hoch die derzeitige Anzahl der Besucher und der Visits ist, oder gar, welche Einnahmen man mit seinem Portal tätigt.

Allen ProBloggern ist eine Mission gemeinsam: Sie möchten möglichst viele Leser möglichst dauerhaft für ihr Portal und damit für ihr Anliegen gewinnen. Und wer möchte dies nicht, egal aus welchem Grund? Wie man dies erreichen kann und welches die wichtigsten Bausteine auf dem Weg zu einem erfolgreichen Weblog sind, das möchte ich Ihnen in diesem Buch verraten.

Egal ob es dabei um eine größere Reichweite, mehr Besucher oder zusätzliche Einnahmen geht: Der Weg dahin ist derselbe, aber sehr spezifisch für das Medium Blog. Eingeflossen sind dabei meine Erfahrungen aus sechs Jahren (Pro-)Bloggertätigkeit, sämtliche Tipps und Werkzeuge wurden dabei in meinen eigenen oder in beauftragten Weblogs und Portalen ausprobiert. Sie werden schnell erkennen: Berücksichtigt man ein paar grundlegende Dinge und »Kniffe«, so ist all dies kein Hexenwerk. Probieren Sie all jenes aus, was zu Ihrer Situation und Ihrem Blog passt, und freuen Sie sich im Anschluss über mehr Erfolg, mehr Leser, neue Follower, Fans, eine größere Verbreitung und/oder mehr Werbe- beziehungsweise Affiliate-Einnahmen.

Zwei Hinweise noch zum Schluss dieses Kapitels: Dieses Buch ist stellenweise ebenfalls blogähnlich aufgebaut, das heißt, an einigen Stellen werde ich auf weiterführende Artikel in meinem Blog verweisen. Dies zum einen, da doch Leser mit sehr unterschiedlichem Wissensstand, was das Bloggen angeht, diese Lektüre in den Händen halten werden und somit jeder selbst entscheiden können soll, ob ihn diese Vertiefung interessiert oder auch nicht. Zum anderen würden detaillierte Anleitungen und Ausführungen, auf die ich verweise, oftmals ganz einfach den Rahmen dieses Ratgebers sprengen. Alle Tipps sowie weiterführende Hinweise im Buch gelten dabei in den meisten Fällen für »normale« Blogger als auch für Corporate-Blogbetreiber, nur die Zielstellung kann dabei unterschiedlich ausfallen. Was für den einen die Optimierung der Werbeeinnahmen bewirken soll, das kann sich im anderen Fall auf eine gesteigerte Reichweite oder ähnliche Konsequenzen beziehen.

Und: Ich habe ganz bewusst darauf verzichtet, den technischen Einstieg in das Bloggen mit WordPress & Co. näher zu erläutern. Hierfür gibt es zum einen weit besser geeignete Lektüren, und ich möchte mich andererseits mit diesem Ratgeber darauf konzentrieren, Ihnen die erfolgreiche Vermarktung jeglicher Blogportale näherzubringen. Seien Sie also bitte nicht enttäuscht, wenn Sie in den folgenden Kapiteln keine Anleitung dazu finden, wie Sie Schritt für Schritt das Blogsystem WordPress auf Ihrem Server installieren und administrieren können. Bei den Empfehlungen zu Erweiterungen und Plugins habe ich mich zudem hauptsächlich auf WordPress konzentriert, da es sich ja doch um das mit großem Abstand am meisten verwendete Blog-CMS nicht nur im deutschsprachigen Bereich handelt. Wo mir ähnliche Tools bekannt waren, gehe ich jedoch auch auf Werkzeuge beispielsweise für Joomla! & Co. ein.

Stehen Sie noch vor der Einrichtung Ihres ersten Blogs, so können Sie (oder sollten sogar) dieses Buch trotz der fehlenden technischen Grundeinführung lesen, da

Ihnen die hierin enthaltenen Marketingaspekte meist auch ohne größeres Vorwissen verständlich gemacht werden. Bei vielen auf den folgenden Seiten genannten Tipps und Tricks macht es sogar durchaus Sinn, diese im Vorfeld Ihrer zukünftigen »Karriere« als professioneller Blogger zu studieren, um von Beginn an möglichst erfolgreich vorgehen zu können und typische Anfängerfehler zu vermeiden. Nun aber viel Spaß und vor allem viel Erfolg mit den kommenden Kapiteln.

Teil I

Grundlagen des Blog-Marketings

Kapitel 1

»Mein Blog und ich« – Grundvoraussetzungen für ein erfolgreiches Blogportal

Die meisten Leser werden bereits die ersten Blog-Versuche hinter sich haben oder erfolgreich eines oder mehrere dieser Portale betreiben. Dennoch werde ich – egal ob im ProBlog- oder Corporate-Blog-Bereich – immer wieder gefragt: »Welche Voraussetzungen sollte denn ein guter Blog beziehungsweise ein guter Blogger mit sich bringen?«

Man benötigt eigentlich nur wenige Dinge, um erfolgreich mit einem Blog arbeiten zu können:

- Die notwendigen technischen Hilfsmittel: Diese sind – anders etwa als im nativen HTML-Bereich – dank der frei verfügbaren Hilfsmittel von WordPress & Co. auch für (IT-technische) Einsteiger schnell zu erlernen sowie einfach und äußerst effizient zu bedienen.

  So gibt es in diesem Bereich hervorragende Literatur wie etwa das Standardwerk »WordPress Praxisbuch« von Vladimir Simovic aka Perun und seiner Frau Thordis, aber auch zahlreiche Dienstleister, die bei Bedarf für – im Vergleich zur »normalen« Webseitenprogrammierung – wenig Geld ein solches Portal erstellen können.

- Spaß am Schreiben, und dieser Faktor ist nicht zu unterschätzen. Ein Blog, egal welcher Art, wird nur dann Erfolg haben, wenn man diesen regelmäßig (!) mit werthaltigen, neuen und für die Leser interessanten Inhalten füllt. Nicht jeder Mann und jede Frau ist hierfür »geboren«, und manche stoßen hier schneller an ihre Grenzen, als ihnen lieb sein mag. »Über was soll ich denn nun überhaupt noch schreiben?«, kommt dann oft als Frage auf. In diesem Fall hat man sich entweder an das falsche Blogprojekt herangewagt, oder man sollte sich eher anderen Onlineportal-Techniken wie etwa einem E-Shop zuwenden.

- Interesse, Kenntnisse im und Freude am jeweiligen Blog-Thema. Die oft gehörte Frage »Mit welchem Thema kann ich denn am meisten Geld verdienen?« ist meines Erachtens fatal.

Nicht nur, dass es dem Betreiber keinen Spaß machen wird, ein ihm nicht sonderlich liegendes Thema mit Leben zu füllen, die Leser werden dies auch merken. Solch ein Vorhaben wird auf Dauer keinen nachhaltigen Erfolg erzielen. Es sei denn, Sie möchten einen reinen suchmaschinenoptimierten Ansatz fahren, bei dem die eigentlichen Inhalte keine größere Rolle spielen, was dann mit dem Thema »Bloggen« nicht mehr wirklich viel zu tun hat.

■ Die notwendigen Sachkenntnisse: Wie vermarkte ich erfolgreich ein Blogportal, wobei die Betonung auf »Blog« liegt. Keine Angst, diese Kenntnisse bekommen Sie in diesem Buch vermittelt.

Bei den privaten oder selbstständigen Blogbetreibern gehe ich davon aus, dass – bis auf letztgenannten vielleicht – alle diese Faktoren und Voraussetzungen vorhanden sind.

Interessanter wird es für Unternehmens- und Marketingleiter, die sich in nächster Zeit an dem – wenn man es richtig angeht – extrem lohnenswerten Experiment eines Corporate-Blogs versuchen wollen. Denken Sie gut über die oben genannten Punkte nach, bevor Sie sich an die Konzeption sowie die Betreuung eines Firmenblogs wagen oder jemanden hiermit beauftragen möchten. Nicht immer ist hier der geniale Direkt- oder gar Onlinemarketing-Spezialist gefragt. Schauen Sie sich gut um: Nicht wenige der besten Blogger, die ich kenne, arbeiten in ihrem normalsterblichen Leben für ein namhaftes Unternehmen, sind dort jedoch noch nie mit der für die Blog-Kommunikation verantwortlichen Abteilung in Berührung gekommen.

Und: Einen (guten) Corporate-Blog macht man nicht mal eben so nebenbei. Dem eh schon sehr gut ausgelasteten Marketingmitarbeiter x dieses also noch als kleines Nebenprojekt »aufzuschwatzen«, das wird nicht funktionieren. Dann sollte man sich besser einmal auf dem (Blog-)Stellenmarkt nach einem echten freiberuflichen beziehungsweise auch fest angestellten Experten umschauen oder aber nach einer geeigneten und auf Firmenblogs spezialisierten (!) Agentur suchen. Ein funktionierender Firmenblog wird diese finanzielle Ausgabe sehr schnell deutlich mehr als einfach nur refinanzieren.

Kapitel 2

Blogosphäre: Die Dos und Don'ts

Die so genannte Blogosphäre – also die Gesamtheit aller Blogs und deren Blogbe-treiber – ist in den vergangenen Jahren zumindest teilweise deutlich kommerziel-ler geworden. Dieser Effekt zieht sich durch fast alle Bereiche, wird aber vor allem bei so manchem ehemals rein »privaten« Web-Tagebuch ersichtlich, auf dem nach und nach kleinere und dann größere Anzeigenblöcke wie Google AdSense oder das Amazon-Partnerprogramm den Anfang machten, gefolgt von der zunehmen-den Eigenvermarktung des jeweiligen Portals. Die Trennung zwischen privat und kommerziell ist dabei gar nicht mehr so einfach. Zumindest die Steuerämter dürf-ten davon ausgehen, dass ein wenn auch noch so kleines Internetportal nicht mehr nur rein »privat« betrieben wird, wenn auch nur ein einziger Werbelink dar-auf zu sehen ist. Egal ob darüber etwas verdient wird oder nicht (hier zählt im Zweifelsfall die so genannte Gewinnabsicht).

Wie entstand dieses Umdenken hin zu mehr Professionalität, aber damit einher-gehend eben auch zu immer stärkeren kommerziellen Ansätzen? Viele Blogger haben zu Recht für sich entdeckt: Wenn man eine Unmenge an Zeit in teils extrem wertvolle und vor allem kostenlose Inhalte, Tipps und Ratschläge steckt, dann »darf« man auch durchaus über Werbung und andere Möglichkeiten Geld damit verdienen. Denn wohl nur so wird die Blogosphäre auf Dauer wirklich stark und vielfältig genug bleiben.

Diese Einstellung galt nicht immer: Zu den Anfangszeiten des Bloggens und noch lange Jahre danach war diese Art von kommerzieller Professionalität sehr verpönt. Was man auch nachvollziehen kann, denn ohne diese Unabhängigkeit von reinem Gewinndenken wären Blogs wohl nie zu dem viel beachteten und mächtigen Medium geworden, welches sie heute darstellen. Gerade dies machte (und macht immer noch) einen der wichtigsten Unterschiede zu normalen Contentportalen jeg-licher Art aus. Ein Session- beziehungsweise Themenvorschlag wie zur offiziellen WordPress-Community-Veranstaltung »WordCamp 2011« unter dem Namen »Geld verdienen mit Blogs« wäre noch vor wenigen Jahren schier undenkbar gewesen. Auch das rege steigende Interesse an allen Methoden rund um das »Blog SEO« untermauert diesen relativ neuen Trend hin zur einnahmeorientierten Vermarktung.

Trotzdem bringt gerade diese zunehmende Professionalität heutzutage den Weblog auf eine neue, zusätzliche Ebene. Die meisten der wirklich tollen und erfolgreichen Blogs im deutschsprachigen Raum (und nicht nur hier) würden wohl in dieser Form längst nicht mehr existieren, wenn sich der oder die Autoren nicht zumindest in gewissen Teilen refinanzieren würden. Auch für Firmenblogs gelten hier – im Balanceakt zwischen natürlich grundsätzlich kommerziellem Interesse auf der einen sowie guten Inhalten mit Mehrwert auf der anderen Seite – ganz besondere Regeln, auf die ich im Verlauf dieses Werkes noch genauer eingehen werde.

Trotz all dieser Professionalität und Kommerzialität – um es einmal mit diesem doch ein wenig negativ besetzten Wort auszudrücken – hat die Blogosphäre gewisse Spielregeln sowie einen regelrechten »Ehrenkodex« bis heute nicht verloren, und das ist auch gut so. Im Folgenden werde ich darauf kurz eingehen, denn eine Verletzung dieses Kodex kann bis zur dauerhaften Verbannung eines (Corporate-)Blogs aus der Blogosphäre führen, womit man wohl zum ernsthaften Scheitern verurteilt wäre.

Warum dies alles so wichtig ist? Nun, ohne das berühmte Networking sowie die spezifischen Interaktionen innerhalb der Blogosphäre wird ein Blogportal nie vollkommen erfolgreich werden können, wie Sie insbesondere in Kapitel 6 schnell erkennen werden.

2.1 Wie ich mich als Blogger verhalte

Darüber könnte man nun sicherlich ein eigenes Kapitel oder gar Buch füllen. Doch keine Angst. Wer ein paar grundlegende Regeln berücksichtigt, der wird ganz automatisch hinter die Sitten und Gebräuche der Blogosphäre kommen.

Und: Noch nie (zumindest nicht ohne ernsthaften Grund) hat der eine Blogger den anderen »aufgefressen«. Im Zweifelsfall – wenn man sich unsicher ist, wie man sich verhalten soll – kann man also immer noch beim Gegenüber höflich nachfragen, dies wird einem sicherlich niemand übelnehmen.

Trotzdem hier ein paar der wichtigsten Grundregeln im Umgang mit anderen Blogs und Bloggern:

- Transparenz geht über alles: Nichts kann der Blogger weniger leiden als undurchsichtiges Verhalten. Werbung, gar bezahlte Beiträge sind nicht als solche gekennzeichnet? Ein kritischer Kommentar wird ohne Rücksprache mit dem Verfasser abgeändert oder gar gelöscht? Unter einem Pseudonym lobt man sich und den eigenen Blog auf anderen Portalen in den höchsten Tönen? Früher oder später werden derartige Verhaltensweisen ans Tageslicht kommen und sind absolut tödlich für jeden noch so etablierten Weblog oder Firmenblog.

- Auch Fairness geht über alles: Als Blogger immer und überall verlinkt werden wollen, aber selbst mit Verweisen auf andere, vermeintlich konkurrierende Blogs geizen, NoFollow-Links einsetzen (siehe Abschnitt 8.17), über andere Blogs oder deren Betreiber lästern, Ideen, Quellcode und Artikelbestandteile »klauen«, ohne dies zu kennzeichnen, all dies ist – wie im normalen Leben auch – äußerst schlechter Stil.

- Wer freundlich ist, kommt weiter: Wer jetzt denkt, das sei doch wohl selbstverständlich, der betreibt noch nicht lange genug seine Blogs. Auch eine persönliche Ansprache gehört hier unbedingt mit dazu. Nicht nur von reinen E-Mail-Spammern erhält man immer einmal wieder unpersonalisierte Anfragen, entweder mit einem allgemeinen »Hallo Blogger/Webmaster« als Begrüßung oder gleich gänzlich ohne solche vermeintlich nicht mehr notwendigen Floskeln. Wie eine Umfrage unter zahlreichen Blogger-Kollegen jedoch ergeben hat, so ist den allermeisten eine persönliche Ansprache nach wie vor enorm wichtig.

  Wie in jeder Lebens- und Geschäftssituation hilft ansonsten auch hier: Stets freundlich, geduldig und zuvorkommend bleiben, auch wenn man einmal unterschiedlicher Meinung ist oder das Gegenüber noch nicht wirklich Ahnung vom Bloggen und dessen Mechanismen hat. Jeder von uns hat einmal klein angefangen.

- Ebenfalls eine Selbstverständlichkeit: Man sollte niemals abschätzig auf andere Blogger und Portale herabschauen. Sie betreuen den Firmenblog eines sehr namhaften und bekannten Unternehmens? Und glauben deswegen, die Kooperationsanfrage des kleinen Bloggers xy nicht beantworten zu müssen, der bislang nur zehn Twitter-Follower sein Eigen nennt oder erst 20 Artikel verfasst hat? Dann sind Sie in diesem Job an der falschen Stelle.

- Kein Spam! Unpersönliche Massenanfragen wie »Ihr Blog ist so toll, wollen wir nicht Links tauschen« oder »Schreibe bitte etwas über meinen ganz wichtigen Artikel xyz« sind nicht nur aufdringlich und leicht zu durchschauen, sie beziehungsweise deren Urheber sprechen sich in der Blogosphäre auch schnell herum.

- Immer ehrlich und »anständig« bleiben: Manche Blogger vor allem im Affiliate-Umfeld behaupten, man könne nur mit Blog-Mitteln (schnell) erfolgreich werden, die sich in einer Grauzone oder sogar am Rande der Legalität befinden, was schlicht und einfach nicht der Wahrheit entspricht.

  Bezahlte Links (so genannter Linkkauf), das Black Hat SEO (Suchmaschinenoptimierung unter bewusster Missachtung entsprechender Richtlinien der Suchmaschinenbetreiber), Manipulation der Besucherzahlen etc. gehören etwa dazu. Glauben Sie mir: Langfristig und mittels guter Arbeit kommt man gerade ohne diese teils extrem gefährlichen Praktiken weiter.

2.2   Wie ich Blogger anspreche – und wie nicht

Ganz profan: Blogger sprechen sich normalerweise in der »Du«-Form an, Corporate-Blogger bleiben jedoch beim »Sie«. Auch einen Firmenblog-Betreiber würde ich immer in der offiziellen Form ansprechen. Es gibt zwar nach wie vor nicht wenige Blogbetreiber, denen ein »Sie« äußerst befremdlich wirkt und die selbst von Unternehmen am liebsten in der lockeren »Du«-Form angesprochen werden. Ich denke, hier müssen insbesondere Corporate-Blogger einen eigenen Weg für sich finden, wobei es gegen eine (zumindest anfänglich) grundsätzlich formelle Ansprache sicherlich nichts einzuwenden geben sollte. Ich weiß, dass sich etwa auch Partnerprogramm-Betreiber und Blogger manchmal duzen, selbst wenn diese noch nie zuvor in Kontakt miteinander gekommen sind. Ich muss jedoch zugeben, dass mir selbst diese in diesem Fall ungewohnte Form der Kontaktaufnahme sehr befremdlich erschien, als mich ein Mitarbeiter einer Werbeagentur beim ersten Mal wie selbstverständlich mit »Du« ansprach. Hier sollte man sich an die jeweiligen Unternehmensvereinbarungen beziehungsweise die entsprechende Außenkommunikation halten und im Zweifelsfall auch eher einmal zu viel als zu wenig formell bleiben.

Ansonsten vielleicht erst einmal ein kleines Beispiel, wie man es lieber **nicht** machen sollte: Da ich ja nun einige Blogs auch selbst betreibe, bekomme ich mehrmals am Tage unaufgefordert irgendwelche Pressemeldungen von diversesten Agenturen zugeschickt. Diese sind recht oft die typischen Beispiele dafür, wie man es heutzutage eben nicht mehr macht, zumindest nicht gegenüber und schon gar nicht unter Bloggern. Und diese bieten vielleicht ein erstes Beispiel dafür, dass Blog-Marketing eben doch in vielen Bereichen ein wenig anders funktioniert, was sich in den Marketingagenturen dieser Welt noch nicht wirklich herumgesprochen zu haben scheint.

- Ich werde darin meist falsch oder nicht persönlich angesprochen.
- Die Meldung passt oft thematisch überhaupt nicht zu dem entsprechenden Blog-Thema, ein klares Zeichen dafür, dass man sich vor Verfassen der entsprechenden Nachricht noch nicht einmal ein bisschen mit meinem Blogportal auseinandergesetzt hat. Dies setze ich jedoch schlicht und einfach voraus, wenn man sich auf Augenhöhe begegnen möchte.
- Ich habe und hatte weder irgendeinen Bezug zu der Absender-Agentur, geschweige denn zu dem darin beworbenen Produkt oder Unternehmen.
- Es wird mir nicht klar, warum ausgerechnet ich die Agentur mit kostenlosem Marketing versehen sollte, indem ich über diese Pressemitteilung oder jene Produktneuheit berichte, da diese weder einen Mehrwert für mich noch – viel wichtiger – für meine Leser enthält, zumindest keinen aus dem Anschreiben heraus erkennbaren.
- Selbst wenn der Inhalt für mich interessant sein sollte: Meistens fehlt das Angebot, dass man bei Bedarf gerne für ein (nicht werbliches!) Interview oder Ähnliches bereitsteht (auch für Blogger ist Zeit – zumal die kostenlos einer Firma zur Verfügung gestellte – ein knappes Gut).
- Der Schreibstil der Pressemeldung ist so extrem werbelastig, dass ich selbst bei Interesse an dem Thema diese komplett neu schreiben und dazu auch noch selbst recherchieren müsste, damit der entstehende Artikel auch nur einigermaßen Akzeptanz bei meinen Lesern – die mir das absolut Wichtigste sind – gewinnen könnte.

- Man macht mir im schlimmsten Fall ein »unmoralisches« Angebot (Stichwort versteckter Linkkauf, also die verschleierte Unterbringung von Links in meinem Blog gegen Bezahlung).

Auch diese Liste könnte ich fast nach Belieben weiterführen, hier übrigens einige kleine anonymisierte Beispiele vergleichbarer Anfragen, wie ich sie beinahe täglich in meinem virtuellen Postfach vorfinde:

Sehr geehrte Damen und Herren,

Ich habe gesehen, das Sie ebenfalls Teilnehmer der ▓▓▓▓▓▓▓▓ sind und würde Ihnen deshalb gerne folgendes Tool zur ▓▓▓▓▓▓▓▓▓▓▓▓▓▓▓▓ oder sogenannten ▓▓▓▓▓▓▓▓▓ vorstellen

Abb. 2.1: Die Ansprache als Platzhalter in einer anderen Schriftformatierung sieht äußerst unprofessionell aus. Auch vermeintliche Kleinigkeiten sind also entscheidend.

Hallo,

Ich werde diese Gelegenheit nutzen, um mich vorzustellen.
Mein Name ist ▓▓▓▓▓▓ ich arbeite als SEO Manager
für ▓▓▓▓▓▓▓▓▓▓

Ich mache eine Recherche für einen meiner Partner und dabei bin
ich auf %youriste% gestoßen.
Ich habe einige interessante Vorschläge für Sie und ich möchte Ihnen
weitere Informationen darüber geben.

Als SEO-Experte betreue ich viele Qualität Websites, die zu Ihrer Seite passen
könnten und Ihrer Webseite zu höheren Rankings & Besucherzahlen zu verhelfen.

Abb. 2.2: Ebenfalls peinlich – Als »SEO-Experte« sollte man schon darauf achten, dass Variablen in einem E-Mail-Massentext auch richtig gefüllt werden. Die Rechtschreibung sollte ebenfalls zumindest einigermaßen stimmen.

Hallo,

wir suchen zur Zeit wieder verstärkt nach Linkpartnern.

Unser Fokus liegt zur Zeit auf folgenden Bereichen:
-Nahrungsergänzungsmittel / Fitnessprodukte
-Kontaktlinsen
-Reinigungsprodukte
-MPU / Idiotentest

Andere Themenbereiche sind natürlich auch möglich.

Unsere Tauschseiten finden Sie hier:
http://▓▓▓▓▓▓▓▓▓▓
Passwort: ▓▓▓▓▓

Abb. 2.3: Reinigungsprodukte? Idiotentest? Schade, dass ich hierzu keinen Blog habe.

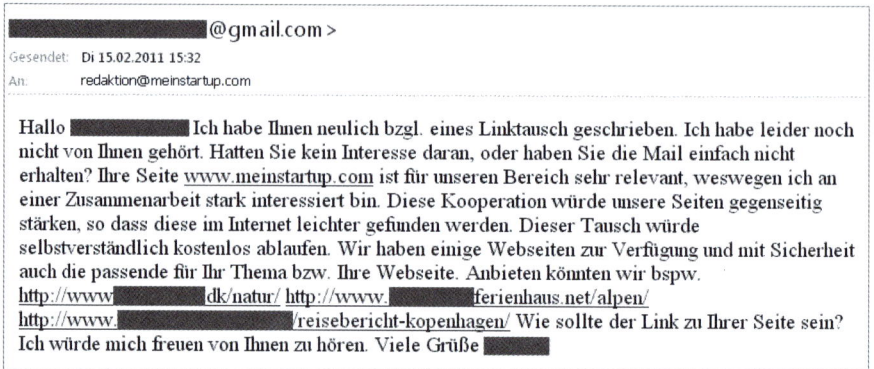

Abb. 2.4: Mein Existenzgründerblog passt nicht wirklich zu Portalen im Reisebereich.

Das Ganze ist natürlich schon ein wenig gemein und somit immer auch ein kleiner Balanceakt. Selbst ein Blogger, der (unter anderem) durchaus kommerzielle Interessen verfolgt, möchte von einem Unternehmen oder anderen Bloggern eben nicht unbedingt kommerziell angesprochen werden, es sei denn, es geht um eine für beide Seiten erkennbar lukrative oder leserbringende Zusammenarbeit. Zwar gibt es diese wenigen Ausnahmen, etwa wenn ich Werbeflächen auf meinem Blog zur Schaltung von Anzeigen anbiete, so stellt dies natürlich ein konkretes Angebot dar. Trotzdem basiert die Kommunikation innerhalb oder in die Blogosphäre meist genau **nicht** nach kommerziellen Maßstäben.

Ein Blogger fragt den anderen etwa nur dann höflich nach einem Gastartikel, wenn dieser sich eben besser auskennt mit dem jeweiligen Thema und man vor allem auch bereit ist, sich – unentgeltlich natürlich – bei Gelegenheit zu revanchieren. Oder: Passt das Thema absolut und liest man wirklich auch aufmerksam bei Blogger-Kollege xy mit, so kann man durchaus nach einem Blogroll-Tausch anfragen. Und verlinkt mich ein anderer Blog yz, so ist es selbstverständlich, dass auch ich gute Fremdbeiträge in meinen Texten benenne und darauf verweise. Diese müssen dabei gar nicht unbedingt vom Weblog yz stammen.

Sie merken: Spricht man Blogger stets kollegial, fair, hilfsbereit, unverbindlich, möglichst unkommerziell, begründet und vor allem individuell sowie zielgerichtet an, so kann eigentlich nicht viel schiefgehen. Dies ist gar nicht so leicht zu handhaben? Niemand hat gesagt, dass Blogmarketing einfach ist ☺

Und auch ein freundliches »Nein« sollte man dann ganz einfach akzeptieren, nicht persönlich nehmen und auch nicht weiter nachhaken. Ich bekomme immer wieder – wenn auch meist aus dem Linktausch-Spam-Bereich – Anfragen wie »haben Sie denn meine E-Mail x nicht gelesen« oder »Dieses Angebot können Sie doch nun wirklich nicht ausschlagen«. Solche Versuche wirken im Zweifelsfall eher verzweifelt als professionell und können unter Umständen gar dem eigenen Ruf schaden, da besonders hartnäckige Exemplare dieser Gangart durchaus auch einmal innerhalb der Blogosphäre warnend »herumgereicht« werden. Sollten Sie hingegen des Öfteren eine solche »Abfuhr« erhalten, dann überprüfen Sie doch einmal, ob Sie wirklich alle oben genannten Ratschläge, wie man es nicht machen sollte, in Ihrer Kommunikation berücksichtigen, oder fragen Sie – wenn möglich – einen befreundeten Bloggerkollegen, warum Ihr Angebot just so gar kein Gehör findet.

2.3   Warum Authentizität so wichtig ist

Die zuvor genannten Punkte erklären eigentlich schon ganz gut, warum Ehrlichkeit und Authentizität für Blogger und die Blogosphäre insgesamt so wichtig sind.

Fast die gesamte Kommunikation innerhalb und außerhalb meines Blogs fußt auf Vertrauen. Schalte ich den Blogkommentar eines mir bislang unbekannten Autors frei, so gehe ich davon aus, dass sich dahinter kein anderer als der Genannte und erst recht keine gefälschten, geschönten Inhalte verbergen. Kommentiere ich hingegen auf einem anderen Blog, so vertraue ich darauf, dass dieser Text nicht »verstümmelt« oder gar verfremdet wird. Gehe ich mit einem Corporate-Blog eine Partnerschaft ein, dann erwarte ich, dass beide Seiten ein wirkliches, dauerhaftes Interesse an dieser Kooperation haben. Und lese ich einen Blogartikel auf einem fremden Blog, so setze ich ganz selbstverständlich voraus, dass eventuelle bezahlte Inhalte oder Links darin auch als solche gekennzeichnet sind.

Diese Authentizität ist – im Gegensatz zu den »normalen« Internetportalen – hier deswegen so enorm wichtig, weil Blogs ohne eine solche gar nicht funktionieren und existieren könnten. Dies vielleicht als beruhigende Botschaft an all jene, die der zuvor erwähnten zunehmenden Kommerzialisierung von Blogs kritisch gegenüberstehen. Die Blogszene mag professioneller werden und sich für ihre Leistung auch zunehmend (transparent bitte!) belohnen lassen, doch ohne diese zugrunde liegende Ehrlichkeit geht es zum Glück nach wie vor nicht. »Tue nichts, das du nicht selbst an dir erfahren möchtest«, so könnte man diesen enorm wichtigen Punkt des Blogger-Kodex ebenfalls umschreiben. Denn Bloggen ist – ganz kurz und trefflich gesagt – ein stets ausgeglichenes, interaktives und interdisziplinäres Nehmen und Geben.

Bekomme ich einen tollen Tipp von einem anderen Blogger auf einem Gebiet, bei dem ich mich eben nicht so gut auskenne – so teile ich diesen Tipp mit meinen Lesern (natürlich unter Nennung des Urhebers oder Ideengebers). Andersherum werden sich somit auch meine mühsam zusammengetragenen Inhalte – wenn sie denn gut und werthaltig sind – fast von ganz alleine ihren Weg durch die Blogosphäre bahnen, egal ob in Form eines Kommentars, einer Verlinkung, eines Twitter-Follow-Ups oder einer Facebook- beziehungsweise Google-Plus-Erwähnung. Und: Genau durch diese sehr sozialen Eigenschaften macht Bloggen auch einen solch großen Spaß und führt zu einem nicht zu unterschätzendem Mehrwert für die Gesellschaft.

2.4 Welches Anrecht meine Blogleser haben & Auswirkungen auf die Monetarisierung

Egal ob ich nun mit einem Blog Geld verdienen, meine Inhalte verbreiten oder möglichst viele Leser erreichen möchte (in der Regel treffen alle drei Faktoren – unterschiedlich gewichtet – zu): Diese Transparenz wirkt sich nicht nur unter den Bloggern, sondern natürlich auch auf den Umgang mit meinen »Kunden«, nämlich meinen Bloglesern aus.

Jüngst las ich die Aussage eines Bloglesers von mir: »*Mindestens 95 Prozent der deutschsprachigen Blogs sind doch Müll!*« (Ich bitte um Entschuldigung für diese Ausdrucksweise, aber dies trifft es tatsächlich am besten). Zu viele Glücks- und Raubritter versuchen sich darin, in möglichst kurzer Zeit einen oder mehrere Blogs aus dem Boden zu stampfen (da dies ja tatsächlich so einfach und vor allem kostengünstig ist), um dann das »schnelle Geld« zu machen. Zwar werden solche Versuche von Google & Co. gerade derzeit immer besser erkannt (siehe Abschnitt 9.4), trotzdem erliegen immer noch zu viele selbst ernannte »Blogger« (es sind in Wirklichkeit meist keine) dieser Versuchung.

Die gute Nachricht an dieser Stelle für alle Leser dieses Buchs: Selbst wenn ein Thema mit noch so vielen Konkurrenzblogs »besetzt« scheint, so heißt dies noch lange nicht (in den meisten Fällen sogar überhaupt nicht), dass man mit einem gut gemachten Weblog dieser Art nicht trotzdem oder genau deswegen sehr erfolgreich sein kann. Ich bin immer wieder überrascht über so manchen erfolgreichen Blog-Neustart zu einem Thema, das innerhalb der Blogosphäre längst als übersättigt galt, weil das entsprechende Portal qualitativ eben viel hochwertiger und nachhaltiger an dieses Thema heranging als die meisten seiner Vorgänger.

Was heißt dies aber nun für die Internetnutzer und vor allem die Leser dieses Buchs? Die Zeiten der unwissenden, unmündigen »Surfer« sind schon längst vorbei. Die meisten Websuchenden können heutzutage sehr wohl wertvolle Inhalte von reinem, werbemäßigen »Spam« unterscheiden. Wenn nicht auf den ersten Blick, so zumindest auf den zweiten, und unabhängig davon, wie internetaffin eine Person insgesamt ist. Und von Blogs – quasi als per se unabhängiger Instanz – wird dies erst recht erwartet. Die wenigsten Leser haben hingegen ein Problem damit, dass der Blogger sich auch über sichtbar gekennzeichnete Werbung refinanziert, so lange nur die Blog-Inhalte und -Artikel selbst gut, nützlich und informativ sind. Im Gegenteil: Viele sind froh, solche teils ausgezeichneten Inhalte kostenlos zu erhalten (im Gegensatz zu den meisten früheren Print-Magazinen), und dulden dann auch schon einmal dezente, nicht aufdringliche (!) Werbung als »Gegenleistung«. Vor allem dann, wenn der Blogger darauf achtet, nur jene Partnerprogramme zu bewerben, die er auch persönlich weiterempfehlen kann (siehe Abschnitt 7.2).

Als Blogger ist es nun natürlich immer verlockend – nachdem man die ersten Werbeeinnahmen tatsächlich auf das Konto überwiesen bekommen hat –, neben der weiteren Bereitstellung von gutem Content auch jegliche Werbeeinnahmen zu optimieren. So lange dies nicht zu Lasten der Leser geht, wird dies auch funktionieren, wie, dazu werde ich an späterer Stelle noch ausführlicher zu sprechen kommen. Man sollte jedoch als Blogbetreiber stets bedenken, dass sich diese wohlwollende Duldung auch sehr schnell umkehren kann, wenn man es mit der Werbung übertreibt. Dies kann sowohl mengenmäßig (schlicht zu viel Anzeigen), aber auch qualitätsmäßig der Fall sein (unseriöse Werbung oder auch Werbeformate wie beispielsweise Pop-ups, automatische Weiterleitungen, Layer-Einblendungen und Ähnliches). Und der hieraus entstehende schädliche Effekt ist meist irreversibel für einen Weblog.

Deswegen sollte man stets vor allem folgende – teilweise bereits beschriebene – Punkte beachten:

- Jegliche Werbung, egal ob Advertorials (gekennzeichnete werbliche und bezahlte Blogbeiträge oder -textinhalte), Affiliatelinks etc. grundsätzlich auch als solche **deutlich** kenntlich machen (auch Google hat hieran übrigens ein sehr ernst zu nehmendes Interesse, siehe die Webmaster-Richtlinien von Google, die eine solche Kennzeichnung nicht nur unverbindlich vorschlägt, sondern zur Pflicht macht). So schreibe ich über einen Werbeblock in der Sidebar auch »Anzeigen«, da nicht jeder zwischen normalem Content und Anzeigenwerbung in Bannerform unterscheiden kann. Nur bei klar als solchen ersichtlichen Werbebannern im Header (dem auch den meisten Blogbesuchern als Werbeplatz vertrauten »Full Banner« im Format 468*60) verzichte ich gegebenenfalls aus Platz- oder Designgründen darauf. Zur korrekten Kennzeichnung von Textlinks werden Sie in Abschnitt 7.2 noch mehr erfahren.
- Die daraus folgende stets saubere Trennung von werblichen und nicht werblichen Inhalten im gesamten Blog (etwa innerhalb von Artikeln, in der Sidebar etc., aber auch in der Unterscheidung einer »Blogroll« sowie eines Bereichs »(Werbe-)Partner«).
- Auf Spenden hinweisen (Beispiel: Das Produkt, über das ein Erfahrungsbericht veröffentlicht wird, wurde vom Hersteller gratis zur Verfügung gestellt, die Softwarelizenzen aus dem Blog-Gewinnspiel sind gesponsert).
- Bezahlte Partnerschaften beziehungsweise Kooperationen, bei denen eine Gegenleistung für den Blogger erfolgt, ebenfalls transparent machen, indem man diese benennt sowie gegebenenfalls NoFollow-Links zum Einsatz bringt, siehe Kapitel 8.17.
- Jegliche Gastbeiträge – egal ob kommerzieller Natur oder nicht – unverkennbar und unverwechselbar unter Nennung des Autors sowie eventuell seines Unternehmens auszeichnen.
- Filterung beziehungsweise Blockieren von reinen Werbe-Spam-Kommentaren.
- Zusätzlich gilt bei Corporate-Blogs: Wenn schon direkte Eigenwerbung (was meist eh nicht funktioniert, doch dazu später mehr), dann auch unbedingt die firmeninterne oder über eine Partnerschaft zustande gekommene Urheberschaft mit angeben.

Abb. 2.5: Beispiel einer Trennung von redaktionellen und werblichen Inhalten

2.5 Der Blogger als Seelsorger

Diese Überschrift klingt zwar vielleicht ein wenig befremdlich, dennoch hatte ich einmal recht treffend einen Beitrag auf den `Blogprofis.de` mit dieser Formulierung betitelt. Je nach Thema des Blogs wird man als Blogbetreiber über kurz oder lang auch mit Leseranfragen konfrontiert werden, die deutlich über das normal übliche Maß hinausgehen. Natürlich bin ich als Blogger und in diesem Fall meist auch Themenspezialist stets gerne hilfsbereit und freue mich über Rückfragen der Leser. Ist dies doch schließlich ein gutes Zeichen dafür, dass man meine Blogarbeit ernst nimmt und auch als solche schätzt.

Wenn dies dann aber »ausartet« – wie bei meinem Blog für Existenzgründer bereits mehrfach erlebt –, indem ich aufsatzartig um ganze Businessplan-Einschätzungen, Finanzierungsmodelle, persönliche Ratgeber oder gar rechtliche Beratung mehr oder weniger »gebeten« werde, und dies natürlich auch noch kostenlos, dann muss man meist irgendwo die Grenze ziehen. Zwar kann man bei einigen Themen – wenn diese Anfragen das normal Übliche deutlich sprengen – möglicherweise auf die eigene zu bezahlende Beratertätigkeit hinweisen, wenn man dies denn möchte oder kann. Doch in den meisten Fällen sind die Autoren nicht an einer solchen Möglichkeit interessiert, einfach nur mit einer verneinenden Antwort »vor den Kopf stoßen« will man diese aber natürlich auch nicht, schließlich handelt es sich ja möglicherweise um fleißige Blogleser oder -empfehler, oder sie wissen sich schlicht nicht anderweitig zu helfen.

Was also tun? Ein Patentrezept hierfür gibt es wohl kaum. Ich mache es meist so, dass ich auf einige der Fragen kurz und konkret mit Tipps oder Antworten eingehe, natürlich nur bei Fragen, bei denen ich nicht haftbar gemacht werden kann (also beispielsweise bei rechtlichen Themen), denn man weiß nie, auf welche

Ideen einige Ratsuchenden kommen können. Oder – für beide Seiten noch besser – ich verweise zu Blogartikeln von mir, in denen diese Fragen vielleicht schon einmal behandelt wurden. Weiterhin biete ich dem Absender an – sofern dies inhaltlich passt –, seine Fragen doch innerhalb des Blogs als Kommentar zu stellen. Zum einen kann ich hiermit die Kommentarfunktion als Foren-ähnlichen Service bewerben, zum anderen hat möglicherweise wirklich ein anderer Leser einen ganz guten Rat parat. Meist kombiniere ich diese halbpersönliche Antwort dann noch mit ein paar weiterverweisenden Links zu passenden Internet- und Beratungsportalen, die ich mir für die wichtigsten meiner Blogthemen einmal zusammengestellt habe. Somit werde ich weder den Leser verärgern noch muss ich seitenweise Antwort-E-Mails in meiner doch kostbaren Bloggerzeit verfassen.

Tipp

Bei beratungsintensiven Blog-Themen – oder wenn man im entsprechenden Umfeld sogar noch als Consultant tätig ist und von daher mit vielen entsprechenden Fragen konfrontiert wird – kann sich auch der Aufbau eines eigenen Q&A-Bereichs (Questions & Answers) auf dem vorhandenen Blog lohnen. Nicht nur, dass man sich damit nach und nach eine eigene kleine Wissensdatenbank aufbauen kann, die Leser dürften diesen möglicherweise exklusiven Mehrwert auch deutlich zu schätzen wissen und zu regelmäßigen Besuchern werden. Aber auch die Suchmaschinen werden sich über diese zusätzlichen und meist mit der Zeit sehr umfangreichen Inhalte freuen. Ein schönes Beispiel, wie man mittels eines speziellen WordPress-Themes eine solche Q&A-Sektion aufbauen kann, habe ich hier gefunden: `http://wpmu.org/create-a-stunning-help-and-support-site-in-less-than-5-minutes/`.

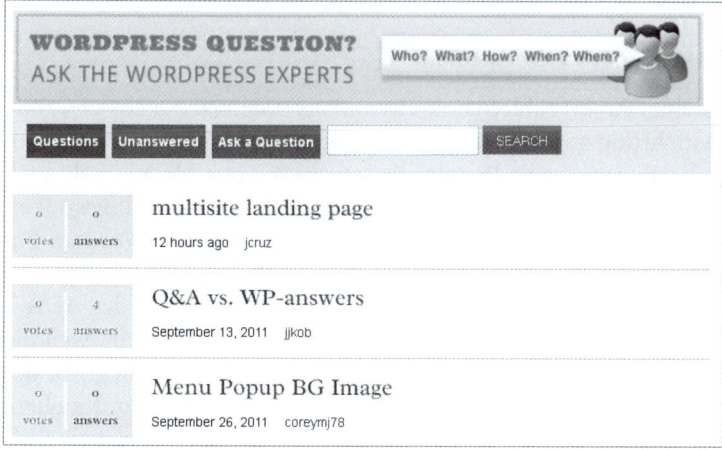

Abb. 2.6: So könnte ein mit dem WPMU Q&A-Plugin gestalteter Frage-/Antwortbereich auf dem eigenen Blogportal aussehen.

2.6 Spezialfall Corporate-Blogs

Gerade bei Firmenblogs ist nachhaltige Transparenz von äußerster Wichtigkeit. Es gibt genügend Beispiele der Netz-Community, bei denen unlautere oder zumindest zweifelhafte Praktiken in Corporate-Blogs aufgedeckt wurden, etwa indem vermeintliche Leserkommentare selbst verfasst wurden, Social-Network-Empfehlungen erkauft wurden oder Ähnliches mehr. Nicht nur für den entsprechenden Blog ist ein solches Handeln fatal, auch das Außenbild des zugehörigen Unternehmens kann enorm darunter leiden. So dokumentierte ich etwa vor einiger Zeit in den Blogprofis eher zufällig das Beispiel eines Firmenblogs, auf dem eine Kommentaranfrage von mir nicht freigeschaltet wurde, weil die entsprechende Frage wohl doch etwas unbequem war. Unglücklicherweise (für den Firmenblog) hatte ich zuvor bei meinen Lesern »angekündigt«, dass ich mich um eine Antwort auf diese Frage bemühen wolle, so dass ungewollt einige andere Blogger auf diese fragliche Praxis der Corporate-Blog-Betreiber aufmerksam wurden.

Die Zensur meines Kommentarbeitrags durch diesen Anbieter – denn um nichts anderes handelt es sich aus Sicht der Blogosphäre hierbei – kam nun gar nicht gut an, und das Ganze entwickelte sich auf meinem Blog fast zu einer Art Generalabrechnung mit besagtem Unternehmen, die ich nun wiederum mühsam verhindern musste, ohne selbst dabei zum Mittel der Zensur zu greifen. Denken Sie immer daran: Bei einem Corporate-Blog handelt es sich quasi um die Königsdisziplin des Marketings. Man kann mit diesem Medium als Unternehmen sehr viel erreichen, aber auch mindestens ebenso viel wieder zerstören. Zu transparent sind all diese technischen Mechanismen eines Blogs gerade für fachkundige Mitglieder der Blogosphäre, als dass oben erwähnte Versuche allzu lange unentdeckt bleiben könnten. Wobei sich die eventuell auftretenden negativen Aspekte meist auch noch um einiges schneller innerhalb der Blogosphäre (und nicht nur dort) herumsprechen als gute Arbeit.

Corporate-Blogs sind kein reines Werbemedium

Ich habe im Laufe meiner Arbeit zahlreiche Firmenblogs unterschiedlichster Größe und inhaltlicher Ausrichtung genauer unter die Lupe genommen. Mit Abstand am erfolgreichsten waren dabei stets jene Portale, die sowohl von den Machern als auch dem Management eben **nicht** einfach nur als ein weiteres, möglichst »billiges« Werbemedium und eben nicht als getarnter Verkaufsprospekt betrachtet wurden. Ein schönes Positivbeispiel hierfür ist etwa der Firmenblog »Das elektrische Fahrtenbuch« (erreichbar unter `http://adacemobility.wordpress.com/`) des ADAC. Nicht zuletzt deswegen ist dieses Blogportal bei seinen Lesern so beliebt, weil die Redaktion ausdrücklich Wert auf eine authentische Berichterstattung legt, in der eben die Technik und nicht das Unternehmen ADAC im Vordergrund stehen. Würde der Firmen-Urheber nicht im Claim des Blogs genannt, so käme man als Leser bei den meisten Beiträgen wohl kaum auf die Idee, dass hier nicht eine rein mobilitätsbegeisterte Privatperson schreibt.

Abb. 2.7: »Das elektrische Fahrtenbuch«-Blog des ADAC

Trotzdem wird man in einem Corporate-Blog natürlich immer auch auf die eigenen Dienstleistungen oder Produkte zu sprechen kommen, das bleibt wohl kaum aus, denn verständlicherweise verfolgt man als Unternehmen mit der Inbetriebnahme eines solchen Mediums auch einen ganz bestimmten Zweck. Wie eben bereits kurz angedeutet, ist es jedoch von erheblicher Wichtigkeit, auf welche Weise diese Ansprache erfolgt. Schreibt hier ein Mitarbeiter oder eine beauftragte Agentur einen Artikel im Firmenblog, so muss dies unbedingt ersichtlich sein. Dies ist übrigens gerade auch in Kommentaren von Mitarbeitern auf Ihrem eigenen Corporate-Blog wichtig, was der Belegschaft nicht immer bewusst ist. Der äußerst positive Kommentar eines Blogbesuchers, der sich als Mitarbeiter entpuppt, das würde Ihrer Leserschaft wohl kaum gefallen. Hier hilft unter Umständen eine Anleitung oder entsprechende interne Vereinbarung mit der Belegschaft weiter.

Stammt der Gastautor aus einem kooperierenden Unternehmen, dann sollte der Leser dies auch wissen. Äußern sich Kunden, und sind diese Texte auf Initiative des eigenen Unternehmens hin entstanden – oder hat es gar eine Gegenleistung in welcher Form auch immer gegeben –, so gehört dies auch erwähnt (ganz unabhängig von wettbewerbsrechtlichen Aspekten, die hierbei natürlich ebenfalls eine Rolle spielen). Berichtet ein anderer Blog über Sie, und haben Sie bei der Erstellung des Textes mitgewirkt? Oder schicken Sie irgendwelche Gimmicks oder Produkte an ausgewählte Blogger zwecks Rezension? Machen Sie auch solche Aktionen stets transparent.

Wie bereits zu Beginn kurz erwähnt: Die in den folgenden Kapiteln genannten Tipps und Ratschläge gelten übrigens meistens für »normale« Blogger als auch Corporate-Blog-Betreiber gleichermaßen, höchstens vielleicht mit dem Unterschied, dass der eine mit Hilfe der genannten Werkzeuge seine Werbeeinnahmen erhöhen will, der andere hingegen seine Reichweite oder indirekt den Umsatz des zugehörigen Unternehmens. In einigen Fällen – da wo es angebracht ist – werde ich jedoch natürlich auf bestimmte Spezifika für Firmenblogs näher eingehen.

Hinweis

Dass nicht nur größere Unternehmen sehr stark von einem Corporate-Blog profitieren können, das zeigt das Beispiel des BauTimeBlog (www.bautimeblog.de). Dieser wird von einem Unternehmer geführt, der mit diesem Medium seine Onlineshops für Qualitätswerkzeuge begleitet. Vor allem aufgrund dieses Firmenblogs stehen die angeschlossenen E-Shops bei einigen für das Unternehmen sehr wichtigen Keywords (siehe Kapitel 9) bei Google auf Platz eins, wobei der Blogbetreiber selbst darauf hinweist: »Ein SEO (*Suchmaschinenoptimierer, Anmerkung des Autors*) hätte uns für diese Platzierungen ein Vermögen gekostet.« Nachzulesen in einem Blog-Interview unter www.blogprofis.de/buch/handwerkblogs. Weiteres spannendes Anschauungsmaterial von »kleineren«, sehr engagierten und damit auch erfolgreichen Firmenbloggern findet sich zum Beispiel unter www.blog.malerdeck.de oder http://blog.fleischerei-freese.de.

Ein anderes Phänomen in diesem Zusammenhang ist der – wahrscheinlich einigen Lesern bekannte – ShopBlogger Björn Harste aus Bremen (www.shopblogger.de/blog/). »Vom Leben zwischen Kasse und Leergut« berichtet dieser nun seit mittlerweile sechs Jahren aus seinem Einkaufsmarkt und avancierte damit zu einem der erfolgreichsten deutschsprachigen Geschäftsblogs überhaupt. Das äußerst Interessante dabei: Björn Harste hatte es nie auf diesen Erfolg abgesehen und betreibt seinen Blog auch nicht zur Kundenakquise. Er begann diesen rein als Hobby und schreibt – meist mehrfach täglich – rein aus Freude am Bloggen. Und alleine mit dieser Leidenschaft erreicht er manchmal Leserzahlen im fünfstelligen Bereich – täglich wohlbemerkt. Sie werden später noch mehr darüber erfahren, was Authentizität und eine gelungene Kommunikation für jeden Firmenblog bedeuten. Eigentlich muss man sich – um derlei verinnerlichen zu können – jedoch lediglich die einzelnen Mechanismen des ShopBlogger-Portals zu Herzen nehmen.

Abb. 2.8: Sehr erfolgreich – der Shopblogger bloggt Alltägliches aus dem Supermarkt.

2.7 Spezialfall Affiliate-Blogs

Es wird fast nirgends so viel geschummelt wie auf Blogs, die hauptsächlich der Generierung von Einnahmen über Partnerprogramme dienen (siehe Abschnitt 7.2). Im Folgenden möchte ich diese gerne als »Affiliate-Blogs« bezeichnen, auch wenn die Grenze hierzu oft fließend sein dürfte. Auch ich betreibe mehrere solcher Blogs, ganz einfach um die fehlenden Einnahmen aus meinen reinen Informationsportalen zumindest etwas auszugleichen.

Dabei halte ich mich jedoch an folgende, selbst auferlegte Regeln, durch die ich weder mit einem Leser – der über meine Seite ein Produkt gekauft oder einen Vertrag abgeschlossen hat – noch mit den Qualitätsrichtlinien von Google (die durchaus, teils sogar individuell durch deren Mitarbeiter überprüft werden!) jemals in irgendeinen Konflikt geraten bin und die ich von daher nur jedem Blogger sehr weiterempfehlen kann. Die wichtigsten Punkte hierbei: Ich empfehle in meinen Affiliate-Blogs immer nur Produkte, hinter denen ich selbst stehen kann. Als mich einmal Leser über Kommentare darauf hinwiesen, dass ein beworbenes Partnerunternehmen teilweise mit unlauteren Mitteln den Kunden gegenüber arbeitet, habe ich das entsprechende Programm sofort storniert und alle zugehörigen Werbelinks auf meinem Blog entfernt, nachdem eben dieses Partnerunternehmen nicht auf entsprechende E-Mail-Anfragen von mir reagiert hatte.

Partnerprogramm-Textlinks in meinen Artikeln werden ganz konsequent auch als »Werbelink« oder »Anzeigenlink« bezeichnet, ein Banner heißt auch Werbebanner und nichts anderes. Als ich dies auf allen Blogs und in allen (Werbe-)Beiträgen einführte – um die Befürchtungen einiger Affiliate-Blogger gleich wieder zu beruhigen –, sank die Konvertierungsrate übrigens in keiner Weise. Werbeaussagen der Unternehmen – wenn ich diese überhaupt verwende – setze ich in den Kontext eines Zitats und/oder erwähne die Urheberschaft beziehungsweise die Quelle. Überhaupt bin ich mit werbenden Worten sehr sparsam, es sei denn, ich kenne oder nutze das beworbene Produkt selbst und kann es nach meinem Wissensstand auch uneingeschränkt weiterempfehlen.

Auf meinem Blog veröffentlichte Erfahrungsberichte zu einzelnen Produkten – die ich dann auch in einem zugehörigen Affiliatebericht bewerbe oder erwähne – lasse ich stets von neutraler Stelle schreiben (etwa von Lesern über einen entsprechenden nicht-werblichen Blog-Wettbewerb) und betone dabei immer, dass eine solche neutrale Berichterstattung – negativ wie positiv – ausdrücklich erwünscht ist. Ich veröffentliche keine Individualtexte und auch nicht sonstige Botschaften, die aus der Feder des beworbenen Unternehmens selbst stammen, es sei denn, ich weise auf diesen Ursprung hin.

Dies alles ist übrigens nicht nur »fair« Ihrem Kunden (dem Blogleser) gegenüber, vor allem vermeiden Sie, dass Ihr Blog eines schönen Tages plötzlich aus dem Index von Google verbannt wird, weil Sie gegen deren Richtlinien verstoßen haben, jegliche Werbung auch deutlich sichtbar als solche zu kennzeichnen. Dann den entsprechenden Blog wieder erfolgreich in den Suchmaschinen zu platzieren, dürfte sehr, sehr schwer werden. Auch ein Mitbewerber des entsprechenden Partnerunternehmens könnte eine solche »Machenschaft« aufdecken und darüber verständlicherweise nicht sonderlich erfreut sein, was auch zu juristischen Konsequenzen führen könnte. Ich weiß, dass einige Blogger in diesem Zusammenhang auf recht umstrittene Methoden setzen und teilweise sogar mehr oder weniger offen zugeben, sich etwa mit dem Verkauf von Backlinks aus ihren Blogportalen heraus einen teilweise nicht unerheblichen Zusatzverdienst zum reinen Affiliate-Geschäft aufgebaut haben. Mehr oder weniger dubiose und manchmal auch gefährliche Tipps und Tricks machen dann die Runde, wie man einen solchen Handel möglichst anonym und maskiert vonstattengehen lassen kann. Ich persönlich finde derlei Methoden nicht nur bedenklich, was den »Bloggerkodex« bestmöglicher Transparenz angeht, sie wären mir schlicht und einfach auch zu gefährlich. Ein durch Linkverkauf oder -vermietung im Ranking abgestürztes Projekt wird sich wohl kaum mehr retten lassen. Deswegen werden Sie in diesem

Buch auch nichts zu vergleichbaren und in einer Grauzone befindlichen Blog-Linknetzwerken lesen. Und – wie Sie jedoch vor allem in den nächsten Kapiteln noch erfahren werden – »es geht auch ohne« sehr gut, und manchmal sogar viel besser und nachhaltiger.

Zum Thema Google: »Wie soll Google denn solche und ähnliche Verstöße gegen ihre Richtlinien bemerken?«, werde ich in diesem Zusammenhang ab und an gefragt. Nun, Sie dürfen nicht vergessen, dass die Suchmechanismen und Algorithmen zur Aufdeckung vergleichbarer Betrugsfälle bei den Suchmaschinenbetreibern immer ausgereifter werden. Schickt Ihnen etwa ein Unternehmen einen Text gegen Bezahlung und der darin befindliche Keyword-Linktext kommt plötzlich auf mehreren anderen Blogs ebenfalls vor (jeweils ohne gemäß den Richtlinien als NoFollow (siehe Kapitel 8.17) gekennzeichnet zu sein), wieso sollte dies nicht irgendwann auffallen, gerade wenn das entsprechende Unternehmen unter Umständen nicht gerade sonderlich geschickt bei seiner Linkkauf-Strategie vorgeht? Zudem sind mir selbst Fälle bekannt, bei denen Affiliate-Blogger – mutmaßlich von anderen, konkurrierenden Kollegen – auf solche Verstöße hin »angeschwärzt« wurden und deren Seiten daraufhin aus dem Index der Suchmaschine gestrichen wurden (bei Google kann man die beschriebenen und auch weitere Richtlinienverstöße manuell melden). Man sollte diese aus gutem Grunde aufgestellten Richtlinien und Empfehlungen der Suchmaschinenbetreiber also nicht auf die leichte Schulter nehmen.

Kapitel 3

Erfolgsmessung und Reporting

Ich weiß, dies ist nicht gerade das beliebteste Kapitel eines jeden IT- und Marketing-Sachbuchs. Und ich weiß, dass die meisten Leser an dieser Stelle schon begierig auf die ganzen Tipps warten, wie man den eigenen Blog denn nun noch erfolgreicher vermarkten kann. Und da komme ich tatsächlich noch mit dem trockenen Thema Reporting an?

Doch all diese Vermarktungsbemühungen werden leider nur dann fruchten – das ist die schlechte Nachricht –, wenn ich deren Erfolg (oder auch Misserfolg) von Anfang an nach ganz bestimmten Kriterien messe. Warum? Nun, nicht jeder der in diesem Buch folgenden Tipps wird immer und für alle Weblogs oder Corporate-Blogs funktionieren. Die Leser auf den `Blogprofis.de` bekommen von mir ständig bei allen möglichen Tipps zu hören: »Probiert es bitte einfach erst einmal aus.« Zu differenziert ist die Blogosphäre, zu unterschiedlich die Blogs, deren Themen und vor allem Ziele, zu variabel die einzelnen Leserschaften, als dass es für jede Blog-Marketingaufgabe ein stets und ständig funktionierendes Patentrezept gäbe (denn dann wäre wohl auch dieses Buch nicht notwendig gewesen).

Meine eigenen Blogs sind unter anderem nur deswegen so erfolgreich geworden, weil ich jegliche Designänderung, jedes neue Plugin, geänderte Benutzerführung, andere Position der Werbeblöcke etc. stets ausführlich betrachte und bemesse: Welche Kennzahlen haben sich durch die betreffende Maßnahme verändert? Und was bedeutet dies für meinen Blog, die Leser, die Reichweite sowie die Einnahmen? Ein Weblog ist somit einer ständigen Weiterentwicklung, aber auch stets fortlaufenden Zurücknahme von Prozessen und Implementierungen unterworfen, die sich nicht wie gewünscht oder gar negativ ausgewirkt haben. Um es einmal positiv auszudrücken: Als Blogbetreiber wird Ihnen wohl niemals langweilig werden.

Ich werde dabei nicht allzu sehr auf die einzelnen Werkzeuge zur Erfolgsmessung selbst eingehen. Zum einen würde dies wohl den Rahmen dieses Buchs sprengen, zum anderen gibt es hierfür deutlich besser geeignete Literatur wie »Web Analytics: Metriken auswerten, Besucherverhalten verstehen, Website optimieren« von Marco Hassler oder auch »Google Analytics« von Timo Aden. Erfahren werden Sie an dieser Stelle jedoch, welche Kennzahlen für den erfolgreichen Betrieb eines (Corporate-)Blogs besonders wichtig sind, und vor allem, welche Rückschlüsse man hieraus jeweils ziehen kann.

Auch im weiteren Verlauf der übrigen Kapitel werde ich immer wieder auf die eine oder andere dieser Kennzahlen zurückgreifen.

Tipp

Für umfangreiche Analysen eignet sich beispielsweise das sehr mächtige, kostenfreie und recht bekannte Google Analytics (`www.google.com/intl/de/analytics/`), das hinsichtlich der auszuwertenden Daten nahezu kaum Wünsche offen lässt, allerdings insbesondere in Deutschland im Visier der Datenschützer steht. Es sollte stets beobachtet werden, in welchem Rahmen der Einsatz dieser Werkzeugsammlung in Zukunft rechtlich zulässig sein wird, da hier noch mehrere entsprechende Rechtsverfahren anhängig sind (siehe Abschnitt 3.3).

Diese und weitere mögliche kostenfreie Reporting-Werkzeuge für Blogs stelle ich übrigens hier näher vor: `www.blogprofis.de/buch/wpstats` sowie `www.blogprofis.de/buch/kennzahlen`.

3.1 Die wichtigsten Blog-Kennzahlen

3.1.1 Besucher und Visits

Natürlich gehören die – beispielsweise monatlich betrachteten – Besuche, eindeutige Besucher (Achtung: Unterschied! Mehrere Besuche können natürlich von nur einem Besucher stammen) sowie die Seitenaufrufe (Visits) mit zu den wichtigsten Kennzahlen für alle Portalbetreiber und Webmaster.

Auch jeder Blogbesitzer möchte diese Zahlen nach und nach steigern. Sei es um mehr Leser für das eigene Anliegen zu gewinnen, mehr Einnahmen oder Leads zu generieren, bekannter zu werden, oder einfach nur, weil man natürlich auch daran interessiert ist, dass die mühsam erstellten Inhalte auch von irgendjemandem tatsächlich gelesen werden. Auch nach außen hin ist dies eine wichtige Kennzahl: Kooperationen lassen sich besser aufbauen, Werbepartner und Partnerprogramm-Betreiber leichter gewinnen sowie Gastautoren eher überzeugen, je höher diese Zahlen jeweils liegen.

Es gibt hier verschiedene Unterkategorien: Die Quelle, Herkunft und Art der Besucher gibt Auskunft darüber, ob Ihre Suchmaschinenmarketing-Strategie Erfolg hat oder nicht: Kamen diese Besucher über den Direktaufruf Ihres Blogs oder durch eine Suchmaschine zustande? Falls Letzteres, über welchen Suchanbieter genau und mit welchem Suchbegriff? Welche meiner Portalpartner vermitteln mir die meisten Leser, wo habe ich einen besonders lohnenswerten Link unterbringen können, welche eigene Werbeschaltung funktioniert am effektivsten? All dies sind wichtige Fragestellungen, deren Antworten man an der Entwicklung der genannten Kennzahlen festmachen kann, die unter anderem Tools wie Google Analytics liefern können. Es ist also nicht nur die reine Anzahl der Besucher von Interesse, sondern auch die jeweilige Herkunft. Habe ich ausschließlich Direktaufrufe von Stammlesern, so werde ich wohl meine Suchmaschinenstrategie noch weiter anpassen müssen und entsprechend in SEO-Maßnahmen (siehe Kapitel 9) investieren. Sind die Ergebnisse aus Suchmaschinen zufriedenstellend, aber es kommen nur sehr wenige Verweise von anderen (Blog-)Portalen, so sollte ich mich möglicherweise um neue Portal- und Link-Kooperationen kümmern, die mir zusätzliche Besucher einbringen.

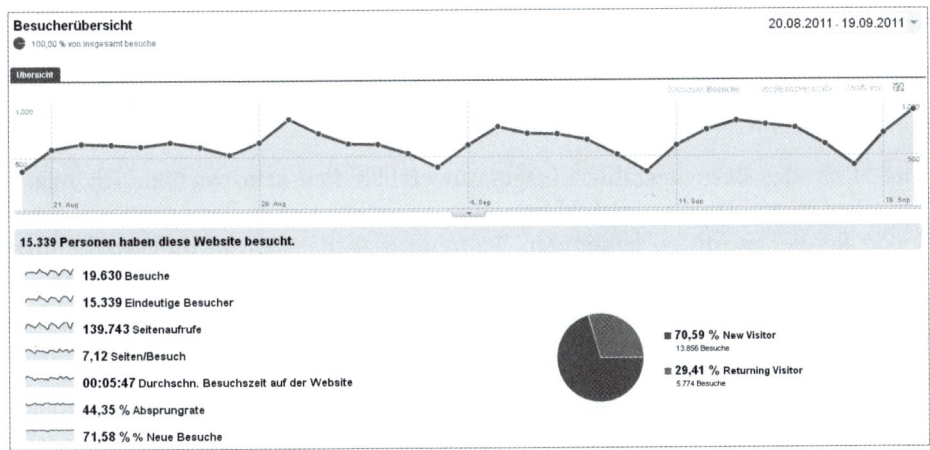

Abb. 3.1: Eine typische Monatsauswertung mit Google Analytics

Das Verhältnis der Besuche zu den Visits – oder auch Seitenaufrufe pro Besuch – ist ebenfalls ein wichtiges Indiz dafür, wie spannend neue Leser Ihre Inhalte finden und ob die Blog-Gestaltung selbst zum Verweilen auf Ihrem Portal einlädt oder nicht (dazu später mehr im Kapitel 4). Denn je mehr Blogartikel und sonstige Seiten ein Leser während seines Aufenthalts auf Ihrem Blog aufruft, umso mehr scheinen ihm dessen Inhalte zuzusagen. Was sind hierbei jedoch typische Werte? Dies hängt sehr vom jeweiligen Blog-Thema ab:

■ Bei einem reinen Affiliate-Blog kann ich unter Umständen schon mit einem durchschnittlichen Wert von um die 1,5 gelesenen Seiten je Besuch zufrieden sein. Denn zum einen kommen Besucher hier meist direkt von einer Suchmaschine und suchen ganz gezielt nach einem bestimmten Bericht beziehungsweise dem zugehörigen Anbieter. Hier kann es sogar wünschenswert und zielführend sein, dass er sich dann nicht noch unzählige weitere Artikel auf diesem Blog anschaut und sich damit eventuell von dem eigentlichen Ziel ablenken lässt: innerhalb des ersten gefundenen Artikels auf den dort gegebenenfalls vorhandenen Partnerprogramm-Link zu klicken und Ihnen damit die Chance auf einen entsprechenden finanziellen Gewinn zu ermöglichen.

■ Verdiene ich hingegen mein Blogger-Einkommen hauptsächlich mit Programmen wie Google AdSense (siehe Abschnitt 7.1), so soll der Besucher natürlich möglichst viele Seiten abrufen, da sich dann die Chance erhöht, dass er eine für sich passende Werbung angezeigt bekommt und diese aufruft. Gut gestaltete Blogs mit einem für die Leser sehr spannenden und vielleicht auch neuen Thema können dabei im Durchschnitt einen Wert von bis zu zehn Seitenaufrufen je Besuch und mehr erzielen. Auch für die sonstige Vermarktung des eigenen Blogportals ist die Generierung möglichst vieler Seitenaufrufe natürlich durchaus positiv zu werten, wie Sie später noch sehen werden.

Natürlich hat hierbei der Wert »Seitenaufrufe je Besuch« nicht nur eine rein monetäre Bedeutung. In einem Corporate-Blog möchten Sie natürlich ebenso erreichen, dass sich die Besucher möglichst intensiv mit Ihrem Blog und den dort veröffentlichten Inhalten auseinandersetzen. Bloggen Sie für einen Verein oder eine gemeinnützige Stiftung, so gilt üblicherweise das Gleiche.

Die Höhe der Besucherzahlen insgesamt verhält sich selbstverständlich relativ zum jeweiligen Thema des Weblogs, hier ist es schwierig, bestimmte zu erzielende Referenzwerte zu benennen. Während manche Spezial- und Nischenthemen bereits mit mehreren Tausend Besuchen pro Monat lukrativ betrieben werden können, benötige ich bei einem eher allgemeinen oder stark umkämpften Thema schon einmal mehrere zehntausend Besuche, um denselben Effekt erzielen zu können. Hier wird man wohl eher anhand der Positionierung in den Suchmaschinen erkennen können, wie ausbaufähig ein bestimmtes Blogthema besuchermäßig noch ist. Als ich mit einem meiner Blogportale mit dem wichtigsten Keyword bei Google auf Platz eins landete, so wusste ich in diesem Fall, dass die Anzahl der Besucher aus Suchmaschinen nicht mehr unendlich steigerbar war, sondern eine gewisse Sättigung erfahren hatte. In diesen Fällen bleibt dann meist nur noch die Möglichkeit, auf andere Besucherquellen zu setzen (etwa über Verweise aus anderen Portalen, Offline-Medien etc.) oder die Themenvielfalt zu erweitern, was sich dann wiederum negativ auf das so erfolgreiche ursprüngliche Keyword auswirken kann. Dann sollte man gut abwägen, ob es nicht eher Sinn macht, einen weiteren ähnlichen Blog aufzubauen.

Natürlich wird man wohl nur selten in den Genuss kommen, bei Google die Rangliste der Suchmaschinenergebnisse anzuführen. Landet man hier jedoch irgendwann im Laufe seiner Marketingbemühungen zumindest auf einem der vorderen Plätze, so kann man über die Verteilung der Besucher auf die einzelnen Positionen zumindest in etwa abschätzen, um welchen Faktor man die eigenen Besucherzahlen noch steigern könnte. So geht man davon aus, dass bis zu 60 Prozent der Besucher einer Suchmaschine nach Eingabe einer solchen Suche auf den ersten Eintrag der Ergebnisliste klicken, bis zu 15 Prozent auf Platz zwei, bis zu zehn Prozent auf Platz drei und um die maximal vier Prozent auf die Plätze vier bis sechs. Zumindest ungefähr könnten Sie in diesen Fällen also hochrechnen, wie das maximal mögliche Ergebnis auf Platz eins aussehen würde.

Auch wenn Ihnen dies natürlich immer nur für ein bestimmtes Keyword Orientierungshilfe bietet, so werden Sie die deutliche Mehrheit der Besucher wohl eh nur über ein, maximal zwei bis drei solcher und zugehöriger Keywords generieren. Ansonsten – belegt man eben keine dieser Positionen – bleibt alternativ wohl nur noch die Schätzung, wie viele Besucher ein bestimmtes Keyword generell bei Google monatlich erzielen kann. Wie man solche und ähnliche Kennzahlen ermittelt, werden Sie im Verlauf der folgenden Kapitel noch kennen lernen.

3.1.2 Besuchszeit, Absprungrate und neue Besuche(r)

Weiterführende Reporting-Tools erfassen auch diese Faktoren. Ähnlich wie die Anzahl der betrachteten Seiten je Besuch lässt natürlich auch die durchschnittliche Verweildauer einen Rückschluss darauf zu, wie »attraktiv« Ihr Blog insgesamt auf die Leser wirkt.

Denn klickt er sich bereits nach wenigen Sekunden wieder weg, so kann ich beispielsweise die falschen Keywords für meine SEO-Optimierung gewählt haben (das bedeutet: Der potenzielle Besucher suchte inhaltlich nach etwas ganz anderem als dem, was er dann über Google & Co. bei mir fand), das Design schreckt ihn ab – was durchaus vorkommen kann –, er fühlt sich mit Werbung überfrachtet (Stichwort Pop-ups und andere aufdringliche Werbeformen) oder die Inhalte waren schlicht nicht gut genug (mehr hierzu in Kapitel 5). Ganz ähnlich verhält es sich mit der Absprungrate als Kennzahl, also dem prozentualen Anteil von Zugriffen auf nur eine Seite beziehungsweise von Zugriffen, bei denen die Besucher Ihre Website bereits auf dieser Einstiegsseite wieder verlassen.

Die Anzahl der neuen Besucher – die also zuvor noch nie auf Ihren Blog zugegriffen haben, was man etwa mit so genannten Cookies feststellen kann – beziehungsweise deren Verhältnis zu den Gesamtlesern gibt hingegen insbesondere Aufschluss darüber, ob Ihr Blog-Erfolg hauptsächlich auf vielen Stammlesern beruht oder kontinuierlich wächst. Ersteres ist zwar sehr schön, zeigt aber gleichzeitig, ob ich nicht noch mehr in die Gewinnung neuer Leser aus anderen Portalen oder über neue Keywords investieren sollte.

> **Hinweis**
>
> Diese Zahlen können sich je nach Blog-Thema enorm unterscheiden, eignen sich also nicht immer zum direkten Vergleich. Während ich etwa bei einem erfolgreichen Finanzblog schon ab einer Minute Besuchszeit zufrieden sein kann, da der Leser aus den Suchmaschinen gleich findet, wofür er sich interessiert hat, so erreichen andere Themen wie beispielsweise mein Existenzgründerblog Mein-Startup.com Werte von bis zu zehn Minuten durchschnittlicher Besuchszeit und mehr. Auch dies hört sich noch nicht sonderlich hoch an; wenn man jedoch bedenkt, dass es sich hierbei um einen Durchschnittswert handelt, der auch alle

Besuchsabbrecher mitrechnet, so kann man mit einem ähnlichen Ergebnis sehr zufrieden sein.

Zum Teil korreliert die durchschnittliche Besuchszeit dabei natürlich auch mit der zuvor genannten Kennzahl »Seitenaufrufe je Besuch«. Um hierbei einen Trend erkennen zu können, ob die im späteren Verlauf noch erläuterten Maßnahmen zur Erhöhung der Besuchsdauer fruchten oder nicht, so hilft hierfür entweder die Betrachtung der zeitlichen Entwicklung der jeweiligen Kennzahl für jedes einzelne Blogportal weiter oder – sofern möglich – der Vergleich mit ähnlichen Blogs und Blogthemen.

3.1.3 Content-Verteilung

Sie schreiben in einem Ihrer Blogs beispielsweise über DSL- und sonstige Heim-Internetprovider, 80 Prozent der Besuche (und somit höchstwahrscheinlich auch der Werbeeinnahmen) macht jedoch ausgerechnet ein Artikel zum Thema »Mobiles Internet via UMTS« aus? Auch wird dieses Keyword »UMTS« in den Suchen Ihrer Besucher vor »DSL« bevorzugt? Dann sollte ich entweder die Ausrichtung meines Blogs überdenken oder zumindest möglichst zügig eine neue Kategorie mit entsprechenden Inhalten und zugehörigen Artikeln einrichten.

Die Betrachtung, auf welche Artikel und Inhalte sich meine Besucherströme verteilen – wobei handelt es sich um »lohnenswerte« Artikel und wobei nicht –, gehört mit zu den wichtigsten regelmäßigen Disziplinen eines jeden Bloggers, denn diese Verteilungen können sich im Laufe eines Blog-Lebens durchaus des Öfteren verändern. Dabei kann man folgende konkreten Messergebnisse mit einbeziehen:

- Über welche Themen beziehungsweise Keywords gelangen meine Besucher via Suchmaschine auf meinen Blog?
- Wonach suchen die Leser mittels meiner eigenen auf dem Blogportal eingebundenen Suchfunktionalität?
- Welche Inhalte sorgen regelmäßig für die meisten Besucher?
- Aber auch: Zu welchen Keywords/Inhalten lässt sich mittels der diversen Werbeprogramme am meisten verdienen?

Bis auf Letzteres sind all diese Erkenntnisse etwa mittels Google Analytics zu beziehen, die lukrativsten Themen hingegen kann ich bei Affiliate-Programmen über die Reportings der jeweiligen Partnerprogramm-Netzwerke erfahren, bei Google AdSense hilft hier leider meist nur das Herausfinden der lohnenswertesten Begriffe mittels des so genannten Section Targetings (siehe Abschnitt 7.1), oder aber über das Google AdWords Keyword Tool (mehr hierzu in Abschnitt 7.3).

Keyword	Besuche	% Besuche
partnerprogramme provision	274	1,82 %
blogprofis	168	1,12 %
partnerprogramm amazon adresse ändern	98	0,65 %
abgelaufene domains	82	0,54 %
platinum seo pack	81	0,54 %
blog beiträge schreiben lassen textbroker	73	0,48 %
seo texte schreiben	58	0,39 %
content.de erfahrungen	57	0,38 %
blog beispiele	53	0,35 %
blog consulting	51	0,34 %

Abb. 3.2: Beispiel einer Google-Analytics-Auswertung, über welche Suchbegriffe finden Google-Nutzer die Blogprofis.de?

Sie sollten sich hierbei stets vor Augen halten: Die meistgenannten Inhalte und Themen auf Ihrem Blog werden damit in etwa auch die entsprechende Keyword-Verteilung bestimmen, aus dieser hingegen ergibt sich, mittels welcher Begriffe Ihr Blog bei Google & Co. hauptsächlich gefunden wird, was wiederum Einfluss auf die bestmögliche Refinanzierung hat. Um am oben genannten Beispiel zu bleiben: Sucht die deutliche Mehrzahl Ihrer Blogbesucher nach UMTS-Lösungen, so können Sie wahrscheinlich noch so gute und interessante DSL-Werbemittel einbinden, der Erfolg wird eher gleich null bleiben.

3.1.4   Kommentare & Trackbacks

Nun zu einer der reinen Blog-Erfolgskennzahlen, denn die Visits und ähnliche Werte sind natürlich für jeden Portalbetreiber und Webmaster von Interesse, auch wenn sich etwa die Content-Verteilung bei einem Weblog naturgemäß besonders gut steuern lässt.

Wenn ich ein neues Blog-Projekt gestartet habe – was immer noch ab und an vorkommt –, so kann ich mittlerweile recht zuverlässig vorhersagen, wann dieses allmählich zu einem Erfolg wird oder ob ich das Ganze vielleicht nicht sogar besser wieder einstellen sollte. Und dies ganz ohne Zauberei und Hexenwerk. Die Kommentare und Trackbacks (also Verweise anderer Blogs auf einen meiner Artikel) auf meinem Portal gehören hierbei mit zu einem der wichtigsten Indikatoren für dessen Erfolg. Massenhaft Besucher zu generieren, mit welcher Methode auch immer, hilft mir nicht in jedem Fall weiter. Wenn diese Besucher auch bei mir bleiben, vielleicht wiederkommen, irgendwann zu Stammlesern werden und sich dann sogar interaktiv an meinem Blog beteiligen, erst dann habe ich mein eigentliches Ziel erreicht.

Auch hier sollte man natürlich differenzieren: Ein reiner Affiliate-Blog mit einem für den Leser nur kurzfristig interessanten Thema wird sich mit Kommentaren natürlich schwerer tun als der sehr gut besuchte Content-Blog zu einem Spezialthema, und dort geht es mir wahrscheinlich auch eher darum, den Besucher zu einem einmaligen Klick zu animieren, als einen neuen Dauerleser für mich zu gewinnen. Auch die Struktur beziehungsweise die Zusammensetzung meiner Leserschaft spielt für die Bereitschaft zum interaktiven Handeln eine nicht unerhebliche Rolle (sind die Leser blog- beziehungsweise internetaffin und damit überhaupt erst gewohnt, zu kommentieren, betrachten diese meine Artikel eher als Werbung, breit zugängliches Allgemeinwissen oder doch als dankbaren, exklusiven Tipp und so weiter).

Wieso freut sich jeder Blogger so sehr, wenn er merkt, dass allmählich regelmäßig die ersten Kommentare und Verweise eintreffen (abgesehen von Spam natürlich)?

Nun:

- Es ist ein Indiz dafür, dass ich mit meinem Blog auf dem richtigen Weg bin, einen »Nerv« bei meinen Lesern getroffen habe beziehungsweise mein Thema und meine Artikel tatsächlich Mehrwert generieren.

- Ich kann stets sehr viel aus Kommentaren und von Kommentatoren lernen, was die weitere Ausrichtung meines Blogs angeht.

- Gerade Stammleser schätzen den Austausch mit dem Blogbetreiber und anderen Lesern, fangen irgendwann an, Fragen in Kommentaren zu stellen und so weiter, wenn ich diese gewissenhaft beantworte, und werden somit ein wichtiger Bestandteil des gesamten Projekts.

- Im besten Fall entsteht aus diesem Verhalten gar eine eigene kleine Community, in der sich irgendwann die Kommentatoren untereinander austauschen, ohne dass ich mich als Autor jedes Mal beteiligen muss.

- Nicht zu unterschätzen: Google & Co. mögen diesen zusätzlichen, bei einem an sich starren Artikel regelmäßig neu auftauchenden und inhaltlich passenden Content – gerade bei aussagekräftigen und längeren Kommentaren – sehr.

Deswegen sollte man die Entwicklung dieser sehr Blog-spezifischen Kennzahl stets im Auge haben, und gegebenenfalls für deren stetigen Ausbau sorgen, siehe Kapitel 8.

3.1.5 RSS-, Twitter-, Facebook-Follower und mehr

Dies mag einem als Blogger gefallen oder nicht: Ohne die sozialen Netzwerke hat man es zumindest bei den meisten Blogthemen sehr schwer, erfolgreiches Marketing dafür zu betreiben. Die neuere Generation der Blogbetreiber ist wie selbstverständlich mit diesen neuen Medien aufgewachsen, doch ich selbst tat mich anfangs schwer, den wirklichen Sinn hinter einem eigenen Facebook-Kanal zu sehen, während mir Twitter und Google Plus von Anfang an deutlich zugänglicher erschienen.

Mittlerweile sollte man sich als Blogger jedoch auf alle wichtigen sozialen Netzwerke konzentrieren und dort präsent sein, wie Sie später in diesem Buch noch erfahren werden. Denn wurde man früher bei anstehenden Partnerschaften, Werbebuchungen etc. als Blogger eigentlich nur nach den typischen Kennzahlen der Reichweite (Besucher & Visits) gefragt, so wird man mittlerweile immer öfter um zusätzliche Informationen gebeten: Wie viele Twitter-Follower haben Sie? Und wie sieht es mit Facebook-Fans aus? Wie hoch ist die Anzahl der RSS-Abonnenten? Werden die Leser auch via Google Plus informiert? Einigen sind diese Schlagzahlen mittlerweile fast schon wichtiger als die traditionellen Besucherzahlen.

Der Grund hierfür ist: Blogger und entsprechende Blogbeiträge als Botschaftsträger von Unternehmen sind an sich nach wie vor extrem begehrt und werden dies auch in immer noch zunehmendem Maße (was man sich als Blogbetreiber zunutze machen kann, wobei man sich jedoch auch stets vor Missbrauch dieses Faktors schützen sollte, wie Sie später noch erfahren werden). Doch ebenso sind Partner, Werbeschaltende, Gastautoren und Ähnliche immer mehr daran interessiert, zusätzlich gleichzeitig auch die für sie sehr interessanten Kanäle wie Facebook und Twitter zu erreichen, gerade weil die direkte Ansprache dieser Kanäle in den meisten Fällen als ernst zu nehmende Möglichkeit ausscheidet und hier ein indirektes Empfehlungsmarketing deutlich mehr Chancen auf eine positive sowie nachhaltige Verbreitung verspricht.

Blog-Marketing ist heutzutage also immer auch gleichzeitig Social-Network-Marketing, von daher sollte man ein Auge auf die genannten Kennzahlen beziehungsweise deren Entwicklung werfen, auch hier werden Sie im Verlauf dieses Buchs noch erfahren, wie man diese weiter ausbauen kann. Das Gute an dieser Tatsache: Die meisten sozialen Netzwerke liefern diese Zahlen im entsprechenden Benutzeraccount oder gar öffentlich genannt gleich mit, so dass Sie keine aufwendige externe Reportingfunktionalität hierfür aufbauen müssen.

3.1.6 Keywords

Ein nicht ganz einfaches, aber wichtiges Thema, wie ich bereits kurz angedeutet hatte. Natürlich schreibe ich keinen Blog nur deswegen, um ihn mit bestimmten Keywords besonders gut bei Google zu positionieren (es sei denn, ich betreibe einen reinen SEO-driven-Affiliate-Blog). Trotzdem kann es nicht schaden, etwa in den kostenlos verfügbaren Webmaster-Tools von Google (`www.google.com/webmasters/tools/`) ab und an zu betrachten, mit welchen Schlüsselwörtern ich hauptsächlich bei der Suchmaschine gelistet bin.

Ein kleines Beispiel: Als ich noch relativ Blog-unerfahren war, betrieb ich ein kleines Portal namens »`seoperlen.de`«, in dem ich regelmäßig auf gute Quellen aus dem Bereich SEO & SEM (siehe Kapitel 9) verwies. Natürlich brauchte ich mich bei diesem Domainnamen nicht zu wundern, wenn die eingebundenen Google-AdSense-Werbeblöcke trotz einiger Kniffe und Versuche (die Sie in Abschnitt 7.1 kennen lernen) immer noch ab und an Werbung für gewisse Schalentiere und deren Inhalte (nämlich »...perlen«) ausgaben. Ein Blick in die Keywords zeigte zudem, dass ich den Namen meines Blogs einfach auch inflationär innerhalb der Seiten und Inhalte zum Einsatz brachte. Nachdem ich das Wort »Seoperlen« bei einigen neuen Artikeln ganz einfach vermied und mich dafür auf andere interessante, passendere und vor allem lukrativere Keywords konzentrierte, so war dieser Makel schnell behoben.

Die Einnahmen meiner Affiliate-Blogs konnte ich nicht zuletzt deswegen deutlich optimieren, weil ich die meistverwendeten Keywords anhand der lukrativsten Partnerprogramm-Produkte steuerte, also etwa im Finanzbereich schlicht und einfach mehr Inhalte zu den Themen »Festgeld« statt »Tagesgeld« zusteuerte, oder das weniger umkämpfte »Bankkonto« statt dem »Girokonto« bevorzugte, was jedoch bei jedem Blog unterschiedlich aussehen kann und von daher einzeln untersucht und ausprobiert werden sollte.

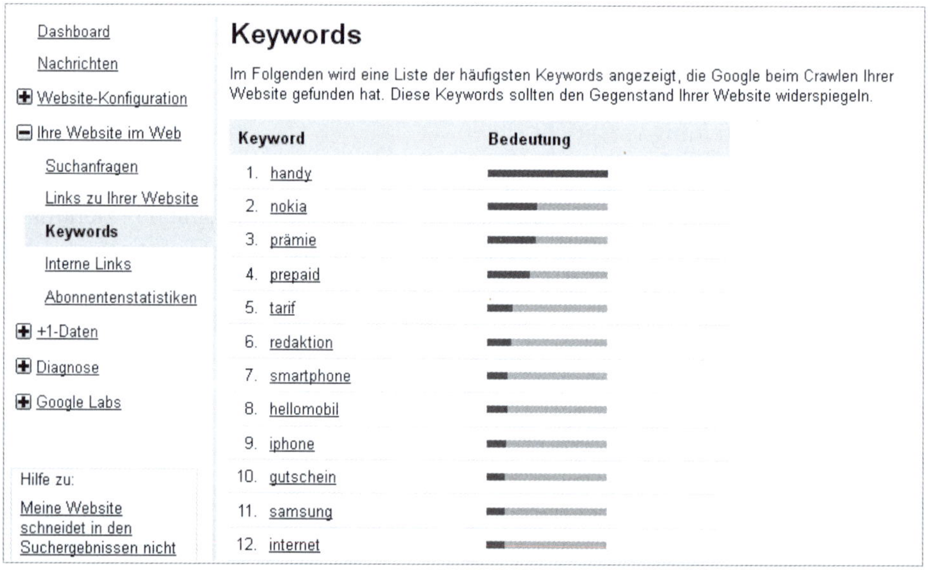

Abb. 3.3: Übersicht über die wichtigsten Keywords in den Google-Webmaster-Tools

Doch nicht nur für Werbetreibende sind diese Keywords und deren Verteilung sehr wichtig. Auch mit Ihrem Corporate-Blog wollen Sie möglichst über bestimmte Schlüsselwörter bei Google gefunden werden, und über andere vielleicht auf keinen Fall. Stellt Ihr Unternehmen Software für Anwaltskanzleien her, so wollen Sie natürlich nicht über die Suche »Anwalt« gefunden werden, der

Fokus liegt hier dann wohl eher auf »Kanzleimanagement«, »Aktenverwaltung«, »Software«, »CMS« oder was auch immer.

Mit der Beobachtung Ihrer Keywords – und dementsprechender Gestaltung der textlichen Inhalte – können Sie diesen Effekt durchaus aktiv mitgestalten, ohne dies natürlich zu übertreiben (was Google missfallen könnte). Denn wie Sie im Kapitel »Content« noch sehen werden, darf diese Keyword-Optimierung niemals zu Lasten einer möglichst natürlichen Textgestaltung gehen.

3.1.7 Werbekennzahlen – CTR, CPM & Co.

Gerade wenn Sie den Blog über jegliche Werbeschaltung refinanzieren – von Google AdSense über selbst vermarktete Werbeflächen bis hin zu Affiliate-Bannern und -Links –, so sollten Sie zudem die wichtigsten Internetmarketing-Kennzahlen des eigenen Portals im Auge behalten, um die eigene Werbestrategie stets den aktuellen Bedingungen anpassen zu können und damit Ihre Einnahmen zu maximieren.

So die CTR (Click-Through-Rate beziehungsweise Klickrate): Wie oft wird von den Lesern auf Affiliatelinks, Werbeeinblendungen etc. geklickt? Wo sind hierbei – unabhängig von der Attraktivität der jeweiligen Werbemittel und dahinterliegenden Landingpages – Optimierungsmöglichkeiten erkennbar? Kann ein Link noch besser positioniert, noch deutlicher hervorgehoben werden? Welche Positionen auf dem Blog sind für meine Bannerflächen am vielversprechendsten?

Aus AdSense kennen Sie vielleicht noch eine weiterreichende Kennzahl, den CPM (dort eCPM) genannt: »Cost-per-1000-Impressions«. In Ihrem Fall als Affiliate oder Publisher stellt dieser nicht die Kosten, sondern die Einnahmen pro 1000 Impressionen Ihres Weblogs dar.

Seitenimpressionen	Klicks	Seiten-CTR	Seiten-eCPM [?]	Geschätzte Einnahmen
146.627	1.148	0,78%	3,38 €	495,42 €
108.143	347	0,32%	1,15 €	124,22 €
59.862	258	0,43%	1,62 €	96,96 €
5.347	77	1,44%	10,12 €	54,14 €
126.060	139	0,11%	0,42 €	53,20 €
6.032	79	1,31%	7,23 €	43,62 €
719	20	2,78%	18,90 €	13,59 €
2.094	45	2,15%	6,48 €	13,56 €
1.558	27	1,73%	8,62 €	13,42 €
2.854	21	0,74%	4,07 €	11,62 €
888	10	1,13%	12,55 €	11,15 €

Abb. 3.4: Beispielauswertung der Kennzahl eCPM bei Google AdSense

Dieser CPM bindet also sämtliche Faktoren (die Attraktivität der jeweiligen Werbeeinbindung für die Leser, die Höhe der Vergütung je Klick/Lead/Sale, Anzahl der erfolgreichen Verkäufe etc.) ein und zeigt Ihnen quasi, wie effektiv ein Werbelink in einem Artikel oder eine Bannerschaltung in der Sidebar tatsächlich ist. Bei Google AdSense werden diese Kennzahlen automatisch ermittelt, aber auch die meisten Partnerprogramm-Netzwerke bieten eine solche oder vergleichbare Kennzahlen, wobei hier eventuell noch die Stornoquote von nicht vergüteten Leads mit herausgerechnet werden muss.

Warum sollte ich nun diese Zahlen für meine Blogs sowie sogar die einzelnen Werbeflächen kennen? Weil diese durchaus positiv beeinflussbar sind. Sei es ganz einfach durch die Wahl eines anderen, passenderen oder lukrativeren Werbepartners oder, wie erwähnt, durch Umgestaltung beziehungsweise Neupositionierung der Anzeigenflächen und vieles mehr, was ich in den kommenden Kapiteln als Möglichkeiten noch behandeln werde. Manchmal reichen hier erfahrungsgemäß schon kleinere Veränderungen aus, um den Blog-Umsatz um zweistellige Prozentsätze und mehr positiv beeinflussen zu können. Und gerade wenn Sie mit mehreren Anzeigentechniken und -quellen arbeiten, sollten Sie hierbei stets gut die jeweilige Effizienz vergleichen, weil sich die entsprechenden Werte im Laufe der Zeit durchaus deutlich verändern können, sowohl nach »oben« als leider auch nach »unten«.

3.2 Wie erkenne ich positive, aber auch negative Trends, und wie reagiere ich darauf?

Die meisten Analysetools für Internetportale und Blogs bieten ausführliche grafische Ausgabemöglichkeiten. Diverse Kurven, Charts und mehr lassen dabei sehr schnell erkennen, in welche Richtung sich einzelne Kennzahlen bewegen. Meist ist hier insbesondere die mittel- und langfristige Beobachtung besonders interessant. Wobei man natürlich auch auf kurzfristige Peaks – egal ob nach oben oder unten – sofort reagieren sollte, etwa wenn der Besucherstrom von Google durch einen Fehler in der Indizierung abreißt oder Ähnliches.

Nicht nur im Ernstfall, gerade auch bei positiven Peaks sollte man die zuvor benannten Kennzahlen auf diesen einzelnen Tag hin herunterbrechen, um analysieren zu können, woher etwa neue Besucherströme stammen. So könnte von einer mir bislang unbekannten Webseite ein neuer, wichtiger Link zu meinem Blog gesetzt worden sein, woraus sich möglicherweise eine längerfristige Zusammenarbeit mit demjenigen Portal aufbauen lässt. Oder ein neu veröffentlichter Artikel enthielt ein bislang nicht genutztes Keyword oder eine Keyword-Kombination, die ich weiter ausbauen kann, ich bekomme viele (neue) Besucher aufgrund einer bestimmten Twitter-Weiterempfehlung und Ähnliches mehr.

Haben Sie hingegen kein eigenes Analysewerkzeug zur Hand, so kann man für die wichtigsten Kennzahlen aber auch zu ganz einfachen Methoden greifen und

3.2

Wie erkenne ich positive, aber auch negative Trends, und wie reagiere ich darauf?

sich eine eigene Verlaufstabelle mit der Übersicht der persönlich relevanten Merkmale zusammenstellen, indem man die Besucherzahlen (die man beispielsweise von seinem Provider erhalten kann) sowie die dabei auftretenden Peaks mit den jeweils auslösenden Faktoren in einer schlichten Excel-Tabelle pflegt, sollte man über keine andere Reportingmöglichkeit verfügen.

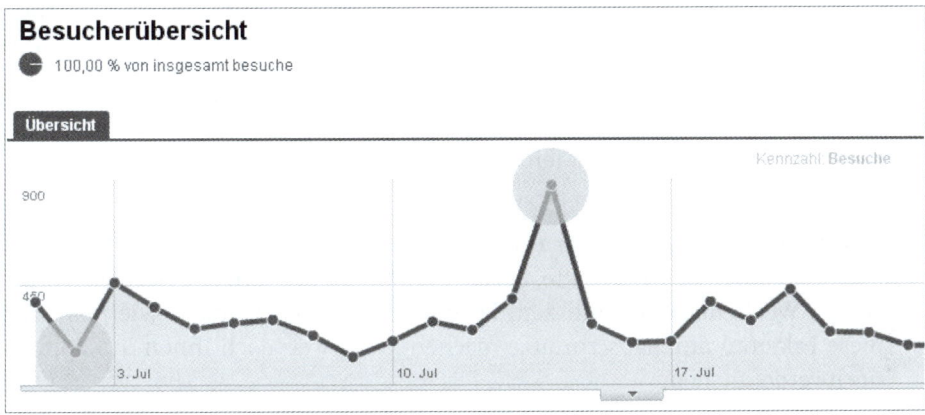

Abb. 3.5: Solche positiven, aber auch negativen Spitzenwerte sollte man sich ganz genau anschauen. Welche Ereignisse haben mutmaßlich zu diesen Peaks geführt? Wie lassen sich die positiven Effekte in Zukunft wiederholen, negative hingegen verhindern?

Gerade wenn man mit mehreren Affiliate-Netzwerken zusammenarbeitet, so wird dies alleine aufgrund der doch sehr unterschiedlichen Reportingmöglichkeiten oft recht schnell notwendig, es sei denn, man arbeitet mit einem Meta-Netzwerk (siehe beispielsweise den Anbieter www.affiliate-dashboard.de) oder aber eigenen Reportingmitteln.

Doch wie reagiere ich nun?

Egal ob man positive oder negative Trends im Rahmen einer beliebigen Kennzahl feststellen kann, am Anfang steht zunächst die möglichst ausführliche Analyse: Welche Faktoren beeinflussen (mutmaßlich) diesen Wert? Welche Änderungen gab es vielleicht in jüngster Zeit an meinem Blog? Deuten Werkzeuge wie die Google-Webmaster-Tools auf einen zu behebenden Fehler in der Programmierung hin? Funktionieren alle Features und Links auf dem Weblog so wie vorgesehen? Gibt es ein externes Problem etwa bei einzelnen Affiliate-Partnern? Oder – im positiven Fall – hat ein anderes Portal oder sogar eine Offline-Medienquelle in den letzten Tagen über mich berichtet?

Leider gibt es unzählige und auch extrem unterschiedliche Faktoren, welche die Blogkennzahlen (Besucher & Einnahmen) doch oft mehr beeinflussen können, als man denkt. Mit der Zeit werden Sie in diesen Dingen immer routinierter und wissen oft sehr schnell, in welchen »Ecken« Sie zu suchen haben. So wunderte ich mich jüngst an einem für mich ganz normalen Arbeitstag über die extrem geringe Anzahl an Werbeklicks, aber auch E-Mail-Anfragen, die ich für meine Blogs erhielt. Bis mir bewusst wurde, dass sich mehr als halb Deutschland an diesem Tag in einem Feiertag und dazu noch einem verlängerten Wochenende befand, von dem just mein eigenes Bundesland ausgeschlossen war. Und sogar während der Fußballweltmeisterschaft 2010 war dieser Effekt deutlich zu erkennen: An Tagen mit Spielen unter Beteiligung der deutschen Nationalmannschaft brachen die Werbeeinnahmen der meisten Blogs noch weit deutlicher ein als während der sonstigen Spielzeit.

Hier eine beispielhafte und daher nicht komplette Liste von Faktoren, die die Erfolgskennzahlen eines Blogs temporär oder manchmal auch nachhaltig beeinflussen können:

- Externe Faktoren wie Wetter (im Sommer habe ich bei gutem Wetter meist abends deutlich mehr Zugriffe, bei schlechtem Wetter verteilt es sich gleichmäßiger), Wochentage, Urlaubszeit, Feiertage und sogar Uhrzeit. Wie man sich diese Faktoren durchaus zunutze machen kann, werde ich Ihnen in Kapitel 8 noch verdeutlichen.

- Erreichbarkeit und gegenwärtige Performance des Blogs, momentane Qualität des Webspace (Stichwort Shared Hosting, das heißt, mehrere voneinander unabhängige Internetportale teilen sich den gleichen Server oder die gleiche IP-Adresse), manchmal sogar Engpässe bei den Suchmaschinenbetreibern und Ähnliches mehr.

- Änderungen im Layout oder technischen Einzelheiten des Blogs, Verfügbarkeit externer Dienste wie der Affiliate-Anbieter.

- Natürlich die momentane Positionierung bei Google und anderen Suchmaschinenbetreibern, prominente neue Verlinkungen, nach wie vor der Page-Rank (eine Art Bewertung beziehungsweise Index der Seitenpopularität einer Internetseite) etc.

- Bedeutsamkeit des jeweiligen Blog- oder Artikelthemas im momentanen Tagesgeschehen. Ein Geschenkeblog dürfte üblicherweise vor Weihnachten einen deutlichen Peak nach oben haben, mein Existenzgründerblog läuft interessanterweise bei schlechten Arbeitsmarktzahlen meist besser als bei positiven.

- Ähnlich: Derzeitige Attraktivität eines für Ihren Weblog wichtigen Suchbegriffs aufgrund von Medienereignissen. Schaltet etwa ein bedeutender Affiliate-Partner für einige Tage verstärkt TV-Werbespots, so spürt man dies unter Umständen durchaus in den entsprechenden Einnahmen.

- Momentane Keywordverteilung und -dichte des Blogs.

- Anzahl beziehungsweise Frequenz der veröffentlichten Artikel (bei vielen Stammlesern, Twitter-Abonnenten etc. korreliert die Besucheranzahl oft sehr deutlich mit der Zahl der neuen Artikel in einem bestimmten Zeitraum).

- Die virale Verbreitung eines Themas und Beitrags in sozialen Netzwerken, die momentane Anzahl der Follower und so weiter.

- Momentan auf dem Blog durchgeführte Teaser-Aktionen wie Gewinnspiele, Wettbewerbe und ähnliche.

- Die derzeitige Positionierung sowie beitragsmäßige Aktivität der »konkurrierenden« Internetportale sowie Blogs u.v.m.

Hat man somit den oder die entscheidenden Faktoren ausgemacht, so kann man (hoffentlich) entsprechend reagieren oder bei unbeeinflussbaren Kriterien eben manchmal auch leider nur auf Besserung warten.

Bei Ausschlägen nach oben hin sollte man wie bereits erwähnt auf jeden Fall den gleichen »Fleiß« in der Analyse an den Tag legen wie bei Einbrüchen der Besucherzahlen und/oder Werbeeinnahmen. Schließlich besteht zu diesem Zeitpunkt oft die meist einmalige Gelegenheit zu lernen, welche Faktoren denn wirklich am nachhaltigsten meinen Blog-Erfolg verändern können (je nach Weblog können diese nämlich sehr unterschiedlicher Natur sein, wie Sie im weiteren Verlauf noch feststellen werden).

Tipp

Der genannte Faktor der Wochentage und sogar der Uhrzeit ist durchaus nicht zu unterschätzen. So würde ich bestimmte Kampagnen oder lohnenswerte beziehungsweise für mich und meinen Blog wichtige Artikel immer nur zu bestimmten Zeiten schalten, wie ich in Kapitel 8 noch näher erläutern werde.

3.3 Hilfsmittel für das Reporting

Hier möchte ich nur einen kurzen Einblick liefern und dafür auf weiterführende Seiten oder Quellen verweisen, da die meisten Leser sicherlich das eine oder andere Werkzeug bereits im Einsatz haben.

3.3.1 Die Google-Tools

Wie bereits erwähnt, arbeite ich sehr gerne mit Google Analytics sowie den Google-Webmaster-Tools. Da es zumindest bei Analytics derzeit eine immer wieder einmal aufflammende Diskussion bezüglich der Datenschutzthematik gibt, sollte man diese unbedingt im Auge behalten. Zumindest gilt es dabei, sich so weit wie möglich über die Datenschutzerklärung des eigenen Blogs abzusichern (dies wird etwa hier erläutert: www.google.com/intl/de_ALL/analytics/tos.html – Punkt 8, Datenschutz).

Der Vorteil der Google-Tools: Hier finde ich fast sämtliche der beschriebenen Kennzahlen in einem sehr mächtigen Werkzeug wieder, kostenlos und mit tollen grafischen Darstellungsmöglichkeiten. Mein morgendlicher Blick gilt in aller Regel zunächst meinem Google-Analytics-Account, um dort je Portal auf einen Blick erkennen zu können, ob ich bei einem einzelnen Weblog reagieren muss oder aber mich über einen neuen Rekord freuen darf.

Übersicht über Radar-Ereignisse

Automatische Benachrichtigungen | Benutzerdefinierte Benachrichtigungen

	Kennzahl	Segment	Zeitraum	Datum	Ändern	Wichtigkeit ↓	
1.	Durchschn. Besuchszeit auf der Website	Keyword: geschäftsidee	Täglich	08.09.2011	69 %	■	Details
2.	Durchschn. Besuchszeit auf der Website	Quelle: (direct)	Täglich	02.09.2011	125 %	■	Details
3.	Durchschn. Besuchszeit auf der Website	Land/Gebiet: Germany, Region: Berlin	Täglich	10.09.2011	82 %	■	Details
4.	Besuche	Land/Gebiet: Germany, Region: Baden-Württemberg	Wöchentlich	11.09.2011 - 17.09.2011	31 %	■	Details
5.	Durchschn. Besuchszeit auf der Website	Land/Gebiet: Germany, Region: Niedersachsen	Täglich	11.09.2011	94 %	■	Details
6.	Durchschn. Besuchszeit auf der Website	Land/Gebiet: Germany, Region: Bayern	Täglich	02.09.2011	86 %	■	Details
7.	Absprungrate	Alle Zugriffe	Täglich	26.08.2011	15 %	■	Details
8.	Seitenaufrufe	Keyword: geschäftsidee	Täglich	15.09.2011	81 %	■	Details
9.	Besuche	Land/Gebiet: Germany, Region: Hessen	Wöchentlich	14.08.2011 - 20.08.2011	39 %	■	Details
10.	Durchschn. Besuchszeit auf der Website	Land/Gebiet: Germany, Region: Bayern	Täglich	01.09.2011	70 %	■	Details

Zeilen anzeigen: 10 ▼   Gehe zu: 1   1 - 10 von 104 ‹ ›

Abb. 3.6: Im Abschnitt »Radar-Ereignisse« bildet Google Analytics sogar bestimmte Peaks auf lokaler oder zeitlicher Ebene zur tieferen Analyse ab.

Mit den Google-Webmaster-Tools hingegen sind mir schon zahlreiche Fehler etwa in der unsauberen Programmierung oder Indizierung meiner Portale aufgefallen, die mir ansonsten – wenn überhaupt – erst sehr viel später und mit deutlich negativeren Auswirkungen begegnet wären. Details zu solchen Fehlerevaluationen werde ich Ihnen im weiteren Verlauf noch erläutern

Tipp

Möchte man auf den Einsatz von Google Analytics nicht verzichten, so gibt es hierfür eine Möglichkeit, dessen Verwendung zumindest ein wenig hinsichtlich der in der Öffentlichkeit diskutierten Datenschutzbedenken zu optimieren, etwa durch eine Teil-Anonymisierung der durch Google gespeicherten IP-Adressen. Weiterführende Ausführungen sowie eine technische Anleitung hierzu findet sich unter anderem unter www.sociotech.org/datenschutzrichtlinien-google-analytics-fur-wordpress/.

3.3.2   Weitere Möglichkeiten

Speziell für WordPress gibt es zudem das Tool WordPress.com Stats oder auch WP Stats genannt (http://wordpress.org/extend/plugins/stats/, nicht zu verwechseln mit einem deutlich älteren Plugin mit sehr ähnlichem Namen), das zwar deutlich weniger Kennzahlen als Google Analytics bereitstellt, aber dennoch einen guten Überblick zu den wichtigsten Faktoren eines Blogs bietet. Auch einfache Verlaufskurven werden dort geboten, die direkt in die WordPress-Admin-

Oberfläche integrierbar sind und somit bei jedem internen Blogaufruf überprüft werden können. Enthaltene Kennzahlen sind dabei:

- Die Visits inklusive grafischer Verlaufsstatistik je Tag, Woche und Monat
- Wichtige verlinkende Besucherquellen (Referrer) der letzten Tage
- Eine Übersicht der am meisten aufgerufenen Seiten und Beiträge
- Die meistgeklickten, nach außen gehenden Links auf dem Blog: schön, um eine Übersicht zu gewinnen, welche Kooperationen und Linkeinbindungen sich denn für andere Blogger und Partner besonders gelohnt haben
- Die Top-Suchmaschinenbegriffe und -Keywords, über welche die Besucher zu Ihrem Blogportal gefunden haben
- Eine Übersichtsstatistik über die Gesamt-Visits (seit Einbindung des Plugins) oder den Traffic-stärksten Besuchertag

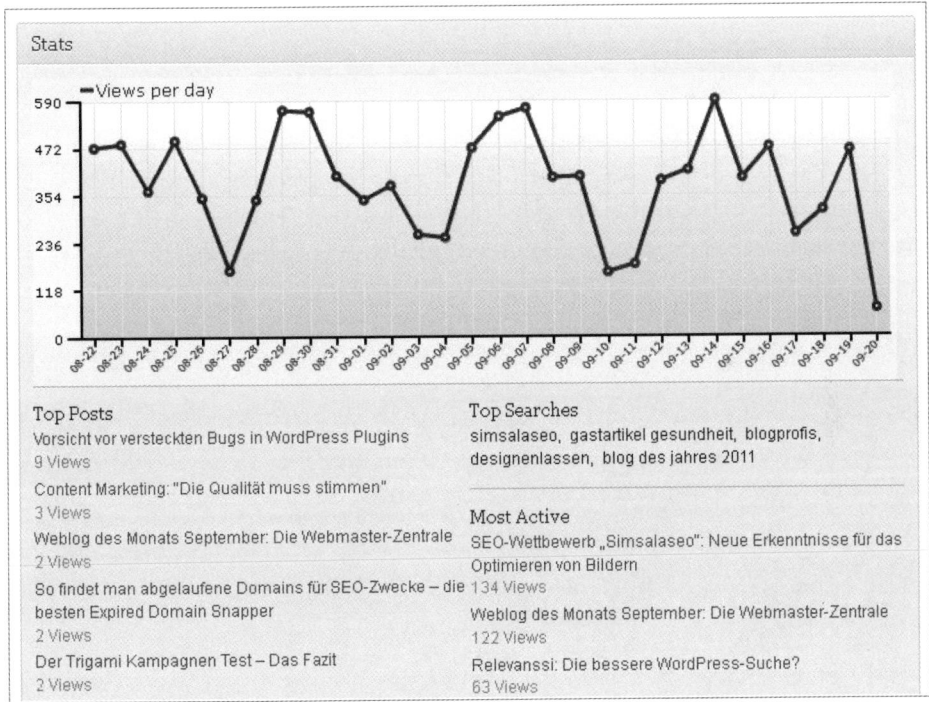

Abb. 3.7: Teil einer Tagesauswertung von WP Stats

Damit bietet WordPress.com Stats doch immerhin eine Übersicht der wichtigsten Erfolgskriterien und Kontrollmechanismen. Möchte man hingegen lediglich eigene Anzeigenblöcke in ihrer Effektivität mit Page Impressions und Klicks kontrollieren (oder aber man benötigt ein Reporting für das anzeigenschaltende Unternehmen beziehungsweise deren Werbeagentur), so helfen oft kleinere WordPress-

Plugins wie etwa AdRotate weiter, das ich beispielsweise hier näher getestet habe: www.blogprofis.de/buch/adrotate.

Nicht zu vergessen – wie bereits erwähnt – die einzelnen proprietären Analysewerkzeuge der Werbenetzwerkbetreiber. Komme ich mit deren – zum Teil sehr guten – Zahlenwerken aus, so habe ich natürlich zwei entscheidende Vorteile: Ich habe keine eigene Installation, welche die Performance meines Blogs beeinträchtigt, und der Datenschutzaspekt liegt zumindest nicht mehr unmittelbar bei mir. Auf die Reporting-Funktionalitäten einzelner Partnerprogramm-Netzwerke werde ich unter anderem in Abschnitt 7.2 noch näher eingehen. Auch auf Tools zur Messung einzelner Kennzahlen aus dem Bereich der Suchmaschinenoptimierung (SEO) komme ich noch zu sprechen, vergleichbare Kennzahlen wie die Anzahl und Art der eingehenden Links auf ein Blogprojekt sind insbesondere deswegen so wichtig, da diese unter anderem bestimmen, wie erfolgreich Ihr Blog in den Suchergebnislisten bei Google & Co. positioniert werden kann.

Teil II

Die drei Säulen erfolgreicher Weblogs

In diesem Teil:

Im Laufe meiner Arbeit mit zahlreichen eigenen, aber auch externen Blogs konnte ich natürlich einiges an Erfahrung sammeln, was bei einem guten Blog »funktioniert« und was nicht. Interessanterweise waren die meisten dieser Erfahrungen vollkommen unabhängig von den doch teilweise recht unterschiedlichen Blog-Themenschwerpunkten. Denn egal ob Corporate-, Privat-, Business- oder Affiliate-Blog, unabhängig, ob ich über Internetthemen, die Geschäftswelt, Finanzen, Lifestyle, Energie, Mobilfunk oder das Bloggen selbst schrieb, die Mechanismen, die zu möglichst erfolgreichen Besucher- und/oder Einnahmezahlen führten, waren eigentlich stets die gleichen.

Und sie waren zudem zumeist drei wesentlichen Kategorien zuzuordnen: zum einen dem Design und der Gestaltung meiner Blogs, zum anderen natürlich und vor allem den Inhalten, dem Content, sowie nicht zuletzt den unterschiedlichsten Marketingmaßnahmen, von denen ich in diesem Buch berichten möchte. In genau diese drei Themenbereiche ist dieses Kapitel denn auch strukturiert, so dass Sie als Leser auch nach Lektüre dieses Buchs immer wieder auf jene der Säulen zurückgreifen und daran optimieren können, die gerade zu ihrer ganz persönlichen »Baustelle« oder auch Spielwiese geworden ist.

Und eines wird Ihnen hier immer wieder begegnen: Erfolgreich Bloggen hat sehr viel mit Experimentieren zu tun. Trotz der sich stets überschneidenden und immer wieder ähnlichen Erfolgsfaktoren können diese bei jedem einzelnen Blog sehr unterschiedlich ausgeprägt und vor allem einzusetzen und zu optimieren sein. Auch die jeweilige Gewichtung der drei Säulen mag je nach Art des Blogprojekts unterschiedlich ausfallen. Kommt es bei einem Affiliate-Blog vielleicht weniger auf das ausgeklügelte Webdesign-Gesamtbild an und dafür mehr auf optimierte Inhalte, so wird der Lifestyle- oder Modeblog nicht um ein schickes Äußeres herumkommen, ohne sich unglaubwürdig zu machen. Und im Corporate-Blogbereich ist die Herausforderung wohl mit am größten, erwartet man dort als Leser doch meist zu Recht, dass alle drei Faktoren möglichst stimmig gestaltet sind und entsprechend berücksichtigt wurden.

Kapitel 4

Design

Mit dem Begriff »Design« ist in diesem Abschnitt jegliche Gestaltung eines Weblogs gemeint, von den einzelnen grafischen Elementen (die Logos, Symbole, Hintergründe etc.) bis hin zur Seitenstruktur, vom Einsatz und der Häufigkeit von Bildern über eine einheitliche Bildsprache insgesamt bis hin zu effizient gestalteten Blog-Landingpages, von Call-to-Action-Elementen bis hin zum möglichst performanten Aufbau.

Warum ist denn das Design so wichtig, werden sich vielleicht einige Leser fragen? Mein Blog funktioniert doch seit Jahren ganz gut, ohne dass ich je Wert auf ein in allen Feinheiten optimiertes Erscheinungsbild meines Projekts gelegt hätte?

Es gibt darauf eine ganz einfache und wohl auch überzeugende Antwort. Meinen ältesten Blog – das Existenzgründerportal www.meinstartup.com – unterzog ich Anfang 2011 einem kompletten Re-Design. Und obwohl das vorherige Layout keinesfalls »hässlich« war und ich mit der Besucherentwicklung insgesamt sehr zufrieden sein konnte, brachte mir alleine diese Umgestaltung und die damit zusammenhängenden Maßnahmen ein nochmaliges Leser- und Umsatzplus von bis zu 50 Prozent. Fast genauso gute Steigerungsraten erzielten kurze Zeit später die Umstellung der Design-Templates auf meinen Finanz- und Affiliate-Blogs www.topkonto.de und www.top-strom.com. Seit diesem Zeitpunkt muss mich kein Designer oder Grafiker mehr davon überzeugen, wie wichtig diese Außenwirkung selbst für kleinere Internetportal-Projekte ist.

Ein professionell wirkendes Blogdesign wirkt sich unter anderem positiv aus auf:

- Die Verweildauer sowie die Seitenaufrufe der Besucher (und damit indirekt natürlich auch auf den potenziell möglichen Umsatz)
- Eine geringere Abbrecherquote, also auf jene Besucher, die eine Webseite nach Aufruf innerhalb von wenigen Sekunden wieder verlassen
- Ich erhalte mit einem optimierten Blogdesign stets mehr Empfehlungen/ Follower/Kommentare etc.
- Aus diesen Nebeneffekten, aber sogar aus dem optimierten Layout selbst kann ein deutlich besseres Suchmaschinenranking resultieren.
- Ich habe eine höhere Wirksamkeit und mehr Zusagen für meine eigenen, ausgehenden Kooperationsanfragen.

- Genauso jedoch ist oft ein Anstieg von eingehenden (qualitativ hochwertigen) Kooperationsangeboten zu verzeichnen.

- Wichtig: Es erfolgen mehr Werbebuchungen bei selbst vermarkteten Flächen und ich kann gegebenenfalls sogar höhere Preise für die einzelnen Werbefächen durchsetzen u.v.m.

Die genannte Verdopplung des Umsatzes wird man nun natürlich nicht immer und bei jedem Projekt erreichen können, es zeigt jedoch, welches ungeheure Potenzial in einem auch designtechnisch optimierten Weblog steckt. Und wenn man sein Blickfeld einmal über die Blogosphäre hinausschweifen lässt, so leuchtet diese Tatsache auch durchaus ein. Gehören doch meist jene Internetportale zu den führenden am Markt, die ihre Präsenz regelmäßig auf die Wünsche der Besucher hin optimieren und jeweils eine Vorreiterrolle hinsichtlich eines gelungenen Webdesigns einnehmen. Seien Sie ehrlich: Auch Ihnen macht es weit mehr Spaß, Zeit auf einem ansprechend gestalteten Internetportal zu verbringen, als auf einer Seite, die uneinheitlich, grell, langweilig, unausgereift und in manchen Fällen hierdurch sogar unseriös auf Sie wirkt. Und dies hat nicht nur mit bei einem optimal gestalteten Webdesign auftretenden Nebeneffekten wie etwa einer möglichst einfach ersichtlichen Seitennavigation und ähnlichen Vorteilen zu tun.

Gerade auch im Bereich der etwas kleineren Firmenblogs – von Handwerkern, kleineren (Online-)Shops, Anwälten, Personalvermittlern bis hin zu Musikern und Künstlern etc. – begegnen mir in aller Regelmäßigkeit Beispiele von Blogportalen mit absolut tollen und hilfreichen Inhalten, die gleichzeitig jedoch alles andere als schön anzuschauen sind. Bei manchen musste ich mich fast schon dazu zwingen, diesen Inhalten wirklich eine faire Chance zu geben, da zumindest bei mir die oft sehr unvorteilhafte Gestaltung zunächst einige Vorurteile weckte, die sich erst im Nachhinein als unbegründet erwiesen. Auch oder gerade ein Corporate-Blog ist stets auch ein Aushängeschild Ihres Unternehmens, darüber sollten Sie sich jederzeit bewusst sein. Und es wäre sehr schade, wenn Sie – trotz guter und aktueller Inhalte – den einen oder anderen Leser aufgrund dieses zweifelhaften Designs nicht davon überzeugen können, auf Ihrem Blogportal mitzulesen.

4.1 Voraussetzungen

Hier muss ich zunächst leider etwas ausschweifen. Denn zum eigentlichen Design gehört immer auch das Gesamt-Erscheinungsbild eines Blogs sowie ein paar eher technische Faktoren.

Corporate-Blogger (üblicherweise in Marketingabteilungen beheimatet) werden sich hier leichter tun, wenn ich den unternehmerischen Begriff der Corporate Identity (kurz CI) ins Spiel bringe, also der durch Faktoren wie etwa der Unternehmenskultur, der Leitlinien, aber eben auch des gesamten äußeren Erscheinungsbildes geprägten Persönlichkeit eines Unternehmens. Denn genauso gibt es meines Erachtens in unserem Bereich auch stets etwas, das man die »Blog-Identity« nennen könnte und was maßgeblich zum Erfolg eines jeden Weblog-Projekts beiträgt.

Für alle, die mit diesem Begriff bislang nur wenig anfangen können: Es geht quasi darum, aus dem eigenen Blog möglichst eine »Marke« zu machen. Warum sind die erfolgreichsten Blogs im deutschsprachigen Raum so populär, ja fast berühmt? Weil jeder Blogger und selbst Außenstehende sofort etwas mit der jeweiligen Domain, dem Blog, dessen Autor oder Autoren sowie den zugehörigen Themen anfangen können. Dies geht so weit, dass einzelne der bekanntesten Blogger bereits mit ihrem Blog-Synonym bezeichnet und angesprochen werden (man denke hier zum Beispiel nur an Vladimir Simovic aka Perun). Gelingt mir der Aufbau einer solchen Marke, was übrigens auch im Corporate-Blog-Bereich unabhängig von dem Namen des dahinterstehenden Unternehmens durchaus gelingen kann, so muss ich mir um den Erfolg meines Blogprojekts wohl kaum mehr Sorgen machen. Auch wenn der Erhalt einer solchen Marke natürlich ständiger Aufmerksamkeit und stetiger Arbeit bedarf.

Nun werde ich mit einem Blog vielleicht nicht gleich ein zweiter Robert Basic, Markus Beckedahl oder Sascha Lobo, trotzdem hilft es jedem Blogprojekt enorm, wenn man sich von Anfang an Gedanken über einen möglichst professionellen, durchgängigen, einheitlichen (das bedeutet deswegen nicht gleich langweiligen!), strukturierten und wohlüberlegten Gesamtauftritt beziehungsweise das grundlegende Erscheinungsbild macht. Ich werde im Verlauf dieses Kapitels noch auf die einzelnen Faktoren zu sprechen kommen, die einen solchen möglichst »runden« Blog-Gesamtauftritt ausmachen.

4.1.1 Technische Voraussetzungen

Die meisten werden nun sagen: »Für diesen Tipp ist es längst zu spät«, doch eine gelungene Blog-Identity fängt ganz schlicht und einfach bei dem jeweils gewählten Domainnamen an.

Ein Beispiel: Ein guter Freund von mir hatte die (geniale) Idee, einen Corporate-Blog zum derzeit sehr angesagten Thema Cloud Computing »Wolkenplausch« zu nennen. Und er fragte sich, ob das nicht etwas zu gewagt oder gar »unseriös« für einen Firmenblog sei. Ich bin mir absolut sicher, mit diesem Namen und dieser Domain wird der entsprechende Corporate-Blog um einiges erfolgreicher werden, als wenn er oder sein Unternehmen sich für einen Domainnamen wie etwa *www.cloud-computing-blog.xy* oder Ähnliches entschieden hätte, nur weil die wirklich interessanten und prägnanten Domains wie etwa cloud-computing.de natürlich längst reserviert sind (in diesem Fall etwa von Microsoft höchstpersönlich). Ich persönlich halte auch die ganzen *www.reich-werden-ohne-zu-arbeiten-in-zwei-stunden.de*-Blognamen für sehr kritisch hinsichtlich einer nachhaltigen Erfolgsmöglichkeit. All dies ist natürlich auch eine Frage des persönlichen Geschmacks, doch wirklich kreative Domainnamen lassen die meisten Internetnutzer innerhalb der Suchmaschinenergebnisse etwa bei Google neugierig aufhorchen und dann auch »klicken«, während allzu offensichtliche und heischerisch gestaltete Namen meist eher abschreckend wirken.

Gerade bei erfolgreichen, prominenten oder umfangreich geplanten Blogprojekten sollte man zudem darauf achten, nicht nur eine Top-Level-Domain (TLD) wie .de oder .com zu sichern, sondern auch möglichst viele weitere wichtige Endungen (beispielsweise .ch, .at, .eu, .net, .info, .biz und ähnliche). Ich weiß, dass dieser Faktor bei sehr vielen Blogbetreibern bewusst vernachlässigt wird, vor allem weil die entsprechenden Kosten gescheut werden. Diese Zusatzdomains muss man dabei nicht einmal beim eigenen Hosting-Provider registrieren, sondern kann hierfür – sollte sich dies als günstiger herausstellen – einen möglichst preiswerten Domain-Provider wählen. Insgesamt – außer im .ch- und .at-Bereich aus Deutschland heraus – entstehen heutzutage durch solche Domainpakete kaum mehr nennenswerte jährliche Kosten.

Gerade jedoch, wenn man sich einen wirklich guten Blog- und zugehörigen Domainnamen für den eigenen Weblog überlegt hat, ist es meist äußerst ärgerlich – und kommt angesichts der allgemeinen Namenknappheit nicht eben selten vor –, wenn unter dem gleichen Namen und lediglich mittels einer anderen TLD ein vielleicht inhaltlich sogar noch artverwandtes Portal seine Pforten öffnet. Mit wachsendem Erfolg können zudem auch Trittbrettfahrer auf den Plan kommen, die entweder über die leicht zu verwechselnde Domain auf einfach abzugreifende Besucher hoffen oder aber darauf spekulieren, dass der Besitzer der »Original«-Domain diese Neben-TLD vielleicht sogar eines Tages für teures Geld aufkauft. In meinem Blog-Bekanntenkreis habe ich all dies bereits erlebt. Ist man derart erfolgreich mit einem Blog, so sollte man sich unter Umständen gleichzeitig darum bemühen, diese eigene »Marke« entsprechend über einen Anwalt abzusichern. Schließlich könnte es sogar passieren, dass ein Unternehmen sich genau diese oder eine sehr ähnliche Blogbezeichnung für ein neues Produkt oder ein bestimmtes Projekt auswählt und markenschutzrechtlich sichern lässt, was Sie selbst unter Umständen sogar dazu zwingen könnte, Ihren dann ja gleichlautenden Blog-Domainnamen freizugeben.

Ein weiterer Punkt neben dem reinen Webnamen: Stets gehört zu einem solchen Projekt auch ein möglichst professionelles und performantes Webhosting. Wenn man es zu Beginn mit einem Blog-Projekt wirklich ernst meint, sollte man hier niemals an der falschen Stelle sparen. Denn was nützt mir das schönste und durchdachteste Webdesign, der beste Domainname, wenn der potenzielle Leser nach einigen Sekunden Ladezeit genervt abbricht und stattdessen lieber die nächstbeste Seite aus der Google-Suchergebnisliste aufruft?

Zu Beginn möchte man die Ausgaben für ein neues Blogprojekt verständlicherweise so gering wie möglich halten, doch gute, performante Webspace- und Serverangebote mit eigener IP-Adresse (sehr wichtig zur Vermeidung der so genannten »Bad Neighbourhood«, siehe Abschnitt 9.3) sind auch hierzulande bereits ab etwa 15 Euro im Monat erhältlich. Möchte man ein weiteres Blog-Thema erst einmal austesten, so kann man sich sicherlich auch für ein kleineres und preisgünstigeres Paket entscheiden, sollte dann jedoch zumindest auf die Qualität und die Serviceleistungen des Providers in spe achten. Denn der Gedanke »Ich kann ja später immer noch den Provider und/oder das Paket wechseln« könnte sich als äußerst kurzsichtig erweisen. Solch ein Umzug ist meist ärgerlich und nervenaufreibend sowie im schlimmsten Fall mit sehr unprofessionell wirkenden Downtimes und anderen unschönen Nebeneffekten (Abstieg im Google Ranking etc.) verbunden. Und selbst der Paketwechsel bei ein und demselben Hostinganbieter läuft nicht in allen Fällen so reibungslos ab, wie man sich dies eigentlich wünschen würde.

Ich möchte an dieser Stelle verständlicherweise keine konkrete Empfehlung für einen oder mehrere geeignete Blog-Provider abgeben, obwohl diese Frage auch bei den Blogprofis.de immer wieder einmal heiß diskutiert wird. Dennoch sind im Folgenden einige Empfehlungen beziehungsweise Ratschläge zusammengefasst, worauf man bei der Auswahl eines Webhosting- und Domaindienstleisters möglichst achten sollte:

Versuchen Sie, sich vor Vertragsabschluss ein Bild über die allgemeine Zufriedenheit der Kunden mit dem jeweiligen Unternehmen zu machen. Hierfür kann man recht gut einschlägige Dienste wie etwa ciao.de, dooyoo.de oder etwa auch Foren wie das forum.chip.de nutzen. Stets ist hierbei jedoch eine gewisse gesunde Vorsicht angebracht, da sich in solchen Bewertungsforen immer auch übertriebene Berichte sowohl in positiver als auch negativer Richtung finden lassen, deren Urheberschaft nicht in allen Fällen authentisch sein muss.

Allzu kleine Unternehmen, von denen Sie nur sehr wenig wissen, könnten den Nachteil haben, dass diese unter Umständen eines Tages nicht mehr existieren, aus welchem Grund auch immer. Schneller Rat ist dann vielleicht sehr teuer. Verfügen Sie über mehrere Blogs, sollten Sie diese vielleicht auch unter mehreren Anbietern streuen, um das Risiko eines Komplettausfalls möglichst gering zu halten.

Fragen Sie andere Blogger, mit welchen Anbietern diese gute Erfahrungen gemacht haben. Wegen so mancher blogtechnischer Besonderheit (etwa bezüglich des Moduls »rewrite«, das zur Gestaltung suchmaschinenfreundlicher Blog-URLs zur Verfügung stehen sollte, oder aber auch gewisser angebotener Caching-Technologien, siehe Abschnitt 9.2) muss nämlich ein guter Hoster nicht auch immer gleich ein empfehlenswerter Blog-Hoster sein.

Testen Sie ganz einfach vorab den Service und stellen Sie per Telefon, aber auch E-Mail, ein/zwei blogtechnische Fragen an den möglichen Dienstleister. Hierfür eignen sich ebenfalls die eben beschriebenen Caching-Module, da man Sie hier wohl kaum mit vorgefertigten E-Mail-Antworten zufriedenstellen kann. An der Schnelligkeit und vor allem der Qualität der Antworten werden Sie recht schnell erkennen, was wirklich hinter dem entsprechenden Angebot steckt.

Tipp

Sind Sie sich nicht sicher, ob ihr jetziger Provider gut und performant arbeitet, so können auch hier zumindest als ungefähres Indiz die Google-Webmaster-Tools (`www.google.com/webmasters/tools/`) weiterhelfen. Unter → *Diagnose* → *Crawling Statistiken* kann man dort zum einen anhand der Grafik »Dauer des Herunterladens einer Seite« recht gut erkennen, ob auf dem Webspace des eigenen Blogs bestimmte Peaks auftauchen, die auf eine mäßige Leistung oder gar einen zeitweisen Ausfall hindeuten. Ebenso kann man hierfür in den Webmaster-Tools die Funktion *Google Labs* → *Website-Leistung* heranziehen, die ab einer gewissen Zahl von vorhandenen Seitenaufrufen sogar eine Performance-Vergleichszahl nennt, mit der man seinen Blog mit den durchschnittlichen Ladezeiten anderer Internetportale vergleichen kann.

Auch Server-Monitoringdienste können hierbei manchmal weiterhelfen, insbesondere wenn man gar mit mehr oder weniger regelmäßigen Komplettausfällen des Hosting-Providers zu kämpfen hat. Solche Tools messen nicht nur die Anzahl dieser Ausfälle, sondern gleichzeitig auch deren jeweilige Dauer, siehe beispielsweise unseren Bericht über den Dienst `serverstate.de` unter `www.blogprofis.de/buch/serverstate`. Ausgerüstet mit diesen Zahlen kann man entweder den bisherigen Webhoster zu Besserung oder dem Wechsel auf eine andere Server-Instanz auffordern (was in einigen Fällen das Problem der Performanceengpässe bereits lösen kann) oder eben notfalls auf einen anderen Anbieter ausweichen.

Nicht immer jedoch muss ausschließlich der Provider die Schuld an einem langsamen Blogaufbau haben, so können etwa einzelne Grafik- und Quellcode-Elemente oder Aufrufe externer Elemente von anderen Portalen (etwa bei eingebundener Werbung oder Widgets) ebenso für eine deutliche Verschlechterung der Ladezeiten sorgen. In diesem Fall leisten Gratis-Online-Tools wie etwa Pingdom (erreichbar unter `http://tools.pingdom.com/`) oder GTmetrix (`http://gtmetrix.com`) sehr wertvolle Dienste. Diese messen nach Eingabe der zu beurteilenden URL die Ladezeiten aller internen, aber auch externen Elemente eines Internetportals und geben somit detaillierten Aufschluss über einzelne Verbesserungspotenziale, etwa hinsichtlich der Optimierung von Dateigrößen oder der Zusammenfassung einzelner Skripte.

Tipp

Auch mit www.blogger.com von Google kann man einen eigenen Weblog erstellen, vollkommen kostenlos. Diesen kann man dann sogar gratis bei Blogger.com betreiben beziehungsweise hosten lassen. In diesem Fall benötigen Sie keinen eigenen Provider. Blogger.com-Blogs sind in vielen Designvarianten erhältlich, die sich sogar frei anpassen lassen. Auch unter einer eigenen Domain kann der Betrieb erfolgen, diese ist dann jedoch kostenpflichtig. Für einen größeren, vollkommen »unabhängigen« Blogbetrieb eignet sich dieser Dienst nicht wirklich. Gerade jedoch, wenn Sie erst einmal mit einem Weblog experimentieren möchten, kann dies durchaus eine Überlegung wert sein.

4.1.2 Sonstige Vorüberlegungen

Auch ansonsten gibt es einige Vorkehrungen, die mit dem Blog-Design unmittelbar zusammenhängen und um die man sich bereits vor der Einrichtung eines solchen Portals kümmern kann, das Blog-Logo zum Beispiel. Alleine mit der Einführung eines jeweiligen professionellen Logos für meine Blogs konnte ich teilweise einen Zuwachs wichtiger Kennzahlen – wie etwa den Seitenaufrufen je Besuch oder der Verminderung der Abbrecherquote – von zehn Prozent und mehr erreichen, so beispielsweise als ich das Logo meines Blogs MeinStartup.com überarbeiten ließ.

Abb. 4.1: Links das alte, rechts das neue Logo von MeinStartup.com

Auch hier wirkt sich eine von einem fachkundigen Designer erstellte Grafik – im Vergleich zu dem bei WordPress voreingestellten schlichten Schriftzug beziehungsweise Domainnamen oder einer selbst gebastelten Vorlage – meist unmittelbar auf die wahrgenommene Seriosität und Professionalität aus, womit sich quasi ohne größeren Aufwand schon einmal eine Art »Mini-ReDesign« erzielen lässt, ohne gleich das gesamte Portal auf den Kopf zu stellen.

Ein solches optimiertes Erkennungszeichen wie das Blog-Logo möglichst von Anfang an zu verwenden, macht dabei durchaus Sinn, wirkt sich dies doch zum einen positiv auf den Wiedererkennungswert des jeweiligen Blogs aus, zum anderen kann man solch ein Logo für diverse andere Vermarktungszwecke sehr gut nutzen. Man kann es etwa bei Gastartikeln und Interviews als Grafikmaterial mitliefern oder ebenso für Pressemitteilungen, die sonstige CI beziehungsweise entsprechende eigene Werbemittel verwenden. Ich selbst habe lange genug auf Blog-Logos der Marke »Eigenbau« gesetzt, schließlich möchte man sich als Blogexperte und Programmierer ja meist nicht die Blöße geben, zugeben zu müssen, dass ein wirklich sachkundiger Grafiker dies meist nicht nur um Längen besser kann, sondern zudem meist auch deutlich weniger Zeit für dessen Erstellung benötigt. Die Erfahrungen hiermit haben mir recht deutlich gezeigt, dass man sich nicht nur in diesem Fall besser nach einem echten Spezialisten umschauen sollte, siehe hierzu auch Kapitel 13.

Tipp

Ein professionelles Logo muss nicht unbedingt Unsummen kosten, wenn am Anfang das Budget hierfür knapp ist. Hier können beispielsweise Online-Platt-formen für Logo- und sonstige Designwettbewerbe tolle Ergebnisse liefern, so resultierte das bereits erwähnte neue MeinStartup.com-Logo aus einem solchen Wettbewerb. Urheber des bei den Lesern sehr positiv aufgenommenen Gewinnerentwurfs war hier übrigens ein Designer aus Tunesien, an den ich wohl auf normalem Wege niemals gelangt wäre.

Für weitere Informationen können Sie sich an dem Artikel unter www.blogprofis.de/buch/logodesign orientieren sowie zwei Erfahrungsberichte zu den entsprechenden von mir getesteten Designwettbewerb-Plattformen designenlassen.de (www.blogprofis.de/buch/designenlassen) und 12designer.com (www.blogprofis.de/buch/12designer) näher begutachten. Beide Portale bieten preiswerte Unterstützung für alle möglichen Blog- und Corporate-Identity-Aufgaben, sei es Logo- oder komplettes Webdesign, die Gestaltung von Visitenkarten, Druckbögen, Werbemitteln, Flyern und vieles andere mehr.

Und im Zweifelsfall sollte man bis zu einer besseren Lösung zumindest das Standard-Text-»Logo« einer WordPress-Installation durch ein deutlich individuelleres Grafik-Textlogo ersetzen, etwa indem man den Blognamen sowie den zugehörigen Titel mit einer professionellen, kostenlos verfügbaren Web-Schrift gestaltet und somit aufwertet. Quellen hierfür sind zum Beispiel die Portale www.searchfreefonts.com, www.myfont.de oder aber auch www.dafont.com. Wobei man stets die jeweils gültigen Lizenzbestimmungen der einzelnen Schriften beachten sollte, um etwa zu erfahren, ob und in welchem Umfang diese für kommerzielle Blogprojekte genutzt werden dürfen. Gute Quellen für teilweise Gratis-Icons und -Grafiken zur weiteren Ausschmückung finden sich hingegen hier: www.blogprofis.de/buch/icons.

Auch der Einsatz etwa von Google WebFonts kann einem Blogportal deutlich mehr an Aussagekraft und einem eigenständigen Erscheinungsbild verleihen, wobei man jedoch gegebenenfalls die fehlende Kompatibilität zu älteren Browsern oder manchen mobilen Betriebssystemen beachten sollte. Recht einfach lassen sich diese kostenlosen und in zahlreichen Varianten erhältlichen Webschriften meist mit dem Plugin WP Google Fonts für WordPress umsetzen (`http://wordpress.org/extend/plugins/wp-google-fonts/`).

Neben dem Logo gehört eine insgesamt durchgängige sowie gut gestaltete Bildsprache zum Rüstwerk für einen überzeugenden Blogauftritt. Viele Blogger legen gerade am Anfang wenig Wert auf eine Auflockerung der Textinhalte mit professionellen und aussagekräftigen Bildern, Grafiken & grafischen Statistiken, Abbildungen, Charts und mehr. Natürlich ist abseits von reinen Video- und Fotoblogs der werthaltige Content für den Leser das wichtigste Kriterium für einen erfolgreichen Artikel. Aber auch hier konnte ich bereits mehrfach an eigenen Blogs erleben, wie die Akzeptanz dieser Beiträge noch einmal deutlich steigt, wenn man sie entsprechend grafisch auflockert.

Ein schlichtes, professionelles Blog- und Artikeldesign mit einigen wenigen, dafür aber Aufmerksamkeit erregenden und farblich abgesetzten Fotos kann wahre Wunder wirken. Nach der Artikelüberschrift – die den Leser etwa in der Google-Ergebnisliste überzeugen muss – ist das zentrale Artikelbild am Anfang des Beitrags meines Erachtens sogar das zweiwichtigste Merkmal, um das Interesse der Blogleser dann auch noch nach ihrem Klick bei Google zu wecken und zum Lesen zu animieren. Gerade bei recht langen Blogartikeln erhöhen weitere eingebundene Bilder zudem die Chance, den einmal gestarteten Lesefluss aufrechtzuerhalten.

Tipp

Ich würde Ihnen raten, sich von Anfang an Gedanken darüber zu machen, in welchem konkreten Bildformat Sie Ihre Haupt-Artikelbilder (also die zu Anfang eines jeden Beitrags) abbilden möchten. Diese Standardgröße sollten Sie dann auch stringent einhalten sowie bei wirklich jedem Beitrag auch dafür sorgen, dass ein solches Bild vorhanden ist. Notfalls kann man sich mit einer allgemeinen Grafik, einem neutralen Bild oder Ähnlichem behelfen. Der Hintergrund dieses Tipps: Möchten Sie später einmal bestimmte Galerieansichten der Beiträge, Slider-Funktionalitäten, bebilderte Archive oder auch mit einer Grafik hinterlegte ähnliche Beiträge zu jedem Artikel für Ihre Leser anbieten, werden Sie spätestens dann sehr dankbar für die zuvor gezeigte Disziplin sein.

Auch dieser Aspekt der Bildsprache ist nicht teuer, meist sogar kostenlos verfügbar. Plattformen wie etwa `www.sxc.hu` oder das deutschsprachige `www.pixelio.de` liefern teilweise erstaunlich gute Fotografien und Bilder für die Ausschmückung von Blogartikeln, so dass man sich hier fast schon eine eigene kleine Bilderdatenbank zusammenstellen kann. Jeweils ist auch hierbei die Lizenz der Bilder zu beachten, die im redaktionellen Kontext (also auch in nicht werblichen Blogartikeln) meist frei verwendet werden dürfen und lediglich ab und zu eines textlichen Hinweises auf den Fotografen etwa in der Bildunterschrift oder am Ende des Artikels bedürfen.

Fast alle meiner Fotos auf den Blogprofis stammen übrigens von den beiden genannten Plattformen, und bei der Auswahl ist erneut Kreativität gefragt, um den Leser zu »locken«. Die Nahaufnahme eines alten Türschlosses oder ein Stopp-Straßenschild für einen Sicherheitsartikel, die Billardkugel zur Thematik Zielerreichung, das Sparschwein für einen Finanzartikel, die Lego-Steine zum Thema Existenzgründung oder die Würfel in Nahaufnahme zum Bloggewinnspiel: Der Fantasie sind hier kaum Grenzen gesetzt. Und solch ein auf den ersten Blick artfremdes Fotoelement erzeugt meist mehr Aufmerksamkeit und vor allem Sympathie für einen Beitrag, als nüchterne Logos etc. es jemals können.

Tipp

Gerade bei den größeren Bilddatenbanken ist es oftmals gar nicht so einfach, aus der schier unendlich scheinenden Menge der jeweiligen Bilder zu einem Suchbegriff das Beste oder Passendste herauszusuchen. Zudem lagern in diesen freien Datenbanken immer auch jede Menge Grafiken, die sich nicht wirklich für ein anspruchsvolles Web-Projekt eignen. Dann behelfe ich mir meist mit einem Trick, indem ich die Ergebnisliste entweder nach Anzahl der Downloads oder nach den Bewertungen der User (sofern vorhanden) absteigend sortiere. Damit findet man in den meisten Fällen auf den ersten drei bis vier Ergebnisseiten ein brauchbares und passendes Foto, ohne allzu lange für die Recherche zu benötigen. Und gerade bei den englischsprachigen Bilddatenbanken besteht selbst dann nicht die Gefahr, dass das entsprechende Bild auf jedem zweiten deutschsprachigen Weblog zu sehen ist.

Für qualitativ wirklich hochwertige Blogs – oder solche, die man etwa im Kundenauftrag erstellt – lohnt sich zudem immer auch ein Blick in Datenbanken für kostenpflichtige Lizenzbilder. Nicht nur, dass diese meist doch noch einmal deutlich hochwertiger sind, auch seltenere und exklusive Bildaufnahmen für alle möglichen Zwecke sind dort zu finden. Beispiele für solche Portale sind etwa www.istockphoto.com oder aber auch http://de.fotolia.com, bei denen professionelle Aufnahmen auch keine Unsummen kosten müssen. Mit dem Erwerb einer solchen Fotolizenz erübrigt sich dann meist auch die Frage, ob man das entsprechende Werk überhaupt für die eigenen kommerziellen Zwecke einsetzen darf. Wobei man sich bei diesen Datenbanken im Klaren darüber sein sollte, dass die jeweiligen Bildrechte nicht exklusiv vergeben werden, was bei solch günstigen Preisen wohl auch kaum möglich wäre. Es besteht also durchaus die Möglichkeit, dass Ihre Leser einer dort erworbenen Illustration auch auf weiteren Internetportalen begegnen, auf denen diese zum Einsatz kommt.

Vorsichtig sein sollte man hingegen mit der ungefragten Übernahme von Bildern und Grafiken aus sonstigen Quellen im World Wide Web, bei denen nicht klar ist, ob man diese einfach so übernehmen darf (was meistens nämlich eben nicht der Fall ist). Ich weiß, dass einige Blogger recht »locker« mit dieser Thematik umgehen. Allerdings werden die entsprechenden Bilderkennungsalgorithmen immer ausgefeilter, und so ist es nur noch eine Frage der Zeit, bis man etwa in Google selbst nach verfremdeten beziehungsweise bearbeiteten Kopien (Zuschnitte, Größenänderung etc.) bestimmter urheberrechtlich geschützter Aufnahmen und Designs suchen können wird. Dies könnte so manchen findigen Anwalt auf die Idee bringen, eine neue Abmahnwelle zu initiieren, was für die Bildkopierer selbst teuer werden dürfte. Und dann eben einmal schnell den gesamten Blog nach solchen Illustrationen durchzusuchen sowie diese durch andere Fotos zu ersetzen, könnte zur unschönen Sisyphusarbeit ausarten.

Vorsicht

Bei der Übernahme von Bildern aus »kostenlosen« Bilddatenbanken wie etwa den genannten `sxc.hu` oder auch `pixelio.de` ist nicht in jedem Fall gewährleistet, dass die dort enthaltenen Werke wirklich verwendet werden dürfen. Schließlich kann jeder User auf diesen Plattformen beliebige Fotografien und Grafiken hochladen, von denen er nicht unbedingt der Autor oder Rechteinhaber sein muss. Hierbei gilt es also, Arbeitserleichterung und mögliche Risiken beim Einsatz vergleichbarer Bilder gegeneinander abzuwägen. Am sichersten wird immer noch jener Blogger fahren, der ausschließlich selbst angefertigte Fotos und sonstige grafische Elemente zum Einsatz bringt, was sich jedoch nicht bei jedem Blogthema als praktikabel erweist.

Last, but not least gehören zu einer durchgängigen Blog-Identity unter anderem auch noch folgende Elemente, über die man sich bei der Planung ausführlich Gedanken machen sollte:

- Eventuell die Vorstellung des oder der Autoren auf dem Blog (in der Sidebar, einer Autorenbox im Artikel oder auf einer extra Seite), mit einem guten (!), professionell aufgenommenen Foto, jeweils einer kurzen Vita sowie gegebenenfalls Verweisen zu anderen Web-Projekten.

- Eine aussagekräftige »Über uns«-Seite, die bei vielen Blogs zu den meistbesuchten gehört und stets ein sehr guter Ausgangspunkt für die Akquise von Werbebuchungen oder Kooperationsanfragen ist (die meisten meiner Werbekunden gelangen tatsächlich über diese Seite zu mir, selbst wenn es einen eigenen »Hier werben«-Bereich gibt).

- Dort sollte nicht nur stehen, worum sich die Bloginhalte drehen und aus welcher Intention dieser Blog gegründet wurde. Sie sollten dort zudem auch für Ihre eigenen Marketingzwecke auf die wichtigsten Erfolgskennzahlen verweisen (Reichweite, Besucherzahlen, Visits), sofern diese bereits eine bestimmte Größenordnung erreicht haben.

- Weiterhin können dort oder auf separaten Seiten etwa ein Pressebereich mit Pressemeldungen (»Was berichten andere über uns«), Bild- sowie Textmaterial für die Presse und andere Blogger etc. eingerichtet werden. Viele Autoren und Kollegen, die über Ihren Blog schreiben wollen und hierfür noch auf der Suche nach weiterführenden Informationen sind, werden Ihnen dies danken.

- Natürlich gehören prominente Links zu externen Bereichen des Blog-Auftritts ebenso zur Weblog-Gestaltung, etwa die Verweise zur Twitter-, Google-Plus- und Facebook-Seite, zu eigenen E-Books, sonstigen Publikationen, vielleicht wichtigen Gastartikeln etc., die allesamt dabei helfen können, die eigene Blog-»Marke« weiter auszubauen.

Abb. 4.2: Ein Auszug aus der »Über uns«-Seite von MeinStartup.com

Tipp

Gerade für den eigenen Pressebereich spricht ein Vorteil, der nur selten genannt wird. So kann ich als Portalbetreiber darin auf alle Berichte verweisen, die im World Wide Web über mein eigenes Blogportal entstehen, egal ob Interviews, Reviews, Erfahrungsberichte oder was auch immer. Für manche Webmaster und Redakteure stellt bereits diese in Aussicht stehende Verlinkung einen zusätzlichen Anreiz dar, einen entsprechenden Bericht zu verfassen.

4.2 Grundlagen eines erfolgreichen Blog-Designs

Die wichtigste Basis eines gelungenen Blogauftritts ist natürlich stets das genutzte Grafik-Template, wie etwa eines der mittlerweile unzähligen verfügbaren Word-Press-Themes.

Einer der wichtigsten Vorteile von WordPress (und auch anderen Blogsystemen) ist es ja gerade, dass durch diese Templates mit teilweise extrem wenig Aufwand erstaunliche, strukturierte, professionelle und vor allem individuelle Ergebnisse erzielt werden können, ohne dass man monatelang in die Untiefen der HTML-, PHP-, CSS- und sonstigen Programmierung absteigen muss. Entsprechende Kenntnisse helfen natürlich immer dabei, ein schickes Design noch besser und individueller auf die eigenen Blog-Bedürfnisse anzupassen.

So kann man etwa mit nur wenigen Änderungen an der Datei *style.css* des jeweiligen WordPress-Blog-Themes ein fast komplett neues und vor allem individuelles Layout erhalten, indem man beispielsweise die wichtigsten Einstellungen zu Hintergrundbildern, verwendeten Schriftarten, der Gestaltung von Rahmen, Menü- und Linkfarben, Auflistungen oder Ähnliches ändert, was meist nur des Austauschs einiger weniger Parameter bedarf. Unerfahrenen Bloggern in der Gestaltungssprache CSS (Cascading Stylesheets) empfehle ich hierfür einen Blick in die sehr empfehlenswerten Anleitungen von `selfhtml.org` unter der Adresse `http://de.selfhtml.org/css/eigenschaften/index.htm`.

Tipp

Oft vergessen: Auch relativ einfache Erweiterungen der Datei *functions.php* können in Zusammenhang mit der so genannten Hooks-Funktion, die von vielen WordPress-Themes unterstützt wird, das Erscheinungsbild eines Weblogs nahezu komplett verändern, siehe hierzu etwa den Artikel `www.blogprofis.de/buch/hookdesign`. Hierfür sind jedoch meistens zumindest erweiterte Programmierkenntnisse erforderlich. Auch sollte man solche modifizierten Dateien vor einer Änderung stets gut sichern, da manchmal bereits ein kleines und falsch geschriebenes Zeichen im Quellcode ausreichen kann, um den kompletten

Weblog lahmzulegen. Dies gilt übrigens auch für Änderungen in den CSS-Files. Hat man in diesem Fall kein eigenes Testsystem für diese Zwecke parat, so kann man zumindest sehr schnell reagieren und die gesicherten Dateien und damit das ursprüngliche Erscheinungsbild wieder herstellen, bis man in der Lage ist, den eigentlichen Programmierfehler zu evaluieren.

4.2.1 Kostenfreie versus kostenpflichtige Themes

Wer meinen Blog regelmäßig liest, der weiß, dass ich ein großer Verfechter von kostenpflichtigen professionellen (Pro-)Themes bin. Dies nicht etwa, weil keine guten Gratis-Angebote auf diesem Sektor verfügbar wären, ganz im Gegenteil. Es gibt gerade im WordPress-Bereich eine Unmenge an gratis verfügbaren Templates und Designvorlagen, viele davon auch bereits »eingedeutscht«. Und gerade bei kleineren Projekten habe ich selbst lange genug auf diese kostensparenden Varianten gesetzt.

Was mich jedoch davon überzeugt hat, mittlerweile sowohl in meinen eigenen Projekten als auch im Kundenauftrag ausschließlich auf Pro-Themes – egal von welchem Anbieter – zu setzen, sind folgende Faktoren:

- Diese Themes sind ausführlich und unter verschiedensten Bedingungen (etwa Browseranbieter und -versionen) getestet, werden ständig weiterentwickelt und sind auf aktuelle WordPress-Versionen ausgerichtet und optimiert.

- Die individuelle Anpassung solcher Themes geht dank ausgeklügelter Administrationsbereiche, strukturierter und offener Quellcodes etc. teils bis zu Faktor 10 schneller als bei Freeware-Templates (damit habe ich nicht nur Zeit, sondern auch Geld gespart).

- Durch den meist konsequenten Einsatz von Widgets und anderen Techniken kann ich auch im Nachhinein sowie mit oft nur wenigen Mausklicks umfangreiche Änderungen im Erscheinungsbild meines Blogs vornehmen, etwa was den Aufbau beziehungsweise die Struktur der Seiten mit Ausrichtung der Sidebars und einzelnen darin enthaltenen Elementen angeht, die Farbgestaltung, Art und Reihenfolge der Menüs und vieles weitere mehr.

- Es ist erstaunlich, zu welch günstigen Preisen (gerade im Verhältnis zur Leistung) zumindest die meisten Pro-Themes auf dem Markt angeboten werden, wobei die meist in US-Dollar gehandelten Layouts durch den derzeit günstigen Wechselkurs sogar einen zusätzlichen Preisvorteil bieten.

- Manche Anbieter bieten sogar eine Art Design-Flatrate an, bei der man mit Einmalzahlung einer etwas höherpreisigen Lizenz Zugriff auf alle existierenden sowie sogar zukünftigen Templates und Themes des Anbieters erhält (sollte man mehrere Blogs betreiben wollen).

- Die meisten Anbieter bieten kostenlosen und unbegrenzten Support für das weitere Customizing der Themes.

- Es sind keine (teils ominösen) Links oder Ähnliches im Quellcode der Templates versteckt, und ich kann eher darauf vertrauen, dass keinerlei schädlichen beziehungsweise sicherheitskritischen Elemente enthalten sind.

- Im Idealfall verwende ich ein Template, welches durch die Anschaffungskosten nicht gerade auf jedem dritten Blog zum Einsatz kommt (Stichwort unverwechselbares Design).

- Zumindest manche Anbieter erlauben sogar die kommerzielle Weiterverwendung der Templates für Projekte im Kundenauftrag, wenn man ein entsprechendes Lizenzmodul erwirbt, so beispielsweise der Hersteller Studiopress unter www.studiopress.com.

- Der Quellcode ist zumeist sehr effizient, schlank, schnell und bereits von sich aus SEO-optimiert.

- Die Themes sind durchweg von Technik- und Designprofis erstellt, und das sieht man ihnen meist auch sofort an.

Tipp

Wirklich gute und ausgereifte professionelle Blog-Themes sind meist schon für den Gegenwert ab etwa 20 Euro (einmalig) zu bekommen. Manche Anbieter verkaufen wie erwähnt sogar ihr komplettes Theme-Portfolio für einen sehr günstigen Preis von umgerechnet ab etwa 100 Euro aufwärts, was natürlich insbesondere für Betreiber mehrerer Blogs sehr lohnenswert und im wahrsten Sinne des Wortes preiswert sein kann.

4.2.2 Individualität gewinnt

Egal ob freies oder kommerzielles Template, so oder so sollte man dieses zumindest in Grundzügen individuell für den eigenen Blog anpassen, wofür oft recht einfache Kenntnisse etwa in der CSS-Programmierung ausreichen. Bei den Pro-Theme-Anbietern sind zumeist auch diverse Anleitungen und Ratgeber erhältlich, wie man vergleichbare Individualisierungen selbst ohne derartige Kenntnisse Schritt für Schritt vornehmen kann.

Warum eine solche Individualität wichtig ist, dürfte sich indessen fast von selbst beantworten: Zum einen hilft es natürlich auch hier wieder Ihrer Blog-Identity, wenn einzelne Gestaltungselemente einzigartig und vor allem aufeinander abgestimmt sind. Eine Menüleiste im exakten Farbton wie das Unternehmens- beziehungsweise Blog-Logo oder die farblich darauf abgestimmte Link-Farbe können hier bereits nicht zu unterschätzende Auswirkungen auf das professionelle Gesamterscheinungsbild eines Weblogs haben.

Ich habe teilweise verschiedene Blogs mit ein und demselben Template als Basis erstellt, bei denen ein Außenstehender (zumindest wenn er kein geschultes Auge hat) wohl kaum eine Übereinstimmung finden würde, so sehr wirken sich eine unterschiedliche Farbgestaltung oder die individuelle Anordnung der einzelnen Widget-Elemente aus, allesamt Dinge, die in deutlich weniger als einer Stunde Arbeitsaufwand umzusetzen sind.

Hier noch einmal eine ausführlichere Übersicht, mit welchen Anpassungen sowie der Integration welcher Elemente man die zuvor beschriebene Individualität in der Blog-Gestaltung möglichst einfach und schnell erzielen kann:

- Veränderungen der Hintergrundbilder oder -farben
- Ebenso Linienfarbe, -dicke und Hintergrundschattierungen der einzelnen Elemente, Tabellen und Boxen
- Technische und gestalterische Ausprägung der Menüelemente (Struktur, Mouseover-Effekte und Ähnliches)
- Positionierung der unterschiedlichen Elemente (auf welche Seite werden die Sidebars platziert, wo auf der Hauptseite wird der Featured-Artikel abgebildet, ist die Artikelüberschrift über oder unter dem Hauptbild eingebunden, wie und mit welcher Ausrichtung binde ich Beitragsbilder in die Archivübersicht ein u.v.m.)
- Nicht zu vergessen mittels der Gestaltung von Schriftarten, -stilen (Unterstreichung, Fettdruck, kursiv), -farben und -größen
- Einbindung zusätzlicher Elemente und Widgets etwa auf der Artikelseite oder in der Sidebar (Kalender, Tag-Wolke, Werbeflächen, Featured Beiträge, Letzte Kommentare, Autorenbox, Umfragetools, Artikelbewertung, Slideshows, Videos und mehr)
- Je nach Blogprojekt unterschiedlich gestaltete Elemente wie RSS- oder Social-Network-Buttons, Verweise auf andere Seiten und Partner etc.

Nach und nach werden Sie bei jedem neuen Blogprojekt lernen, diese und ähnliche Elemente so sinnvoll zu strukturieren und einzusetzen, dass Sie zu guter Letzt tatsächlich über mehrere designtechnisch eigenständige Portale verfügen, die jedoch auf derselben technischen Basis aufgebaut sind, wodurch natürlich auch die Wartung und Weiterentwicklung der einzelnen Projekte deutlich unaufwendiger wird, als wenn Sie sich jedes Mal erst in eine andere Template-Technik wieder einarbeiten müssen.

4.2.3 Blog-Design verfeinern mit Widgets & Plugins

Dabei muss es nicht immer unbedingt die Individualprogrammierung sein. Auch eher ungeübte beziehungsweise technisch weniger versierte Blogger haben mittels unzähliger guter Plugins und Widgets die Möglichkeit, dem eigenen Portal mit wenig Handgriffen zu einem individuellen und daher einzigartigen Aussehen zu verhelfen. Dies ist nicht nur wichtig für das Auge der Leser sowie die eigene Blog-Identity, auch Google wird diese Individualität und Abwechslung – gerade wenn es sich um Widgets und andere Blöcke mit (zufällig) rotierenden Textinhalten handelt – durchaus zu schätzen wissen.

Ein paar solcher WordPress-Plugins und Hilfsmittel aus den unterschiedlichsten Bereichen werde ich meinen Lesern hier gerne vorstellen, auch wenn man sich natürlich der Blog-Performance wegen stets auf die tatsächlich notwendigen Add-Ons konzentrieren sollte, sprich sich im Falle von WordPress als Blogsystem möglichst weniger Plugins bedienen sollte, auch wenn ich selbst durch unterschiedlichste in diese ausgelagerte Aufgaben oft bis zu 20 Plugins gleichzeitig auf einzelnen Blogprojekten installiert habe:

Blogvideoz

Ein Plugin mit seltsamer Bezeichnung, aber ein tolles schlankes Tool, mit dem sich extrem einfach Videos von YouTube, MyVideo, Google Video, Clipfish, Sevenload und vielen weiteren Anbietern in Beiträge und Seiten einbauen lassen (http://blog.awm-resource.de/2006/09/13/wordpress-video-plugins/). Hierzu reicht die Nennung eines speziellen Tags innerhalb des entsprechenden Beitragstexts aus, kombiniert mit der jeweils anbietereigenen Video-ID. Obwohl Blogvideoz bereits sehr lange auf dem Markt ist, so hat es sich bei mir – selbst für die neuesten WordPress-Versionen – als am bislang zuverlässigsten herausgestellt, was die Einbindung von Bewegtbildern in den eigenen Blog anbelangt.

CForms

Ein absoluter Klassiker unter den WordPress-Plugins. Sehr mächtig in seinen Funktionen und individuell anpassbar kann man damit nicht nur schicke Formulare erstellen, um den Besuchern die Möglichkeit der Kontaktaufnahme mit dem Blogbetreiber zu erleichtern, sondern auch jegliche sonstigen Eingabefelder (etwa für Landingpages). Das Plugin selbst ist mitsamt einer Anleitung zur Nutzungsweise verfügbar unter der Adresse www.deliciousdays.com/cforms-plugin/. Dabei stehen diverse vorgefertigte Designvarianten zur Verfügung, man kann den jeweiligen CSS-Code für die grafische Gestaltung aber zusätzlich auch noch direkt innerhalb der Administrationsoberfläche bearbeiten. Unzählige Features wie Autoresponder oder diverse Benachrichtigungsfunktionen lassen kaum noch Wünsche offen, wobei dieses Plugin natürlich nicht gerade zu den schlanksten seiner Art zählt. Trotzdem arbeitet es sehr zuverlässig.

Kontakt

Schreibt uns!

Egal ob Sie/ihr Fragen, Anregungen, Ideen oder aber auch Kritik zu unserem Portal und unserem Service habt, wir freuen uns über jede Email.

Auch Ideen für Gastartikel, Kooperationsanfragen etc. sind gerne gesehen.

Ihr Name	(notwendig)
Email	(notwendig)
Website	http://
Nachricht	

Absenden

cforms contact form by delicious:days

Abb. 4.3: Ein einfaches, aber effektives Kontaktformular von CForms

IMG Mouseover

Schöne Mouseover-Effekte in den eigenen Blog einbauen, etwa zur Hervorhebung bestimmter grafischer Elemente? Dieses kleine Hilfsmittel macht es ohne umständliche Eigenprogrammierung möglich (`http://wordpress.org/extend/plugins/img-mouseover/`). Beispielsweise lassen sich damit schöne Bildergalerien oder auch Referenzen-Seiten gestalten, bei denen die dargestellten Graustufen-Fotos bei einem Mouseover des Nutzers bunt dargestellt und damit hervorgehoben werden. Aber auch wichtige Button-Elemente können somit noch attraktiver herausgestellt werden.

Abb. 4.4: Eine Referenzseite, verfeinert mit dem Mouseover-Effekt

Call to Action

Links kann man sehr schön mit so genannten *Call to Action*-Elementen aufwerten und ganz nebenbei die Konvertierungsraten deutlich steigern. Dafür gibt es zwar Plugins wie etwa das Link Indication Plugin (`http://sw-guide.de/wordpress/plugins/link-indication-plugin/`), das diese je nach Linkart automatisch mit passenden Grafiksymbolen ausstattet, aber auch eine ganz einfache selbst gestrickte Lösung. Beide Varianten werden unter `www.blogprofis.de/buch/action` vorgestellt.

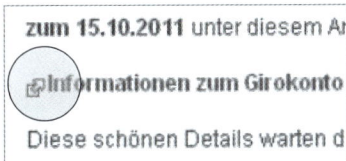

Abb. 4.5: Erstaunlich, wie selbst kleine Symbole (hier hinterlegt) die Konvertierungsrate eines Links deutlich erhöhen können.

PHP Code Widget

Kein Grafiktool an sich, trotzdem kann es gerade hinsichtlich der Designanpassung hilfreich sein, in einem Widget (Sidebar etc.) auch PHP-Quellcode ausführen zu können. Dieses Plugin ist ein kleiner feiner Helfer hierfür (`http://wordpress.org/extend/plugins/php-code-widget/`), da manche Web-Hilfsmittel und Add-Ons für Blogs ausschließlich in einer PHP-Variante angeboten werden, wobei mit diesem Widget die entsprechenden PHP-Zeilen zusätzlich auch mit beliebigen Standard-HTML-Befehlen oder sonstigen Textinhalten kombiniert werden können.

Sociable

Schnell und einfach Buttons zu allen möglichen Social Networks und sonstigen Tools mit einer schicken Grafikleiste in die Blog-Artikel einbinden? Sociable bietet hierfür sehr umfangreiche und vor allem leicht zu bedienende Unterstützung (`http://wordpress.org/extend/plugins/sociable/`). Die unterstützten Netzwerke umfassen dabei internationale, aber auch heimische Anbieter wie etwa die .de-Edition von Mister Wong. Per Drag&Drop lässt sich die eingebundene Grafikleiste zudem sehr bequem und schnell auf die eigenen Bedürfnisse hin anpassen, was die Art und Darstellung der eingebundenen Social-Media-Dienstleister angeht. Selbst Funktionen wie »Per E-Mail versenden«-, »In ein PDF umwandeln«- oder »Drucken«-Buttons können mittels Sociable eingebunden werden, wobei das Plugin teilweise auf Drittanbieter und deren Onlinetools zurückgreift. Das passende Layout wird via einer CSS-Datei gleich mitgeliefert, es kann aber auch auf die Vorgaben des zugrunde liegenden WordPress-Templates zurückgegriffen werden. Für das Blogsystem Joomla! existiert übrigens ein recht ähnliches Tool unter `http://extensions.joomla.org/extensions/social-web/social-bookmarking/1217`.

Abb. 4.6: Social-Web-Verknüpfungen umgesetzt mittels Sociable

Theme Test Drive

Ideal, wenn man ein neues WordPress-Theme ausprobieren oder im Hintergrund einrichten und gestalten will, ohne dass es die Leser gleich mitbekommen. Mit Theme Test Drive kann man als Admin oder über einen speziellen Link die neue Ansicht so lange testen, bis man sie offiziell freischaltet. Gerade bei größeren Relaunches extrem praktisch! Auch mittels eines speziellen Zusatzes beim jeweiligen URL-Aufruf kann man bestimmen, mit welchem Grafiktemplate dieses geladen und angezeigt werden soll, praktisch für WordPress-Entwickler etwa, um seinem Auftraggeber schon einmal eine Live-Vorab-Version präsentieren zu können (das Plugin ist erhältlich unter `http://wordpress.org/extend/plugins/theme-test-drive/`). Theoretisch könnte man somit sogar kleinere A/B-Testing-Varianten durchführen, etwa indem man teilweise das bisherige und teilweise das optimierte Template ausliefert, um herausfinden zu können, welche Änderungen sich wie auswirken und von den Besuchern eher akzeptiert sowie genutzt werden.

WP Page Numbers

Das eigene WordPress-Theme unterstützt keine Seitennummerierung, sondern listet lediglich Links wie »ältere Artikel« oder »neuere Artikel« auf? Dann ist dieses Werkzeug eigentlich ein Muss, auch SEO-technisch, denn es ersetzt eben diese suchmaschinen- als auch leserunfreundliche Variante durch eine entsprechende Nummerierung. Zumal diverse frei wählbare, hübsch designte Nummernleisten gleich mitgeliefert werden (`http://wordpress.org/extend/plugins/wp-page-numbers/`). Die Einbindung in den eigenen Blog verläuft dabei sehr unkompliziert und ohne größere Anpassungen im Quellcode.

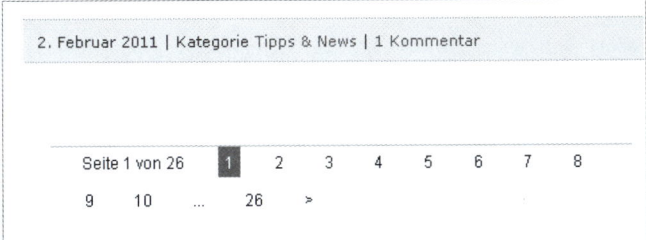

Abb. 4.7: Seitennummerierung durch WP Page Numbers

WP Photo Album Plus

Slide- und Fotoshows auf dem eigenen Blog sehen nicht nur toll aus, sie können zudem ein ideales Mitmach-Element darstellen. In der Praxis zu sehen etwa bei den Leserfotos in der Sidebar meines Blogs www.tierfreizeit.de. Ich habe diverse Plugins hierfür getestet, am besten davon funktionierte WP Photo Album Plus, obwohl dieses eigentlich eher für die möglichst effiziente Verwaltung von Fotogalerien auf dem WordPress-Blog konzipiert wurde. Das darin enthaltene Slideshow-Modul kann im Gegensatz zur Konkurrenz unter anderem auch eine zufällige Bildreihenfolge ausgeben, was etwa dann besonders wichtig ist, wenn auf jeder durch den Leser besuchten Seite möglichst ein anderes Foto erscheinen soll (http://wordpress.org/extend/plugins/wp-photo-album-plus/).

In einigen Kombinationen mit WordPress-Themes und älteren Varianten von WP-Photo-Album-Plus kommt es jedoch zu dem unschönen Fehler, dass teilweise kryptische URLs der Form *OriginalURL/?woccur=1&photo=8&rating=* bei Google indiziert werden, deren Inhalte sich wiederum nicht korrekt darstellen lassen. Nicht nur in diesem Fall sollte man also zwingend auf die aktuellste Version achten sowie mögliche Falsch-Indizierungen innerhalb von Google beobachten (siehe auch einen ähnlichen Fehler des gleich folgenden Tools WP Postratings).

WP Polls

Bei diesem Werkzeug muss man ebenfalls etwas auf die Performance aufpassen, vor allem wenn man dieses bereits seit Längerem und deswegen unter entsprechend ausgeweiteter Datenbankbefüllung im Einsatz hat. Aber jegliche Leserumfragen zum jeweiligen Blog-Thema – etwa in eine Sidebar aufgenommen – können nicht nur ein schöner Hingucker sein, sondern vor allem den Leser zur Interaktion animieren. Praktisch zudem, wenn man mehr über seine Leser und damit Zielgruppe(n) erfahren möchte. WP Polls hat sich hierfür gut bei mir bewährt (http://wordpress.org/extend/plugins/wp-polls/). Es unterstützt multiple, vordefinierbare Antwortmöglichkeiten, gleichzeitig kann recht einfach bestimmt werden, wie viele Auswahlvarianten der Umfrageteilnehmer maximal haben soll. Über Cookies gesteuert kann jeder Blogbesucher damit auch nur einmal an der gleichen Umfrage teilnehmen.

Abb. 4.8: Ergebnis einer WP-Polls-Umfrage

WP Postratings

Auf meinem Existenzgründerblog war schnell ein kleines grafisches Tool der
»Hit«: Man konnte die Geschäftskonzepte, über die ich berichtete, bewerten. Egal
ob mit »Sternen«, »Daumen«, Zahlen, Smileys oder was auch immer. WP Postratings bietet hierfür unzählige Optionen, so dass es sich auch dafür eignet, jegliche Wettbewerbe und Nutzerbewertungen auf dem eigenen Blog auszurichten
(http://wordpress.org/extend/plugins/wp-postratings/). Damit nicht
ein und derselbe Besucher mehrmals hintereinander bewerten kann, werden Verfahren wie etwa Cookie-Tracking und/oder zusätzliches IP-Tracking unterstützt,
so dass das jeweilige Verfahren nur schwer manipuliert werden kann.

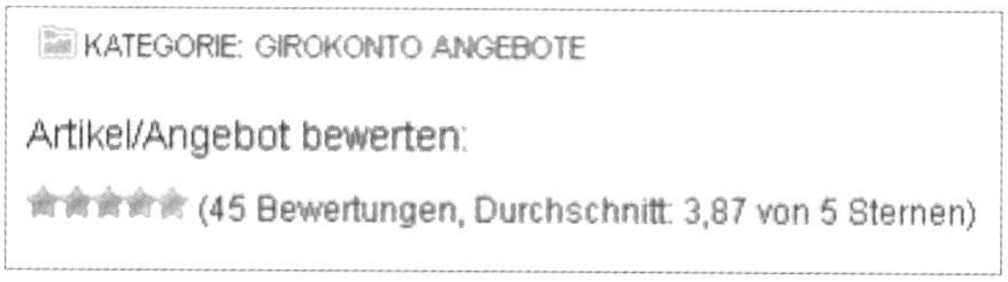

KATEGORIE: GIROKONTO ANGEBOTE

Artikel/Angebot bewerten:

⭐⭐⭐⭐⭐ (45 Bewertungen, Durchschnitt: 3,87 von 5 Sternen)

Abb. 4.9: Beliebt bei den Bloglesern sind Bewertungstools jeglicher Art.

Hinweis

Ab den WordPress-Versionen 3.x kommt es im Zusammenspiel zwischen WP
Postratings und einigen WordPress-Themes leider zu einem unschönen Fehler,
bei dem nicht existierende Blog-URLs verlinkt und somit teilweise sogar durch
den Google Robot inspiziert werden, was sich seinerseits negativ auf die Bewertung durch die Suchmaschine auswirken kann. Leider habe ich noch keinen
wirklich guten Ersatz für dieses Plugin gefunden, welches zudem auch nicht mehr

weiterentwickelt und supportet wird. Es gibt jedoch eine Lösung, wie man dieses hier genannte Problem mittels einer optimierten robots.txt-Datei umgehen kann, siehe hierzu www.blogprofis.de/buch/rating.

Generell sollten Sie zudem darauf achten, alle eingesetzten Plugins stets aktuell zu halten und bei einer neuen Version möglichst umgehend auch auf diese zu wechseln. Nicht selten kommt es vor, dass beispielsweise nach einem WordPress-Update einige ältere Tools nicht mehr richtig funktionieren. Richtig unangenehm kann eine solche Tatsache dann werden, wenn diese Fehlfunktion gar nicht auf den ersten Blick ersichtlich ist, wie das Beispiel WP Postratings zeigt. Hier lohnt es sich, regelmäßig die besten Blogs und Ressourcen rund um Ihr jeweiliges Blogsystem gut zu beobachten (beispielsweise unter http://blog.wordpress-deutschland.org/), da dort in der Regel entsprechende Fehlfunktionen erläutert sowie zugehörige Lösungsansätze diskutiert werden. Aber auch die regelmäßige Durchsicht zum Beispiel von Google Analytics oder den Google-Webmaster-Tools nach verdächtigen beziehungsweise Ihnen unbekannten aufgerufenen URL-Formaten auf Ihrem Weblog hilft in vergleichbaren Fällen weiter.

4.3 Die wichtigsten Regeln

Bevor wir uns einige Beispiele aus der Praxis näher anschauen, will ich hier zunächst noch einmal die wichtigsten Grundregeln eines gelungenen Blog-Designs erläutern, die sich im Wesentlichen mit den generellen Richtlinien der Webdesign-Standards decken.

4.3.1 Zielführendes Design

Ein Portal- und auch Blog-Design darf seinen Nutzer nicht »verwirren«. Wichtige Elemente wie etwa die Seitennavigation oder das Hauptmenü sollten gängigen Web-Standards folgen sowie leicht zu bedienen sein. Die Struktur – etwa aufgeteilt nach Kategorien und Themenschwerpunkten – ist idealerweise schnell erkennbar und leicht aufzurufen.

Der eigentliche Content hingegen sollte idealerweise stets im Mittelpunkt stehen und der Leser von daher nicht durch zu viele andere Elemente abgelenkt werden (es sei denn natürlich, der Besucher soll genau ein solches Element wie beispielsweise eingebundene Verweise und Anzeigenlinks wahrnehmen). Auch die Inhalte etwa durch Werbeeinblendungen komplett zu unterbrechen und somit zu »zerschneiden«, mag zwar monetär gesehen durchaus zielführend sein, ist aber unter designtechnischen und nutzerfreundlichen Aspekten betrachtet eher kritisch zu sehen. So mag sich zwar die Konvertierungsrate einzelner Beiträge erhöhen, insgesamt können solche Brüche jedoch dazu führen, dass der Besucher sich nicht allzu lange auf dem Blog aufhält, keine weiteren Artikel aufruft und möglicherweise auch kein zweites Mal zurückkehrt.

Auch kleinere Einzelpunkte gehören zu dieser Kategorie einer klaren Struktur. So bin ich jüngst einem Blog begegnet, bei dem es mir beim besten Willen nicht gelungen ist, herauszufinden, wie man die Start- oder »Home«-Seite des Portals aufrufen konnte. Ein frustrierter Leser wird hier womöglich sehr schnell abbrechen und das nächste Portal etwa aus der Ergebnisliste der zuvor bemühten Suchmaschine ansteuern.

Traditionelle Blog-Templates sind durch ihre klassische Struktur und Aufteilung Header/Content/Sidebar oder Header/Content/Sidebar1/Sidebar2 normalerweise bereits optimal auf die üblichen Lesegewohnheiten der unterschiedlichsten Besucher ausgerichtet, denn dieser typische Onlinemagazin-Stil mag zwar nicht besonders originell und kreativ erscheinen, dennoch findet sich fast jeder Leser recht schnell darin zurecht und fühlt sich somit »zu Hause«. Fast alle größeren Contentportale wie Spiegel Online (`www.spiegel.de`) oder die Web-Ausgabe der Süddeutschen Zeitung (`www.sueddeutsche.de`) und viele mehr arbeiten nach diesem bewährten Muster, weswegen dieses vielen Besuchern auch so vertraut vorkommen mag. Sehr ausgefallene Blogger-Templates mögen Ihnen als Portalbetreiber vielleicht einen Preis bei einem Designwettbewerb einbringen, wirklich zielführend und nutzerfreundlich müssen diese deswegen jedoch noch lange nicht sein, weswegen die meisten erfolgreichen Blogger auch konsequent auf die eher klassisch gehaltenen Templates und Designvorlagen setzen.

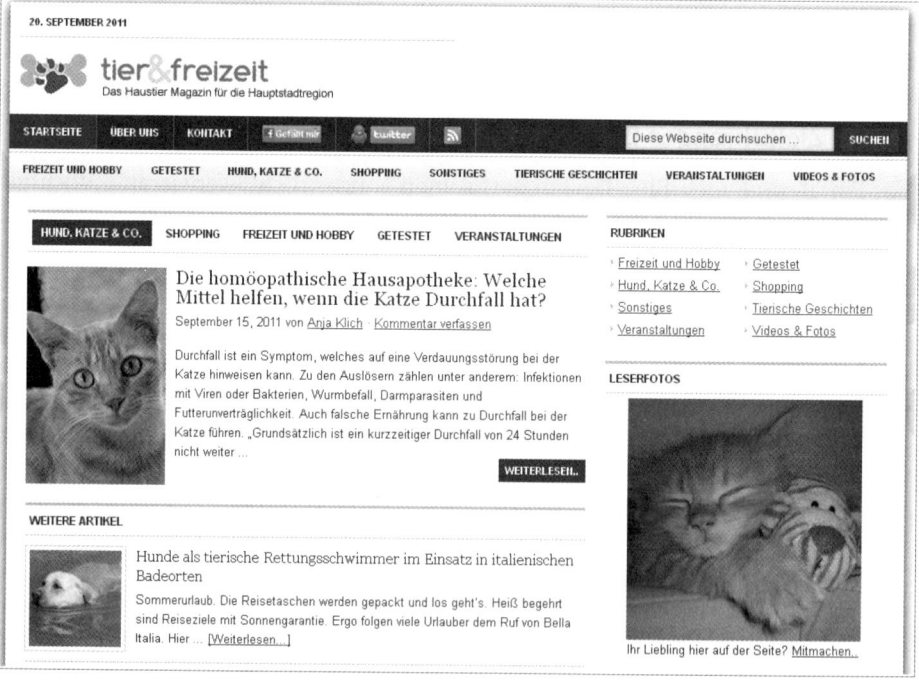

Abb. 4.10: Ein Blog im typischen Magazinstil

Abb. 4.11: Größere Bildformate, aber ähnliche Struktur bei der Süddeutschen

4.3.2 Klare Erkennungsmerkmale

Ich besuche regelmäßig die Blogs meiner Kommentatoren. Dabei sind mir bereits des Öfteren Blogportale aufgefallen, bei denen sich mir nicht auf den ersten und manchmal nicht einmal auf den zweiten Blick erschließen konnte, um was für ein Thema es in diesem überhaupt geht.

Sicherlich hätte ich zwar eventuell anhand der Menüpunkte oder Kategorien »erahnen« können, was mir dieser Blog und seine Macher sagen wollen. Doch die meisten Blogbesucher bilden sich innerhalb von Sekunden oder gar Millisekunden ein Bild darüber, ob ihnen das gerade eben aufgerufene Portal bei ihrer Fragestellung wohl weiterhelfen kann oder eher nicht. Dies rührt ganz einfach daher, dass wir als Internetnutzer dank nicht gerade perfekter Suchmaschinen meist eher auf fehlerhafte Treffer denn auf das exakt gewünschte Suchergebnis beziehungsweise die zugehörige Webseite stoßen. Und als Ergebnis aus diesen vielen negativen Erfahrungen geben wir einem Portal eben kaum ausreichend Zeit, uns von seinen jeweils ganz eigenen Qualitäten überzeugen zu lassen.

Es besteht bei einem Blog ohne klare Erkennungsmerkmale also ganz einfach die Gefahr, dass der Leser die Seite sehr schnell wieder verlässt, da er natürlich nicht lange nach deren »Zweck« suchen möchte. Ein aussagekräftiges Logo, ein guter

Blog-Claim (quasi der textliche Slogan eines Blogs wie etwa »Der Briefmarken-sammler-Blog«), die thematisch passende Hintergrundgrafik oder aussagekräftige Illustrationen können hier meist schon enorm weiterhelfen, doch leider achten nicht alle Blogger auf solche eigentlich selbstverständlichen Standards.

4.3.3 Nutzer- und lesefreundliche Oberfläche (GUI – Graphical User Interface)

Auch diesen Punkt möchte ich anhand eines (in diesem Fall Negativ-)Beispiels näher erläutern: Per Zufall besuchte ich jüngst einen Blog mit der Zielgruppe Senioren, der inhaltlich wirklich gut und ansprechend gestaltet war und somit normalerweise sicherlich auf großes Interesse stoßen würde. Äußerst zielgrup-penfeindlich war jedoch die grafische Gestaltung, denn diese erwies sich unter anderem durch viel zu kleine Schriften, eine verwirrende und umständlich zu bedienende Navigation, unnötige Frames, ständige Pop-ups und mehr in dieser Hinsicht als völlig ungeeignet. In diesem speziellen Fall wäre es also durchaus sinnvoll gewesen, die einzelnen grafischen Elemente einmal durch die jeweilige Zielgruppe testen zu lassen.

Weiterhin ist grundsätzlich nichts gegen Himmelblau, Rosa und sonstige Pastell-farben einzuwenden. Ein »Girlie«-, Lifestyle- oder Babymodenblog kann absolut toll damit aussehen. Das Design sollte jedoch stets zum Thema passen, für einen »seriösen« Finanz-Blog wäre eine solche Farbgebung sicherlich nicht die beste Wahl. Und so gut großflächige grafische Elemente wie etwa der Header und der Hintergrund eines Blogs auch wirken mögen, sie sollten nie so dominant gestaltet sein, dass sie von den eigentlichen und deutlich wichtigeren Inhalten ablenken. Nicht zu vergessen bei solch aufwendigen Grafiken sind auch die Ladezeiten, die trotz DSL & Co. nach wie vor eine wichtige Rolle spielen, wie Sie noch erfahren werden.

Und: Viele Blog-Templates sind in sehr dunklen Farbvariationen gehalten. Das sieht edel aus und mag für einen Künstler-, Musik- oder Fotoblog auch zweckdien-lich sein, erhöht aber nicht gerade die Lesbarkeit eines reinen Contentblogs. Von daher sollte man bei diesen eher auf eine klare, helle, sachliche und nicht zu »ver-schnörkelte« Designsprache achten, wenn man dem Leser entgegenkommen möchte. Die Verwendung serifenloser Schriftarten wie etwa Verdana oder Arial insbesondere bei kleingedruckten Texten sowie ein guter Kontrast zwischen Schrift- und Hintergrundfarbe sind hierbei weitere Details, die unbedingt Beach-tung finden sollten.

Nicht zuletzt sollte man auf die Nutzung einer möglichst weit verbreiteten Termi-nologie achten, um dem Besucher die Orientierung zu erleichtern. Die Startseite sollte auch so heißen, nicht jeder – gerade bei weniger internetaffinen Blogthe-men – kann mit der Bezeichnung »Home« wirklich etwas anfangen, selbst wenn man diesen Begriff immer noch sehr oft liest. Und die allseits bekannten »Katego-

rien« kann man je nach Blogschwerpunkt auch »Themen« oder notfalls »Inhalte«
nennen, auf Experimente wie etwa die Benennung dieser Navigationsstruktur in
»Abteilungen« oder »Bereiche« sollte man hingegen eher verzichten, weil viele
Besucher damit nur wenig anfangen können und die dahintersteckende Funktionalität wohl auch kaum nutzen werden. Ist man sich in solchen Punkten bei der
Gestaltung eher unsicher, so kann auch hier ein Blick auf die Vorbilder großer, allseits bekannter Internetportale weiterhelfen, weil diese üblicherweise sehr viel
Zeit und Energie in derartige Details stecken. Wobei man im Blogbereich stets
eine gute Mischung zwischen den üblichen Blog-Terminologien wie etwa »Kategorien« und sonstigen Bezeichnungen finden sollte, um möglichst allen Besuchergruppen gerecht zu werden.

4.3.4 Professionell gestaltete grafische Elemente

Hier sollte man nicht am falschen Ende sparen. Laienhaft designte Logos, Grafiken, Bildelemente, Navigationsleisten und mehr können den ersten Eindruck des
Besuchers sehr negativ beeinflussen. Lassen Sie Ihr Blog-Design von Freunden
und Bekannten, anderen Bloggern oder am besten durch einen Grafik-Experten
diesbezüglich analysieren. Und gut gestaltete Vorlagen aus Template-Galerien
oder von einem Designer speziell angefertigt, müssen – wie im Bereich der Blog-
Logos bereits erläutert – nicht unbedingt teuer sein. Hinzu kommt eine gewisse
Einheitlichkeit, in der die eingesetzten Grafikelemente gestaltet werden sollten.
Der Twitter-Button aus Galerie a, kombiniert mit einem selbst gebastelten RSS-
Symbol und einer Navigationsleiste aus Galerie b – am besten noch in unterschiedlichen grafischen Stilrichtungen gehalten – leider begegnet man solchen
kleinen »Designsünden« immer wieder. Doch derartige Sammelsurien verwirren
den Leser eher und wirken sich zudem negativ auf das Gesamterscheinungsbild
eines jeden Blogportals aus.

Übrigens machen sich auch oft gesehene Elemente wie etwa »Abonniere unbedingt diesen unglaublichen Geld-verdienen-Newsletter und du wirst in zwei Tagen
zum Millionär« nur in den seltensten Fällen wirklich gut, die meisten Besucher
werden hier wohl eher skeptisch »wegklicken«. Es gibt Blogs mit wertvollen Inhalten, aber extrem unseriös wirkender interner oder externer Werbung, etwa auf
dem Niveau der Boulevardpresse mit den großen Buchstaben, das kann auf viele
Besucher deutlich abschreckend erscheinen. Gut gemeint ist dann nicht immer
gleich gut getan.

Auch schlechte und unscharfe Fotos gehören leider immer wieder zu den gerne
gemachten Modesünden eines Weblogs. Dann jedoch sollte man lieber darauf verzichten oder ein passendes abstraktes Motiv wählen. Vor allem wirklich unschöne
und verpixelte Bilder des Autors auf der »Über-uns«-Seite oder aber auch alte
unpassende Bewerbungsfotos hinterlassen keinen wirklich guten Eindruck, hier
sollte man in den Gang zu einem guten Fotografen investieren, den man auch
über den Zweck und das Ziel der zu machenden Aufnahmen aufklären kann.

Büro: Politik oder Religion lieber Zuhause lassen

Es ging durch alle Medien: Ein Bochumer Callcenter-Mitarbeiter wurde gekündigt, weil er alle seine Anrufe mit "Jesus hat Sie lieb" beendete. Auch vor dem Arbeitsgericht kam er mit seiner ... [Weiterlesen...]

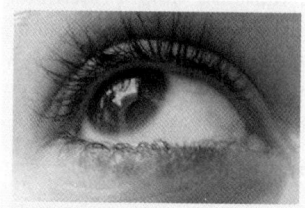

Gründungs-Blues: Was tun wenn die ersten Zweifel kommen

Habe ich wirklich das richtige Geschäftskonzept? Was wenn die Einnahmen ausbleiben? Brauche ich noch ein zweites Standbein? Wie wirkt sich die neue Konkurrenz auf mich aus? Diese und ... [Weiterlesen...]

Wider dem Business Kauderwelsch – von thought leader's und love brands

Wenn ein Unternehmen hierzulande einen "Effective Team Player" sucht, um die "Thought Leadership" der "love brand" über den "go live" hinweg überproportional engagiert auszubauen, dann ... [Weiterlesen...]

Abb. 4.12: Die richtigen Bilder können einen Blog gleich viel wertiger erscheinen lassen.

4.3.5 Aktive Lenkung der Besucherströme

Den Besucher sollte man stets aktiv auf die jeweils relevanten Teile des Blogportals aufmerksam machen und auch dorthin lenken. Auf diesen wichtigen Punkt werde ich gleich noch einmal im Zusammenhang mit so genannten Landingpages zurückkommen. Grob ausgedrückt sollten dabei natürlich stets jene Elemente ganz besonders ins Auge des Betrachters fallen, für die Sie ihn am meisten gewinnen wollen.

Generell ist für derartige Betrachtungen auch zu bedenken, in welcher Form Internetnutzer normalerweise eine Webseite betrachten, also welche Bereiche eher Beachtung finden und welche nicht. Zwar hängt dies stets von vielen Faktoren sowie der genauen Gestaltung einer Seite im Einzelnen ab, generell kann man jedoch feststellen, dass sich diese Aufmerksamkeitskurve (auch »Heatmap« genannt) eher auf den linken statt auf den rechten und eher auf den oberen statt den unteren Bereich eines Onlineportals fixiert. Auf die dort gelisteten Bloginhalte wird der Leser demnach wohl am wahrscheinlichsten reagieren. Auch werden Bilder und Grafiken meist eher wahrgenommen, bevor sich der typische Webseitenbesucher auf die einzelnen Texte konzentriert, so sollte man idealerweise auch jegliche Grafiken in einem Blogartikel mit Verweisen ausstatten, wenn man den Leser in diesem Beitrag weiterleiten möchte.

Was dabei für Sie als Blogbetreiber Relevanz besitzt – also möglichst an prominenter Stelle und in einem Aufmerksamkeit erregenden Format dargestellt sein sollte – und was nicht, hängt von Ihrer jeweiligen Zielstellung ab. Im Affiliate-Blog-Bereich wird dies unter Umständen der Verweis auf ein zentrales Werbemittel sein, bei einem Corporate-Blog vielleicht der Link zum eigenen Onlineshop, für den Blog des Buchautors der »Hier kaufen«-Button von Amazon, bei einem werthaltigen Weblog hingegen – der besonderen Wert auf User generated Content legt – die Kommentarfunktion oder der Verweis dazu.

4.3.6 Elemente zur maximalen Optimierung der Verweildauer auf dem Blog

Auch hierauf werde ich in Kapitel 8 noch einmal ausführlicher zu sprechen kommen. Denn dieser sehr wichtige Punkt bei der Vermarktung eines Blogportals bedeutet nichts anderes als die Steigerung Ihrer Einnahmen beziehungsweise Seitenaufrufe (Visits) auf dem Blog. Je ausführlicher sich ein Besucher mit Ihrem Blog auseinandersetzt, desto höher ist auch die Chance, dass es zu einer entsprechenden Interaktion kommt. Und egal ob es sich bei dieser Interaktion um einen Klick auf ein Werbemittel, die Abgabe eines Kommentars, die Betätigung des Google-Plus-Buttons oder den Aufruf Ihres Kontaktformulars handelt, je mehr solcher Maßnahmen ausgeführt werden, umso besser für Sie. Oder aber durch den möglichst langen Aufenthalt auf Ihrem Blog steigt zumindest die Wahrscheinlichkeit, dass sich dieser Besucher die aufgerufene Domain für einen späteren Besuch merkt oder gar ein Lesezeichen (Bookmark) in seinem Webbrowser setzt.

4.3.7 Gut gestaltete Landingpages und »Call to Action«-Elemente

Fast noch mehr als für das eigentliche Blogportal selbst gelten die Regeln der klaren Struktur und der übersichtlichen Formen und Inhalte für jegliche Elemente, die der Besucher möglichst zielführend durch eine bestimmte Aktion nutzen soll, etwa durch den Klick auf den »Jetzt registrieren«- oder »Hier Kaufen«-Button. Gehen diese Elemente im Einerlei einer schlecht gestalteten Webseite unter oder wird der Fokus durch andere Details wie aussagekräftige Fotos, prominente Links, hervorgehobene Texte oder Bewegtbilder abgelenkt, so kann dies die Konvertierungsrate der genannten Elemente deutlich negativ beeinflussen. Zu dieser Disziplin gehören auch ganz einfach auszuführende Optimierungsarbeiten am eigenen Blog, beispielsweise sämtliche Landingpages von jeglichem unnötigen »Ballast« wie etwa den Sidebars, gegebenenfalls dem Footer oder auch der umfangreichen Standardmenüs zu bereinigen, damit sich der Besucher auf das Allerwesentlichste konzentrieren kann.

4.3.8 Effiziente Einbindung von Werbeflächen

Dieser Punkt gilt sowohl für »normale« Blogs – nämlich bei der Einbindung externer Werbung – als auch für Corporate-Blogs, bei denen weiterführende Elemente zu den eigenen Produkten und Services im Vordergrund stehen sollen. Zwar wird man solche Anzeigenflächen natürlich nicht gerade an den unattraktivsten und am wenigsten beachteten Stellen des Blog-Layouts einbinden, dennoch sollte man es bei der Einbindung vergleichbarer Elemente niemals übertreiben.

Ein Blog, der »zugefrachtet« ist mit lauter Werbeblöcken, wird wohl die meisten Besucher sehr schnell wieder vergraulen. Interessant ist hierbei die Definition dessen, was der Blogbetreiber als Anzeige betrachtet und was durch den Leser im direkten Gegensatz hierzu als »Werbung« wahrgenommen wird. So bat mich neulich ein Blogger um ein Urteil darüber, wie sein Portal denn auf mich wirke, da er insbesondere mit der hohen Abbrecherquote der meisten Blogbesucher nicht zufrieden sei. Vorsichtig merkte ich dabei an, dass der einzelne Betrachter womöglich von den vielen Werbeblöcken auf der Start-, aber auch den Artikelseiten überfordert sein könnte und alleine deswegen schnell wieder das Weite suche. Seine Reaktion hierauf: »Wieso, bei dem meisten handelt es sich doch gar nicht um Werbung, sondern um Verweise auf Newsletter und andere Publikationen von mir.« Der Blogbetreiber selbst weiß dies natürlich, doch je nach Gestaltung der einzelnen grafischen Elemente kann der Leser selbst auf den ersten Blick nicht diese Unterscheidung treffen und ordnet pauschal erst einmal alles als »Reklame« ein, wofür auch immer. Ein nicht betroffener externer Blick auf die Wirkung eines Blogportals für Außenstehende kann in solchen Fällen oft sehr wertvolle Hinweise geben.

Wie man eine möglichst zielführende Einbindung von Werbeflächen gestalten und austesten kann, werden Sie übrigens ebenfalls in Kapitel 8 erfahren.

4.4 Beispiele für ein gelungenes Blog-Design

Um die Thematik noch ein wenig anschaulicher zu machen, möchte ich in diesem Kapitel ein paar Weblogs vorstellen, die meines Erachtens besonders gut und zielführend gestaltet sind. Zwar ist dies oft auch eine Frage des jeweiligen Geschmacks, trotzdem folgen alle diese Beispiele den meisten oder gar allen der zuvor genannten Grundregeln eines erfolgreichen und optimierten Erscheinungsbildes.

4.4.1 Problogger.net

Das Portal www.problogger.net gibt nicht nur tolle Tipps für professionelle Blogger aus der ganzen Welt, es bietet zudem ein äußerst effizientes und gelungenes Design. Zugegebenermaßen ist dieses mit seinen dominanten Werbeflächen in der Sidebar sowie den Teasern im Magazinstil ein wenig typisch »US-amerikanisch« gestaltet, und dennoch wird der Blick des Betrachters sehr schnell auf das Wesentliche gerichtet.

Recht dezent und trotzdem wirkungsvoll wurden die eigenen Produkte (etwa die E-Books & Videos) des Bloggers Darren Rowse eingebunden, ohne dass das Ganze sofort nach Schleichwerbung »riecht«. Denn immer und sehr deutlich kommt bei dem Durchstöbern des Portals der Mehrwert für die (bloggenden) Leser hindurch, was vor allem an den gelungenen Blogbeiträgen liegt.

Abb. 4.13: Blick auf das Wesentliche – Problogger.net

4.4.2 Springwise.com

Eine weitere Referenz, was man mit Blog-Mitteln sehr Schönes »anstellen« kann, ist für mich das Portal www.springwise.com. Jüngst einem umfangreichen Re-Design unterzogen, steht hier ebenfalls der Magazinstil in seiner schönsten Form im Vordergrund, so macht es als Leser richtig Spaß, sich in diesem Portal rund um das Thema Innovation und Entrepreneurship zu bewegen und dort mitzulesen. Etwas Besseres als diese Freude des Betrachters kann einem Blog eigentlich gar nicht passieren, vor allem wenn man möglichst auch viele Stammleser für sich gewinnen möchte.

Bei Springwise.com wirken neben der gelungenen Aufteilung natürlich vor allem auch die sehr professionell gemachten Grafikelemente, deren Grundtenor und -design sich stets in sämtlichen Details widerspiegelt, sowie eine durchgängig positive und aufwendig gestaltete Bildsprache. `Springwise.com` zeigt sehr anschaulich, was man mit einer WordPress-Installation alles erreichen kann. Der zugehörige – übrigens ebenfalls sehr empfehlenswerte – Blog-Newsletter erreicht mittlerweile 150.000 Leser in über 150 Ländern und dies sicherlich nicht zuletzt aufgrund der äußerst professionellen Aufmachung des Portals.

Abb. 4.14: Die Startseite von `Springwise.com`, ein Blog, der sehr viel mit Bildern arbeitet

4.4.3 Deutsche-startups.de

Etwas kühl und nüchtern mag dieses Template vielleicht auf manche wirken, gerade im Vergleich zu den zuvor genannten Weblogs, aber hier ist der Content wirklich noch King. Wenig Schnörkel und sonstige Elemente stören das Lesen. Und trotzdem wurden an so mancher Stelle sehr dezent wichtige Elemente zur Refinanzierung eingebunden.

Bei den deutschen-startups.de wurde wohl sehr lange an den effizientesten Positionen für die Werbe- und sonstige Blöcke experimentiert und gefeilt. Und auch bei diesem Portal kommt man auf den ersten Blick nicht unbedingt auf die Idee, dass hier ein WordPress-Blog dahintersteckt, obwohl die einzelnen Seitenelemente durchaus recht blogtypisch angeordnet sind.

Abb. 4.15: Sachlich und trotzdem schön anzuschauen ist `deutsche-startups.de`.

4.4.4 Der Conrad Unternehmensblog

Auch ein gelungenes Beispiel für einen Corporate-Blog möchte ich an dieser Stelle nennen. Wer die Elektronik-Marke Conrad kennt, der wird sofort sehen, wie gut sich der zugehörige Blog (siehe `http://blog.conrad.de/`) in die entsprechende Corporate Identity des Unternehmens integriert. Trotzdem bewahrt dieser Firmenblog seine Eigenständigkeit, setzt sich von dem »kommerziellen« E-Shop deutlich ab, und wirkt alleine deswegen authentisch.

Abb. 4.16: Der Conrad Blog fügt sich ideal in die CI des Unternehmens ein und hat dennoch ein eigenständiges Erscheinungsbild.

Es ist dem Leser dabei stets klar, welches Unternehmen den Blog betreibt, aber diese Frage steht nicht nur inhaltlich, sondern auch gestalterisch eher im Hintergrund.

4.4.5 Zuckerbäcker-Blog

Ein weiterer Firmenblog, den ich Ihnen nicht vorenthalten möchte, ist der zum Zeitpunkt der Drucklegung noch recht junge, aber deswegen nicht minder gute »Zuckerbäcker-Blog« (`www.der-zuckerbaecker.de/blog/`). Sehr stimmig in das gesamte Geschäftskonzept der Zuckerbäcker fügt sich dieser Corporate-Blog ein, was nicht nur an den wirklich toll und professionell gestalteten Grafiken des Templates (siehe etwa den äußerst liebevoll gestalteten Hintergrund), aber auch innerhalb der Artikel liegt.

Denn vor allem auch die gelungene Ausgestaltung und Mischung innerhalb der einzelnen Beiträge selbst lässt wohl bei nahezu jedem Besucher – passend zum Gegenstand des Unternehmens – eine fast kindliche Freude aufkommen. Alleine die äußerst kreative Wortwahl bei der Benennung der einzelnen Kategorien spricht hier Bände, lauten diese doch zum Beispiel »Helden der Kindheit«, »Du bist gefragt« oder schlicht und einfach »Unser Alltag. Bunt.« Was sich übrigens nicht zuletzt auch in den jeweiligen Artikeln widerspiegelt, mit zum Unternehmen und seinen Produkten äußerst passenden Titeln wie »So schmeckt der Sommer – ein Tag mit dem Zuckerbäcker«.

Die Hinweise und Links zum eigenen E-Shop sind darin übrigens sehr dezent, aber gleichzeitig stets prominent sowie zielführend umgesetzt und integriert. So kommt nicht etwa der Eindruck auf, es handle sich um eine reine »Werbeseite« und trotzdem wird jedem Blogbesucher sehr schnell deutlich, um welche Produkte und Services es sich bei den Zuckerbäckern dreht.

Abb. 4.17: Da stimmt jedes grafische Detail – der Zuckerbäcker-Blog

4.4.6 StepStone Blog

Der Corporate-Blog der Online-Stellenbörse StepStone (siehe `www.stepstone.de/blog/`) ist ebenfalls erst wenige Monate alt, und trotzdem – oder gerade deswegen – seiner Konkurrenz in vielen Dingen weit voraus. »Spannende Artikel rund um die Themen Job, Arbeitsmarkt und Rekrutierung« sollen dort zu lesen sein, verspricht das Redaktionsteam, und übertreibt damit keinesfalls.

So geht es dort – im Vergleich zu anderen Jobbörsenblogs – weit weniger wissenschaftlich im Sinne von »trocken« zu, trotzdem sind die einzelnen Berichte unterhaltsam gestaltet (von Job-Flashmobs über »Surfen am Arbeitsplatz«, »Durst im Büro« bis hin zu kuriosen Facts rund um das Thema Fachkräftemangel reicht hierbei die Palette) und bieten den mittlerweile zahlreichen Lesern dennoch gleichzeitig einen echten Mehrwert, etwa wenn es sich um die Frage »Frauen zwischen Karriere und Familie« dreht. Schade ist lediglich, dass die einzelnen Autoren nicht persönlich vorgestellt werden. Auch wenn es sich zum Teil um Berichte über Agentur- oder sonstige Pressemeldungen handelt, so würde ein »Gesicht zum Blog« sicherlich nicht schaden. Eine Empfehlung, die ich übrigens allen Betreibern von Corporate-Blogs geben kann.

Aber – worum es in dieser Kategorie ja hauptsächlich geht – hinzu kommt: Das Blogdesign ist nicht nur äußerst klar strukturiert, schlicht und modern, sondern gleichzeitig auch sehr originell gehalten. Alleine der Hintergrund des StepStone-Firmenblogs macht Lust auf mehr und bietet zudem einen hohen Wiedererkennungswert, wichtig für die Blog-Identity.

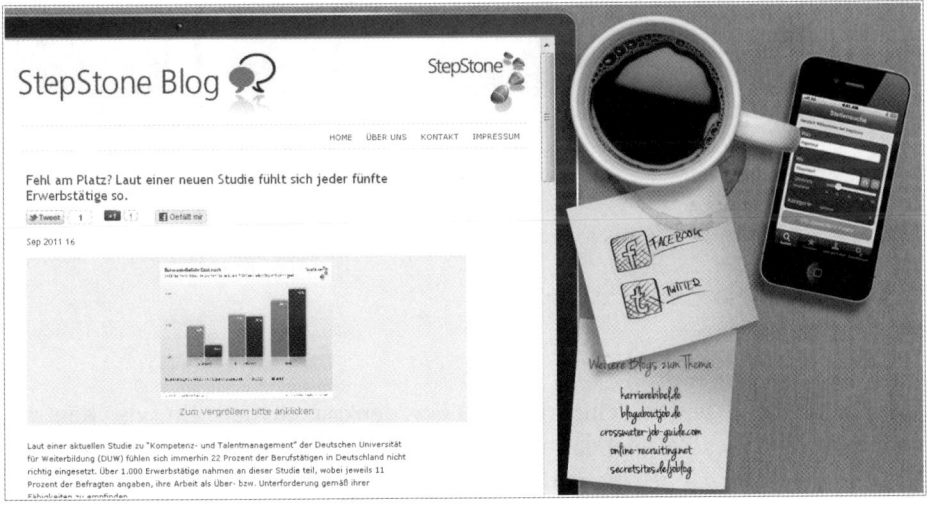

Abb. 4.18: Tolle Hintergrundgestaltung beim StepStone Blog

4.4.7 inspirefirst.com

Was insbesondere mit WordPress-Bordmitteln und einem gut gestalteten Theme noch so alles möglich ist, das stellt das E-Magazin inspirefirst (www.inspirefirst.com) unter Beweis. Nicht nur die zahlreichen grafischen Effekte und tollen Illustrationen sorgen hier für gute Laune beim Besucher, es macht richtig Spaß, mit der gut und stets klar strukturierten Oberfläche des Portals zu arbeiten. Wobei der Informationswert auf den einzelnen Unterseiten dank wohlproportionierter Schriften und Absätze sowie einer gelungenen Seitenaufteilung nicht zu kurz kommt.

Selbst die einzelnen Werbeflächen sind hier prominent, aber gleichzeitig designtechnisch sehr dezent umgesetzt, so dass sie das Auge des Betrachters kaum stören. Das Portal möchte die Leser – ganz gemäß des Blogtitels – mit seinen Inhalten inspirieren, und das gelingt den Machern bereits beim eigenen Webdesign.

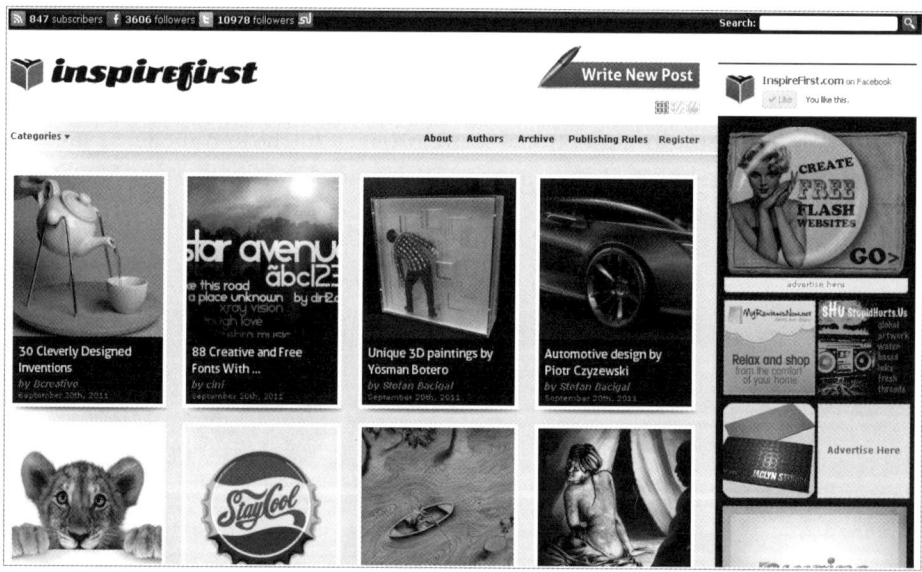

Abb. 4.19: Das wirkt – inspirefirst.com.

4.4.8 Denkmaschinen.ch

Der Schweizer Denkmaschinen-Blog (www.denkmaschinen.ch) als Kontrast hierzu ist ein tolles Beispiel dafür, dass man auch mit weniger Aufwand und mit einem relativ einfach gehaltenen, klar strukturierten und klassischen WordPress-Theme ein tolles Ergebnis erzielen kann. Lediglich der zusätzliche, wohl als Claim dienende Text in der Headergrafik des Weblogs dürfte idealerweise deutlich besser zu lesen sein.

Die Artikel und deren Content stehen bei dieser Denkmaschine ebenfalls stets klar im Vordergrund, sind angenehm zu lesen, haben ausreichend Raum zur Verfügung, sind inhaltlich anspruchsvoll verfasst und dennoch stets kurzweilig zu lesen. Eine schöne, inhaltlich passende Bildsprache innerhalb der Beiträge rundet diesen Gesamteindruck noch weiter ab.

Klare Elemente zur Weiterempfehlung einzelner Artikel innerhalb diverser sozialer Netzwerke, eine zielführende, wenn auch recht umfangreiche Struktur der Kategorien sowie die durchgängige Verschlagwortung mit passenden Tags sorgen zusätzlich für die notwendige Orientierung. Insgesamt ist dieses Blogportal ein Beweis dafür, dass schlicht nicht gleich »langweilig« bedeuten muss.

Abb. 4.20: Einfach und trotzdem gelungen präsentiert sich der Denkmaschinen-Blog.

4.4.9 WordPress Showcases nutzen

Eine sehr schöne Anregung für WordPress- und sonstige Blogs unterschiedlichster Art können neben den genannten Blogs immer auch die »Showcases« der einzelnen professionellen Theme-Anbieter sein, in denen tatsächliche Blog-Umsetzungen auf Basis der jeweiligen Frameworks präsentiert werden. Egal ob Content-Blog, Shop-Blog, Firmenblog, Freizeit-, Technik- oder Lifestyleportal, auf diesen Präsentationsbühnen finden sich zahlreiche teils wirklich erstaunliche Internetportal-Umsetzungen mittels Blog-Technologie, von denen man sich sehr gut für eigene Entwürfe und Webdesigns inspirieren lassen kann.

Hier einige Beispiel-Adressen sowie Impressionen aus einzelnen Themensamm-
lungen:

- `www.studiopress.com/showcase/`
- `www.themeshift.com/showcase/`
- `www.themefuse.com/showcase/`

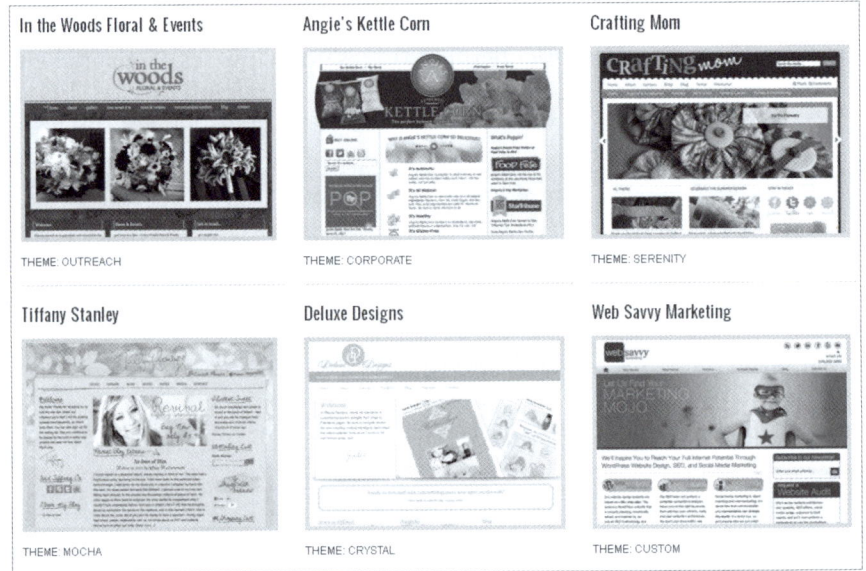

Abb. 4.21: Beispiele aus dem `Studiopress.com`/Genesis Showcase – jede Menge
Designanregungen für den eigenen Blog

4.5 Blog-Landingpages gestalten

Eine besondere designtechnische Herausforderung stellen Landingpages auf dem
eigenen Weblog dar, also alle Seiten, bei denen irgendein Angebot oder eine möglichst vom Leser zu tätigende Aktion im Vordergrund stehen.

Dies können – je nach unternehmerischem Ziel des Blogs – etwa sein:

- Zentrale Verweisseite auf einen wichtigen Affiliate-Partner
- Bestellungsmöglichkeit für das eigene E-Book
- Kontaktseite für die selbst angebotenen Dienstleistungen
- Informationsseite zur Werbebuchung auf dem Blog
- Newsletter-Eintragelisten u.v.m.

Idealerweise versteckt man solche Aktionsbereiche deswegen natürlich nicht in irgendeinem Artikel, sondern präsentiert diese auf einer eigens hierfür eingerichteten Blog-Seite.

Bei reinen Affiliate-Blogs habe ich beispielsweise die Erfahrung gemacht, dass es ganz gut sein kann, von den einzelnen Artikeln auf eigene Konvertierungsseiten für das jeweilige Partnerprogramm zu verweisen, statt wirklich in jeden Artikel einen Affiliate-Textlink oder gar Werbebanner einzubinden. Denn der zu massive Einsatz entsprechender Werbemittel kann nicht nur auf den Leser schnell ermüdend wirken, auch einigen Suchmaschinenalgorithmen zur Bewertung Ihres Blogs dürfte dies nicht wirklich gefallen.

Doch eine optimierte Landingpage ist nicht einfach nur eine weitere Standard-Blogseite wie der »Über uns«-Bereich, das Impressum oder was auch immer. Landingpages können unter Umständen sogar völlig vom eigentlichen Blog-Design sowie der dortigen Anordnung abweichen, wenn es denn die Aufmerksamkeit und damit die Erfolgsquote (Konversion) steigert. So lautet die mit Abstand wichtigste Regel, der Sie zuvor schon kurz begegnet sind: Auf zentralen Landingpages sollte man immer absolut alle Elemente entfernen, die nicht zwingend notwendig für die eigentliche Funktionalität sind. Eine Sidebar mit weiterführenden Inhalten? Weg damit. Andere Anzeigenblöcke, die den Leser nur verwirren? Zumindest an dieser Stelle sollte man sie ausschalten. Links auf dritte externe Anbieter oder Partnerseiten? Auch diese haben hier eigentlich nichts zu suchen. Der Fokus sollte innerhalb einer Landingpage stets ganz klar ausschließlich auf dem Element liegen, welches man bewerben oder in den Vordergrund stellen möchte.

Nicht zu viel ablenkenden Text, aber auch nicht zu wenig (so dass auch Google die Seite noch »mag«) und eher dezentral gehalten, so lautet die Empfehlung für den die zentralen Elemente umgebenden Content. Somit kann man etwa das eigentliche wichtige Banner oder den Weiterleiten-Button mit einem recht kurzen, aussagekräftigen und zielführenden Text einleiten und dann die restlichen Textinhalte – oder besser noch wechselnde Elemente wie thematisch passende Blogartikel – möglichst dezent und fast schon »unscheinbar« und mit etwas Abstand direkt nach diesem zentralen Element am Ende der Seite aufführen.

Hier ein paar Beispiele von Landingpages aus unterschiedlichen Bereichen, bei denen ich lange diverse Varianten hinsichtlich der Positionierung, enthaltener Elemente, der grafischen Gestaltung etc. in einem A/B-Testing miteinander verglichen habe, bis die jeweils effektivste Form daraus resultierte:

Bank of Scotland

❋ BANK OF SCOTLAND
Vertrauen seit 1695

Eines der besten Tagesgeldkonten: Bislang überdurchschnittliche Verzinsung, und tolle Belohnung für Neukunden!

Sparfüchse aufgepasst: Ein so tolles **Startguthaben als Prämie** wie die Bank of Scotland bietet bislang kein zweites Tagesgeldkonto hierzulande. Auch von der Stiftung Warentest wurde die Bank of Scotland bereits für ihre Konditionen ausgezeichnet:

Weitere Informationen zur Bank of Scotland

Die Bank of Scotland hat hierzulande den Markt für Tagesgeld-Sparkonten gehörig durcheinandergewirbelt. Kein Wunder, welches andere Kreditinstitut bietet hierzulande eine vergleichbar hohe **Startprämie für**

Abb. 4.22: Einfaches, aber zielführendes Beispiel einer Landingpage mit zentral ausgerichtetem Call-to-Action-Element

---

Werben auf MeinStartup.com

Nur sehr wenige Portale im deutschsprachigen Raum erreichen pro Jahr in der **Zielgruppe Gründungswillige, angehende Unternehmer & Franchise-Nehmer** sowie **StartUp-Manager**:

> bis zu 20.000 Besucher im Monat (240.000 im Jahr)
> 130.000 Seitenaufrufe/Monat (1,6 Millionen im Jahr)

Weitere Informationen? Wir machen Ihnen gerne ein Angebot:

werbung@meinstartup.com

So etwa Bannerwerbung **ab nur 60 Euro monatlich**, oder gekennzeichnete Advertorials im redaktionellen Teil ab 180 Euro einmalig.

Fordern Sie noch heute unsere Mediadaten an.

Abb. 4.23: Diese Variante konvertierte fast doppelt so gut wie die nachfolgende Version.

Werben auf MeinStartup.com

Nur sehr wenige Portale im deutschsprachigen Raum erreichen pro Jahr in der **Zielgruppe Gründungswillige, angehende Unternehmer & Franchise-Nehmer** sowie **StartUp-Manager**:

> bis zu 20.000 Besucher im Monat (240.000 im Jahr)
> 130.000 Seitenaufrufe/Monat (1,6 Millionen im Jahr)

Weitere Informationen? Wir machen Ihnen gerne ein Angebot:

werbung@meinstartup.com

So etwa Bannerwerbung **ab nur 60 Euro monatlich**, oder gekennzeichnete Advertorials im redaktionellen Teil ab 180 Euro einmalig.

Fordern Sie noch heute unsere Mediadaten an.

Abb. 4.24: Alleine der Austausch eines Fotos kann also schon viel bewirken. Auf einem anderen Blogportal wirkte diese Grafik interessanterweise trotzdem.

Abb. 4.25: In diesem Fall führte die Nennung einer einfachen, klickbaren E-Mail-Adresse zu mehr Resonanz als ein Kontaktformular, und dies ohne mehr Spam zu erhalten.

Jeder Blogger sollte sich übrigens – nicht nur bei der Erstellung von Landingpages – an solche so genannte A/B-Tests gewöhnen, wenn er möglichst erfolgreich sein will. Blogportale und ihre jeweiligen Zielgruppen sind oft so unterschiedlich, dass man die wirklich effizienteste Gestaltung erst durch eine Schritt-für-Schritt-Optimierung unter genauer Beobachtung der jeweiligen Auswirkungen auf die wichtigsten Erfolgs-kennzahlen wie etwa die Konvertierungsquote oder die Verweildauer herausfindet.

Wenn Sie wissen möchten, wie eine optimale Landingpage aussehen sollte, so kön-nen Sie sich zudem an den eigens hierfür eingerichteten Zielseiten der großen Part-nerprogramm-Betreiber orientieren. Denn obwohl auch dort längst nicht immer die Regeln effizienter Seitengestaltung berücksichtigt werden, wird dort meist sehr viel Energie in die Ausgestaltung vergleichbarer Elemente gesteckt, handelt es sich dabei doch meist um die absolut zentralen Bausteine für den (Online-)Unternehmenserfolg des jeweiligen Unternehmens. Interessierten Lesern sei hier zudem der sehr ausführ-liche Ratgeber »Landing Pages optimieren & testen« von Tim Ash nahegelegt.

Hinweis

Es gibt sogar spezielle, meist kostenpflichtige Add-Ons und Plugins für WordPress, mit denen sich zielführende Landingpages sowie zugehörige Response-Elemente mittels weniger Mausklicks erstellen lassen, siehe etwa www.getpremise.com von den Machern der Studiopress-Themes. Leider sind die zugehörigen

Module sowie die hierbei eingebundenen grafischen Call-to-Action-Elemente meist auf den englischsprachigen Markt ausgerichtet, wodurch sie sich nur bedingt für einen Einsatz hierzulande eignen.

Kapitel 5

Content

Was Weblogs – egal welcher Art – letztendlich so enorm erfolgreich macht, sind natürlich vor allem ihre Inhalte. Nicht zuletzt resultiert dies ja auch aus der ursprünglichen Funktionalität eines Blogs als reines Web-Tagebuch, während Varianten wie etwa Video- und reine Fotoblogs meist erst später folgten. Selbst sämtliche der dieser Kommunikationsform eigenen Begleittechniken – wie Kommentare, Tags, Blogarchive oder das Prinzip der Trackbacks – basieren auf diesem zentralen Element.

Wieso kann ein kleiner Low-Budget-Finanzblog sogar den großen deutschsprachigen Portalen in diesem Segment Konkurrenz machen, obwohl diese Unsummen für ihr Marketing ausgeben? Wie kann es sein, dass mein Blog `meinstartup.com` in kurzer Zeit und ohne eigenständige SEO-Maßnahmen über Monate auf Platz eins bei Google gelangte, wenn man die enorm umkämpften Keywords »Geschäftsidee« oder »Geschäftsideen« eingibt, die auch von weit größeren Internetportalen genutzt werden? Wieso sind deswegen selbst kleine Nischenblogs für namhafte Unternehmen als Kooperations- oder Werbepartner oft so äußerst interessant? Und wieso kann ein Unternehmensblog, der das Marketingbudget in kaum relevanter Weise beansprucht, unter Umständen mehr Leads oder potenzielle Käufer bringen als riesige, Unsummen kostende Callcenter-Aktionen oder teure Printwerbung?

Ganz einfach: Durch den (im Idealfall) einzigartigen und werthaltigen Content, den man durch den Blog bereitstellt und der somit von Besuchern als auch – oft fast noch wichtiger – von Suchmaschinen gleichermaßen geschätzt wird. Wenn man mich etwa in Blogger-Interviews auf eine möglichst umfassende, allgemeingültige »Erfolgsformel« zum Thema Blog-Marketing befragt, so gebe ich stets gerne folgende drei Antworten: »Schreibt guten Content, schreibt guten Content, schreibt guten Content.«

Der Rest dieses Buches zeigt Ihnen als (Pro-)Blogger, wie man – wenn man es denn einmal mit guten Inhalten zu den ersten Erfolgen »geschafft« hat – diesen Erfolg mittels diverser Marketingmaßnahmen noch weiter ausbauen, noch mehr Besucher, zusätzliche Follower oder höhere Umsätze generieren kann. Doch ohne den entsprechend hochwertig recherchierten und gestalteten Content als Basis werden all diese Umsetzungen leider (oder zum Glück für mich und all die anderen auf Qualität bedachten Blogger) vergebene Liebesmüh' bleiben.

5.1   Warum gute Inhalte so wichtig sind

Noch vor Kurzem waren recht lästige Zeitgenossen beziehungsweise Internetportale teilweise extrem erfolgreich: Zum einen so genannte »Content-Sammler«, die wild und meist automatisiert irgendwelche Text- sowie Bildinhalte vorzugsweise von Blogs »zusammenklauten«, um diese dann teilweise oder manchmal sogar komplett unter ihrem eigenen Domainnamen zu veröffentlichen. Und zum anderen reine SEO-Portale, deren Kunst darin bestand, Texte nicht etwa werthaltig optimiert für Menschen, sondern für eine möglichst gute Position innerhalb der einzelnen Suchmaschinen zu schreiben (so genanntes SEO-Texten), etwa durch den geschickten massiven Einsatz bestimmter Keyword-Kombinationen innerhalb dieser Inhalte. Dies alles mit dem alleinigen Ziel, via Google & Co. möglichst viele Besucher anzulocken, um dann – selbst wenn die Klickraten der Qualität der Seiteninhalte entsprechend recht mau waren – über die schiere Masse an Anfragen trotzdem noch gutes Geld zu verdienen.

Mit diesen mitunter sehr unerfreulichen Gebilden konkurrierten nun wertvolle Blogs, die ihrerseits Artikel bereitstellten, für die sich der jeweilige Autor manchmal gut und gerne ein paar Stunden pro Tag Zeit nahm. So existierten beide Seiten mal mehr, mal weniger erfolgreich nebeneinander. Der eine nur aufgrund seiner möglichst »billigen« Inhalte, der andere eben fast ausschließlich, weil er statt purer Quantität auf Qualität setzte, die sich langfristig bei den Lesern dann doch herumsprach.

Fast ausschließlich durch den Umstand, dass die Suchmaschinenbetreiber selbst nun – gezwungen durch die zunehmende Konkurrenz und andere Faktoren – an einer immer höheren Qualität ihrer Suchergebnisse interessiert sind, nur deswegen verschiebt sich dieses Gleichgewicht allmählich zu Gunsten der werthaltigeren Internetportale, und somit natürlich auch zu Gunsten der meisten Blogs und Blogger. Alleine Googles viel gefürchtetes »Panda«-Update (mehr hierzu in Abschnitt 9.4) dürfte einigen Content-Farmen das Geschäft gründlich erschwert haben, während so mancher Qualitätsblogger sich über steigende Ränge in den Suchmaschinenergebnissen (SERPs) freuen durfte, was mir übrigens auch zahlreiche meiner Blogprofis-Leser bestätigen konnten.

Doch nicht nur für Google & Co. sind gute Inhalte so enorm wichtig. Ein Blogger will ja immer eines: Leser anziehen und für diese schreiben. Und was will nun eben dieser Leser? Inhalte zur Verfügung gestellt bekommen, die ihn – auf welchem Gebiet auch immer – weiter- und voranbringen. Übrigens deswegen haben viele (Zeitungs-)Verleger so lange verächtlich und fast schon anmaßend auf gute Blogs reagiert, stellen diese doch schlicht einen der gefährlichsten Konkurrenten dar, weil sie unter anderem durch ihre geringe Auflage oftmals sehr viel näher auf die individuellen Bedürfnisse ihrer Leserschaft eingehen können.

Was wird also diesen Leser dazu bewegen, länger als nur ein paar Sekunden auf ein und demselben Blog zu verweilen? Ja, vielleicht sogar wiederzukommen, einen Bookmark zu setzen, die Seite oder den Artikel bei Google Plus, Facebook, Twitter oder wo auch immer weiterzuempfehlen? Einen Feed oder Newsletter zu abonnieren? Bei einem Corporate-Blog auch einmal die weiterführenden Links zu nutzen? Oder gar einen Kommentar zu hinterlassen und sich damit quasi zu »outen«? Nichts anderes als gute, ihm in seiner ganz persönlichen Situation weiterhelfende oder ihn schlicht unterhaltende Inhalte. Das ist auch die recht simple Antwort auf die Frage, was guter Content überhaupt ist beziehungsweise was ihn ausmacht. Es besteht hierbei eigentlich kein Unterschied zur Offline-Welt. Warum kaufen Sie sich regelmäßig eine bestimmte Zeitschrift oder Tageszeitung? Wieso empfehlen Sie das eine Buch allen Ihren Freunden weiter, das andere jedoch nicht? Welche Sachbücher haben es in das am besten erreichbare Schrankfach auf Ihrem Arbeitsplatz oder in Ihrem Büro zu Hause geschafft? Nur diejenigen, die Sie auch wirklich fachlich oder persönlich weitergebracht haben. Und genau dies muss ein erfolgreicher Weblog oder Corporate-Blog ebenfalls leisten, wenn er erfolgreich am Markt bestehen möchte.

Viele Onlineexperten werden Ihnen zudem raten, mit Ihren Inhalten möglichst eine (lukrative) Nische zu besetzen. »Nische geht über alles« sagen dabei manche. Natürlich ist es einfacher, mit einem Blog auf einem bislang kaum besetzten Themengebiet erfolgreich Fuß zu fassen. Dennoch rate ich Ihnen, sich nicht allzu sehr auf dieses Dogma zu versteifen. Wie Sie an anderer Stelle noch erfahren werden, sollten Sie sich vor allem auf jene Themen konzentrieren, die Ihnen auch persönlich liegen und bei denen Sie Ihre jeweilige Expertise mit einbringen können. Die erfolgreichen Versuche etwa im Bereich meiner Finanz-Blogs haben mir jedoch gezeigt, dass man selbst auf einem hart umkämpften Markt erfolgreich bestehen und auch wachsen kann, wenn man seinen Lesern überdurchschnittlich gute, werthaltige und hilfreiche Inhalte mit an die Hand gibt.

5.2 Wie ich gute Inhalte finde und gestalte

Zunächst einmal muss ich natürlich – wie bereits erwähnt – Spaß am Schreiben sowie eine gewisse Fachexpertise auf dem jeweiligen inhaltlichen Gebiet mitbringen, um gute Inhalte bereitstellen zu können. Und – nicht zu unterschätzen – ich muss unter anderem mittels meines im vorherigen Abschnitt vorgestellten Reportings wissen, was meine Blogleser denn überhaupt interessiert (siehe den entsprechenden Tipp in Kapitel 8.4).

Aber ganz unabhängig hiervon gibt es zudem zahlreiche Hilfsmittel sowie Tipps & Tricks, um die Erstellung werthaltiger Inhalte möglichst einfach von der Hand gehen zu lassen:

5.2.1 Ideenfindung

Hierbei kommt es natürlich ganz auf die Art beziehungsweise die Inhalte des entsprechenden Blogs an. Es gibt Weblogs – wie etwa die Blogprofis – bei denen ich mir fast kein einziges Mal Gedanken über neue Inhalte machen musste, zu vielfältig sind dort die Möglichkeiten der Berichterstattung, da ich ja quasi begleitend zu meinem sehr vielschichtigen Berufsalltag schreibe.

Bei engeren oder komplexeren Themen – oder gar bei reinen Affiliate-Blogs – kann dies jedoch schon ganz anders aussehen. Der 300ste Bericht über heimische Girokonto-Anbieter auf dem Finanz-Blog? Noch ein Beitrag zum längst ausgiebig diskutierten neuen Trend-Smartphone für den Mobilfunkblogger? Oder erneut ein Bericht über Kurztrips zu den Balearen auf dem Reiseportal? Das kann wahrlich zu einer Herausforderung werden. Hier ein paar bewährte Ansätze, wie man in diesem Fall dennoch gute Anregungen, Aufmacher und »Storys« für neue Artikel erhalten kann:

- Über Newsletter von großen Portalen, Dienstleistern, Partnerprogrammen, Firmen und Experten zum jeweiligen Thema finden sich meist neue Ansatzpunkte, für die sich ein eigener Artikel oder zumindest ein entsprechendes Beitrags-Update lohnt. Wobei man beispielsweise in zitierender Weise sogar zumindest teilweise auf Bestandteile der Originalmeldung zurückgreifen kann. Ist die Nachricht selbst zu kurz, so kann man eventuell auch mehrere dieser Neuigkeiten zu einem Sammel-Artikel zusammenfassen.

- Durch Feeds und Abos von anderen guten Blogs zum selben Thema erhält man ebenfalls viele Anregungen. Der Fairness halber sollte man dann jedoch stets auf das Original verlinken, wenn man einen dortigen Beitrag aufgreift, sowie natürlich auch selbst zusätzlich recherchieren und nicht einfach nur die dortigen Inhalte neu umschreiben.

- Aus Leserumfragen heraus: Wieso nicht einmal ganz offen diejenigen fragen, die es ja schließlich wissen müssen? Was gefällt ihnen inhaltlich am Blog? Was weniger? Welche zusätzlichen Informationen wünschen sie sich? Damit konnte ich auf diversen Blogs bereits sehr gute Erfahrungen sammeln und die Blogleser fühlen sich zudem mit ihren ganz unterschiedlichen Bedürfnissen auch ernst genommen. Nicht zuletzt erhöht sich damit die Chance, dass aus solchen Aktionen resultierende Beiträge auch innerhalb der Blogosphäre weiterempfohlen werden.

- Mittels Blogparaden und ähnlicher Netzwerkaktionen (siehe Abschnitt 6.2)

- Sehr wichtig: Aus Kommentaren von Lesern heraus. Viele meiner Beiträge sind dadurch entstanden, dass ich beim Lesen dieser Kommentare genau »hingehört« habe. Ein Beispiel: In einem Kommentar lässt der Verfasser durchblicken, dass er für Gadget x noch nicht das richtige Zubehör gefunden hat oder dass es zu Modetrend y nur wenige gute Beispiele im Netz gibt? Schreiben Sie doch einfach einen passenden Ratgeberartikel als Antwort. Der Kommentator wird sich sehr freuen, Ihren Blog weiterempfehlen, und Sie selbst haben guten neuen Content, der wahrscheinlich auch von anderen potenziellen Lesern etwa über Google gesucht und dann auch gefunden wird.

- Vor allem bei Affiliate-Blogs: Über ähnliche beziehungsweise aktuell gefragte Suchbegriffe zu meinen wichtigsten Blog-Keywords, die man aus Tools wie Google Insights for Search entnehmen kann (`http://www.google.com/insights/search/?hl=de`), lassen sich artverwandte Themen ablesen. Ein Beispiel: Möchte ich den x-ten Bericht über das Thema »Smartphone« schreiben, so schlägt mir dieses Werkzeug oft von den Google-Nutzern gesuchte ähnliche Wortfolgen vor, die mich eventuell zu einem neuen Artikelschwerpunkt inspirieren. Insbesondere die über dieses Werkzeug genannten Schlüsselwort-Folgen unter der Rubrik »Zunehmende Suchanfragen« bringen hierbei oftmals neue, aktuelle Suchbegriffe hervor, über die im besten Fall noch kein anderer Blog in dieser Form geschrieben hat, was Ihrem Portal einen deutlichen Vorteil sowie zahlreiche neue Besucher einbringen kann. So sind dort im Technikbereich kurzfristige Trends manchmal schon erkennbar, bevor die entsprechenden Geräte überhaupt in den Handel kommen (der Filter »Zeitraum« innerhalb Insights for Search muss hierbei möglichst klein eingestellt werden, um zu vernünftigen Ergebnissen zu kommen).

- Nicht zu vergessen die Blogsuche von Google (`www.google.de/blogsearch`) oder anderen Anbietern, gefiltert nach einem Stichwort sowie nach Datum absteigend sortiert, um möglichst aktuelle und relevante Ergebnisse erzielen zu können.

- Auch News- und Blogaggregatoren wie rivva (`http://rivva.de`) listen neben allen möglichen Newsquellen immer wieder einmal Nachrichten aus der deutschsprachigen Blogosphäre, die es durch ihre Popularität »ganz nach oben« geschafft haben. Hier kann man viele Anregungen dazu sammeln, welche Arten von Beiträgen ein besonders großes Echo in den Medien, aber auch bei den jeweiligen Bloglesern auslösen. Ebenso lassen sich dort die aktuellsten Themen-Trends innerhalb der momentanen Blog-Berichterstattung ablesen.

Tipp

Was die Meinung der Leser betrifft, gibt es auch elegantere und subtilere Mittel, um herauszufinden, welche Themen bei den eigenen Kunden (den Lesern) ankommen und welche nicht, etwa über in Auftrag gegebene Blog Reviews. Siehe hierzu `www.blogprofis.de/buch/marktforschung`.

Tipp

Ein Tipp insbesondere für Corporate-Blogbetreiber, der zwar nicht unmittelbar an diese Stelle passt, der mir jedoch dennoch sehr wichtig ist:

Viele meiner Beiträge sind dadurch entstanden, dass ich beim Lesen von Kommentaren genau »hingehört« habe, schrieb ich soeben. Dies ist meines Erachtens einer der wichtigsten Gründe dafür, überhaupt einen eigenen Firmenblog zu betreiben. Sofern Sie diesen nämlich offen, transparent und interessant genug gestalten, werden Ihre Leser relativ bald anfangen, Ihnen »die Meinung zu sagen«. Sei es über Produkte Ihres Unternehmens, über die Qualität des Kundenservice oder hinsichtlich neuer Ideen zu Ihren Dienstleistungen. Viele Unternehmen scheuen diesen unvermeidlichen Punkt, dabei passiert genau in diesem Fall etwas extrem Wertvolles. Denn wo sonst erhalten Sie ein so preisgünstiges, ehrliches und vor allem authentisches Feedback zu sich und Ihren Angeboten?

Viele Firmen geben enorm viel Geld aus, um über Marktforschungsinstitute und Ähnliches zu erfahren, was die Kunden angeblich über ihre Produkte und Dienstleistungen denken. Mit einem Corporate-Blog – der über zuvor genannte Eigenschaften verfügt – werden Sie diese Erkenntnisse über kurz oder lang für »umsonst« erhalten. Was Sie natürlich auch selbst forcieren können, beispielsweise mit Hilfe der Veröffentlichung entsprechender Beiträge zu Ihren Produkten oder der konkreten Bitte um ein Feedback.

Sehr praktisch ist es in diesem Zusammenhang, wenn man aus einem bestimmten Thema oder einer Idee gleich eine ganze Artikelserie machen kann. Denn kaum ein Leser wird sich wirklich intensiv einen Beitrag mit deutlich mehr als 500 Zeichen durchlesen, weshalb man diesen manchmal besser in zwei oder mehr Teile splittet, um nicht gleich »das komplette Pulver zu verschießen«. Ist der einleitende Artikel spannend genug, so werden die Leser sich diesen gut merken und bereits auf die jeweiligen Folgeartikel warten. Gute Artikelserien haben hierbei schon so manchen Gelegenheitsblogleser dazu animiert, einen RSS-Feed oder den Twitter-Kanal zu abonnieren, um ja keinen Teil zu verpassen. Zum anderen profitiert auch das seiteninterne SEO durch die vielschichtige und permanent wachsende Verlinkung von solchen Serien.

Auf den Blogprofis habe ich mittlerweile zahlreiche Serien angefangen, von der Vorstellung einzelner Partnerprogramme über Blog-Wettbewerbe bis hin zu Monats-Rückschauen, Linksammlungen und mehr. Und für nahezu jedes Blogthema lassen sich vergleichbare Aufhänger für eine Artikelreihe finden, so zum Beispiel:

- Die Vorstellung regionaler Tierschutzorganisationen für den Heimtierblog
- Eine Auflistung und jeweilige Erläuterung der wichtigsten Handy-Betriebssysteme auf dem Mobilfunkblog

- Der Fitnessblogger schreibt ein regelmäßiges Tagebuch über die persönlichen Figurerfolge
- Ein Kunstblog stellt befreundete Galerien vor
- Der Akademikerblog veröffentlicht die Serie »Wie finde ich einen passenden Studentenjob« u.v.m.

Handelt es sich um eine sehr werthaltige Serie, so wird man nicht nur den einen oder anderen Stammleser gewinnen, man kann sie zudem beispielsweise als kostenfreies oder sogar kostenpflichtiges E-Book vermarkten. Siehe www.blogprofis.de/buch/ebookbeispiel als Anregung anhand eines PDF-E-Books, das ich aus einer beliebten Artikelserie heraus für meinen Existenzgründerblog erstellt hatte.

Unsere Stammleser werden die Artikelserie "Wie finde ich eine gute Geschäftsidee" schon kennen.

Der Ratgeber war mit bislang 15.000 Aufrufen so erfolgreich, dass wir ihn nun als gratis eBook auf unserem Portal bereitstellen wollen.

Aktualisiert und auf den neusten Stand gebracht finden sich dort die wichtigsten Tipps & Tricks, um bislang unbekannte Nischen und Geschäftskonzepte aufzuspüren, hier erfolgt der Download (PDF, 320 KB):

Kostenloses eBook:
Wie finde ich die richtige Geschäftsidee
Download

Abb. 5.1: Die Bereitstellung gesammelter Bloginhalte als E-Book kann für eine erstaunlich gute Besucherresonanz sorgen.

5.2.2 Umsetzung

Haben Sie nun eine gute Idee für einen Blogbeitrag gefunden, so sollten Sie sich zunächst fragen:

- Was davon interessiert meine Leser und mit welchen Fakten könnte ich vielleicht sogar neue Lesergruppen gewinnen?
- Wen will ich mit diesem Artikel erreichen (Anfänger, Fortgeschrittene, Profis) und welche Fragen würde sich die jeweilige Gruppe wohl stellen?
- Was an dieser Thematik ist neu, so noch nicht in anderen (deutschsprachigen) Blogs behandelt worden oder wurde noch nicht unter einem bestimmten Blickwinkel betrachtet?

- Wenn es schon Berichte zu einem solchen Thema gab, welcher Aspekt fehlt bislang? Welche Fragen wurden noch nicht ausführlich genug beantwortet, welcher zugehörige Produkttest noch nicht durchgeführt?

- Kann ich auf eine andere, spannende Artikelform ausweichen und das Produkt oder die Dienstleistung, um die es geht, vielleicht in Form eines persönlichen Erfahrungsberichts präsentieren, eine Schritt-für-Schritt-Anleitung darüber schreiben oder Ähnliches?

- Ich muss nicht bei jedem Beitrag immer alles perfekt wissen oder recherchieren: Wo innerhalb des Artikels kann ich meine Leser um Feedback bitten und somit zum Kommentieren und zum gegenseitigen Austausch anregen, woraus sich eventuell sogar neue Themenfelder für Folgeartikel ergeben?

- Ab welchem Punkt bitte ich besser einen Experten um Hilfe, der innerhalb des Artikels zu Wort kommt, diesen mit mir zusammen verfasst oder gar einen kompletten Gastartikel hieraus macht?

Aber auch:

- Wie gestalte ich den Spannungsbogen?

- Mit welchen »anziehenden« Überschriften, Zwischenüberschriften, Bildern etc. bringe ich den Leser dazu, am »Ball« zu bleiben?

- Nenne ich zu Beginn des Artikels die wichtigsten der nachfolgenden Punkte in einer Art Zusammenfassung, damit der Leser schnell erfährt, worum es in diesem Beitrag überhaupt geht?

- Welche für ihn, aber auch für mich sinnvollen weiterführenden internen sowie externen Links und Informationen präsentiere ich ihm?

- An welcher Stelle verweise ich besser auf einen weiterführenden Artikel, statt zu sehr in die Tiefe zu gehen?

Letztgenannter Punkt ist sehr wichtig, um sowohl Stamm- als auch neue Leser in gebührender Weise »abzuholen«. Denn in einem Blog bleibt es meist nicht aus, dass man sich ab und an wiederholt, gerade wenn man diesen bereits seit mehreren Jahren betreibt. Und um wirklich aktuelle Aspekte zu berücksichtigen, kann man hierbei auch nicht in jedem Fall guten Gewissens auf frühere Artikel verweisen. Und selbst viele regelmäßige Leser wissen eine solche teilweise Wiederholung durchaus zu schätzen, bekommt doch selbst der treueste Stammkunde nicht immer jeden Blogartikel mit. Gerade dann kann es sich jedoch lohnen, einzelne Punkte in weitere, neue Artikel auszugliedern, auf diese zu verweisen, sich dort intensiver mit einem bestimmten Unterthema auseinanderzusetzen etc.

Hinzu kommt: Weblogs sind meist ein recht schnelllebiges Medium und ein Blogbeitrag soll in den seltensten Fällen der Ersatz für ein komplettes Kompendium sein. Das Gleiche gilt übrigens auch für die Erläuterung von themenspezifischen Fachbegriffen und dergleichen. Will man einige Leser nicht langweilen oder unterfordern, so bietet sich hier eher der Verweis auf eine weiterführende, gerne auch externe Quelle wie Wikipedia oder ähnliche Online-Lexika an. Sehr schön ist es in diesem Fall, wenn man auf einen detaillierteren Fachartikel eines anderen Bloggers verweisen kann, weil man dann unter Umständen sogar mit einem Trackback-Link belohnt wird. Mit diesem Mittel arbeite ich insbesondere bei neu gestarteten Blogportalen sehr gerne, um zum einen die ersten Backlinks aufzubauen, aber auch, um andere Blogger auf mich und mein Projekt aufmerksam zu machen.

Hinweis

Gerade bei Corporate-Blogs wird man bei der Umsetzung eines Beitrags oder einer ganzen Serie dazu neigen, ausschließlich die Lösungen, Erfahrungen, aber vielleicht auch Vorgaben aus dem eigenen Unternehmen zu präsentieren. Dies kann schnell dazu führen, dass der Artikel und die gesamte zugehörige Reihe (berechtigterweise) als »Schleichwerbung« wahrgenommen wird.

Wieso stattdessen nicht einfach einmal – unter Wahrung wettbewerbsrechtlicher Vorschriften natürlich – über gänzlich firmenfremde Inhalte, Produkte und Dienstleistungen berichten, die nicht in absolut direkter Konkurrenz stehen? Wieso nicht einmal den Produktmanager eines indirekten Mitbewerbers interviewen? Einen neuen Trend aus den USA präsentieren, den man gerne selbst erfunden hätte? Denn das wird Ihre Leser wirklich interessieren.

Ich weiß, viele Marketingverantwortliche und vor allem Unternehmensleiter haben bei derlei Methoden große Bauchschmerzen. Aus meiner Erfahrung heraus sind jedoch vor allem jene Corporate-Blogs meist am erfolgreichsten, die mit derlei Konkurrenz-Ängsten im eigenen Weblog und dessen Inhalt sehr entspannt und locker umgehen. Ihre Blogleser werden es sehr wohl zu schätzen wissen, wenn die Beiträge einmal »über den Tellerrand« hinausgehen. Außerdem werden Sie auf diese Weise neue Leserschichten hinzugewinnen, die Sie mit rein eigenfixierten Artikeln nur schwer erreichen können.

5.2.3 Gestaltung

»Das Auge isst mit«, dieser Grundsatz gilt auch für die Gestaltung von Blogbeiträgen und -seiten. Denn das schönste Weblogdesign hilft nichts, wenn die Artikel sowie weitere Inhalte selbst lieblos, unstrukturiert oder unübersichtlich gestaltet sind.

Nicht nur aus Gründen der Suchmaschinenoptimierung sollte man vor allem bei längeren Texten konsequent auf Zwischenüberschriften, fett, kursiv oder unterstrichen hervorgehobene Elemente und Ähnliches mehr setzen, in Einzelfällen sogar auf eine (bitte nicht allzu verwirrende) farbliche Formatierung. Ihre Leser

werden solche Hilfsmittel ebenfalls zu schätzen wissen, da sie somit gegebenenfalls zu für ihre Belange wichtigen Punkten springen können, ohne sich durch
einen endlosen Bandwurmbeitrag wühlen zu müssen (was eh die wenigsten tun,
sondern womöglich lieber gleich auf ein anderes Portal wechseln würden).
Genauso hilft in diesem Zusammenhang die optimierte und Blog-eigene Gestaltung von Links (hier natürlich möglichst prominent und auch als Link erkennbar),
Aufzählungen, Zitaten beziehungsweise Quellcode (immer schön: etwa durch
eine leicht graue Box hinterlegt), Redaktionsanmerkungen, Bild- und Quellen-
nachweisen und vielem anderem mehr.

Fellpflege

Der Aufwand für die Fellpflege kurzhaariger Meerschweinchen ist am
geringsten. Das seidige Fell der langhaarigen Meerschweinchen dagegen
bedarf einer umfassenden Pflege. Das Fell sollte regelmäßig gekämmt und
geschnitten werden, damit es nicht verfilzt und seinen Glanz nicht verliert.

Das Haarkleid wird dabei mit einem groben Kamm in Fellrichtung gekämmt.
Vor dem Einsatz weiterer Pflegemittel empfiehlt sich, zuerst die Vorteile und
Nachteile der jeweiligen Mittel mit einem Fachmann zu erörtern.

> **Bitte beachten Sie:** Das Baden eines Meerschweinchens kann
> zu Erkrankungen wie Erkältungen und Lungenentzündungen
> führen, die schlimmstenfalls zum Tod des Tieres führen.

Zahnpflege

Meerschweinchen gehören zur Familie der Nagetiere. Vier der zwanzig

---

Abb. 5.2: Alleine sinnvolle Textabsätze, Zwischenüberschriften, hervorgehobene Hinweisboxen
und Ähnliches können den Lesefluss positiv beeinflussen.

Weiterhin lohnt es sich in diesem Zusammenhang, bei den meisten Blogthemen
auf eine übersichtliche, nicht zu ausschweifende Textstruktur zu achten. Als ich
mich an dieses Buch hier setzte, musste ich als langjähriger Blogger erst einmal
wieder lernen, nicht gleich nach jedem zweiten Satz einen Absatz einzufügen. Im
Printbereich ist man länger zusammenhängende Textgebilde durchaus gewöhnt
und setzt diese sogar voraus. Bei dem sich zumeist eh weit kürzer fassenden
Medium der Blogs ist hingegen anzuraten, möglichst knapp und zielführend zu
schreiben, da die Leser Ihren Blogbeiträgen meist deutlich weniger Zeit widmen
werden als einem gedruckten Ratgeber. Und diese Leser können im Internet
gleichzeitig weit leichter auf eine alternative Publikation ausweichen, sollte ihnen
der Beitrag zu wenig schnell zum eigentlichen Ziel kommen (dies gilt natürlich
nicht unbedingt für Literatur-, Politikblogs oder Vergleichbares). Dennoch sollen

Sie nun nicht so knapp formulieren und schreiben, dass hierdurch der enthaltene Mehrwert eines Artikels verloren geht. Auch die Suchmaschinen freuen sich über möglichst umfangreiche Texte, wenn diese denn abwechslungsreich genug sind. Andererseits bringt es ebenso wenig, sich vorzunehmen, bei jedem Beitrag durch künstlich in die Länge gezogene Inhalte auf mindestens 500 Wörter oder ähnliche Schwellenwerte zu gelangen. Wie so oft bei der Bloggestaltung gilt auch hier: Auf die richtige Mischung kommt es an.

Genauso wichtig wie die rein textlichen Vorgaben sind Bilder. Ich hatte es bereits erwähnt, ein wirklich gutes Artikelbild kann schon die »halbe Miete« ausmachen. Doch auch innerhalb eines Artikels sollte man diese – in unterschiedlichen (standardisierten) Größen und Ausrichtungen etwa – nicht vergessen, um den Leser bei Laune zu halten. Sie haben kein Bild zur Hand? Eine Grafik, Illustration, ein Screenshot, eine selbst erstellte Tabelle oder Charts können den Leser ebenso gut unter- und festhalten. Nicht zu vergessen sind natürlich möglichst aussagekräftige Bildunterschriften sowie – wo notwendig – zugehörige Copyright-Hinweise.

Wichtig

Aus eigener leidvoller Erfahrung: Lassen Sie sich am besten bei allen Fotos und Bildern, die Sie von Dritten zum Zweck der Veröffentlichung erhalten, schriftlich bestätigen, dass diejenige Person oder das Unternehmen auch über die entsprechenden Bildrechte verfügt und Sie diese Illustrationen unentgeltlich veröffentlichen dürfen. Zudem sollte man abklären, ob gegebenenfalls zusätzliche Copyright-Hinweise in der Bildunterschrift zu nennen sind und wie hierbei der genaue Wortlaut sein muss. So schickte mir in einem Fall ein Interviewpartner ein Foto von sich mit, um den zugehörigen Blogbeitrag aufzulockern. Was ich nicht wusste: Dieses Foto wurde von einer Fotografin aufgenommen, welche die Bildrechte an diesem Foto besaß, obwohl darauf mein Interviewpartner abgebildet war, der mir die entsprechende Datei schließlich auch zukommen ließ. Kurze Zeit später erhielt ich eine »Abmahnung« beziehungsweise Unterlassungserklärung der Fotografin, woraufhin ich das Bild unverzüglich aus dem Artikel entfernen musste. Im schlimmsten Fall hätte dies auch in einer Strafzahlung enden können.

Auch bei so manchem Portal für kostenfreie Bilder sind ab und an weiterführende Bedingungen zu beachten, die dort etwa in den Allgemeinen Geschäftsbedingungen genannt werden. So erlauben manche Portale oder Fotografen eine Veröffentlichung nur in einem so genannten »redaktionellem Kontext«. Dies sollte zwar für die meisten Blogs zutreffen, kann andererseits für bezahlte Artikel und Advertorials gefährlich werden, weil in diesen Fällen ein solcher Kontext nicht immer wirklich gegeben ist. Andere Portale und Fotografen wiederum lassen eine Veröffentlichung ohne bestimmte Bedingungen zu, bestehen jedoch darauf, dass auf die URL des Portals und/oder den Namen des Künstlers beziehungsweise

Grafikers verwiesen wird. Im Zweifelsfall sollte man in solchen Fällen lieber zweimal nachfragen und bei unklaren Urheberrechten auf eine Veröffentlichung des Materials verzichten.

Wichtig ist beim Einsatz all dieser gestalterischen Elemente eine gewisse Kontinuität. Man sollte den Leser nicht dadurch verwirren, dass jeder Beitrag anders und individuell (im Sinne von chaotisch beziehungsweise ohne jegliches erkennbare System dahinter) aufgebaut wird. Dies bedeutet: Ein Blog-Interview als Contentreihe sollte möglichst immer gleich gestaltet sein (Formatierung der Fragen, Antworten, Zitate, Zwischenüberschriften und Ähnliches), genauso Gastbeiträge, Advertorials, Produkttests, Beitragsserien etc. Am besten, man überlegt sich zu Beginn für jede dieser Inhaltsarten eine bestimmte Struktur und hält diese dann auch ein. Beispielsweise kann man sich mit dem kleinen, aber sehr feinen WordPress-Plugin AddQuicktag (`http://wordpress.org/extend/plugins/addquicktag/`) über das zugrunde liegende Theme-Template hinausgehende komplexere, individuelle Formatierungen dauerhaft speichern und über einen eigenen Button innerhalb des WordPress-Text- aber auch Grafikeditors wieder abrufen. Dieses Tool verwende ich für die Integration speziell notwendiger Linienabstände oder kompletter Zwischenüberschrift-Formate, stelle somit stets eine einheitliche Gestaltung der entsprechenden Artikel sicher und spare mir auch noch einiges an Zeit.

WP-Quicktag Management		
Hinzufügen oder löschen eines Quicktag-buttons		
Button Name*	Title Attribut	Start Tag(s)*
Abstand klein		`<p style="margin-bottom: 1px"></p>`
Linie im Artikel		`<hr />` `<p style="margin-bottom: 1px"></p>`
Target Blank nach <a		`target="_blank"`

Zwischenzeile		`<p style="margin-bottom: 8px"></p>`
		`<h3>..</h3>`
		`<p style="margin-bottom: 1px"></p>`

Abb. 5.3: Mit dem Quicktag-Plugin kann man eigene Codezeilen definieren ...

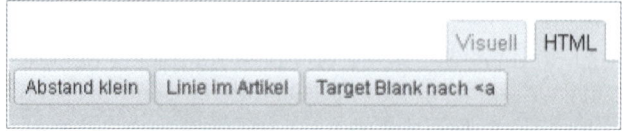

Abb. 5.4: ... die sich dann im WordPress-Editor auf Knopfdruck einfügen lassen.

Ansonsten sind der Kreativität einer solchen Gestaltung fast keine Grenzen gesetzt, wenn man es nicht übertreibt. Ein schönes, extra hierfür erstelltes Logo oder eine Grafik als Erkennungszeichen für eine umfangreichere Artikelserie wirkt zum Beispiel sehr professionell. Autorenboxen (»Mehr über den Autor«) können gerade bei umfangreichen Projekten zusätzliches Vertrauen sowie ein Mehr an Authentizität schaffen. Feedback-Buttons (deren Rückläufer und Antwort-E-Mails idealerweise direkt beim jeweiligen Autor landen), Social-Media-Elemente, strukturierte Kommentar-Threads, eigene Boxen oder Abschnitte für Artikel-Updates, Hintergrundgrafiken je nach jeweiligem Textabschnitt (etwa große »!« und »?«-Zeichen in Interviews oder ein Anführungszeichen-Symbol als Hintergrund-Wasserzeichen bei Zitaten): Es gibt hier unzählige Möglichkeiten, das Auge des Lesers neugierig zu machen und trotzdem möglichst schlank und minimalistisch sowie effizient im Gesamterscheinungsbild zu bleiben.

Dieser letzte Punkt ist besonders wichtig: Das Webdesign eines Blogs und seiner Inhalte sollte niemals überladen wirken. Ich kenne einige Blogs, die zwar von den Inhalten her sehr gut und zielführend sind, bei denen es jedoch nicht wirklich Spaß macht mitzulesen, weil bei diesen das Auge oftmals schlicht und einfach überfordert ist. Der eigentliche Inhalt mischt sich in solchen Fällen bunt mit diversen internen und externen Werbeblöcken, Zwischenzeilen und Linien, Verweisblöcken, weiterführenden Elementen, Buttons, Videoeinbindungen, mal linksbündig, mal rechtsbündig, jedes Mal in einem komplett anderen Design gehalten, und vielem anderen mehr. Weniger ist hier also sehr oft mehr, man sollte sich für einige wenige, aber dafür gute und wirksame Elemente der Gestaltung und Strukturierung entscheiden.

Hilfreich kann es zudem sein, die Elemente insgesamt nicht zu »bunt« beziehungsweise farblich unterschiedlich zu gestalten, sich an eine Blog-Grundfarbe zu halten oder ganz einfach einmal ein schlichtes Designelement in Graustufen auf die Besucher edel wirken zu lassen. Ein derart visualisierter Blog verliert nichts an seiner Professionalität und trotzdem werden die eigentlich wichtigen Inhalte nicht komplett in den Hintergrund gerückt.

Tipp

Manche Blogbetreiber haben immer wieder Bedenken, was den Einsatz umfangreicher Bildersammlungen oder größerer grafischer Elemente angeht. Zwar haben sich die Ladezeiten dank DSL & Co. in den letzten Jahren deutlich verringert, doch gerade bei einem mobilen Zugriff können solche sehr grafiklastigen Blogs tatsächlich nach wie vor für Unbehagen sorgen. Dennoch stelle ich immer wieder fest, dass viele Blogbetreiber die hierfür möglichen Mittel der Web-Bildkompression nicht wirklich ausreichend nutzen. Schon einfache und gar kostenlose Grafikbearbeitungsprogramme können dafür sorgen, einzelne Bilder um bis zum Faktor 100 zu verkleinern, ohne dass sich dies nennens- beziehungsweise erkennenswert auf die Bildqualität niederschlägt.

Für Logos und Grafiken empfiehlt sich meist das gif-Format, bei dem man mit der Reduzierung des dargestellten Farbumfangs zur Verkleinerung experimentieren kann, bei einigen schlichteren Logo-Designs reichen hier bereits ab 16 Farben. Bei Fotos und umfangreicheren Illustrationen ist jedoch das jpg-Format oft Mittel der Wahl, aber auch dieses kann man stufenlos in diversen Qualitäten und speziell für die Web-Darstellung optimiert abspeichern. In der Regel sollten selbst größere, zugeschnittene Bilder damit auf nicht deutlich über 20 Kilobyte Kapazität kommen, während Originale schon einmal weit mehr als 1 Megabyte für sich beanspruchen können. Weitere Tipps sowie konkrete Beispiele hierfür finden Sie in folgendem Artikel: `www.blogprofis.de/buch/komprimieren`.

5.2.4 Inhalt

Bleibt noch die Frage, wie ein guter Blogtext denn nun genau aussehen sollte. Was ist wichtig bei der Erstellung guter Beiträge? Welche Elemente sollten in diesen vorhanden sein? Was gefällt meinen Lesern und mit welchen stilistischen Mitteln kann ich diese an den Artikel und damit auch an meinen Blog selbst binden?

Auch auf die Gefahr hin, dass ich mich bei einigen der folgenden Punkten an dieser oder späterer Stelle vielleicht wiederholen werde, möchte ich hier doch noch einmal auf die wesentlichen Faktoren zu sprechen kommen, die einen gelungenen Blogtext von einem eher langweiligen oder mittelmäßigen Beitrag unterscheiden, denn schließlich »lebt« Ihr Blogportal zu einem sehr großen Teil von derlei optimierten Inhalten. Gute Texte in einem Weblog sollten also möglichst:

- **Einzigartig** und »neu« sein: Was relativ logisch klingt – denn schließlich verfügt Ihr Blog mit einem solchen Artikel über ein weiteres Alleinstellungsmerkmal, welches sich schnell herumsprechen wird –, kann man auch relativ einfach umsetzen. Handelt es sich nicht um ein absolut neues Thema, so lesen Sie sich ganz genau einige ähnliche Beiträge themenverwandter Blogs und Portale durch. Meist wird Ihnen der eine oder andere Aspekt in diesem Beitrag fehlen, der Ihnen persönlich zu kurz gekommen ist oder gar nicht erst beantwortet wird. Wieso nicht genau zu diesem fehlenden Aspekt und somit Thema einen Blogartikel verfassen?

- **Überraschen:** Eine unerwartete Wendung im Textinhalt, selbst erlebte Anekdoten, wichtige Ankündigungen, ungewöhnliche Formulierungen, interessante Zitate, sich erst im Laufe des Artikels auflösende kreative Zwischenüberschriften, vielleicht sogar – wie bereits gesehen und selbst wenn es sich nicht direkt auf den Text bezieht – ein kleiner gezeichneter Cartoon oder Ähnliches, all das wird dazu beitragen, dass Ihre Texte gerne gelesen werden, und etwas Besseres kann Ihnen kaum passieren. Generell verhält es sich mit jeglichen Emotionen, die Ihre Beiträge auslösen, ähnlich, wobei Sie insbesondere vorsichtig dabei sein sollten, mit negativen Gefühlen Ihrer Leser zu spielen.

- Zum **Nachdenken** anregen: Nicht immer muss jede Zeile bis zum letzten Ende ausformuliert sein. Aber auch etwa offene und rhetorische Fragen nach der Art »was wäre, wenn ...« können ein gutes Stilmittel sein, um den Leser seine eigenen Schlüsse aus Ihrem Text ziehen zu lassen, gerade wenn es um kontroverse Themen mit vielen vorhandenen Einzelmeinungen geht. Ein weiterer Vorteil: Mit solchen offenen Fragestellungen – etwa am Ende eines Beitrags eingesetzt – regen Sie Ihre Leser zusätzlich zum Kommentieren an.

- **Persönlichkeit** besitzen und ausstrahlen: Lesen Sie sich einmal ein paar insbesondere der ersten Beiträge des bereits vorgestellten Firmenblogs der »Zuckerbäcker« durch (`www.der-zuckerbaecker.de/blog/`). Diese sprühen teilweise nur so vor lauter eingebrachter »Persönlichkeit« der Autoren und sind gerade hierdurch so schön zu lesen. Ohne dass Sie mehr über sich verraten müssen, als Ihnen lieb ist, und ohne dass es unangemessen wirkt, kann eigentlich absolut jeder Blog und jedes Blogthema von solch einer persönlichen Note sehr stark profitieren. Und manchmal – bei den wirklichen Blogperlen – lebt das gesamte Portal von diesem ganz speziellen Flair.

- **Informativ** sein: Auch dies klingt selbstverständlicher, als es meist ist. Natürlich gibt es Artikel, die einfach nur einen gewissen Unterhaltungswert bieten und nicht zuletzt deswegen von den Lesern geschätzt werden. Nicht vergessen darf man darüber hinaus jedoch, dass ein Blogartikel in der Regel vor allem eines vermitteln sollte, um werthaltig zu sein: Informationen. Fragen Sie sich in einem solchen Fall also stets, welche Fakten Sie Ihren Lesern noch zusätzlich vermitteln könnten, selbst wenn diese lediglich in der schlichten Benennung spannender weiterführender Verweise bestehen. Übrigens: Dieser Punkt muss nicht im Widerspruch zu den zuvor genannten offenen Fragetechniken stehen, beide sprachlichen Mittel ergänzen sich normalerweise recht gut.

- Ihre Leser stets **weiterbringen**: Egal ob Sie nun mittels einer kleinen Artikelserie detaillierte Anweisungen und Ratgeberbeiträge erstellen, die Ihrer Zielgruppe zusätzliches Wissen vermitteln, oder ob Sie – zum Beispiel innerhalb einer Kommentardiskussion – mit Ihren Lesern konstruktiv über zukünftige Trends und Entwicklungen auf dem jeweiligen Fachgebiet debattieren. Jegliche Inhalte, die Ihre Leser in ihrer ganz persönlichen Entwicklung voranbringen, werden dafür sorgen, dass Ihr Blogportal zu einer echten »Instanz« heranwachsen wird.

- Ein **Bedürfnis** bedienen: Dieser Aspekt geht in eine ähnliche Richtung wie der zuvor genannte. Nur wenn für Ihren Artikel überhaupt ein Markt an Interessenten da ist, nur dann besteht auch die große Chance, dass dieser gefunden und gelesen wird. Durch eine ganz einfache Fragestellung können Sie dies überprüfen: »Warum sollte sich irgendjemand ausgerechnet für diesen Beitrag interessieren?« Können Sie diese Frage nicht beantworten, dann fehlen in eben diesem Artikel wohl noch einige Fakten und Einsichten, die ihn wirklich lesenswert machen. Versuchen Sie weiterhin von Anfang an, Ihre Artikel sowie die Inhalte, die Sie vermitteln möchten, aus der Sicht der Leser zu betrachten (Was ist neu für diese? Was interessiert meine Leser? Auf welchem Wissensstand befinden sie sich?) und auch so zu schreiben.

- Der **Zielgruppe** entsprechend gestaltet werden: Als Spezialist auf Ihrem jeweiligen inhaltlichen Blog-Gebiet kennen Sie Ihr Auditorium am besten. Das sollte man auch anhand der Form sowie der Sprache Ihrer Inhalte merken. In einem Blog zum Thema Geldanlage darf es ruhig einmal ein wenig förmlicher sein (und wird von den Lesern wohl auch so erwartet), während man sich für die Leser eines Streetdance-Blogs sicherlich etwas anderes einfallen lassen muss, um diese zu begeistern. Selbst für den Corporate-Blog-Bereich gilt diese Regel: Der Outdoor-Ausrüster-Blogredakteur wird sich in der Regel einer anderen Terminologie bedienen als der Lebensversicherungsblogger, um dauerhaft erfolgreich zu sein und authentisch zu wirken.

- Den **Fokus** nicht aus den Augen verlieren: Dies ist insbesondere bei Blogs zu Nischen- oder Spezialthemen wichtig. Fragen Sie sich stets, ob Ihre Artikel auch wirklich auf das eingehen, was Ihre Leser spannend finden. Aus den Reaktionen auf bisherige Beiträge sollte sich ein recht gutes Gesamtbild ergeben, woran Ihre Blogbesucher interessiert sind. Natürlich kann gerade auch einmal ein eher peripheres, wenig beachtetes Randthema besonders nützlich und hilfreich für Ihre Blog-Gefolgschaft sein, dennoch sollten Sie sich immer darüber im Klaren sein, was denn das eigentliche Ziel Ihres Blogs und damit Ihrer Leser ist und ob die aktuellen Inhalte noch hierzu passen. Denn gerade bei bereits länger existierenden Blogportalen können sich diese Ziele mit der Zeit schon auch einmal verschieben. Einige Blogger arbeiten sogar ganz bewusst mit dem Stilmittel, ab und an über etwas zu schreiben, von dem sie wissen, dass es der eigenen Blogleserschaft ganz und gar nicht gefällt. Dies wäre typischerweise der Artikel über neue iOs-Funktionalitäten im Androidblog. Mein Stil wäre dies zwar nicht unbedingt, aber wem es gefällt...

- Ihre Inhalte **einprägsam** vermitteln: Nur wenn man sich auch noch einige Zeit nach dem Lesen des eigentlichen Beitrags an dessen Text oder Inhalte erinnert, erst dann haben Sie Ihr volles Ziel erreicht, nämlich Informationen nachhaltig weiterzugeben. Beispiele aus der Praxis, erlebte Geschichten, eine leicht übertriebene Darstellung – natürlich ohne dabei unseriös zu werden –, hypothetische Fragen an die Zukunft der jeweiligen inhaltlichen Materie und Weiteres mehr kann gut dazu beitragen, dass Ihre Texte bei den Lesern nachwirken.

- **Bildhaft und plakativ** dargestellt werden: Dieser Punkt geht in eine ähnliche Richtung. Wenn Sie mit Ihren Texten die Vorstellungskraft anregen, Visionen entstehen lassen, in gewisser Weise Ihre Leserschaft sogar dazu anregen, »Bilder« zu malen, dann wird man sich nicht nur an diese, sondern auch an deren Urheber – Ihren Blog – erinnern. »Zu abstrakt für meinen bodenständigen Blog«, denken Sie sich nun? Fragen Sie sich einmal, was etwa den besten Technikblog ausmacht, den Sie kennen. Ist es nicht genau diese Fähigkeit, Ihre Fantasie bezüglich der Zukunft anzukurbeln?

■ **Abwechslungsreich** gestaltet sein: Je mehr Blogartikel Sie innerhalb einer bestimmten Frequenz veröffentlichen, umso mehr Besucher werden Sie damit anziehen, wenn auch nicht unbedingt in einem absolut linearen Verhältnis. Bei vielen Stammlesern wirkt sich dieser Effekt meist sehr unmittelbar aus, während Blogportale, die hauptsächlich von Suchmaschinenbesuchern profitieren, vergleichbare Auswirkungen erst mit einer gewissen Zeitverzögerung feststellen werden. Doch solche positiven Effekte ergeben sich erst dann, wenn Sie Ihre Beiträge auch abwechslungsreich genug gestalten. Die Bandbreite der Themen sollte also möglichst variabel sein. Zudem ist anzuraten, innerhalb der zeitlichen Artikelabfolge auch unter den einzelnen Blog-Kategorien gut abzuwechseln, also nicht etwa zahlreiche aufeinanderfolgende Beiträge zur immer gleichen Kategorie abzufassen. Diese Variabilität wird sich dann zusätzlich positiv auf Ihre Besucherzahlen auswirken.

Abb. 5.5: Der Blog yogatraumreise.de überrascht und erfreut seine Besucher mit comicartig aufbereiteten Illustrationen.

5.3 Hilfsmittel zur Contenterstellung

Nicht stets und ständig hat man als Blogger wirklich absolut kreative Phasen. Und auch für die Leser kann es sehr schön sein, ab und zu einmal ein wenig Abwechslung vom ja doch meist recht eigenen Stil eines Blogautors zu haben. Das Schöne an der Blogosphäre ist, dass diese Community gerade hierfür zahlreiche bewährte Hilfsmittel, Denkanstöße und Austauschmöglichkeiten bietet, von denen ich einige hier kurz vorstellen möchte.

5.3.1 Gastartikel

Leider oft zu Unrecht als »Schleichwerbung« oder »Linkschleuder« verkannt, kann ein gut durchdachter Gastartikel wahre Wunder wirken. In einigen meiner Blogs gehören gerade Gastartikel zu den meistgelesenen Beiträgen, weil sie sich einmal mit einem ganz anderen Thema – oder aus einer anderen Perspektive heraus betrachtet – beschäftigen.

Natürlich bekommt man hier als Blogger sehr viele unseriöse Angebote meist von SEO-Unternehmen, die ihre Klienten über einen – mehr oder weniger guten und oftmals nicht einmal exklusiven – Gastartikel auf möglichst vielen Portalen unterbringen möchten, inklusive einer ganz bestimmten Keyword-Verlinkung versteht sich. Diese Beiträge dienen eigentlich ausschließlich dem Linkbuilding des jeweiligen Unternehmens und man sollte diese Form der Gastartikel meist generell vermeiden. Erstens merkt der Leser sehr schnell, dass es sich dabei hauptsächlich um Schleichwerbung handelt, was sich alles andere als positiv auf das Renommee eines Blogs auswirkt. Und zum Teil können sich derartige Links sogar SEO-technisch nachteilig auf Ihr eigenes Blogportal auswirken.

Ich habe jedoch sehr gute Erfahrungen damit gemacht, andere Personen (nicht nur Blogger, sondern auch jegliche Experten für ein bestimmtes Thema, Wissenschaftler, Buchautoren, Firmenchefs, Agenturleiter etc.) **aktiv** auf einen Gastartikel hin anzusprechen. Denn zum einen sind diese dafür meist sehr dankbar und zum anderen habe ich es bislang noch nicht erlebt, dass ein entsprechender Beitrag als reine Eigenwerbung missbraucht wurde. Erstens gibt man ja das Thema sowie die Intention des Artikels vor, zweitens kann man indirekt und diplomatisch formuliert gewisse Spielregeln aufstellen (etwa dass sich der Autor gerne in einem letzten (!) sowie kurzen (!) Abschnitt selbst vorstellen kann, wenn er dies möchte), drittens kann man den Gastartikel in einem kurzen Abschnitt zu Beginn des Beitrags anmoderieren, und viertens ist jenen Gesprächspartnern, die nicht aktiv um einen Gastbeitrag bitten, sondern passiv angeschrieben werden, meist eh nicht nach großer Selbstdarstellung zumute, obwohl sie natürlich um die positiven Effekte eines solchen Artikels wissen.

Gelegenheiten sowie Themen für eine solche Bitte um einen Gastbeitrag gibt es viele, etwa:

- Ein Leser stellt in einem Kommentar eine Frage, mit der man sich nicht wirklich auskennt. Wieso nicht von einem thematisch passenden Blog den dortigen Autor als echten Experten um Rat in Form eines Gastbeitrags fragen?

- Ebenso kann dies gut funktionieren, wenn ein anderer Blogger einen guten Kommentar oder einen spannenden kleinen Erfahrungsbericht ebenfalls in Kommentarform bei Ihnen hinterlässt. Die Bitte, ob er diesen vielleicht in einem Gastbeitrag ausführlicher darstellen möchte, bleibt meist nicht lange unerhört, oft erfrage ich die Bereitschaft hierzu sogar schlicht und einfach in Form einer Kommentarantwort.

- Selbst initiierte oder mitgetragene Kommentardiskussionen auf anderen Blogs können ebenfalls als Ausgangsbasis für vergleichbare Anfragen dienen.

- Ein passender Blog fragt nach einem Blogroll-Tausch, diese ist bei Ihnen aber eigentlich eh schon überfüllt oder passt nicht zu 100 Prozent? Ein gegenseitiger Beitrag kann eine gute und gern angenommene Alternative sein.

- Es meldet sich ein neuer, für die Leser inhaltlich relevanter Werbepartner? Diesem kann man zusätzlich zur Bannerbuchung einen nicht werblichen (!) beziehungsweise als solchen gekennzeichneten Gastbeitrag zu einem Expertenthema anbieten und ihn dabei gleich als neuen Werbepartner vorstellen. Dies wiederum macht Ihre eigenen Vermarktungsflächen für weitere Anzeigenpartner zusätzlich attraktiv.

Und als kleine »Entlohnung« (die meist gar nicht notwendig ist beziehungsweise in Form eines Linkverweises auf den Gastautor und dessen Webprojekt ausreicht) kann man dem Gegenüber ja anbieten, dass er sich und seine Leistungen ebenfalls kurz präsentiert oder dass man für sein Portal einen entsprechenden Gegenbeitrag verfasst.

Abb. 5.6: Gastbeiträge bieten den Lesern eine gelungene Abwechslung.

Tipp

Ganz genau schaue ich mir zudem immer meine neuen Twitter-, Google-Plus-&-Co.-Follower an. Denn darunter finden sich oft sehr werthaltige, thematisch passende Kontakte und Möglichkeiten für Gastartikel-Anfragen und andere Kooperationsmöglichkeiten.

Gerade für die ersten Gastartikel-»Versuche« existiert zudem eine schöne Möglichkeit, um Weblogs zu finden, die generell Gastartikel akzeptieren, womit Ihnen schon einmal eine erste Hürde der erfolgreichen Suche abgenommen wird. Dabei gibt man in der Google-Blogsuche (www.google.de/blogsearch) den Begriff »Gastbeitrag« oder »Gastbeitrag von« ein, am besten noch in Kombination mit dem Thema oder Keywords des eigenen Blogs. Auf diese Weise findet man recht schnell andere Blogger, die bereits derartige Artikel aufgenommen haben, und weiß nun, dass eine vergleichbare Anfrage wohl mit relativ hoher Wahrscheinlichkeit auf Zustimmung stoßen wird.

In den Kommentaren zu einem Artikel auf den Blogprofis.de unter www.blogprofis.de/buch/gastbeitrag haben sich zudem zahlreiche Blogger eingetragen, die gerne bereit sind, qualitativ hochwertige Gastbeiträge aus diversen Bereichen zu veröffentlichen. Auch weitere Einträge sind dort gerne willkommen.

Hinweis

Seit es die Qualitätsoffensiven von Google (siehe beispielsweise Abschnitt 9.4) den professionellen Backlink-Käufern immer schwerer machen, an qualitativ hochwertige bezahlte Verweise zu Zwecken der Suchmaschinenoptimierung für sich oder für ihre jeweiligen Kunden zu gelangen, so erlebt das Genre der Gastartikel eine deutliche Renaissance. Denn über diesen eleganten Umweg versuchen die entsprechenden Dienstleister nun, trotzdem noch an werthaltige Backlinks zu gelangen, etwa von entsprechend gut in den Suchmaschinen positionierten Blogs.

Dies bedeutet nun für Sie als Blogbetreiber: Zum einen sollten Sie sich noch mehr in Acht nehmen vor Gastartikel-Angeboten, in denen minderwertige Inhalte oder rein die Unterbringung ganz spezifisch vordefinierter Verweise auf das entsprechende Portal im Vordergrund stehen. Denn meist wird es sich hierbei lediglich um eine neue Methode handeln, Ihre Blogpopularität auf unlautere Weise auszunutzen. Zum anderen besteht gleichzeitig die Chance, dass auch »seriösere« Portalbetreiber sowie andere Blogger in stärkerem Maße auf Sie zukommen werden, um bei Ihnen einen – qualitativ hochwertigen sowie nicht werblichen – Gastartikel zu veröffentlichen. Denn natürlich wird es durch den eingangs beschriebenen Google-Qualitätseffekt auch für Blogger selbst immer interessanter, die eigene Backlinkstrategie durch gegenseitige Gastartikel zu erweitern.

Sie können bei solchen Gastartikel-Anfragen übrigens meist recht schnell die eigentliche Intention des Absenders herausfinden. Ich mache dem Gegenüber in diesem Fall beispielsweise klar, dass ich – etwa bei der Nennung seines Namens als Gastautor – lediglich auf seine Portal-URL verlinke und keine sonstigen Keyword-Verweise im restlichen Fließtext wünsche. Zudem bitte ich den anderen Portalbetreiber, mir doch konkret zu benennen, zu welchem Thema er denn einen Gastbeitrag schreiben möchte, der für meine Leser auch wirklich einen Mehrwert darstellt und der nicht etwa werblich verfasst ist. Von den lediglich an einem »billigen« Backlink interessierten Personen werden Sie in diesem Fall daraufhin wohl nichts mehr hören.

5.3.2 Mitarbeiterartikel & Co.

Ähnlich eines Gastbeitrags kann es sich im Corporate-Blog-Bereich lohnen, etwa Mitarbeiter, Zulieferer, Kooperationspartner, Kunden, externe Agenturen und vieles mehr »sprechen« zu lassen. Nicht wenige gerade kleinere Firmenblogs arbeiten recht offen mit diesem Stilmittel, das sich – wenn das zugrunde liegende Thema für die Blogleserschaft an sich von allgemeinem Interesse ist und darin auch relevante Tipps und Antworten für eben diese Gruppe gegeben werden – als allseits sehr beliebte Artikelgrundlage herausstellen kann.

Dies sollte jedoch unbedingt – wie bei absolut jedem Firmenblog-Artikel – einen deutlichen Mehrwert bringen. Man sollte also den Kunden oder Lieferanten nicht etwa erzählen lassen, wie unglaublich toll doch ein Auftrag bei ihm gemeistert wurde oder wie zuverlässig und qualitativ hochwertig er liefert, sondern eher, welchen Herausforderungen er auf dem jeweiligen Fachgebiet (und ganz unabhängig von Ihren Produkten) immer noch gegenübersteht, wie er diese selbst lösen konnte, welche neuen (Service-)technischen Produkttrends sich bei ihm auftun und vieles mehr, dabei stets auf die Fragestellungen der eigenen Blog-Klientel ausgerichtet.

Vielleicht an einem praktischen Beispiel erklärt: Nehmen wir an, es handelt sich um den Corporate-Blog eines Unternehmens im Bereich Elektronikhandel. Natürlich schlecht und unglaubwürdig wäre es dann etwa, wenn

- der Mitarbeiter davon schwärmt, dass er all die hervorragenden Produkte auch zu Hause erfolgreich einsetzt
- die externe Agentur die gute Zusammenarbeit bei der neuesten Produktkampagne »über den Klee« lobt (das interessiert nämlich niemanden, schon gar nicht die technikinteressierten Blogleser)
- der Zulieferer sich über die Qualität seiner Produkte auslässt (Schwachstellen dieser würde er ja wohl auch kaum benennen)
- oder ein »Experte« jene Geräte zum neuen Megatrend erklärt, die zufälligerweise auch gerade auf der Hauptseite Ihres Shops zum Sonderverkauf angeboten werden

Glauben Sie mir, Ihre Leser sind alles andere als dumm und werden solche Versuche der Schleichwerbung auch sofort als solche erkennen. Dann jedoch dürfen Sie sich als Blogverantwortlicher nicht wundern, wenn die Leserzahlen stagnieren, die Abbruchquote sehr hoch ist, immer nur genau ein Artikel pro Besuch für wenige Sekunden »gelesen« wird oder kritische Kommentare zu diesen Beiträgen nicht ausbleiben.

Besser wäre es – um bei den oben genannten Beispielen zu bleiben:

- Der Mitarbeiter verrät, wie er sich aus einzelnen Bauteilen für wenig Geld selbst ein schickes Gerät zusammengebaut hat.
- Die Agentur schreibt darüber, mit welchen Maßnahmen sie selbst die laufenden Kosten im Elektronik-, Energie- oder IT-Bereich senken konnte.
- Der Zulieferer erklärt neue Techniken sowie den Umgang mit diesen schlicht und einfach oder gibt Tipps zur Kompatibilität, etwa in einer kleinen Ratgeberserie zum Thema.
- Ein tatsächlicher Experte stellt die Vor-, aber auch Nachteile verschiedener Technologien gegenüber u.v.m.

Dies sind alles natürlich nur exemplarische Vorschläge und sie müssen an das jeweilige Ziel des Corporate-Blogs angepasst werden. Aber ich denke, es wird Ihnen recht schnell deutlich, worauf ich mit diesen Beispielen hinaus möchte.

5.3.3 Blog-Interviews

Eines der effizientesten, aber gleichzeitig leider immer noch recht selten eingesetzten Mittel der Blog-Vermarktung sind Interviews jeglicher Art. Bei einigen meiner Blogs – bei denen es inhaltlich passt, doch dazu gleich mehr – bestehen fast 50 Prozent der Artikel aus von mir geführten Interviews. Denn wenn diese gut gestaltet sind und einen echten Mehrwert für den Leser bieten, wird es diesem zumeist egal sein, wie dieser Inhalt zustande kam und ob ich als Blogbetreiber oder vielmehr mein Interviewpartner den Großteil dieser Inhalte bereitstellte.

Doch was ist der Vorteil solcher (von mir stets schriftlich geführter) Interviews? Nun, ganz einfach:

- Sie sind mit recht wenig Zeit und Aufwand zu realisieren.
- Blog-Interviews ergeben oft äußerst interessante und innovative Einsichten für die Leser, die über die übliche Berichterstattung auf Weblogs, aber auch anderen Portalen hinausgehen.
- Der entstehende Content ist besonders abwechslungsreich, stets individuell und verschiedenartig gestaltet sowie textlich zumeist sehr umfangreich.
- Solche Interviews können ein guter Ausgangspunkt für neue Kooperationen, einen regelmäßigen Content-Austausch oder einfach nur ein gelegentliches Artikel-Update sein.

■ Diese werden oft von dem interviewten Part verlinkt, empfohlen, kommentiert oder viral weiterverbreitet (Facebook, Google Plus, Twitter etc.).

Und wie gelangt man nun zu einem wirklich guten Interview? Nun, neben einem für das jeweilige Blogthema interessanten Gesprächspartner hängt dies vor allem von der Qualität der Fragen ab. Je überlegter und zielgerichteter diese gestellt werden, umso besser wird auch das Ergebnis der Antworten aussehen.

Ich selbst habe mittlerweile meine eigene kleine Fragetechnik entwickelt, um für den Leser spannende Interviews beziehungsweise Antworten zu erhalten. Diese ist nicht ganz einfach zu umschreiben, dennoch habe ich mich natürlich gefragt, unter welchen gemeinsamen Voraussetzungen meine jeweils besten und meistgelesenen Interviewartikel entstanden sind. Um zumindest einige allgemeingültige und in allen Interviewsituationen hilfreiche Ansatzpunkte zu nennen: Zum einen stelle ich kaum rein gefällige Fragen, um nicht einfach eine billige Werbeplattform zu bieten. Denn Ihre Blogleser wollen nicht erfahren, welche Erfolge der Interviewpartner nachweisen kann oder ob er der Beste seines jeweiligen Fachs ist, sondern, mit welchen Schwierigkeiten er im Lauf seiner Karriere zu kämpfen hatte oder welche konkreten Methoden, Tipps und Tricks er an sie weitergeben kann.

Also stelle ich zunächst nicht etwa Fragen zu seinen Produkten, seinem Blog, seinen Kenntnissen oder seinen Dienstleistungen, sondern beispielsweise dazu, mit welchen Mitteln er es denn in einem umkämpften Markt überhaupt erreichen will, Besucher oder Kunden zu gewinnen. Warum er seine (etwa auf der eigenen Homepage getätigten) Aussagen für die richtigen hält, was natürlich ein gewisses Grundmaß an vorheriger Recherche notwendig werden lässt. Oder wie er zu bestimmten kritischen Anmerkungen sowie aktuellen Expertendiskussionen im jeweiligen Themenumfeld steht. Daraus entstehen zumeist die aussagekräftigsten, weil auch hier wieder authentischsten Antworten. Ein Blog-Interview darf eben alles sein, außer langweilig.

Hilfreich kann es zu diesem Zweck vor allem auch sein, den Interviewpartner ganz konkret nach den drei, fünf oder was auch immer besten Erfolgs- oder sonstigen Tipps zu fragen, die er an Ihre Blogleser weitergeben kann. Die meisten wirklichen Experten sind gerne bereit, ihr Know-how und ihre Erfahrungen zu teilen. Um derlei konkrete Antworten zu erhalten, sind hierbei etwa folgende Fragetechniken meist besonders erfolgreich:

■ »stimmt es, dass ...« oder »wie gelingt es Ihnen, dass ...«

■ »was kannst du/können Sie unseren Lesern raten ...«

■ »welches sind konkret Ihre drei wichtigsten ... um erfolgreich ...«

■ »warum haben Sie nicht ...«

■ »manche behaupten jedoch, ... wie sehen Sie das«

■ »wie stehen Sie zu dem aktuell viel diskutierten Thema x ...«, »Was ist Ihre ganz persönliche Meinung über Technologie y oder Produktneuheit z«

Derlei Fragen fordern nicht nur das Gegenüber Ihres Interviews heraus, sie werden mit hoher Wahrscheinlichkeit – gerade bei aktuell umstrittenen Themen – auch jede Menge Leserkommentare »provozieren« und somit für einige lebendige Diskussion sorgen. Wenn der Interviewpartner sich und seine Arbeit beziehungsweise seinen Blog näher vorstellen will, so gebe ich ihm übrigens gerne innerhalb der letzten Frage hierzu Gelegenheit. Bei den meisten Interviews erfolgt diese Vorstellung zu Beginn, doch natürlich ist dies für viele Leser der am wenigsten interessante Punkt, und mit dem Verweis auf die letzte Interviewfrage erhalte ich somit den Spannungsbogen aufrecht.

Abb. 5.7: Gelungene Blog-Interviews werden von vielen Besuchern sehr gerne gelesen.

Zur Themenfindung selbst gibt es hingegen unzählige Möglichkeiten, natürlich abhängig vom jeweiligen Blog-Thema könnte dies sein:

- Der Technikblog befragt gegen Ende des Jahres einen Experten zu den beliebtesten Gadgets unter dem Weihnachtsbaum, was für ihn die Favoriten und

Trends des kommenden Jahres sind und welche Standards wohl eher der Vergangenheit angehören.

- Der Finanzblog interviewt ausgewählte Leser zu ihren persönlichen Erfahrungen mit der jeweiligen Hausbank.

- Ein Diätblog entlockt dem neuesten Fitness-»Guru« aus den USA seine Geheimnisse, verweist im Gegenzug vielleicht auf dessen Blog oder Buch und übersetzt dieses Interview dann ins Deutsche.

- Im Architektenblog wird über die Entstehung eines neuen Projekts eine Art Home-Story-Serie veröffentlicht und die einzelnen Baupartner werden dabei zu den jeweils wichtigsten Tipps und Tricks, aber auch Herausforderungen bei der Realisierung befragt.

- Ein Corporate-Blog macht eine (möglichst nicht werbliche!) Serie mit Kunden über deren Erlebnisse, stellt die für seine jeweilige Leserschaft interessanten neuen Top-Lieferanten und Partner vor, lässt Mitarbeiter über deren Produktideen sprechen etc.

Die meisten Unternehmen, Dienstleister, Freiberufler, Künstler, Autoren etc. sind in der Regel erfahrungsgemäß sehr gerne dazu bereit, etwa im Gegenzug für eine namentliche Nennung oder einen Verweis auf ihre Internetseite für ein solches kostenloses Interview zur Verfügung zu stehen. Aber auch im Freundes-, Bekannten- oder Arbeitskreis findet man bei genauerer Betrachtung für nahezu jedes Thema spannende Interviewpartner, so dass man sich insbesondere bei den ersten Blog-Interviews an diese wenden kann. Denn später kann bei einer externen Anfrage oftmals der Verweis auf ein bereits existierendes Interview zusätzliche Überzeugungsarbeit leisten, da sich nicht alle Angesprochenen unter einem derartigen Blog-Interview etwas vorstellen können. Zudem finden sich unter den eigenen Twitter-, Facebook- und sonstigen Folgern meist ebenso gute Gesprächspartner, auch jegliche Kooperationsanfragen lassen sich mit der zusätzlichen Anfrage nach einem (vielleicht sogar gegenseitigen) Blog-Interview beantworten.

So gut sich Interviews auch als Mittel zur Beschaffung werthaltiger und abwechslungsreicher Inhalte eignen, so sollte man es gerade bei Blogs mit zahlreichen Stammlesern nicht unbedingt mit der Veröffentlichung von Interviews übertreiben, sondern eben immer wieder auch »normalen« Content mit einstreuen. Denn ansonsten könnte der Gesamtinhalt des Weblogs für die regelmäßigen Besucher schnell als eintönig und auch eher unattraktiv wahrgenommen werden, wobei ich selbst eine solche Tendenz – etwa an der rückläufigen Anzahl von Kommentaren oder Ähnlichem – bislang noch nicht feststellen konnte. Bei manchen sehr erfolgreichen Blogs hingegen, die hauptsächlich von (einmalig erscheinenden) Suchmaschinenbesuchern »leben«, gestalte ich schon auch einmal bis zu 80 Prozent und mehr der Inhalte über Interviews.

Tipp

Gute und für den Leser interessant gestaltete Blog-Interviews sind schon fast eine kleine Wissenschaft für sich. So müssen für gute Antworten natürlich nicht nur die richtigen Fragen gestellt werden, ein bestimmter Spannungsbogen ist zu beachten, und einigen Interviewpartnern muss man einzelne für die Blogleser besonders relevante Aspekte fast schon »entlocken«. Fotos und Logos des Interviewpartners lockern den auf diese Weise entstehenden Artikel weiter auf und vieles weitere mehr.

Zusätzliche Tipps zur Erstellung gelungener Interviews sowie ein paar Beispiele aus der Praxis zu den zuvor genannten Tipps können unter anderem in folgendem Artikel nachgelesen werden: www.blogprofis.de/buch/bloginterview.

Wer sich zunächst einmal an das Thema Blog-Interviews herantasten möchte, für den ist vielleicht der Dienst unter www.blogger-antworten.com ganz interessant, den ich selbst bereits erfolgreich testen konnte. Der dortige Betreiber sucht andere Blogger, die ihm für ein Interview zur Verfügung stehen. Somit kann man sich zum einen besser in die Lage der späteren Interviewpartner versetzen sowie lernen, wie man am besten auf die einzelnen Fragen und Fragetechniken eingeht. Zum anderen dürfte ein solches selbst gegebenes Interview immer ganz hilfreich sein, die Ausrichtung des eigenen Blogs sowie dessen Intention einmal selbst zu hinterfragen und somit indirekt auf den Prüfstand zu stellen.

Erfahrungsgemäß empfiehlt es sich übrigens, solche Blog-Interviews möglichst schriftlich durchzuführen und dies dem Interviewpartner von Anfang an auch so zu vermitteln. Denn gerade Gesprächspartner, die nicht wirklich internetaffin sind, gehen oft davon aus, dass ein derartiges Interview telefonisch oder gar persönlich geführt wird. Dann jedoch ist der anfangs erwähnte Effekt der Zeitersparnis bei der Erstellung von Interviewartikeln gegenüber komplett selbst erstellten Inhalten wieder obsolet, auch wenn ein schriftliches Interview mangels entsprechendem direkten Austausch natürlich einer gewissenhaften Vorbereitung bedarf, um nicht die »falschen« Fragen zu stellen.

Meine Anfragen nach einem Blog-Interview sehen demnach – je nach Kontaktgrund variiert natürlich – in etwa wie folgt aus:

Sehr geehrte(r) Frau/Herr x,

ich freue mich sehr, dass Sie via Twitter unseren Beiträgen auf den www.blogprofis.de folgen.

Ich finde Ihre Arbeit zum Thema xy sehr spannend, hätten Sie vielleicht Interesse an einem (schriftlichen) Interview zum Thema xy, das ich als Artikel auf unserem Portal veröffentliche, dies wäre gerade für unsere Leser aus dem Bereich yz von großem Interesse?

Bei Rückfragen können Sie sich jederzeit gerne an mich wenden.

Mit freundlichen Grüßen

Also kurz und knapp, aber bislang hat diese Form der Anfrage noch immer funktioniert, und vor allem erwarten die meisten Experten – aber auch andere Blogbetreiber und sonstige Interviewpartner – in der Regel gar keine großen Aufsätze darüber, warum man ausgerechnet sie anschreibt. Natürlich sollte man dennoch auf keinen Fall reine Massenanschreiben versenden, sondern – wie über die Platzhalter im obigen Text dargestellt – auf die jeweilige Situation des Adressaten eingehen. Wenn Sie Ihrem Gegenüber deutlich machen können, dass Sie sich zuvor mit ihm und seiner Arbeit auseinandergesetzt haben, so wird dieser Ihre Anfrage wohl kaum ablehnen. Und wenn Sie dem Interviewpartner dann noch deutlich machen können, warum sich der Aufwand auch für ihn lohnt, so haben Sie fast schon »gewonnen«. Dies ist etwa durch einen Satz möglich wie:

Gerne verweise ich hierbei auf Ihr Portal/Ihren Service/Ihr Buch ...

Und mit dem sehr dezent untergebrachten Wort *schriftlichen* ist den Interviewpartnern somit sofort klar, in welcher Form dieses Interview idealerweise erfolgen sollte.

Bekomme ich dann eine positive Rückantwort, so sende ich die Interviewfragen direkt in einer E-Mail, und bitte mein Gegenüber, am besten auch direkt in der entsprechenden Antwort-E-Mail die Antworten zu formulieren. Denn ansonsten kann es passieren, dass man ungünstig formatierte PDF-Dateien und Ähnliches als Beantwortung der Fragen erhält, die man dann im WordPress-Texteditor meist mühsam von falschen Zeilenumbrüchen und Ähnlichem befreien muss. Gleichzeitig bitte ich die Interviewpartner immer auch, wenn möglich ein Foto von sich und/oder sonstiges Bildmaterial mitzuschicken, um den aus seinen Antworten entstehenden Beitrag weiter auflockern und gestalten zu können.

5.3.4   Blog-Tennis

Ja, richtig gehört oder besser gelesen, eine Form, die ich jüngst mit einem guten Blogger-Kollegen ausprobiert habe, ist das von uns so genannte Blog-Tennis. Wie dies funktioniert? Nun, wir haben uns einfach ein für beide unserer Blogs beziehungsweise deren Leser spannendes Thema ausgesucht, welches genug Potenzial für eine ganze Serie von Artikeln in sich birgt, und schreiben nun abwechselnd darüber, wobei wir jeweils bestimmte inhaltliche Aspekte vertiefen oder näher betrachten. Dies bedeutet: Der erste Teil der Serie erscheint etwa auf meinem Blog, der zweite wird von dem Bloggerkollegen auf seinem veröffentlicht, dann wieder zurück und so weiter. Blog-Tennis eben.

Die Vorteile liegen natürlich nicht nur in der jeweiligen recht günstigen Verlinkung der einzelnen Teile. Vor allem werden meine Leser auf den fremden Blog aufmerksam gemacht und auch umgekehrt. So können nicht nur beide Blogbetreiber neue werthaltige Leser und Follower für sich gewinnen, das Ganze bleibt auch noch spannend für alle beteiligten Seiten.

Denn, was fast der größte Vorteil dieses gemeinsamen Ping-Pong-Spiels ist, man erweitert sich quasi gegenseitig seinen eigenen Blog-Horizont. Nicht nur, dass jeder Autor das Thema immer auf seine ganz persönliche Art und Weise und damit stets unterschiedlich beleuchten wird, Autoren und Leser erhalten somit sehr schnell neue Ansichten und Ideen, auf die sie bei nur einem einzigen Urheber der Serie wohl kaum je gekommen wären. Das Ganze lässt sich natürlich auch über mehrere Autoren von ein und demselben Weblog gestalten, die gemeinsam eine Artikelserie schreiben und jeweils unter immer wieder neuen Blickwinkeln beleuchten. Ich kann jedem Blogger nur raten, diese besonders fruchtbare Art und Weise der Artikelerstellung einmal ganz persönlich auszuprobieren, da sich innerhalb einer solchen Serie immer wieder neue Aspekte und damit Ansatzpunkte für weitere Beiträge ergeben.

5.3.5 Experten fragen Experten

Um herauszufinden, welche von den Lesern gewünschten Themen mein Portal www.Blogprofis.de vielleicht noch nicht abdeckt, rief ich vor einiger Zeit die Aktion »Blogger fragen Blogger« ins Leben (siehe www.blogprofis.de/buch/bloggerfragen). Darin konnten mir nun andere Blogbetreiber – egal ob Neulinge auf diesem Gebiet oder bereits Fortgeschrittene – jegliche Fragen zum Thema »Bloggen« stellen, und ich beantwortete diese in Form eines Artikels. War ich nicht wirklich bewandert auf dem Gebiet der jeweiligen Frage, so suchte ich mir einen hierauf spezialisierten Blogger und fragte diesen nach einem entsprechenden Gastbeitrag, was bislang auch stets gerne angenommen wurde. Die gesamte Leseraktion verband ich sogar noch mit einem kleinen Gewinnspiel als Incentive und zusätzlichen Anreiz für eine Teilnahme, unter allen Teilnehmern verlose ich etwa regelmäßig einige Amazon-Wertgutscheine.

Damit konnte ich natürlich gleich mehrere Dinge auf einmal erreichen: Zum einen gewann ich neuen, wertvollen Content, den meine Besucher vor allem auch noch »gebrauchen« konnten und über den ich so in dieser Form noch nicht verfügte. Zum anderen gelang es mir, einige Leser mit diesen ganz persönlichen Profitipps »glücklich« zu machen, die meine Blogdomain nun vielleicht nicht mehr so schnell vergessen werden. Und ich hatte so ganz nebenbei eine schöne Marketingaktion ins Leben gerufen, konnte den Ruf meines Blogs als »Expertenportal« stärken und hatte zudem ein Alleinstellungsmerkmal sowie ein ganz besonderes Serviceangebot mehr. Übrigens zählt es zu einem der angenehmsten Nebeneffekte des Bloggens, dass man sich in vielen Themenbereichen alleine durch dieses eigene Blogportal sehr schnell als Experte innerhalb des jeweiligen Sachgebiets einen Namen machen kann. Das ist gleichzeitig auch der Grund dafür, warum für Selbstständige, Ärzte, Handwerker etc. ein eigener kleiner Firmenblog oftmals eine solch enorme Hebelwirkung erzielen kann, dass dieser manchmal sogar alle anderen Modelle der Neukundenakquise unnötig werden lässt. Ich übertreibe? Keineswegs, es sind mir bereits einige Kleinunternehmer begegnet, die nach erfolgreicher Etablierung ihres Blogportals beispielsweise auf Kaltakquise-Aktionen gänzlich verzichten konnten. Zu sehr wurde ihre Expertise alleine durch die gelungenen Bloginhalte deutlich und für jedermann sichtbar.

Eine vergleichbare »Experten fragen Experten«-Aktion ist nun natürlich für alle möglichen Blogthemen denkbar. Der Modellbauerblog kann auf diese Weise Fragen zum Thema »Wie gehe ich richtig mit einem Bausatz um« behandeln, der Technikblog kümmert sich um Fragestellungen zu den neuesten Gadgets und der Gärtnerblog gibt individuelle Tipps zur richtigen Pflanzenpflege in der jeweiligen Jahreszeit. Diese ganz persönliche Note eines Blogs kann Ihnen sogar entscheidende Wettbewerbsvorteile gegenüber konventionellen Internet- und Wissensportalen aus Ihrem jeweiligen Themenbereich bringen, da Sie somit auf Themen eingehen, die vielleicht noch in gar keinem Portal auf diese Weise berücksichtigt worden sind. Und nicht zuletzt wird man mit einer solchen Maßnahme fast »automatisch« sowie im Idealfall kontinuierlich mit neuen Beitragsthemen versorgt.

5.3.6 Buch-Rezensionen

Für Blogleser, aber auch -autoren gleichermaßen interessant können zum Blogthema passende Buchrezensionen sein. Man stellt hierbei also einen Ratgeber oder aber auch eine Zeitschrift, E-Book, Lernvideo und vieles mehr seinen Lesern vor, hat somit werthaltigen Content und einen neuen Beitrag hinzugewonnen, den man über die Einbindung eines passenden Amazon-Einzeltitelbanners oder ähnliche Werbemittel passend zum vorgestellten Buch sogar noch zusätzlich monetarisieren kann. Gerade wenn man den Autor des jeweiligen Werkes interviewt, sollte man hierbei jedoch höflicherweise auf diese Maßnahme hinweisen beziehungsweise um Erlaubnis für diese Form der Vermarktung fragen, weil nicht wenige Autoren etwa über ihre eigene Internetseite selbst in diesem Bereich tätig sind, um ihre unter Umständen nicht allzu hohen Einnahmen aus dem publizierten Buch zumindest ein wenig auszugleichen.

Ein weiterer schöner Aspekt: Verfügt man über einen interessanten Nischenblog oder zahlreiche Leser, versenden viele Verlage kostenlos so genannte Rezensionsexemplare ihrer Werke. Für MeinStartup.com etwa habe ich bei diversen Fachverlagen um derartige für meine Leser interessante Ratgeber gebeten und habe dabei nur sehr selten eine ablehnende Antwort erhalten. Schließlich handelt es sich bei einer solchen Rezension meist um eine schöne und zudem kostenlose Werbung für das Buch und seinen Verlag. Besonders aufgeschlossene Verleger spendieren auf entsprechende Nachfrage oft sogar noch ein paar zusätzliche Exemplare, die man dann unter den eigenen Bloglesern als Gewinnspiel verlosen kann, ein schöner zusätzlicher Marketingeffekt also für beide beteiligten Seiten.

Wer sich nicht selbst um entsprechende Verlagsanfragen und ähnliche Aufgaben kümmern möchte, für den gibt es mit dem Internetportal www.bloggdeinbuch.de seit kurzer Zeit eine schöne Alternative. Dort kann man sich mit seinen Blogs und deren grundlegenden Daten wie etwa der jeweils erzielten Reichweite anmelden, um sich dann quasi um passende Bücherrezensionen zu »bewerben«. Wird eine solche Bewerbung angenommen, so erhält man direkt durch den jeweiligen Verlag das gewünschte Werk zugeschickt und muss dann nur noch die zugehörige Rezension verfassen. Das Buch dazu darf man in der Regel behalten.

Wir verlosen zwei tolle WordPress-Bücher von Data Becker

9. FEBRUAR 2011 VON MICHAEL FIRNKES • 20 KOMMENTARE

So eben haben wir das Buch "Weblog mit WordPress 3" vorgestellt, und schon gibt es für unsere Leser ein kleines "Schmankerl".

Wir verlosen zwei Exemplare des tollen Buchs von Gabriele Frankemölle!

Mitmachen ist dabei ganz leicht. Wenn ihr das Standardwerk in Sachen WordPress 3 euer Eigen nennen wollt, dann beantwortet doch einfach folgende Frage als Kommentar am Ende dieses Artikels:

> Was für Funktionen würdet ihr persönlich euch für ein revolutionäres WordPress 4 wünschen, und warum?

Abb. 5.8: Buch-Gewinnspiele kommen immer gut an.

Bei unserem Test im Sommer 2011 war das Angebot an auszuwählenden Büchern zwar noch überschaubar, dafür war aus fast jedem thematischen Bereich eine entsprechende Auswahl vorhanden, von der Belletristik bis hin zu Sachbüchern der unterschiedlichsten Kategorien, so dass für nahezu alle Blogthemen hier etwas Passendes dabei sein sollte. Selbst erst in naher Zukunft herauskommende Werke wurden dort teilweise bereits beworben und zur Ansicht angeboten, wodurch man sogar möglichst exklusiven Content erhält, etwa wenn man als erster Blogger eine Rezension zu dem Werk verfassen kann.

Tipp

Viele Verlage stellen – gerade bei neu erscheinenden Werken – auf Nachfrage gerne einen Kontakt zum Autor des Buchs her, worüber man etwa höflich nach einem Interview zum Werk und seinem Verfasser nachfragen kann. Nicht selten kommen solche – noch nicht allzu oft veröffentlichten – Beiträge sehr gut bei den eigenen Bloglesern an, gerade wenn man zusammen mit den Autoren ein wenig »hinter die Kulissen« des jeweiligen Sachthemas schauen kann. Die meisten Buchautoren sind zudem über diese kostenlose Art der Werbung für ihr Werk dankbar, erst recht, wenn man in seinem Beitrag auf eine eventuell vorhandene Internetseite zum Buch oder auf die E-Book-Ausgabe des entsprechenden Ratgebers verlinkt.

5.3.7 Was nicht passt, wird passend gemacht

Je länger man als Autor und/oder Webmaster einen oder mehrere Weblogs betreibt, umso öfter wird man Anfragen von anderen Bloggern und Unternehmen erhalten, die zwar nicht als unerwünschter Spam einzustufen sind, mit denen man dennoch nicht wirklich etwas anfangen kann oder möchte. So schicken mir beispielsweise an meinen Existenzgründerblog `MeinStartup.com` fast täglich mehr oder weniger neue und innovative Firmen mehr oder weniger interessante Geschäftskonzepte mit der Bitte, ob ich nicht darüber berichten möge. Zum einen bin ich natürlich sehr froh über diese Meldungen, zeigen sie doch, dass man sich an meinem Portal und seinen Inhalten beteiligen möchte, zum anderen stellen sie unter Beweis, dass mein Blog doch über einen gewissen Stellenwert verfügt.

Nun erhielt ich eines Tages wieder eine solche Anfrage, die durchaus sympathisch und auch sehr interessant war, von der ich jedoch aus Erfahrung wusste, dass meine typische Blogleserschaft wohl eher andere Inhalte vorzieht. Dies schrieb ich dem Autor der Nachricht relativ offen zurück und dabei ergab sich zufällig, dass er das Internetportal, um das es ihm ging, im so genannten »Offshore«-Verfahren über eine IT-Projektbörse in Indien programmieren ließ. Gleichzeitig hatten mich immer wieder Leser meines Blogs gefragt, wie man denn möglichst günstig eine Online-Geschäftsidee umsetzen könne, wenn man selbst nur über wenig technisches Programmierwissen verfüge. Und schon hatte ich einen tollen Aufhänger für einen Beitrag. Ich führte mit dem Portalbetreiber – wie Sie soeben lesen konnten – ein Blog-Interview zum Thema Outsourcing für Gründer, das nun inhaltlich zwar in eine völlig neue Richtung ging als ursprünglich vorgesehen, sich aber dennoch zu einem der meistgelesenen Artikel auf diesem Blogportal entwickelte. Und der Betreiber selbst gab gerne und bereitwillig Auskunft über seine ganz persönlichen Erfahrungen mit dem genannten IT-Offshoring-Projekt, konnte er sich doch damit einen attraktiven zusätzlichen Backlink auf sein Internetportal sichern.

Was ich damit sagen will: Selbst aus Artikelthemen, die auf den ersten Blick nur wenig vielversprechend aussehen, kann man oftmals werthaltigen Content für sich und die eigenen Leser entwickeln, indem man einfach nur seinen Fokus auf eben dieses Thema verändert. Von daher sollten Sie vergleichbare Kooperations- und/oder Gastartikelwünsche nicht unbedingt vorschnell ablehnen, es könnte Ihnen damit ein interessanter und wertvoller Beitrag verloren gehen.

5.4 Die Contenterstellung outsourcen

Natürlich ist es meist immer am besten, wenn man seine Bloginhalte selbst verfasst, denn nur so kann man die entsprechende Nähe zu seiner Leserschaft aufrechterhalten sowie ein wirkliches Gespür für deren Bedürfnisse gewinnen. Gerade wenn man jedoch zum Berufsblogger hin tendiert, so wird man – um das Geschäftsrisiko möglichst zu minimieren – wohl diverse Blogs vielleicht sogar zu unterschiedlichsten Themen führen.

Dann wird man sich mit der Zeit recht schnell auf zwei bis vier »Hauptblogs« konzentrieren, die man selbst aktiv gestaltet und betreut. Für alle anderen fehlt dann oft schlicht und einfach die Zeit, selbst wenn einem die jeweiligen Weblogs und deren Themen naheliegen und auch generell Freude bereiten. Aber auch die meisten Corporate-Blogger werden nicht immer die Zeit und Muße dafür haben, möglichst kreative und ausgeklügelte Blogbeiträge in Eigenarbeit zu verfassen, da die meisten auf ihrer Visitenkarte einen anderen Titel als »Corporate-Blog-Redakteur« führen werden und eben nicht nur rein die Pflege und Weiterentwicklung des Unternehmensblogs zu ihren Aufgaben zählen.

So erging es mir selbst vor einiger Zeit, und ich stand vor der Wahl, einige mir lieb gewonnene oder finanziell gut laufende Blogportale einzustellen oder zu verkaufen, wenn ich sie nicht stark vernachlässigen wollte. Und nur alle Schaltjahre ab und an einen neuen, möglichst schnell verfassten Artikel zu veröffentlichen oder auf externe Kooperationsangebote nicht mehr wirklich reagieren zu können, das macht schlicht und einfach keine Freude und entsprach auch nicht meinen eigenen Anforderungen an einen möglichst professionellen Blogbetrieb.

Einen Ausweg fand ich in der Inhaltserstellung durch Dritte, die nun namentlich oder teilweise auch unter dem Sammelbegriff »Redaktion« (hinter dem ich zum Teil jedoch auch selbst »stecke«) für mich berichten. Lohnen können sich die Ausgaben hierfür durchaus, wenn man etwa mit dem Blog mehr verdient, als man für die Texterstellung selbst ausgibt, oder in naher Zukunft hofft, durch die regelmäßige Bereitstellung von Inhalten die Blog-Gewinnschwelle zu erreichen. Hauptsächlich im Affiliate-refinanzierten Bereich nutzen zahlreiche Blogbetreiber diese zeitsparende Form der Inhaltserstellung, aber – bei qualitativ hochwertig schreibenden Autoren natürlich – selbst für andere Blogprojekte ist ein solches Outsourcing durchaus denkbar.

Eines meiner neueren Blogprojekte zum Thema Haustiere (`www.tierfreizeit.de`) ließ ich mangels Zeit fast von Anfang an durch Dritte schreiben, obwohl dieses Portal selbst noch kein Geld einbrachte, wobei sich durch die qualitativ hochwertigen Inhalte die Besucher- und Einnahmezahlen langsam, aber stetig nach oben entwickeln. Ich musste also lediglich die zugrunde liegende technische Infrastruktur bereitstellen und die einzelnen Artikelresultate publizieren (eine Aufgabe, die man jedoch bei einem Auftragsautor des Vertrauens sogar komplett an diesen abgeben kann, wofür es in WordPress die spezielle Mitarbeiterrolle der »Autoren« gibt). Wenn man von einem Blogthema und dessen Erfolg auf dem »Markt« überzeugt ist und die zugehörigen monetären Ausgaben mit anderen Portalen oder über andere Einnahmen refinanzieren kann, so ist diese Verfahrensweise durchaus eine Überlegung wert.

Welche Möglichkeiten der externen Vergabe der Blog-Berichterstattung gibt es nun? Vor allem zwei Methoden konnte ich in der Vergangenheit mit vielversprechenden Erfolgen testen und auch beibehalten:

5.4.1 Suche nach freien Autoren

Besonders wenn man Wert auf regelmäßige Lieferung von qualitativ hochwertigen Inhalten aus einer oder mehreren verlässlichen und bekannten Quellen legt, so kann die Suche nach freien Mitarbeitern und Autoren sehr fruchtbar sein.

Am besten fündig wurde ich nach guten Autoren meist dann, wenn ich auf dem jeweiligen Blogportal selbst eine Art Anzeige oder Ausschreibung veröffentlichte (siehe als Beispiel etwa den Text unter www.topkonto.de/freie-autoren-gesucht/). Natürlich kann man auch über Bloggerjobs- oder Marketing-Börsen solche Mitarbeiter suchen, in diesem speziellen Fall bietet die eigene Ausschreibung jedoch folgende Vorteile:

- Die Leser des Portals interessieren sich meist ganz automatisch für das jeweilige Thema (was bei Antworten auf externe Autorenausschreibungen manchmal nur bedingt der Fall ist).

- Diese potenziellen Mitarbeiter kennen (und mögen wohl auch) den »Stil« und die Inhalte des Blogs, befinden sich auf einem ähnlichen Wissenslevel, verfolgen die gleichen Fragestellungen etc.

- Kundige Leser wissen idealerweise, welche konkreten Inhalte auf dem Portal bereits »abgearbeitet« wurden und welche hingegen noch fehlen. Dies wirkt sich deutlich günstig auf die doch in allen Fällen notwendige Einarbeitungsphase aus und kann zudem »frischen Wind« sowie neue Themenaspekte in die Blog-Berichterstattung einfließen lassen.

- Der Blog sollte diesen an einer Mitarbeit interessierten Lesern gefallen und somit sind diese nicht nur materiell daran interessiert, zu dessen Erfolg beizutragen.

Wenn man nun denkt, »für eine eigene Ausschreibung habe ich noch zu wenig Leser«: Je nach Thema ist es erstaunlich, wie schnell sich eine solche »Anzeige« selbst bei sehr geringen Leserzahlen herumspricht. Für den genannten Blog aus dem Bereich Haustiere hatte ich nur wenige Tage nach dem Start bereits mehrere und vor allem qualifizierte Anfragen von interessierten Autoren. Und auch die zuvor verlinkte Suche nach einem Mitarbeiter im Bereich Finanzen fruchtete erstaunlich schnell und gut, obwohl ja meist nicht Finanzexperten, sondern Endkunden auf diesem mitlesen und sich auch nicht sehr viele Personen für eine – in diesem thematischen Bereich – besonders anspruchsvolle Mitwirkung eignen, da diese ja doch ein gewisses Know-how voraussetzt.

Natürlich muss man die Qualitäten und Interessen interessierter Mit-Autoren zunächst prüfen, etwa über eine Art Testartikel oder Ähnliches. Doch ich bin immer wieder erstaunt darüber, wie viele wirklich fachlich als auch textlich sehr gut geeignete Personen es »da draußen« gibt, die gerne und für eine absolut nicht überteuerte Summe je Artikel einen Blog mitgestalten (als Orientierung: So bezahle ich anfänglich wie die meisten Textagenturen um die 10 Euro je Blogbeitrag, abhängig vom Thema und der jeweiligen Expertise sowie generell später nach einer ersten Testphase auch deutlich mehr). Sei es aus schlichtem Spaß am Schreiben oder am Blogthema oder weil eine solche Mitwirkung – insbesondere bei der zu empfehlenden namentlichen Nennung der Autoren in jedem Beitrag – eine sehr gute Referenz für diese freien Autoren darstellt.

Gerade bei Blogs, die ich selbst zunächst etwas vernachlässigt hatte, brachten die freien Mitarbeiter, mit denen ich mittlerweile zusammenarbeite, einen richtigen Qualitätsschub, was die einzelnen Beiträge und Themen angeht. Teilweise entwickelten sich danach die Besucherzahlen auch deswegen so positiv, da diese Autoren einen ganz anderen Blickwinkel und vor allem neue Themen in den Blog mit einbrachten, die oft besser ankamen als meine eigenen (mit der Zeit vielleicht ein wenig eingefahrenen) »literarischen« Ergüsse.

»Mein Blog sollte doch auch mein Blog bleiben«, werden nun vielleicht manche sagen. Doch wenn die Zusammenarbeit mit weiteren Autoren genau das bringt, was nun einmal ein gutes Weblog ausmacht, nämlich inhaltlichen Mehrwert für den Leser, wieso sollte man dies dann nicht nutzen? Zumal man ja ganz transparent benennen kann, wer genau denn welchen Artikel verfasst hat. Und es hindert Sie ja niemand daran, immer wieder einmal selbst zur Feder beziehungsweise Tastatur zu greifen.

Tipp

Wenn man mit externen Autoren zusammenarbeitet, so sollte man dies auch vertraglich regeln, etwa mittels einer Autorenvereinbarung. Diese enthält genauere Angaben zur Vergütung, der generellen Form der Zusammenarbeit, gegebenenfalls der Anzahl der in einem bestimmten Zeitraum zu liefernden Artikel, einer Verpflichtung des Autors auf rein selbst erstellte Texte und Ähnliches mehr.

Wichtig für den Blogger als Auftraggeber ist dabei insbesondere die Festlegung von »zeitlich, räumlich und inhaltlich unbeschränkten, unwiderruflichen und ausschließlichen Nutzungsrechten« an den jeweils erstellten Inhalten, damit er diese erstens auch auf seinem Blog nutzen darf und zweitens über die alleinigen Veröffentlichungsrechte verfügt. Denn durch die Double-Content-Abstrafung von Google könnte es schädlich sein, wenn der Autor diese etwa zusätzlich eins zu eins auf seinem eigenen oder weiteren Internetportalen veröffentlicht.

Im Folgenden finden Sie einen Mustervertrag erstellt von Martin Schirmbacher, Fachanwalt für IT-Recht bei Härting Rechtsanwälte, Berlin. Er ist Autor des ebenfalls im mitp-Verlag erschienenen Buches: »Online-Marketing und Recht«. Bitte beachten Sie, dass es sich hierbei lediglich um ein Basisdokument handelt, welches Sie zwar gerne verwenden können, das gegebenenfalls aber noch auf Ihre persönliche Situation hin erweitert werden muss. Weitere kostenfreie Vertragsformulare finden Sie zudem unter der Adresse www.vertragstexte.de.

Autorenvertrag

_____
_____
_____

- nachfolgend „**Blogbetreiber**" genannt -

sowie

_____
_____
_____

- nachfolgend „**Autor**" genannt -

Blogbetreiber und Autor werden nachfolgend jeweils auch als „**Parteien**" und zusammen als „**die Parteien**" bezeichnet.

§ 1
Vertragsgegenstand

1. Der Autor wird für den Blogbetreiber Beiträge in Form von Texten, Bild- und Videobeiträgen o.Ä. mit fachlichen Inhalten (im Folgenden auch: „**Werke**") erstellen und zur Verfügung stellen. Eine Vergütung ist nur geschuldet, wenn dies ausdrücklich vereinbart wird.

2. Der Autor wird zur Veröffentlichung seiner Beiträge ein vom Blogbetreiber zugewiesenes Verfahren nutzen. Der Autor hat seine Beiträge unter Verwendung der vom Blogbetreiber vorgegebenen Formatvorlagen zu liefern, um eine störungsfreie Veröffentlichung zu gewährleisten.

3. Soweit nichts anderes vereinbart ist, trifft den Autor keine Pflicht, in einer bestimmten Quantität oder in einem bestimmten Turnus Werke zur Verfügung zu stellen. Werden jedoch gleich in welcher Form Termine vereinbart, sind diese bindend. Die Nichteinhaltung vereinbarter Termine stellt die Verletzung einer vertraglichen Hauptleistungspflicht dar.

§ 2
Nutzungs- und Verwertungsrechte

1. Der Autor überträgt ein inhaltlich auf das Medium Internet beschränktes, dort ausschließliches, räumlich und zeitlich unbeschränktes Nutzungsrecht an den von ihm erstellten Werken auf den Blogbetreiber. Dies beinhaltet sämtliche Formen der Veröffentlichung, des Verkaufs, der Vervielfältigung, des öffentlich Zugänglichmachens und sonstiger Nutzungen in allen Sprachen.

2. Das Nutzungsrecht umfasst ausdrücklich nicht die Veröffentlichung in Büchern, Zeitschriften und vergleichbaren Printmedien sowie anderen vergleichbaren herkömmlichen Medien, insbesondere Radio und Fernsehen.

3. Der Blogbetreiber hat das Recht, die zur Verfügung gestellten Beiträge ohne Absprache mit dem Autor zu bearbeiten, insbesondere zu kürzen, wenn damit eine erhebliche inhaltliche oder stilistische Änderung nicht verbunden ist.

4. Der Autor sichert zu, Urheber der Werke zu sein und/oder das Recht zur ausschließlichen Übertragung der in Abs. 1 beschriebenen Nutzungsrechte innezuhaben. Damit versichert der Autor weiter, dass durch die Übertragung der Nutzungsrechte keine Rechte Dritter verletzt werden. Sollte für die Übertragung die Zustimmung Dritter erforderlich sein, so erklärt der Autor, dass diese Zustimmung vorliegt. Der Autor erklärt ausdrücklich, dass keine der Rechtseinräumung nach Abs. 1 entgegenstehenden Nutzungsrechte an den jeweiligen Werken an Dritte vergeben wurden.

5. Der Autor stellt den Blogbetreiber von sämtlichen Ansprüchen Dritter frei, die diese im Zusammenhang mit den von dem Autor zur Verfügung gestellten Werken gegen den Blogbetreiber geltend machen. Dies schließt die Freistellung von etwaigen Rechtsanwalts- und anderen Rechtsverteidigungskosten ein.

§ 3
Fachliche Verantwortlichkeit

1. Der Autor übernimmt für die Richtigkeit seiner Beiträge die fachliche Verantwortung. Er stellt das Unternehmen von Ansprüchen Dritter frei, die sich aus fachlich unrichtigen oder ehrverletzenden Darstellungen ergeben.

2. Der Autor ist berechtigt, jederzeit eine inhaltliche oder fachliche Änderung der zur Verfügung gestellten Werke zu verlangen, wenn das ausbleiben der Änderung für den Autor unzumutbar wäre.

§ 4
Verpflichtungen des Blogbetreibers

1. Sofern sich der Blogbetreiber zu Veröffentlichung der Werke entschließt, ist er verpflichtet, den Namens des Autors in der von diesem gewünschten Schreibweise in geeigneter Weise zu nennen.

2. Soweit der Autor durch Beiträge Dritter, seien es Endbenutzer (z.B. durch Kommentare), andere Autoren oder sonstige Dritte geschädigt wird, z. B. in kreditgefährdender, beleidigender oder herabsetzender Weise, hat der Blogbetreiber den Beitrag des Dritten für die Öffentlichkeit zu löschen, wenn und soweit der Blogbetreiber von diesem Beitrag in geeigneter Form Kenntnis erlangt. Der Blogbetreiber ist nicht verpflichtet, von selbst die Beiträge Dritter auf mögliche Rechtsverletzungen zu prüfen.

§ 5
Vertragsdauer / Kündigung

1. Die Parteien schließen den Vertrag auf unbestimmte Zeit. Es besteht ein ordentliches Kündigungsrecht mit einer Kündigungsfrist von vier Wochen zum Monatsende.

2. Das Recht zur außerordentlichen Kündigung bleibt von den vorgenannten Regelungen unberührt. Eine außerordentliche Kündigung kann nur innerhalb von zwei Wochen erfolgen, nachdem der Kündigungsberechtigte von den für die Kündigung maßgebenden Tatsachen Kenntnis erlangt hat. Sofern der Kündigungsgrund für die außerordentliche Kündigung ein pflichtwidriges Verhalten des anderen Teiles ist, so muss der andere Teil zunächst abgemahnt werden. Die Abmahnung ist entbehrlich, wenn sie keinen Erfolg verspricht oder das Vertrauensverhältnis so schwer gestört ist, dass eine sofortige Beendigung des Vertrages gerechtfertigt erscheint.

§ 6
Schlussbestimmungen

1. Dieser Vertrag unterliegt ausschließlich deutschem Recht. Das Wiener UN-Übereinkommen über Verträge über den internationalen Warenkauf (CISG) findet keine Anwendung.

2. Änderungen, Ergänzungen oder die Aufhebung dieses Vertrags, einschließlich der Änderung dieser Bestimmung selbst, bedürfen der Schriftform.

3. Dieser Vertrag enthält abschließend sämtliche Vereinbarungen der Parteien zu seinem Gegenstand und ersetzt alle mündlichen und schriftlichen Verhandlungen, Vereinbarungen und Abreden, die zuvor zwischen den Parteien im Hinblick auf den Vertragsgegenstand geschlossen wurden. Nebenabreden zu diesem Vertrag bestehen nicht.

4. Sind beide Parteien Kaufleute im Sinne des Handelsgesetzbuches (HGB), gilt als Gerichtsstand der Sitz des jeweiligen Beklagten.

5. Sollte eine Bestimmung dieses Vertrags ganz oder teilweise nichtig oder undurchführbar sein oder werden, wird die Wirksamkeit oder Durchführbarkeit aller übrigen Bestimmungen davon nicht berührt. Die nichtige, unwirksame oder undurchführbare Bestimmung ist durch diejenige wirksame und durchführbare Bestimmung als ersetzt anzusehen, die dem mit der nichtigen, unwirksamen oder undurchführbaren Bestimmung verfolgten Zweck nach Gegenstand, Maß, Zeit, Ort oder Geltungsbereich am nächsten kommt. Entsprechendes gilt für etwaige Lücken in diesem Vertrag. § 139 BGB findet keine Anwendung.

Im Bereich der Corporate-Blogs besteht zudem noch eine weitere ähnliche Möglichkeit, die Texterstellung einer externen Person anzuvertrauen, insbesondere dann, wenn innerhalb des eigenen Unternehmens keine passenden oder freien Kapazitäten hinsichtlich der redaktionellen Gestaltung des Firmenblogs verfügbar sind. So sind mir bereits mehrere sehr positive Blogbeispiele aus dem Unternehmensumfeld begegnet, die einen – fest engagierten – freien Journalisten damit beauftragt hatten, die komplette inhaltliche Pflege sowie die Artikelerstellung zu übernehmen. Passt hierbei die »Chemie« zwischen dem beauftragenden Unternehmen, dem Autor sowie den jeweiligen Bloglesern, so kann eine derartige Zusammenarbeit folgende sehr gewichtige Vorteile mit sich bringen:

- Eine einheitlich qualitativ hochwertige Berichterstattung, ohne erkennbare Schwankungen in der Art, Beschaffenheit sowie der Eignung der Texte

- Die sich hierdurch nach und nach entwickelnde eigene »Persönlichkeit« Ihres Firmenblogs (wichtig für die Blog-Identity)

- Eine im Idealfall kontinuierliche und sehr zuverlässige Form der Zusammenarbeit

- Besonders wichtig: Sie haben ein »Gesicht« zum Blog, welches Sie auch nach außen hin präsentieren können.

Insbesondere bei größeren Corporate-Blogs kann sich zudem immer auch die Überlegung lohnen, einen solchen freien Journalisten oder Redakteur fest einzustellen und somit in das eigene Marketingteam zu integrieren.

5.4.2 Contentdienstleister

Hier möchte ich insbesondere die von mir selbst getesteten Vermittlungsplattformen für freie Autoren sowie deren Texte im Internet nennen, von denen es mittlerweile bereits mehrere im deutschsprachigen Raum gibt.

Die Vorgehensweise sowie das Prinzip dieser Vermittler ist meist das Gleiche: Zahlreiche freie Autoren aus unterschiedlichsten Fachbereichen haben sich auf diesen Plattformen angemeldet und bieten dort ihre Dienste aus den Bereichen Texterstellung, aber auch Übersetzungen und Ähnliches an. Als Auftraggeber kann ich nun einen Artikel zu einem bestimmten Thema beauftragen. Ich gebe also an, was ich mir inhaltlich wünsche (etwa »Nicht werblicher Erfahrungsbericht zu dem neuen Produkt xy«) und welche Kategorie von Artikel ich mir hierbei für welche Zielgruppe vorstelle, also ob es sich bei dem Ergebnis um einen Produkttest, Ratgeber, eine Anleitung, Pressemitteilung oder gar um einen wissenschaftlicher Artikel etc. handeln soll.

Festlegen kann man zudem meist noch die gewünschte textliche Qualität, nach der die Autoren zuvor durch den Dienstleister eingestuft werden und die unter anderem auch den zu bezahlenden Preis je Wort bestimmt, die Länge des gewünschten Texts, das Lieferdatum, ob und wie oft bestimmte Keywords verwendet werden sollen und vieles mehr. Zudem sind oftmals Textvorlagen vorhanden, die bei Bedarf ein spezifischeres Briefing des späteren Verfassers ersetzen können, beispielsweise ein Template für einen Ratgeberartikel (beziehungsweise was in diesem Fall inhaltlich berücksichtigt werden sollte), eines für Produkttests, SEO-Texte und vieles mehr. Hierdurch spart man eine Menge Zeit, kann die knappen notwendigen individuellen Informationen für den Auftragnehmer meist rein im Auftragstitel unterbringen (siehe das Beispiel im Absatz zuvor), und diese vorgefertigten Briefings funktionieren erfahrungsgemäß meist auch erstaunlich gut. Lediglich bei den ersten Beauftragungen oder bei »exotischeren« Textwünschen sollte man dann doch noch ein paar persönliche Angaben innerhalb der ausführlichen Auftragsbeschreibung ergänzen, um später auch wirklich das gewünschte Ergebnis zu erhalten.

Nach Einstellung des entsprechenden Auftrags kann sich dann jeder passende Autor »bewerben« und den Text erstellen, mit diesem Auswahlverfahren sowie mit der Rechnungslegung und anderen administrativen Aufgaben hat man dann jedoch nichts mehr zu tun (man bezahlt die Texte kontingentweise über den Dienstleister) und muss am Ende lediglich den bestellten und gelieferten Text abnehmen oder auch nicht, beziehungsweise bei Nicht-Gefallen gegebenenfalls durch den Autor korrigieren lassen. Hat der Autor Rückfragen zu dem Auftrag, so gibt es speziell für diesen Fall eine direkte Kontaktmöglichkeit.

Bemerkenswert ist, dass man dabei – zumindest bei den größeren Portalen – zu quasi jedem nur erdenklichen Thema bereits ab unter 10 Euro wirklich hochwertige und umfangreiche Artikel erhalten kann. Ob zu Technik, Finanzen, Lifestyle, Tierhaltung, Energie, Business und vielen weiteren Themen, nur sehr selten bekam ich ein Ergebnis geliefert, das nicht ganz meinen Vorstellungen entsprach, abdrucken konnte ich bislang alle. Und selbst dann kann man um Nachbesserung bitten, sofern sich dies lohnt, oder aber einen bestimmten Autor von zukünftigen Bewerbungen ausschließen. Natürlich wählt man dabei die jeweilige textliche Qualitätsstufe dem Blog entsprechend aus. Für einen Affiliate-Blog zu einem einfachen Thema werde ich vielleicht weniger anspruchsvolle Texte benötigen als etwa für ein Blogportal im Bereich Literatur.

Ein weiterer Vorteil: Meist lassen sich bestimmte Autoren – manchmal für einen leicht höheren Artikel- beziehungsweise Wortpreis – auch direkt beauftragen. Dies kann insbesondere dann von großem Interesse sein, wenn man einen wirklich sehr guten Artikel zu einem bestimmten Thema geliefert bekommen hat, was nicht selten vorkommt. Man kann dann dessen Autor quasi direkt fragen, ob er einen bestimmten Auftrag übernehmen möchte, und darf sich somit der guten Qualität des Endergebnisses noch einmal um einiges sicherer sein. Meist sind die Portale zudem mit einer umfangreichen Bewertungsfunktionalität sowie einer detaillierten Erfolgsstatistik je Autor ausgerüstet, so dass man sich als Auftraggeber bereits im Vorfeld ein Bild über deren Qualitäten machen kann.

Zu manchen Autoren baut man auf diese Weise – ohne jegliches Risiko sowie mit größtmöglicher Flexibilität – fast schon eine Art Dauerpartnerschaft auf, was gerade bei geringen Volumina an Texten eine gute Alternative zur Suche eines festen freien Autors sein kann. Ein weiterer Vorteil: Die rechtlichen Rahmenbedingungen sind über die Allgemeinen Geschäftsbedingungen des jeweiligen Autorenvermittlers bereits im Vorfeld festgelegt, und wichtige Punkte wie etwa der Nutzungsumfang der Texte stehen somit von vorneherein fest.

Tipp

Einige vergleichbare Contentdienstleister wie etwa www.Content.de oder textbroker.de konnte ich bereits mehrfach erfolgreich testen, die zugehörigen Erfahrungsberichte sowie einige Beispiele für über diese Anbieter gelieferte Texte finden sich jeweils hier: www.blogprofis.de/buch/contentde und www.blogprofis.de/buch/textbroker.

Von der Qualität her sind beide Dienste zu empfehlen, es kommt immer auch ein wenig darauf an auf welcher Plattform man gegebenenfalls Autoren findet, die sich besonders gut auf dem Gebiet der Blogthematik auskennen. Schön bei textbroker.de: hier wird unter www.textbroker.de/wordpress/ ein spezielles Plugin für WordPress angeboten, über welches man direkt mit der Administrationsoberfläche von textbroker interagieren kann. Theoretisch lassen sich unter Zuhilfenahme der textbroker-API sogar die kompletten Prozesse bis hin zur Veröffentlichung eines Beitrags automatisieren, etwa dann, wenn man einen Autor gefunden hat, dessen Texte nicht mehr geprüft oder redigiert werden müssen.

Vorsicht

Zumindest manche der eher unbekannteren Dienstleister in diesem Bereich suggerieren lediglich, dass es sich bei den verkauften Texten um exklusive Inhalte handelt. So gibt es etwa ganze Textdatenbanken, in denen man passend zum jeweiligen Blogthema verschiedene Beiträge erwerben kann. Nach dem Kauf verbleiben diese Inhalte dann jedoch in der Datenbank und werden anderen Portalbetreibern erneut angeboten. Bei einer entsprechenden Recherche gab ich beispielsweise einfach den ersten Satz eines solchen Beitrags in eine Suchmaschine ein und erzielte ein halbes Dutzend Treffer mit Blogs und sonstigen Internetseiten, auf denen exakt derselbe Text im gleichen Wortlaut veröffentlicht worden war.

Nicht nur dass sich Google über solche doppelten Inhalte nicht sonderlich freuen dürfte und damit der Mehrwert für das eigene Portal gleich null ist, zumindest bei dem von mir getesteten Anbieter waren diese Texte nicht einmal günstiger zu haben als vergleichbare individuell in Auftragsarbeit erstellte Inhalte. Im Zweifelsfall sollten Sie also nachfragen, ob ein solcher Text tatsächlich komplett exklusiv nur an Ihr Portal verkauft wird.

5.5 Inhalte mit Mehrwert

Egal ob Sie Ihre Artikel nun selber schreiben, eine Agentur oder einen Texter damit beauftragen, Gastbeiträge veröffentlichen und mehr: An sehr vielen Stellen in diesem Buch wird Ihnen die Vorgabe begegnen, jegliche Inhalte mit möglichst viel »Mehrwert« zur Verfügung zu stellen, da es sich hierbei um eine der mit Abstand wichtigsten Säulen Ihres Blog-Erfolgs handelt. Doch was bedeutet das denn nun eigentlich, dieser Mehrwert? Was unterscheidet den normalen – und damit weniger erfolgreichen – Blogartikel von einem werthaltigen, nachhaltig wirkenden Beitrag? Ich möchte Ihnen ein paar konkrete Beispiele vorstellen, von denen sich sicherlich das eine oder andere auch auf Ihre ganz persönliche Blog-Situation hin anwenden und adaptieren lässt:

■ Der Elektronikblogger gibt konkrete, mit Basteltipps unterlegte Hinweise zu einigen Gadgets und Geräten, die er selbst ausprobiert und erarbeitet hat und mit denen sich diese Elektronikartikel noch besser ausnutzen oder »tunen« lassen. Idealerweise wurden diese Tipps so in dieser Form oder auch Ausführlichkeit noch an keiner anderen Stelle im deutschsprachigen Internet beschrieben.

■ In einem Reiseblog beschreiben die Autoren ihre ganz persönlichen Favoriten-Reiseziele, mitsamt konkreter Nennung empfehlenswerter Unterkünfte, Tagesausflüge, Restaurants, am besten noch unter Einbindung selbst erstellter Amateur-Beispielfotos etc. Aus jedem eigenen Urlaub wird somit ein schöner Blogbeitrag oder gar eine kleine Serie. Je spezieller und individueller diese Berichte ausfallen, umso besser (Beispiel: Die kleine Geheimtipp-Finca x in der bislang wenig bekannten Dorfperle y in Südwest-Andalusien), denn nur dann können Sie sich erfolgreich von der unüberschaubaren Masse an vergleichbaren Informationen im World Wide Web abheben.

■ Der Reitsportblog entlockt einigen lokal bekannten Größen des Sports in einem Interview ein paar ganz persönliche Trainingstipps und schildert diese detailliert sowie mit Illustrationen oder Fotos hinterlegt in einem entsprechenden Beitrag.

■ Das Ernährungsblogportal erläutert in einer Art »Home-Story«, unter welchen konkreten Maßnahmen es einer bekannten oder verwandten Person gelungen ist, die Allergie oder Nahrungsmittelunverträglichkeit xy nach und nach in den Griff zu bekommen.

■ Ein erfahrener Finanzblogger gibt seinen Lesern die besten Tipps und Tricks mit auf den Weg, wie diese sich in Gesprächen mit ihrem Bankberater verhalten sollen. Dies etwa nach dem Motto: »Wie erkenne ich, ob ich wirklich gut beraten werde oder mir mein Gegenüber nur etwas verkaufen möchte?«, »Welche Fragen sollte ich in einem Autofinanzierungs-Gespräch stellen?« oder »Wie kann ich herausfinden, ob sich eine bestimmte Rentenform auch tatsächlich für mich eignet?« Hier gilt ebenfalls: Je konkreter und spezieller die einzelne Fragestellung ausfällt, umso werthaltiger wird der hieraus resultierende Beitrag ausfallen und umso größer ist gleichzeitig die Chance, bei Google mittels sehr spezieller Fragen und Keywords gefunden zu werden.

■ Der Corporate-Blog einer Grafikagentur gibt kostenlos und nicht werblich (!) in einem umfassenden Beitrag die besten Hinweise, worauf man als Kunde bei der Auswahl eines Logos für die Stärkung der eigenen Corporate Identity achten sollte. Haben Sie dabei keine Angst, zu viel von Ihrem Expertenwissen publik zu machen. Ihre Mitbewerber werden über ein ähnliches Wissen verfügen, der potenzielle Kunde wird jedoch Ihren Unternehmensnamen positiv im Gedächtnis behalten.

■ Die Anwaltskanzlei »verschenkt« in ihrem Firmenblog kostenlose Mustervorlagen zu bestimmten rechtlichen Themen. Von den meisten Lesern, die diese Vorlagen herunterladen, werden Sie vielleicht nie wieder etwas hören, andere wiederum benötigen dann doch einen noch spezieller auf die jeweiligen Bedürfnisse ausgerichteten Text und wenden sich mit einem entsprechenden Auftrag an Sie.

Forschen Sie einmal in Ihrem ganz persönlichen Berufs-, aber auch Privatalltag, notieren Sie stichpunktartig Ihre Erlebnisse. Viele selbst erlebte Situationen und Geschichten eignen sich hervorragend dazu, diese in einem individuellen Blogbeitrag zu verarbeiten. Leser, die dann eines Tages vor der exakt gleichen Herausforderung stehen, werden sich freuen, auf Ihrem Blogportal über genau diesen Mehrwert verfügen zu können.

Ein weiterer, nicht zu unterschätzender Bestandteil gehört ebenfalls zu dieser Kategorie »Inhalte mit Mehrwert«. Denn an zahlreichen Stellen dieses Ratgebers finden sich Hinweise darauf, wie man – beispielsweise mit der Hilfe optimierter Keywords oder unter der Verwendung der jeweiligen Suchbegriffe Ihrer Leser – so manchen Beitrag interessanter für Ihre Leserschaft, aber auch für Suchmaschinen gestalten kann. Diesen Effekt dürfen Sie jedoch niemals übertreiben. Der Schreibstil innerhalb eines Blogs sollte immer so natürlich wie möglich ausfallen. Verfassen Sie Ihre Artikel also stets so, wie es am besten zu der Materie, Ihren Lesern, aber auch Ihrer Persönlichkeit selbst passt. Wichtige Schlüsselwörter können sich dann dennoch vereinzelt und prominent genug unter diese Texte mischen lassen. Denn Ihre Blogleser werden den Mehrwert eines Beitrags nur dann unmittelbar als solchen erkennen, wenn die Textsprache in keiner Weise gekünstelt oder gar verstellt wirkt.

Denken Sie immer daran: Die ganz individuelle Persönlichkeit eines Blogbeitrags trägt nicht unerheblich zu dem stets erwünschten Mehrwert bei. Nicht zuletzt werden auch Suchmaschinen wie Google jegliche übertriebene oder optimierte Textfolge in Zukunft immer besser erkennen können, und dann ist der am besten gestaltete und mit größter Sorgfalt erstellte Artikel nicht davor gefeit, von einem Suchmaschinenalgorithmus als weniger werthaltig oder gar »verdächtig« eingestuft zu werden.

Generell gilt es bei den gesamten hier genannten Qualitätsaspekten zu beachten: Google »weiß« immer besser, ob es sich bei einem Text auf einem Internetportal um hochwertige oder eher minderwertige Inhalte handelt. »Woher will eine Maschine das denn wissen?«, höre ich in diesem Zusammenhang immer wieder gerne. Nun, denken Sie alleine einmal an die bereits vorgestellte Kennzahl »Aufenthaltsdauer auf einem Portal je Besuch«, die auch Google kennt. Der Suchmaschinengigant nutzt nicht nur in diesem Fall das beste Wissen und die beste Einschätzung, die man sich vorstellen kann: das Verhalten Ihrer Leser. Billig und schnell zusammengeschriebene Bloginhalte können also noch so individuell und »unique« sein. Stimmt der Faktor der Qualität nicht, so werden entsprechende Versuche, die Leser oder eine Suchmaschine von diesen Inhalten zu überzeugen, niemals fruchten.

5.6 Wie ich mich bei Content-Diebstahl verhalte

Da einzigartige Inhalte eben für jeden Blog und jedes Internetportal immer wichtiger werden, greift in letzter Zeit nicht gerade selten das Phänomen des Content-Diebstahls um sich, von dem ich selbst bereits in mindestens einem Fall (bei dem ich diesen »Klau« überhaupt bemerkte) betroffen war.

In diesem besagten Fall war der Datendieb nicht sonderlich schlau vorgegangen, denn neben den kompletten Inhalten meines Blogs, also allen Fotos, Links etc. übernahm er auch meine internen Verweise eins zu eins, weswegen diese wiederum in meiner Bloginstanz als »Trackback« aufschlugen. Ich staunte nicht schlecht, als ich sah, dass eben dieser Portalbetreiber seit geraumer Zeit alle meine Bloginhalte unverändert auch bei sich veröffentlichte, und dies sogar unter seinem Namen als Autor. Dabei bediente er sich wohl meines RSS-Feeds, um an die Bloginhalte selbst zu gelangen, weswegen manche Blogbetreiber die entsprechenden Beiträge dort nur noch gekürzt ausgeben lassen (siehe im WordPress-Administrationsbereich unter *Einstellungen → Lesen → Zeige im Newsfeed Kurzfassung oder ganzen Text*). Doch auch das hilft leider nicht immer zu 100 Prozent.

Natürlich kontaktierte ich den »Verfasser« sofort und bat ihn um Unterlassung, was dieser nach längerer Diskussion auch tat und meine Inhalte von seinem Blog entfernte, denn ein Schuldbewusstsein hatte er durchaus nicht. Dass er mit der kompletten Content-Duplizierung nicht nur mein Portal in den Ruin hätte treiben können (Stichwort Duplicate Content – doppelter Inhalt, der sich sehr schlecht auf die Bewertung bei Google auswirkt), sondern auch selbst kaum einen Vorteil von diesen Inhalten hatte, das wollte ihm eher weniger einleuchten. Und natürlich hat man wie in diesem Fall einen Rechtsanspruch auf seine selbst erstellten Inhalte, deren Urheber man ja schließlich ist. Zitieren in begrenztem Umfang ist hierbei erlaubt, auch das Verlinken auf andere Beiträge, aber eben nicht mehr. Und schon gar nicht eine komplette Übernahme der Inhalte, ohne zuvor die Erlaubnis des Autors einzuholen.

Doch das Ganze hätte auch weit weniger glimpflich ausgehen können. Zum einen muss man einen solchen Rechtsanspruch erst einmal mit anwaltlicher Unterstützung durchsetzen, was nicht nur zeitaufwendig ist, sondern auch durchaus teuer werden kann. Und oftmals sitzen entsprechende Datendiebe anonymisiert und sicher vor Zugriff im außereuropäischen Ausland. Warum werden diese Beiträge überhaupt gestohlen, wenn gerade diese ausländischen Plattformen nicht einmal deren Inhalte verstehen? Nun, mit der Hilfe einiger Werkzeuge kann man durchaus herausfinden, ob sich ein fremdes (Blog-)Portal und die Werbung, die darauf geschaltet wird, finanziell lohnt. Die »Diebe« stellen diese Texte dann einfach auf ihre eigene Seite, schalten etwa Google AdSense oder ähnliche Werbeprogramme hierauf, hoffen dann, dass sich der eine oder andere Besucher zu dieser Kopie und nicht zum Original verirrt, und verdienen dann über die eingebundenen Anzeigenflächen ihr Geld. Da das Ganze meist voll automatisiert abläuft, haben die Plagiatoren zudem kaum eigene Kosten. Im schlimmsten Fall werden dann die eigenen Bloginhalte sogar dazu verwendet, auf dem kopierten Portal als Lockmittel für obskure Viren oder sonstige Malware und Schadprogramme herzuhalten, was auch der eigenen Blog-Reputation zum Verhängnis werden kann.

Doch wie stelle ich nun einen solchen Diebstahl fest, und vor allem: Wie reagiere ich dann darauf? Das einfachste Mittel zur Aufklärung ist auch hier wieder Google, in dem man möglichst spezifische Sätze einiger eigener Artikel in Anführungszeichen in der Suchmaschine eingibt, woraufhin diese exakt nach demselben Inhalt innerhalb des World Wide Web sucht. Einfachen Eins-zu-eins-Plagiaten kann man mit diesem Mittel relativ schnell auf die Schliche kommen. Auf dem Portal www.contentklau.de werden zudem einige weitere und spezialisiertere Werkzeuge vorgestellt, mit denen eine umfassendere Recherche auch nach nicht exakt deckungsgleichen Kopien angestrengt werden kann.

Hat man dann einen entsprechenden Fall entdeckt, in dem die eigenen Inhalte zweifelsfrei kopiert wurden, so sollte man zunächst – sofern überhaupt möglich – den entsprechenden Webseitenbetreiber kontaktieren und ihn darauf hinweisen, dass diese nicht autorisierten Kopien schnellstmöglich zu entfernen sind. Sollte dieser dem nicht nachkommen, so kann man diese Urheberrechtsverletzung bei Google melden (www.google.de/dmca.html), bei einer unrechtmäßigen Nutzung etwa in Zusammenhang mit Google AdSense auch hier: www.google.com/webmasters/tools/spamreport, was etwa dazu führen kann, dass dieses illegale Angebot aus dem Google-Index entfernt wird oder den Contentdieben zumindest die Grundlage der Refinanzierung durch AdSense-Werbung entzogen wird. Sollte all dies wider Erwarten nicht helfen, dann bleibt wohl nur noch der Rechtsweg insbesondere über eine Unterlassungserklärung. Hierdurch dürften sich zwar vor allem ausländische Seitenbetreiber kaum beeindrucken lassen, eventuell hat man hiermit jedoch einen weiterführenden Nachweis gegenüber diversen Suchmaschinenbetreibern in der Hand, damit diese die entsprechenden kopierten Seiten aus ihrem Angebot entfernen.

Übrigens gibt es auch immer mehr selbst ernannte »Newsportale«, die ausschließlich geringe Teile eines Blogs kopieren, etwa nur die Überschrift oder die ersten Zeilen eines Beitrags, um dann darüber auf den Originalartikel zu verweisen. Der positive oder auch negative Effekt solcher Linkspam-Versuche ist für beide beteiligten Parteien umstritten. Möchte man sich gegen diese Portale dennoch zur Wehr setzen, so genügt es bei den meisten, sie anzuschreiben und um die Unterlassung einer zukünftigen Verlinkung zu bitten. Meist reicht es jedoch aus, einfach die von diesen Portalen auf den eigenen Blogs aufkommenden Trackbacks nicht zu akzeptieren beziehungsweise nicht freizuschalten, worauf die meisten dieser Aggregatoren-Dienste über kurz oder lang das Interesse verlieren dürften. Denn meist ist eben dieses Sammeln von möglichst vielen Trackback-Links eines der Ziele der jeweiligen Betreiber.

Kapitel 6

Marketing

Wie bereits erwähnt, ist »normales« Internetmarketing nicht gleichzusetzen mit der Vermarktung von Blogs. Für Weblogs gibt es glücklicherweise eine ganze Menge an speziellen Instrumenten und Möglichkeiten, sie zu bewerben, die Standard-Internetportalen oftmals vorenthalten bleiben. Denn die in den folgenden Abschnitten genannten Formen stehen in der Regel zwar auch Internetportalen außerhalb der Blogosphäre offen, entwickeln ihre volle Kraft jedoch meist nur mit den Techniken (etwa Trackbacks & Co.) einer tatsächlichen Blog-Installation – egal ob unter WordPress, Joomla! oder über eines der bekannten Blognetzwerke – oder sie sind schlicht und einfach nur innerhalb der Blogosphäre bekannt.

6.1 Grundlegende Maßnahmen

Die Blogosphäre ist durch zahlreiche Mechanismen an sich schon so gut untereinander vernetzt, dass einem die Basisarbeiten der erfolgreichen Weblogvermarktung meist sehr einfach gemacht werden, wie Sie bereits erfahren konnten. Denn zum Glück herrscht auch hier meist kaum eine Art von Konkurrenzdenken, selbst wenn sich zwei Blogs mit ein und demselben Thema befassen.

Gerade beim Start von weiteren Blogs wird man sich so nach und nach einen ganz persönlichen »Maßnahmenkatalog« zusammenstellen können, welcher die bei den bisherigen Projekten erfolgreichsten Aktionen, Verlinkungen und Kooperationen umfasst. Solch ein Maßnahmenkatalog besteht in der Regel aus folgenden Bausteinen:

6.1.1 Blognetzwerke

Blognetzwerke sind spezialisierte Web-Verzeichnisse, welche Weblogs der unterschiedlichsten Kategorien und Arten listen und – so meist der Hauptvorteil – oft auch deren jeweils aktuellste Artikel verlinken.

Die Qualitäten sowie der positive Effekt dieser Netzwerke sind innerhalb der Blogosphäre recht umstritten. Zu viele dieser meist einfach und schnell zusammengebastelten Portale gibt es mittlerweile, als dass hierbei alles Gold wäre, was glänzt. Ich hingegen konnte bei den meisten meiner neu gestarteten Blogs durchaus feststellen, dass zumindest einige dieser Netzwerke einen nicht unerheblichen Anteil am jeweiligen Erfolg ausmachten, sei es über eine sich positiv auswirkende Verlinkung oder über neue Besucher, welche mittels der Netzwerke den Weg auf meine Portale gefunden haben.

Die – gemessen am »Google-Effekt« und/oder an den tatsächlich vermittelten Neu-Lesern – wichtigsten dieser Blognetzwerke möchte ich hier kurz vorstellen:

Bloggerei.de

Nicht für alle meiner Blogs, aber doch zumindest für die meisten, brachte dieser recht bekannte Dienst einen spürbaren SEO- als auch besuchersteigernden Effekt. Zur Einschätzung: Bei einem Projekt konnte ich zeitweise bis zu fünf Prozent aller Besucher alleine aus diesem Netzwerk beziehen, wobei diese Tendenz seit einigen Monaten eher rückläufig ist. Dennoch sollte man eine Teilnahme an diesem Netzwerk prüfen, das zudem mit diversen Rankings und weiteren Zusatzleistungen aufwartet.

Bloggeramt.de

Ein klassisches und sehr gutes Blognetzwerk, das bereits seit 2007 online ist. Über 15.000 bereits angemeldete Blogs im deutschsprachigen Raum sprechen für sich, obwohl oder gerade weil trotzdem Wert auf qualitativ möglichst hochwertige Weblogs gelegt wird. Für teilnehmende Blogportale gibt es unter anderem ein eigenes Ranking, Bewertungsfunktionalitäten sowie eine »Favoritenfunktion« der jeweiligen Leser.

Gnilhe.de

Dieser Anbieter ist nicht nur für Blogs, sondern für Webprojekte generell geeignet und auch zu empfehlen. Auch hier wird verständlicherweise auf gewisse Standards bei der Eintragung Wert gelegt, belohnt wird man dafür mit einem sich recht positiv auswirkenden Backlink. Auf eine ausführliche und qualitativ hochwertige Beschreibung der jeweiligen Blogportale wird dabei besonders geachtet.

blogcatalog.com

Hierbei handelt es sich um einen kleinen »Geheimtipp«, da nur wenige Blogger dieses rein englischsprachige Blogverzeichnis kennen.

Es nimmt in Ausnahmefällen auch deutschsprachige Weblogs an, wenn (!) man über einen guten Blog ohne allzu viel Werbung und mit einem spannenden Thema verfügt (reine Affiliate-Blogs dürften hier in der Regel keine Chance haben), das Portal selbst bereits seit mehr als einem halben Jahr existiert und sich gefühlt mindestens 100 Artikel in der Datenbank befinden. Zudem sollte man eine aussagekräftige und qualitativ hochwertige sowie englischsprachige Beschreibung des eigenen Projekts angeben.

Hat man die Aufnahme trotz aller dieser Hürden geschafft (im Notfall kann man auch nachbessern und die Beschreibung bei Ablehnung ein zweites Mal einreichen), so winkt hier eine teilweise wirklich mächtige Verlinkung (aktuell PR6 des Hauptportals). Fremdsprachige Besucher konnte ich hiermit zwar erst sehr selten auf meine dort angeschlossenen Blogs – die zum Teil über Plugins mehrsprachig gestaltet sind – »locken«, doch mein Suchmaschinenranking bei Google profitierte bislang stets von den Diensten des Anbieters blogcatalog.com.

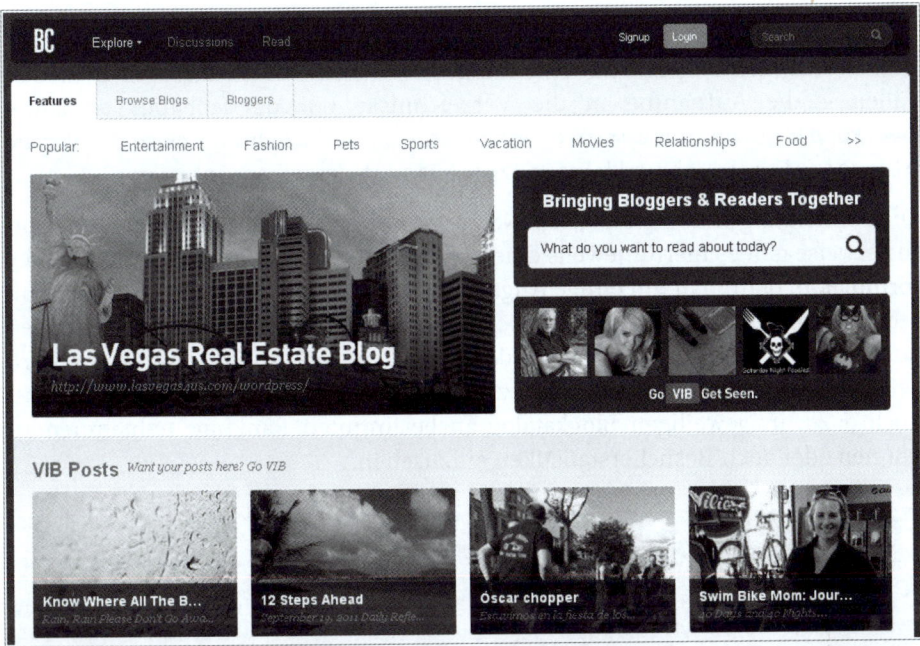

Abb. 6.1: Featured Articles auf dem blogcatalog.com

dmoz.de/dmoz.org

Für Webseiten allgemein kommt eine Aufnahme in diesen sehr exklusiven Webkatalog fast schon einer Art »Ritterschlag« gleich. Ich will ehrlich sein: Mit keinem meiner Projekte habe ich bislang einen Eintrag erreichen können. »Kommerzielle« Webseiten, insbesondere mit Werbeflächen, haben in diesem durch freiwillige Mitglieder moderierten Verzeichnis meines Erachtens kaum eine Chance (so wie es übrigens auch bei Wikipedia der Fall ist).

Einen Versuch sollte es jedem Blogger jedoch allemal wert sein, da ein dmoz-Eintrag gerüchteweise immer noch als Faktor für das eigene Google-Ranking gehandelt wird. Jede Kategorie wird zudem von einem anderen Moderator moderiert, wodurch in einzelnen Bereichen die Chancen einer Aufnahme also durchaus unterschiedlich sein können.

blogpingr.de

Als eines der drei großen reinen Blognetzwerke im deutschsprachigen Raum hat mir Blogpingr bereits einige gute Dienste geleistet. Hier kann man sich oft auch bereits dann registrieren, wenn man über ein recht neues Weblog noch ohne sehr viele Beiträge verfügt. Ein weiterer Vorteil: Bei BlogPingr gibt es keine so genannte Backlinkpflicht, man muss also keinen Linkverweis auf diesen Anbieter in den eigenen Blog einbinden, um teilnehmen zu können.

Weitere Blognetzwerke

Einen nachweislich positiven Effekt ergab weiterhin – zumindest in manchen Fällen – die Aufnahme in die Verzeichnisse www.germanblogs.de sowie www.topblogs.de und www.blogverzeichnis.eu (beziehungsweise die Portale blogverzeichnis.ch und blogverzeichnis.at desselben Anbieters).

Die Anmeldung innerhalb solcher Netzwerke ist dabei meist recht einfach. Normalerweise gibt es hierfür jeweils einen speziellen Bereich wie etwa ein Anmeldeformular, in dem man um einige Angaben zu seinem Blog gebeten wird, die dann redaktionell überprüft werden. Manche der genannten Verzeichnisse verlangen zudem die Einbindung eines Links oder eines kleinen Werbebuttons auf der Startseite des Blogs, um aufgenommen zu werden. Oft dienen diese Codeschnipsel auch dazu, im jeweiligen Blogkatalog an bestimmten Rankings teilnehmen zu können oder auch Besucherstatistiken einzusehen.

Tipp

Die Anmeldung für die genannten Portale sollte man erst dann vornehmen, wenn der entsprechende Blog keine »Baustelle« mehr ist und auch bereits über etwa 20 bis 30 Artikel verfügt, sonst ist die Gefahr einer Ablehnung verständlicherweise groß. Auch sollte aus SEO-Gründen die dort angegebene Beschreibung stets möglichst umfangreich und vor allem einzigartig sein. Es ist also nicht anzuraten, einfach nur per Copy & Paste auf allen Netzwerken dieselben beschreibenden Angaben zum eigenen Blog zu machen.

Vorsicht

Die bei einigen dieser Portale einzubindenden Werbebuttons können erfahrungsgemäß teilweise zu einer deutlichen Verschlechterung der eigenen Blog-Performance führen, selbst wenn hierzu meist nur ein kleines Bild von dem jeweiligen Portalbetreiber heruntergeladen wird, es dort jedoch mangels einer qualitativ hochwertigen Hostinglösung des Öfteren zu Langläufern oder gar Ausfallzeiten kommt.

Teilweise kann man die entsprechenden Bilder zwar auf dem eigenen Webspace lagern und auf diese Weise in die entsprechenden Werbecode-Schnipsel der Blogkataloge integrieren, woraufhin jedoch meist das Tracking beziehungsweise die Besucherzählung dort nicht mehr korrekt funktioniert. Kommt es bei einem solchen eingebundenen Werbemittel mehrfach zu längeren Laufzeiten, so sollte man besser auf eine Aufnahme in den entsprechenden Blogkatalog verzichten, da dessen Vorteile den oft deutlich langsameren Blog-Webseitenaufbau keinesfalls wieder ausgleichen können.

6.1.2 Sonstige Webverzeichnisse

Außerhalb der Blogosphäre gibt es unzählige weitere Webkataloge und -verzeichnisse, die manchmal auch mit mehr oder weniger aggressiven Methoden um neue Einträge werben. Hier ist jedoch Vorsicht geboten: Neben einigen wenigen wirklich sinnvollen Anbietern gibt es hier auch zahlreiche »schwarze Schafe«, insbesondere jene, die selbst nicht allzu gut in den Suchmaschinen platziert sind, für eine Aufnahme jedoch einen Backlink als Voraussetzung zwingend notwendig machen. Solchen Portalen geht es meist nur darum, möglichst viele dieser Backlinks zu ergattern, um selbst möglich gut bei Google und in anderen Suchmaschinen gelistet zu werden. In diesem Fall dienen sie dann entweder wiederum als günstige Linkquelle für weitere Webprojekte der Betreiber oder sie refinanzieren sich durch Werbeeinblendungen, welche durch das gute Google-Ranking durchaus lukrativ sein können.

Hier will man also oft einfach nur selbst einen Link »abstauben« und der Webkatalog als solches steht eher im Hintergrund. Bei einigen dieser Portale – die etwa wegen unlauterer Praktiken von Google abgestraft worden sind – kann ein Eintrag sogar eher negative Auswirkungen haben. Hinzu kommt, dass zumindest ich persönlich bislang noch keinen Webkatalog außerhalb der zuvor genannten entdeckt habe, der nachweislich einen spürbaren Effekt auf meine Blogprojekte hatte.

Besondere Vorsicht sollten Sie bei sämtlichen Angeboten walten lassen, welche Ihnen – kostenlos oder sogar gegen Gebühr – den »schnellen und sofortigen« Eintrag in »Hunderte hochwertiger« Webkataloge ermöglichen wollen. In den allermeisten Fällen sind diese und vergleichbare Offerten unseriös und können durch minderwertige Verlinkungen ebenfalls mehr Schaden als Nutzen stiften.

6.1.3 Befreundete Blogs

In diesem Zusammenhang mag es ein wenig seltsam klingen, von einer »Marketingmaßnahme« zu sprechen, und ich möchte hier auch nicht falsch verstanden werden. Die zahlreichen sehr guten Bloggerfreundschaften, die ich pflege und ohne die auch große Teile dieses Buchs nicht möglich gewesen wären, führe ich natürlich nicht aus dem Grunde, dass mir dies irgendetwas Besonderes »bringt«

oder nutzt. Es ist einfach toll, mit anzusehen, wie bestimmte Kreise der Blogosphäre zusammenhalten, sich gegenseitig unterstützen und immer – ohne irgendein Entgelt zu erwarten – mit Rat und Tat zur Seite stehen, gerade noch jungen Blog(ger)-»Karrieren« gegenüber.

Trotzdem möchte ich natürlich nicht verschweigen, dass gerade dieses Netzwerk, das man sich als aufgeschlossener Blogger nach und nach schafft, mit zu den wertvollsten Unterstützern bei der alltäglichen Marketingarbeit gehört.

Egal ob im Falle von

- gegenseitiger Verlinkung und Quellenbenennung
- der Bereitschaft zu Gastartikeln und Interviews etc.
- der stetigen Bereitschaft, den anderen Kollegen mit jeglichen Tipps und Tricks zu helfen, selbst wenn deren Blog eine »Konkurrenz« darstellen könnte
- mittels der teilweise unglaublich motivierenden Unterstützung in Form von Kommentaren und sonstigen Feedbacks
- der gegenseitigen Hilfe bei Problemen etwa mit Spam-Kommentatoren, Warnungen innerhalb des Netzwerks bei undurchsichtigen Werbemethoden, der Bereitstellung von hilfreichen Code-Schnipseln, Plugins und vielem anderen mehr

Einer solchen Solidarität im privaten, aber eben auch geschäftlichen Bereich bin ich andernorts bislang noch nicht begegnet. Wo sonst wäre es möglich, dass zwei konkurrierende Portale beziehungsweise Unternehmen sich gegenseitig empfehlen, aufeinander verlinken, sich freuen, wenn der andere Besucher über das eigene Portal erhält? Und in welcher anderen Disziplin würden sich – wie etwa beim Austausch auf den Blogprofis – Experten in ihrem jeweiligen Fachbereich (sei es SEO, Marketing, Technik, Texten etc.) so offenherzig gegenseitig die besten Hilfsmittel verraten?

Ohne dass ich natürlich dazu raten will, dass sich neue Blogger nur aus diesem Grund ein eigenes Blogger-Netzwerk aufbauen, so dürfte dennoch schnell klar werden, dass man zusammen mit anderen befreundeten Bloggern weit mehr und vor allem auch schnelleren Erfolg haben wird. Oder um es anders auszudrücken: Reine Einzelgänger, die immer nur Neid, Ideenklau, Konkurrenz oder irgendwelche Nachahmer fürchten, werden es in diesem »Beruf« sehr schwer haben, sich zu etablieren. Und – vielleicht neu für einige Marketeers – auch zwischen Corporate- und Nicht-Firmenblogs sowie sogar zwischen einzelnen Firmenblogs können vergleichbare Netzwerke durchaus entstehen. Die meisten Einzelblogger werden sehr froh sein, wenn sich ein Corporate-Blog-Betreiber bezüglich einer sinnvollen und überlegten Partnerschaft bei ihnen meldet, und vielleicht sogar umgekehrt. Dieses Potenzial wird meines Erachtens noch viel zu selten genutzt, so dass zumindest hierzulande beinahe zwei »Parallelwelten« existieren, bestehend aus der Corporate-Blog- sowie der normalen Blog-Welt. Ich weiß nicht, worin diese »Angst« vieler Firmenblog-Betreiber begründet liegt, hier auch in der »normalen« Blogosphäre Fuß zu fassen. Genauso viel Respekt herrscht indessen auf der anderen Seite.

Aber ich halte es auch für keine völlig abwegige Idee, wenn sich zwei Corporate-Blogs – deren zugrunde liegende Unternehmen sich eigentlich als Wettbewerber gegenüberstehen – gegenseitig ein Interview geben, um nur ein Beispiel zu nennen. Ich persönlich glaube, dass uns in diesem Fall etwa die US-amerikanische Bloggerszene zwei bis drei Jahre voraus ist, weil dort nicht nur weniger solcher Unterschiede gemacht werden, sondern man »über dem Teich« generell kaum Ressentiments dieser oder vergleichbarer Art kennt. Wenn ich bei der Vorbereitung einer solchen Kooperation die bereits beschriebenen Grundregeln der fairen Bloggeransprache berücksichtige und natürlich nicht nur meinen eigenen Vorteil im Hinterkopf habe, dann wird solchen äußerst fruchtbaren Partnerschaften in den unterschiedlichsten Ausprägungen meist nichts mehr im Wege stehen. Also – probieren Sie es aus!

6.1.4 Metablogs

Auch ein Metablog kann gerade bei selbstständigen Bloggern eine sehr gute Möglichkeit sein, all die anderen Weblog-Projekte voranzubringen. Die Blogprofis selbst etwa wurden – ohne dass dies meine eigentlich ursprüngliche Intention war – zu solch einer Art Metablog, also in diesem Fall zu einem Blog für Blogger. Genauso könnte man einen Blog für Corporate-Blogger, Affiliate-Blogger, Lifestyleblogger, Technikblogredakteure, Handwerkerblogger, Finanzblogger oder was auch immer ins Leben rufen.

Denn nicht nur, dass es sich dabei – um am konkreten Beispiel der Blogprofis zu bleiben – um eine Plattform und ein Austauschforum von Bloggern für Blogger handelt, ich berichte dort auch regelmäßig über meine anderen Projekte, etwa wie ich diese vermarkte, welchen neuen Blog-technischen oder -organisatorischen Maßnahmen ich dabei jeweils ausprobiert habe, welche Kontakte ich dort zu anderen Bloggern knüpfen konnte, welche neue Techniken und Produkte es im jeweiligen Bereich gibt und vieles andere mehr.

Nicht so wichtig ist dabei, dass ich hierdurch ja auch Besucherströme auf meine anderen Portale lenke, denn meist handelt es sich bei diesen ProBloggern ja nicht um die wirkliche Zielgruppe für den jeweiligen anderen Blog (wobei ich auch hier schon die ersten Leser gewinnen konnte, die neben den Blogprofis weitere meiner Blogportale regelmäßig lesen, abonniert haben und dort auch kommentieren). Auch SEO-technisch gesehen bringt eine solche Verlinkung der eigenen Portale untereinander kaum Vorteile.

Vielmehr sind hierdurch schon unzählige Kooperationen, gemeinsame Marketingaktionen, Werbebuchungen, Empfehlungen, Gastartikel und Ähnliches mehr entstanden, die sich ansonsten wohl nie in dieser Form entwickelt hätten. Einen Blog über seine Blogs zu führen – wenn man denn Inhalte mit entsprechendem Mehrwert darin preisgeben kann und möchte –, kann sich also durchaus zu einem echten Hebel für das Gesamtnetzwerk herauskristallisieren und zudem eine gute potenzielle Kundenreferenz sein. Auch fallen mir für die meisten der oben genannten Bereiche keine bereits existierenden Metablogs ein, zumindest nicht im deutschsprachigen Umfeld, so dass man hier unter Umständen eine echte Nische bedienen könnte.

6.2   Blogmarketing-Aktionen

In diesem Abschnitt möchte ich einige Methoden auflisten und näher erläutern, die mir bei dem einen oder anderen Weblog schon zum so genannten Durchbruch verhelfen konnten. Dank meines Netzwerks unterschiedlichster Blogs aus den verschiedensten thematischen Gebieten hatte ich hierbei natürlich den Vorteil, sehr viel experimentieren zu können. Stets überlegen sollten Sie dabei jedoch, ob die jeweils genannten Methoden auch wirklich zu Ihrem eigenen Blogportal sowie der entsprechenden Leserschaft beziehungsweise zu Ihren eigenen Blog-Zielen passen, oder in welcher Form Sie diese eventuell anpassen und adaptieren können.

Ansonsten sind die meisten der genannten Marketingaktionen auch dafür geeignet, diese ohne viel Risiko und vor allem Kosten ganz einfach einmal im Kleinen auszuprobieren. Ich wünsche Ihnen bei der Umsetzung viel Spaß, denn je mehr Freude Sie an vergleichbaren Methoden haben, umso erfolgreicher werden diese auch ausfallen.

6.2.1   Gewinnspiel- und Offlinemaßnahmen

Diese Idee stammt nicht von mir selbst. Ich war eines Tages sehr erstaunt, aber auch erfreut, als ich eine Postkarte in meinem Briefkasten vorfand, mit der mich ein – mir bis dahin unbekannter Blog – zu einem Blogwettbewerb aufrief. Diese Postkarte diente dabei quasi nur als Interesse weckender Teaser, der seine Wirkung auch nicht verfehlte. Im Grunde ging es darum, dass ich um einen unabhängigen Artikel-Review über den betreffenden Blog gebeten wurde (dessen Thema natürlich auch wohlrecherchiert zu einem meiner Weblogs passte), im Ausgleich für die Teilnahme lockten hingegen wirklich hochwertige Preise.

Eine klassische Win-win-Situation also: Ich hatte einen neuen Aufhänger für einen Artikel auf meinem Affiliate-Blog und konnte auch noch die Hoffnung auf einen wirklich schönen Preis haben. Der ausführende Weblog hingegen dürfte sich über so viel qualitativ hochwertige (Link-)Werbung zum kleinen Preis mehr als freuen, suchte er sich doch zuvor die potenziellen Teilnehmer sicherlich ganz genau aus.

Für meinen Finanzblog startete ich also als Testlauf eine ganz ähnliche Aktion. Ich bastelte mir eine Landingpage, auf der ich die Aktion erklärte. Dann ließ ich mir recht günstig bei einem Onlineanbieter ein paar Dutzend hübscher Postkarten mit der URL dieser Aktionsseite drucken. Diese verschickte ich an passende, ebenfalls wohl ausgewählte Blogs oder besser deren Betreiber, stieß damit die gesamte Aktion an und sorgte vor allem für genügend Aufmerksamkeit. Der Erfolg war so vielversprechend, dass dies sicherlich nicht die letzte Offline-Kampagne zur Vermarktung meiner Online-Portale gewesen ist.

Abb. 6.2: So könnte eine schnell zu gestaltende Postkarte für eine Offlineaktion aussehen.

Hinweis

Bloggewinnspiele in ihren unterschiedlichsten Ausprägungen werden in diesem Buch bei mehreren Gelegenheiten als Vermarktungsmöglichkeit vorgestellt. Obwohl viele Blogger unken, dass diese ehemals sehr beliebte Form der Leseraktion sich nicht mehr wirklich lohnen würde, so habe ich bislang eigentlich die genau gegenteilige Erfahrung gemacht. Zumindest dann sind derartige Aktionen von Erfolg gekrönt, wenn

a) die Preise attraktiv genug sind sowie möglichst themen- beziehungsweise leserbezogen ausgewählt werden

b) eine möglichst intelligente Fragestellung quasi als Teilnahmebedingung zum Einsatz kommt, die am besten sogar noch einen Mehrwert für Blogbetreiber und Leser gleichermaßen bietet (etwa: Welche Blogthemen erwartet man sich in Zukunft, welches Produkt möchte man einmal getestet haben etc., was die Teilnehmer etwa in einem Kommentar zum Gewinnspielbeitrag benennen können)

c) die Teilnahme zeitlich befristet wird

d) man Meldungen über dieses Gewinnspiel möglichst weit streut

Selbst zum Backlink-Aufbau lassen sich manche Gewinnspiele nutzen, indem man diesen statt einer zu beantwortenden Frage als Voraussetzung für eine Teilnahme nennt, oder aber man promotet einen neuen Blog beziehungsweise dessen ebenfalls neuen Twitter-Kanal, indem sich die Verlosung an einen Teil der ersten 50 oder 100 Follower richtet beziehungsweise unter diesen die zu vergebenden Preise ausgelost werden. Einige Beispiele insbesondere für den Punkt der Gewinnspiel-Vermarktung finden sich in diesem Artikel: www.blogprofis.de/buch/gewinnspiele.

Die Preise selbst müssen dabei übrigens nicht immer besonders wertvoll sein und sind meist sogar kostenlos über Gewinnspiel-Sponsoren erhältlich. So kann man etwa auf dem Blog für Blogger ein kommerzielles Plugin vorstellen und der Entwickler spendiert im Ausgleich hierfür zwei oder drei Lizenzen für ein Lesergewinnspiel. Oder der Gadget-Blog fragt bei einem entsprechenden Händler nach kleineren Zubehörartikeln oder (wertigen!) Geschenkartikeln nach und erwähnt hierfür diesen Händler als Sponsor. Je besser die Anreize, an diesem Gewinnspiel teilzunehmen, auf die jeweilige Leserschaft (sowie an den für diese interessantesten Themen) ausgerichtet sind, umso größer fällt in der Regel auch die Beteiligung an einer entsprechenden Aktion aus.

Wer als Blogger des Öfteren einmal vor der Aufgabe steht, ein eigenes Gewinnspiel auswerten zu müssen, dem sei zur Gewinnerermittlung übrigens dieses kleine Onlinetool zur Generierung von Zufallszahlen-Reihen empfohlen, damit man sich zu diesem Zweck nicht tatsächlich mit einem Würfel an den Küchentisch setzen muss: www.random.org/integers/. Aus einer vordefinierten Zahlenreihe ermittelt dieses Werkzeug eine – ebenfalls zuvor festgelegte – Anzahl an zufällig generierten Werten oder besser Gewinnern.

Im oft unterschätzten Offlinebereich gibt es jedoch noch zahlreiche weitere vielversprechende Werbemöglichkeiten. Bei bestimmten Blogthemen kann es hilfreich sein, kleinere Werbemittel wie etwa eine schön gestaltete Postkarte oder alternativ auch einen Flyer/eine Visitenkarte zu gestalten, auf welcher prominent die eigene Domain genannt wird, und diese auf oder vor passenden Fachmessen und ähnlichen Veranstaltungen zu verteilen (gegebenenfalls sollte hierfür jedoch eine Erlaubnis des Veranstalters eingeholt werden).

Sowohl für meinen Haustier- als auch meinen Existenzgründerblog konnte ich jeweils bereits eine vergleichbare Aktion initiieren. Ich hatte mir wichtige Messen im jeweiligen Bereich herausgesucht und dort mit großem Erfolg meine Postkarten oder Flyer verteilt. Manch einem mag dieses »altmodische« Werbemittel zwar etwas suspekt vorkommen, doch nicht bei jedem Blogthema sind die Leser auch zu 100 Prozent internetaffin. Und bei beiden genannten Aktionen konnte ich nicht nur einen kurzfristigen, sondern sogar einen nachhaltigen Anstieg der Besucherzahlen feststellen. Ganz nebenbei durfte ich zudem zahlreiche Stammleser sowie vor allem einige neue Kooperationspartner verzeichnen, die auf mein Print-Werbemittel reagierten und Kontakt mit mir aufnahmen. Viele dieser neu gewonnenen Leser und Partner konzentrierten sich zuvor hauptsächlich auf gedruckte Fachzeitschriften, so dass ich diese über reine Onlinemarketing-Maßnahmen wohl kaum je erreicht hätte.

Schön gestalten kann man solch ein Postkarten-Werbemittel beispielsweise mit einem Aufmerksamkeit erregenden, zum Thema passenden Foto auf der Vorderseite, ganz ohne Werbung, so dass diese Karte gerne auch einmal weitergeschenkt oder aufgehoben wird. Auf der Rückseite lasse ich dann deutlich sichtbar meine Domain abdrucken und eventuell noch einige wenige weiterführende Informationen. Um an ein wirklich gelungenes Foto aus dem jeweiligen Bereich zu gelangen, bietet es sich zudem an, einen Fotografen des entsprechenden Themas um Erlaubnis für die Nutzung eines bestimmten Bildes zu fragen. So steuerte eine bekannte Tierfotografin aus meiner Region ein tolles Foto für die Vorderseite meiner Tierblog-Postkarte bei, im Gegenzug nannte ich – ebenfalls auf der Rückseite des Werbemittels – die Adresse ihres Internetportals. Und der Druck einer solchen Karte oder ähnlicher Formate fällt heutzutage gerade bei einem der zahlreichen Online-Printdienstleister auch finanziell kaum noch ins Gewicht.

www.tierfreizeit.de
Foto: www.mein-tierbild.de

Abb. 6.3: In Kooperation mit einer Fotografin entstand diese Blog-Werbepostkarte, der ideale »Hingucker« auf jeder Tiermesse.

6.2.2 Blog-Gewinnspiele

Unabhängig von zugehörigen Offline-Aktionen können auch ausgeklügelte reine Online-Bloggewinnspiele eine sehr wirksame Marketingmaßnahme darstellen. Ein schönes Beispiel hierzu fand ich jüngst unter der Domain `http://blog.tim-bormann.de/500-euro-verlosung.html`, bei der gleich mehrere sinnvolle Techniken miteinander kombiniert werden:

- Neben einem – sehr attraktiven – Barpreis werden zudem auch zahlreiche Sachprodukte verlost, die genau auf die Zielgruppe des Blogs ausgerichtet sind und von daher wohl für besonderes Interesse sorgen werden.

- Die Teilnahme wird daran geknüpft, dass man die Aktion selbst an Freunde und Bekannte weiterempfehlen soll.

- Eine vergleichbare Empfehlung ist zudem auch noch über diverse Kanäle möglich, etwa indem man einen vorgegebenen Twitter-Beitrag beisteuert, das Gewinnspiel auf Google Plus erwähnt oder aber auch einen Blogartikel mit Link zum ausführenden Portal verfasst. Somit sorgt diese Marketingaktion für zahlreiche werthaltige Backlinks aus unterschiedlichsten Medien.

- Weitere nette Details wie eine klare Deadline, zusätzliche noch nicht näher bezeichnete »Überraschungspreise« sowie eine öffentliche Auslosung der Gewinner via Google Videochat verstärkten diese positiven Effekte bei dem zuvor genanntem Beispiel noch zusätzlich.

Insgesamt ist ein vergleichbares Blog-Gewinnspiel so gestaltet, dass es fast zu einem medialen Selbstläufer werden dürfte.

Tipp

In dem Artikel unter `www.blogprofis.de/buch/gewinnspiele` werden einige Internetportale vorgestellt, über die man sein eigenes Gewinnspiel zusätzlich kostenfrei vermarkten und bewerben kann. Aber auch befreundete Blogger – welche diese Aktion ihren jeweiligen Lesern vorstellen und damit ja einen zusätzlichen Mehrwert weitergeben können – eignen sich für eine entsprechende Verbreitung. Zudem gibt es mittlerweile einige auf die Nennung und Verbreitung von Blog-Gewinnspielen spezialisierte Portale wie etwa `www.gewinnspiele-fuer-blogger.de`, `www.dergewinnspielblog.de` oder auch `www.bloggewinnspiele.com`.

Tipp

Was nur wenige Webseitenbetreiber wissen – und was auch für mich zunächst komplettes Neuland war –, nicht nur im Rahmen des Impressums und der datenschutzrelevanten Aspekte gibt es zahlreiche rechtlichen Bedingungen, die von einem Blogbetreiber berücksichtigt werden müssen, selbst Online-Gewinn-spiele sind nach bestimmten vordefinierten Kriterien zu beschreiben und durch-zuführen, etwa gemäß der Vorgaben zur Vermeidung des so genannten »unlauteren Wettbewerbs« (§ 4 Nr. 5 UWG). Näheres zu diesem Thema – wie etwa zu Teilnahmebedingungen, den notwendigen Angaben innerhalb eines Gewinnspiels, aber auch zu generellen Fallstricken in diesem Bereich – verrät der Artikel unter `www.shopbetreiber-blog.de/2010/03/07/gewinnspiele-preisausschreiben-rechtliche-vorgaben/`.

6.2.3 E-Books

Zum Teil ist man sich als Blogger gar nicht bewusst darüber, welche große Menge an wirklich werthaltigen Informationen man im Laufe eines Bloglebens produ-ziert und fast schon ansammelt (in einigen Fällen reichen diese sogar für ein gan-zes Buch aus ☺).

Der Existenzgründerblog, den ich erwähnt hatte, kam nur deswegen ohne viel Zutun auf Platz eins bei Google, da die Leser die dort kostenfrei und geordnet ver-fügbaren Informationen so wertvoll fanden, die sie sich andernfalls mühsam auf unterschiedlichsten nationalen und internationalen Portalen hätten zusammensu-chen müssen. Was liegt da näher, als all diese wertvollen Inhalte eben nicht »nur« auf dem eigenen Blog, sondern zusätzlich über weitere Publikationen zu vermark-ten? Handelt es sich um wirklich einzigartige oder besonders begehrte Inhalte, so kann man unter Umständen sogar darüber nachdenken, ein eigenes kostenpflich-tiges E-Book daraus zu erstellen und dieses zu vermarkten. Neue Self-Publishing-Plattformen wie etwa das nun auch bei uns gestartete Amazon-Kindle-Programm (`http://kdp.amazon.com/self-publishing/signin`) werden hier in Zukunft wohl noch zahlreiche weitere effiziente und vor allem kostengünstige Ansätze für Blogautoren bieten.

Doch es muss nicht immer ein solch »professionelles« (im Sinne von kommerzi-elles) E-Book sein. Auch fast ein und dieselben Inhalte wie die des Blogs in Auszü-gen oder nach einzelnen Themen sortiert als kleines E-Book oder als kostenloses PDF zur Verfügung zu stellen, kann deutliche Marketingeffekte auslösen. So schrieb ich auf besagtem Existenzgründerblog eine kleine Artikelserie zum Thema »Wie finde ich neue und ausgefallene Geschäftsideen«. Diese kam bei den Lesern so gut an, dass ich mich entschloss, daraus ohne viel Aufwand mittels PowerPoint ein kleines E-Book-PDF zu machen (siehe Abschnitt 5.2).

Nicht nur, dass zahlreiche andere Businessportale hierüber berichteten und somit zusätzliche werthaltige Verlinkungen und neue Besucher zustande kamen, dieses E-Book – natürlich stets mit den Logos sowie Links zu meinem Portal versehen – wurde innerhalb weniger Wochen auch immerhin über 3.000 Mal aufgerufen und heruntergeladen. Ein schöner Erfolg, wie ich finde, der mich lediglich maximal einen halben Tag Arbeit gekostet hatte. Und wer sich noch weniger Mühe machen will, für den gibt es mit Onlinediensten wie beispielsweise www.zinepal.com oder auch www.tabbloid.com die Möglichkeit, einen Blog-RSS-Feed fast voll automatisiert in ein PDF umwandeln zu lassen. Wobei man teilweise sogar die einzelnen Beiträge zuvor auswählen und leicht anpassen kann, die hierbei konvertiert werden sollen.

6.2.4 eBuzzing & Co.

Die meisten Blogger werden eBuzzing (www.ebuzzing.de, einigen vielleicht eher bekannt unter dem früheren Namen Trigami) und ähnliche Plattformen hauptsächlich aus der Sicht als Auftragnehmer kennen, um darüber ein paar zusätzliche Euro an Einnahmen zu generieren. Über diese Möglichkeit werde ich später noch berichten (in Kapitel 7).

> **Hinweis**
>
> Zur Erklärung: Prinzipiell dienen diese speziell auf Blogbetreiber ausgerichteten Portale wie etwa eBuzzing dazu, zwischen Unternehmen und Blogs so genannte »sponsored« Beiträge zu vermitteln, also quasi als solche gekennzeichnete (!) werbliche Blogbeiträge, die der Blogger im Kundenauftrag erstellt, und für die er eine zuvor festgesetzte Vergütung erhält. Werbetreibende Unternehmen erreichen somit ohne viel Aufwand eine große und vor allem interessante Auswahl an Onlineportalen, die teilnehmenden Blogger freuen sich über eine zusätzliche Verdienstmöglichkeit.

Nachdem ich selbst diese Verdienstmöglichkeit kennen lernen durfte, fragte ich mich jedoch schon relativ bald: »Wieso soll man als ProBlogger mit den ersten Einnahmen nicht einmal umgekehrt agieren«, also bei einem dieser Dienstleister eine eigene Kampagne in Auftrag geben? Die zuständige Kundenbetreuerin von eBuzzing, die ich daraufhin kontaktierte, war sehr schnell begeistert von dieser Idee, und so testete ich meine eigene eBuzzing-Kampagne mit zwei meiner Blogs quasi als Auftraggeber oder Advertiser.

Das heißt ganz konkret: Ich bezahlte eBuzzing dafür, dass diese eine Ausschreibung an zahlreiche passende Blogs starteten, die in meinem Auftrag Beiträge beziehungsweise Reviews zu meinen beiden Blogs schreiben sollten. Diese Beiträge wurden dann natürlich auch als solche werblichen Artikel – so genannte Advertorials – gekennzeichnet. Die Blogger wiederum wurden dann direkt von eBuzzing ausgewählt und auch finanziell entlohnt.

Was waren nun die Vorteile dieser Maßnahme, anstatt die entsprechenden Blogs direkt anzuschreiben? Zum einen entdeckte ich auf diese Weise zahlreiche tolle Portale und Blogger, an die ich zuvor sicherlich nicht gedacht hätte. Zum anderen wurde das Ganze durch die entsprechende eBuzzing-Kennzeichnung »legal« und Google-Richtlinien-konform (aber dann eben auch mit NoFollow-Links siehe Kapitel 8.17) durchgeführt.

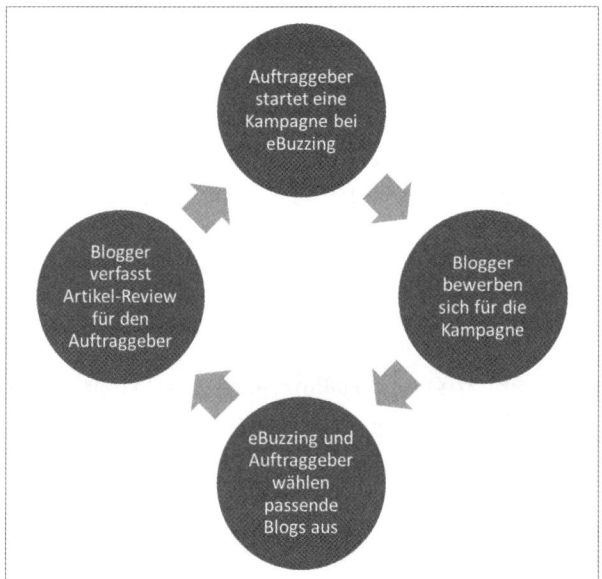

Abb. 6.4: Das Prinzip von eBuzzing & Co.

Vor allem jedoch ist es mir noch nie innerhalb von solch kurzer Zeit gelungen, ein neues Blogprojekt umfassend im Netz bekannt zu machen. Denn eines dieser beiden beworbenen Portale waren zum damaligen Zeitpunkt – quasi als kleines Experiment – die Blogprofis, und so kam der anfangs beschriebene nachhaltige Erfolg dieses Portals innerhalb weniger Monate nicht zuletzt auch deswegen zustande, weil die initiale Blog-Promotion mittels der eBuzzing-Kampagne um Faktor vier bis zehn schneller ging, als ich es ansonsten bei meinen anderen Projekten gewohnt war. Natürlich half dabei auch in gewisser Weise der Effekt, dass es sich innerhalb der Blogosphäre relativ bald herumsprach, dass ich selbst als Blogger eine solche Kampagne testete, worüber ich auf meinem Blog auch ausführlich berichtete.

Nicht zu vergessen: Obwohl beide teilnehmenden Portale durch diese Kampagnen ausschließlich NoFollow-Links erhielten, so konnte ich vier Monate später trotzdem einen erheblich positiven Effekt auf die jeweilige Suchmaschinenplatzierung nachweisen. Und schließlich resultierten aus den via eBuzzing teilnehmenden Blogs dann auch weitere, dritte Portale, die über mich berichteten, auf mich aufmerksam geworden waren, mir neue Leser vermittelten oder eine Kooperation mit mir eingehen wollten. Wer also ein neues, vielversprechendes Blogprojekt möglichst schnell und dauerhaft am Markt platzieren will, für den kann dies eine gute Möglichkeit darstellen, auch wenn man hier natürlich die teils nicht unerheblichen Kosten gut gegenrechnen sollte beziehungsweise das notwendige Budget hierfür auch erst einmal vorhanden sein muss.

Einen Versuch ist es also allemal wert. Eine solche Kampagne wird in der Regel jedoch nur dann gelingen, wenn man einen entsprechenden Aufmacher für die teilnehmenden Blogger hat. Man sollte sich hierfür also eine spannende Aktion einfallen lassen, über die die beauftragten Blogs zum einen gerne berichten und die auch bei deren Lesern gut ankommt. Im Falle der Blogprofis war es die damals neu aufgenommene Rubrik »Tipps & Tricks«, die ich auf meinem Portal vermittelte, sowie ein gleichzeitig gestarteter Corporate-Blog-Wettbewerb als gerne genommener Aufhänger. Bei meinem zweiten Portal – einem Finanzblog – bewarb ich indirekt eine spannende Gutscheinaktion für an vergleichbaren Themen interessierte Leser (hierzu gleich noch mehr).

6.2.5 RankSider

In eine etwas ähnliche Richtung wie eBuzzing und Hallimash (`www.hallimash.com`) geht das noch sehr junge Nischenportal RankSider (`www.ranksider.de`), wobei es sich hier um ein eher offenes Portal handelt, auf dem man jegliche Marketingkampagnen – vor allem aus dem Blogbereich – initiieren und ausschreiben kann. Ob man dabei Reviewgeber für den eigenen Blog sucht, viralen Content verbreiten möchte (siehe den nachfolgenden Abschnitt) oder den neuen Onlineauftritt, Facebook- und Twitter-Kanal etc. von Nutzern testen und kommentieren lassen möchte, das bleibt den Auftraggebern selbst überlassen.

Auch hier sollte man jedoch unbedingt darauf achten, mit größtmöglicher Transparenz sowie gemäß den Richtlinien der Suchmaschinen (siehe Kapitel 9) vorzugehen, was etwa die Kennzeichnung solcher beauftragten Inhalte durch den jeweiligen Blogger und Verfasser angeht. Denn auf diesem freien Marktplatz sind teilweise auch Angebote zu finden, bei denen diese Trennung zwischen werblichen und nicht werblichen Inhalten beziehungsweise Aufträgen nicht immer allzu eindeutig aus der Auftragsbeschreibung hervorgeht.

Übrigens ist RankSider somit natürlich auch ein kleines, aber feines Mittel, sich als Blogger – beispielsweise über die Erstellung von Portal-Reviews zu anderen Weblogs – den einen oder anderen Euro hinzuzuverdienen. Für wen diese Möglichkeit in Frage kommt, der sollte sich diesen Dienst also einmal genauer anschauen, da ich im späteren Abschnitt zu den Einnahmemöglichkeiten für Blogbetreiber nicht noch einmal separat auf diesen Anbieter eingehen werde.

6.2.6 Virale Inhalte

Blogs eignen sich sehr gut zur Verbreitung so genannter viraler Inhalte, die sich quasi von selbst immer weitertragen, über soziale Netzwerke multipliziert werden etc. und damit zu einer Art Selbstläufer werden. Natürlich kann man solche viralen Inhalte im Idealfall auch dazu nutzen, den eigenen Blog oder ein Thema hieraus bekannter zu machen.

So weit die sehr schön klingende Theorie. Der »Haken« an dieser Sache ist: Solche viralen Maßnahmen lassen sich kaum vorhersagen, geschweige denn ernsthaft planen. Zu viele »nach hinten« losgegangene virale Marketingaktionen teils namhafter Unternehmen schwirren nach wie vor als mehr oder weniger stumme Zeitzeugen dieser Tatsache durch das World Wide Web, so etwa Botschaften, deren (kommerzieller) Urheber ganz bewusst verschleiert wurde und die dann aber doch als versteckte Werbeversuche enttarnt worden waren.

Andererseits sind die wirklich berühmten Beispiele (etwa zahlreiche allseits bekannte YouTube-Filmchen) dieser Gattung in den allermeisten Fällen ohne jegliches Bewusstsein dafür entstanden, wie sich ausgerechnet diese Botschaft so rasant verteilen würde. Im Gegenteil: Einige der bekanntesten viralen Effekte sind alleine deswegen zustande gekommen und haben ihre ganze Macht entwickelt, weil die zugehörigen Protagonisten eben so absolut unbedarft und quasi »unschuldig« vorgegangen sind. Fast jeder Leser dürfte hierfür bereits ein Beispiel wie etwa das berühmte »Star Wars Kid« (de.wikipedia.org/wiki/Star_Wars_Kid) oder »Numa Numa« (en.wikipedia.org/wiki/Numa_Numa beziehungsweise www.newgrounds.com/portal/view/206373) gesehen haben. Oder – um einmal ein Beispiel dieser Kategorie zu nennen, das vielleicht noch nicht jeder Leser kennt – schauen Sie sich einmal die »Stewardess auf Schwäbisch« an (www.youtube.com/watch?v=sh17ORqbkOw).

So gibt es in Marketingkreisen recht oft die Diskussion, ob man virale (Werbe-)Botschaften geplant initiieren kann, was sich natürlich höchst lukrativ für das jeweilige Unternehmen auswirken könnte. Doch zum Glück erweist sich die »sichere« Gestaltung eines unternehmerisch inszenierten viralen Hypes als fast unmöglich, denn schnell hätten diese ja eher zufällig und vor allem unabhängig sowie nicht geplant entstehenden Botschaften somit ihren ganz eigenen Charme verloren.

Auch innerhalb der Blogosphäre gibt es immer wieder Nachrichten und Aktionen, die sich wie ein Lauffeuer verbreiten, man denke nur an das Beispiel eines sehr prominenten und bis dahin gefeierten Blogs, der vor einiger Zeit plötzlich zum Verkauf stand, Meldungen über Unternehmen oder Einzelpersonen, die versuchten, einzelne Blogs abzumahnen oder auf sonstige Art unter Druck zu setzen, Sicherheitslücken etwa bei WordPress und vieles Ähnliche mehr. So machte etwa Anfang 2011 in der deutschsprachigen Blogosphäre das so genannte »Bloggergate« rund um diverse Linkkauf-Praktiken die Runde, bei Google finden sich mittlerweile über 25.000 Treffer alleine zu diesem Stichwort. Ganz zu schweigen natürlich von den diversen Enthüllungen und Skandalen, die wir jüngst aus Politikblogs und ähnlichen Institutionen erfahren durften.

Im »kommerziellen« Bereich hingegen könnten solche sich viral verbreitenden Beispiele in etwa sein:

- Ein Technikblog berichtet als Erster im deutschsprachigen Raum über die Ankündigung eines neuen angesagten Gadgets, liefert die ersten Produktbilder hierzu etc.

- Der Lifestyleblog streut als erste Quelle die Gerüchte vom Comeback einer bekannten Musikband oder aber auch Insidernews aus der jeweiligen Stadtszene u.v.m.

- Dem Finanzblog gelingt es, ein exklusives und für die Kunden wirklich attraktives Prämienangebot mit einem Kreditinstitut anzubieten, der Schnäppchenblog veröffentlicht einen ebenso tollen, selbst ausgehandelten »Deal« zu einem aktuell sehr populären Produkt.

- Der Businessblog stellt exklusiv ein neues Start-up beziehungsweise eine neue Geschäftsidee vor, die schnell und heiß an verschiedenen Stellen diskutiert wird (wie seinerseits etwa der Start von Zalando.de).

- Ein Blog für Blogger greift ein innerhalb der Blogosphäre äußerst umstrittenes Thema auf und stellt dieses zur Diskussion, das bislang so in dieser Form noch nicht zur Sprache kam.

Gerade bei letzterem Punkt habe ich persönlich sehr oft die Erfahrung gemacht, dass vergleichbare Kontroversen, aber auch gewisse – ich nenne es einmal – »Aufregerthemen« schnell für eine große Verbreitung des entsprechenden Beitrags sorgen können. Diskussionen etwa über eine neue Spammer-Methode, Änderungen der Webseitenbewertung durch Google, nach einem WordPress-Update nicht mehr funktionierende populäre Plugins oder unlautere Affiliate-Marketing-Methoden können einen solchen Effekt auslösen.

Und auch hier sind wieder für jeden beliebigen Fachbereich entsprechend heiß diskutierte Beitragsthemen denkbar, egal ob nun der Mobilfunkblogger die Vorherrschaft eines Technik-Marktführers in Frage stellt oder auf dem Heimtierblog über unlautere Tierschutzmethoden berichtet wird. Meines Erachtens sollte man es mit solchen Themen jedoch niemals übertreiben, denn ansonsten werden sich die meisten Leser irgendwann zu Recht gelangweilt oder genervt ob der stets negativen Stimmung von Ihrem Blog abwenden.

Manchmal kann sich übrigens sogar ein neues Blogthema selbst fast schon viral verbreiten. Als Beispiel dient mir hier der sehr plötzlich auftretende Hype im Sommer 2011 rund um die Beta-Phase des zu diesem Zeitpunkt neuen Facebook-Konkurrenten Google Plus. Sicherlich hatten damals sehr viele ProBlogger die Idee, ein Blog speziell zu diesem neuen sozialen Netzwerk aufzumachen, wurden doch einige der ersten Facebook-Blogs später durch lukrative Übernahmeangebote berühmt. Mit am schnellsten hierzulande war damals der Blog www.gpluseins.de, dessen massive Berichterstattung in den ersten Tagen sorgte innerhalb von einer Woche (!) für mehr als 5.000 Follower auf Facebook und Twitter, Nachrichtenmagazine wie der »Spiegel« berichteten über das Portal und seine Macher. Hier zählte also – neben viel Fleiß und guten Inhalten natürlich – vor allem die Geschwindigkeit der Umsetzung, um dieses Blogthema zum viralen Erfolg werden zu lassen.

Abb. 6.5: gpluseins.de – von Anfang an sehr erfolgreich

Wie gestalte ich nun solche viralen Inhalte?

Es gibt leider (oder eben zum Glück) kein Patentrezept zur Erstellung viraler Bloginhalte, die ich hier verraten könnte, außer eben, dass Schnelligkeit und Exklusivität im Aufgreifen eines bestimmten Artikel- oder Blogthemas meist deutlich belohnt wird. Dennoch wird jeder Blogger im Verlauf seiner Arbeit mehr und mehr Erfahrungen damit sammeln, welche Inhaltsarten und -formen besonders gut und intensiv bei den jeweiligen Lesern ankommen und welche eben nicht. Zumindest bei einigen meiner Blogs kann ich mittlerweile fast schon voraussagen, ob und wie sich ein bestimmter Beitrag herumsprechen wird.

Ich will damit keinesfalls sagen, dass ich alle meine Artikel nur noch nach derlei Gesichtspunkten plane oder eben auch verwerfe. Erstens würde dies gar keinen Spaß mehr machen, und zum zweiten habe ich oft genug erlebt, dass ausgerechnet jene Artikel am meisten gelesen wurden oder aber auch für das meiste Feedback sorgten, bei denen ich es am wenigsten erwartet hätte. Von solchen »Überraschungserfolgen« kann fast jeder etablierte Blogbetreiber ein Lied singen und ohne diese wäre das Bloggerdasein wohl auch nur halb so spannend.

Trotzdem möchte ich ein paar teilweise bereits genannte Faktoren zusammenfassen, die meines Erachtens eine virale oder annähernd virale Verbreitung im Weblogbereich zumindest deutlich begünstigen können:

- Die Exklusivität einer Nachricht auf dem jeweiligen Zielmarkt, also in diesem Fall innerhalb Deutschland und/oder Österreich sowie der Schweiz (deswegen kann es sich immer lohnen, ein paar wirklich gute englischsprachige oder andere ausländische Blogs in seinem Feedreader zu haben).

- Persönliche Erfahrungsberichte zu bereits viel diskutierten, aber eben bislang nicht oder kaum getesteten Produkten und Dienstleistungen. Im Technikbereich und nicht nur dort können beispielsweise exakte Produktbezeichnungen (»Firma xy DVD Player rs400-V«) in Zusammenhang mit Wörtern wie etwa »Erfahrungen«, »Erfahrungsbericht« oder auch »Test« wahre Wunder bewirken, wenn es noch keinen konkurrierenden Blogartikel hierzu gibt. Auch auf Finanz- und etwa Energieblogs konnte ich mit einem ähnlichen methodischen Vorgehen sehr gute Erfahrungen sammeln.

- Natürlich »Goodies« jeglicher Art (attraktive (!) Gewinnspiele, Gratis-Downloads, lediglich für einen kurzen Zeitraum zur Verfügung stehende Bonus- und Gutscheinaktionen, freie Templates, temporär kostenlose E-Books u.v.m.).

- Besonders aussagekräftige und vor allem Neugier weckende Artikelüberschriften (gerade wenn man viele Stammleser und Abonnenten hat), wobei man diese Trumpfkarte nicht allzu oft spielen sollte und natürlich nur dann, wenn der Beitrag selbst die vorherige Neugier auch wirklich befriedigt und rechtfertigt.

- Für Suchmaschinen: Hart umkämpfte Keywords in Kombination etwa mit Jahreszahlen (etwa meine Artikel »Die besten Geschäftsideen 20xx« sind stets der Renner meines Existenzgründerportals) oder Ähnliches. Kombinationen also, nach denen zwar in den Suchmaschinen recherchiert wird, zu denen jedoch noch kein gleich benannter Artikel vorhanden ist.

- Absolute Nischenthemen, so gehört auf meinem Haustierportal etwa ein Beitrag zu so genannten »Pheromonhalsbändern für Hunde und Katzen« von Anfang an zu den meistgelesenen, da wohl viele Tierhalter mehr über dieses Thema erfahren wollen, es außer der üblichen Werbebeiträge diverser E-Shops jedoch noch keinen richtigen sowie weiterführenden Blogbeitrag hierzu gab.

Tipp

Um – gerade im Lifestyleblog-Bereich – an derzeit »angesagte« Themen zu gelangen, lässt sich auch das Tool Google Trends nutzen (erreichbar unter `www.google.de/trends`). Die dortige Sektion »Hot Searches« stellt zwar leider nur die aktuell gefragtesten Suchbegriffe aus dem englischsprachigen Raum vor, gerade diese »Hypethemen« können jedoch in vielen Fällen für hiesige Blogbeiträge als Grundlage genommen werden, da die meisten Trends ja doch über kurz oder lang auch auf dieser Seite des Teichs ankommen. Im Idealfall ist man dann sogar der erste deutschsprachige Blogger, der etwa über eine viel diskutierte neue US-TV-Serie oder Ähnliches berichtet.

Bei manchen viralen Blogbotschaften ist jedoch durchaus auch eine gewisse Vorsicht angesagt, zumindest sollte man sich im Klaren darüber sein, welche positiven, aber auch negativen Auswirkungen solche sich selbst verbreitenden Aktionen mit sich bringen können. So berichtete im Sommer 2011 das Corporate-Blog von Notebooksbilliger.de (http://blog.notebooksbilliger.de) darüber, dass man noch eine größere Menge der zum damaligen Zeitpunkt sehr begehrten, da auslaufenden HP-TouchPads habe aufkaufen können und diese nun den Notebooksbilliger-Kunden zu einem extrem günstigen Preis zur Verfügung stellen wolle. Was einfach als nette und spannende Kundenaktion gedacht war, führte jedoch schnell zu einem so genannten »Shitstorm«, also – laut Wikipedia – zu einem

> »Internet-Phänomen, bei dem sachliche Kritik von zahlreichen, unsachlichen Beiträgen übertönt wird und sich zumeist gegen große Konzerne und vereinzelt gegen Einzelpersonen richtet.«

> (Quelle: http://de.wikipedia.org/wiki/Shitstorm)

Folgendes war dabei passiert: Diese äußerst begehrte Aktion sprach sich nun tatsächlich so rasant und viral innerhalb der Netzgemeinde herum, dass schnell die Server des Notebooksbilliger-Shops überlastet waren und das entsprechende Angebot lange Zeit nicht verfügbar war. Zudem musste sich das Verkaufsteam eine andere Lösung einfallen lassen, um die gut 1.300 HP-Exemplare unter der weitaus größeren Masse an Interessenten zu verteilen.

Der zugehörige Blogbeitrag sammelte nun innerhalb kürzester Zeit Hunderte von Kommentaren enttäuschter Blogleser an, die – um es freundlich auszudrücken – meist nicht gerade zu jener Art an Leserbeiträgen gehörten, die einem Blogbetreiber die Arbeit zur Freude machen. Schließlich entschloss sich das Blogteam sogar dazu, die zugehörige Kommentarfunktion für den besagten Artikel zu sperren, was jedoch auch – gut mit den teilweise wirklich unsäglichen verbalen Angriffen begründet – angekündigt wurde. Die Blogbetreiber wollten ihren Lesern also schlicht und einfach einen Gefallen mit einer schönen Marketingaktion machen, die zumindest teilweise eher das Gegenteil bewirkte. Als kleines Trostpflaster konnte die Notebooksbilliger-Redaktion immerhin mehrere zehntausend neue Facebook-Fans alleine auf diese ungewöhnliche Verkaufsaktion hin ihr Eigen nennen. Sie sehen somit: Auf solche viralen Botschaften hin (wenn diese sich denn überhaupt voraussehen lassen) sollte man also möglichst in beide Richtungen vorbereitet sein, und sei es nur dadurch, dass der Blogredakteur oder -betreiber nicht zufällig am Tag der Bekanntgabe einer entsprechenden Meldung im Kurzurlaub weilt und somit nicht einmal in angemessener Weise reagieren kann.

6.2.7 Blogparaden

Bei einer Blogparade, auch Blog-Karneval genannt, schlägt ein Blogger öffentlich ein bestimmtes Thema vor, zu dem andere Blogger wiederum ihre Meinung in Form von Artikeln und Ähnlichem abgeben können. So entstehen zum einen oft sehr interessante Diskussionen und Meinungsbilder, zum anderen sorgt dies aber auch für eine recht werthaltige Verlinkung der teilnehmenden Blogs untereinander (Näheres zu der Definition von Blogparaden sowie aktuell stattfindende Beispiele sind etwa unter `www.blog-parade.de` nachzulesen).

Natürlich handelt es sich bei diesem hieraus entstehenden Linkbuilding eher um einen untergeordneten Nebeneffekt. Vor allem geht es den einzelnen Teilnehmern vielmehr darum, sich innerhalb der Blogosphäre auszutauschen, bestimmte Themen auf einer tiefgründigeren Basis zu diskutieren und neue Netzwerke entstehen zu lassen. Gerade durch den angesprochenen Networking-Charakter sind Blogparaden deswegen immer auch ein recht gutes Instrument, um den eigenen Blog oder bestimmte Themen darin allgemein bekannter zu machen.

Eine eigene Blogparade sollte man jedoch wirklich erst dann starten, wenn:

- man bereits genügend Erfahrungen mit der Teilnahme an anderen Paraden gesammelt hat
- ein wirklich substanzielles, interessantes und vor allem neues (!) Thema für eine Blogparade existiert
- Zeit vorhanden ist, diese Blogparade gebührend vorzubereiten, zu begleiten (etwa über entsprechendes Feedback an die Teilnehmer), aber auch abzuschließen, beispielsweise in Form einer Artikelzusammenfassung mit Nennung und Verlinkung der besten und interessantesten Beiträge
- sowie wenn man sich bereits eine bestimmte Bekanntheit beziehungsweise eine bestimmte Stammleserschaft aufgebaut hat, um auch hieraus Teilnehmer akquirieren zu können

Denn eine Blogparade zu initiieren, bei der es am Ende keine oder kaum Teilnehmer gibt oder deren Thema bereits unzählige Male innerhalb der Blogosphäre diskutiert wurde (vorher recherchieren!), das kann eher unangenehme Publicity erzeugen.

Was sich in diesem Zusammenhang von selbst versteht: Eine Blogparade darf natürlich niemals ein Mittel sein, irgendwelche eigenen Produkte oder Dienstleistungen zu bewerben, es handelt sich hier um ein reines nicht-kommerzielles Mehrwert- und Austauschmedium. Es ist aber sicherlich legitim, damit etwa neue Leser auf den eigenen, guten Blog aufmerksam zu machen – wie erwähnt stets mit einem sinnvollen Blogparaden-Thema und guter Moderation desselben als zwingende Voraussetzung.

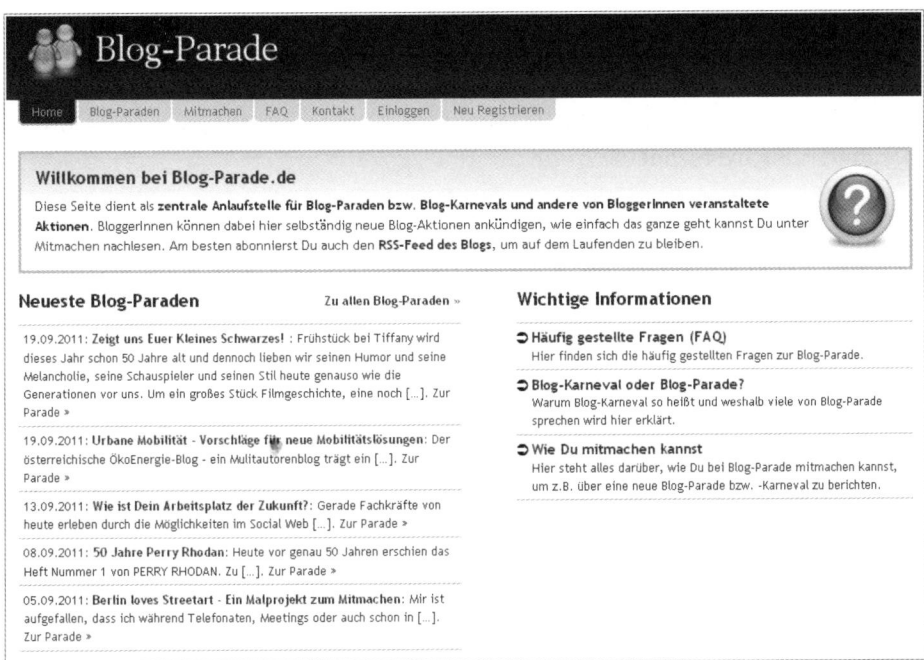

Abb. 6.6: Blogparaden zu allen möglichen Themen findet man auf `blog-parade.de`.

6.2.8 Gutschein-Aktionen

Für meinen Finanzblog war ich vor einigen Monaten auf der Suche nach neuen, aber vor allem auch für den Leser interessanten sowie möglichst authentischen Inhalten, da gerade in diesem Blog-Bereich fast ausschließlich mehr oder weniger geschickt kaschierte Werbebotschaften zum Einsatz kommen. Auch mein (über Affiliate-Programme refinanziertes) Finanzportal kam natürlich nicht gänzlich ohne diese Botschaften aus, trotzdem wollte ich eine Art Gegengewicht mittels wirklich unabhängig recherchierter sowie deutlich Mehrwert-behafteter Beiträge schaffen.

So kam ich schließlich auf folgende Idee: Ich startete eine Ausschreibung in Form eines Artikels und suchte darin Leser, die bereit waren, über ihre Erfahrungen mit ihrer Bank sowie dem zugehörigen Girokonto zu berichten. Den Teilnehmern, die sich quasi erst bei mir bewerben mussten, schickte ich einen entsprechenden Fragebogen, um das daraus resultierende Interview zu strukturieren und mit Inhalten zu füllen, aber auch, um die Antworten in eine bestimmte Bahn zu lenken. Denn natürlich wollte ich ein jeweils unabhängiges Meinungsbild erfahren, so auch Verbesserungswünsche zur jeweiligen Bank. Trotzdem mussten natürlich gewisse Regeln etwa des Wettbewerbsrechts eingehalten werden (keine vergleichende Nennung konkurrierender Kreditinstitute, keine »Schmähkritik« oder etwa persönliche Nennung von Bankmitarbeitern etc.).

Auch gab es zusätzliche Bedingungen wie etwa eine extra festgeschriebene neutrale Berichterstattung oder dass keinerlei Mitarbeiter oder sonst irgendwie mit der entsprechenden Bank verbundenen Personen teilnehmen durften. Als Ausgleich belohnte ich alle Teilnehmer mit einem Zehn-Euro-Gutschein eines allseits bekannten Buchversenders.

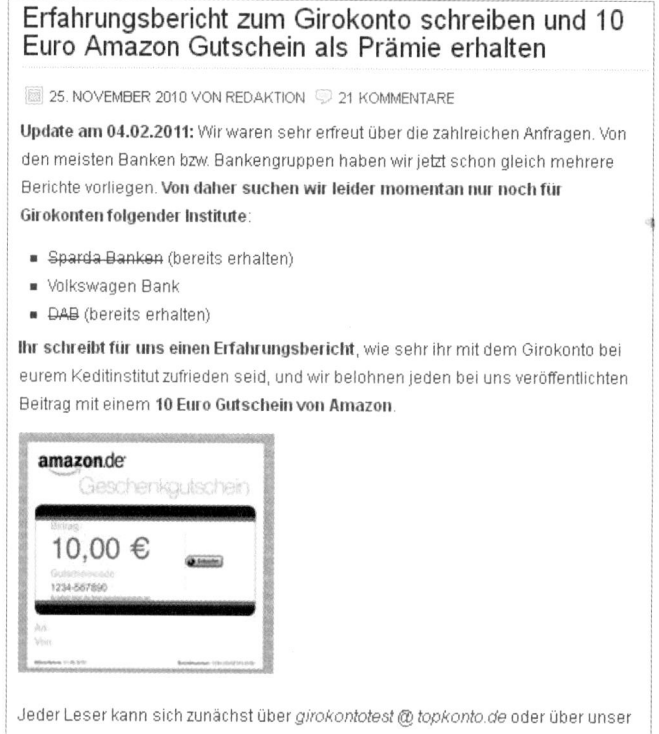

Abb. 6.7: Sehr werthaltige Inhalte konnten durch diese Marketingaktion gewonnen werden.

Zwar teaserte ich diese Aktion später noch einmal unter anderem mittels der bereits genannten eBuzzing-Aktion zusätzlich an, aber auch ohne jegliche Werbemaßnahmen wurde das Vorhaben so schnell erfolgreich und sprach sich trotz des eher »langweiligen« Finanzthemas so schnell herum, dass ich die Teilnahme schon nach wenigen Tagen auf einige eher unbekanntere Banken als Teilnahmevoraussetzung limitieren musste.

Mittlerweile arbeite ich bei mehreren Blogs mit vergleichbaren Aktionen, meist mit überraschend deutlichem Erfolg. Vor allem für Affiliate-Blogs – bei denen man es meist eh schwer hat, wirklich einzigartige und inhaltsreiche Artikelthemen zu finden – ist diese Maßnahme sehr gut geeignet. So können Sie Ihre Leser – je nach Thema des Blogportals – dazu animieren, über ihren jeweiligen Energieversorger zu schreiben oder über den bevorzugten DSL-Anbieter, den aktuellen

Mobilfunk-Provider, die Fitnessclub-Kette, die favorisierte Modemarke und vieles weitere mehr.

Neben den teilnehmenden Privatpersonen, über ihr kleines »Schmankerl«, was diese jeweils erhielten, profitierte mein Blog bei solchen Marketingaktionen gleich mehrfach:

- Andere Finanzblogs berichteten von sich aus über die Aktion oder verlinkten gar darauf, was gerade in diesem Blogsegment äußerst selten der Fall ist.

- Mit jedem Teilnehmer gewann ich natürlich auch einen neuen Leser, der später das jeweilige Interview dann sogar an seine Freunde und Bekannte weiterempfahl.

- Mein Blog gewann deutlich an Mehrwert, was den Content betrifft, die Erfahrungsberichte wurden – da ich den jeweiligen Leser beziehungsweise Verfasser anonymisiert benannte – als sehr authentisch wahrgenommen, was wiederum meiner Blog-Reputation zugutekam.

- Sämtliche zu Anfang dieses Buchs genannten Blog-Erfolgsfaktoren entwickelten sich nachhaltig in eine deutlich positive Richtung, vor allem die Anzahl neuer Besucher aus Suchmaschinen.

- Mit wenig Arbeit – und zu einem vergleichsweise sehr günstigen Preis – konnte ich meinen Finanzblog regelmäßig mit neuem, umfangreichem »Lesestoff« füttern.

- Durch die sehr unterschiedlichen genannten Finanzinstitute verzeichnete ich zudem einen positiven Effekt im (teilweise erstmaligen) Aus- beziehungsweise Aufbau der zugehörigen Keywords, so dass teilweise ganze neue Besuchergruppen mit neuen inhaltlichen Interessen auf meinen Blog aufmerksam wurden.

Tipp

Recht gut bewährt haben sich bei vergleichbaren Aktionen Gutscheine, etwa von Amazon, als Prämie. Diese sind einfach zu handhaben, eigentlich jeder Leser kann mit einem vergleichbaren Gewinn etwas anfangen und so ist die gefühlte Attraktivität solcher Bonus-Gaben auch recht hoch. Bei Amazon etwa kann man solche Gutscheine kostenlos und direkt durch den Anbieter per Post zustellen lassen und dabei sogar mit einem kleinen individuellen »Dankeschön«-Text versehen, was die Wertigkeit dieses kleinen Geschenks noch einmal zusätzlich erhöht.

Übrigens an dieser Stelle noch ein kleiner Tipp für alle selbstständigen Blogger: Amazon verschickt durchaus (sogar postalische) Rechnungen für diese Gutscheinbestellungen, die man somit steuerlich verwenden kann. Allerdings muss man sich hierfür jeweils – beispielsweise per E-Mail – an den Amazon-Kundendienst wenden und formlos unter Angabe der jeweiligen Bestellnummern um eine derartige Ausstellung bitten.

6.2.9 Soziales Marketing/Blog-Sponsoring

»Tue Gutes und rede darüber«, wie in allen Bereichen kann dieser Grundsatz selbst bei der Vermarktung von Blogs sehr gut funktionieren und man engagiert sich ganz nebenbei auch noch für einen guten Zweck.

Ich etwa habe bereits mehrere solcher Aktionen auf meinen Blogs initiiert (siehe hierzu www.blogprofis.de/buch/afrika), ein weiteres schönes Beispiel hierfür war die »Blogger helfen Japan«-Initiative des Netz-Universums (abrufbar unter www.netz-universum.de/2011/03/aktion-blogger-helfen-japan/). Ähnliche Aufrufe von mir können sehr gerne nachgeahmt werden, da diese schließlich einem guten Zweck dienen und somit allen Beteiligten geholfen ist. Und dem ausrichtenden Blogger kann ein entsprechender Beitrag erfahrungsgemäß doch den einen oder anderen recht werthaltigen Backlink einbringen, etwa wenn andere Blogportale bereitwillig über die jeweilige Hilfsaktion berichten oder diese via Twitter & Co. weiterempfehlen.

Abb. 6.8: Eine Blog-Spendenaktion für Afrika

Nahezu perfektionieren kann man eine solche Spendeninitiative über Portale wie betterplace.org, über die man ein eigenes kleines Charity-Programm aufbauen und bewerben kann. Der bekannte SEO-Blogger Soeren Eisenschmidt aka »eisy« (www.eisy.eu) hat auf diese Weise eine schöne und hilfreiche Werbeplatz-Sponsoring-Aktion ins Leben gerufen, weitere Informationen hierzu erhält man unter www.betterplace.org/de/groups/seosforcharity/ beziehungsweise unter der Adresse www.eisy.eu/300x250-er-banner-auf-eisy-ersteigern/.

Nicht nur, dass er damit einen guten Zweck verfolgt, gleichzeitig steigt die Bekanntheit seines Blogs. So können Spender ein eigenes Banner auf ihrem Blog einbinden, mit dem sie anzeigen, dass sie die »SEOs for charity« genannte Hilfsaktion mit unterstützen.

Und – vielleicht für den einen oder anderen Blogger ebenfalls eine Überlegung wert – über das Partnerprogramm-Netzwerk SuperClix (siehe Kapitel 7.2.4) kann man zudem einige Benefiz-Partnerprogramme einbinden, die nicht vergütet werden, aber einem guten Zweck dienen.

6.2.10 »Mitmach«-Beiträge

Leider ist mir hierzu noch kein besserer Name eingefallen, doch gerade in der Blogosphäre können Beiträge sehr gut ankommen und so gewollt oder ungewollt einen schönen kleinen Marketing- als auch Backlinkeffekt haben, die in jeglicher Form zum »Mitmachen« der Leser animieren.

Auch hierzu ein Beispiel: Mehr aus einer Laune und dem zum damaligen Zeitpunkt gerade herrschenden Blog-Sommerloch heraus rief ich eines Tages die Leser der Blogprofis dazu auf, mir doch Bilder ihres »Lieblings-Bloggerarbeitsplatzes« aus dem Urlaub oder von Zuhause zu schicken, und veröffentlichte diese im Gegenzug mit einem Link zum jeweiligen Blog (siehe www.blogprofis.de/buch/bloggerplatz). Heraus kamen nicht nur interessante Einblicke in das Leben der Blogger sowie einige neue schöne Kontakte, sondern zudem eine recht rege Diskussion innerhalb und außerhalb des Blogs.

Auch dies kann man natürlich wieder auf unzählige Blogthemen adaptieren sowie hieraus spannende und »ernsthaftere« Foto-, Video- oder Beitragswettbewerbe machen, die sowohl dem Blogbetreiber als auch den Teilnehmern einen Mehrwert bringen. Bei größerer Blogleserschaft eignen sich hierfür übrigens auch Themen wie »Entscheidet mit, welches neues Logo unser Blog erhalten soll« oder »Ihr dürft wählen: Welche Artikelserie wollt ihr demnächst hier auf meinem Blog lesen«, um eine vergleichbare Mitmach-Atmosphäre zu schaffen, die zudem für Gesprächsstoff sorgt.

Tipp

Damit sich möglichst viele Leser an vergleichbaren Aktionen beteiligen, sollte man diesen stets mit einer kleinen »Belohnung« entgegenkommen. Dabei kann es sich im einfachsten, aber sehr effektiven Fall um einen Backlink handeln, den man bei den jeweiligen eingereichten Beiträgen auf das Portal des Teilnehmers setzt. Eine weitere Möglichkeit besteht darin, solche Mitmach-Events mit einem kleinen Gewinnspiel zu verknüpfen. Aber auch die namentliche Nennung der Mitwirkenden kann in den meisten Fällen schon ausreichen, was jedoch bei vergleichbaren Blogaktionen leider ab und an vergessen wird.

Außerdem ist es immer eine nette Geste, auf die Einsendung eines Fotos oder Textes mit einer kleinen Danke-E-Mail zu antworten, die auch gleich den Direktlink zum eingesandten und veröffentlichten Content beinhaltet.

Abb. 6.9: Interessante Einblicke brachte die Blogger-Arbeitsplatz-Aktion zutage.

6.2.11 Mein eigenes Widget

Hat man auf seinem Blogportal Inhalte, die besonders werthaltig und exklusiv sind, so bietet sich eine weitere Möglichkeit an, die nicht nur im Bereich Marketing, sondern gleichzeitig auch bei der Suchmaschinenoptimierung sowie dem zugehörigen Linkaufbau enorm hilfreich sein kann. Die Rede ist davon, ein eigenes kleines Widget zu programmieren (oder programmieren zu lassen), über das andere Portalbetreiber diese Blog-Inhalte sehr einfach ihren jeweiligen eigenen Lesern zur Verfügung stellen können.

Ein Beispiel hierfür – über das ich später noch in einem anderen Zusammenhang berichten werde – ist etwa das `Bloggerjobs.de`-Widget, erreichbar unter `www.bloggerjobs.de/widgets/`. Damit lassen sich die Inhalte dieses Portals in beliebige andere Internetseiten einbinden. Für die jeweiligen Nutzer bedeutet dies eine zusätzliche Funktionalität sowie hochwertigen Content für den eigenen Blog, der Betreiber der Bloggerjobs hingegen freut sich nicht nur über diese kostenlose Werbung, sondern zusätzlich auch noch über ein paar schöne Backlinks auf sein Portal.

Hinweis

Für diese und ähnliche noch folgende technischen Marketingbausteine gilt: Kann man vergleichbare Elemente mangels des entsprechenden Fachwissens nicht selbst realisieren, so finden sich in der Blogosphäre meist recht einfach kundige Programmierer, die eine solche Aufgabe gegen Bezahlung gerne übernehmen. Handelt es sich um ein Tool im allgemeinen Interesse, so kann man es unter Umständen im Anschluss sogar gemeinsam an andere Blogbetreiber vermarkten. Zur Akquise von WordPress- oder sonstigen Programmierern eignet sich hier ebenfalls die Bloggerjobs-Börse in der Kategorie »Blog-Development« (unter `www.bloggerjobs.de/jobs/development/`).

6.2.12 Wettbewerbe

Der Wettbewerb »Corporate-Blogger des Jahres« auf den `Blogprofis.de` (siehe `www.blogprofis.de/buch/corporate`) brachte mir nicht nur jede Menge neuer Besucher ein, auch mehrere heutige Kooperationspartner oder gar Kunden wurden über diese Aktion auf mich aufmerksam und ich konnte zudem mein eigenes Profil hinsichtlich des Wissens und der Interaktion im Bereich Firmenblogs deutlich ausbauen und schärfen.

Wichtig bei der Durchführung eines solchen Wettbewerbs ist es, dass dieser über ein gewisses Alleinstellungsmerkmal verfügt, um bei den Lesern, aber auch potenziellen Teilnehmern sowie innerhalb der Berichterstattung anderer Medien genügend Beachtung zu finden. So versuchte ich mich etwa gleichzeitig an einem Ranking der besten »normalen« Blogs, da ein solches jedoch mehr oder weniger regelmäßig auch von anderen Bloggern durchgeführt wird, war diese Aktion längst nicht so erfolgreich, wie der vielleicht sogar erste größere Firmenblog-Wettbewerb im deutschsprachigen Web. Am Ende war die zugehörige Auslosung sogar so bekannt geworden, dass ich die potenziellen Teilnehmer gar nicht mehr selbst aussuchen musste, sondern zahlreiche Vorschläge von Lesern oder auch Corporate-Blog-Betreibern selbst erhielt, insgesamt kamen Tausende von Leserbewertungen für die teilnehmenden Firmenblogs zusammen.

Die Beobachtung meines Twitter-Accounts zeigte mir dabei, dass diese Maßnahme nicht nur jede Menge neuer und teils auch namhafter Stammleser aus dem Firmenblog-Umfeld einbrachte, zudem gewann ich gleichzeitig eine Reihe von sehr werthaltigen und interessanten Blog-Interviews, in denen ich die einzelnen Teilnehmer vorstellte und in dessen Rahmen auch für diese abgestimmt werden konnte.

Abb. 6.10: Abstimmung zum Corporate-Blog des Jahres

Nicht zu vergessen die zahlreichen Verlinkungen und Erwähnungen des Wettbewerbs innerhalb und auch außerhalb der Blogosphäre.

Im Prinzip kann man sich zu nahezu jedem Blogthema eine vergleichbare Aktion vorstellen. Ob nun der Orchideenblog den »Züchter des Jahres« sucht, der Tuning-Blogger sein »Car of the year« oder es auf dem Corporate-Blog um das am schönsten durch Kundenhand verschönerte Produkt des Jahres handelt, woraus jeweils durchaus ein gewisser viraler Effekt entstehen kann.

Vorsicht

Gerade im Corporate-Bereich sollte man sich vergleichbare Aktionen und vor allem deren Rahmenbedingungen sehr gut im Voraus überlegen und durchplanen. So gab es in den letzten Monaten gleich mehrere Beispiele, in denen etwa Firmenblogs namhafter Unternehmen dazu aufriefen, ein Produktdesign oder eine Verpackung und Ähnliches zu designen. Der Wettbewerbsbeitrag mit den meisten Besucherstimmen sollte dabei gewinnen und tatsächlich auch umgesetzt werden. Umso peinlicher war dann, dass einige dieser Wettbewerbe abgebrochen oder gar manipuliert wurden, weil das jeweils führende Design so gar nicht in die Vorstellungen der hauseigenen Marketingabteilung passte. Sie sollten sich also der eventuellen Konsequenzen eines selbst gestalteten Wettstreits immer bewusst sein und gegebenenfalls entsprechende Regelwerke für die Teilnehmer erarbeiten.

6.2.13 Veranstaltungen

Im Sommer 2011 wurde ich zu einer Veranstaltung namens Affiliate Deals Summer Lounge in Hamburg eingeladen. Ein äußerst fruchtbares und interessantes Event auch für Blogger, bei dem sich sowohl Affiliates (Publisher) als auch Netzwerk- und Programmbetreiber sowie Agenturen unterschiedlichster Ausprägung in lockerer Atmosphäre treffen und austauschen konnten. Durchgeführt wurde die komplette Veranstaltung hierbei von dem kleineren und damals erst wenige Monate alten Portal www.affiliate-deals.de, das diese mit Hilfe diverser Sponsoren aus dem Partnerprogrammbereich auf die (finanziellen) Beine gestellt hatte. Insgesamt dürfte dieses Event seinen Machern der Affiliate-Deals einen enormen Schub gegeben haben, sowohl was den Bekanntheitsgrad als auch die zugehörigen Marketingeffekte anbelangt.

Nun handelt es sich bei diesem Portal zwar technisch gesehen nicht um einen Blog, aber auch für bereits etwas etabliertere Blogger (und Corporate-Blogger) könnte eine Veranstaltung in ähnlichem Rahmen eine ernst zu nehmende Option sein, diese sicherlich aufwendige, aber dennoch extrem effektvolle Vermarktungsart eines eigenen Events einmal auszuprobieren. Lustigerweise an eben diesem Summer-Lounge-Abend sprach mich beispielsweise der Marketing-Manager eines Partnerprogramm-Netzwerks an, ob ich mir nicht etwas Ähnliches für Blogger vorstellen könnte, quasi eine Art »Blogger Summer Lounge« in Berlin mit den Blogprofis als Ausrichter und seinem Unternehmen als Sponsor. Es ist also durchaus denkbar, dass wir im kommenden Jahr eine vergleichbare Aktion für die Blogosphäre durchführen werden.

Abb. 6.11: Ankündigung zur Summer Lounge von affiliate-deals.de

Wie das Beispiel von `affiliate-deals.de` dabei zeigt, kann selbst ein wenige Monate altes Nischenportal hiervon profitieren. Was sich – mit einer eigenen Veranstaltung – also auf den ersten Blick eher als Marketingoption rein für Großunternehmen vorstellen lässt, das kann gerade im Nischenbereich noch effektvoller sein. So könnte der Amateurfunkblog einen eigenen Funkwettbewerb vor Ort starten, mit einem bekannten Technikausrüster im Hintergrund. Oder aber der Gadget-Blogger lädt seine Leser zum (vielleicht sogar regelmäßigen) Tablet- oder Smartphone-Stammtisch ein. Ein Firmenevent für treue Kunden wird hingegen durch das Corporate-Blog und seine Macher »gebrandet« und durchgeführt. Eine Werbemaßnahme, die eindringlicher und nachhaltiger auf die jeweiligen Besucher als auch die Blogleser insgesamt wirkt, lässt sich wohl kaum vorstellen, zumal man nach einer solchen Veranstaltung in der Regel – neben unzähligen neuen Kooperationspartnern und Lesern – erst einmal genügend »Stoff« für zahlreiche hieraus resultierende Blogbeiträge haben dürfte.

6.3   Marketing-Kooperationen

Wie bereits erwähnt, wird einem das Blogmarketing durch den Zusammenhalt innerhalb der Blogosphäre teils sehr einfach gemacht. Nett gefragt und stets das Wohl beider teilnehmenden Seiten im Auge, so wird wohl kaum ein Blogger eine zuvor gut überlegte Kooperationsanfrage ablehnen.

Doch welche weiteren Möglichkeiten der gegenseitigen Zusammenarbeit gibt es hierbei, abseits der allerseits üblichen und teilweise deutlich überstrapazierten Linktausch- und Blogrolltausch-Anfragen?

6.3.1   Werbeplatztausch

Längst nicht immer sind sämtliche selbst vermarkteten Werbeflächen auf dem eigenen Blog ausgebucht, und längst nicht immer lohnt in diesem Fall die – sich ansonsten durchaus als Alternative anbietende – Einbindung von Google AdSense sowie ähnlichen Programmen. Ich selbst habe dann schon oft sehr gute Erfahrungen mit einem so genannten Werbeplatztausch gemacht.

Dies bedeutet: Ich schalte einen Werbebanner meines Blogs unentgeltlich auf einem befreundeten, thematisch natürlich passenden Weblog, dieser erhält im Gegenzug einen Werbeplatz bei mir, auf dem sein Banner (natürlich ebenfalls kostenfrei) erscheint. Es muss dabei nicht immer ein befreundeter Blog sein, auch entsprechende Kooperationsanfragen an bislang unbekannte Blogger-Kollegen führen hier sehr oft zum Ziel, sofern die Zielgruppe sowie die ungefähr erzielte Reichweite der beiden Portale übereinstimmen.

Mit einer solchen Zusammenarbeit lassen sich dann gleich mehrere Fliegen mit einer Klappe schlagen: Man generiert – durch die prominente Bannerwerbung sowie durch das ähnliche Blogthema – teils erstaunlich viele gegenseitige und trotzdem oftmals neue Besucher, die entsprechende Werbefläche bleibt somit nicht ungenutzt beziehungsweise man kann auch prominente, aber für Google & Co. eher ungeeignete Flächen des eigenen Blogs »vermarkten« und man bleibt – in gegenseitiger Absprache mit dem Tauschpartner – trotzdem jederzeit flexibel, sollte man schließlich doch einen zahlenden Kunden exakt für diese Fläche finden.

Ein weiterer Vorteil: Je mehr prominente selbst vermarktete (also nicht AdSense-besetzte) Werbeflächen man einbindet, umso interessanter werden eben diese eigenvermarkteten Flächen für neue potenzielle Werbekunden, schließlich gehen Sie selbst auch lieber in ein Restaurant, das gut besucht ist, denn dort scheint das Essen ja durchaus zu schmecken. Es handelt sich dabei also um eine Art Marketing für das eigene Marketingprogramm. Nicht selten habe ich es erlebt, dass sich – nach erfolgter Einbindung eines solchen Werbeplatztauschs – plötzlich die Buchungsanfragen von interessierten Werbekunden für den jeweiligen Blog beinahe verdoppelten.

Um diese Effekte noch zu verstärken, bediene ich mich zudem kleiner Tricks, beispielsweise indem ich den für die Kooperation gewonnenen oder befreundeten Blog als neuen »Anzeigenpartner« in einem kleinen, nicht werblichen Artikel vorstelle, etwa in einem Interview mit Fragen zu seinem Portal oder seinen Dienstleistungen. Natürlich handelt es sich hierbei um einen nicht-zahlenden Werbekunden, trotzdem macht er ja genau das: Er schaltet Werbung bei mir. Veröffentlicht man vergleichbare Werbekunden-Vorstellungsartikel mit Rücksicht auf die restlichen Leser nicht allzu oft beziehungsweise sind die Interviews hierzu für diese inhaltlich spannend genug, so wird Ihnen dies auch niemand übel nehmen. Aber: Über genau diese Artikel werden viele potenzielle Werbekunden erst auf Ihr Angebot der eigenen Anzeigenflächen aufmerksam werden.

Zudem verlinke ich in der Nähe der besagten Werbetausch-Flächen immer auch eine Landingpage, auf welcher ich etwa meine Reichweite und grob meine Mediadaten benenne. Auch dies bringt zusätzliche Werbekunden-Besucher und die dortige Kontaktfunktion wird somit teils erheblich öfter genutzt, weil man somit gleichzeitig auch auf die Werbefläche an sich aufmerksam macht (siehe auch Abschnitt 7.3).

6.3.2 Blog Cross Marketing

Neben meinen Blogs biete ich auch so genanntes Blog Consulting als Dienstleistung an, das heißt, ich berate Unternehmen jeglicher Art in der Gestaltung und Vermarktung ihrer Corporate-Blogs oder erstelle und optimiere diese Internetauftritte. Ein deutschsprachiger Hersteller von professionellen WordPress-Themes nennt nun in einem geeigneten Partnerbereich seines Portals unter anderem mich und meine Leistungen, da er immer wieder Anfragen nach einem entsprechenden Dienstleister erhält, welcher das erworbene Template der Wahl dann auch gleich installiert, »aufhübscht« und erweitert. Im Gegenzug bekommt er im Erfolgsfall – also bei Vertragsabschluss – von mir eine anteilige Provision ausgezahlt oder ich bewerbe seine Templates kostenlos auf meinem Blog für Blogger.

Es sind unzählige solcher Koop-Kombinationen vorstellbar, die alle eines gemeinsam haben: Sie dienen nicht unbedingt der sonst üblichen direkten Verlinkung untereinander und haben auch nicht das Ziel, möglichst mächtige Backlinks zu erzeugen, sondern geben eine sich gegenseitig helfende und umsatzsteigernde Empfehlung ab. Wobei die jeweiligen Produkte, Angebote oder Dienstleistungen der Blogger nicht direkt etwas miteinander zu tun haben müssen, so wie in meinem Fall Template-Softwareschmiede und ein Blog Consultant zusammenarbeiten.

Weitere solcher Möglichkeiten wären etwa:

- Ich teste das SEO-Tool eines anderen Bloggers, verfasse dann hierüber einen Erfahrungsbericht auf meinem Blog und erhalte dafür eine dauerhaft kostenlose Version als Gegenleistung (was ich dann meinen Lesern gegenüber jedoch auch transparent machen sollte).

- Ein professioneller Theme-Anbieter nennt mein Portal als Referenz, ich binde dafür ein kleines Werbeicon in meinem Footer ein, dass ich meinen Blog mit seinen Tools und Templates betreibe.

- Ein Software- oder sonstiger Anbieter stellt meinen Lesern ein attraktives Rabattangebot zur Verfügung, welches nur dann exklusiv gebucht werden kann, wenn man mein Blogportal als Quelle benennt. Ich bekomme hierdurch unter Umständen einen sich viral verbreitenden Blogbeitrag und der Name meines Blogs spricht sich herum, dafür mache ich Werbung für die Produkte oder Angebote des Herstellers.

Nicht nur um nicht mit irgendwelchen Gesetzen – etwa zum unlauteren Wettbewerb oder ähnlichen Vorgaben – in Konflikt zu kommen, so sollten Sie derartige Verknüpfungen und Kooperationen Ihren Lesern gegenüber stets transparent machen. Etwa indem Sie das Angebot des Gegenübers deutlich als »Werbung« oder »Partneranzeige« deklarieren. Bietet dieses Angebot dann auch noch einen Vorteil für Ihre Leserschaft, so wird eine solche kommerzielle Zusammenarbeit durchaus positiv aufgenommen werden.

6.3.3 Beitrags- und Kommentarmarketing

Hierbei handelt es sich um ein etwas heikles Thema, das durchaus eine gewisse »Sprengkraft« besitzen kann. Wie Sie bereits erfahren haben, lebt die Blogosphäre von Authentizität und Offenheit. Gleichzeitig profitiert sie jedoch immer auch von gegenseitigen Empfehlungen. Nun bleibt es natürlich nicht aus, dass man in einem eigenen oder in einem Gastbeitrag lobend auf Produkt a, Tool b oder Dienstleister c eingeht und auf dieses verweist. Solange es sich dabei um eine echte Empfehlung ohne Hintergedanken – sowie ohne hierfür irgendeine wie auch immer geartete Belohnung zu bekommen – handelt, hat alles dabei seine Ordnung.

Alleine auf den Blogprofis mache ich quasi täglich »Werbung« für andere Portale und Dienstleister, ganz ohne dies zu wollen, einfach indem ich positiv oder alleine schon neutral über diese berichte, völlig autark und unabhängig wohlgemerkt. Die meisten davon bemerken nicht einmal, dass ich sie in solch positiver Weise erwähnt habe. Umgekehrt nehme ich meist auch kein Blatt vor den Mund, wenn mir etwas an einem Anbieter oder Dienstleister nicht gefällt, aber auch das sollte man nicht übertreiben beziehungsweise stets in einem fairen und vor allem nachweisbaren Rahmen halten, möchte man nicht eines Tages eine Unterlassungserklärung im Briefkasten vorfinden.

Nun liegt es natürlich gerade unter Bloggerkollegen stets nahe, sich zu solchen gegenseitigen (positiven) Nennungen in Artikeln oder gar den eigenen Kommentaren hinreißen zu lassen. »Der war doch so nett zu mir, da muss ich doch auch mal wieder sein Portal empfehlen.« Oder: »Wirklich schön, dass er mir zwei Gratisbücher für mein Bloggewinnspiel zur Verfügung stellt, da werde ich einen hübschen Artikel für ihn verfassen.« Hand aufs Herz: Welcher Blogger kennt nicht solche Situationen? Und wo verläuft hierbei die Grenze zur – wenn auch vielleicht unbewussten – Schleichwerbung? Ab wann lasse ich mich instrumentalisieren? Wo hört persönliche Empfehlung auf und fängt Werbung an? Welche Rechte haben hierbei vor allem meine Leser?

Gerade als vielleicht nicht mehr gänzlich unbekannter Blogger sollte man hier seine Marktmacht nicht unterschätzen, aber deswegen vor allem natürlich niemals missbrauchen. Denn ein von mir als Autor gesetzter Link in einem Artikel oder in einem meiner Kommentare kann zu Recht als (Kauf-)Empfehlung betrachtet werden, gerade wenn mir meine Leser vertrauen. Dieses geschenkte Vertrauen – das höchste Gut eines jeden Bloggers überhaupt – sollte ich niemals aufs Spiel setzen, indem ich irgendwelche Werbe- oder sonstigen Partnerschaften bewusst verschleiere.

Es gibt eine gute Möglichkeit, all diese genannten Grenzfälle zu umgehen, indem man sich stets äußerst transparent seinen Lesern gegenüber verhält. So kann ich in dem erwähnten Beispiel des Buch-Reviews durchaus schildern, dass mir der Autor dankenswerterweise zwei Gratis-Exemplare überlassen hat. Oder ich kann benennen, dass ich mit dem soeben verlinkten Blog befreundet bin, und so weiter. Wie bereits erwähnt: Als ich etwa anfing, alle meine Affiliate-Textlinks als – was sie ja auch sind – Werbung zu benennen (etwa über einen Text »weitere Informationen finden Sie in diesem Anzeigenlink« oder Ähnliches), so konnte ich keinerlei Rückgang in der Konversionsrate feststellen. Aber auch gerade im Nicht-Affiliate-Blog-Bereich werden Ihnen Ihre Leser eine solche größtmögliche Transparenz danken. Oder aber diese werden – etwa in einem Beitragskommentar – vielleicht schon einmal darauf hinweisen, dass es ihnen allmählich »zu viel« wird mit den ganzen genannten Produktempfehlungen etc. Einen solchen sehr wertvollen Hinweis sollte man dann auch ernst nehmen.

Auch heikel in diesem Zusammenhang: Sie schreiben über ein Produkt oder eine Firma mit einem (als solches gekennzeichneten) Affiliatelink und plötzlich äußern sich Leser in den zugehörigen Kommentaren sehr kritisch zu eben diesem Anbieter. Solche Kommentare sollte man unter keinen Umständen einfach übergehen oder gar löschen, wenn man sich nicht völlig unglaubwürdig machen möchte (und ein solches negatives Vorgehen kann sich in der Blogosphäre sehr schnell herumsprechen). Trotzdem sollte man selbst diese Kommentare stets hinterfragen und gegebenenfalls über eine Rück-E-Mail an den Verfasser absichern. Ich habe es nicht selten erlebt, dass mutmaßlich ein missliebiger Konkurrent hinter einem extrem kritischen Kommentar steckte.

Manche dieser Kommentare muss man sogar (am besten unter Unterrichtung des Autors und/oder der Leser) »entschärfen«, wenn die Kritik allzu unsachlich oder gar beleidigend ausfällt. Denn auch dann könnte man – als den Kommentar prüfender und freischaltender Webmaster – unter Umständen sogar mit haftbar gemacht werden für diese geschäftsschädigenden Äußerungen. Außerdem sollten alle Blogbesucher gerade beim Kommentieren auf gewisse Standards beziehungsweise auf eine Blog-Netiquette hingewiesen und verpflichtet werden, egal, um welchen Kommentarinhalt es sich handelt, und egal, gegen wen sich diese Inhalte richten mögen.

Hinweis

An dieser Stelle möchte ich gerne zwei Beispiele für einen möglichst sensiblen und möglichst allen beteiligten Seiten gerecht werdenden Umgang mit Kommentaren geben. Natürlich möchte man als Blogbetreiber in solchen Fällen stets möglichst neutral bleiben und auch kritische Kommentare zulassen. Dennoch kann man sich damit wie bereits erwähnt in eine Falle begeben, beispielsweise wenn in einem Kommentar auf dem eigenen Blog andere Unternehmen namentlich und in negativem Kontext genannt werden.

Auf einem Blog zum Thema Energie etwa bekomme ich regelmäßig sehr wütende Kommentare von Stromkunden, die mit ihrem jeweiligen Anbieter höchst unzufrieden sind und sich zum Teil fast seitenweise in einem Kommentar darüber auslassen. Das Problem: Ich weiß zum einen nicht, ob dieser Kommentar tatsächlich von einem Kunden oder etwa von einem missliebigen Konkurrenten stammt (was durchaus vorkommen soll), zum anderen könnte eine Veröffentlichung durchaus zu einer Abmahnung beziehungsweise Unterlassungserklärung des in dieser Weise gescholtenen Unternehmens führen, gerade wenn sich dieser Kommentarbeitrag als nicht »echt« herausstellt, die Wortwahl beleidigend wird, Vergleiche zu anderen Mitbewerbern angestellt werden oder Ähnliches. Zum einen schreibe ich in solchen Grenzfällen die Kommentatoren immer an, um deren Echtheit überprüfen zu können, zum anderen bewege ich diese im Idealfall zu einer abgemilderten, nicht beleidigenden und vor allem sachlichen Form der Kritik. Oder aber ich verzichte auch schon einmal auf eine Veröffentlichung, wenn diese Kritik sowie die Urheberschaft nicht nachgewiesen werden kann.

Bei den Blogprofis äußerte sich jüngst ein Leser anonym über die negative Qualität zweier konkret benannter Affiliate-Anbieter, die ich selbst nicht kannte und bei denen ich diese Kritik somit auch weder bestätigen noch negieren konnte. Ich strich daraufhin die Namen der beiden Firmen aus dem Kommentarbeitrag, wies aber an gleicher Stelle im freigeschalteten Kommentar darauf hin, dass ich eben diese Änderung vorgenommen hatte. In einem neuen, selbst verfassten Kommentarbeitrag erläuterte ich dann dem anonymen Verfasser sowie meiner Leserschaft eben dieses Vorgehen:

Wie ihr seht, habe ich diesen Kommentar an der markierten Stelle »zensiert«, da er zum einen anonym gepostet wurde, aber auch, weil ich mit den genannten Anbietern keine persönliche Erfahrung habe und daher die Vorwürfe nicht prüfen kann. Zum anderen wäre ich als Blogbetreiber natürlich auch haftbar für die hier genannten Informationen.

Ein solches Vorgehen wurde von meinen Lesern dann auch akzeptiert. Wenn man also aus irgendwelchen Gründen einen Kommentar anpassen möchte oder auch auf eine Freischaltung gänzlich verzichtet, so sollte man dies transparent und ausführlich unter Angabe der jeweiligen Gründe erläutern.

Abb. 6.12: Ist der Kommentar echt oder nicht? Das ist oft nur schwer festzustellen.

6.3.4 Gewinnspiel-Sponsoring

Ein schönes Beispiel für eine interdisziplinäre Marketingaktion fand ich jüngst auf einem Portal, welches selbst Gewinne wie Gutscheine & Co. für andere Webseitenbetreiber zur Verfügung stellt. Dieses funktioniert nach folgendem Prinzip:

Der Webmaster – der ein Gewinnspiel ausrichten möchte und hierfür noch nach einem Sponsor sucht – muss sich zunächst bei genanntem Portal bewerben, erhält dann nach erfolgreicher Prüfung etwa mehrere Gutscheine für Online-Versandhändler oder Ähnliches geschenkt, die er dann wiederum an seine eigenen Leser weiterverlosen kann. Als Gegenleistung hierfür muss lediglich auf das Sponsoring-Portal verwiesen und verlinkt werden.

Genauso könnte natürlich auch ein Blog als ein solcher Sponsor auftreten, wofür sich übrigens nicht nur Gewinnspiel-, Gutschein- oder »Schnäppchen«-Blogs etc. eignen. So könnte etwa der Technikblog für andere Blogbetreiber aus diesem Bereich mehrere Gutscheine für einen Elektronikversandhändler spendieren, wenn diese hieraus ein Gewinnspiel für die eigenen Leser machen und zudem in prominenter Weise auf den eigentlichen Sponsor verlinken. Eine sehr schöne Idee, die nicht nur für einen sehr guten Marketingeffekt und neue Leser sorgen dürfte, sondern gleichzeitig auch auf einfache Art und Weise dem nachhaltigen Linkaufbau dient.

6.3.5 Print-Kooperationen

Eher selten wird wohl eine Kooperation mit einer Print-Publikation, beispielsweise einer Fachzeitschrift oder sonstigen Veröffentlichungen, zustande kommen. Wenn jedoch eine solche Möglichkeit besteht – etwa über einen befreundeten Blogger und Autoren –, so kann eine vergleichbare Zusammenarbeit sehr mächtig in ihren Auswirkungen sein.

Eine ähnliche Vereinbarung hatte ich einmal mit einem (wenn auch reinen PDF-) Magazin im Bereich Start-ups getroffen, über das ich einen entsprechenden Bericht in meinem Existenzgründungsblog veröffentlichte und das hierfür wiederum meinen Blog in einer der Magazinausgaben erwähnte. Nicht nur ein deutlicher und nachhaltiger Zuwachs an Blog-Traffic kann hieraus resultieren, man macht zudem zahlreiche neue Leser auf sich aufmerksam, die sich für das jeweilige Blogthema interessieren, aber noch nie auf den Blog selbst aufmerksam geworden sind. Manchen namhaften Bloggern gelingt es sogar, etwa in einer zu ihrem Blog passenden Fachzeitschrift regelmäßig Gastartikel oder eine eigene Kolumne unterzubringen, was natürlich einen sehr deutlichen Marketingeffekt mit sich bringen kann. Bei einem reichweitenstarken Weblog zusammen mit einem Nischen-Printmagazin könnte man sicherlich auch eine Art gegenseitige Werbeplatzierung vereinbaren, sofern man nicht in direkter Konkurrenz zu diesem gesehen wird.

Nicht zuletzt sorgen sicherlich auch die Erwähnung sowie die Verlinkung der besten Tipps und Tools einiger Bloggerfreunde in diesem Buch für den einen oder anderen zusätzlichen »Klick« auf deren Portal. Also sollte man auch »aufhorchen«, wenn ein befreundeter Blogger etwa ein eigenes E-Book oder sonstige Publikationen herausbringen möchte.

6.3.6 Vorsicht vor unseriösen Kooperationsanfragen

Gleich werde ich noch erläutern, wie man denn nun eine solche teilweise doch weitreichende Zusammenarbeit mit einem anderen Blogger oder Unternehmen initiieren und aufbauen kann. Gerade frisch gestartete Blogger werden sich vielleicht zunächst jedoch wundern, wie schnell sie selbst mit entsprechenden Anfragen regelrecht bombardiert werden. Vor allem dann mehren sich solche Kontaktversuche, wenn der eigene Blog bereits erfolgreich in den Google-Index eingetragen ist, der Pagerank einen Sprung gemacht hat, man eine neue Pressemeldung veröffentlicht, das Portal auf DoFollow-Links umstellt und vieles mehr.

Wie sehr freute ich mich damals – noch völlig unwissend in diesem Bereich – über meine erste E-Mail mit dem Betreff »Linktausch«, mich noch nicht wundernd, dass diese meist von anonymen E-Mail-Accounts und stets von austauschbaren Namen wie »Peter Müller« und Ähnlichen verschickt wurden. Oder wie freute ich mich noch mehr, als mir plötzlich jemand 30 Euro überweisen wollte, einfach nur dafür, dass ich einen Link zu seinem Portal setze? Heute – besseren Wissens – landen natürlich sämtliche dieser Anfragen im virtuellen Papierkorb, die einigen wenigen Link-»Partnerschaften«, auf die ich unwissend hereingefallen war, habe ich zum Glück längst wieder storniert, da ich weiß, wie gefährlich diese für meinen eigenen Blog werden können, wie Sie im Kapitel zur Suchmaschinenoptimierung noch erfahren werden.

Mittlerweile, da ich all diese »Maschen« der Spammer mehr oder weniger kenne, mache ich regelmäßig Messungen darüber, wie viele unseriöse Anfragen ich jeweils zu meinen Blogs erhalte. Das traurige Ergebnis: 95 bis sogar 99 Prozent aller eingehenden E-Mail-Anfragen (im Bereich der telefonischen Kaltakquise-Anrufe sieht es übrigens fast noch schlimmer aus) von mir bis dahin unbekannten Absendern sind das Lesen nicht wert, einige davon sogar wirklich regelrecht gefährlich.

Hier zusammengefasst noch einmal einige Merkmale, mit denen vor allem Blog-Neulinge die meisten Spam-Anfragen recht leicht erkennen können:

- Jemand, den Sie überhaupt nicht kennen, lobt erst einmal überschwänglich Ihren ach so toll gestalteten und gelungenen Blog, bevor er »zur Sache« kommt (ich nenne mittlerweile ganze Sammlungen solcher stets fast gleich lautenden süßklebrigen Anfragen mein Eigen und habe fast schon überlegt, ein eigenes Buch daraus zu machen).

- Es werden Versprechungen gemacht (»Mit meinem Link wird Ihre Webseite für Google deutlich interessanter«, »Ich habe jahrzehntelange Erfahrung im Aufbau entsprechender Partnerschaften«, »Wir setzen im Gegensatz zu anderen Portalen nur Links auf thematisch passenden Seiten«), die sich bei näherer Betrachtung als wenig plausibel erweisen.

- Es wird manchmal sogar fast schon kriminell (»Wir tauschen zu Ihrem und unserem Schutz nicht reziprok«, »Google bekommt von dieser (bezahlten) Verlinkung nichts mit«).

- Erkennbar hat sich der Verfasser nicht mit Ihrem Blog auseinandergesetzt oder es ist im schlimmsten Fall sogar eine rein unpersönliche Ansprache (»Lieber Webmaster«). Beispiel: Man selbst betreibt einen Blog im Bereich Technik und wird angeschrieben, ob man nicht auf ein Kosmetikportal verlinken möchte.

- Es wird von einer anonymen Sammel-E-Mail-Adresse verschickt (Googlemail, aber auch web.de, gmx.de etc.).

- Die Domain, von der die E-Mail stammt, verfügt über kein Impressum, der Firmensitz befindet sich im Ausland, die Präsenz befindet sich noch im Aufbau oder besteht erst seit wenigen Wochen.

- Die vorgeschlagenen Tauschdomains sind vollgespickt mit Werbelinks und Ähnlichem, am besten noch für unseriöse Seiten (Casino, Erotik etc.).

- Es wird in der ersten E-Mail zunächst gar nicht verraten, für welches Portal überhaupt eine Kooperation gesucht wird.

Besonders dreist fand ich jüngst den Telefonanruf eines professionellen Linkhändlers. Auf meine Bitte hin, mir doch relevante Informationen zu seinem Anliegen per E-Mail zukommen zu lassen, meinte er doch tatsächlich: »Dieses Angebot, das ich für Sie habe, sollten wir nur anonym und nur am Telefon besprechen«. Das Telefonat war daraufhin meinerseits relativ schnell wieder beendet.

> **Tipp**
>
> Weitere Informationen und Praxisbeispiele zu solchen unseriösen Kooperationsangeboten finden sich hier: www.blogprofis.de/buch/linktausch, www.blogprofis.de/buch/spam, www.blogprofis.de/buch/pruefen sowie www.blogprofis.de/buch/seoversprechen.

Mittlerweile scheinen meine »Anti-Spam«-Bemühungen in diesem Bereich erste Früchte zu tragen oder sich zumindest herumzusprechen. So erhielt ich jüngst die folgende sehr charmante E-Mail-Anfrage eines SEO-Dienstleisters:

> *Ich möchte Sie gerne fragen, ob es möglich wäre, bei Ihnen einen Gastartikel oder Ähnliches zu veröffentlichen [...]*

> *Ich war mir zuerst nicht sicher, ob ich diese Mail überhaupt schreiben soll, da ich nach dem Lesen Ihres Artikels über SEO-Spam mit einer gewissen Voreingenommenheit Ihrerseits gegenüber aller Mails dieser Art rechne. Aber ich dachte mir, ich versuche es einfach mal :)*

Nun, diese sehr persönliche Ansprache zeigte mir, dass sich der Verfasser zumindest intensiv mit meinem Blog und dessen Inhalten auseinandergesetzt hatte, also sagte ich auch gleich – nach Klärung einiger Rahmenbedingungen bezüglich der Nicht-Werblichkeit des Textes – dem entsprechenden Gastartikel zu. Heraus kam übrigens ein schöner Beitrag mit deutlichem Mehrwert für meine Leser. Was kann man aus diesem Beispiel lernen? Auch hier macht der Ton die Musik ...

Das schlimmste Erlebnis in diesem Zusammenhang hatte ich persönlich hingegen mit einem – wie sich im Nachhinein herausstellte – professionellen Linkverkäufer, der sich zunächst sehr nett und unverbindlich per Telefon bei mir meldete, ob er mir Unterlagen zu einer nicht näher beschriebenen »Kooperation« schicken dürfe. In der darauf folgenden E-Mail wurde ich dann um Linktausch gebeten oder alternativ (!) um einen Linkkauf, angeblich vollkommen Google-konform gegen einen gekennzeichneten Nofollow-Werbe-Textlink. Im Laufe des Schriftverkehrs wurde mir dann schließlich eine fast schon unverschämt hohe Summe für einen Link von einem meiner stärksten Blogs geboten, von Kennzeichnung und No-Follow war da schon längst keine Rede mehr.

Als ich zurückschrieb, dass ich für alle meine Blogportale lediglich Google-konformen Linktausch anbiete, wurde es dann ungemütlich. Mit regelrechten Droh-E-Mails und gar -Anrufen, wie ich denn ein solches Angebot ablehnen könne und ich hätte doch schließlich dem Tausch – der ja kein Tausch, sondern ein Kauf sein sollte – fest zugesagt, was natürlich zu keinem Zeitpunkt der Fall war. Als das Ganze dann beleidigend und eben sogar bedrohlich wurde, verbat ich mir jeden weiteren Kontakt. Heute lege ich bei telefonischen Anfragen dieser Art meist sofort wieder auf.

6.3.7 Wie ich gute Kooperationspartner finde

Keine Angst, es gibt auch unzählige positive Möglichkeiten, einen geeigneten Partner für eine Kooperation ausfindig zu machen. In den meisten Fällen kam es zu einer solchen seriösen Zusammenarbeit aber meist eben nur dann, wenn ich aktiv auf andere Blogger oder Unternehmen zuging, statt ausschließlich den wenigen ernst gemeinten Anfragen zu vertrauen, die ich passiv erhielt.

Die meisten geeigneten Partner finde ich mittlerweile wie bereits erwähnt über indirekte Kanäle. So schaue ich mir jeden neuen, mir bislang unbekannten Kommentator ganz genau an. Ebenso jeden Twitter-Follower, neuen Facebook-Fan oder Google-Plus-Kontakt. Und: Der unglaublich wichtige Vorteil bei dieser Art von Ansprache ist, dass man gleich einen »Aufhänger« für eine Kontaktaufnahme hat sowie grundsätzliches Interesse beim Gegenüber voraussetzen kann, denn sonst hätte dieser wohl kaum Ihren Feed abonniert.

Helfen kann es zudem auch, sehr offen mit den jeweils bereits existierenden Partnerschaften umzugehen. Die Vorstellung des neuen Kooperationspartners in einem Artikelinterview etwa – natürlich mit Fragestellungen, die auch die Blog-Zielgruppe interessieren – bringt in der Regel weitere Blogger und Unternehmer auf den Plan, die nun wiederum ihrerseits nach einer Möglichkeit der Zusammenarbeit fragen. So kann man sich nach und nach ein ganzes Netzwerk an tatsächlichen und potenziellen Partnern aufbauen, auf die man teilweise – etwa beim Start eines neuen Blogs – sogar regelmäßig zurückgreifen kann.

Gerade bei der Anbahnung neuer Kooperationen und Blogger-Zusammenschlüsse ist jedoch die »Offline«-Welt nicht zu vernachlässigen. Diverse Veranstaltungen für Blogger, Affiliates, Portalbetreiber, Web-Programmierer und mehr können eine tolle Anlaufstelle dafür bieten, mit Gleichgesinnten in Kontakt zu kommen. In vielen Gegenden Deutschlands gibt es etwa regelmäßig Affiliate- und Bloggertreffen, auch die WordCamp-Veranstaltungen der WordPress-Gemeinde (www.wordcamp.de) und ähnliche Events bieten hierbei eine tolle Möglichkeit. In lockerer Runde lässt sich dort über die besten Tipps und Tricks sowie den gegenseitigen Erfahrungsaustausch beim Bloggen fachsimpeln, aber eben auch so manche sehr fruchtbare und vor allem dauerhafte Zusammenarbeit auf unterschiedlichsten Ebenen entsteht dort in der Regel recht schnell. Blogs jeglicher Art leben nun einmal von der Blogosphäre und reine Einzelkämpfer unter den Bloggern werden es ungleich schwerer haben, sich nachhaltig mit ihrem Blogportal zu etablieren.

Insbesondere sollte man dabei niemals die Angst haben, zu viel von sich und der eigenen Arbeit zu »verraten«. Reines Konkurrenzdenken schadet innerhalb der Blogosphäre eher, als dass es nützlich sein kann. Denn die meisten Blogger gehen sehr offen mit den eigenen Tipps und Tricks um, verraten diese gerne weiter oder schreiben ohne Bedenken umfangreiche Artikel zu ihren jeweiligen Strategien und Hilfsmitteln. Blogger sind also meist extrem hilfsbereit. Umso skeptischer stehen diese dann natürlich aber auch Kollegen gegenüber, die sich sichtbar abkapseln, die sonst üblichen Verknüpfungen zwischen Blogs und Bloggern nicht akzeptieren und bei jeder Anfrage gleich Geheimnisverrat oder eine wie auch immer geartete Konkurrenzsituation befürchten.

Ich gehe meist sehr offen mit meinen Blog-Erfolgen (aber auch Misserfolgen) um, was sowohl die Blogprofis als auch dieses Buch angeht. Bislang habe ich diese Vorgehensweise noch nie bereut, sondern ganz im Gegenteil: Je mehr ich von mir und meiner Arbeit preisgab, umso mehr konnte ich stets auch von anderen Blogprofis lernen und profitieren.

Tipp

Des Öfteren erhalte ich durchaus seriös und ernst gemeinte Kooperationsanfragen von anderen Webseitenbetreibern, die bereits von vornherein »gespickt« sind mit Anweisungen und Bedingungen. Nach der Art »Wir können gerne kooperieren, **wenn** Sie a) folgenden Link mit jenem Keyword und an dieser oder jener Stelle bei sich in den Templates einbauen b) ich einen Gastartikel mit mindestens 500 Wörtern und drei DoFollow-Links bei Ihnen unterbringen darf und Sie c) zudem auf meinen Newsletter verweisen.

Jedem dürfte einleuchten, dass es sich hierbei nicht um die eleganteste und diplomatischste Art handeln dürfte, einen bis dahin unbekannten Bloggerkollegen von einer für beide Seiten fruchtbaren Kooperation zu überzeugen. Natürlich ist dieses Beispiel übertrieben, doch ich habe schon so manche recht ähnliche Anfrage in meinem E-Mail-Postfach gefunden, die natürlich sofort im virtuellen Papierkorb landet. Genau wie die Kooperation selbst sollte auch eine entsprechende Anfrage stets auf gegenseitiger Augenhöhe erfolgen, selbst wenn oder gerade auch dann, wenn ich der Meinung bin, die Gegenseite müsste doch sehr dankbar über meinen Vorschlag sein, etwa weil mein Blogportal bereits prominenter besetzt ist, mehr Follower hat etc. Jeglicher herablassender oder fordernder Tonfall wird hier verständlicherweise genau das Gegenteil bewirken.

Ein weiterer »beliebter« Fehler in vielen durchaus ernst gemeinten Anfragen zur Zusammenarbeit ist zudem, dass oftmals gar nicht genau ersichtlich wird, worum es dem Absender denn eigentlich genau geht. So erhielt ich einmal folgende Anfrage:

Sehr geehrte Damen und Herren,

beim Surfen durch das Web ist mir Ihre Seite www.xyz.de aufgefallen. Ihre Seite gefällt mir sehr gut. Aus diesem Grund schreibe ich Sie an.

Eine gegenseitige Verlinkung mit einer unserer Seiten ist ein Gewinn für uns beide. Sollten Sie hieran Interesse haben, so freue ich mich über Ihr Feedback.

Was zunächst verdächtig nach einer reinen Spam-E-Mail aussieht, entpuppte sich schließlich als durchaus ernst gemeinte und auch thematisch passende Anfrage. Jedoch wurde weder aus dem Text der E-Mail noch über den Absender oder aus der zugehörigen Signatur ersichtlich, welchen Blog der Verfasser überhaupt betreibt, noch warum konkret er ausgerechnet mit meinem Portal eine solche Linkkooperation anstrebt. Ergänzten sich unsere Inhalte sehr gut? Oder sprachen wir etwa die gleiche Zielgruppe an? Dies alles musste ich erst in einer Antwort-E-Mail erfragen und nur wenige Blogbetreiber werden sich diese Mühe machen, gerade wenn täglich gleich Dutzende solcher und ähnlicher Anfragen im virtuellen Postfach auftauchen.

Nicht zuletzt kann es bei der Suche nach geeigneten Kooperationspartnern hilfreich sein, Ihre Mitbewerber – also andere Portale und Blogs aus Ihrem jeweiligen inhaltlichen Bereich – einmal dahingehend zu analysieren, mit welchen Unternehmen diese am intensivsten zusammenarbeiten. Zum einen kann man hierfür schlicht und einfach die Portale selbst unter die Lupe nehmen, ob dort in Beiträgen, in der Sidebar, im Footer oder gar in einem eigenen Partnerschaftsbereich solche Kooperationen genannt werden. Zum anderen lassen sich die wichtigsten spannenden Firmen jedoch ebenso herausfinden, indem man die URL des Wettbewerbers schlicht und einfach googelt, meistens landen dann auf den ersten Suchergebnisseiten auch viele mit diesem Portal kooperierende Internet- oder sonstige Unternehmen, bei denen sich eben diese Zusammenarbeit demnach positiv innerhalb des Google-Rankings widerzuspiegeln scheint.

Nicht nur, dass solche bereits bestehenden Kooperationen Ihrer Mitbewerber als gute Anregung dienen können, in welchen Branchen und Bereichen oder auch Verticals man vielleicht noch nach einem guten Partner Ausschau halten könnte. In Einzelfällen kann es sogar Sinn machen, genau die gleichen Unternehmen zu kontaktieren, da diese Partnerschaften ja zu fruchten scheinen und man bei dem Gegenüber zumindest ein grundsätzliches Interesse an vergleichbaren weiteren Zusammenarbeiten voraussetzen kann.

6.4 Pressearbeit für Blogger

Vielen auch sehr guten und erfahrenen Bloggerkollegen ist das Thema Pressearbeit leider immer noch ein Fremdwort. »Pressearbeit? Das ist doch etwas für Firmen und Konzerne«, so oder so ähnlich lautet dann meist die Erklärung hierzu. Ich selbst begleite mittlerweile jeden Blog-Start, aber auch jede größere Veränderung oder Neuerung in einem meiner Blogportale mit einer entsprechend aufgemachten Pressemeldung, die ich dann an die wichtigsten kostenlosen News- und Presseportale verteile.

Für meine wichtigsten Projekte versuche ich – wenn die Zeit es zulässt –, mindestens eine oder zwei relevante Mitteilungen je Blog pro Monat zu streuen. Und dies mit nachhaltigem Erfolg. Denn nicht nur, dass diese Maßnahmen das Linkbuilding nachhaltig verbessern dürften, auch hier kann ich zumindest bei einigen Meldungen schon fast darauf warten, bis die ersten Reaktionen in Form von qualitativ hochwertigen Kooperations- oder Werbebuchungsanfragen eingehen. Dies ist ein wichtiges Merkmal der Pressearbeit insgesamt. Pressemeldungen bringen – zumindest meiner Erfahrung nach – kaum etwas im B2C-(Business-to-Customer-)Bereich, also als Werbung, um neue Kunden (Leser) zu gewinnen. Für B2B-(Business-to-Business-)Zwecke wie beispielsweise Kooperationen oder Presseanfragen und wie erwähnt für die externe Verlinkung sind sie jedoch oft enorm hilfreich.

Denn die meisten Presseportale lassen es zu, dass man ein oder zwei Links oder gar Deeplinks (Verweise auf einen bestimmten Unterbereich Ihres Blogs, etwa zu einer speziellen Landingpage) in der Meldung unterbringt, wenn diese inhaltlich qualitativ hochwertiger sowie nicht rein werblicher Natur sind und zum jeweiligen Inhalt der Meldung passen.

Tipp

Einige der wichtigsten kostenlosen Presseportale für Blogger – darunter die recht bekannten Anbieter OpenPR (www.openpr.de) sowie PRCenter (www.prcenter.de) – habe ich in folgendem Artikel vorgestellt und zusammengefasst: www.blogprofis.de/buch/presseportale.

Ich werde in diesem Zusammenhang immer wieder von Kollegen und anderen Bloggern gefragt: »Worüber soll ich nur in einer solchen Pressemitteilung schreiben?« Dabei gibt es so viele Ansätze und Themen, die man quasi als Aufhänger für eine eigene Pressenachricht verwenden kann. Zudem geben die großen dieser Portale meist sehr gute Tipps und Beschreibungen, wie denn der Inhalt einer solchen Meldung idealerweise aussehen sollte.

Im Blogbereich könnten solche Aufhängerthemen für eine eigene Pressemeldung in etwa sein:

- Sie starten einen neuen Blog, beschreiben dessen Ziele, stellen die Autoren oder Urheber vor, benennen Vorteile für die Leser und umschreiben seine derzeitigen und zukünftigen Inhalte.

- Ihr Portal hat einen neuen Leserrekord erreicht, wurde einem umfangreichen Relaunch unterzogen oder auf einem prominenten Portal erwähnt.

- Sie führen eine neue Kategorie an Berichten oder eine neue umfangreiche Artikelserie ein.

- Es gibt eine neue Aktion, wie etwa ein Gewinnspiel oder eine Leserumfrage oder – im Falle der Umfrage oft noch interessanter – man berichtet zudem über das jeweilige Ergebnis.

- Sie können eine Statistik zu einem bestimmten Thema veröffentlichen (xx Prozent Ihrer TechnikBlogleser interessieren sich für das neue Gadget x, während xy Prozent lieber nach wie vor auf y vertrauen), deren Basis die Suchanfragen auf Ihrem Blogportal bilden.

- Ein sehr werthaltiger oder prominenter Gastartikel erscheint.

- Ein kostenloses E-Book, Tool, Blog-Theme, Gratis-Designelement etc. wird veröffentlicht.

- Sie konnten einen neuen, wichtigen Kunden, Kooperations- oder auch Anzeigenpartner gewinnen (dann jedoch sollte man die hieraus resultierende Pressemeldung auch mit diesem abstimmen).

- Die bei Google meistgesuchten Themen oder die meistgelesenen/am besten bewerteten Artikel Ihrer Blogleser werden inhaltlich vorgestellt.

Ich möchte nun nicht behaupten, dass der Inhalt einer Pressemeldung selbst etwa irrelevant ist. Natürlich sollte das darin enthaltene Thema einigermaßen substanziell und auch gut aufbereitet sowie recherchiert sein. Trotzdem geht es insgesamt mehr darum, das eigene Portal regelmäßig und permanent in den (Online-)Medien präsent zu halten, als für jeden dieser Texte gleich einen Grimme-Preis gewinnen zu können.

Nicht nur, dass eine gut geführte aktive Pressearbeit, wie sie hier beschrieben wurde, äußerst professionell auf existierende und mögliche Partner sowie die eigenen Leser wirken kann, sie vertieft zudem die gefühlte Präsenz sowie die Aktivität des eigenen Blogs über dessen Grenzen hinaus.

Tipp

Ich bediene mich für die effiziente Verteilung von Pressemeldungen mittlerweile Hilfswerkzeugen wie etwa dem Dienst PR-Gateway (`www.pr-gateway.de`), der gegen eine monatliche Gebühr selbst verfasste Pressemitteilungen an zahlreiche entsprechende Dienste weiterleitet und für eine dortige Veröffentlichung sorgt. Dies kann eine deutliche Zeitersparnis mit sich bringen, da doch jedes dieser dort angebundenen Portale unterschiedlich aufgebaut ist und teilweise auch verschiedene Angaben zu einem Presseartikel voraussetzt. Auch erreicht man hiermit manche Presseportale, in denen man ansonsten nur recht schwer oder erst nach einiger Zeit vergleichbare Texte unterbringen kann. Siehe hierzu auch meinen Erfahrungsbericht zu PR-Gateway unter `www.blogprofis.de/buch/onlinepr`.

Man sollte bei der Erstellung einer solchen Pressemitteilung jedoch ein paar Dinge berücksichtigen, damit diese zum einen von den Presseportalen akzeptiert wird (denn jeder Bericht wird dort in der Regel redaktionell überprüft und manche der größeren Dienste legen hierbei großen Wert auf Qualität) und zum anderen möglichst viele potenzielle Leser auf diese aufmerksam werden:

- Die Meldung sollte möglichst umfangreich (ab etwa 300 Wörter) sowie gut strukturiert sein, etwa durch Zwischenüberschriften, thematisch sinnvolle Absätze und dergleichen mehr.

- Ein aussagekräftiger und dennoch seriös und nicht »marktschreierisch« gestalteter Titel – gegebenenfalls mit Einbindung von ein/zwei für den Blog wichtigen Keywords – gehört unbedingt zu einer erfolgreichen Meldung dazu (siehe auch Kapitel 8.12).

- Die absolut sichere Rechtschreibung und Grammatik ist ein Muss, gegebenenfalls sollte man die Meldung vor Veröffentlichung deswegen von einem Unbeteiligten überprüfen lassen.

- Der Inhalt sollte auf keinen Fall zu werblich sowie stets nach journalistischen Gesichtspunkten gestaltet werden, nicht zu ausschweifend und vor allem informativ und aussagekräftig sein (etwa indem konkrete Beispiele aus der Praxis in den Text integriert werden).

- Nur wirklich beweisfahige und wahrheitsmäßige Aussagen sollten gemacht werden, auf keinen Fall irgendwelche möglicherweise als negativ angesehene Beschreibungen unbeteiligter Parteien, gar Gerüchte oder Ähnliches. Auch übertriebene und nicht verifizierte Aussagen wie etwa die eigene Bezeichnung als »größtes Portal im Bereich x« könnte Ihre Mitbewerber auf den Plan rufen und für eine unangenehme Unterlassungserklärung sorgen.

- Man sollte die Schutzrechte Dritter unbedingt beachten und nicht etwa über fremde Marken und Inhalte etc. schreiben oder auf diese verweisen, um auch in diesem Fall Abmahnungen und Ähnliches zu vermeiden.

- Eine Kontaktmöglichkeit – etwa am Ende der Mitteilung – für interessierte Leser im B2B-Bereich sollte und darf nicht fehlen (ähnlich wie im Falle des Impressums), ebenso eine Kurzbeschreibung des eigenen »Unternehmens« (also des eigenen Blogs). Die meisten Presseportale setzen die Nennung einer solchen Beschreibung auch zwingend voraus. Falls also eine Ihrer Pressemeldungen einmal zur Veröffentlichung abgelehnt wird, obwohl Sie sich große Mühe mit den Inhalten gemacht haben, so kann dies erfahrungsgemäß auch an einem zu wenig aussagekräftigen »Unternehmens«-Profil liegen.

- Wenn möglich, sollte man eigene Bilder integrieren, so etwa das eigene Blog-Logo, um für mehr Aufmerksamkeit zu sorgen. Aber auch hier sind zwingend etwaige Urheberrechtsbestimmungen zu beachten.

Ist man sich nicht sicher in der Gestaltung einer guten Pressemitteilung, so bieten einige der größeren Presseportale auch an, diese gegen eine Gebühr zu erstellen. Auch die bereits genannten Content-Lieferdienste kann man mit einem entsprechenden Auftrag versehen, die meisten verfügen zu diesem Zweck über eine eigene Kategorie »Pressemeldungen«. Hierbei sollte man jedoch darauf achten, dass der Auftragnehmer selbst bereits Erfahrung in der doch etwas speziellen Gestaltung von Presseartikeln hat (etwa ein Journalist, PR- und Marketingmitarbeiter oder Ähnliches). Spätestens dann sollte einer gelungenen Pressearbeit jedoch nichts mehr im Wege stehen.

Hinweis

In einigen wenigen Fällen kann es zudem hilfreich sein, die entsprechende Pressemeldung in andere Sprachen – etwa ins Englische – zu übersetzen und bei kostenlosen ausländischen Portalen veröffentlichen zu lassen. Auch das genannte Portal PR-Gateway bietet eine vergleichbare Option in Kooperation mit einigen überregionalen Pressediensten. Hieraus entstehende Links von fremdsprachigen beziehungsweise internationalen Onlineportalen können durchaus hilfreich sein bei der Gestaltung eines werthaltigen Linkaufbaus.

Erst recht wird diese Möglichkeit interessant, wenn man seinen Blog (automatisiert) in andere Sprachen übersetzen lässt, siehe Kapitel 8. Die zugehörige, ebenfalls fremdsprachige Pressemeldung sollte man jedoch stets von einem professionellen Übersetzer oder einem »native Speaker« transformieren lassen, da auch fremdsprachige Pressedienste äußersten Wert auf die sprachliche Qualität der zu veröffentlichenden Meldungen legen. Bei Diensten wie etwa dem bereits vorgestellten Portal `www.content.de` lassen sich solche Übersetzungen bereits für ab 10 Euro je Text (400 bis 500 Wörter) beauftragen, wobei man auch hier darauf achten sollte, diesen Direktauftrag stets an einen echten Muttersprachler zu vergeben.

Tipp

Diese Stelle möchte ich dazu nutzen, Ihnen noch ein schönes Werkzeug vorzustellen, mit dem sich insbesondere längere Bloglinks der Art *www.meinblog.xy/dies-ist-ein-beitrag-den-ich-gerne-verlinken-moechte/14532/* doch noch etwas »mediengerechter« darstellen lassen. Auch wenn Sie den eigentlichen Linktext aus irgendwelchen Gründen nicht nennen wollen, so kann hierbei eine entsprechende Maskierung angebracht sein.

Ihnen sind sicherlich die Linkverweise in diesem Buch der Art *www.blogprofis.de/buch/keyword* aufgefallen, die jeweils zu der – meist deutlich längeren – Original-URL weitergeleitet werden. Umgesetzt habe ich dies mit einem selbst implementierten URL-Shortener und mittels des Tools Yourls (`http://yourls.org`). Dieses lässt sich sehr leicht auf nahezu jedem Server mit einer eigenen Datenbank installieren. Soll für die Kürzung der Links eine Basisdomain verwendet werden, auf der gleichzeitig etwa eine WordPress-Instanz installiert ist, so muss man Yourls zur korrekten Funktionsweise in einem Unterverzeichnis anlegen (deswegen auch das Verzeichnis */buch/* in den hier abgedruckten Kurzlinks der Blogprofis). Auch zwei Datenbanken werden in diesem Fall notwendig (eine bestehende für WordPress, eine extra DB für Yourls).

Nach der recht einfachen Installation kann man dann direkt über eine mitgelieferte Web-Oberfläche gekürzte Links aus einzelnen Beiträgen oder Seiten anlegen und diese verwenden. Mittels eines eigenen WordPress-Plugins (erhältlich unter `http://wordpress.org/extend/plugins/yourls-wordpress-to-twitter/`) lassen sich diese Aufgaben jedoch sogar automatisieren, wobei jeder neue Blogartikel mit einer gekürzten URL ausgestattet wird, die dann etwa zur Übergabe entsprechender Beitrags-Postings an Twitter verwendbar sind.

Was ebenfalls zum Thema der Blog-Pressearbeit gehört – wenn auch aus einer anderen Perspektive betrachtet: Veröffentlichen Sie einen (positiven) Blogbeitrag über ein Unternehmen, ein Produkt oder eine Dienstleistung, so kann es sich durchaus lohnen, der Presseabteilung eben jener Firma einen Beleglink zu diesem Artikel per E-Mail zukommen zu lassen. Nicht nur, dass man somit auf Sie aufmerksam wird (was in meinem Fall schon auch einmal zu einer späteren Werbebuchung führte), möglicherweise wird Ihr Beitrag auch innerhalb des dortigen Pressebereichs verlinkt.

6.5   Blog- & Medien-Monitoring

Genau wie die Pressearbeit ist auch das so genannte Medien-Monitoring für jeden größeren Blog anzuraten. Hierbei handelt es sich um die regelmäßige Recherche, was andere Blogs, Portale und gegebenenfalls sogar Offline-Medien über Sie und Ihr Blogportal berichten. Dies ist zum einen deswegen so wichtig, um bei der Berichterstattung über den eigenen Weblog – egal ob im positiven oder negativen Kontext – jederzeit sehr schnell reagieren zu können. Schreibt ein anderes Portal etwas über Sie oder verlinkt gar zu Ihnen, so kann darüber beziehungsweise über die dazugehörigen Inhalte eine Kommentardiskussion entstehen. Es sieht dann nicht nur professionell aus, wenn Sie sich an dieser Diskussion beteiligen, Sie können diese zudem in eine möglichst positive Richtung steuern, indirekt Ihre Kompetenz bewerben oder einfach nur auf sich aufmerksam machen sowie neue Leser generieren.

Noch wichtiger kann eine solche Reaktion natürlich dann werden, wenn über eines Ihrer Portale kritisch berichtet oder kommentiert wird. Hierzu ist es jedoch erst einmal wichtig, möglichst schnell darüber informiert zu werden, sobald Sie beziehungsweise Ihr Blogportal auf einem anderen Medium Erwähnung finden. Für den Onlinebereich gibt es hier beispielsweise folgende kleine Hilfsmittel:

- Erfährt man über einen Trackback von der Erwähnung des eigenen Blogs auf einem anderen Portal, so kann man sich dort zunächst einmal für diesen Beitrag bedanken und dann gleichzeitig – sofern vorhanden – die dortige Funktion »Benachrichtige mich bei weiteren Kommentaren per E-Mail« nutzen. Somit erfährt man jederzeit, falls andere Leser ebenfalls über einen Kommentarbeitrag Stellung zum eigenen Blog oder dessen Inhalten nehmen, und kann hierauf reagieren, eventuelle Fragen beantworten und mehr.

- Da man nicht nur durch Weblogs verlinkt wird (oder die Trackback-Funktionalität auch nicht in allen Fällen funktioniert), sollte man sich zudem regelmäßig darüber informieren, was etwa eine Abfrage *site:www.meineblogdomain.xy* oder »meineblogdomain.xy« (in Anführungszeichen, zur Suche bei Erwähnung der eigenen Domain im Fließtext einer Webseite) bei Google an Ergebnissen mit sich bringt.

- Entsprechende Suchbegriffe – wie etwa die eigene Blogdomain – kann man zudem über die Google Blogsuche (`www.google.de/blogsearch`) nach Eingabe des entsprechenden Begriffs recherchieren und diese Suche dann via RSS abonnieren (über den Punkt *Atom/RSS* unter den Ergebnissen der Blogsuche). Über ein kostenloses Monitoring-Tool wie Netvibes (`www.netvibes.com/de`) lassen sich die Resultate solcher Suchabonnements dann organisieren und optimiert darstellen. So hat man einen ständigen Echtzeit-Überblick nicht nur über die Medienstimmen zum eigenen Blog, sondern bei Bedarf auch noch zu relevanten Keywords etc.

■ Ebenfalls interessant in diesem Zusammenhang: Google Alerts (`www.google.de/alerts`) für die automatische Benachrichtigung bei Nennung Ihres Blogs oder Ihres Namens innerhalb einer Google-News-Nachrichtenquelle oder die Twitter-Suche unter `http://search.twitter.com/`, die ebenfalls abonniert werden kann.

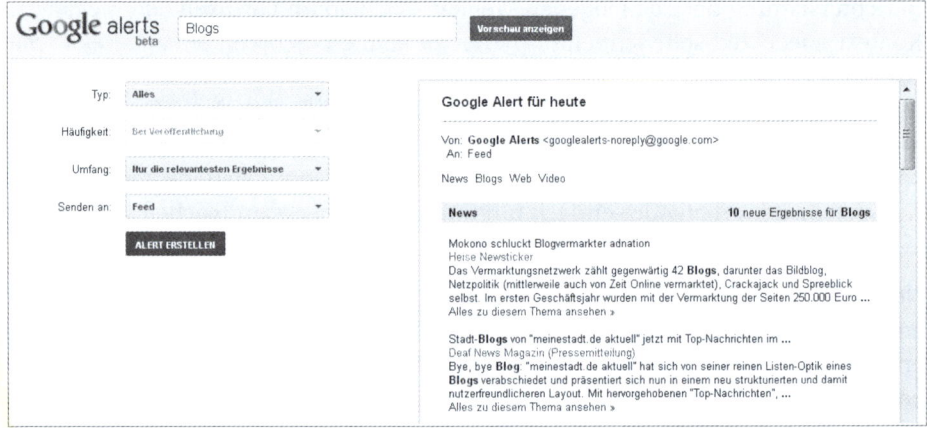

Abb. 6.13: Google Alerts informiert jederzeit über News zu einem bestimmten Stichwort.

Teil III

Blog-Vermarktung für Fortgeschrittene

In diesem Teil:

Kapitel 7

Möglichkeiten der Monetarisierung

Die jeweilige Form der Blogvermarktung richtet sich immer danach, in welcher Form Sie Ihren Blog monetarisieren oder auf andere Weise weiter voranbringen möchten. Dies kann sehr unterschiedliche Formen annehmen.

Während der Betreiber eines Corporate-Blogs auf mögliche qualifizierte Leads (Verkaufsmöglichkeiten) zielt, so wird der Musiker sein neuestes Album, der Handwerker seine Dienstleistungen und der gewöhnliche Blogger seine Inhalte und/oder darin eingebundene Werbemittel möglichst prominent platzieren wollen. Selbst für Corporate-Blogs kann eine Art der Monetarisierung gelten, wenn die entsprechenden Redakteure oder Abteilungsleiter daran gemessen werden, wie viel Umsatz des Hauptportals aus direkten oder indirekten Quellen des Blogs beziehungsweise über die Blogbesucher zustande kommt.

Hinweis

Bei reinen Contentblogs – die über die klassische Werbeeinbindung refinanziert werden – lautet eine oft an mich gestellte Frage: »Wie viel kann ich denn nun damit verdienen?« Dies hängt natürlich von mehreren Faktoren ab, auf die ich später in diesem Kapitel noch eingehen werde. Generell gibt es aber dennoch gewisse Durchschnitts-Messwerte, an denen man sich orientieren kann, sobald (!) ein Blogportal wirklich etabliert ist und entsprechende Besucherzahlen generiert. Diese Werte hin zur deutlichen Gewinnschwelle fangen dabei je nach Refinanzierungsmodell bei etwa 100 Besuchern pro Tag an und entwickeln sich idealerweise mit der Zeit zum 10-Fachen oder aber auch deutlich mehr. Auch dies hängt vom jeweiligen Themenschwerpunkt ab.

In den USA gibt es wie bereits erwähnt Blogs, die gut und gerne fünfstellige Summen im Monat einnehmen, doch das dürfte – selbst in diesem bereits sehr gereiften Blog-Markt – noch eher die Ausnahme sein. Hierzulande wird man von einem erfolgreichen Blog ab etwa 100 Euro monatlicher Einnahmen zu Beginn sprechen, die sich mit einem geeigneten Thema – und etwa der Finanzierung über Partnerprogramme und eigene Werbeflächen-Vermarktung – innerhalb von ein/zwei Jahren durchaus zu 1.000 bis 2.000 Euro monatlicher Einnahmen entwickeln lassen, bei einem Affiliate-Blog unter Umständen deutlich mehr.

> Natürlich gibt es auch hier besonders erfolgreiche Exemplare mit einer nochmaligen deutlichen Steigerung, realistisch betrachtet dürften jedoch die meisten Berufsblogger auf mehrere Weblogs beziehungsweise deren Einnahmen angewiesen sein, um davon leben zu können. Dies ist nicht zuletzt alleine deswegen der Fall, da man in einer – in diesem Falle meist notwendigen – Selbstständigkeit gut die Hälfte aller Gewinne wieder ausgeben muss, und zwar in Form von Steuern, Versicherungen, Sozialausgaben und Ähnlichem mehr. In Kapitel 15 werde ich noch einmal näher auf die Chancen, aber auch Risiken eingehen, die sich einem Blogger hierzulande derzeit bieten. Jedoch wird man als Blogbetreiber nur sehr selten das »schnelle Geld« machen, vor dieser falschen Hoffnung sei bereits jetzt gewarnt.

Nicht jeder Blog ist dabei für jede Form der Monetarisierung geeignet, ich habe es andererseits bereits oft genug erlebt, dass ich das Refinanzierungsmodell eines meiner Blogportale erweiterte oder gar völlig abänderte und sich danach gleichzeitig auch die Einnahmen in nicht unerheblichem Maße positiv (oder aber auch negativ) verändert haben.

Die wichtigsten Formen der Monetarisierung, aber eben auch immer der sonstigen Eigenvermarktung des Weblogs, möchte ich daher in den folgenden Abschnitten zunächst einmal vorstellen.

7.1 AdSense, Amazon & Co.

Für Firmenblogs meist nicht geeignet (es sei denn, man wirbt etwa für das selbst herausgebrachte Buch oder andere Produkte über Amazon-Direkt-Werbeeinbindungen), so ist dies üblicherweise der klassische Beginn einer Blogger-»Karriere«: die Einbindung von extern zugesteuerten Pay-per-Click-(PPC-) oder Pay-per-Sales/Lead-Programmen wie Google AdSense, dem Amazon-Partnerprogramm, InText-Werbung (siehe beispielsweise www.vibrantmedia.de oder www.adiro.de) und ähnlichen Maßnahmen. Dabei handelt es sich also um Werbeformen externer Anbieter, die meist dann vergütet werden, wenn ein Leser auf solch eine Werbeanzeige klickt und hierdurch zu der Homepage des werbenden Unternehmens weitergeleitet wird.

Gerade Google AdSense ist bei vielen Bloggern ein recht beliebtes und oft genutztes Werbeformat, da es sich dabei bislang mit großem Abstand um den Marktführer in seinem Bereich handelt, der über unzählige angeschlossene werbende Unternehmen aus allen möglichen inhaltlichen Bereichen verfügt (über das Google-eigene Werbenetzwerk AdWords) und von daher selbst für Nischenblogs recht lukrativ sein kann. Vor allem bei freien Werbeflächen – die nicht durch umsatzträchtige Affiliate-Banner oder eigene Werbepartner belegt sind – kann die Schaltung entsprechender Text- oder auch Bannerwerbung einen schönen und vor allem regelmäßigen sowie relativ konstanten Zuverdienst ausmachen.

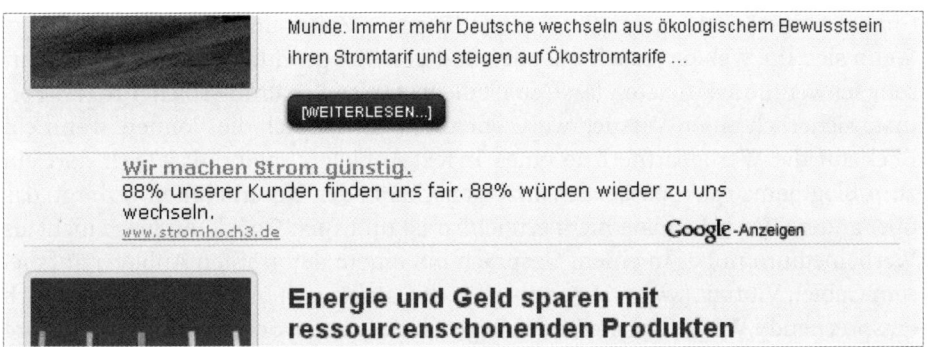

Abb. 7.1: Eine typische AdSense-Anzeige

Vergleichbare PPC-Programme laufen jedoch nicht auf allen Blogs gleichermaßen gut. Ich etwa verfüge über Weblogs, bei denen Google AdSense 50 Prozent und mehr der gesamten Einnahmen ausmacht. Bei anderen hingegen verzichte ich gänzlich auf diese Form der Werbeeinbindung, da die Einnahmen trotz unterschiedlichster Optimierungsmaßnahmen gleich null waren. Hier hilft oftmals nur reines Ausprobieren, da es laut meinen Versuchen keine wirklich allgemeingültigen Regeln gibt, in welchen Fällen Google-AdSense-Werbung hilfreich ist und in welchen eher nicht.

Oft wird AdSense als reine »Wunderwaffe« beschrieben, gerade in der US-amerikanischen Bloggerszene. Berichte von monatlichen AdSense-Einnahmen im fünfstelligen Bereich machen dort regelmäßig die Runde. Hierzulande wird man neben einem äußerst ertragreichen Blogthema (etwa Finanzen, Recht, Mobilfunk oder Ähnlichem) zudem eine enorme Masse an Blogbesuchern generieren müssen, um überhaupt nur in die Nähe vergleichbarer Dimensionen vordringen zu können.

Viele Bloggerkollegen bestätigen mir immer wieder, dass es bis auf einige Ausnahmethemen meist lukrativer ist, spezielle Partnerprogramme (auf die ich noch eingehen werde) einzubinden, statt ausschließlich auf AdSense zu setzen. Doch wie erwähnt: Meist kann Googles Programm als Ausgleich hierfür für ein schönes und regelmäßiges »Grundrauschen« an mehr oder weniger zuverlässigen Einnahmen sorgen. Stark abhängig von den jeweils gerade geltenden Besucherzahlen, was aber natürlich bei den meisten Refinanzierungsformen der Fall ist.

Ich habe in der Vergangenheit in unterschiedlichen Blogs bereits zahlreiche AdSense-Konkurrenten ausprobiert, etwa ähnliche automatisierte Werbenetzwerke oder die eben genannten InText-Werbeprogramme. Dabei werden je nach Textinhalt automatisiert bestimmte Werbeanzeigen im Fließtext der Bloginhalte integriert. Allerdings konnte ich hierbei nie auch nur einen ähnlichen finanziellen Erfolg erzielen wie mit dem Marktführer Google. Dies mag aber auch daran liegen, dass ich diese Werbeform für meine Leser meist als zu »aufdringlich« empfinde, selbst in einem Affiliate-Blog, und ihr deswegen nur sehr selten eine wirkliche

Chance eingeräumt oder sie über einen längeren Zeitraum hin ausgetestet hatte. Wenn sich Ihr Weblog jedoch mit allen anderen hier genannten Werbeformen nur sehr schwer monetarisieren lässt, so ist die testweise Schaltung solcher InText-Formate sicherlich einen Versuch wert. Vor allem könnte sich dies lohnen, wenn ein Blick auf die Werbepartnerliste eines InText-Anbieters ergibt, dass sich dort ein zum Blogthema exakt passendes anzeigenschaltendes Unternehmen verbirgt, das über andere Werbeformate nicht erreichbar ist und auch Google AdSense nicht als Werbemedium nutzt. In einem Gespräch mit einem der größten Anbieter auf diesem Gebiet, Vibrant (www.vibrantmedia.de), stellte sich hierbei heraus, dass sich entsprechende Werbeformate in der Regel ab etwa 100.000 Page Impressions pro Monat lohnen dürften, was schon ein recht großes Blogportal voraussetzt.

Von daher scheint zumindest hierzulande AdSense nach wie vor in der Regel die erste Wahl dieser Art der Werbung zu sein, abgesehen von speziellen zusätzlichen Werbeformaten wie der Integration von Anzeigenlinks beim Posting der Blogbeiträge auf Facebook (Achtung: Werberichtlinien von Facebook beachten, siehe www.facebook.com/ad_guidelines.php), Werbeschaltung innerhalb RSS-Feeds (obwohl sich selbst dort AdSense integrieren lässt) oder der Nutzung von Empfehlungsdiensten wie www.tellja.de und Ähnlichem. Nicht wenige Blogger konnten mir diesen Trend bislang bestätigen, auch wenn es immer wieder mehr oder weniger erfolgreiche Versuche von weiteren Netzwerken und neuen Dienstleistern gibt, diese »Monopolstellung« zu durchbrechen. Entsprechende Experimente zur Einbindung alternativer PPC-Werbeformate sollte jedoch jeder Blogger gegebenenfalls selbst unternehmen, da zumindest einige Blogger doch über recht gute Erfahrungen mit vergleichbaren AdSense-Alternativen berichten und auch immer wieder neue Anbieter den deutschsprachigen Markt betreten.

Da die Einbindung des Werbeprogramms von Google zumindest auf einigen Blogs eine recht bequeme und teilweise auch recht lukrative Einnahmeform darstellen kann, so sollte man hier jedoch stets auch auf die Risiken einer solchen Abhängigkeit von nur einer einzigen Werbeform sowie einem Anbieter achten. Es ist gut, dass Google konsequent gegen all jene Portalbetreiber vorgeht, die unter absichtlicher Missachtung der Google-AdSense-Richtlinien versuchen, ihre Einnahmen aus dem Programm künstlich in die Höhe zu treiben, sei es durch Klickbetrug, unerlaubte Aufforderung zum Aufruf der Werbung oder durch technische Verschleierung, dass es sich bei dem eingebundenen Block eben um Anzeigen von Google handelt. Schließlich würde die Duldung solcher Versuche das gesamte Programm sowohl für die Werbekunden und damit auch für die Publisher deutlich unattraktiver machen. Ich kenne jedoch Fälle, in denen Blogbetreiber von einem Tag auf den anderen vom kompletten AdSense-Programm und damit der kompletten Refinanzierungsmöglichkeit ausgeschlossen wurden, ohne vorsätzlich oder wissentlich solche unredlichen Versuche unternommen zu haben.

In einem Fall wurde dem befreundeten Blogger dabei nicht konkret mitgeteilt, weswegen er vom Werbeprogramm ausgeschlossen wurde beziehungsweise gegen welche Bestimmung dieser denn aufgrund welcher Tatsache er verstoßen haben soll. Gerade nicht wirklich fachkundige Internetbetreiber können relativ schnell in eine solche Falle tappen, da sie sich nicht genügend mit den Richtlinien des Google-Anzeigenprogramms auseinandersetzen (www.google.com/adsense/support/bin/answer.py?hl=de&answer=48182). Schlimmer noch in dem geschilderten Fall: Auch der Einspruch zur Wiederaufnahme in das Werbeprogramm von Google wurde bei diesem Blogger ohne Begründung abgelehnt, und danach gibt es keine weitere Chance mehr, da eine Neuanmeldung unter gleichem Namen sowie für dieselben Portale nicht mehr möglich ist und man somit unter Umständen dauerhaft ausgeschlossen bleibt. Hat man in diesem Fall einzig und allein auf AdSense-Werbeblöcke zur Monetarisierung des eigenen Blogs gesetzt oder erzielt man über diese Werbeform existenzielle Teile seines Einkommens, so kann dies durchaus zum Scheitern einer Blogger-Existenz führen, da alternative Werbeprogramme oftmals auch nicht kurzfristig in gleichem Maße etabliert werden können. Deswegen ist es anzuraten, Programme wie Google AdSense stets in einem Mix mit anderen Werbeformen einzusetzen und natürlich stets auf die genannten Richtlinien sowie eventuelle Änderungen in diesen zu achten.

Tipp

Hat man übrigens Probleme dieser oder anderer Art mit Googles Werbeprogramm oder bestehen Fragen hinsichtlich der korrekten Auslegung der jeweiligen Richtlinien, so hat sich für mich das zugehörige Forum unter www.google.com/support/forum/p/adsense bewährt. Beispielsweise wenn man ungewöhnliche Klickaktivitäten im Google AdSense Reporting feststellt – etwa zahlreiche nicht vergütete Klicks, die auf eine Entwertung durch Google aufgrund einer Nichtvereinbarkeit mit den Richtlinien hindeuten kann –, so kann man dort andere AdSense-Nutzer und manchmal auch Experten von Google selbst um Rat fragen, wie man in diesem Fall am besten vorgehen sollte.

So kann im genannten Fall die proaktive Nennung dieser unüblichen Klickaktivitäten – die durch einen konkurrierenden Webseitenbetreiber zustande gekommen sein können – an Google durchaus hilfreich dabei sein, eventuellen Abmahnungen zuvorzukommen, und sei es nur, um seinen guten Willen als Webseitenbetreiber bei der Aufklärung vergleichbarer Fälle zu zeigen. Auch versehentliche Klicks auf Werbeflächen der eigenen Blogs kann man hierüber gegebenenfalls melden.

Tipp

Obwohl Google AdSense die Werbeanzeigen in den einzelnen Blöcken automatisiert zusteuert, so gibt es dennoch drei grundlegende Möglichkeiten, die Google-AdSense-Einnahmen hieraus auf dem eigenen Blog nachhaltig zu optimieren:

Zum einen gibt Google selbst seinen Webmastern und Blogbetreibern die Möglichkeit, die Zusteuerung passender Werbeinhalte in gewissem Maße zu steuern, was bei mir in Einzelfällen teilweise in Umsatzsteigerungen von 100 Prozent und mehr resultierte. So kann über die Verwendung der Tags

<!-- google_ad_section_start --> sowie *<!-- google_ad_section_end -->*

innerhalb des Blog-Quellcodes über den zwischen diesen beiden Tags gelisteten Text zumindest ansatzweise gesteuert werden, welche Keywords Google möglichst zur Beisteuerung der Werbeanzeigen heranziehen soll. Mittels der Variante im eröffnenden Tag

<!-- google_ad_section_start (weight=ignore) -->

hingegen können sogar einzelne unerwünschte Keywords ausgeschlossen werden. So betrieb ich eine gewisse Zeit lang einen Blog namens »seoperlen.de« und konnte mittels dieser Maßnahme recht erfolgreich verhindern, dass statt SEO-relevanter Werbeanzeigen Inhalte von Schmuckanbietern eingebunden wurden (durch das Wort ...*perlen*.de). Siehe hierzu die detaillierte Beschreibung und Anleitung in meinem Artikel www.blogprofis.de/buch/adsensetargeting.

Zum anderen sollte man so lange mit der Positionierung und Gestaltung der einzelnen AdSense-Werbeblöcke experimentieren, bis man die für den jeweiligen Blog lukrativste Möglichkeit gefunden hat. Entgegen zahlreicher kursierender Tipps (etwa der generellen Einbindung innerhalb eines Artikels oder direkt über der Artikelüberschrift) gibt es meiner Erfahrung nach hier nämlich keine für alle Blogs allgemeingültigen Patenrezepte.

Und drittens – auch hier entgegen der »offiziellen« Google-Empfehlung – bringen zumindest bei mir reine Textwerbeblöcke meist deutlich mehr Einnahmen als gemischte Text/Grafikblöcke beziehungsweise reine Grafikbanner. Aber dies sollte ebenfalls jeder Blogger einfach selbst ausprobieren und die jeweils resultierenden Einnahmen gegenüberstellen. Über den Bereich *AdSense-Setup → Anzeigen verwalten → Anzeigeneinstellungen bearbeiten* innerhalb von Google AdSense lässt sich für jeden Anzeigenblock auch im Nachhinein festlegen, welche Arten von Anzeigenformen eingebunden werden sollen. In den seltenen Fällen, in denen die AdSense-Grafikformate dennoch bessere Ergebnisse erzielen als die reine Textversion, kann es sich jedoch lohnen, mit den unterschiedlichen zur Verfügung stehenden Formaten selbst zu experimentieren. So kann Googles Rat, anstatt der recht beliebten 250x250-Werbeformate das leicht größere 300x250-Grafikbanner zu integrieren, teilweise erstaunlich gute Ergebnisse liefern, was sich in diesem Fall in einer deutlich höheren Klickrate widerspiegeln müsste.

Eine Schritt-für-Schritt-Anleitung zur AdSense-Integration selbst findet sich übrigens hier: www.blogprofis.de/buch/adsenseintegration.

Alternativen zu Google AdSense

Einzig das Amazon-Partnerprogramm (unter `http://partnernet.amazon.de`) kann meines Erachtens in einigen Fällen eine gute Ergänzung oder gar ein Ersatz für AdSense bieten. Denn damit lassen sich bei Weitem nicht nur Bücher vermarkten, wobei selbst dies – etwa innerhalb einer zum Blog passenden Buchrezension – teils erstaunlich gute Einnahmen bringen kann. So hatte ich Teile meiner Weblogs im Bereich Elektronik und Medien mit Werbe-Verweisen zu (hochpreisigen) Produkten bei Amazon ausgestattet und konnte mich teilweise über nicht unerhebliche Gewinne hieraus erfreuen.

Auf einige Besuchergruppen kann ein Amazon-Werbeblock zudem »seriöser« wirken als die Werbung vergleichbarer Programme, was sicherlich an der recht hohen Reputation liegt, die dieses Unternehmen nach wie vor bei seinen Kunden genießt. Amazon bietet zudem zahlreiche unterschiedliche und teils sehr innovative Werbeformate, mit denen sich die verschiedensten Produkte- und Produktgruppen sehr schnell oder gar vollkommen automatisiert zusteuern und einbinden lassen.

Neben den Einzeltitellinks- und Bannern zu bestimmten Büchern und anderen Produkten sind dies etwa:

- Leicht einzubindende Widgets, also quasi eigene kleine Programmbausteine, die durch den Anbieter zur Verfügung gestellt werden und die sich in Form und Farben nahezu komplett an das eigene Webdesign anpassen lassen. In diesen können dann – je nach Bloginhalt automatisiert – passende Produkte zugesteuert werden.
- Spezielle Schnäppchen-, Slideshow- und Favoriten-Widgets zur Bewerbung eines eigenen zusammengestellten und zum Blogthema passenden Produktportfolios.
- Sehr chic: Das so genannte Karussell-Widget, mit dem selbst zusammengestellte Produktbilder in einer eleganten Animation beziehungsweise Rotation auf der eigenen Webseite angezeigt werden, so dass kaum ersichtlich ist, dass es sich hierbei tatsächlich um eine der üblichen Werbeformen handelt. Ideal für designorientierte Blogprojekte.
- Ein selbst gestalteter so genannter aStore, quasi ein nach persönlichen Vorgaben zusammengestellter kleiner Amazon-Shop, den man als eigene Blog-Unterseite einbinden kann. Bei sämtlichen hierüber bestellten Produkten kann man sich eine bestimmte Provision hinzuverdienen. Praktisch beispielsweise als eigener Handy-Shop auf dem Mobilfunkblog sowie für ähnliche Gelegenheiten oder als eigener Bücher-Katalog beziehungsweise -Empfehlungsgeber passend zum Weblogthema.

All diese Werbeformen sind sehr einfach und mit wenigen Mausklicks zu gestalten und am Ende erhält man einen individuellen Quellcode als Ergebnis, den man nun als Widget oder PHP-Code in den eigenen Blog integrieren kann. Für unterschiedliche Blogs – oder sogar einzelne Blogbereiche – können dabei auch verschiedene selbst zu vergebende Tracking-Tags in die Amazon-Werbemittel integriert werden, um erkennen zu können, über welches Blogportal man die meisten Umsätze bei Amazon generiert.

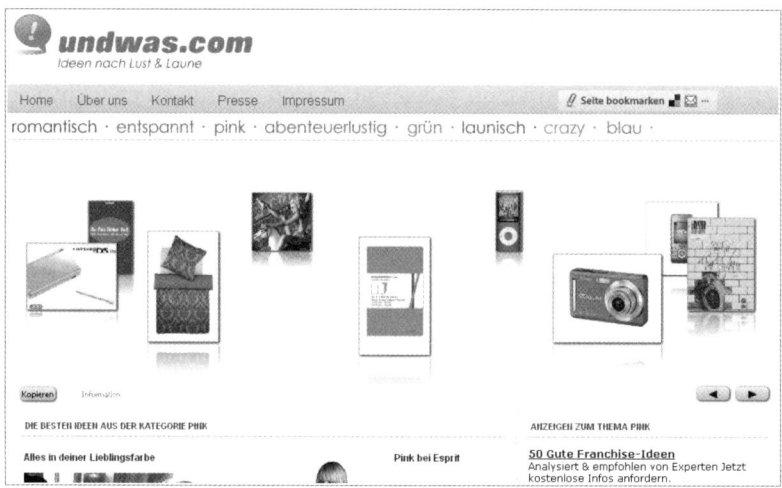

Abb. 7.2: Mit dem Karussell-Widget von Amazon kann man seinen Besuchern einen echten Mehrwert liefern, was sich auch für schicke Affiliate-Blogs eignet.

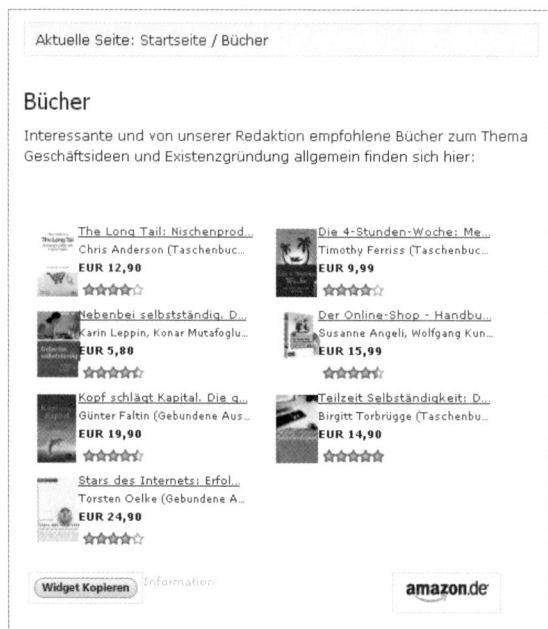

Abb. 7.3: Der Bereich »Bücher« bei MeinStartup.com, gestaltet mit Hilfe eines Empfehlungs-Widgets von Amazon

Hinweis

Ich werde gleich dazu kommen, dass andere Werbemöglichkeiten als die hier genannten teilweise noch deutlich mehr Einnahmen generieren können. Auf einem Blog jedoch, der hauptsächlich von Stammlesern konsumiert wird, können sich inhaltlich ständig wechselnde Werbeblöcke – wie es bei Google AdSense der Fall ist – dennoch im Vergleich zu eher statischen Anzeigenformaten lohnen. Denn diese statische Werbung wird gerade dem Stammleser sehr schnell vertraut werden und er wird sie womöglich gar nicht mehr als solche wahrnehmen. Entsprechend sinkt die Chance, dass er eines Tages doch noch darauf »klickt«.

Bei dynamisch wechselnden Vermarktungsinhalten besteht dementgegen immer die Chance, dass selbst regelmäßige Blogbesucher dort noch etwas Neues für sich entdecken, was interessant genug erscheint, um zu einem entsprechenden Klick zu führen. In den meisten Fällen wird man daher meist beide Werbeformate miteinander kombinieren (siehe Abschnitt 7.9).

7.2 Affiliate-Marketing

Eine der umfangreichsten, aber auch mit Abstand lukrativsten Möglichkeiten im Bereich »Geld verdienen mit Blogs« ist das so genannte Affiliate-Marketing, auch als Partnerprogramme bezeichnet. Hierbei bindet der Blogbetreiber (Affiliate oder auch Publisher genannt) über ein zugrunde liegendes Affiliate-Netzwerk oder in direkter Zusammenarbeit mit einem werbenden Unternehmen (bezeichnet als Advertiser oder auch Merchant) spezielle Werbemittel ein, etwa in Werbebanner- oder auch Textlinkform.

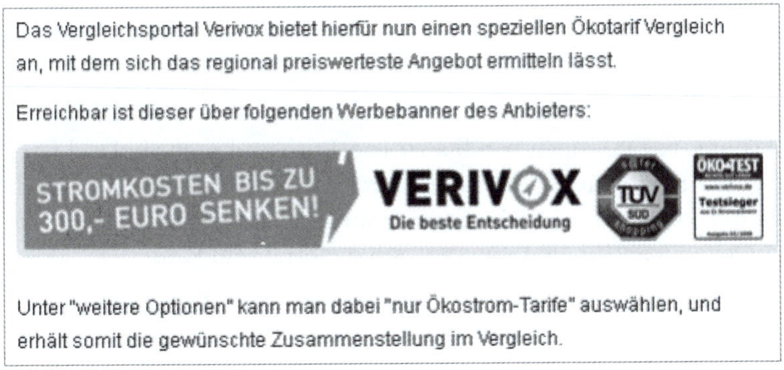
Das Vergleichsportal Verivox bietet hierfür nun einen speziellen Ökotarif Vergleich an, mit dem sich das regional preiswerteste Angebot ermitteln lässt.
Erreichbar ist dieser über folgenden Werbebanner des Anbieters:
STROMKOSTEN BIS ZU 300,- EURO SENKEN!
VERIVOX
Die beste Entscheidung
TÜV SÜD
ÖKO-TEST
Testsieger
Unter "weitere Optionen" kann man dabei "nur Ökostrom-Tarife" auswählen, und erhält somit die gewünschte Zusammenstellung im Vergleich.

Abb. 7.4: Ein Beispiel für einen Affiliate-Banner innerhalb eines Beitrags

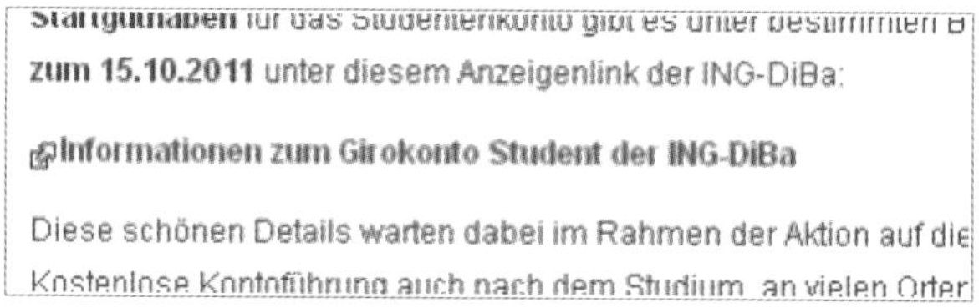

Startguthaben für das Studentenkonto gibt es unter bestimmten B
zum 15.10.2011 unter diesem Anzeigenlink der ING-DiBa:

🔗Informationen zum Girokonto Student der ING-DiBa

Diese schönen Details warten dabei im Rahmen der Aktion auf die
Kostenlose Kontoführung auch nach dem Studium, an vielen Orter

Abb. 7.5: Im Vergleich dazu ein Partnerprogramm-Textlink

Klickt nun ein Leser auf dieses Werbemittel, so gelangt er auf das beworbene Portal oder eine speziell hierfür bereitgestellte Landingpage des Advertisers. Wird dort ein Kauf getätigt, so erhält der Blogbetreiber – quasi als Belohnung für die Werbung des Kunden – eine anteilige oder auch fixe Provision. Reine Pay-per-Click-Modelle – in denen also bereits der initiale Klick vergütet wird, ohne dass der weitergereichte Kunde tatsächlich etwas bei dem Advertiser erwerben muss – gibt es in diesem Bereich hingegen kaum mehr. Die korrekte Zuordnung der ausgeführten Bestellungen und Verkäufe (genannt Lead/Verkaufschance oder auch Sale/tatsächlicher Verkauf) zu der werbenden Plattform wird dabei über einen so genannten speziellen Tracking-Link ermöglicht.

Warum ist dieses Affiliate-Marketing nun in vielen Fällen so äußerst lukrativ? Schließlich ist doch die Chance, dass nach einem Klick durch einen Leser auch tatsächlich ein Kauf oder zumindest eine Werbeanforderung erfolgt, um einiges geringer als bei reinen PPC-Modellen. Nun, ganz einfach: Die in diesem Fall ausbezahlte Provision ist um einiges höher.

So gibt es beispielsweise in den Bereichen

- Finanzen/Versicherungen
- Telekommunikation
- Technik & IT sowie Webhosting
- Energie
- Reisen
- Verlagswesen/Abonnements

nicht selten Provisionsauszahlungen von bis zu 100 Euro und mehr je Lead oder Sale. Ich besitze einen Finanzblog, bei dem es durchschnittlich mehrmals täglich zu solchen Leads und Sales kommt und so kann man sich schnell ausrechnen, wie lukrativ ein entsprechendes Affiliate-finanziertes Blogportal sein kann.

Der Nachteil: Im Gegensatz zu schnell eingebundenen und funktionierenden PPC-Programmen, wie sie etwa Google AdSense anbietet, dauert es meist ungleich länger, bis solche mittels Affiliate-Programmen ausgestattete Blogs »funktionieren«. Bei einigen dieser Blogs dauerte es bis zu einem Jahr und mehr, bis sich nennenswerte und stetig steigende Affiliate-Einnahmen erzielen lassen. Andere wiederum sind fast gänzlich ungeeignet für diese Vermarktungsform oder aber die Partnerprogramm-Vergütungen der jeweiligen Branche fallen so niedrig aus, dass sich alleine deswegen eine Einbindung nur für extrem Traffic-starke Internetportale lohnt.

Worauf kommt es nun insbesondere an, um Partnerprogramme möglichst erfolgreich einzubinden? Und worauf sollte ich bei der Auswahl entsprechender Advertiser achten?

7.2.1 Qualität und Menge der Inhalte

Ein relativ neuer Blog mit nur wenigen Artikeln wird es wohl kaum schaffen, deutlich erkennbare Partnerprogramm-Einnahmen zu generieren. Auch sollten entsprechende Beiträge mit möglichst viel inhaltlichem Mehrwert für den Leser ausgestattet werden, einen bestimmten Umfang haben (300+ Wörter) sowie so gut wie möglich »einzigartig« sein, um die entsprechend notwendigen Leserzahlen sowie auch Leseraktionen (Klicks) über zugehörige Suchmaschinenaufrufe zu erhalten.

Der 1000ste fast wortgleiche Artikel zu einem neuen Elektronik-Gadget wird es ungleich schwerer haben als der Beitrag zu einem weniger oft genannten und zitierten Thema. Oder aber man grenzt sich durch eine besondere Form und Art der Inhalte von konkurrierenden Artikeln ab, indem man spezielle Details benennt, das Produkt testet oder auf andere Erfahrungsberichte verweist. Oder dadurch, dass man statt von der »Heckenschere 2000xls« schlicht und einfach einen Bericht über den richtigen Heckenschnitt schreibt und darin einen passenden Affiliatelink unterbringt, was in der Regel die erfolgversprechendste Methode zur effizienten Bewerbung von Partnerprogrammen darstellt.

7.2.2 Das richtige Partnerprogramm auswählen

Dieser Punkt hört sich selbstverständlich an, wird aber – wenn ich mir viele Blogportale anschaue – oft genug nicht berücksichtigt. Das Handy-Affiliate-Banner auf einem Blog für Kaninchenzüchter? Der Weihnachtsshop wird auf einem Portal für Sommermode eingebunden? Und der Games-Blogger wirbt für (wenn auch an sich sehr lukrative) Aktiendepot-Partnerprogramme? Dann darf man sich nicht wundern, wenn die hieraus resultierenden Einnahmen eher gegen null tendieren werden.

Man kann dieses Prinzip sogar noch verfeinern: Auf meinen Finanz-, Telko- oder Energieblogs etwa kann der Austausch eines passenden Produkts oder Anbieters durch einen Mitbewerber Umsatzsprünge (oder eben auch Einbußen) in beträchtlichem Umfang auslösen. In manchen Fällen kann auch das so genannte Cross-Marketing über artverwandte Affiliate-Programme gut funktionieren, dies wäre zum Beispiel der Fall, wenn

- der Maklerblog das Partnerprogramm einer Umzugs- oder Mietwagenfirma in seinen Auftritt integriert
- der Ausbildungsblog das Studenten-Girokonto bewirbt

- das Fashion-Portal auf entsprechende Anzeigen einer neuen, angesagten Musik-Downloadbörse setzt

- oder lokale Weblogs auf einen Dienstleister wie Groupon (www.groupon.de) als Partnerprogramm setzen, um regionale Angebote verbreiten zu können

Fleißige Leser ahnen bereits, was nun kommt: Nur Ausprobieren hilft hier bei der Entscheidungsfindung »Was ist das für mich beste und lohnenswerteste Affiliate-Programm« wirklich weiter ☺.

7.2.3 Partnerprogramme und -netzwerke vergleichen

Partnerprogramm ist leider nicht gleich Partnerprogramm. Es gibt sehr viele sehr gute Advertiser auf dem deutschsprachigen Markt sowie für nahezu sämtlichen Blogthemen. Doch mischen sich eben leider auch immer wieder einige »schwarze Schafe« darunter, die den Einstieg in das Arbeiten mit Affiliate-Marketing teils deutlich trüben können.

Hier ist die zu Beginn dieses Buchs vorgestellte Erfolgsmessung von enormer Bedeutung. Regelmäßig sollte man sich die Statistiken der einzelnen Partnerprogramme oder auch der Netzwerke vornehmen, um den konkreten Beitrag eines jeden einzelnen Advertiser-Unternehmens zu den Blogumsätzen und -einnahmen zu ermitteln:

- Welche Partnerprogramme beziehungsweise deren Werbemittel werden von meinen Lesern überhaupt wahrgenommen (Stichwort der Messgröße »Views« innerhalb des Affiliate-Reportings)?

- Selbst wenn sie wahrgenommen werden, wie ist die Qualität und Attraktivität des Banners oder Textlinks selbst, sprich, wie oft klicken diese Leser dann auch auf diese Werbung?

- Wenn sie denn klicken, in welchem Verhältnis findet tatsächlich ein registrierter Verkauf (Reporting: Lead/Sale) statt?

- Wie hoch ist die Stornoquote, das bedeutet wie oft wird die Provision der tatsächlich getrackten Leads/Sales aus irgendwelchen Gründen im Nachhinein gestrichen (etwa weil ein Kaufvertrag doch nicht zustande gekommen ist, das Produkt nicht bezahlt oder wieder zurückgeschickt wurde etc.)?

- Bei den tatsächlich vergüteten Verkäufen: Wie umfangreich fällt die jeweils fällige Provision aus im Vergleich zu Partnerprogrammen von Mitbewerbern? Gibt es vielleicht sogar eine sich steigernde Staffelung für besonders erfolgreiche Publisher oder hat man – wie leider nur selten der Fall – die freie Wahl zwischen Lead- oder Salesvergütung?

Dies und mehr gilt es dabei zu berücksichtigen.

Weiterhin sollte man sich stets ganz genau die jeweiligen Bedingungen und Allgemeinen Geschäftsbedingungen (AGB) der einzelnen Partnerprogramme durchlesen, bevor man sich dort bewirbt. Ich weiß, dies ist nicht gerade eine der angenehmsten Aufgaben, insbesondere da viele dieser Bedingungen furchtbar ausführlich und vor allem in feinstem Juristendeutsch abgefasst sind. Jedoch winken manche ansonsten sehr attraktive Affiliate-Programme mit hohen Vertragsstrafen und ähnlichen Knebeleinträgen, falls man sich – bewusst oder (schlimmer noch) unbewusst – eines gewissen Umgangs bei der Einbindung der Werbemittel schuldig macht. Nicht selten wird von mir alleine aus diesem Grund auf ein möglicherweise gewinnbringendes Partnerprogramm verzichtet, da ich das, leider immer vorhandene (Stichwort Wettbewerbsrecht) Risiko einer Abmahnung oder Vertragsstrafe möglichst minimieren möchte.

So sprechen manche Unternehmen über ihre zusätzlichen Partnerprogramm-AGBs – die jeweils bei der Anmeldung zu einem solchen Programm in den einzelnen Netzwerken eingesehen werden können – relativ umfassend und vage gehalten alle möglichen Verbote bei der Einbindung ihrer Anzeigenlinks aus, dies können beispielsweise sein:

- Bestimmte Marken- und Schutzbegriffe des Unternehmens und seiner Tochterunternehmen (!) dürfen im entsprechenden Kontext (also im zugehörigen Blogartikel, aber auch darüber hinaus) nicht verwendet und auch nicht falsch geschrieben werden.

- Jegliche Mitbewerber dürfen nicht genannt werden.

- Der Eindruck muss vermieden werden, dass der Blogbetreiber mit dem Anbieter selbst verwechselt werden könnte (wer einen Affiliate-Blog betreibt, der weiß über die ab und an eingehenden Kundenanfragen, die fälschlicherweise an den Blogbetreiber anstatt an das darin beworbene Unternehmen geschickt werden, wie schwierig dies oft ist).

- Bei vielen Angeboten sind die so genannten erläuterten »Sternchentexte« auf dem Blog zu benennen, individuell zu den einzelnen Produkten und Dienstleistungen des werbenden Unternehmens, versteht sich.

- Etwa im Finanzbereich dürfen einige Konditionen der Anbieter nur unter bestimmten Bedingungen genannt werden (so muss seit einiger Zeit bei einem Kreditangebot ein vordefiniertes Muster-Rechenbeispiel in einer ganz bestimmten Form mit veröffentlicht werden, weswegen ich persönlich mittlerweile auf diese Partnerprogramme verzichte), etwaige genannte Zinssätze sind in einem Blogbeitrag stets aktuell zu halten etc.

Wird ein Nicht-Einhalten dieser Verbote durch den Blogbetreiber festgestellt – egal ob dieser dies vorsätzlich oder nur versehentlich betrieben hat –, so werden dann meist sehr hohe Vertragsstrafen in den Partnerprogramm-AGBs genannt, die in einem solchen Fall fällig werden können. Natürlich könnte theoretisch und im Zweifelsfall ein Partnerprogramm-Betreiber, dessen Allgemeine Geschäftsbedingungen weit weniger streng ausgelegt sind, sogar Regress für einen entstandenen

Schadensfall von einem Blogger einfordern, wenn er aufgrund eines irreführenden Blogartikels die Unterlassungserklärung eines Mitbewerbers erhält. Von daher kann man sich als Webseiten-Betreiber nie wirklich auf der absolut »sicheren Seite« wähnen. Doch wenn bereits vor Abschluss einer Partnerschaft mit solchen oft drakonischen Strafen gedroht wird, so sollte man sich gegebenenfalls überlegen, ob es nicht doch auch andere Alternativen zu diesem Anbieter geben könnte.

So weit zu den Affiliate-Programmen selbst. Um es nun noch ein wenig komplizierter zu machen, Partnerprogramm-Netzwerk – also die Ebene darüber – ist auch nicht gleich Partnerprogramm-Netzwerk. Ich könnte Ihnen von Beispielfällen berichten, bei denen ein und dasselbe Partnerprogramm mit ein und demselben Werbemittel über ein bestimmtes Netzwerk eingebunden bis zu Faktor fünf weniger Einnahmen brachte als über ein konkurrierendes Netzwerk, da entweder das Tracking technisch anders organisiert wurde oder sogar die Stornoquote trotz gleichem Advertiser erheblich voneinander abgewichen war. Selbst die Grundvergütung für ein und dasselbe Partnerprogramm kann bei mehreren Netzwerken voneinander abweichen. Unglaublich, aber wahr: So konnte ich in einem Fall die Einnahmen eines lukrativen Partnerprogramms alleine deswegen um über 40 Prozent steigern, weil ich das entsprechende Werbemittel austauschte und von da an ausschließlich über ein anderes Netzwerk bezog.

Aber auch weitere Faktoren sind zu berücksichtigen, die sich je nach Netzwerk manchmal deutlich unterscheiden. So können in einem Netzwerk die Leads für ein bestimmtes Partnerprogramm bereits nach wenigen Tagen bestätigt oder auch abgelehnt werden, während man bei dem anderen bis zu mehreren Wochen hierauf warten muss (wiederum bei ein und demselben Partnerprogramm wohlgemerkt). Oder das eine Portal bietet mehr und attraktivere Werbemittel als das andere, die Bedingungen für die Einbindung unterscheiden sich, bei dem einen Netzwerk muss die Partnerschaft erst noch bestätigt werden – was sich teilweise bis zu mehrere Wochen hinziehen kann –, bei dem anderen wird man hingegen sofort akzeptiert, in einem Fall erhält man als Publisher einen persönlichen Kundensupport mit Tipps zur Optimierung, im anderen nicht und so weiter.

Ein ebenfalls oft unterschätzter Faktor ist die so genannte »Cookie-Lifetime« oder auch Dauer der Vergütung. Meist wird mit Hilfe von Cookies – kleiner temporärer Dateien auf dem Rechner des Besuchers einer Werbeanzeige – gemessen, ob ein Verkauf zustande kam oder nicht, und somit, ob der Blogbetreiber eine Provision erhält oder nicht. Je länger diese Laufzeit bei dem jeweiligen Netzwerk und Partnerprogramm ist, umso höher liegt natürlich die Chance, dass es auch zu einem positiven Abschluss und einer Provisionierung kommt. Und – Sie ahnen es schon – auch diese kann für dasselbe Partnerprogramm je nach Netzwerk unterschiedlich ausfallen. Bietet ein Portal sogar eine so genannte »Lifetime-Provision«, bei der der Publisher selbst bei allen zukünftigen Umsätzen des über ihn gewonnenen Neukunden mitverdient, so können die möglichen Auszahlungen in diesem Fall gar extrem voneinander abweichen.

Gerade bei Ihren lukrativsten Partnerprogrammen gilt daher: Dieses sollten Sie immer auch einmal über ein alternatives Netzwerk einbinden, beispielsweise mit Hilfe eines entsprechenden mehrwöchigen A/B-Tests, um den maximal möglichen Erfolg herauszufinden und somit Ihre Affiliate-Einnahmen langfristig zu optimieren.

Tipp

Läuft einmal ein eingebundenes Partnerprogramm nicht so erfolgreich, wie ursprünglich gedacht, gibt es Probleme mit hohen Stornoquoten oder gar im Umgang mit einem kompletten Affiliate-Netzwerk, so sollte man sich zunächst stets direkt mit den entsprechenden verantwortlichen Personen in Verbindung setzen, dem Partnerprogramm-Manager oder der betreuenden Agentur. Nicht selten können hierdurch Missverständnisse aus dem Weg geräumt werden, man erhält eine detaillierte Erklärung für den Grund der Stornierungen oder bekommt möglicherweise sogar sehr gute Tipps zur Steigerung der Erfolgsquote.

Hierfür eignet sich erfahrungsgemäß der telefonische Weg um einiges besser als reine E-Mail-Anfragen, die bei den meisten Programmbetreuern leider eher zweitrangig behandelt werden oder gar im Nirwana landen. Sollte das auf diese Weise geführte Gespräch dennoch nicht fruchten, so kann man das jeweilige Partnerprogramm immer noch kündigen oder aber auf ein anderes Netzwerk ausweichen.

Auf den Blogprofis.de stelle ich immer wieder einmal gute Beispiele diverser Partnerprogramme vor, die sich etwa für Einsteiger in diese Materie eignen könnten. Aber auch Portale wie beispielsweise www.100partnerprogramme.de sowie zugehörige Blogs und Foren können als guter Anhaltspunkt dienen, um die Qualität eines Partnerprogramms im Voraus zumindest einigermaßen einschätzen zu können.

Eine relativ neue »Masche« einiger weniger guter Partnerprogramm-Betreiber ist es, in ihren Werbemitteln – wie Vergleichrechnern oder auch Informationsbannern – zusätzliche DoFollow-Links (siehe Abschnitt 8.17) mit »unterzumogeln«, was nicht nur den Google-Richtlinien widersprechen könnte, sondern zudem nicht gerade für die Qualität dieser Affiliate-Programme spricht. So gibt es einige neuere Beispiele von vergleichbaren Werbemitteln, die bis zu einem Dutzend und mehr solcher Links enthalten. Diese dienen somit nicht nur der Partnervergütung, sondern viel eher dem zusätzlichen Linkaufbau für das entsprechende Unternehmen. Dabei dürfte es fraglich sein, ob hierbei ein wirkliches Interesse an der für beide Seiten günstigen Lead- und Sales-Generierung besteht oder ob diese Werbemittel nicht vorrangig aus rein SEO-internen Gründen bereitgestellt werden.

> **Tipp**
>
> Für reine Affiliate-Blogs kann es sich unter Umständen lohnen, ein speziell hierauf optimiertes Blog-Theme zu verwenden, wie beispielsweise das Affiliatetheme für WordPress von André Nitz (`www.affiliatetheme.de`, siehe auch dieses Interview mit dem Programmierer: `www.blogprofis.de/buch/affiliatetheme`). Vergleichbare Templates machen oft die Einbindung und Wartung der einzelnen Affiliate-Trackingcodes um einiges einfacher, was bei einem Affiliate-Weblog normalerweise durchaus einen erheblichen Zeitaufwand bedeuten kann. Auch Google-AdSense-Anzeigen lassen sich damit teilweise individuell je Beitrag oder Seite des Blogs optimieren.

Ein Nachteil der hier vorgestellten Affiliate-Werbeeinbindungen etwa im Vergleich zu Google AdSense oder anderen automatisch zugesteuerten Inhalten stellt jedoch die fortlaufend notwendige Pflege der eingebundenen Werbelinks dar, die für eine korrekte Verbuchung eventuell anfallender Verkäufe und Leads notwendig ist. Leider wird eine solche Pflege oder gar ein Austausch entsprechender Text- und Grafikwerbemittel öfter erforderlich, als einem Blogbetreiber lieb sein könnte. Die Gründe hierfür können recht vielfältig sein:

- Ein Partnerprogramm-Betreiber beziehungsweise das dahintersteckende werbende Unternehmen unterzieht sein Internetportal einem umfangreichen Relaunch (Neugestaltung), wodurch die alten Werbelinks nicht mehr auf das richtige Ziel verweisen.

- Es werden neue Produktgruppen und Landingpages etabliert, die einen Austausch der kompletten Linkstruktur erforderlich machen.

- Das Affiliate-Programm oder die zugehörige Agentur wechseln den Trackingcode-Anbieter.

- Leider ebenfalls nicht gerade selten: Ein werbendes Unternehmen wechselt seine kompletten Affiliatelinks aus, um sich auf diese recht unsanfte Weise von älteren Seitenbetreibern zu trennen, die ihren Quellcode nicht mehr pflegen oder auch nicht genügend Umsatz einbringen.

- Einige Partnerprogramm-Links gelten zudem auch nur aktionsbezogen und müssen nach dieser Aktion (etwa zu Sonderpreisen, besonderen Inklusivprämien, temporären Produkten sowie Dienstleistungen und mehr) wieder durch einen Standardverweis ausgetauscht werden.

Gerade wenn man in einem solchen Fall zahlreiche Blogartikel mit möglichst unterschiedlichen Affiliatelinks ausgestattet hat, so kann ein derartiger Austausch extrem ärgerlich sein, da man an jeden einzelnen Beitrag »Hand anlegen« muss, um die Quellcodeänderung vorzunehmen, anschließend das korrekte Tracking, die richtige Zielseite etc. neu zu überprüfen und so weiter.

Eine Möglichkeit besteht in diesem Fall darin, von allen Affiliate-Beiträgen zunächst auf eine zentrale Blog-interne Landingpage zu verweisen, die dann wiederum den jeweils gültigen Trackinglink enthält. Kommt es nun zu einer Änderung, so muss man nur diese eine Blogseite pflegen, statt sich um unzählige Artikel kümmern zu müssen. Dieses Vorgehen – indem ein Leser ja mehrere Klicks und damit mehrere Aktionen durchführen muss, um an sein Ziel zu kommen – kann die Konvertierungsrate jedoch deutlich schmälern, weswegen einem Plus an Komfort hier in der Regel ein Minus an Einnahmen gegenübersteht.

Hinweis

Die ersten Affiliate-Netzwerke wie beispielsweise financeads (www.financeads.net, das ich Ihnen gleich noch näher vorstellen werde) gehen aus diesem Grund mittlerweile dazu über, dass ein nicht mehr korrekt funktionierender Werbemittellink auf eine alternative Anzeige führt, in diesem Fall auf einen allgemein gehaltenen Finanzen-Vergleichsrechner. Dieser wird zwar längst nicht so zielführend sein wie die ursprünglich verlinkte spezifische Werbemitteleinbindung, dennoch ist dies gerade für den Übergang bis zur manuellen Nachpflege der Links eine schöne Alternative. Denn zum einen ärgert sich der Blogbesucher dann nicht über einen ins Leere führenden Verweis und zum anderen besteht immer noch die Möglichkeit, dass hierüber ein Lead oder Sale zustande kommen kann. Es bleibt zu hoffen, dass sich auch andere Anbieter aus dem Affiliate-Sektor nach und nach eine ähnlich praktische Vorgehensweise einfallen lassen.

Tipp

Sollten Sie eine Nachricht von einem Affiliate-Netzwerk oder von einer Agentur erhalten, dass eines der von Ihnen eingesetzten Partnerprogramme pausiert oder gar komplett ausgesetzt wird, so muss dies nicht in jedem Fall bedeuten, dass auch andere Netzwerke diese Zusammenarbeit beenden. Gerade also bei Partnerschaften, die Ihnen Provisionen eingebracht haben, sollten Sie sich in diesem Fall bei weiteren Betreibern umschauen, ob dort das entsprechende Unternehmen noch beworben wird. Im Zweifelsfall können Sie auch die werbende Firma direkt anfragen, beispielsweise indem Sie einen Ansprechpartner im dortigen (Online-)Marketingbereich kontaktieren. Viele größere Unternehmen bieten zudem auf ihrem Onlineportal einen Bereich »Partnerprogramm« oder Ähnliches an, auf dem entsprechende Kontaktadressen genannt werden.

Tipp

Regelmäßige Spezialangebote zu einzelnen Affiliate-Programmen – wie Sonderkonditionen, Sales Rallyes, Verlosungen oder Begrüßungsaktionen für neue Publisher – stellt das Portal `www.affiliate-deals.de` regelmäßig vor. Auch einige eher unbekannte oder neu gestartete Partnerprogramme kann man hierüber kennen lernen.

Wie Sie aus oben genannten Tipps bereits herauslesen können, eignen sich gerade bei der Vermarktung von Partnerprogrammen »natürliche«, das heißt direkt in einen Artikel eingebundene Textanzeigen oft sehr viel mehr als reine Grafikbanner. Der Grund liegt darin, dass sich viele Internet-Konsumenten mittlerweile an die unterschiedlichsten grafischen Anzeigeblöcke gewöhnt haben, die den Nutzern auf fast jedem Internetportal entgegenblicken. Dies geht so weit, dass diese Formate oftmals gar nicht mehr bewusst wahrgenommen werden.

Die Online-Werbeindustrie lässt sich von daher regelmäßig immer neuere und noch größere Bannerformate einfallen, wie so genannte »Superbanner« und »Wallpaper«-Formate, die oftmals das gesamte Portal mit Werbung umgeben. Wenn Sie jedoch einmal an sich selbst einen kleinen Test durchführen und sich fragen, an welches werbende Unternehmen beziehungsweise welches Banner Sie sich auf der zuletzt durch Sie besuchten Webseite noch erinnern können, so wird diese Antwort zumeist negativ ausfallen. In einen dazu thematisch passenden Text eingebundene Text-Werbelinks hingegen haben eine weit größere Chance, bewusst wahrgenommen und auch genutzt zu werden, da:

- die entsprechende Werbeeinbindung meist genau zu der Suchanfrage oder dem momentanen Informations-/Produktbedürfnis des Lesers passt
- somit mit diesen Linkeinbindungen ein gewisser Mehrwert für den Besucher verknüpft wird, obwohl es sich ja um Werbung handelt
- Textlinks selbst bei expliziter Benennung als Werbe- oder Anzeigenlink eine weit höhere Akzeptanz bei den meisten Besuchern genießen, und trotz dieser Kennzeichnung offensichtlich weniger als negativ behaftete »Werbung« wahrgenommen werden, auch da diese einfach unauffälliger sind als die oftmals bunten und regelrecht grellen Anzeigenbanner
- diese mittels so genannter Deeplinks meist direkt auf einzelne Produkte oder Zielseitenbereiche verlinkt werden können, die unmittelbar zu der jeweiligen Blog-Berichterstattung passen. Wenn Sie etwa auf Ihrem Elektronikblog ein ganz bestimmtes Gerät vorstellen, so gelangt der Besucher mit einem Klick zu dem passenden E-Shop-Beitrag statt einfach nur zu der Startseite des Anbieters. Auch dies erhöht die Chance auf einen positiven Verkaufsabschluss deutlich.

So erreichen auf manchen meiner Blogs Textlinks eine Klickrate (Verhältnis tatsächliche Klicks auf ein Werbemittel zu den Besuchern des zugehörigen Artikels) von bis zu 30 Prozent und mehr, während man bei vielen Bildanzeigen bereits mit einem niedrigen einstelligen Prozentbereich sehr zufrieden sein kann. Hinzu kommt der weitere Hebel, dass Textlinks meist auch noch zu einer höheren Konversionsrate führen als reine Banneranzeigen. Den wirklichen Erfolg im Bereich Affiliate-Marketing wird man also in den meisten Fällen über direkt in die Inhalte integrierte Textanzeigen aufweisen können.

Wozu gibt es dann überhaupt noch die zahlreichen Affiliate-Grafikbanner-Formate, werden Sie sich nun zu Recht fragen. In sehr seltenen Fällen können wirklich gut gestaltete Werbebanner recht gute Klick- und Konvertierungsraten einfahren, wenn in ihnen ein kompletter kleiner Vergleichsrechner für Endkunden oder ähnlich raffinierte Werkzeuge enthalten sind. Nicht zuletzt werden Affiliate-Banner jedoch oft auch dann eingebunden, wenn sich aktuell für den entsprechenden Werbeplatz – typischerweise der 468x60 Full Size Banner im Header eines Blogs – kein passenderes Format findet und man diese Anzeigenfläche momentan nicht direkt an ein Unternehmen als Werbeträger vermieten kann.

Eine Alternative zu den reinen Textlinks – vor allem im Bereich der Landingpages – kann übrigens wie bereits kurz erwähnt ein selbst gestaltetes »Call to Action«-Element sein, also etwa ein Grafikbutton oder Ähnliches mit der Aufschrift »Weitere Informationen hier ...«, »Zum Anbieter/Angebot« und so weiter, das dann direkt auf den jeweiligen Affiliatelink verweist. In der folgenden Abbildung ein kleines Beispiel, wie ich es auf Landingpages meines Blogs www.topkonto.de verwende:

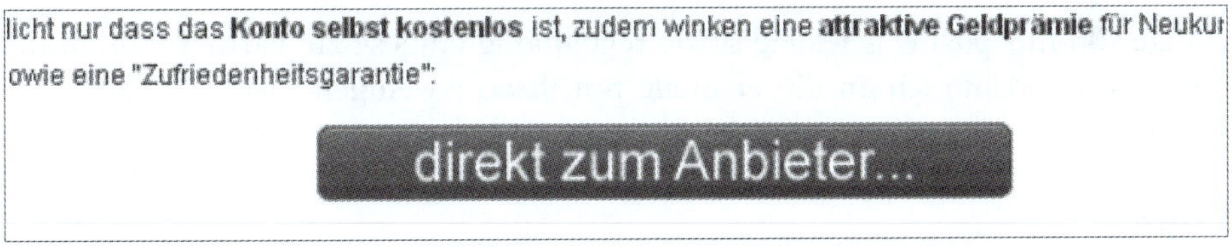

Abb. 7.6: Ein wirksamer Call-to-Action-Banner muss nicht aufwendig gestaltet sein.

Die Zulässigkeit der Verwendung solcher selbst gestalteter Elemente sollte man jedoch im Idealfall sicherheitshalber mit dem jeweiligen Partnerprogrammbetreiber abklären, da einige werbende Unternehmen diese Form der Einbindung – aus Gründen eines einheitlichen Werbebildes oder aber aus wettbewerbsrechtlichen Haftungsgründen – nicht sehr gerne sehen.

Tipp

Wenn Sie regelmäßig mit solchen grafischen Text-Buttons arbeiten, so bietet sich für WordPress die sehr einfache Einbindung mittels folgendem Plugin an, welches die schnelle Einbindung über die Shortcode-Funktionalität ermöglicht: www.wpct.de/1073/css3-buttons-per-shortcode-einbinden/.

Tipp

Neben der Bevorzugung von Affiliate-Textlinks oder der Einbindung eigener Call-to-Action-Elemente existiert zudem noch eine weitere elegante Möglichkeit, das Vertrauen der Blogleser in die eingebundenen Werbepartner zu erhöhen beziehungsweise gleichzeitig für eine generell höhere Akzeptanz solcher Anzeigeneinblendungen zu sorgen.

So kann man die wichtigsten Affiliate-Programme »Partner« oder auch »Premium-Partner« des eigenen Portals nennen, entweder über einen entsprechenden Hinweis (beispielsweise innerhalb der Sidebar oder in der Nähe des zugehörigen Werbemittels) und/oder innerhalb eines – prominent eingebundenen – eigenen kleinen Partnerbereichs (dies kann eine eigene Seite des Blogs sein oder aber ein spezieller Abschnitt im Footer, ähnlich der Blogroll). Somit lässt sich teilweise eine größere »Vertrautheit« zwischen dem Leser und dem jeweiligen Partnerprogramm herstellen. Derartige Bezeichnungen als Partner oder Ähnliches sollten Sie jedoch stets mit dem werbenden Unternehmen abstimmen.

7.2.4 Die wichtigsten Affiliate-Netzwerke in der Übersicht

Einige von mir positiv getestete sowie regelmäßig eingesetzte Partnerprogramm-Netzwerke möchte ich an dieser Stelle mit ihren jeweiligen Eigenschaften kurz vorstellen:

Zanox

Hierbei handelt es sich um eines der größten und bekanntesten Netzwerke im deutschsprachigen sowie europäischen Raum mit Sitz in Berlin, erreichbar unter www.zanox.de. Entsprechend umfangreich ist demzufolge auch das Portfolio der angebotenen Partnerprogramme. Von Lifestyle über Elektronik, Telekommunikation, Finanzen, Gesundheit, Dienstleistungen jeglicher Art, Sport, Mode und vielem mehr, es gibt kaum einen Bereich, den dieses umfangreiche Portal nicht abdeckt.

Weiterhin sind hier prominente Unternehmen aus Deutschland, Österreich und der Schweiz, aber auch anderen Ländern vertreten, so dass man größtenteils qualitativ sehr hochwertige Partnerprogramme und entsprechende Werbemittel in den eigenen Blog integrieren kann. Hervorzuheben ist zudem die äußerst mächtige Reportingfunktionalität von Zanox, die für das korrekte Monitoring der erzielten Umsätze kaum einen Wunsch offen lässt. Selbst individuelle Reportings mit den jeweils gewünschten Informationen lassen sich damit erstellen und für den nächsten Aufruf abspeichern. Recht gute Tipps zu einzelnen Programmen und Sparten gibt Zanox zudem unter einem eigenen Weblog für Publisher (`http://blog.zanox.com/de/zanox/`). Verbesserungswürdig ist hingegen der Support.

Affilinet (www.affili.net)

Das zweite der großen Netzwerke bietet eine fast ebenso umfangreiche Auswahl an diversen Partnerprogrammen. Interessanterweise sind so manche wirklich guten Programme bei affilinet vertreten, die Zanox wiederum nicht anbietet, und umgekehrt. Gerade durch diese exklusiven Partnerschaften zu einzelnen Unternehmen lohnt sich also eine Mitgliedschaft in beiden Netzwerken, zumal die einzelnen Konditionen unterschiedlich ausfallen können und man somit gleichzeitig das Einnahmen-Risiko auf zwei unterschiedliche Plattformen und Anbieter verteilt.

Der Service von affilinet ist meist gut erreichbar und auch zielführend, einzig die Bedienung des Portals ist etwas gewöhnungsbedürftig. Auch das Reporting wird hier bei Weitem nicht so gut gelöst wie beim Mitbewerber Zanox. Die Gutschrift der Leads sowie die Auszahlungen funktionieren aber auch hier einwandfrei, wobei affilinet automatisch ab einem bestimmten erreichten Betrag jeden Monat auszahlt, während man bei Zanox die Gutschriften ansammeln und bei Bedarf anweisen lassen kann. Schön ist zudem ein regelmäßig versendeter Branchen-Newsletter zu eben den Partnerprogramm-Themen, zu denen man sich bei affilinet angemeldet hat.

Webgains.de

Bei Webgains handelt es sich um ein ursprünglich in Großbritannien etabliertes Unternehmen, das einige spannende Partnerprogramme für Blogger und Nischenportale bereitstellt. Dies beispielsweise in den Bereichen Gaming, Online, Mode, Sport, diversen spezialisierten E-Shops, aber auch Bilddatenbanken, IT-Zubehör und mehr. Hervorzuheben ist der hervorragende Kundenservice, der kleineren wie auch größeren Publishern in gleicher Form zur Verfügung steht, sollte es Fragen zu einzelnen Affiliate-Programmen und deren optimaler Einbindung in das eigene Blogportal geben.

Teils wöchentliche Auszahlung, ein Gutschein-Manager für die effiziente Einbindung entsprechender Sonderwerbemittel, automatisiert zustellbare Reportings und mehr gehören mit zu den Hauptmerkmalen von Webgains. Der zugehörige Blog (`http://blog.webgains.de/`) gibt zudem wertvolle Tipps zu neuen, aber auch bereits bestehenden Partnerprogrammen.

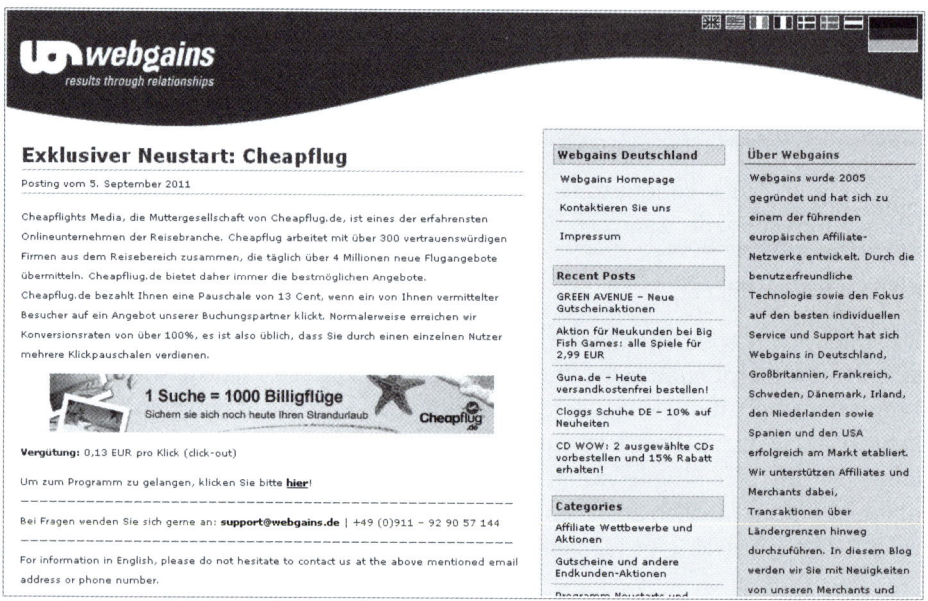

Abb. 7.7: Der webgains-Block gibt regelmäßig Tipps zu einzelnen Partnerprogrammen.

Affiliando.de

Affiliando bietet eine kleine, aber feine Auswahl von Partnerprogrammen zu meist sehr guten Konditionen für Publisher. Insbesondere namhafte Unternehmen aus den Bereichen Finanzen und Versicherungen sind hierbei vertreten, aber auch sonstige zum Teil exklusiv eingebundene Firmen mit teilweise erfreulich hohen Provisionszahlungen aus dem Industrie-, Medizin-, Energie- oder auch Rechtsumfeld. Der Bewerbungsprozess ist bei diesem Netzwerk vorbildlich schlank gehalten. Zudem werden zahlreiche Vergleichsrechner zur Einbindung in das eigene Blogportal angeboten, weitere exklusive White-Label-Rechner – etwa aus dem Kreditbereich – sollen in naher Zukunft folgen. Schön außerdem das erst kürzlich komplett überarbeitete Reportingmodul von Affiliando, welches in dieser Form neue Maßstäbe innerhalb der Affiliateszene setzt.

Financeads.net

Auch dieses kleinere Nischennetzwerk eignet sich – wie der Name schon vermuten lässt – vor allem für Blogs und Werbeeinbindungen im lukrativen Finanzbereich. Das Portal ist vor allem deswegen so interessant, da sich einige »Big Player« aus diesem Sektor exklusiv bei financeads präsentieren. Ein nicht sonderlich umfangreiches, aber dafür gut strukturiertes Reporting-Modul sorgt hier für den nötigen Überblick. Ein weiterer großer Vorteil: Die Stornoraten der dort eingebundenen Partner sind teilweise extrem niedrig, dafür behält sich financeads aber auch vor, nur inhaltlich hochwertige Blogportale aufzunehmen beziehungsweise diese vor Freischaltung ausführlich zu prüfen. Dennoch ist eine Bewerbung gerade für Portale mit Berührung zum Finanz- oder auch Versicherungsbereich sehr zu empfehlen.

Der Anbieter hat zudem ein spezielles Plugin sowohl für WordPress als auch für Joomla im Programm, siehe `www.financeads.net/tools/rechner/einbindungsmoeglichkeiten/`. Damit lassen sich diverse Finanz-Vergleichsrechner zu Konten, Finanzierung und Anlagemodellen in das eigene Portal integrieren, die sich dann per CSS weiter ausbauen und nahtlos dem Look&Feel des Blogs anpassen lassen. Selbst diverse Anbieter lassen sich dabei integrieren oder eben auch ausschließen. Für die Standard-Einbindung stehen mehrere vorgefertigte Designvarianten der Rechner zur Verfügung.

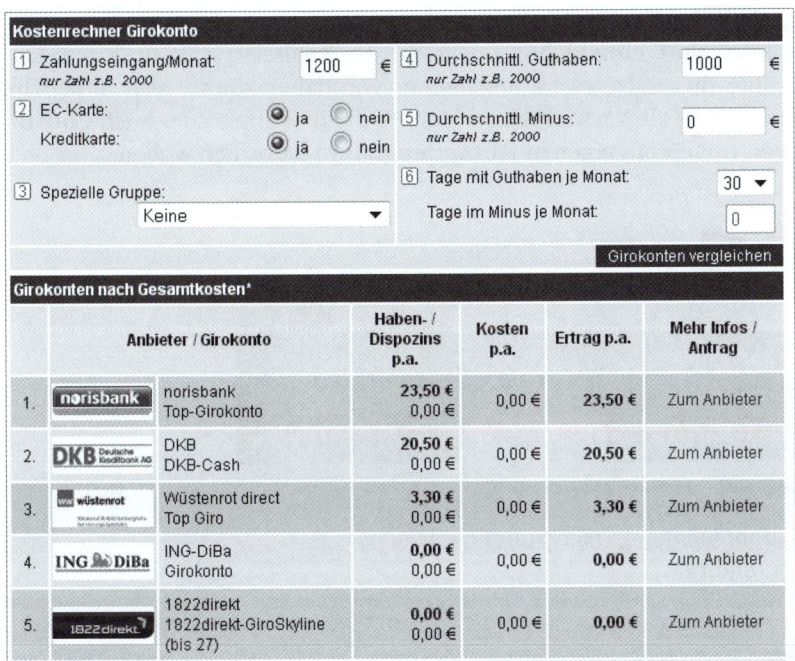

Abb. 7.8: Ein Beispiel für einen Vergleichsrechner von financeads, der sich auf dem eigenen Blog einbinden lässt

Belboon/adbutler

Dieser Zusammenschluss der beiden Netzwerke belboon (`www.belboon.de`) und adbutler (`www.adbutler.de`) aus Berlin beheimatet sehr viele kleinere Nischen-Partnerprogrammanbieter aus unzähligen Bereichen und ist von daher gerade bei etwas »exotischeren« oder nur schwer zu vermarktenden Blog-Themen einen genaueren Blick wert. Von Telekommunikation über alle möglichen Onlinehandelsbereiche bis hin zu den Bereichen Internet, »Geld verdienen«, Gaming, IT,

Gewinnspiele, Reisen und Freizeit finden sich dort jede Menge Partnerprogramme, die man ansonsten vergeblich sucht.

Was zum einen natürlich einen deutlichen Vorteil darstellt, mahnt andererseits aber auch zu einer gewissen Vorsicht. So gehören einige der dort vertretenen Programme und Unternehmen nicht gerade zu den hochwertigsten Vertretern ihrer Art, was sich zum Teil auch in der Qualität vor allem der angebotenen Bild-Werbemittel widerspiegelt. Für einen reinen Affiliate-Blog mögen diese teilweise ideal passen, für einen guten Content-Blog hingegen ist die Einbindung solcher Werbeträger jedoch nicht immer zu empfehlen.

SuperClix.de

Hier finden sich ebenfalls viele Nischenbetreiber, zumeist sehr gut und gewählt zusammengestellt. So haben selbst einige bekannte Bloggerkollegen ein eigenes Partnerprogramm dort eingerichtet, etwa das in Kapitel 9 erwähnte wpSEO-Plugin wird über dieses Netzwerk angeboten. Von daher könnte sich SuperClix sogar für einige Leser als Vertriebskanal eignen, die ihre Tools oder auch Consulting-Leistungen mit einem eigenen Partnerprogramm bewerben wollen.

Abb. 7.9: wpSEO als eigenes Blogger-Partnerprogramm bei SuperClix

Aber auch für reine Publisher bietet SuperClix aus Freiburg einige Vorteile. Sehr schön ist etwa, dass man nicht alle Blogportale, auf denen man die Werbemittel einbauen möchte, separat anmelden muss, unabhängig von der Ausgangs-URL werden diese getrackt. Auch um ein Partnerprogramm »bewerben« muss man sich hier nicht. Schnelle Auszahlungen bereits ab einer geringen erreichten Summe gehören ebenfalls dazu und der Kundenservice ist vorbildlich. Gerade Blogbetreiber in Nischenthemen sollten in diesem Netzwerk fündig werden. Ein weiteres schönes Feature: SuperClix erlaubt es bei Bedarf, Teile der Tracking-Links wie zum Beispiel die eigene Affiliate-ID mittels einer integrierten Technologie verschlüsselt beziehungsweise maskiert ausgeben zu lassen. Somit können diese nicht mehr – etwa durch einen Wettbewerber – mittels diverser SEO-Tools analysiert und ausgewertet werden.

NetAffiliation

Das Netzwerk NetAffiliation (www.netaffiliation.com) ist bereits seit 2004 insbesondere auf dem französischsprachigen, aber auch internationalen Markt vertreten, und expandiert derzeit nach Deutschland, Österreich und in die Schweiz. Zwar ist die Anzahl der Programme für diesen Zielmarkt zum jetzigen Zeitpunkt noch überschaubar, trotzdem befinden sich bereits einige exklusive Partnerschaften hierfür bei NetAffiliation. Bis zum weiteren Ausbau der Tätigkeit hierzulande dürfte der Anbieter jedoch insbesondere für jene Blogbetreiber sehr interessant sein, die – bedingt durch ihre jeweiligen Inhalte – eine Leserschaft aus ganz Europa oder gar Übersee auf ihrem Portal begrüßen können. In diesem Fall könnten entsprechende Werbeeinbindungen oft weit effizienter sein als rein »heimische« Partnerprogramme.

e-junkie.com

Bei e-junkie handelt es sich nicht um ein Partnerprogramm-Netzwerk im eigentlichen Sinn. Der Vollständigkeit halber möchte ich dieses Portal jedoch ebenfalls für all jene Blogger präsentieren, die mit dem Gedanken spielen, ein eigenes Partnerprogramm anzubieten (siehe auch Kapitel 7.5). Zwar ist e-junkie ein rein englischsprachiges US-amerikanisches Unternehmen, doch dort kann man mit relativ einfachen Mitteln eigene Tracking-Links und somit einen eigenen kleinen Online-Vertriebskanal aufbauen, die Auszahlung an angeschlossene Publisher erfolgt dann über den bekannten Bezahldienst PayPal. Dafür werden jedoch auch nur die einfachsten Prozesse in der Affiliate-Kette abgedeckt, für den Einstieg in das eigene Partnerprogramm oder um den Erfolg eines solchen zu testen, eignet sich dieser Dienst jedoch durchaus.

7.3   Eigenvermarktung

Ebenfalls oftmals von Bloggern unterschätzt wird die Selbstvermarktung des eigenen Portals. Dies bedeutet, dass man auf direkte oder indirekte Weise eigene Werbekunden akquiriert, die eine Werbefläche oder etwa ein bezahltes Artikel-Advertorial auf dem Blog für einen bestimmten Zeitraum beziehungsweise auf

Dauer buchen. Die komplette Abrechnung übernimmt in diesem Fall der Blogbetreiber selbst, das heißt, er stellt dem Werbekunden für die geleisteten Dienste eine Rechnung aus.

Tipp

Auch kleinere Blogbetreiber, die sich erst an eine eigene Selbstständigkeit herantasten wollen beziehungsweise ihre Portale im Nebenerwerb betreiben, können eine Rechnung ausstellen. Denn eine solche wird von werbetreibenden Unternehmen als auch deren Agenturen in der Regel als Voraussetzung für eine Werbeschaltung verlangt. Ohne zu sehr in die Details gehen zu wollen, ist dies beispielsweise im Rahmen der so genannten Kleinunternehmerregelung möglich, bei der dann auch auf die Ausweisung und Erhebung der Umsatzsteuer verzichtet werden kann. Als Kleinunternehmer gelten etwa Selbstständige, deren Umsatz (nicht Gewinn!) im Jahr einen Betrag von derzeit (Stand Sommer 2011) 17.500 Euro nicht übersteigt.

Dann muss jedoch auf den entsprechenden Rechnungen jeweils folgender Text genannt werden:

Diese Rechnung enthält gemäß § 19 UStG keine Umsatzsteuer.

Zusätzlich sollten Sie sich in einem solchen Fall – und eigentlich generell, sobald Sie auch nur geringe Einnahmen aus Ihren Blogs erzielen – an einen Steuerberater wenden, der Ihnen weitere Tipps hinsichtlich der ab diesem Zeitpunkt notwendigen Versteuerung geben kann. Denn diese sowie die zu beachtenden Regelwerke können sich je nach Ihrer persönlichen Situation doch sehr unterschiedlich gestalten.

Solch eine Eigenvermarktung hat zahlreiche Vorteile. Einerseits kann man bei entsprechender Ausbuchung von Werbeflächen eine regelmäßige, verlässliche Einnahme generieren. Zum anderen erzielt man bei entsprechender Attraktivität des Blogportals (Reichweite, Leserschaft, Zielgruppe) oftmals deutlich höhere Einnahmen je Seitenaufruf (CPM, Cost per 1000 Impressions) als etwa über Google AdSense. Und mit der Zeit kann man sich gegebenenfalls sogar einen kompletten Pool aus Stamm-Werbekunden je Blog aufbauen.

Woran liegt es, dass trotz solcher Vorteile nur wenige Blogger auf diese Möglichkeit der Refinanzierung des eigenen Portals setzen? Nun, ganz einfach: Viele Weblog-Betreiber sind sich nicht bewusst darüber, wie wertvoll ihr vermeintlich kleines Portal für so manche Nischen- oder Spezialwerbekunden sein kann. Außerdem scheuen viele die damit verbundenen Aufgaben wie beispielsweise die Einbindung eines entsprechenden Werbeprogramms (also eine Art Landingpage, auf der dieses Programm vorgestellt wird, den regelmäßigen Austausch der Werbemittel je Kunde), die Gestaltung notwendiger Unterlagen, wie Preis- und Werbeinformationen (so genannte Mediadaten), oder eine unter Umständen sogar anfallende proaktive Neukundenakquise.

Natürlich werde ich mit einem drei Monate alten Blog und 20 Beiträgen sowie zehn Besuchern täglich kein attraktives Vermarktungsprogramm aufbauen können. Ich habe es jedoch schon des Öfteren selbst erlebt, dass in manchen Bereichen bereits ab etwa 5.000 Besuchern oder 10.000 Seitenaufrufen im Monat eine direkte Buchung für zum Thema passende Unternehmen äußerst interessant sein kann, in diesem Fall bereits immerhin ab um die 50 Euro netto monatlich an fixen Werbegebühren. Und je enger die Nische, umso weniger Besucher sind hierfür notwendig, da die Unternehmen der jeweiligen Branchen oftmals schlicht und einfach keine spezielle Werbeplattform für ihren Markt finden und sich eine Streuwerbung innerhalb allgemeiner Magazine und Portale als viel zu teuer und natürlich wenig zielgerichtet erweist.

Ein kleines Beispiel: Auf meinem Portal für Existenzgründer und Selbstständige in spe – zu dieser Zeit auf seine Art fast einzigartig in der deutschsprachigen Blogger- und sogar gesamten Portallandschaft – hatte ich ein sehr kleines, aber feines Partnerprogramm eines Franchise-Dienstleisters eingebunden, mit erstaunlich gutem Erfolg. Bei einem späteren Telefonat mit dem zuständigen Marketingleiter dieses Unternehmens kam sogar heraus, dass zeitweise fast 80 Prozent aller Partnerprogramm-Leads alleine über meinen Blog zustande kamen. Jenes Programm wurde nun – wohl nicht zuletzt aus diesem Grund – beendet, und die Firma buchte direkt einen Werbeplatz zum monatlichen Festpreis auf meinem Blogportal, was sich zumindest in diesem Fall für beide Seiten als um einiges effizienter erwies.

Bei meiner ersten direkten Blog-Werbebuchung kam damals der entsprechende Advertiser sogar auf mich zu und nicht umgekehrt und fragte an, ob man denn bei mir auch »Werbung schalten könne«. Seitdem verfügen meine wichtigsten Blogs stets über ein eigenes Werbeprogramm, eine prominent platzierte »Hier werben«-Landingpage mit eigener Kontaktmöglichkeit sowie eigenen Mediadaten (Zusammenfassung meiner Werbekonditionen und Reichweite, etwa als PDF), die ich Werbeinteressierten bei Interesse jederzeit zukommen lassen kann.

Und dies mit erstaunlichem Erfolg. Teilweise stammen bei einigen Blogs bis zur Hälfte der Einnahmen aus diesen Direktbuchungen, selbst wenn natürlich nicht immer alle Werbeflächen ausgebucht sind. Doch dann bleibt ja immer noch die Einbindung von Google AdSense oder eines Affiliate-Banners.

Tipp

Wie ermittelt man typischerweise den Preis, den man für solch einen Blog-Werbeplatz verlangen kann? Zum einen bietet sich hierfür das kostenlose Google-AdWords-Keyword-Tool an (`https://adwords.google.com/select/ KeywordToolExternal`).

Dort kann man nach Eingabe eines zum Blog- beziehungsweise Werbethema passenden Keywords unter dem Menüpunkt »Spalten« den durchschnittlichen CPC (Cost-per-Click) für dieses Wort oder die Wortgruppe anzeigen lassen, dabei handelt es sich um den Wert, den Werbekunden bei Google AdWords durchschnittlich im entsprechenden Bereich für einen durch ein Anzeigenprogramm generierten Besucher auszugeben bereit sind.

Hat man also etwa einen Werbepartner im Bereich »Handy«, so erfährt man nach Eingabe dieses Wortes, dass hierfür ein Preis von maximal um die 0,90 Euro pro Werbemittel-Klick bezahlt wird. Über die Einbindung von Google AdSense auf dem zu vermietenden Werbeplatz erfährt man gleichzeitig, wie oft im Durchschnitt auf diese Werbefläche geklickt wird.

Sind dies nun an diesem Beispiel 100 Klicks je Monat, so könnte man also bis zu 100*0,9 = 90 Euro monatlich für einen solchen Werbeplatz verlangen. Dies ist natürlich nur ein Näherungswert, und der tatsächliche Preis hängt von den Erfolgszahlen des Blogs, der thematischen Nähe zum Werbethema und vielen weiteren Faktoren mehr ab. Trotzdem kann diese Rechnung jedoch gut als erster Ansatzpunkt für die Preisermittlung herangezogen werden, von dem man sich dann versuchsweise nach oben oder auch nach unten bewegen kann.

Ich wähle oft einen anderen, wenn auch recht ähnlichen Ansatz. Ich schaue, wie viel Geld mir der jeweils angebotene Werbeplatz mit einer Google-AdSense-Belegung pro Monat einbringt, und verlange dann einen Preis von mindestens 1,5-mal diesen Einnahmen von meinen externen Werbekunden. Somit kann ich sicherstellen, dass mir die Direktvermarktung auf jeden Fall mehr einbringt, als wenn ich einfach nur Google AdSense auf dem Blog laufen lasse. Beide genannten Methoden kann man natürlich auch miteinander kombinieren.

Suchbegriffe (1)				
Keyword	Wettbewerb	Monatliche globale Suchanfragen ⑦	Monatliche lokale Suchanfragen ⑦	Ungefährer CPC ⑦
☆ handy	▬	11.100.000	7.480.000	0,91 €

Gehe zu Seite: 1 Zeilen anzeigen: 50 ⏷ ⏮ ◀ 1 - 1 von 1 ▶ ⏭

Keyword-Ideen (800)				
Keyword	Wettbewerb	Monatliche globale Suchanfragen ⑦	Monatliche lokale Suchanfragen ⑦	Ungefährer CPC ⑦
☆ handy ohne vertrag	▬	246.000	246.000	0,91 €
☆ handy verkaufen	▬	27.100	27.100	0,49 €
☆ handy vergleich	▬	301.000	246.000	1,54 €
☆ handy kaufen	▬	90.500	90.500	1,01 €
☆ handy mit vertrag	▬	550.000	550.000	1,62 €
☆ handy ohne schufa	▬	33.100	33.100	0,99 €
☆ handy spiele	▬	165.000	135.000	0,31 €
☆ handy günstig	▬	165.000	135.000	1,90 €
☆ handy vertrag	▬	550.000	550.000	1,43 €
☆ handy billig	▬	165.000	165.000	1,74 €
☆ handy preisvergleich	▬	74.000	74.000	1,93 €

Abb. 7.10: Eine Keyword-Wettbewerbsanalyse mit dem AdWords-Keyword-Tool

Wie sollte nun solch ein eigenes Vermarktungsprogramm aussehen? Zunächst einmal benötigt man wie erwähnt eine eigene Blog-Unterseite oder auch Landingpage, auf der man dieses eigene Programm bewerben kann. Beispielsweise kleine, unter jedem Werbebanner eingefügte Textlinks mit etwa dem Text »Werben auf www.blogdomain.xy« verweisen dann auf diesen Bereich.

Dort geht es bei mir dann kurz und knapp, aber sehr zielgerichtet »zur Sache«, wie dieses recht effektive Beispiel eines meiner Blogs zeigt.

Abb. 7.11: Kleiner, aber feiner Werbebereich

Ich nenne dort jeweils lediglich einen kurzen, aber wirksamen Grund, warum man ausgerechnet auf meinem Portal werben sollte (etwa »Nur sehr wenige Portale im deutschsprachigen Raum erreichen pro Jahr im Bereich xy so zielgerichtet xyz Leser im Monat«). Weiterhin die momentane Reichweite (Besucher und Visits, gegebenenfalls auch Social Media Follower), die man natürlich regelmäßig aktualisieren sollte.

Gleichzeitig kann man auch bereits einen ungefähren Preis nennen, ab welchem eine Werbebuchung generell möglich ist, sowie die verfügbaren Werbeformen. Diese können etwa bestehen aus:

- Grafikbanner in unterschiedlichen Formaten im Header, den Sidebars oder auch innerhalb des Artikeltextes eingebunden
- Einfache Textlinks, zumeist in den Sidebars eingebunden
- Gesponserte und als solche auch gekennzeichnete bezahlte Advertorial-Artikel, das heißt, das werbende Unternehmen verfasst selbst einen werbenden Beitrag oder lässt diesen vom Blogbetreiber verfassen, inklusive enthaltener Links zum Onlineangebot der Firma. Dafür wird dieser dann zu Beginn zum Beispiel als »Advertorial«, »bezahlter Beitrag« oder »Werbeartikel« ausgewiesen. Denn ein

Advertorial muss – unter anderem nach den Richtlinien des Deutschen Presserats – klar als solches gekennzeichnet sein.

■ Auch eingebundene Produktvideos können gegen Bezahlung (und wiederum Kennzeichnung) als Werbeformat angeboten werden.

■ All diese Einzelformate lassen sich auch beliebig miteinander kombinieren und somit teilweise als komplettes Werbebundle an interessierte Unternehmen vermarkten.

Abb. 7.12: So könnten einige unterschiedliche Werbeplatzierungen erfolgen.

Die von vornherein offene Nennung der Preise für diese einzelnen Formate kann zwar die Zahl der sich tatsächlich meldenden potenziellen Werbekunden deutlich senken, dafür sind die entsprechenden Anfragen jedoch umso qualifizierter beziehungsweise die zugehörigen Kunden auch bereit, einen solchen Preis zu zahlen. In diesem Fall ist es also eher eine persönliche Frage, welche Methode man hierbei vorzieht.

> ## Tipp
>
> Fragt eine Werbeagentur und nicht der Kunde selbst bei Ihnen zwecks Werbebuchung an (viele Unternehmen lassen Agenturen nach geeigneten Online-Werbemedien suchen), so hilft oft das Angebot eines so genannten Agenturrabatts

(auch Agentur-Ermäßigung oder Vermittlungsrabatt genannt), die Attraktivität einer potenziellen Buchung zu erhöhen. Dabei handelt es sich um eine auf der entsprechenden Rechnung ausgewiesene Vergünstigung, die meist bei 15 Prozent des Nettopreises liegt und diesen Agenturen unter anderem als zusätzliche Einnahmequelle dienen kann.

Zwar schmälert dieser Rabatt natürlich den eigenen Gewinn, zum anderen handelt es sich bei solchen Werbe- und Medienagenturen jedoch meist um sehr zuverlässige und dankbare Kunden, die gerne auch einmal über einen längeren Zeitraum hinweg eine Werbefläche buchen. Oder diese kennen unter Umständen sogar noch weitere Kunden, für die Ihr Blogportal als Werbeträger interessant sein könnte, dementsprechend kann der gewährte Rabatt hierdurch meist schnell wieder kompensiert werden.

Um möglichst langfristige Werbebuchungen akquirieren zu können, lohnt es sich, zudem einen Laufzeitrabatt zu gewähren, etwa fünf Prozent auf den Netto-Gesamtpreis bei einer Buchung von mindestens drei Monaten, zehn Prozent bei sechs Monaten und mehr etc.

Nicht zuletzt wird eben noch die beschriebene, möglichst einfache Kontaktmöglichkeit eingebunden (eine direkt klickbare E-Mail-Adresse »werben@blogdomain.xy«). Erhält man über diese Adresse eine Nachricht, so heißt es natürlich, möglichst schnell zu reagieren. Beispielsweise sollte man ein kleines, aber gut strukturiertes PDF oder Ähnliches mit Mediadaten bereithalten, die man dem Interessenten jederzeit zukommen lassen kann. Darin sollten nicht nur die wichtigsten Erfolgsdaten des Blogportals, sondern auch die Preise und eventuelle Rabattierungen für Werbebuchungen genannt werden sowie welche Formate exakt und mit welchen ungefähr zu erwartenden Page Impressions gebucht werden können. Nach Absenden dieser E-Mail kann es sich auch lohnen, zum Telefonhörer zu greifen und den Interessenten anzurufen, um weitere Fragen klären zu können, dies ist jedoch Geschmackssache, da nicht jeder, der eine Anfrage über das Internet verschickt, gleich telefonisch kontaktiert werden möchte (mir selbst geht es übrigens genauso).

Doch ein Nachfassen – sollte man auf den Versand der Mediadaten hin nichts mehr hören – kann sicherlich nicht schaden, vielleicht hatte das Gegenüber noch ungeklärte Fragen oder man kann über den Preis beziehungsweise kostenfreie Zusatzleistungen die Attraktivität der Werbebuchung für den potenziellen Neukunden noch einmal zusätzlich erhöhen. Gerade bei vielversprechenden Buchungsanfragen konnte ich mit dieser proaktiven Methode so manchen Interessenten dann doch noch davon überzeugen, eine Werbeschaltung zumindest einmal auszuprobieren. Und einige davon gehören mittlerweile mit zu meinen besten Anzeigenkunden.

Wie wenig ernst dieses Thema der Werbeflächen-Eigenvermarktung von zahlreichen – auch durchaus sehr professionell arbeitenden – Bloggern genommen wird, erlebe ich in schöner Regelmäßigkeit, wenn ich selbst von diesen Mediadaten oder zumindest Preise für eine Werbebuchung anfordere. Es wäre nicht das erste Mal, dass ich meine Blogprofis auf einem passenden Portal bewerbe. Meine Anfragen zeigen jedoch leider oft, wie überrascht und unvorbereitet die meisten Blogger an solche Versuche herangehen, ihnen beim Geldverdienen zu helfen. In einem Fall musste ich sogar regelrecht »Bitte-Bitte« machen, um mehr über die Möglichkeit einer Werbebuchung auf einem Blog zu erfahren, der diese Form generell durchaus anbot, wie ein Blick auf die jeweiligen Werbeflächen schnell ergab. Wer so mit potenziellen Kunden verfährt, der benötigt entweder keine weiteren Einnahmen mehr oder er nimmt sich ganz bewusst die Chance auf eine durchaus interessante und zuverlässige Einnahmequelle.

Ein schönes Beispiel, wie man auf alternative Art und Weise an das Thema Werben-Landingpage herangehen kann, zeigt Ralf Bohnert auf seinem bohncore-Blog (erreichbar unter `www.bohncore.de/hier-werben/`).

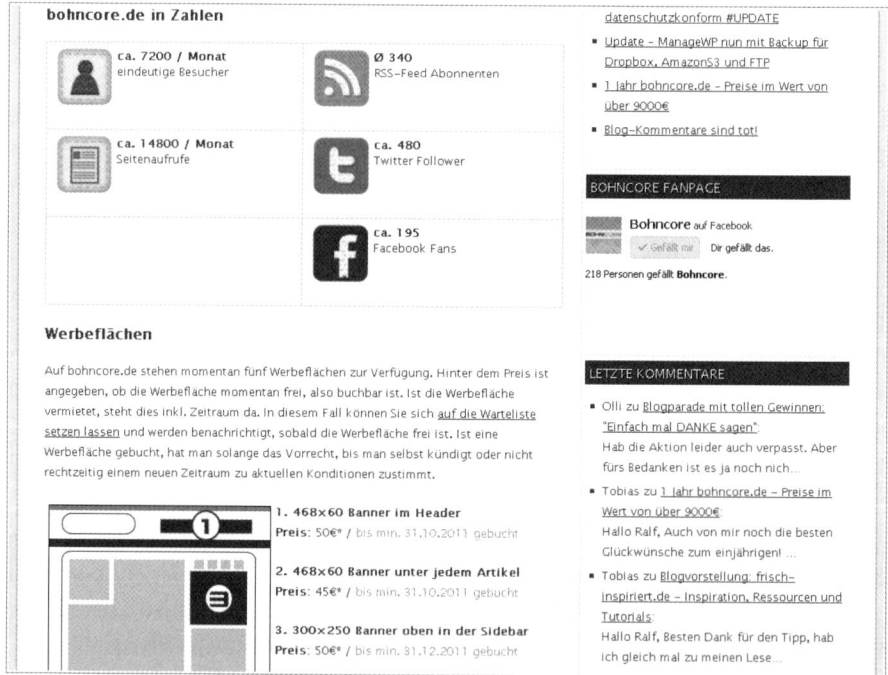

Abb. 7.13: Ein Auszug der »Hier werben«-Seite von `bohncore.de`

Absolut toll gestaltet, wie ich finde, und in diesem Fall gleich mit sämtlichen Informationen ausgestattet, die ein möglicher Werbekunde benötigt. Ob die schlanke oder eher einfache Form des »Hier Werben«-Bereichs auf dem eigenen Blog besser läuft, das sollte man wiederum einfach ausprobieren.

Tipp

Auf der »Über uns«-Seite des Blogs sollte man ebenfalls möglichst prominent (mittels eines internen Banners gleich zu Beginn) auf den »Hier werben«-Bereich verweisen. Ich habe festgestellt, dass selbst trotz spezieller Startseitenlinks für diese Landingpage die meisten potenziellen Werbekunden-Anfragen von der »Über uns«-Seite ausgehen. Dies geht so weit, dass bei einigen meiner Blogs diese den Blog und seine Macher beschreibende Seite mit Abstand zu den meistgelesenen gehört. Sie können recht einfach messen, welcher Bereich Ihres Blogportals die meisten Werbe-Kontaktanfragen generiert, indem Sie jeweils auf jeder Seite unterschiedliche Kontakt-E-Mail-Adressen benennen.

Tipp

Gerade für die Selbstvermarktung von Werbeflächen, aber auch für andere Refinanzierungsmodelle, die auf einer Kooperation beziehungsweise Zusammenarbeit mit einem externen Unternehmen beruhen, kann es durchaus hilfreich sein, zumindest das eine oder andere Mal etwas zu »verschenken«. So konnte oder wollte sich ein neues Start-up – das gut zu meinem Existenzgründerblog passte – keine der doch nicht ganz günstigen Werbemittelplatzierungen dort leisten. Ich nahm dennoch für eine gewisse Zeit kostenlos einen entsprechenden Werbebanner bei mir auf und der Erfolg für das andere Unternehmen aus diesem Banner heraus war so groß, dass sich hieraus später eine regelmäßige und in diesem Fall kostenpflichtige Buchung entwickelte.

Natürlich sollte man sein Blogportal niemals unter Wert verkaufen und sich somit selbst die eigenen Werbepreise kaputtmachen lassen. Doch hat man ein Blog mit vielen Besuchern – oder bei dem so mancher Anzeigenkunde aus Nischenbereichen sehr gute Erfolge vermelden kann –, so können diese und ähnliche Methoden ein probates Mittel sein, um einen potenziellen Werbekunden nachhaltig zu »ködern«.

Von sich aus wird ein Werbekunde jedoch nur sehr selten zugeben, dass eine Werbeschaltung auf Ihrem Blogportal erfolgreich für ihn verlaufen ist, was die Klicks oder resultierenden Leads angeht, schließlich würde dies ja eventuell den Folgepreis erhöhen. Deswegen ist es immer auch wichtig, bei selbst eingebundenen Werbemitteln Dritter die wichtigsten Erfolgskennzahlen – wie die Seitenimpressionen sowie die Klicks auf dieses – mittels eigener Reportingwerkzeuge zu messen (wie in Kapitel 3 beschrieben).

Bei potenziellen Werbekunden, die sich nur schwer vom möglichen Erfolg einer Buchung auf Ihrem Blog überzeugen lassen, gibt es übrigens eine ganz ähnliche Methode. Diesen biete ich auch schon einmal an, eine Vermarktungsfläche über kurzfristige Schaltung eines Banners oder über die Veröffentlichung eines nicht-werblichen Interviews anzutesten, ob diese damit auch wirklich die richtige Zielgruppe erreichen. Ist der Blog in der jeweiligen Nische attraktiv genug, so lassen sich die meisten davon im Anschluss von einer kostenpflichtigen Folgebuchung überzeugen, zumal sich viele Werbetreibende nicht darüber im Klaren sind, wie effektiv insbesondere eine Werbeschaltung auf einem kleineren, aber möglicherweise ideal zur Zielgruppe passenden Blogportal in der Regel sein kann. Manche von diesen haben bislang nur wenig Berührung mit eigener Onlinewerbung gehabt oder dies lediglich bei einem der größeren Internetportale für viel Geld und wenig Resultate durch entsprechende Streuverluste ausprobiert, so dass man diesen die generelle Skepsis gegenüber dieser Form der Vermarktung im Internet nicht übelnehmen darf.

Wenn man ein neu gestartetes Selbstvermarktungsprogramm übrigens noch bekannter machen möchte, so lohnt es sich, die ersten Werbekunden zu fragen, ob man sie in einem Blogartikel als solche vorstellen und benennen darf. Als Aufhänger hierfür könnte ein Artikelinterview dienen, in dem ich für meine Blogzielgruppe relevante Fragen stelle und der neue Werbekunde antwortet dann darauf. Zum einen wird wohl kaum ein werbendes Unternehmen diese zusätzliche und kostenfreie Möglichkeit der Bewerbung ablehnen, zum anderen sind jedoch viele weitere und neue potenzielle Werbekunden (Wettbewerber oder auch Partner des ursprünglichen Kunden) erst über diese Artikel auf mein eigenes Vermarktungsprogramm aufmerksam geworden und haben im Anschluss ebenfalls eine Buchung auf meinem Blog vorgenommen.

Auch die künstliche Verknappung solcher Werberessourcen auf dem eigenen Blogportal kann dazu beitragen, die restlichen Flächen noch interessanter für potenzielle Anzeigenkunden werden zu lassen. So zeige ich in meinen Antwort-E-Mails auf Werbeanfragen neben den einzelnen Platzierungen und Preisen immer auch auf, welche Anzeigenflächen denn derzeit oder in absehbarer Zukunft bereits ausgebucht sind. Ich liste diese also dennoch, gebe aber gleichzeitig zu verstehen, »für die Buchung dieser Fläche ist es leider schon zu spät ...«. Dies ist natürlich nicht gelogen und völlig transparent, trotzdem habe ich die Erfahrung gemacht, dass sich so mancher möglicher Kunde dann noch eher »beeilt«, eine alternative Bestellung durchzuführen, oder aber sich – direkt im Anschluss an die bereits belegte Buchung – die dortige Anzeigenfläche im Voraus reserviert.

7.4 Blog Reviews & Videos

Bereits seit Längerem gibt es einige bekannte Dienstleister, die zwischen Werbe-kunden und Bloggern so genannte bezahlte »Artikel-Reviews« vermitteln, siehe das prominenteste Beispiel eBuzzing (`www.ebuzzing.de`, bis vor Kurzem bekannt als Trigami). Dieses haben Sie in Kapitel 6.2.4 schon als Marketingkanal kennen gelernt, in diesem Abschnitt geht es nun um die Einnahmequelle solcher Kampagnen für Blogger.

Der Ansatz ist dabei stets der gleiche: Ein zumeist größeres Unternehmen möchte eines seiner Produkte oder Dienstleistungen prominenter oder gar viral bewerben und hierzu mehrere Blogger dazu veranlassen, über eben dieses Produkt zu berichten, dies zu testen etc. Da sich die direkte Suche passender Blogs oft als recht schwierig und vor allem langwierig erweist (viele Blogger betrachten derartige gesponserten Beiträge selbst bei entsprechender Kennzeichnung als unlautere Schleichwerbung), vermitteln hier die Netzwerke wie eBuzzing. Dort melden sich explizit Blogger mit passenden Portalen sowie der Bereitschaft zur (gelegentlichen) Schaltung von Advertorials an.

Seriöse Netzwerke gehen dabei stets konform mit den Google-Richtlinien für Webmaster vor. Das bedeutet: Der bezahlte Beitrag – selbst wenn es sich um einen neutralen Testbericht handelt – wird als solcher gekennzeichnet (wofür die meisten Netzwerke über einen vorgegebenen Text oder auch ein entsprechend einzubindendes Banner oder Ähnliches verfügen), alle enthaltenen Links sind auf NoFollow (Abschnitt 8.17) gesetzt etc. Die Kampagnenaufträge können dabei höchst unterschiedlich ausfallen, sowohl in der Art als auch der jeweiligen Bezahlung. Vom (gewollt neutralen) Test neuer Produkte über zu erstellende Videobotschaften bis hin zu Twitter- oder Facebook-Kampagnen kann dabei die Bandbreite reichen.

Wenn man es als Blogger nicht »übertreibt« – also nicht etwa jeden zweiten Beitrag mit solch einem bezahlten Review füllt, was eventuelle Weblog-Stammleser wohl kaum tolerieren werden –, so kann dies durchaus ein adäquates und einträgliches Mittel zur zumindest teilweisen Refinanzierung sein. Das Ganze hängt jedoch sehr vom Blogthema und dem jeweiligen Qualitätsanspruch an dessen Inhalte ab, auch über genügend Reichweite (Besucher) sollte man verfügen, um mit dem jeweiligen Blog für wirklich interessante und gut bezahlte Kampagnen ausgewählt zu werden. Die meisten meiner stärkeren Blogs habe ich bei den größeren dieser Netzwerke angemeldet, es sei denn, ich möchte dort der Blog-Qualität willen generell auf bezahlte und als solche gekennzeichnete Inhalte verzichten. Je nach Thema kommen dabei fast gar keine relevanten Vorschläge bis hin zu manchmal ein/zwei passenden Kampagnen pro Monat zustande, was in diesem Fall einen schönen zusätzlichen Verdienst bedeutet.

Üblicherweise haben Blogs im Bereich Lifestyle/Gesellschaft/Technik die besten Chancen auf zutreffende Kampagnen, aber auch für alle anderen Portale ist ab und an ein Thema dabei, das im besten Fall sogar einen echten Mehrwert für die Blogleser bietet. Dann gewinnt man neben den Einnahmen also gleichzeitig sogar noch einen qualifizierten Artikel hinzu.

Abb. 7.14: Ein Beispiel für einen bezahlten und als solches gekennzeichneten Artikel

---

Tipp

Die bekanntesten Review-Vermittler sind neben eBuzzing/Trigami (Zusammenschluss im Frühjahr 2011) auch Hallimash (www.hallimash.com). Von kleineren, unbekannten Portalen dieser Art sollte man meist Abstand nehmen beziehungsweise diese zunächst sehr gut prüfen oder sich Referenzen einholen, da diese erfahrungsgemäß nicht immer wirklich seriös arbeiten. Generell kann es – je nach Blogthema – der Fall sein, dass sich Ihre Leser an solchen bezahlten Inhalten zu sehr stören, selbst wenn diese als solche gekennzeichnet sind. Hier sollten Sie das jeweilige Nutzerverhalten sehr intensiv beobachten oder gegebenenfalls auch einmal einige Ihnen nahestehende Blogleser befragen, wie diese zu Advertorials & Co. als gelegentliche Inhalte Ihres Weblogs stehen.

7.5 Sonstige Publikationen

Es muss nicht immer nur Werbung sein, mit der man einen Blog refinanziert. Schreibt man einen reinen »Qualitätsblog« ohne Werbung oder betreibt man einen Firmen- oder Freiberufler-Blog und will daher aus verständlichen Gründen auf jeglichen werbenden Eindruck verzichten, so kann es trotzdem zahlreiche Möglichkeiten zur Generierung von Einnahmen geben. Diese eignen sich natürlich auch für »normale« Blogger als zusätzliche Vermarktungsmöglichkeit neben klassischer Blogwerbung.

Im Folgenden ein paar der bekanntesten und bewährtesten Varianten, die – eine entsprechende Qualität vorausgesetzt – zudem auch immer gute Werbung und eine gelungene Referenz für den eigentlichen Blog selbst sein können.

7.5.1 Kostenpflichtige E-Books, PDFs und sonstige Dokumente

Gerade wenn man einen Blog mit sehr werthaltigen Inhalten betreibt oder über ein bestimmtes Alleinstellungsmerkmal verfügt, so kann sich durchaus der Versuch lohnen, Teile dieser Inhalte zusammengefasst als kostenpflichtiges E-Book und Ähnliches zu vermarkten.

Vor allem Blogger, die gerne und viel gelesene Tipps und Tricks für ihre Leser bereitstellen, sind hierfür prädestiniert. Denn egal ob es sich dabei um die 100 besten Tipps zur Bildbearbeitung des Designbloggers, die begehrte Anleitung zum Smartphone-Tuning, den besten (seriösen!) Quellen zum Thema »Geld verdienen im World Wide Web«, um eine Anleitung zum Eigenbau eines Aquariums des Zierfischeblogs handelt oder gar der Firmenblog exklusives und sehr hochwertiges Wissen für seine Kunden in dieser Variante weitergibt: Hier sind der Kreativität kaum Grenzen gesetzt.

Es gibt dabei nicht wenige recht erfolgreiche Beispiele dieser Art, bei denen Blogger ihren Content zumindest teilweise kostenpflichtig anbieten, günstige Voraussetzungen sowie Indizien hierfür könnten dabei sein:

- Die im Blog dargebotenen Informationen sind besonders begehrt, umfangreich, exklusiv oder haben einen sonstigen Vorteil beziehungsweise ein Alleinstellungsmerkmal im Vergleich zu ähnlichen Portalen.

- Es sind keine oder nur sehr wenige Printpublikationen im entsprechenden Bereich verfügbar.

- Man verfügt über sehr spezielles Wissen und/oder man ist ein ausgesprochener Fachmann auf seinem Gebiet.

- Die Blogleser fragen regelmäßig direkt oder auch indirekt nach einer Zusammenfassung der publizierten Inhalte.

- Eine zugrunde liegende Blog-Folgerschaft wächst auffallend schnell beziehungsweise die Weiterverbreitungsrate der veröffentlichten Beiträge ist überdurchschnittlich hoch.

- Man tut sich vielleicht sogar mit einem weiteren Blogger, Spezialisten oder Autor zusammen, um den Mehrwert der gebotenen Informationen mit zusätzlichen Inhalten zu erhöhen.

Die exakte technische Gestaltung dieser elektronischen Publikation – ob nun als E-Book, einfaches PDF, Video, On- und Offline-Präsentation oder was auch immer – spielt hierbei eine eher untergeordnete Rolle, solange die Inhalte hochwertig, strukturiert sowie der Zielgruppe entsprechend präsentiert werden. So wird die Zielgruppe der Blogger mit einem Lern-Video oder Podcast (vielleicht) eher etwas anfangen können als der angesprochene Zierfischzüchter, der möglicherweise ein einfaches PDF bevorzugt. Insgesamt sollte man jedoch darauf achten, möglichst weit verbreitete und leicht zugängliche Formate für die jeweiligen Publikationen zu verwenden, deren Inhalte idealerweise auch von Google und anderen Suchmaschinen indiziert werden können.

7.5.2 Veröffentlichungen über einen Verlag oder in Eigenregie

Dieses Werk – das Sie gerade in Ihren Händen oder in Ihrem E-Book-Reader halten – ist das beste Beispiel dafür, dass man manchmal sogar noch einen Schritt weitergehen kann.

Wieso nicht ein Buch zu einem prominenten oder sehr spezialisierten Blog in Erwägung ziehen? Nicht nur, dass zahlreiche Blogger auch hier wieder den Mehrwert ihrer kostenfrei zur Verfügung gestellten Informationen sowie ihr oft tief fundiertes Wissen auf ihrem Gebiet unterschätzen, mit solch einer Veröffentlichung kann man zudem gleich mehrere Vorteile für sich nutzen:

- Das Buch macht Werbung für den Blog, der Blog wiederum Werbung für das Buch.
- Man hat – auch wenn man mit einem Fachbuch normalerweise wohl kaum »reich« werden wird – zumindest einen kleinen weiteren Nebenverdienst.
- Die Reputation als Experte auf dem jeweiligen Themengebiet kann teils enorm steigen.
- Bietet man neben seinen Blogs auch noch Beratungs- oder Consultingdienstleistungen an, so kann eine eigene Printpublikation eines der mit Abstand effektivsten Akquisemittel darstellen.
- Man kann die im Blog gegebenen Informationen noch weiter streuen, deutlich mehr Leser erreichen und damit natürlich auch noch mehr Personen weiterhelfen.

Möchte man dabei nicht gleich auf einen Verlag zugehen – oder handelt es sich zunächst um eine kleinere Veröffentlichung zwischen einfachem selbst gestaltetem E-Book und umfangreichem Buch, so gibt es neuerdings eine weitere spannende Möglichkeit der Selbstvermarktung: Amazon Kindle (`http://kdp.amazon.com`) und ähnliche Netzwerke. Gerade dieser Markt wird – wenn man der aktuellen Entwicklung »über dem Teich« folgt – wohl auch hierzulande in den nächsten Monaten und Jahren rasant wachsen. Und wie sagt man so schön: Der frühe Vogel fängt den Wurm. Sprich: Wer sich rechtzeitig einen Platz in diesem neu entstehenden Markt sichert, der dürfte am meisten davon profitieren. Zumal Sie als Blogger womöglich über sehr viele Informationen verfügen, die bereits aufbereitet und vorformuliert sind, also nur noch der Überarbeitung gemäß des jeweiligen Zielformats bedürfen.

Die Erstellung eines solchen speziellen E-Books ist dabei meist relativ einfach, wer bloggen kann, sollte damit eigentlich keine Probleme haben. Für führende Anbieter wie Amazon Kindle gibt es spezielle, frei verfügbare Werkzeuge, um bestehende Texte in dieses Format zu konvertieren oder eben das E-Book komplett neu darin zu verfassen. Auch hier gilt, egal ob bei einem Buch in Print- oder elektronischer Form: Wagt man sich nicht alleine an ein solches doch sehr umfangreiches Projekt – das natürlich zudem ein nicht unerhebliches Zeitpensum erfordert –, so kann man sich immer noch mit anderen befreundeten Bloggern oder Experten zusammentun. Jeder Autor kann so sein ganz bestimmtes Know-how einfließen lassen und vergrößert gleichzeitig die potenzielle Leserschaft um das eigene Blogleser-Netzwerk.

7.5.3 Tools, Plugins, Add-Ons

Viele Blogger verfügen über sehr breite und fundierte technische Kenntnisse und entwickeln gerade in der WordPress-, aber auch Joomla-Szene tolle Werkzeuge und Erweiterungen für befreundete Blogger, die sie kostenfrei zur Verfügung stellen. Ich selbst habe früher Share- und Freeware-Produkte für den PC entwickelt und vertrieben, und weiß von daher, wie schwierig es ist, über derartige Gratis-Programme Geld zu verdienen. Trotzdem ist es einen Versuch wert, solche selbst programmierten Werkzeuge und Templates zu vermarkten. Ich wundere mich immer wieder, welch wirklich genialen und äußerst umfangreichen Tools zur Verfügung gestellt werden, teils nicht einmal mit dem doch naheliegenden Angebot, freiwillig einen kleinen Obolus hierfür entrichten zu können.

Einige bekannte Blogger aus dem deutschsprachigen Raum sind ein gutes Beispiel dafür, wie man sich hiermit refinanzieren kann, und sei es nur als weiteres Standbein neben dem eigentlichen Blogbetrieb. Auch in diesem Buch werden Sie zahlreichen Tools begegnen, die innerhalb der deutschen Blogosphäre entwickelt wurden. Ich könnte mir dabei gut vorstellen, dass mit etwas Kreativität bei der Vermarktung die – vielleicht anfangs durchaus niedrigen – Einnahmen hieraus noch deutlich gesteigert werden könnten.

Typische Möglichkeiten der Vermarktung wären in diesem Fall:

- Ein generell kostenpflichtiger Download: Dafür müsste das Tool jedoch bereits recht bekannt sein oder zumindest positiv getestet/bewertet und einen deutlichen Mehrwert oder ein für alle Nutzer erkennbares Alleinstellungsmerkmal bieten.

- Wohl interessanter für den Einstieg: Eine gratis Basis- oder auch Light-Version wird bereitgestellt, interessante Zusatzfeatures sind dann jedoch nur in einer

Bezahlversion verfügbar (siehe das Beispiel des Plugins GTranslate (`http://edo.webmaster.am/gtranslate`) für WordPress, Joomla, Drupal und Contao/TypoLight).

- Ähnlich: Bei Bezahlung der Freeware-Version erhält man ein zusätzliches Tool als kleines »Schmankerl« hinzu.
- Support wird nur für zahlende Kunden geleistet.
- Der Einbau eines freiwilligen Spenden-Buttons, mit Bezahl-Möglichkeiten etwa über PayPal.
- Neuere Möglichkeiten wie zum Beispiel `www.paywithatweet.com` zum »Bezahlen« via Twitter oder Facebook.
- Nicht-materielle Vergütungen, so kann man etwa einen Frontend-Link zum eigenen Blog in ein Plugin einbauen (dies sollte man jedoch stets publik machen oder diese Möglichkeit per Checkbox zur optionalen Auswahl stellen) oder die Nutzer bitten, einen Erfahrungsbericht in Form eines Blogartikels zu verfassen.

Gerade bei der Option über einen Spenden-Button nutzen viele Entwickler ihre Möglichkeiten meines Erachtens nicht wirklich in vollem Umfang aus. So nutze ich persönlich relativ häufig diese Möglichkeit, sich bei dem Autor eines von mir oft verwendeten Plugins oder Ähnlichem mit einem kleinen Betrag zu bedanken. Ich erwarte dabei sicherlich keine »Dankes-Arien« oder Ähnliches, aber eine kleine formlose Meldung, dass man die Spende dankend erhalten hat, wäre schon nett. Denn wenn man schon Spender »anlocken« möchte, so sollte man diese zumindest ein ganz klein wenig betreuen.

Oder aber diese Spendenmöglichkeit ist extrem gut »versteckt« und wird von daher kaum genutzt, beziehungsweise der Ablauf der Bezahlmöglichkeit ist so kompliziert, dass die meisten Besucher dann doch lieber abbrechen. Hier sollte man also unbedingt messen, wie oft auf einen entsprechenden Spendenbutton geklickt wird und wie viele Zahlungen tatsächlich aus diesen Klicks resultieren. Sind die Abbruchzahlen sehr hoch, hilft es möglicherweise, eine andere Form der freiwilligen Bezahlung anzubieten.

Wer mit der Möglichkeit der freiwilligen Beteiligung durch die eigenen Blogleser experimentieren möchte, der kann hierfür auch den Dienst Flattr (`http://flattr.com`) ausprobieren, der zumindest bei einer deutlich internetaffinen Leserschaft den meisten Blogbesuchern bekannt sein dürfte. Über dieses Onlinewerkzeug können angemeldete Nutzer die angeschlossenen Web-Inhalte mittels eines speziellen Flattr-Spendenknopfs als besonders werthaltig markieren. Eine zuvor in den Dienst eingezahlte Summe wird schließlich am Monatsende an alle Webportale aufgeteilt, die man »geflattert« hat. Eine bekannte deutsche Onlinezeitung bekam auf diese Weise und dank einer speziell hierfür beworbenen Kampagne immerhin beinahe 7.000 Euro innerhalb eines Jahres an Flattr-Spenden zusammen.

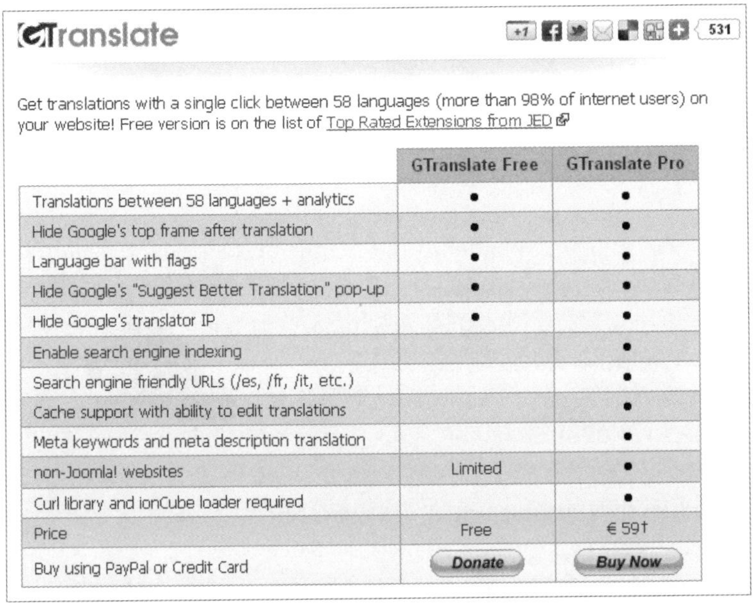

	GTranslate Free	GTranslate Pro
Translations between 58 languages + analytics	•	•
Hide Google's top frame after translation	•	•
Language bar with flags	•	•
Hide Google's "Suggest Better Translation" pop-up	•	•
Hide Google's translator IP	•	•
Enable search engine indexing		•
Search engine friendly URLs (/es, /fr, /it, etc.)		•
Cache support with ability to edit translations		•
Meta keywords and meta description translation		•
non-Joomla! websites	Limited	•
Curl library and ionCube loader required		•
Price	Free	€ 59†
Buy using PayPal or Credit Card	Donate	Buy Now

GTranslate

Get translations with a single click between 58 languages (more than 98% of internet users) on your website! Free version is on the list of Top Rated Extensions from JED

Abb. 7.15: Das Beispiel eines WordPress Plugins (GTranslate), angeboten sowohl mit einer Spendenmöglichkeit als auch über eine kostenpflichtige Pro-Version

Die direkte Vermarktung von Web-Tools

Ein schönes Beispiel im Bereich der direkten Vermarktung von Tools hingegen ist die Plattform `http://slidervilla.com`, betrieben von einer WordPress-Entwicklerin aus Indien. Dort vertreibt sie mehrere Erweiterungen für WordPress-Blogs, die ausschließlich dem Zweck dienen, eine äußerst professionell wirkende »Slider«-Funktionalität (eine Art animierte Bildershow) in den eigenen Blog einzubauen, zum Aufbau eines Showcase für die eigenen Referenzen, Projekte oder auch Produkte. Ihre Tools kosten dabei jeweils unter zehn Dollar, sind voll konfigurier- und anpassbar, werden durch einen Support unterstützt und lassen jedes Blogportal gleich deutlich werthaltiger wirken.

Natürlich kann man mit dem entsprechenden Wissen eine solche Funktionalität auch selbst programmieren, die Zeit, die man hierfür benötigen würde, steht jedoch in keinem Verhältnis zu dem äußerst günstigen Komplettpreis der Slidervilla. Zumal ich bis heute kein vergleichbar gutes kostenfreies Plugin in der doch sehr umfangreichen WordPress-Bibliothek gefunden habe, das einzige ähnliche Tool ist just ein kostenfreies Modell eben dieser Slidervilla, das gleichzeitig als Werbemittel für die kostenpflichtigen Varianten dient und über das auch ich auf ihr Portal aufmerksam geworden bin. Durch die Spezialisierung auf eben diese eine Funktionalität der »Slider« dürften sich die Tools zudem sehr gut in den Suchmaschinen positionieren. Eine kleine, aber feine Möglichkeit also, mit seinem (in diesem Falle) technischen Blog-Know-how zusätzliche Einnahmen zu generieren.

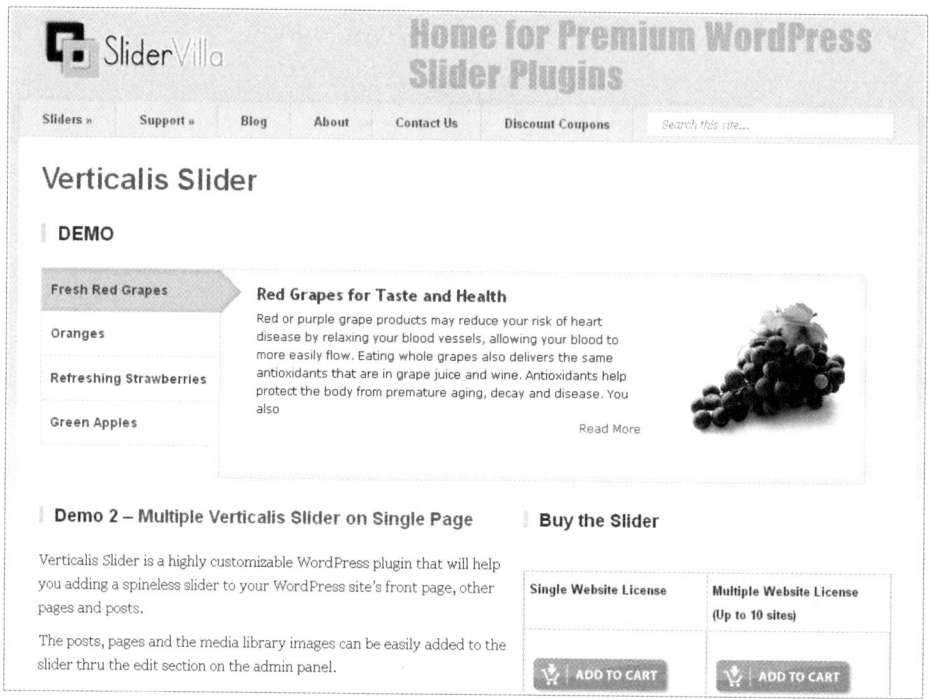

Abb. 7.16: Das Vermarktungskonzept von Slidervilla – spezialisiert auf professionelle Design-Plugins zu einem günstigen Preis

7.5.4 (Web) Design

Nicht nur erstaunliches technisches Wissen versammelt sich bei vielen Blogbetreibern, auch ein umfangreiches grafisches Know-how lässt sich hier sehr oft beobachten. Zum einen kann man dies natürlich prima für die (virale) Bewerbung des eigenen Blogs nutzen, indem man gratis Templates, Bannermuster, Social Buttons, Grafiken, Web-Schriftarten und vieles weitere mehr anbietet. Auf viele sehr gute Blogs bin ich nur deswegen gestoßen, weil ich ursprünglich einem Link zu einem kostenfreien Download des Autors folgte.

Hat man hiermit Erfolg, so lässt sich dieser grafische Mehrwert zudem auch recht gut vermarkten. Entweder, indem man erweiterte oder personalisierte Editionen der Buttons etc. kostenpflichtig auf dem eigenen Portal anbietet, diese in einem Grafikshop wie beispielsweise unter www.designenlassen.de/logoshop/ zum Verkauf stellt oder aber generell seine individuellen Webdesign-Leistungen anbietet.

Zwar ist dieser Markt recht umkämpft, doch gerade ein designtechnisch sehr gut gestalteter Blog kann eine tolle Referenz zur Bewerbung der eigenen Grafikprojekte und -dienstleistungen sein. So werde ich bei meinen aufwendiger gestalteten Weblogs des Öfteren einmal von interessierten Lesern gefragt, von wem ich denn mein Webdesign oder mein Logo habe entwerfen lassen.

7.6 Blogs oder Bloginhalte verkaufen

Gerade wer mehrere Blogs betreibt, wird irgendwann vor dem »Problem« stehen, dass man nicht mehr alle Portale in derselben Form und Qualität pflegen und weiterentwickeln kann oder möchte.

Alleine bei mir fristen zahlreiche Weblogs ein eher unrühmliches Dasein, obwohl ich ursprünglich einmal sehr viel Arbeit und Energie in diese gesteckt hatte. Nicht etwa, weil ich keine »Lust« mehr habe, diese zu pflegen – aber auch das kann passieren, wenn einem ein bestimmtes Blogthema mit der Zeit weniger liegt oder einem keine neuen Inhalte mehr einfallen –, es fehlt schlicht und einfach an der notwendigen Zeit, sich um diese ausreichend zu kümmern. Gute Erfahrungen habe ich in diesem Zusammenhang mit der Weitergabe/Beteiligung oder gar dem Verkauf eines kompletten Blogs machen können.

Dabei gibt es unterschiedliche Modelle:

1. Man verkauft den gesamten Blog inklusive Domain und der gesamten Technik (Templates, Datenbank etc.) sowie der zugehörigen Inhalte zu einem einmaligen Festpreis.

2. Statt des Festpreises zahlt der neue Inhaber einen bestimmten Anteil der zukünftigen Werbeeinnahmen an den Vorbesitzer, quasi als regelmäßig fällig werdende Provision.

3. Nur einzelne Bloginhalte und Themen werden – ohne die Domain mit zu übertragen – an eines oder mehrere passende Portale abgegeben.

Für alle Beteiligten ist ein vergleichbares Vorgehen ideal, wenn der entsprechende Übernahmevertrag fair und transparent ausgehandelt wird (derartige Details sollte man stets schriftlich fixieren und sich bei größeren Summen hierbei am besten auch anwaltlich beraten lassen). Denn zum einen gehen gerade wertvolle Bloginhalte auf diese Weise nicht nur nicht verloren, sie werden sogar weiterentwickelt und erleben vielleicht gerade hierdurch einen völlig neuen Aufschwung. Zudem kann der Verdienst eines solchen kompletten oder teilweisen Verkaufs nicht unerheblich sein. Und nicht zuletzt wird man sich nach solch einer Veräußerung noch stärker auf die Vermarktung der anderen Kernblogs konzentrieren können.

Tipp

Auch hier möchte ich Ihnen einen von Martin Schirmbacher vorbereiteten Mustervertrag zum Thema Blogkauf vorstellen, der die grundlegenden Regelungen umfasst. Dieser sollte ebenfalls unter Umständen aufgrund der Komplexität der Thematik sowie aufgrund Ihrer ganz persönlichen Situation hin individuell angepasst und erweitert werden, ersetzt also keine Rechtsberatung, siehe etwa `www.vertragstexte.de`.

Blogkaufvertrag

‒‒‒‒‒‒‒‒‒‒‒‒‒‒‒‒‒‒‒‒‒‒‒‒‒‒‒‒
‒‒‒‒‒‒‒‒‒‒‒‒‒‒‒‒‒‒‒‒‒‒‒‒‒‒‒‒
‒‒‒‒‒‒‒‒‒‒‒‒‒‒‒‒‒‒‒‒‒‒‒‒‒‒‒‒

- nachfolgend „**Verkäufer**" genannt -

sowie

‒‒‒‒‒‒‒‒‒‒‒‒‒‒‒‒‒‒‒‒‒‒‒‒‒‒‒‒
‒‒‒‒‒‒‒‒‒‒‒‒‒‒‒‒‒‒‒‒‒‒‒‒‒‒‒‒
‒‒‒‒‒‒‒‒‒‒‒‒‒‒‒‒‒‒‒‒‒‒‒‒‒‒‒‒

- nachfolgend „**Käufer**" genannt -

Verkäufer und der Käufer werden nachfolgend jeweils auch als „**Parteien**" und zusammen als „**die Parteien**" bezeichnet.

§ 1
Kaufgegenstand

Kaufgegenstände des Vertrags sind:

1. die Rechte an der Domain _____ (im Folgenden: „**Domain**") sowie sämtliche hiermit etwaig verbundenen Kennzeichenrechte und weitere Rechte hieran

   - nachfolgend „**Rechte**" genannt -;

2. sämtliche unter der Domain bei Vertragsschluss abrufbaren Inhalte sowie sämtliche Inhalte der hiermit im Zusammenhang stehenden Internetauftritte nach Maßgabe des § 4 dieses Vertrages sowie sämtliche in diesem Zusammenhang bestehende Rechte, insbesondere, wenn auch nicht ausschließlich, urheberrechtliche Verwertungsrechte.

   - nachfolgend „**Bloginhalte**" genannt -

   - alle Kaufgegenstände gemeinsam nachfolgend „**Kaufgegenstände**" genannt -

3. Nicht Kaufgegenstand sind personenbezogene Daten, insbesondere Daten von Nutzern oder Newsletterabonnenten.

§ 2
Kaufpreis

1. Für den Verkauf und die Übertragung der in § 1 genannten Kaufgegenstände zahlt der Käufer an den Verkäufer einen Kaufpreis von _____€ zzgl. der gesetzlichen Umsatzsteuer.

2. Der Kaufpreis ist innerhalb von 5 Werktagen nach rechtsverbindlicher Unterzeichnung dieses Vertrages zur Zahlung fällig.

3. Der Käufer gerät mit Ablauf des Fälligkeitstermins ohne Mahnung automatisch in Verzug. Maßgeblich für die Rechtzeitigkeit der Zahlung ist die Gutschrift des vollständigen Kaufpreises auf dem angegebenen Konto. Nach Eintritt des Verzugs ist der Kaufpreis entsprechend den gesetzlichen Vorschriften zu verzinsen.

§ 3
Verkauf und Übertragung der Kaufgegenstände

1. Der Verkäufer verkauft und überträgt die Kaufgegenstände nach Maßgabe von § 1 und § 4. Die Käufer nimmt dies an.

2. Die Parteien sind sich einig, dass die vollständige Rechteeinräumung und Besitzvermittlung unter der aufschiebenden Bedingung der vollständigen Kaufpreiszahlung gemäß § 2 steht.

§ 4
Bloginhalte

Die Bloginhalte umfassen den gesamten verfügbaren Inhalt unter der Domain zum Zeitpunkt der Vertragsunterzeichnung, d. h. insbesondere alle Texte, Bilder, Filme. Archivierte und/oder in der Vergangenheit verwendete Inhalte gelten nur dann als mitübertragener Bloginhalt, wenn dies ausdrücklich vereinbart wird. Zu den Bloginhalten gehören auch das Design der Seite und deren Umsetzung.

§ 5
Abwicklung des Vertrages

1. Der Verkäufer verpflichtet sich unverzüglich nach Kaufpreiseingang, spätestens jedoch 5 Tage danach sämtliche Erklärungen abzugeben und Handlungen vorzunehmen, die erforderlich sind, die Umschreibung der Domain auf den Käufer zu bewirken.

2. Binnen gleicher Frist wird der Verkäufer die Bloginhalte der Webseiten an den Käufer mittels geeigneter Speichermedien (CD-ROM, USB-Stick o.Ä.) übergeben. Soweit nichts anderes vereinbart ist, kann die Übergabe der Inhalte auch durch Übermittlung der Zugangsdaten für den Blog erfolgen.

3. Sollten bis zur vollständigen Übertragung der Kaufgegenstände Dritte gegen den Verkäufer Ansprüche im Zusammenhang mit den Domains, insbesondere Löschungsansprüche gleich aus welchem Rechtsgrund, geltend machen, ist der Verkäufer verpflichtet, den Käufer hiervon unverzüglich zu unterrichten. In diesen Fällen ist der Käufer berechtigt, vom Vertrag zurückzutreten. Bereits erbrachte Zahlungen sind dem Käufer rückzugewähren.

4. Unverzüglich, nachdem die Domain und die Inhalte auf den Käufer übertragen wurden, ist der Käufer verpflichtet, auf der Internetseite, insbesondere im Impressum den neuen Domain-Inhaber und Seitenbetreiber korrekt wiederzugeben.

§ 6
Zusicherungen, Gewährleistung und Haftung

1. Der Verkäufer versichert, dass die in § 1 genannten Rechte und Bloginhalte nicht auf einen Dritten übertragen wurden und dass zum Zeitpunkt der Unterzeichnung keine Ansprüche gegenüber diesen Kaufgegenständen geltend gemacht wurden. Der Verkäufer sichert insbesondere zu, dass er über die notwendigen Rechte zur Veröffentlichung der vorhandenen Inhalte verfügt und ihm keine Rechtsstreitigkeiten die Domain oder die Bloginhalte betreffend bekannt sind.

2. Der Verkäufer versichert weiter, dass ihm im Zusammenhang mit dem Namen des Blogs und/oder der Domain keine Markeneintragungen bekannt sind.

3. Der Verkäufer sichert zu, dass er ab dem Zeitpunkt der Unterzeichnung dieser Vereinbarung unverzüglich die Verwendung des Namens des Blogs und der Bloginhalte einstellt und diese in Zukunft nicht ohne ausdrückliche Zustimmung des Käufers verwendet.

4. Die Parteien sind sich darüber einig, dass der Verkäufer keine Gewähr für die Fortentwicklung der Internetseite übernehmen kann. Den Parteien ist bekannt, dass insbesondere das Ranking bei Suchmaschinen von einer Vielzahl von Faktoren abhängt, die nicht unmittelbar im Einfluss der Parteien stehen. Sämtliche im Laufe der Vertragsverhandlungen geäußerte Zahlen und Fakten die Kaufgegenstände betreffend sind als bloße Informationen zu verstehen. Eine Garantie für deren Richtigkeit übernimmt der Verkäufer nicht.

§ 7
Gegenseitige Freistellung

1. Der Verkäufer stellt den Käufer jeweils von sämtlichen Ansprüchen Dritter frei, die diese im Zusammenhang mit dem Verkauf und der Übertragung der Kaufgegenstände auf den Käufer gegen den Käufer geltend machen.

2. Umgekehrt stellt der Käufer den Verkäufer von sämtlichen Ansprüchen Dritter frei, die diese im Zusammenhang mit der Fortnutzung der Kaufgegenstände durch den Käufer oder Dritte gegen den Verkäufer geltend machen.

§ 8
Schlussbestimmungen

1. Dieser Vertrag unterliegt ausschließlich deutschem Recht. Das Wiener UN-Übereinkommen über Verträge über den internationalen Warenkauf (CISG) findet keine Anwendung.

2. Änderungen, Ergänzungen oder die Aufhebung dieses Vertrags, einschließlich der Änderung dieser Bestimmung selbst, bedürfen der Schriftform.

3. Dieser Vertrag enthält abschließend sämtliche Vereinbarungen der Parteien zu seinem Gegenstand und ersetzt alle mündlichen und schriftlichen Verhandlungen, Vereinbarungen und Abreden, die zuvor zwischen den Parteien im Hinblick auf den

Vertragsgegenstand geschlossen wurden. Nebenabreden zu diesem Vertrag bestehen nicht.

4. Sind beide Parteien Kaufleute im Sinne des Handelsgesetzbuches (HGB), gilt als Gerichtsstand der Sitz des jeweiligen Beklagten.

5. Sollte eine Bestimmung dieses Vertrags ganz oder teilweise nichtig oder undurchführbar sein oder werden, wird die Wirksamkeit oder Durchführbarkeit aller übrigen Bestimmungen davon nicht berührt. Die nichtige, unwirksame oder undurchführbare Bestimmung ist durch diejenige wirksame und durchführbare Bestimmung als ersetzt anzusehen, die dem mit der nichtigen, unwirksamen oder undurchführbaren Bestimmung verfolgten Zweck nach Gegenstand, Maß, Zeit, Ort oder Geltungsbereich am nächsten kommt. Entsprechendes gilt für etwaige Lücken in diesem Vertrag. § 139 BGB findet keine Anwendung.

Der Blog-Käufer hingegen (der jedoch bereits über einige Erfahrung im Umgang und in der Vermarktung mit Blogs haben sollte, um den tatsächlichen Wert eines Portals einschätzen zu können) profitiert ebenfalls gleich mehrfach:

Er startet mit einem vielleicht eh schon seit Längerem geplanten Blogthema nicht gleich bei null, es liegen bereits bestimmte Einnahmen und/oder regelmäßiger Besuchertraffic vor (beides sollte man sich stets vom Verkäufer bestätigen lassen) und man verfügt gegebenenfalls über eine wertvolle Domain sowie eine zusätzliche Linkquelle. Letzteres sollte bei einem fairen Handel jedoch nie im Vordergrund stehen, es sei denn, beiden beteiligten Parteien ist bewusst, dass nicht die Inhalte des Blogs, sondern der Wert der Domain im Vordergrund stehen.

Welche Möglichkeiten gibt es nun, einen geeigneten Käufer oder Betreiber für ein nicht mehr gepflegtes Blogprojekt zu finden?

7.6.1 Bekanntgabe auf dem eigenen Blog

Meines Erachtens immer noch die beste Möglichkeit hierfür ist zugleich die einfachste: Man annonciert einfach auf dem betreffenden Blog und gegebenenfalls auf weiteren Portalen des eigenen Blognetzwerks, dass dieser zum Verkauf steht.

Denn zum einen spricht man damit potenzielle Käufer oder Betreiber an, die bereits am zugrunde liegenden Blogthema Interesse haben und sich darin auch auskennen, was schließlich eine der wichtigsten Voraussetzungen für eine erfolgreiche Übernahme darstellt. Und zum anderen kann man die Beschreibung des Blogs sowie die Begründung für den Verkauf desselben ganz nach seinen eigenen Vorstellungen gestalten.

In solch einem Blogbeitrag-Aufruf sollte in etwa enthalten sein:

- Die wichtigsten Kennzahlen wie das Alter des Blogs und/oder der Domain, Anzahl der Beiträge, derzeitige Besucher/Seitenaufrufe sowie die Besucherentwicklung in der Vergangenheit

- Eine grobe Übersicht der Einnahmen und deren Quellen (welcher Anteil stammt aus reinen Klick-Programmen, welcher aus Affiliate-Einnahmen, der Eigenvermarktung etc.)

- Die genauen Gründe für den Verkauf, beispielsweise Zeitmangel, zu wenig Wissen auf dem jeweiligen Fachgebiet oder aber auch, dass die Einnahmen hinter den Erwartungen zurückgeblieben sind. Um späteren Ärger vermeiden zu können, sollte man hierbei so transparent und ehrlich wie möglich vorgehen.

- Etwaige Bedingungen beim Verkauf (was wird alles mitübergeben und was nicht, welche Rechte Dritter bestehen unter Umständen in Teilen des Blogs wie etwa beim Design und so weiter, soll es sich um einen Komplettverkauf oder gegen Provision handeln)

- Gegebenenfalls auch bereits erste preisliche Vorstellungen

Auf keinen Fall verschweigen sollte man dabei eventuelle Probleme mit dem Blog, die vielleicht mitentscheidend für dessen Verkauf sind. Solange man natürlich stets mit legalen Mitteln bei der Suchmaschinenoptimierung gearbeitet hat, wird dies einen vernünftigen Käufer auch nicht abstoßen, das Ganze sorgt im Gegenteil für ein Mehr an Vertrauen und Authentizität. So kann man beispielsweise durchaus erwähnen, dass der Blog aufgrund zu vieler Affiliate-Einbindungen beim Panda-Update von Google »abgestürzt« ist (siehe Abschnitt 9.4). Der (erfahrene) Käufer kann sich in einem solchen Fall ein Bild davon machen, welche Arbeiten für einen erfolgreichen Neustart notwendig sind, aber auch davon, welches Potenzial in dem jeweiligen Portal steckt.

7.6.2 Verkaufsbörsen

Möchte man indessen eher etwas »anonymer« vorgehen oder sich speziell an andere Blog- und Portalbetreiber wenden, so gibt es zudem mehrere Portale und sonstige Dienstleister im deutschsprachigen Raum, die einen solchen Verkauf unterstützen.

Einige davon möchte ich hier kurz vorstellen:

bloggerjobs.de

Unter der Rubrik »Blogmarkt« finden sich bei den Bloggerjobs stets auch einige interessante Angebote, aber auch Gesuche zum Thema Blogverkauf. Vor allem eignet sich dieses Portal, da man eine Anzeige kostenlos einstellen kann und die erste Kontaktaufnahme zunächst anonym via Kontaktformular erfolgt. Dies ist insbesondere dann wichtig, wenn nicht unbedingt publik werden soll, dass ein bestimmtes Blogportal zum Verkauf steht.

mabya.de

Als »Marktplatz für den Kauf und Verkauf von Online-Projekten« ist dieses Portal hauptsächlich im Blog-Bereich aktiv. Noch ist das Angebot dort zwar relativ überschaubar, dennoch kann man das eine oder andere spannende Verkaufsgesuch auf mabya.de entdecken. Erst ab tatsächlich erfolgtem Verkauf – und dies auch nur ab einem bestimmten erzielten Endpreis – wird für diesen eine anteilige Provision fällig.

Tipp

Mehr zu diesem Portal sowie zu weiterführenden Tipps und Tricks bei der Einstellung von Webprojekten können Sie unter dem Artikel www.blogprofis.de/buch/blogverkauf nachlesen.

Sedo

Der wohl bekannteste Anbieter seiner Art Sedo.de ist eine generelle Verkaufsplattform zum Handel mit Domains, aber auch kompletten Web-Projekten, unabhängig von Blogs oder sonstigen Portalen.

Zwar handelt es sich dabei nach Angaben der Anbieter um den »weltweit größten Handelsplatz für Internetadressen«, was aber bereits darauf schließen lässt, dass der Schwerpunkt eher auf reinen Domains als auf kompletten Projekten liegt. Eignen kann sich dieser Handelsplatz jedoch dann, wenn man beispielsweise erst wenig oder gar keine beziehungsweise veraltete Bloginhalte hinterlegt hat, die (eventuell werthaltige) Domain selbst jedoch nicht mehr benötigt. Nicht selten scheitert der reine Domainverkauf auf solchen Plattformen jedoch an den relativ stolzen Preisvorstellungen der bisherigen Inhaber. Falls Sie als Verkäufer es jedoch nicht besonders eilig haben mit einem Verkauf, so kann man es durchaus auf einen entsprechenden Versuch ankommen lassen.

eBay

Nach wie vor kann man bei eBay unter dem Punkt »Geschäftsverkäufe & Domains« Web- und eben auch Blogprojekte zur Auktion freigeben oder auch zum Festpreis verkaufen. Kritisch betrachten sollte man dabei die Qualität der »Mitbewerber«, da sich dort auch zahlreiche mehr oder weniger unseriöse Angebote tummeln, etwa zum Thema Pagerank- und Backlink-Verkauf.

Zudem sorgt beispielsweise der Verkauf von Internetpräsenzen zum Schnäppchen-Fixpreis von »24,99 Euro« nicht gerade für zusätzliches Vertrauen. Dennoch gab es dort in der Vergangenheit bereits auch sehr prominente und positive Beispiele für Blog-Verkäufe, die dann natürlich sogar auf ein entsprechendes Medieninteresse stoßen können.

Sonstige Dienstleister

Gibt man bei Google etwa die Stichwörter »Blog verkaufen« ein, so stößt man über kurz oder lang zudem auf mehrere Dienstleister, die versprechen, Blogs im Kundenauftrag an den neuen Mann oder die neue Frau zu bringen.

Die meisten dieser Angebote wirken jedoch nicht wirklich professionell und vor allem seriös, hier ist also Vorsicht geboten. Vor allem wenn Ihnen daran liegt, dass Ihr Blogportal inhaltlich weiterbetrieben wird.

7.6.3   Verkauf über befreundete Blogs und Blogger

Auch auf meinem Blogprofis-Portal habe ich bereits einen zum Verkauf stehenden Blog Dritter annonciert, wenn es sich denn um ein spannendes Projekt handelte, bei dem nicht rein der Wert der Domain, sondern die Inhalte im Vordergrund stehen. Eine entsprechende Anfrage bei mir kann also nicht schaden, wenn man sein Vorhaben auf diese Weise bekannter machen möchte ☺.

Aber auch so lässt sich für ein fundiertes Verkaufsvorhaben die Blogosphäre prima nutzen. Zum einen kann man gerade bei niederpreisigen Angeboten oder bei denen es mehr um den Fortbestand des Blogs geht, durchaus Blogger mit ähnlichen Themengebieten aktiv ansprechen, ob diese nicht an einer Übernahme interessiert sind oder zumindest eine solche Person kennen. Auch entsprechende Kommentare in thematisch passenden Blogbeiträgen – in denen man seine Verkaufsabsichten darlegt und vielleicht sogar erst einmal diskutieren lässt – können hierbei sehr hilfreich sein.

Die bereits beschriebenen Veranstaltungen und Events für Blogger bieten sich ebenfalls als Plattform hierfür an, genauso wie eine höflich und nicht als Spam formulierte Rundmail an wirklich gut befreundete Blogger. Der Vorteil dabei: Hier erfährt man gleichzeitig wichtige Details, wie diese Freunde zum Verkauf des Blogs stehen, welche Chancen diesem eingeräumt werden und für wie wertvoll das Blogportal überhaupt geschätzt wird.

Nicht selten ergeben sich dabei zudem ganz andere Möglichkeiten und Kooperationen zur Weiterführung eines eigentlich bereits aufgegebenen Blogs, an die man ursprünglich gar nicht gedacht hatte.

7.6.4   Was mein Blog überhaupt wert ist

Bei dem ganzen Thema Blogverkauf sollte man sich jedoch keine Illusionen darüber machen, hier möglichst schnell und bequem »das große Geld« machen zu können.

Klar gibt es einige prominent besetzte Beispiele von Blogveräußerungen auch in Deutschland, Österreich oder der Schweiz, die weit mehr als ein »Taschengeld« einbrachten. Bis in den fünfstelligen Bereich und mehr kann dies bei einem gut etablierten und bereits länger laufendem Weblog gehen. Man denke nur einmal an die viel diskutierte Veräußerung des deutschsprachigen Blogs »Basic Thinking« Anfang 2009 für die damals sehr stolze Summe von beinahe 50.000 Euro (siehe www.basicthinking.de/blog/2009/01/06/basic-thinking-verkaufen/). Dies wird aber wohl eher die Ausnahme bleiben, zumal es bei einem derart gut funktionierenden Projekt nur selten Gründe geben dürfte, warum man dies trotzdem nicht mehr selbst weiterführen möchte.

Dennoch muss man sich jedoch auch bei kleineren zu erwartenden Summen die Frage stellen: »Was kann ich überhaupt verlangen?« Natürlich kommt dies stark auf die jeweils vorherrschenden Randbedingungen an. So werde ich für einen kleinen Blog, der in einem lukrativen Nischenthema liegt und kontinuierlich starke Steigerungsraten aufweisen kann, mehr verlangen können als für ein ähnlich besucherstarkes Portal, welches jedoch in der Traffic-Entwicklung seit Monaten »vor sich hindümpelt«. Und ein ertragreicher sowie gut mit Backlinks ausgestatteter Finanzblog mag gut und gerne das Zehnfache etwa eines vergleichbar umfangreichen Lifestyleweblogs bringen. Trotzdem gibt es gewisse Anhaltspunkte. So kann man die bisherigen jährlichen Gesamteinnahmen eines Blogs als Ausgangsbasis nehmen und ein Vielfaches von diesem Wert verlangen, um den Faktor drei bis fünf, in begründeten Ausnahmefällen auch deutlich mehr.

Ein Beispiel: Verdiene ich mit meinem Elektronikblog, der zum Verkauf steht, etwa 900 Euro im Jahr an AdSense-, Affiliate- und sonstigen Einnahmen und lege ich den Faktor drei zugrunde, so würde ich auf einen durchaus realistischen Verkaufspreis von bis zu 2.700 Euro kommen (eine entsprechende qualitative und quantitative Inhaltsmenge des Weblogs natürlich vorausgesetzt). Der Käufer weiß dann: Selbst wenn diese Einnahmen lediglich gleich bleiben – was bei einem Blog, den man gut weiterpflegt und der nicht in irgendeiner Form von Google abgestraft wurde oder Ähnliches, durchaus vorausgesetzt werden kann –, so haben sich diese Ausgaben in etwa drei Jahren amortisiert. Steigert man hingegen die Produktivität dieses vielleicht schon seit Längerem brachliegenden Portals, indem man in das Marketing investiert und regelmäßig gute neue Beiträge verfasst, so kann sich solch ein Angebot natürlich auch deutlich früher rechnen.

Noch einmal für alle potenziellen Käufer: Den Erwerb eines fremden Blogportals würde ich nur dann empfehlen, wenn man bereits mit mehreren eigenen Blogs Erfahrungen sammeln konnte, idealerweise auch auf dem Themengebiet dieses zum Verkauf stehenden Portals. Ansonsten kann schnell die Gefahr entstehen, dass man sich mit einem weiteren Projekt übernimmt (denn dieses will ja schließlich auch betreut werden) oder dass man den tatsächlichen zukünftigen Wert nicht wirklich einschätzen kann. Auch hier wieder ein konkretes Beispiel: Von einem (noch) gut laufenden Blog mit dem Thema einer Technologie, die in naher Zukunft unter Umständen nicht mehr angeboten werden wird, sollte man demnach zwingend Abstand nehmen, ebenso von einem Fachgebiet, dessen Tragweite sowie Zukunftsfähigkeit man nicht wirklich einschätzen kann.

> **Hinweis**
>
> Was passiert eigentlich mit einem Blog, den man einfach weiterexistieren lässt, ohne ihn jedoch mit neuen Artikeln etc. zu pflegen? Ich habe dies bereits mit mehreren Blogportalen ausprobiert, für deren Betrieb ich schlicht und einfach keine Zeit mehr hatte, obwohl sie jeweils mehr oder weniger gute Einnahmen lieferten. Zunächst einmal passiert in den ersten Wochen und Monaten erstaunlich wenig, so können sogar die Besucherzahlen nahezu konstant bleiben, je nachdem natürlich, ob man diese hauptsächlich über Suchmaschinen oder als Stammleser über neue Beiträge generieren konnte.
>
> Zumindest im Affiliate-Bereich werden dann jedoch die Einnahmen zunehmend weniger oder können nach drei bis sechs Monaten sogar gänzlich ausfallen, weil Werbemittel nicht mehr gepflegt werden, veraltete Informationen enthalten oder wenn aufgrund von Produktänderungen und neuen Innovationen bereits gar nicht mehr nach diesen gesucht wird. Gerade im Elektronik- oder IT-Zubehörbereich kann ein solcher Effekt dann bereits nach einer recht kurzen Zeitspanne eintreten.
>
> Google-AdSense-Einnahmen und ähnliche Werbeprogramme werden zwar meist nicht im gleichen Maßstab zurückgefahren, dennoch steigt mit jedem neuen Monat ohne »frische« Inhalte die Gefahr, dass Google und andere Suchmaschinen den entsprechenden Blog in seiner Wertigkeit herabstufen und dann natürlich auch die Besucherzahlen wegbrechen. Ob sich dann ein Weiterbetrieb eines solchen Blogprojekts weiterhin lohnt oder ob man lieber zum Mittel des Verkaufs greifen sollte, solange eben dieses Portal noch attraktiv genug hierfür ist und entsprechende Besucherzahlen generiert, sollte man im Einzelfall stets gut gegeneinander abwägen.

7.7 Blog-Consulting

Der Begriff des Blog-Consultings klingt für einige vielleicht ein wenig »abgehoben«, trifft es aber dennoch ganz gut.

Mit zunehmender Verbreitung, aber auch Professionalisierung von Weblogs jeglicher Art – egal ob im privaten, halbprivaten oder auch Firmenumfeld – sind Blog-Spezialisten jeglicher Art immer mehr gefragt. Ob als Entwickler, Designer, Vermarktungsberater, aber auch als Corporate-Blog-Redakteur, es gibt viele Möglichkeiten, von diesem immer stärker werdenden Markt zu profitieren. Selbst die ersten spezialisierten Headhunter und Personalvermittlungen – meist aus dem Bereich Marketing – sind mittlerweile auf der Suche nach vergleichbaren Spezialisten für diverse Klienten, auch wenn ein solcher Job dann nicht schlicht »Blogger«, sondern – etwas schicker –»Social-Media-Experte« oder Ähnliches genannt wird.

Ich selbst habe ursprünglich einfach nur mehrere Blogs selbst betrieben, was für sich alleine genommen natürlich stets ein gewisses wirtschaftliches Risiko darstellt, sogar dann, wenn man es auf mehrere Onlineprojekte verteilt. Der Absprung eines wichtigen Affiliatepartners oder eine unvorhergesehene – da nicht willentlich provozierte – Abstrafung bei Google können jedoch schon ausreichen, um diese Einnahmequelle selbst bei an sich sehr gut laufenden Blogs ernsthaft zu gefährden. Auf die Idee, mein Wissen zusätzlich auch als »Consultant« oder Berater für kleinere und mittlere Unternehmen zur Verfügung zu stellen, bin ich ehrlicherweise erst gekommen, als mich ein Leser meines Existenzgründerportals fragte, wer denn »diesen gelungenen Internetauftritt« für mich programmiert hätte, da er nach einer ähnlichen Lösung suche. Und damit meinte er das von mir selbst erstellte Blogportal auf WordPress-Basis.

Seither biete ich die komplette Erstellung von Blogs und Portalen (denn dem Außenstehenden ist dieser Unterschied nicht immer explizit zu vermitteln, was jedoch bei den meisten Projekten auch nicht wirklich kritisch ist) an, etwa für Corporate-Blogs, selbstständige Unternehmer, Freiberufler, aber auch andere eher redaktionell orientierte Blogger mit wenig Zeit oder Wissen für die eigenständige Programmierung oder das Customizing von WordPress-basierten Blogsystemen. Aber auch generelle Hilfe beim Blog-Designwechsel, die individuelle Anpassung professioneller Templates, Pflege und Updates von Blogs, die Blog-Vermarktung sowie – zumindest anfangs – teils feste Autorentätigkeiten und vieles mehr biete ich in meinem Portfolio an.

Natürlich werden Ihnen – sollten Sie auf ein ähnliches zweites Blogger-Standbein setzen wollen – entsprechende Aufträge nicht immer »zufliegen«, was also durchaus eine gewisse Akquisetätigkeit voraussetzt. Doch auch hierfür kann man eigene Blogs ideal nutzen, die ja doch eine gewisse Referenz darstellen, wie beispielsweise der entsprechende Abschnitt in meinem Blogprofis-Portal den an meiner Dienstleistung interessierten Besuchern zeigt.

Tipp

Auch Anbieter von professionellen WordPress-Themes kooperieren teils mit freien WordPress-Entwicklern und empfehlen diese weiter, wenn deren Kunden Anpassungen wünschen, die über den normalen Theme-Support hinausgehen. Hier kann sich durchaus eine lohnenswerte Kooperation entwickeln, wenn man den Theme-Anbieter im Erfolgsfall mit einer prozentualen Provision des Auftragswerts beteiligt.

Selbst ein eigenes Partnerprogramm zur Bewerbung der eigenen Blog-Dienstleistungen könnte man hierfür aufsetzen, ebenfalls mit Provisionierung bei Zustandekommen eines Leads oder eines konkreten Auftrags. Auf einigen wenigen Technik-Blogs habe ich bereits vergleichbare Partnerprogramme von selbstständigen Weblog-»Consultants« entdeckt, die hierüber ihre jeweiligen Dienste bewerben und anbieten.

Nimmt man diese ersten Hürden der Akquise erfolgreich, so verfügt man nicht nur über eine schöne zweite und vor allem von den sonstigen Refinanzierungsmodellen möglichst unabhängige Einnahmequelle gerade für die hauptberufliche Blogger-Existenz. Denn zudem kann man vor allem bei Unternehmen als Kunden doch teilweise durchaus lohnenswerte Stunden- beziehungsweise besser Tagessätze bis fast in den vierstelligen Bereich hinein durchsetzen (also ähnlich wie bei sonstigen IT-Consultingdienstleistungen), das entsprechende fachliche oder technische Know-how und auch einige gute Referenzen natürlich vorausgesetzt.

Und je mehr externe Projekte man neben den eigenen Portalen verwirklicht – zunächst auch vergünstigt oder gar kostenlos und rein im Freundes- und Bekanntenkreis –, umso gewichtigere Argumente und Empfehlungen kann man bei der zukünftigen Akquise vorweisen.

In eine ähnliche Richtung geht übrigens ein neues Projekt des WordPress-Theme-Anbieters Studiopress. Unter `http://market.studiopress.com/themes` kann man dort seine eigenen, auf Studiopress-Basis kreierten und verfeinerten Templates vermarkten, gerade für Theme-Entwickler stellt dies eine schöne weitere Gelegenheit für einen Zusatzverdienst dar. Zumal sich auch hierüber wieder neue Projekte ergeben können, wenn der Käufer eines solchen vorgefertigten Themes gleich noch einen Spezialisten sucht, der ihm dieses Design implementiert und möglicherweise noch weiter anpasst. Auch Verzeichnisse wie `www.wp-theme-base.de` oder `www.themes4wp.de` kämen unter Umständen für die Vermarktung solcher Eigenkreationen in Frage, sofern sie professionell und »massentauglich« genug sind. Dann würde man den Bereich des Consultings quasi auf eine eigene Template-Schmiede hin ausbauen.

Der Blog-Consulting-Bereich kann sich hierbei auch auf zahlreiche Unterbereiche spezialisieren, mit denen sich teilweise eine noch engere und damit exklusivere Zielgruppendefinition erreichen lässt. Vergleichbare Dienstleistungen im eigenen Beratungsportfolio könnten beispielsweise sein:

- Sie bieten spezielle Anwenderschulungen für die Nutzung von WordPress, Joomla & Co. an. Vor allem im Firmenumfeld (für Corporate-Blogger) dürfte eine solche Variante – entsprechende Kenntnisse und Referenzen Ihrerseits vorausgesetzt – recht gute Chancen haben.

- Aber auch Seminare rund um die Themen Blogmarketing, Blog-SEO, Contenterstellung, Blogs & Social Media, Weblog-Design etc. wären dabei denkbar.

- Sie spezialisieren sich auf die Wartung, Aktualisierung und Erweiterung bereits vorhandener WordPress- und sonstiger Instanzen.

- Ihr Unternehmen offeriert Supportverträge etwa für Firmenblogs, welche den technischen Betrieb des Blogportals möglichst auslagern wollen.

- Sie stellen Ihr Expertenwissen zum Thema Shopsysteme auf Blogbasis, Foren mit Blogtechnologie zur Verfügung, um anderen Bloggern und Unternehmen beim technischen und inhaltlichen Aufbau solcher Nischenthemen behilflich zu sein.

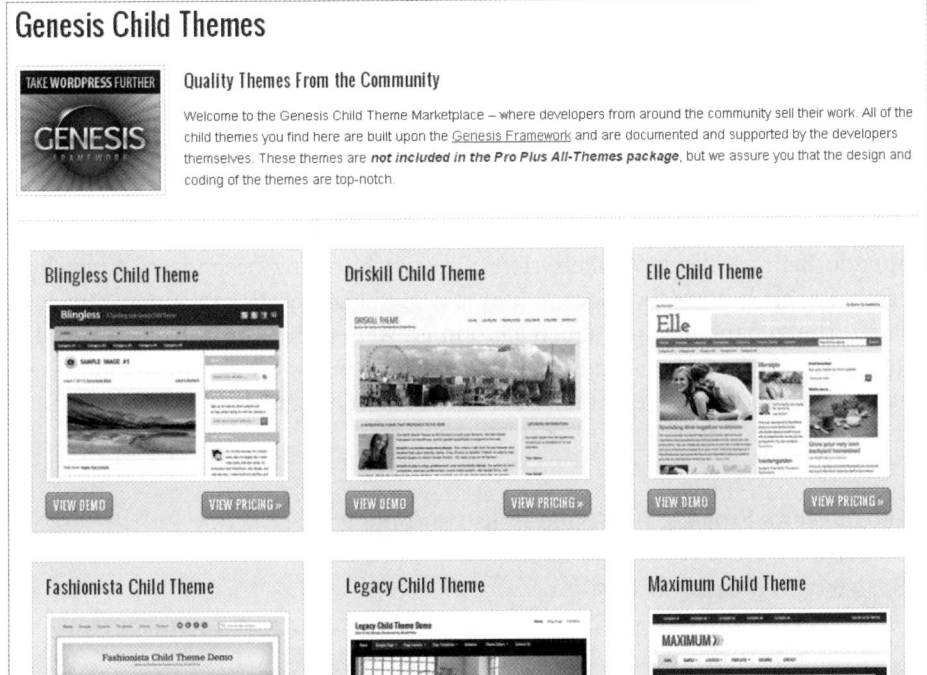

Abb. 7.17: Der Markplatz von Studiopress/Genesis, auf dem sich auch eigene Weiterentwicklungen des Frameworks vermarkten lassen

Im Corporate-Blog-Bereich bietet sich zudem bei jedem Vertragsabschluss zur Implementierung eines Firmenblogs eine zusätzliche Chance: Die meisten Unternehmen und Marketingverantwortlichen planen, den Aufbau und die Pflege der zugehörigen Inhalte durch eigene Mitarbeiter vorzunehmen. Erfahrungsgemäß scheitert bei nicht wenigen Projekten dieser hehre, aber nicht immer leicht zu realisierende Vorsatz dann letztendlich doch an zu geringen eigenen personaltechnischen Kapazitäten, eben weil man einen guten Corporate-Blog nicht einfach so »nebenbei« laufen lassen kann. Sie können dann als weitere Consultingleistung bei der Suche nach einem geeigneten Fachautor behilflich sein oder sogar die komplette Redaktion in Auftragsarbeit übernehmen. Sollten Sie selbst nicht über das entsprechende Themen-Know-how verfügen, so lohnt es sich, über die Zusammenarbeit mit einem freien Autor nachzudenken oder – bei entsprechender Größe des Firmenblogs – sogar eine Teil- beziehungsweise Vollzeitkraft hierfür einzustellen. Vergessen Sie nicht, dass Sie als erfolgreicher Blogbetreiber sehr begehrte Kenntnisse darüber haben, wie sich ein (Corporate-)Blog möglichst gut vermarkten lässt. Dies kann auch über das reine Implementierungsprojekt hinaus hilfreich sein, um aus dieser ursprünglich zeitlich befristeten Kundenbeziehung eine dauerhafte Zusammenarbeit entstehen zu lassen.

7.8 Sonstige Möglichkeiten der Monetarisierung

Einige weniger verbreitete und bekannte Ansätze möchte ich hier zumindest in einer kleinen Übersicht darstellen:

7.8.1 Exklusiver Bezahlt-Content

Einige eher namhafte Blogs bieten gewisse besonders ausführliche oder tiefer gehende Beiträge sowie Artikelserien, die etwa ein ganz besonderes Know-how vermitteln, als kostenpflichtigen Sektor an. Das bedeutet: Es gibt einen ganz normalen, frei zugänglichen Blogbereich, einige weiterführende Inhalte kann man jedoch nur als Premium-Mitglied (etwa über ein Passwort geschützt) einsehen. Auch nach wie vor interessante Archivartikel werden auf diese Weise von manchen Bloggern vermarktet.

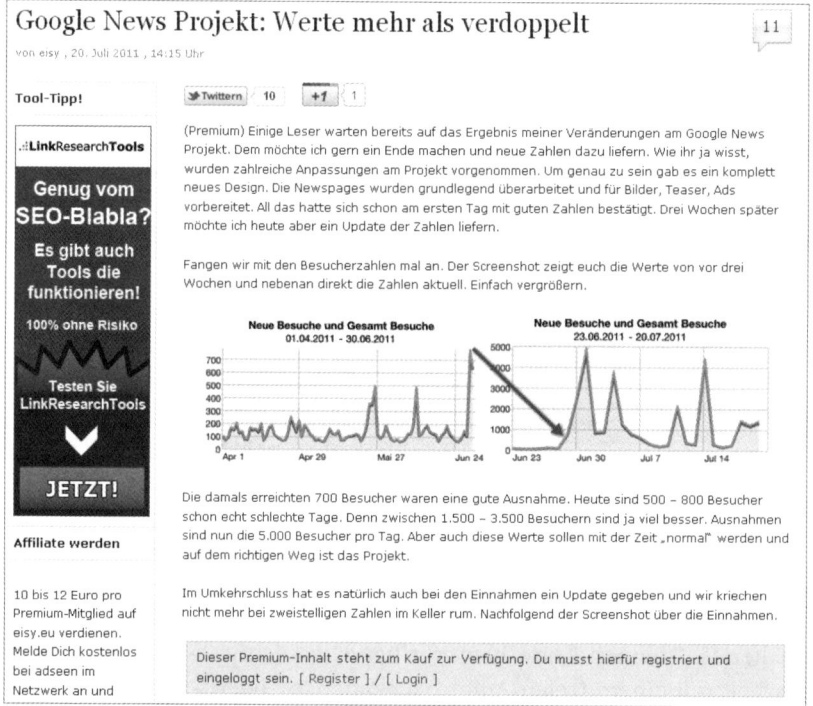

Abb. 7.18: Hochwertige Premium-Inhalte auf eisy.eu

Bezahlmodelle gibt es dabei gleich mehrere: Entweder mittels einer pauschalen Einmalzahlung, welche den kompletten zukünftigen Zugriff auf diese Premium-inhalte ermöglicht, über eine monatliche Gebühr oder aber auch mit festgelegten Preisen je Artikel-Download beziehungsweise -Zugriff (für besonders umfangreiche und werthaltige Beiträge).

Vor allem innerhalb der doch recht begehrten SEO(Suchmaschinenoptimierung)- oder auch »Geld verdienen im Internet«-Blogbereiche ist dieser Ansatz recht weit verbreitet, gerade bei Inhalten mit einem deutlichen Alleinstellungsmerkmal lässt sich diese Art der Vermarktung jedoch für alle möglichen Themengebiete vorstellen.

7.8.2 Einbindung bezahlter Videoinhalte

Noch relativ neu auf dem Onlinewerbemarkt ist die Möglichkeit, sich eigene Videoinhalte »sponsern« zu lassen, etwa auf einem Videoblog. Das Ganze funktioniert dabei so: Teilautomatisiert lässt sich in selbst erstellte Videoclips möglichst passende Bewegtbild-Werbung einbinden, die dann etwa zu Beginn der eigentlichen Inhalte gezeigt wird. Dieses Prinzip ist aus immer mehr kleineren, aber auch größeren Plattformen bekannt, die ihre Videodarstellungen auf diese Weise refinanzieren, wobei unterschiedliche Bezahlmodelle möglich sind (Bezahlung je Videoaufruf oder auf einen bestimmten Werbemittelklick hin).

Für Blogbetreiber bietet sich in diesem Zusammenhang der hierauf spezialisierte Dienst VideofyMe an (www.videofy.me), eine Art Vermittlungsplattform zwischen Video-Werbetreibenden und Bloggern. Nach Angaben des Anbieters nutzen mittlerweile weltweit über 30.000 Blogs den Service dieses ursprünglich aus Skandinavien kommenden Dienstleisters. Dabei lassen sich nicht nur selbst gehostete Weblogs zur Verbreitung der entsprechenden Botschaften nutzen, sondern auch Plattformen wie Blogger.com, Blogs.de, OverBlog.com, aber auch Facebook oder Twitter.

Einen ähnlichen Ansatz verfolgt beispielsweise der internationale Dienst goviral (www.goviral.com), der allerdings nicht selbst erstellte Videoeinspielungen mit Anzeigen versorgt, sondern Portal- und Blogbetreiber dafür bezahlt, dass diese virale Werbeclips namhafter Unternehmen in den eigenen Webseitenkontext mit einbinden.

7.8.3 Geschlossene Blogs

Eine etwas extremere Form der exklusiven Contentbereiche sind komplett geschlossene Blogs, deren komplette Inhalte also meist nur über ein Artikelpreview angeteasert beziehungsweise kurz vorgestellt werden, den vollständigen Text kann man dann auch hier nur als Mitglied beziehungsweise gegen Bezahlung einsehen.

Während es in den USA bereits mehrere solcher Projekte gibt, ist eine gewisse Zurückhaltung hierzulande kaum verwunderlich, widerspricht die komplett gesperrte Blogoberfläche doch dem ursprünglichen Grundprinzip der Blogosphäre von stets frei zugänglichen Informationen. Und während also lediglich teilweise exklusiv angebotene Inhalte durchaus den einen oder anderen Anhänger finden dürften, da es dort immer auch frei verfügbare Blogbeiträge gibt, so wird sich dieses durchgängige Bezahlmodell wohl nur schwer durchsetzen und vor allem kaum mittels konventioneller Blog-Vermarktungstechniken zu bewerben sein.

Eventuell könnten mit der zunehmenden Verbreitung von E-Book-Readern, Tablet-PCs und ähnlichen Techniken zunehmend auch kleinere Zeitschriftenverlage auf diesen dann durchaus lukrativen Markt vorstoßen, wobei eine der einfachsten technischen Grundlagen hierfür sicherlich ein kostenpflichtig zugänglicher Blog als Medium wäre. Dennoch hat dies meiner Meinung nach mit dem Bloggen an sich nicht mehr wirklich etwas zu tun.

7.8.4 VG Wort

Bei der Verwertungsgesellschaft Wort (VG Wort, www.vgwort.de) handelt es sich um einen Verein, in dem sich Autoren und Verlage zur gemeinsamen Verwertung von Urheberrechten zusammengeschlossen haben. Dessen Einnahmen, die aus unterschiedlichsten Quellen nach dem Urheberrechtsgesetz stammen – so etwa aus allen möglichen »öffentlichen Wiedergaben eines erschienenen Werkes« und so genannten Zweitnutzungsrechten wie einer Abgabe auf Kopiergeräte und dergleichen –, werden nach einem bestimmten Schlüssel auch an teilnehmende Autoren verteilt. Dabei handelt es sich jedoch nicht nur um Romanautoren, Offline-Journalisten und dergleichen, auch Onlinemedien können grundsätzlich einen Anspruch auf Entlohnung aus diesem Umlagetopf heraus haben.

So kann der Service der VG Wort teilweise auch von Bloggern genutzt werden, siehe www.vgwort.de/verguetungen/auszahlungen/texte-im-internet.html. Die Grenzen für eine Teilnahme sind jedoch relativ eng gefasst, neben einem »Mindestumfang von 1.800 Anschlägen« je Text (dies gilt pro Artikel und entspricht hierbei 1.800 Zeichen inklusive der Leerzeichen) muss zudem ein eigenes Reporting-Instrument, ein so genanntes Zählpixel in jedem in Frage kommenden Beitrag eingebaut werden.

Nur somit kann gegenüber der Verwertungsgesellschaft dann die Reichweite – in diesem Fall die einzelnen Artikelabrufe – nachgewiesen werden, die neben der Textlänge eine Grundlage für die eventuelle Vergütung aus dem Umlageschlüssel darstellt. Nicht zuletzt muss auch ein gewisser Schwellenwert bei diesen Abrufzahlen (Visits) der jeweils erfassten Artikel erreicht werden, damit man überhaupt in den Genuss einer Vergütung kommen kann.

Man sollte die Möglichkeiten einer Gewinnbeteiligung über die VG Wort als Blogger jedoch nicht unterschätzen, gerade wenn man hochwertige und umfangreiche Inhalte jeglicher Art bereitstellt (es muss keine Lyrik sein!). So ergeben die durch die VG Wort veröffentlichten Beteiligungs- und Auszahlungsquoten für das Jahr 2010 eine Standardausschüttung für Internetseiten ab 15 Euro aufwärts und dies bereits ab einem Schwellenwert von 1.500 erfolgten Zugriffen je bemessenem Beitrag, der somit doch von einigen Blogs erreicht werden kann. Hinzu kommt teilweise sogar noch eine Sonderausschüttung für alle Autoren entsprechender online publizierter Texte.

7.8.5 Plista

Bei Plista (www.plista.com) handelt es sich um eine sehr spannende Form der Onlinevermarktung, vor allem für mittelgroße bis größere Blogportale. Das Unternehmen wurde 2008 in Berlin gegründet und kommt derzeit bei Publishern wie der Süddeutschen Zeitung, Spiegel Online und vielen weiteren mehr zum Einsatz. Doch auch auf dem Blogbereich ist Plista.com auf dem Vormarsch. Ein wenig ähnlich wie bei Google AdSense werden dabei Produktempfehlungen inklusive einem Bild sowie einem kurzen Teaser-Text für die Portalleser zur Verfügung gestellt. Klickt ein Besucher auf solch eine Empfehlung, so wird dies vergütet.

Sie werden später noch die sehr lohnenswerte Möglichkeit kennen lernen, den Blogbesuchern unter jedem Artikel passende weitere Beiträge zu empfehlen (Näheres zu dieser Möglichkeit werden Sie in Kapitel 8 erfahren). Plista hat nun eine recht geniale Möglichkeit gefunden, unter solche bloginternen Empfehlungen gleichzeitig auch als solche gekennzeichnete Werbeempfehlungen mit einbinden zu können. Die komplette Zusteuerung erfolgt durch den Berliner Dienstleister, man muss in den eigenen Weblog lediglich ein sehr schlankes Plugin einbauen, um diese Funktionalität übernehmen zu können. Das Ergebnis sieht dann in etwa – anhand des Beispiels von MeinStartup.com – wie in Abbildung 7.19 aus.:

Abb. 7.19: Beispiel für eine Plista-Einbindung – zwischen weiterführenden Blogbeiträgen werden einzelne Werbeblöcke gelistet

Zwischen die internen Artikelempfehlungen werden somit einzelne Plista-Werbeformate eingebunden, die sehr oft in einem redaktionellen Kontext gestaltet sind. Hierdurch können die Plista-Werbeblöcke teilweise eine erstaunlich hohe Erfolgsrate erzielen. Bei einigen meiner Blogs waren diese sogar deutlich höher als die Einnahmen einer vergleichbaren AdSense-Werbefläche, was jedoch sehr vom jeweiligen Blogthema abhängt. Auch über eine gewisse prominente Anzahl an täglichen Visits sollte Ihr Blogportal verfügen, um für diesen Vermarktungskanal interessant zu werden, für sehr »junge« Blogs dürfte sich Plista also eher nicht eignen. Das Unternehmen aus Berlin verfügt jedoch über ein sehr gutes Service- und Supportteam, das Sie im Zweifelsfall zu den einzelnen Möglichkeiten und Chancen für Ihr Blogprojekt beraten kann.

Neben diesen contentbasierten Werbeformen (»RecommendationAds« genannt) bietet Plista auch noch weitere Möglichkeiten wie so genannte »PictureAds« an, was eventuell für Blogger im Fotobereich recht interessant sein könnte. Fährt der Besucher hierbei über ein eingebundenes Bild, so wird eine zugehörige Werbung im unteren Bereich der Grafik angezeigt.

7.8.6 Blogads.de

Gerade als Alternative zur Eigenvermarktung von Blog-Werbeflächen kann der neu gestartete Marktplatz Blogads (www.blogads.de) dienen, etwa wenn man sich (noch) nicht an die Selbstvermarktung herantraut, über zu wenig Geschäftskontakte hierfür verfügt oder ganz einfach den entsprechenden Aufwand scheut. Bei Blogads handelt es sich um eine Art Werbeflächen-Marktplatz für Advertiser und Publisher. Hier treffen Werbetreibende auf themenspezifische Blogs, das Portal vermittelt quasi Anzeigenkunden an die jeweils passenden Blogbetreiber.

Dabei ist es den angeschlossenen Bloggern möglich, sowohl die Art der eingebundenen Werbung (beziehungsweise die Advertiser selbst) als auch die Höhe der hierfür verlangten monatlichen Fixpreise selbst zu bestimmen. Die Blogads-Flächen können zudem parallel zu anderen Werbeformen wie etwa Google AdSense oder Affiliate-Bannern betrieben werden. Um die Plattform nutzen zu können, muss man sich lediglich bei Blogads anmelden und einen vordefinierten Quellcode in den eigenen Blog integrieren. Es stehen insgesamt zahlreiche sehr unterschiedliche Bannerformate zur Auswahl, die man für eine Blogads-Platzierung heranziehen kann. Hat sich noch kein passender Werbepartner für ein Blogportal gefunden, so wird die entsprechende Werbebox entweder noch nicht angezeigt oder – noch viel spannender – man kann ein »Hier Werbung schalten«-Banner einbinden lassen, das direkt auf den eigenen Blogads-Bereich verweist. Somit steigt natürlich die Chance, dass sich potenzielle Anzeigenkunden melden.

Im Prinzip kann Blogads also die komplette Selbstvermarktung übernehmen. Leider war dieser neue Dienstleister speziell für Blogger bei Drucklegung noch zu neu, als dass ich ihn hätte ausführlich testen können. Gelingt es den Anbietern jedoch, genügend Publisher als auch Advertiser auf ihrem Portal zu integrieren, so dürfte es sich hierbei um eine neue und sehr spannende Werbeform für alle (Berufs-)Blogger handeln.

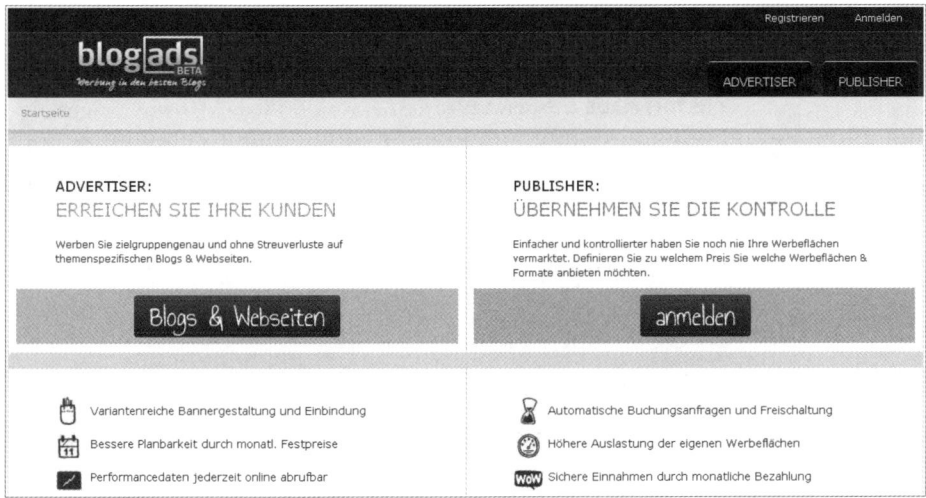

Abb. 7.20: Alternative zur Eigenvermarktung – blogads.de

7.8.7 Komoona

In eine ganz ähnliche Richtung geht das Onlineportal und -tool Komoona (www.komoona.com), das bislang komplett kostenfrei zur Verfügung steht (auch auf Deutsch). Damit wird es jedem Besucher Ihres Weblogs möglich, direkt auf Ihrem Portal Anzeigenplatzierungen zu buchen und dabei gleich das entsprechende durch ihn kreierte Werbebanner hochzuladen, das dort angezeigt werden soll. Einfache Werbemittel können sogar mittels des Tools selbst erstellt werden.

Sie selbst müssen quasi nur noch die Preise sowie die Details (exakte Größe, Reichweite etc.) für diese einzelnen Flächen festlegen, die komplette finanzielle Abwicklung erfolgt beispielsweise über PayPal. Der wohl größte Vorteil: Komoona stellt zusätzlich ein eigenes WordPress-Plugin zur Verfügung (erhältlich unter http://wordpress.org/extend/plugins/komoona/), welches für den Besucher beziehungsweise Werbekunden den kompletten Prozess von der Auswahl und Buchung der Werbefläche über die Festlegung der Buchungsdauer bis hin zur Bezahlung abwickelt. Für den Blogbesucher sieht es dabei so aus, als sei dieser Prozess vollständig und nahtlos in Ihr Portal integriert. Die Bedienoberfläche des Plugins ist hierbei in diversen Sprachen verfügbar, so dass selbst ausländische Werbekunden bei Ihnen buchen könnten.

Auch für Joomla, Drupal oder Plattformen wie Blogger.com und Typepad sowie viele weitere mehr kann Komoona genutzt werden. Ein tolles Tool also zur Unterstützung der Selbstvermarktung mit sehr hilfreichen Features.

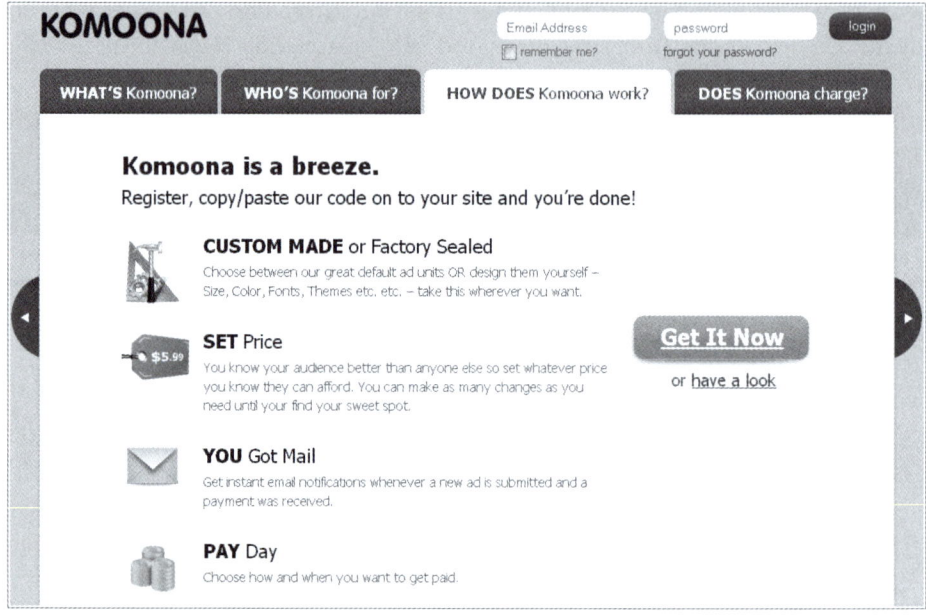

Abb. 7.21: Das Vermarktungstool Komoona

7.8.8 Froomerce.com

Ebenfalls zur Drucklegung noch im Beta-Status befand sich das äußerst ambitionierte Projekt Froomerce (`www.froomerce.com`). Doch ein Blick in die erste Preview-Version zeigte schnell, dass dieses Tool eine ernst zu nehmende Alternative für eine nachhaltige Blogvermarktung insbesondere im Nischenbereich (dem so genannten »Long Tail«) sein könnte. Dies insbesondere für alle jene Blogger, die ihre Affiliate-Umsätze noch weiter ausbauen möchten oder die nach einer einfacheren sowie übersichtlicheren Möglichkeit für die doch recht pflegeintensive Einbindung diverser Partnerprogrammbetreiber suchen.

Froomerce fungiert dabei als eine Art »Schnittstelle« zwischen Affiliate-Netzwerken und den Publishern. Mit nur wenigen Mausklicks sollen Blogbetreiber somit Partnerprogramm-Links und -Banner sowie sogar Deeplinks einbinden können, die zum Teil kontextsensitiv, also automatisch passend zu den Inhalten des Weblogs, zugesteuert werden. Als Ausgleich hierfür erhält Froomerce als Anbieter einen kleinen Anteil an den hierüber erzielten Lead- und Sales-Provisionen. Unter anderem sind folgende attraktive Werkzeuge beziehungsweise Vermarktungsmöglichkeiten in Planung:

■ Zusammenklickbare Nischen-Webshops, die sich mit extrem geringem Aufwand in bereits vorhandene Internetportale und Blogs integrieren lassen, somit könnte quasi jeder Blogbetreiber zu seinen Inhalten passende Produkte gleich selbst vermarkten.

- Selbst definierbare Vergleichsportale – ebenfalls zur Einbindung in den eigenen Weblog –, etwa um den Lesern einen Vergleichsrechner im Bereich Finanzen (Girokonten etc.), Energie, DSL und Ähnliches bieten zu können und um bei Auswahl eines entsprechenden Produkts mit an den Provisionen hierfür beteiligt zu werden.

- E-Shops für die mobile Nutzung, etwa bei Aufruf einer mobilen Blog-Applikation

- Diverse Möglichkeiten, die genannten und hiermit erstellten Verkaufskanäle auch in soziale Netzwerke wie etwa die eigene Facebook-Fanpage integrieren zu lassen

- Werbebanner, in die je nach Inhalt des Blogs oder des aktuellen Beitrags vollautomatisiert passende Affiliate-Verweise integriert werden.

Ein Test von Froomerce sollte sich also lohnen, gelingt es den Entwicklern, die aufwendigen Schnittstellen wie geplant umzusetzen.

Abb. 7.22: Blogvermarktung leicht gemacht mit Froomerce

7.8.9 Supreme

Gleichfalls im Sommer 2011 gestartet, geht der Anbieter Supreme (www.supreme.de) noch einen Schritt weiter. Dabei handelt es sich um ein umfangreiches E-Shop-System, das komplett auf WordPress- und damit Blogbasis aufgebaut ist. In »20 Minuten zum eigenen Onlineshop« verspricht dabei der Hersteller. Zwar werben nicht wenige mehr oder weniger ausgereifte Shop-Lösungen mit derlei Slogans. Lassen sich die Supreme Shops aber tatsächlich so leicht und modular bedienen wie WordPress selbst, so könnten sich zahlreiche Blogbetreiber in naher Zukunft mit einem eigenen, selbst gestalteten E-Shop ausstatten und somit ihre jeweiligen Einnahmemöglichkeiten um eine komplett neue Variante erweitern.

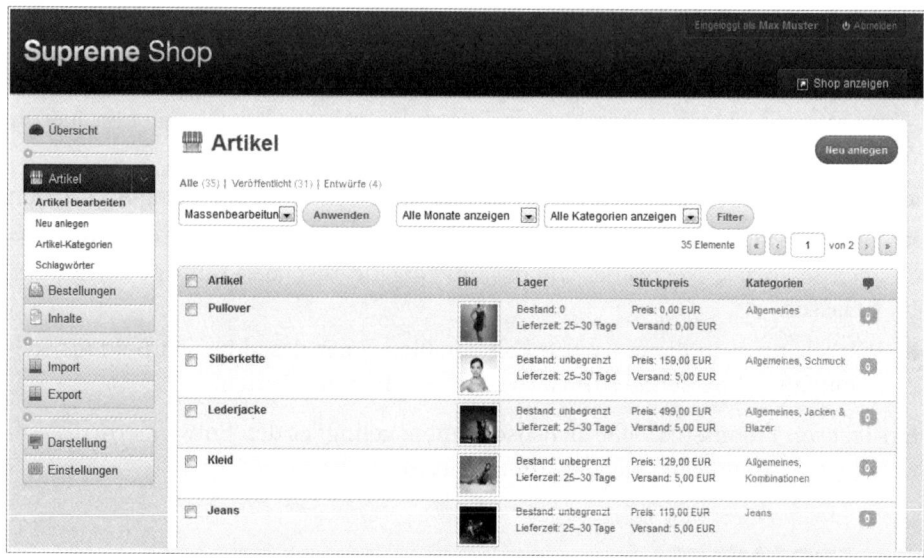

Abb. 7.23: Die Administration erfolgt in typischem WordPress-Stil.

Supreme – das ich leider aufgrund des damaligen Beta-Status ebenfalls nur sehr kurz antesten konnte – soll dabei unter anderem Folgendes möglich machen:

■ Erweiterung des Content-Management-Systems von WordPress zu einer ausgewachsenen E-Commerce-Plattform

■ Zahlreiche professionelle Shop-Design-Templates

■ Insbesondere interessant für Nischen-Onlineshops mit kleinerem bis mittleren Versandvolumen

■ Betrieben werden die Supreme Shops als so genannte Software-as-a-Service(SaaS)-Lösung. Dies bedeutet: Das Hosting erfolgt extern in einem stabilen und skalierbaren Rechenzentrum, man muss sich um keine Provider-technischen Belange kümmern.

■ Es gibt keine Einrichtungsgebühr und auch keine Fixkosten, dafür wird eine bestimmte Umsatzprovision fällig, um den Service nutzen zu können.

■ Einfache und effiziente Einstellung der zum Verkauf verfügbaren Artikel

»Ein Shop, so einfach bedienbar wie ein Blog«, lautet der Slogan von Supreme. Sollte dies tatsächlich in der Praxis zutreffen, so dürfte sich für die meisten Blogbetreiber ein genauerer Blick auf diese Softwarevariante lohnen. Neben kompletten Shopsystemen sind auch diverse kleinere Verkaufs-Widgets im Angebot des Herstellers.

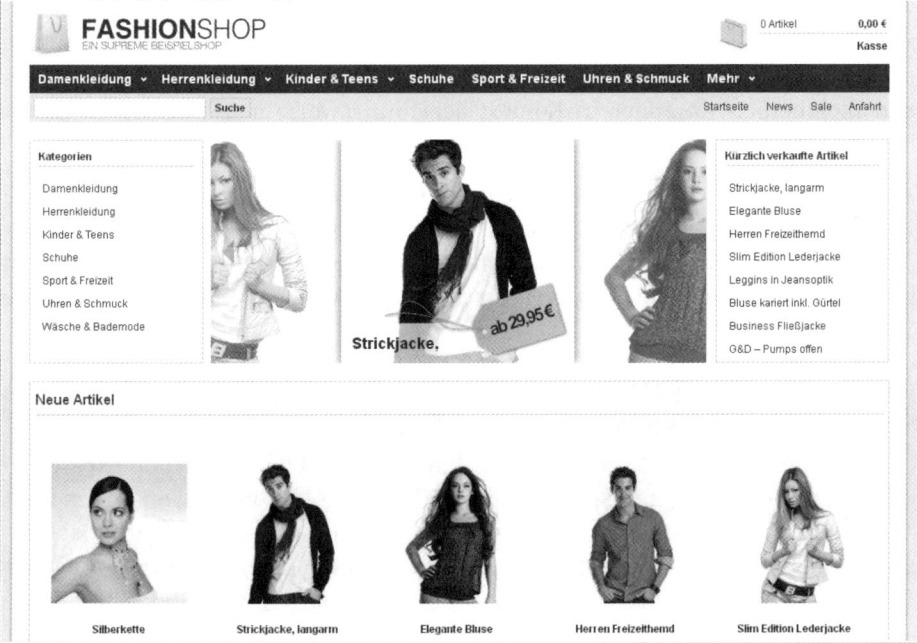

Abb. 7.24: Ein Beispielshop auf Supreme-Basis

Tipp

Eine Alternative hierzu kann das teilweise kostenlose Tool Jigoshop sein, insbesondere für technisch versiertere Blogger. Erreichbar ist dieses E-Shop-Werkzeug unter http://jigoshop.com. Dies bietet in seiner neuesten Version sogar eine Einbindung in das bereits vorgestellte Genesis-Framework von Studiopress (siehe Kapitel 4.2).

7.8.10 Wikio Experts

Eine relativ neue, wenn auch indirekte Möglichkeit der Geldeinnahme für Blogger bieten Programme wie Wikio Experts (www.wikio-experts.com, demnächst weitergeführt als over-blog.com) und ähnliche Portale. Dort kann man Artikel zu allen möglichen Themen schreiben und einstellen und wird hierfür vergütet, entweder über einen pauschalen Betrag oder je nach erfolgten Aufrufen über eine Umsatzbeteiligung. Auch eine Kombination aus beiden Modellen ist hierbei möglich.

Diese Beiträge werden dann auf Portalen wie Die-Experten.com, Over-Blog.com und Wikio.de veröffentlicht, über die sich der Dienst refinanziert (mittels Werbeeinblendungen etc.). Einziger Haken für Blogger: Diese Texte dürfen nicht gleichzeitig auch auf dem eigenen Weblog oder andernorts veröffentlicht werden, da Wikio – wie jeder Portalbetreiber – natürlich auf der Suche nach einzigartigen Inhalten (unique content) ist. Von daher handelt es sich eben um eine eher indirekte Verdienstmöglichkeit. Gerade aber zur Zweitverwertung von einzelnen Blogthemen (in anderem Kontext beziehungsweise neu geschrieben natürlich) könnte diese Form der Veröffentlichung jedoch einen Versuch wert sein.

Auch sind diese Artikel nicht dazu gedacht, weiterführende Links auf den eigenen Blog oder sonstige Portale zu setzen. Man kann jedoch seinen Klarnamen als Autor und Wikio-»Experte« angeben und erreicht bei sehr guter Qualität vielleicht hierdurch ein paar neue Blogleser, die über den Autorennamen auf das eigene Weblog stoßen.

> **Hinweis**
>
> Es gibt Hinweise darauf, dass die ja noch recht junge Plattform Wikio Experts in einem neuen, erweiterten Service aufgehen wird, der sich intensiver auf das Portal OverBlog konzentriert. Zudem soll das Vergütungsmodell dann noch stärker in Richtung Werbe-Umsatzbeteiligung der angeschlossenen Autoren gehen, während bislang vereinzelt auch Fixpreise gezahlt wurden. Auf jeden Fall soll das Grundprinzip sowie der Service für Blogger selbst weitergeführt werden.

7.8.11 Für andere Blogs schreiben

Dies hört sich zunächst vielleicht ein wenig widersprüchlich an: Ich soll selbst – vielleicht sogar auf mehreren eigenen Portalen – bloggen und dann auch noch für andere Blogportale Beiträge verfassen? Dennoch stolpere ich vereinzelt immer wieder über Beispiele, in denen diese Methode sehr gut funktioniert und sich auch sinnvoll gegenseitig ergänzt.

So könnte es beispielsweise der Fall sein, dass Sie auf einem ganz bestimmten Fachgebiet quasi als anerkannter Experte sehr erfolgreich ein eigenes Blogportal betreiben. Diesen Blog nun über ein zweites, ähnliches Portal weiter zu diversifizieren, würde in den meisten Fällen wohl wenig Sinn machen, da Sie höchstwahrscheinlich zu sich selbst in Konkurrenz treten würden. Wieso dann aber nicht ab und an für einen ähnlichen Weblog oder ein sonstiges Internetangebot in exakt diesem Bereich schreiben und sich somit nicht nur ein weiteres finanzielles Standbein aufbauen, sondern sich gleichzeitig auch noch einen immer größeren Namen in der jeweiligen Fachwelt verschaffen? Sind Sie wirklich ein Experte auf Ihrem Gebiet, so werden andere Blogbetreiber unter Umständen ein großes Interesse daran haben, Sie gegen Bezahlung für sich schreiben zu lassen, ohne dass dies Ihrem eigenen Portal allzu viel Konkurrenz bereitet. Etwa dann, wenn dieser andere Blogbetreiber sein Themengebiet erweitern möchte, nicht mehr über genügend Zeit verfügt, um seinen Weblog auf dem Laufenden zu halten oder aber mit Ihren Artikeln sein eigenes Blog-Renommee erweitern will.

Ebenso funktioniert die Mischung ganz gut, dass ein bereits erfahrener Blogbetreiber zusätzlich für einen Corporate-Blog als freiberuflicher Redakteur arbeitet und die dortigen Inhalte pflegt. Einen besseren Experten können sich viele Unternehmen für diese Aufgabe gar nicht vorstellen, vorausgesetzt natürlich, der engagierte Blogger kann das Themengebiet der Firma auch mit Expertise und der nötigen Leidenschaft vertreten. Oder aber auch ein umgekehrtes Szenario lässt sich denken, indem der – vielleicht nur teilweise ausgelastete – Corporate-Blogger in Abstimmung mit seinem Unternehmen nebenbei ein eigenes Blogportal aufbaut, wodurch sich unter Umständen sogar der eine oder andere gegenseitige Synergieeffekt ergeben kann. Vielen Firmen dürfte dieses Szenario lieber sein, als dass sich ihr wertvoller Mitarbeiter eines Tages möglicherweise entscheidet, komplett von der Festanstellung in eine entsprechende Selbstständigkeit mit ausschließlich eigenen Portalen zu wechseln.

7.8.12 Weitere Bloggerjobs

Gerade auf dem bereits beschriebenen Portal bloggerjobs.de finden sich noch zahlreiche weitere, teils sehr individuelle Möglichkeiten, als (professioneller) Blogger Geld oder sonstige Gegenleistungen zu verdienen. So werden dort Verfasser für Blog-Reviews genauso gesucht wie Produkttester, Podcaster, Blogpartner, teils bezahlte Gastautoren, Blog-Webmaster, Plugin-Entwicklerjobs, sonstige Auftragsarbeiten und vieles weitere mehr.

Natürlich kann man dort auch seine eigenen entsprechenden Fähigkeiten anbieten und als Angebot einstellen. Man sollte auf beiden Seiten jedoch Vorsicht walten lassen mit gewissen unseriösen beziehungsweise unlauteren Blog-Praktiken (etwa Verfassen beziehungsweise Veröffentlichen eines bezahlten Werbebeitrags ohne entsprechende Kennzeichnung und dergleichen).

7.8.13 Lead-Kooperation mit externen Dienstleistern

Wer bereits seit Längerem bloggt, der wird ab und an Anfragen von Lesern erhalten, die nicht wirklich zum eigenen Geschäftsmodell passen. So fragen mich bei den Blogprofis regelmäßig einige Besucher an, ob ich ihnen denn bei der Realisierung oder der Programmierung eines neuen Webshops helfen könnte, da sie nicht unterscheiden können, dass ein Blog-Dienstleister nicht unbedingt das Rüstzeug dazu hat, einen umfangreichen E-Shop zu implementieren.

Häufen sich derlei Anfragen – egal aus welchem Bereich –, so kann es gegebenenfalls Sinn machen, hier mit einem entsprechenden anderen Dienstleister zusammenzuarbeiten. In meinem Fall könnte dies in etwa so aussehen: Ich empfehle dem Webshop-Anfragenden einen zuvor ermittelten Kooperationspartner aus dem Bereich E-Commerce-Programmierung (und sollte dabei fairerweise auch mitteilen, dass es sich um einen Werbepartner handelt), übergebe also den entsprechenden Lead (Verkaufschance) und erhalte hierfür im Gegenzug bei Zustandekommen eines Auftrags eine anteilige Provision. Und da es sich bei dem verbündeten Unternehmen in diesem Fall um keine direkte Konkurrenz handelt, so wird hieraus für beide Seiten ein lohnenswertes Geschäft und eine schöne Win-win-Situation.

7.8.14 Blogexperte werden

Neulich sprach mich ein privates Bildungsinstitut an, ob ich denn nicht an einem E-Learning-Kurs zum Thema Social Marketing mitwirken wolle, um dort den Part des Corporate-Bloggings in einer Art Fernstudiengang vorzustellen. Auf eine ähnliche Idee war ich bislang noch gar nicht gekommen, doch wenn man sich einmal die Stellenausschreibungen öffentlicher, aber auch privater Bildungsträger der unterschiedlichsten Art betrachtet, so ist auch hier der Trend des Themas »Bloggen« sehr deutlich wahrzunehmen, und sei es auch nur in Begleitung zu einem ähnlichen Thema aus dem weit umfassenden Bereich des Web 2.0.

Blogexperten jeglicher Ausrichtung sind gefragt, das durften Sie bereits in den vorherigen Kapiteln erfahren. Wieso dieses Wissen also nicht weitergeben, sei es in eigen initiierten Kursen, über ein Fortbildungsinstitut, in Unternehmen, an einer Volkshochschule, einem Medieninstitut, an der Fachhochschule oder gar einer Universität? Da sich nur wenige Blogger in dieser Form an eine solche Thematik herantrauen, dürften die Chancen nicht schlecht stehen, sich über eine vergleichbare Aufgabe weiter diversifizieren zu können sowie gleichzeitig das eigene Expertenwissen stets weiter auszubauen.

7.9 Die Mischung macht es

Es existieren also eine ganze Reihe von Möglichkeiten, wie man sich mit einem Blog etwas dazuverdienen oder sogar den eigenen Lebensunterhalt sichern kann. Doch welche dieser Vermarktungsarten sollte ich nun konkret wählen?

Sicherlich ist nicht jede der genannten Verwertungsformen nach jedermanns Geschmack. Und selbst bei den Ertragsarten, die dann noch übrig bleiben, werden sich weitere als nicht lukrativ genug erweisen, da dies natürlich immer auch vom jeweiligen Blog, dessen Reichweite und seinen Inhalten abhängt. Aus eigener Erfahrung kann ich nur dazu raten, je Blog mit maximal zwei oder drei regelmäßig angewandten Vermarktungsmöglichkeiten zu arbeiten, da jede Werbeform regelmäßiger Pflege und Optimierung bedarf und man sich somit bei zu vielen gleichzeitig eingesetzten Formaten schnell »verzetteln« kann. Zudem besteht hier immer auch die Gefahr, dass sich diese unterschiedlichen Formate nur unnötig gegenseitig Konkurrenz machen, da der Leser eh höchstens einen Bruchteil der dargebotenen Werbeformen nutzt oder überhaupt wahrnimmt.

Also kann man beispielsweise die klassische Variante aus PPC-Werbung, Affiliatelinks und ab und an einem bezahlten Beitrag – etwa über eBuzzing & Co. – wählen. Oder man setzt auf die sehr hochwertige Blogvermarktung, verzichtet dann komplett auf die Werbeeinbindung Dritter und finanziert sich über eine Mischung aus Consulting, exklusivem Content und kostenpflichtigen E-Books.

Andererseits erfordert gerade der Neustart eines Blogs oft sehr viel Geduld für den Betreiber. Viele Neulinge in diesem Metier sind enttäuscht, wenn nicht schon nach den ersten Beiträgen oder gar nicht einmal in den ersten Monaten entsprechende Werbeeinnahmen fließen. Weder AdSense noch Affiliate-Marketing & Co. können wahre Wunder vollbringen und nicht selten wird die Geduld des Bloggers arg strapaziert, bis sich die ersten Mühen auch finanziell lohnen. Bis dahin muss man jedoch oft weit und ausführlich mit jeder Menge Arbeit in Vorleistung treten, sei es mittels permanent neuer Texte, dem Aufbau von Backlinks, der Anbahnung hilfreicher Kooperationen, der Werbung für den eigenen Blog oder über die verschiedenen Disziplinen der Suchmaschinenoptimierung. Wenn man nun von Anfang an auf möglichst mehrere Blog-Einnahmequellen setzt, so steigt die Wahrscheinlichkeit, dass zumindest die ersten spärlichen Geldflüsse schneller in Erscheinung treten. Dies sorgt nicht nur für einen zusätzlichen Motivationsschub, zudem kann man somit auch möglichst früh testen, welche Formen der Refinanzierung denn bei diesem ganz spezifischen Blog am besten zu funktionieren scheinen, um genau diese dann gezielt weiter auszubauen. Aber auch wenn sich ein ganz bestimmtes Blog-Thema selbst auf die unterschiedlichsten Arten nur sehr schwierig oder überhaupt nicht refinanzieren lässt – was in Einzelfällen durchaus vorkommen kann –, so würde man dies auf diese Weise möglichst frühzeitig erkennen können.

Bei manchen Blogthemen wird man zu Beginn kaum realisieren, womit sie sich am besten refinanzieren lassen. Insbesondere bei sehr anspruchsvollen oder eher seltenen Nischenthemen wird dies der Fall sein. Auch hier hilft wieder einzig und allein: Ausprobieren. AdSense mit Affiliate-Marketing kombinieren, bei entsprechender Reichweite ein eigenes Vermarktungsprogramm auflegen, Advertorials anbieten, für andere Anbieter oder Blogs zum gleichen Thema schreiben und vieles mehr. In den ersten Monaten wird man somit in der Regel recht schnell feststellen können, welche der genannten Formen sich dabei am besten entwickelt.

Bei bereits bekannten Blogthemen kann man natürlich zudem auch einen kleinen Blick auf die erfolgreichsten »konkurrierenden« Weblogs der jeweiligen Sparte werfen, womit diese denn hauptsächlich ihr Geld verdienen. Denn die zugehörigen Blogbetreiber werden einen entsprechenden Findungsprozess bereits hinter sich haben und sicherlich nicht auf Methoden setzen, die nur unzureichende Einnahmen versprechen. Auch interessant kann es in diesem Zusammenhang sein, sich einmal genauer anzuschauen, mit welchen Partnerprogrammen diese Mitbewerber am meisten zusammenarbeiten, welche (in diesem Falle wohl lohnenswerten) Keywords sie über die Google-AdSense-Targeting-Tags eingebunden haben, mit welchen Keywords die Artikelüberschriften hauptsächlich ausgestattet sind etc. Aber diese Tipps haben Sie natürlich nicht von mir ☺. Ein reines »Kopieren« einer anderen Erfolgsstrategie wird zum Glück eh nicht funktionieren, aber wieso sollte man sich nicht einmal anregen lassen?

Doch für welches Blogthema lohnt sich nun welche Einnahmequelle ganz besonders? Zwar kann man dies aus eigener Erfahrung heraus nicht verallgemeinern, dennoch gibt es teilweise bestimmte Parallelen, wie eine kleine Untersuchung zwischen verschiedenen meiner Blogportale ergeben hat. Die dabei vertretenen Projekte habe ich über einen längeren Zeitraum beobachtet, um einigermaßen repräsentative Ergebnisse erzielen zu können.

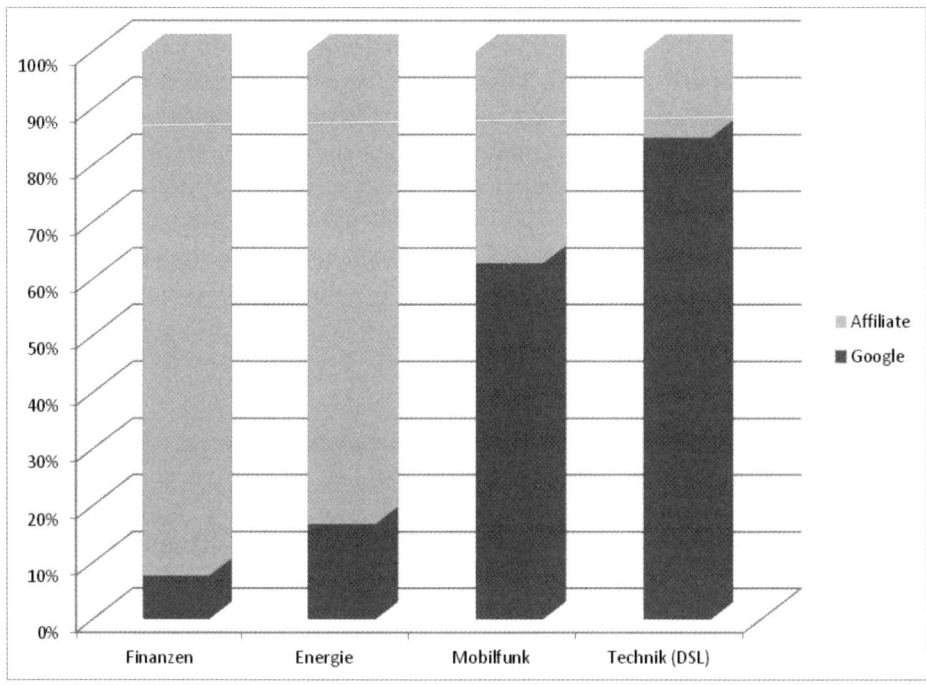

Abb. 7.25: Welche Einnahmequelle lohnt sich für welches Blogthema?

Diese Ergebnisse lassen in meinem Fall folgende Rückschlüsse zu:

- Für den Bereich Finanzen und Energie lohnen sich vor allem Affiliate-Partnerprogramme zur Refinanzierung, wie sie von Banken, Energieversorgern und ähnlichen Firmen angeboten werden. Die Monetarisierung aus Google AdSense heraus ist in diesem Sektor zwar ebenfalls nicht zu verachten, macht jedoch nur einen geringen Anteil der Gesamteinnahmen aus.

- Ganz anders hingegen im eher technischen Bereich, dort dominieren klar die Gelder aus Suchmaschinen und sonstigen CPC-Programmen.

- Diese Effekte lassen sich auch relativ gut erklären. Während technisch versierte Leser wohl eher weniger bereit sind, einem (als solchen gekennzeichneten) Affiliatelink zu folgen, oder direkt die von ihnen favorisierten Portale im jeweiligen Bereich aufrufen, so tun sich »normale«, an eher allgemeinen Themen interessierte Blogbesucher damit deutlich leichter. Und die Vielfalt auch neuer Angebote in AdSense-Werbeblöcken verleitet dann doch auch einmal den einen oder anderen durchaus internetkundigen Leser, sich die dahinterliegenden Seiten und Angebote einmal näher anzuschauen.

Wie erwähnt kann man diese Messungen sicherlich nicht verallgemeinern. Bei so manchem Blogportal im DSL-Bereich wird das gezeigte Ergebnis womöglich genau umgekehrt ausfallen, da dieses ein zu seinen Besucherströmen exakt passendes Partnerprogramm an prominenter Stelle eingebunden hat. Zudem wurden ja auch nur reine Affiliate- und AdSense-Einnahmen gegenübergestellt, nicht etwa weitere Finanzierungsquellen wie die Eigenvermarktung von Werbeflächen, das Artikel-Sponsoring oder sonstige der in den vorherigen Abschnitten genannten Möglichkeiten zur Refinanzierung eines Weblogs.

Umfragen unter befreundeten Bloggern bestätigten mir jedoch, dass sich der gezeigte Trend durchaus in so manchen Blognetzwerken widerspiegelt. Idealerweise wird jeder Blogbetreiber nach und nach selbst eine entsprechende Analyse durchführen können, für welches seiner Blogportale sich welche Marketingmaßnahme am ehesten lohnt. Diesen Umstand kann man dann bei der Planung weiterer Projekte eventuell gleich mit berücksichtigen.

Tipp

Nicht nur die richtige Mischung der einzelnen Einnahmeformen untereinander trägt eine Menge zum Blogerfolg bei. Gerade bei vielschichtigen Blogthemen sollte man zudem darauf achten, in möglichst jedem Blogbereich wie einzelnen Beiträgen, Kategorien etc. auch auf inhaltlich passende Werbeformate zu setzen. Eine schöne Anleitung, wie man Werbung oder ähnliche Hinweise themenrelevant einbinden kann, ist nachzulesen unter `www.perun.net/2011/09/12/wordpress-werbung-oder-hinweise-themenrelevant-einbinden/`.

7.10 Vorsicht Grauzone

Teilweise habe ich es bereits erwähnt und auch davor gewarnt, doch wenn ich mir die Geschichten und Erfahrungsberichte so manch anderer Blogger anschaue, so kann man hier wohl gar nicht oft genug den Zeigefinger heben. Denn einige dieser Blogs standen ob dieser Blogger-Grauzonen teilweise schon vor dem fast sicheren »Aus«. Und wenn man dann das Bloggen nicht nur als reines Hobby betreibt, sondern auf die Einnahmen teilweise oder komplett angewiesen ist, so kann es hier schnell ungemütlich werden.

Es geht dabei um den immer größer werdenden Markt des Bloggens. Ein jeder will ein Stück von diesem Kuchen abhaben, insbesondere seit sich auch hierzulande herumgesprochen hat, dass »Bloggen« ein durchaus einträgliches Geschäft sein kann. Und wie überall, wo das Geld scheinbar in jeder Internet-Ecke lauert, zieht diese Tatsache schwarze Blogger-Schafe, unlautere Methoden, regelrechte Graumärkte und mehr an.

Aber es gibt auch hier eine ganz einfache Faustregel: Verspricht Ihnen jemand schnellen Erfolg oder das »schnelle Geld« – und dies auch noch ohne größere Gegenleistung –, so lässt der leider meist gut verborgene Haken oft nicht lange auf sich warten.

Einige Beispiele:

- Ein Ihnen bislang unbekanntes Unternehmen verspricht Ihnen eine große Geldsumme für einen kleinen zu setzenden Link?

- Sie sollen gegen Bezahlung ein angeblich »unabhängiges« Blog-Review schreiben, in dem jedoch die genaue Art, Anzahl und Form der einzubindenden Links vorgeschrieben sind?

- Ein unbekannter Anbieter möchte Ihnen irgendwelche Blog-Tools oder -Templates gratis zur Verfügung stellen, unter der Bedingung, dass sie auf Blog xy zum Einsatz kommen?

- Jemand will Werbung auf Ihrem Blog schalten, möchte aber erst nach einem Gratismonat oder gar im Nachhinein bezahlen?

- Als Gegenleistung für Bannereinbindungen, Gastartikel, Links und mehr werden irgendwelche mehr oder weniger kuriosen Sachwerte versprochen?

- Ihnen werden ohne eigenes Zutun plötzlich hohe Beträge für den Blogverkauf oder die eigene Domain geboten?

Alles bereits selbst erlebt und ich kann wie viele andere erfahrene Blogger nur raten: Finger weg von derlei Angeboten!

Kapitel 8

20 Profi-Tipps für mehr Umsatz und Reichweite

Einige Tipps konnte ich den Lesern bis hierhin schon geben, mit welchen Mitteln man den Umsatz und/oder die Reichweite eines Blogs oder Corporate-Blogs erhöhen kann.

In diesem Abschnitt folgt jedoch noch einmal eine zusätzliche Aufzählung von Tipps und Tricks, die mir selbst bei einzelnen Projekten jeweils mindestens zehn Prozent und mehr zusätzliches Wachstum im Umsatz oder der Blogreichweite eingebracht haben. Nicht jeder dieser Tipps wird dabei bei jeder Blogart gleich erfolgreich sein. Doch wenn in einzelnen Fällen nur wenige Prozent Steigerung der für Ihre Situation relevanten Erfolgskennzahlen erreicht werden, werden Sie mittel- und langfristig in der Summe dennoch eine deutliche Verbesserung wahrnehmen können.

Warum nun »Profi«-Tipps? Nun, bei all diesen Möglichkeiten handelt es sich um Maßnahmen, bei denen zahlreiche meiner Blogger-Kollegen (und manchmal sogar ich selbst) zunächst nicht glauben konnten, dass sie sich tatsächlich so signifikant oder überhaupt im direkten Blogerfolg niederschlagen.

In allen Fällen konnte ich den Erfolg der genannten Methoden im direkten Vergleich mehrerer eigener oder auch fremder Blogs untereinander beziehungsweise über ausführliche A/B-Tests eindeutig nachweisen. Die meisten sind dabei relativ einfach umzusetzen und – sollten diese nicht den gewünschten Effekt erzielen – in der Regel ebenso einfach wieder zu entfernen. Einige davon werden erfahrenen Bloggern so oder so ähnlich vielleicht bereits bekannt sein, andere wiederum nicht, die Sammlung richtet sich sowohl an Anfänger als auch an Fortgeschrittene.

Probieren geht also auch hier über Studieren, man hat dabei wenig zu verlieren, aber viel zu gewinnen!

8.1 Anzeige der Top-Trackbacker und -Kommentatoren

Diesen Tipp verdanke ich einer sehr guten Blogger-Kollegin, und er kann – je nach Weblog – wahre Wunder vollbringen. Wir alle wissen, wie wichtig gute sowie qualifizierte Kommentare und vor allem möglichst regelmäßig eingehende Backlinks für den eigenen Blogerfolg sind. Wie kann man andere Blogger und Leser am besten dazu animieren beziehungsweise dafür belohnen, diese Möglichkeit rege zu nutzen? Indem man vor allem die Stamm-»Kunden« des eigenen Portals hierfür belohnt.

Eine tolle Möglichkeit ist es, etwa in der Sidebar die »Top Trackbacker« und »Top Kommentatoren« in einer Art kleiner Top 10 zu benennen, mit Link auf deren Portal (dessen URL man ja über den Trackback beziehungsweise aus dem Kommentar erhält). Hier ein kleines Beispiel auf den Blogprofis:

Abb. 8.1: Die Top Trackbacker und Kommentatoren

Natürlich verlinken und kommentieren gute Bloggerkollegen auch ohne eine solche Möglichkeit. Trotzdem habe ich festgestellt, dass dieser kleine »Wettbewerb« doch noch einmal deutlich dazu anregen kann, noch öfter zu verlinken beziehungsweise zu kommentieren. Alleine durch Freischaltung dieser kleinen, aber einfachen Funktion konnte ich bei einigen meiner Blogportale die eingehenden Trackbacks innerhalb eines bestimmten Zeitraums um 20 bis 30 Prozent steigern. Der Link zu dieser sehr einfach zu implementierenden und vor allem schlanken Lösung für die Anzeige der Top Trackbacker findet sich hier: `www.crazytoast.de/top-trackbacks-und-pingbacks-trackbacker-des-jahres-monats-in-der-sidebar-anzeigen.html`.

Zur Anzeige der fleißigsten Kommentatoren kann man sich eine ähnliche Lösung zusammenbauen oder aber auch Plugins wie das »Top Commentators Widget« (`http://wordpress.org/extend/plugins/top-commentators-widget/`) einsetzen. Manche professionellen WordPress-Themes sind zudem bereits von sich aus mit einem entsprechenden Widget ausgestattet.

8.2 Kommentar-Boosting, die Zweite

Überhaupt hat sehr viel meiner Blog-Erfolge mit den werthaltigen und zahlreichen Kommentaren und damit mit dem Fleiß und der Hilfe meiner Leser zu tun. Wird diese Möglichkeit rege genutzt, so fangen die Leser im besten Falle irgendwann sogar an, den entsprechenden Blog als sehr spezielles und vor allem Know-how ausstrahlendes Forum zu nutzen, indem sie sich gegenseitig über die Kommentarfunktion austauschen.

Ab einem gewissen Zeitpunkt fangen diese Stammleser dann an, Fragen zu bestimmten Themen und Beitragsinhalten in Form von Kommentaren zu stellen, wieder andere Stammleser antworten, Neuleser schließen sich dem ganzen Prozedere an, da sie schnell bemerken, dass man hier qualifizierte Antworten erhält, und so weiter. Und etwas Besseres kann einem als Blog-Besitzer kaum passieren. Man potenziert den Content mit teils extrem wertvollen Inhalten, und dies bewerkstelligt sich quasi sogar von ganz alleine. Von daher lautet einer meiner wichtigsten Tipps für den Blogerfolg – neben dem Schreiben guter Texte: Schauen Sie, dass Sie relativ bald eine kritische Masse an qualifizierten Kommentaren sammeln können, um somit den geschilderten Prozess bewusst zu unterstützen.

»Leichter gesagt als getan«, denken Sie sich? Nun, selbst diese Blog-Vermarktungsperle muss man nicht dem Zufall überlassen. Hier meine wichtigsten Ratschläge, mit denen es mir selbst gelungen ist, bei diversen Blogs für doch deutlich mehr Kommentare zu sorgen:

- Im Artikeltext den Leser zur Kommentarabgabe motivieren und dabei diese Möglichkeit gegebenenfalls auch gleich kurz erläutern, denn nicht jeder Blogbesucher kennt auch die Mechanismen des Bloggens. Hilfreich können dabei einfache Sätze sein wie »Welche Erfahrungen habt ihr gemacht? Schreibt einen Kommentar am Ende dieses Artikels« oder ein »Haben Sie noch weitere Fragen zum Artikel? Stellen Sie diese hier in den Kommentaren.«

- Neue Kommentare stets und vor allem auch zeitnah beantworten, wenn dies nicht ein anderer Leser bereits übernommen hat. Denn so fühlt sich nicht nur der Fragende ernst genommen, es entwickelt sich dann mit viel höherer Wahrscheinlichkeit eine Diskussion daraus, an der sich gegebenenfalls auch andere Leser beteiligen. Und schon können aus einem einzigen Kommentar schnell mehrere Dutzend werden.

- Direkte Kontakte aufbauen zu Lesern, die des Öfteren bei Ihnen kommentieren, denn deren Mitarbeit ist im wahrsten Sinne Gold wert. Auch einfach einmal »Danke« sagen für deren rege Beteiligung, ist sicherlich nicht zu viel verlangt und freut jeden Stammleser.

- Ganz wichtig: zurückkommentieren. Schauen Sie sich gerade die Blogs neuer Kommentatoren an und hinterlassen Sie dort ebenfalls Ihre Spuren. Dies natürlich nicht rein um des »Du kommentierst bei mir, dann muss ich wohl auch bei dir«-Willens, aber man kann dabei so viel Spannendes entdecken, neue Kooperationspartner ausfindig machen, sich Denkanstöße für weitere Artikel holen und vieles weitere mehr. Hat das Gegenüber keinen Blog, sondern ein normales Portal, so können Sie stattdessen auch in Ihrer Kommentarantwort Feedback geben, eine Frage zu diesem stellen und vieles weitere mehr.

- E-Mail-Anfragen – die man doch ab und zu bekommt – in Kommentare umschreiben (anonymisiert natürlich, denn der Absender möchte seinen Namen wohl kaum unautorisiert veröffentlicht wissen), dem Absender den Link zu diesem Kommentar als E-Mail-Antwort schicken und ihn so zu dortigem Feedback animieren. So haben zudem alle Leser etwas von seiner persönlich gestellten Frage.

- Ebenso: E-Mail-Kooperationsanfragen und Anfragen von Ratsuchenden, die nicht wirklich zu 100 Prozent passen (oder einem schlicht und einfach »zu viel« werden) auf die Kommentarfunktion verweisen – am besten gleich mit einem Link zu einem inhaltlich passenden Artikel. Dies nach der Art: »Meine Leser können Ihnen vielleicht weiterhelfen, wenn Sie dort Ihre Frage stellen/Ihr Angebot vorstellen ...« Wenn der Input relevant und nicht nur reine Werbung ist, habe ich nichts dagegen, wenn dieser somit vom Anfragenden selbst als Kommentar veröffentlicht wird. Ich habe damit bislang gute Erfahrungen gemacht und notfalls (bei Spamversuchen) kann man diesen immer noch moderieren.

- Natürlich sollte die Kommentarfunktion selbst prominent und auffällig platziert sein und möglichst einfach funktionieren (!). Nichts gegen Captcha-Felder zur Spam-Vermeidung und sonstigen Schnickschnack, aber gerade, wenn diese auch noch schlecht gestaltet oder kaum zu lesen sind, kann dies so manchen Besucher von dem ablenken, was er eigentlich an dieser Stelle tun soll: Kommentieren.

- Falls noch nicht geschehen: Schalten Sie die WordPress-Option für »verschachtelte« Kommentare unter *Einstellungen → Diskussion → Verschachtelte Kommentare in Ebenen organisieren* ein. Damit erscheint zu jedem abgegebenen Kommentar ein zugehöriger »Antwort«-Button, mit dem man sich quasi direkt an den Verfasser des jeweiligen Beitrags wenden kann. Dies spornt einige Leser noch einmal zusätzlich an, sich ebenfalls an einer Diskussion zu beteiligen oder einem Besucher Feedback auf dessen Aussagen zu geben.

bringen, das kann ich bestätigen ….
Kannst du denn auch ein Buch zum Thema Monitoring für kleine
Blogger ohne Vorkenntnisse empfehlen?

Antworten

Michael Firnkes meint:
21. September 2011 um 20:58

@▇▇▇: Leider nicht wirklich, ich arbeite gerade an
einem eBook welches ein kleines entsprechendes Kapitel
enthält… Oder Website Boosting 2.0 kann ich generell sehr
empfehlen auch für "kleinere" Blogger, dort werden ähnliche
Themen auch angeschnitten..

Ich hoffe das hilft dir ein wenig weiter?

lg Michael

Antworten

▇▇▇▇ **meint:**
22. September 2011 um 08:47

@Michael: Danke für den Tipp. Ich schaue mir das
Buch dann mal im Laden an und bin gespannt auf dein
eBook.

Antworten

Abb. 8.2: Ein Beispiel für »verschachtelte« Kommentare

Tipp

Wer dies noch nicht getan hat, der sollte die so genannte Gravatarfunktion in seine Kommentare mit einbinden. Bei einem Gravatar (`http://de.gravatar.com/`) handelt es sich quasi um ein persönliches Profilbild innerhalb des Web 2.0, über das zahlreiche Blogbesucher verfügen, selbst bei weniger Blogger-relevanten Themen (siehe auch meinen Gravatar in der Abbildung 8.2). Hinterlassen solche Gravatar-Besitzer nun einen Kommentar auf Ihrem Blog, so wird über deren E-Mail-Adresse automatisch das bei Gravatar hinterlegte Profilbild innerhalb des Kommentars eingebunden. Damit sehen die Kommentare nicht nur attraktiver und »sortierter« aus, es ist zudem ein weiterer kleiner Anreiz, eine entsprechende Bemerkung in Ihrem Blog zu hinterlassen.

Bei den meisten Blog-Templates ist diese Gravatar-Möglichkeit bereits eingebunden, in WordPress kann man dann beispielsweise unter *Einstellungen* → *Diskussion* → *Avatare* festlegen, ob und wie diese kleinen Symbole für die Blogbesucher angezeigt werden sollen. Auch als Blogautor selbst sollte man natürlich möglichst einen entsprechenden Gravatar anlegen, damit sich die Leser bei den blog-internen Kommentaren ein Bild des Verfassers machen können. Und bei mehreren Autoren auf ein und demselben Blog steigert dies zudem die generelle Übersichtlichkeit.

Und auch nach der Abgabe eines Kommentars kann man die entsprechenden Besucher durchaus noch zusätzlich belohnen, etwa indem man die WordPress-interne »Danke-Seite« beziehungsweise -Funktion um ein wenig aussagekräftigere Inhalte erweitert. Noch besser ist es sogar, wenn man nur den Bereich erweitert, den neue beziehungsweise erstmalige Kommentatoren zu sehen bekommen (in den einzelnen Templates meist unter »Ihr Kommentar muss erst noch moderiert werden« abgelegt). Denn statt dabei einfach nur ein schlichtes »Danke« auszugeben, könnte man diesen neuen und besonders wertvollen Besuchern etwa die wichtigsten Artikel und Beitragsserien oder das Blog selbst vorstellen, auf ein kleines kostenloses E-Book als »Einstiegsgeschenk« hinweisen, die Funktionsweise der »Top Kommentatoren« vorstellen und dergleichen mehr.

Weitere Bereiche, die sich für eine Aufnahme in diese Landingpage der etwas anderen Art eignen, sind:

- Man könnte für Seitenverweise und damit Trackbacks aus anderen Blogs heraus werben

- Twitter-, Facebook- und Google-Plus-Folgebuttons beziehungsweise den eigenen Newsletterdienst einbinden

- Eingebundene Kommentar-Plugins, wie die »subscribe Comments«-Funktion näher erläutern (worum es sich hierbei handelt, werden Sie gleich erfahren)

- Die bloginterne Kommentar-Netiquette vorstellen, also beispielsweise welche Arten von Links dürfen in einem Kommentar gepostet werden und welche sind eher unerwünscht, Ausschluss von reinen Keywordbezeichnungen als Name des Kommentators etc.

Und vieles weitere mehr. Natürlich sollte man sich hierbei auf einige wenige Möglichkeiten fokussieren, die am ehesten dem jeweiligen Blog-Ziel entsprechen. Trotzdem ist eine solche Dankes- und gleichzeitig auch Willkommens-Seite eine gute Möglichkeit, ernsthaft interessierte Blogleser (denn sonst hätten diese wohl kaum einen Kommentar abgegeben) noch mehr für sich zu gewinnen und an sich zu binden.

Und noch eine Option möchte ich Ihnen hier vorstellen, die blogeigene Kommentarfunktion noch attraktiver für die Besucher werden zu lassen. Das WordPress-Plugin mit dem etwas seltsamen Namen »Subscribe To Comments Reloaded« (erhältlich unter `http://wordpress.org/extend/plugins/subscribe-to-comments-reloaded/`) macht es möglich, dass Verfasser eines Kommentars die zukünftigen Kommentarbeiträge des entsprechenden Artikels quasi per E-Mail abonnieren können. Somit kann man nachverfolgen, ob ein anderer Leser (oder der Webmaster selbst) eine Antwort oder Erweiterung zu dem gerade abgegebenen Beitrag verfasst, auf die man dann wiederum mit einer erneuten Antwort reagieren könnte. Das genannte Plugin erledigt dies sogar datenschutzkonform, indem die Funktionalität des so genannten »double opt-in«-Verfahrens genutzt werden kann. In diesem Fall erhält der Kommentator zunächst eine E-Mail, über die er sein soeben getätigtes Abonnement zunächst bestätigen muss, bevor er tatsächlich weitere Folgebeiträge zugesandt bekommt. Denn ansonsten wäre es ja theoretisch möglich, unter der Angabe einer falschen E-Mail-Adresse für eine dritte Person ein solches Abo anzufordern, was den gesetzlichen Vorgaben des Datenschutzes widerspricht und von nicht wenigen Abmahnanwälten absichtlich ausgelöst und danach strafrechtlich verfolgt wird.

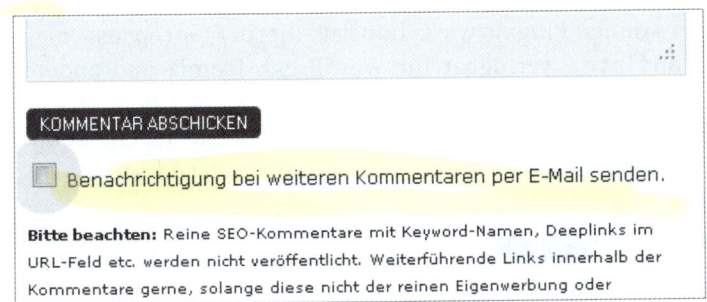

Abb. 8.3: Über diese Auswahlbox kann ein Kommentator sehr einfach die folgenden Kommentarbeiträge mitverfolgen.

Was hat dieses schicke Plugin nun mit der Möglichkeit des »Kommentar-Boostings« zu tun? Nun, zum einen erhöht sich natürlich die Chance, dass ein Kommentator erneut zur Feder beziehungsweise in die Tasten greift, wenn er durch dieses Abonnement von einer Antwort auf seinen Kommentar erfährt. Manchmal können sich hieraus komplette und recht umfangreiche Frage-Antwort-»Spielchen« in Form von immer neuen gegenseitigen Kommentarbeiträgen ergeben. Zum anderen gehe ich bei älteren Blogbeiträgen manchmal hin und ergänze selbst mittels eines eigenen Kommentars einen neuen Aspekt oder einen neuen Link, den ich just zu diesem Artikelthema entdeckt habe. Da somit natürlich die zum Teil nicht wenigen Kommentar-Abonnementen über diesen neuen, zusätzlichen Beitrag informiert werden, so kann dies ab und an dazu führen, dass eine alte, an sich bereits beendete Diskussion wieder komplett neu auflebt und für frische Beteiligung sorgt.

8.3 Mehrsprachigkeit auf Knopfdruck

Dieser Tipp wird zwar nicht für alle Blogs geeignet sein, kann aber ansonsten das potenzielle Blogpublikum mit einem Schlag enorm erweitern.

Es gibt Weblogs beziehungsweise Bloginhalte, die theoretisch auch für ausländische Leser interessant wären. So habe ich einige meiner Portalideen von englischsprachigen Weblogs »abgeschaut«, die es zum damaligen Zeitpunkt in dieser Form nicht auf dem deutschsprachigen Markt gab, einige sind mittlerweile fast genauso erfolgreich wie das Original. Wäre es nun nicht interessant, wenn man das komplette Blogportal mit seinen werthaltigen und einzigartigen Inhalten auf Englisch, Spanisch, Französisch, Niederländisch, Russisch und was auch immer übersetzt, um die Anzahl der möglichen Besucher von heute auf morgen zu ver-x-fachen?

Ein komplettes Portal in eine Fremdsprache zu übersetzen und dieses dann auch noch neu einzurichten, ist jedoch nicht nur aufwendig, sondern auch ziemlich teuer, gerade wenn es sich um einen Weblog mit Hunderten oder gar Tausenden Einträgen handelt. Hier können Plugins wie GTranslate (`http://wordpress.org/ extend/plugins/gtranslate/`, verfügbar für WordPress, Joomla und andere) mit nur wenigen Mausklicks weiterhelfen. Diese nutzen freie Übersetzungsdienste wie Google Translate und der Blogbesucher kann mit nur einem Knopfdruck die soeben aufgerufene Blogseite in seine Sprache übersetzen lassen.

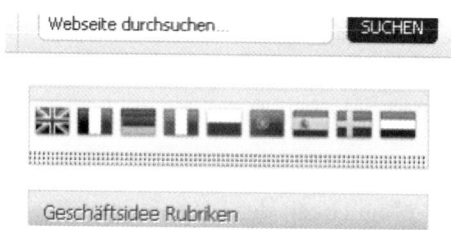

Abb. 8.4: Mehrsprachigkeit mittels GTranslate auf `MeinStartup.com`

Das Ganze funktioniert erstaunlich gut und vor allem schnell. Natürlich ist die Qualität dieser automatischen Übersetzungen noch längst nicht perfekt, trotzdem konnte ich alleine mittels der Einbindung dieses Tools für meinen Existenzgründerblog zahlreiche neue Leser aus Gesamt-Europa und Übersee hinzugewinnen und dies zum Nullkostenpreis. Selbst die ersten Kooperationsanfragen aus dem Ausland kamen hierüber zustande.

Denn die deutschsprachigen Geschäftsideen, die ich dort nenne, sind gerade für ausländische Leser teils sehr spannend, so dass es diesen oftmals ausreicht, wenn sie – durch die qualitativ minderwertige Übersetzung – selbst nur ungefähr den Inhalt der Beiträge verstehen können. Zudem werden diese computergestützten Übersetzungsdienste ja nach und nach qualitativ immer besser. Interessant für die Suchmaschinenoptimierung und damit fast schon ein »Killerfeature«: Die (kostenpflichtige) Pro-Version von GTranslate fügt sogar bei jedem übersetzten Artikel eine eigene Beitrags-URL pro Sprache hinzu, so dass man auch hier wiederum theoretisch ein Vielfaches der Artikelanzahl in Google indizieren lassen kann.

Leider werden diese URLs selbst noch nicht mitübersetzt, sondern es werden die Originalnamen verwendet und hierfür je nach Sprache etwa ein »/es/« für Spanisch oder »/fr/« für Französisch am Ende der Adresse hinzugefügt. Ich warte immer noch auf ein Tool, welches dabei auch die Beitrags-URL automatisiert mitübersetzt und am besten für jeden fremdsprachigen Artikel gleich einen neuen eigenen Beitrag in der Blog-Datenbank anlegt, dies dürfte den beschriebenen SEO-Effekt noch einmal deutlich steigern. Wer solch ein Plugin programmieren kann, der möge sich bitte bei mir melden ☺.

Tipp

Für die manuelle Übersetzung sowie die manuelle Anlage mehrsprachiger WordPress-Blogs eignet sich übrigens ideal das Plugin WPML, verfügbar unter `http://wpml.org/de/`. Mit diesem sehr mächtigen Werkzeug lassen sich Beiträge, Seiten, benutzerdefinierte Datentypen, Taxonomien, Menüs sowie sogar komplette Theme-Texte übersetzen, administrieren und in den Blog einbinden.

8.4 Blog-Inhalte auf die Google-Suchbegriffe der Besucher abstimmen

Die Gefahr besteht bei allen Medien, egal ob Blog, sonstiges Internetportal, Zeitschrift, Buch, TV oder was auch immer: Kürzlich kaufte ich mir eine regelmäßig erscheinende Zeitschrift zum Thema *Verkaufen im Internet* und war doch erstaunt, als wie wenig inhaltsreich sich diese herausstellte. Ein zweites Mal werde ich hierfür sicherlich kein Geld ausgeben.

Was hat das nun mit mir als Blogger zu tun? Auch bei Weblogs besteht durchaus die Gefahr, dass man Inhalte publiziert, die den typischen Leser oder Suchmaschinenbesucher gar nicht wirklich interessieren. Erst richtig schlimm und schädlich wird dies, wenn man diesen Zustand als Blogbetreiber selbst gar nicht bemerkt, wobei es in den anfangs beschriebenen Blog-Kennzahlen natürlich durchaus Indizien hierfür gibt (Stichwort Seiten pro Besuch, Anzahl regelmäßiger Besucher sowie Abbrecherquote, siehe Kapitel 3).

Bei einem meiner ersten Blogs stellte ich nach kurzer Analyse erstaunt fest, dass sich auf Platz eins der zu meinem Portal führenden Google-Suchbegriffe ein Begriff oder ein Satz fand, den ich so in dieser Form noch gar nicht behandelt hatte (und wohl von alleine auch nie auf diese Idee gekommen wäre). Unbeabsichtigt tauchte eine ähnliche Wortkombination in einem meiner Beiträge auf und nur so fanden diese Google-Suchenden zu mir und meinem Blog. Also schrieb ich einen neuen Artikel, diesmal mit dieser Wortkombination in der Artikelüberschrift und natürlich auch mit passendem Inhalt. Der besagte Beitrag ging nun innerhalb kürzester Zeit »ab wie Schmidt's Katze«, und ist bis heute einer meiner meistgelesenen überhaupt.

Keywords	Besuche	% Besuche
geschäftsideen	5.733	35,31 %
geschäftsidee	2.157	13,29 %
geschäftsideen 2011	643	3,96 %
neue geschäftsideen	270	1,66 %
geschäftsideen aus amerika	232	1,43 %
Vollständigen Bericht anzeigen		

Abb. 8.5: Eine Auswertung aus Google Analytics – über welche Google-Suchbegriffe finden die Leser zu meinem Blog?

Seither arbeite ich in fast allen meiner Portale regelmäßig mit dieser so einfachen, aber umso effektiveren Methode. Ich analysiere hierzu – etwa mittels Google Analytics –, über welche Begriffe und Keywords meine Suchmaschinenbesucher zu mir finden, und ergänze oder erweitere entsprechend meine Bloginhalte um passende Artikel, Themen, aber gegebenenfalls auch Kategorien, Tags, Seiten, Werbeinhalte, Affiliate-Programme und vieles mehr.

Gerade im so genannten Long-Tail-Bereich – also bei Nischen-Keywordkombinationen, die in dieser Form kaum oder sogar überhaupt nicht auf anderen Internetportalen verwendet werden – kann diese Strategie erstaunlich erfolgreich sein. So wunderte sich eine mit mir befreundete Bloggerin vor Kurzem, dass über irgendeine seltsame Wortkombination in einem ihrer Blogbeiträge Besucher eines zu diesem Zeitpunkt sehr bekannten Musikstars auf ihr Portal fanden, wohlgemerkt hat ihre Seite an sich überhaupt nichts mit dieser Thematik zu tun. Sie richtete nun genau zu dieser Keywordkombination einen Artikel auf ihrem Blog ein (der – um andere Besucher nicht zu verwundern – nicht prominent auf der Startseite zu sehen und somit quasi nur von Suchmaschinenbesuchern zu entdecken war), integrierte eine passende Amazon-Werbung mit Produkten zu besagtem Popstar und verdiente damit ein schönes Zubrot. Sie sollten die etwa über Google Analytics gewonnenen Keywords – aus denen Sie neue Inhalte für Ihren Blog gestalten wollen – also stets möglichst diversifizieren beziehungsweise sinnvoll und anhand konkreter Beispiele inhaltlich erweitern, um hierdurch in einen möglicherweise völlig neuen Nischenbereich in eben diesem Kontext vordringen zu können. Hat dann noch kein anderer Blogger oder Portalbetreiber das zugehörige Thema unter diesen einzelnen Aspekten näher beleuchtet, kann sich dies als extrem wertvoll für die Verbreitung Ihrer eigenen Inhalte herausstellen.

8.5 Zufällig oder regelmäßig wechselnde Seiteninhalte

Google liebt Veränderung auf Webseiten, deswegen haben es kleine, aber regelmäßig gepflegte Weblogs oft auch so viel einfacher als so manch großes bekanntes, aber in der Seitenstruktur und den Inhalten doch recht statisches Onlineportal. Das ist übrigens auch der Grund dafür, warum so viele namhafte Internetportale zusätzlich auch noch einen oder mehrere News-Blogs in ihren Onlineauftritt integrieren.

Doch selbst im Blogbereich kann man hier stets noch weiter optimieren, gerade wenn man eben nicht täglich mehrere neue Artikel veröffentlichen kann oder will. Als recht effektiv – und eben auch in den Blogkennzahlen widerspiegelnd – haben sich hier bei mir jegliche Tools, Codeschnipsel und AddOns erwiesen, die in irgendeiner Form wechselnde Inhalte je Seitenaufruf auf meinem Weblog platzieren, am besten sogar noch zufallsmäßig. Denn somit »scheint« Google bei jedem Aufruf eine andere Webseite mit anderen Inhaltskombinationen vorzufinden, was natürlich auch in gewisser Weise der Wahrheit entspricht und zudem auch den normalsterblichen Leser ob der gewissen Abwechslung – etwa beim Besuch mehrerer Beiträge – freuen dürfte.

Solche Werkzeuge könnten etwa sein:

- Statt immer die komplette und mit der Zeit ewig lange Blogroll anzuzeigen (etwa im Footer), können Sie hierfür dem Leser eine (zufällig) rotierende Auswahl von fünf darin enthaltenen Blogs präsentieren und dies etwa noch mit der Anzeige des jeweils letzten Artikels aus diesen Blogs »verfeinern« (ein tolles WordPress-Plugin hierfür ist das »WordPress Blogroll Widget with RSS Feeds«, siehe http://www.crazytoast.de/plugin-wordpress-blogroll-widget-with-rss-feeds.html).

- Bei reger Kommentartätigkeit kann eine Anzeige der jeweils letzten Kommentare wahre kleine Wunder vollbringen (beispielsweise mittels http://wordpress.org/extend/plugins/get-recent-comments/). Diese regt zudem auch das Kommentieren an sich an.

- Austauschbare Werbe- und sonstige Blöcke in der Sidebar

- Einige Blogger wechseln sogar mittels Tools zufallsgesteuert die sichtbaren Artikelüberschriften je Besucher aus. Beispiel: Einmal heißt der Beitrag in der prominenten <h1>-Überschrift »Die 10 besten Tipps für mehr Blog-Besucher«, ein andermal – mit unterschiedlichen Keywords – »Traffic steigern leicht gemacht«, wobei ich mir unsicher bin, inwiefern Google dies freut oder eben auch nicht (vor allem die regelmäßigen Leser dürfte es verwirren).

- Ebenfalls schön: Etwa eine kleine Dia-Slideshow mit unterschiedlichen Bildern, siehe beispielsweise die Leserfotos in der Sidebar meines Blogs www.tierfreizeit.de, umgesetzt mit dem unter folgendem Link beschriebenen Tool WP Photo Album Plus www.blogprofis.de/buch/slideshow.

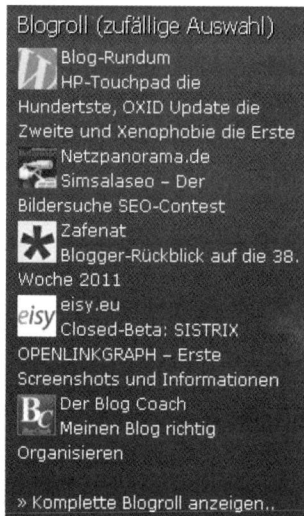

Abb. 8.6: Ergebnis des »WordPress Blogroll Widget with RSS Feeds«

Es gibt dabei noch zahlreiche weitere und ähnliche Möglichkeiten, auch hier ist wieder etwas Kreativität gefordert, damit man abgestimmt auf den jeweiligen Bloginhalt solche dynamischen Elemente zusteuern kann.

Nicht selten findet man in diesem Zusammenhang auch auf themenverwandten Blogs und Internetportalen entsprechende Content-Widgets, mit denen sich individuelle Inhalte einbinden lassen, die den eigenen Besuchern zudem einen Mehrwert bieten. So habe ich auf den `Blogprofis.de` ein Widget des bereits erwähnten Portals `bloggerjobs.de` eingebunden, welches dynamisch die jeweils letzten Blogjob-Angebote bei mir mit einbindet.

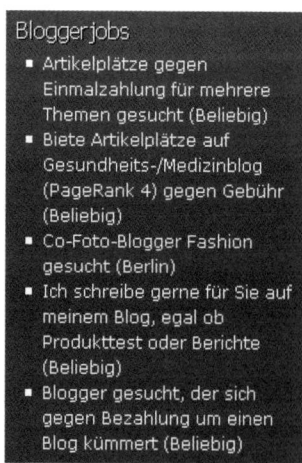

Abb. 8.7: Mehrwert für meine Besucher mit dem bloggerjobs-Widget

Es existiert übrigens eine recht einfache Möglichkeit, fast jegliche Bloginhalte sehr einfach und vor allem schlank zufallsgesteuert auszugeben, womit man dann beispielsweise ganze vordefinierte Textblöcke variabel ausgeben lassen kann, was nicht uninteressant für das Google-SEO sein dürfte.

Möglich ist dies mit dieser kleinen PHP-Codezeile:

```php
<?php
$ausgabe1 = rand(1, 6);
?>
<?php
require(CHILD_DIR.'/datei'.$ausgabe1.'.php');
?>
```

Listing 8.1: PHP-Code für die zufallsgesteuerte Dateiansprache

Hiermit wird von WordPress per Zufall das im Theme-Verzeichnis liegende File »Datei1.php« bis »Datei6.php« eingelesen und integriert. In diesen einzelnen Dateien kann ich nun wie gewünscht meinen gewollten HTML- und PHP-Quellcode hinterlegen, der jeweils im Frontend dargestellt werden soll. Die übergebene Funktion *rand()* enthält dabei zwei Parameter nach dem Prinzip *(kleinste vorkommende Zahl, größte vorkommende Zahl)*. Mit einer weiteren Variablen könnte man dies sogar noch zusätzlich verschachteln.

Auf diese Weise bekommt man platzsparend selbst umfangreichere, zufallsgesteuerte Inhalte unter, interessant für eine entsprechende Erweiterung der Datei *functions.php*. Denn damit müssen nicht bei jedem Aufruf komplett alle in den separaten PHP-Files hinterlegten Inhalte eingelesen werden und die Ausgangsdatei selbst bleibt möglichst schlank.

Ich selbst habe dieses Prinzip etwa genutzt, um in der Sidebar der blogprofis.de bei jedem Seitenaufruf zufallsgesteuert einen anderen Teilnehmer an meiner bereits erwähnten Corporate-Blog-Wahl des Jahres vorstellen zu können. Exakt über eine kleine Funktion – wie im zuvor aufgeführten Listing beschrieben – wurden dann die einzelnen HTML-codierten Inhaltsbereiche aufgerufen.

Abb. 8.8: Zufallsgesteuerte Auswahl beliebiger Inhalte in der Sidebar

Der Leser freut sich nicht nur in diesem Fall über die sich ständig abwechselnden und immer wieder neuen Seiteninhalte und Google dürfte dies natürlich wie erwähnt auch tun.

8.6 Individualisierte und optimierte Seiten & Landingpages

Statische Seiten und vor allem Landingpages sind für (fast) jeden Blog oft von enormer Wichtigkeit, wenn sie als Ausgangspunkt zur Refinanzierung der Bloginhalte dienen. Gerade hier fehlen jedoch häufig die dynamischen Textelemente, die einen Weblog etwa für Suchmaschinen so interessant machen können.

Nun muss natürlich gerade eine Landingpage extrem klar und zielführend strukturiert sein, um effektiv damit arbeiten zu können. Zu viele oder gar unruhige Inhalte könnten den Besucher dort schnell ablenken und vom eigentlichen Ziel abbringen (dem Werbemittel-Klick, der Newsletter-Anmeldung oder dem Übergang zum E-Shop). Doch beispielsweise außerhalb des direkt sichtbaren Bereiches – also nach oder besser unter den zentralen Call-to-Action-Elementen – können hier SEO-optimierte Texte oder sogar dynamisch generierte Inhalte und Verweise durchaus Sinn machen. Selbst Blog-Archiv- und Kategorieseiten kann man auf diese Weise attraktiver für Mensch und (Such-)Maschine machen.

Eine sehr effiziente Möglichkeit ist hierfür die bei vielen professionellen Word-Press-Themes enthaltene so genannte »Hook«-Funktionalität. Damit können Sie an fast beliebigen Stellen Ihres Blogs jegliche Inhalte zusteuern lassen, egal ob es sich dabei um HTML, PHP-Code oder was auch immer handelt. Diese lassen sich bei Bedarf zudem ausschließlich auf ausgewählten Seiten- beziehungsweise Beitragsarten oder sogar nur auf einzelnen Artikeln und statischen Seiten einblenden. Umfangreiche Texte sowie Codeimplementierungen kann man dabei sogar auf externe Dateien auslagern, um die grundlegenden WordPress-Systemdateien nicht unnötig und bei jedem Aufruf zu belasten.

Dieses Thema hört sich bei Weitem komplizierter an, als es ist, eine Umsetzung einer vergleichbaren Funktionalität kann dabei wie in den folgenden beiden Beispielen beschrieben implementiert werden:

8.6.1 Archivseiten mit Zusatztext ausstatten

Kategorien innerhalb von Blogs sind eine schöne Standardfunktion zur Strukturierung eines Blogs, vor allem auch die entsprechenden Beitragsarchive. Wählt ein Leser eine bestimmte Kategorie aus, so werden ihm automatisch die letzten hierzu passenden Artikel angezeigt. SEO-technisch kann es nun durchaus Sinn machen, wenn auf der ersten dieser Kategorie-Archivseiten unter den gelisteten Artikeln ein jeweils passender längerer Text – beispielsweise mit dem Inhalt zum Thema »über diese Kategorie« – veröffentlicht wird.

Folgende Hook-Funktion kann hierfür in die *functions.php* eingebaut werden (in diesem konkreten Fall am Beispiel der Hooks des Genesis-Frameworks für Word-Press unter www.studiopress.com, wobei jedoch im Falle von Themes anderer Anbieter mit Hook-Support lediglich die Bezeichner der Platzhalter *genesis_xxx* abgeändert werden müssten):

```
add_action('genesis_after_loop', 'display_kategorietexte');
function display_kategorietexte() {
if ( is_category('1') and !is_paged() ){
?>
<h1>Mehr zu dieser Kategorie:</h1>
require(CHILD_DIR.'/kategorie1_text.php');
?>
```

Listing 8.2: Zusatztexte innerhalb der WordPress-Archivfunktion

Die Erläuterung hierzu:

Über die Bedingung *is_category('Kategorienummer')* wird bestimmt, für welche Kategorie der Text angezeigt werden soll. Der Parameter *!is_paged()* hingegen steuert, dass dieser Text nur auf der jeweils ersten Seite der Auflistung der entsprechenden Kategorieartikel erscheint, denn ansonsten würde man nur unnötigerweise doppelte Inhalte schaffen. Über das *require* sowie die Datei *kategorie1_text.php* im Theme-Verzeichnis wurde der (HTML-formatierte) Text, der am Ende der Archivseite erscheinen soll, schließlich noch ausgelagert, damit die Datei *functions.php* nicht zu groß wird. Der innerhalb dieser Datei enthaltene Text könnte also in etwa wie folgt aussehen:

```
<h2>Girokonto Angebote</h2>
In unserer Rubrik <strong>Girokonto Angebote</strong> pr&auml;sentieren
wir unseren Lesern aktuell und &uuml;bersichtlich ...
```

Listing 8.3: HTML-formatierter Beispielinhalt

8.6.2 Relevante Artikel innerhalb von statischen Seiten listen

Bei statischen Seiten (etwa Landingpages) kann es Sinn machen, die letzten passenden Artikel beziehungsweise einen Auszug hieraus am Ende der Landingpage zu listen. Intelligent zusteuern kann man diese beispielsweise, indem man den Artikeln, die jeweils angezeigt werden sollen, spezielle Tags zuweist. Auf einer Landingpage zum Thema »Abbonieren Sie den Newsletter mit Angeboten meines Mobilfunkblogs« würde man zum Beispiel alle Artikel auflisten, die mit dem zugehörigen Tag »Angebot« gekennzeichnet sind, wodurch man inhaltlich unabhängig von den – bereits eh an anderer Stelle des Blogs vorhandenen und angezeigten – Kategorie-Archiven arbeiten kann.

Hier der zugehörige Quellcode für die *functions.php*:

```php
add_action('genesis_after_post_content', 'passendeartikel');
function passendeartikel() {
if ( is_page('1') ){
?>
<h1>Passende Artikel:</h1>
$second_query = new WP_Query( 'tag=xyz' );
// Die Artikelauflistung
while( $second_query->have_posts() ) : $second_query->the_post();
echo '<h1><a href="';
the_permalink();
echo '" rel="nofollow">';
the_title();
echo '</a></h1>';
the_excerpt();
endwhile;
wp_reset_postdata();
?>
}
}
```

Zur Erläuterung:

Nach dem Inhalt der Blogseite mit der Seiten-ID »1« (*is_page('1')*) werden hier die letzten Artikel gelistet, die jeweils bei der Artikelerstellung mit dem Blog-Tag »xyz« versehen wurden.

Zwei schöne Funktionen, die mit Hilfe von Hooks als Platzhalter relativ schnell umgesetzt sind und einen recht positiven SEO-Effekt haben können. Den Quellcode der beiden Beispiele können Sie übrigens via Copy&Paste auch folgendem Artikel entnehmen: www.blogprofis.de/buch/hookseo, somit ersparen Sie sich das mühsame Abtippen.

Hinweis

Die zugrunde liegenden SEO-Ideen dieser beiden Tipps verdanke ich übrigens dem SEO-Blogger Soeren Eisenschmidt aka »eisy«. Ich kann allen Blogbetreibern sein Portal www.eisy.eu nur mehr als empfehlen, er gibt dort regelmäßige und sehr fundierte Ratschläge hinsichtlich der Suchmaschinenoptimierung, gerade auch für kleinere bis mittelgroße Onlineportale. Aber auch zur Optimierung von Einnahmen aus Affiliate-Programmen und Ähnlichem gibt eisy.eu tolle Hinweise.

8.7   Landingpages zu den wichtigsten Affiliates

In eine ähnliche Richtung deutet dieser Tipp. Wir optimieren sehr oft Beiträge, Überschriften, ja sogar Kategorien und mehr auf die wichtigsten Partnerprogramme eines Blogportals hin, vergessen aber oft, diesen Programmen inhaltlich auch wirklich einen eigenen physischen »Raum« in Form einer eigenen Blogseite zu geben, was bei entsprechender Gestaltung sowohl die Suchmaschinen erfreut, als auch für zusätzliche Klicks sorgen kann. Denn je mehr Wege nach Rom führen, die sich natürlich nicht gegenseitig Konkurrenz machen dürfen, desto besser. Gleichzeitig bauen wir oft Dutzende und mehr Affiliatelinks zu ein und demselben Partnerprogramm in unzählige verschiedene Artikel ein, was nicht nur schwer zu warten ist, sondern unter Umständen auch Google nicht wirklich gefallen dürfte.

Ich konnte bereits mehrere Male meine Suchmaschinenposition (und damit gleichzeitig auch meine Affiliate-Einnahmen) auf einigen Weblogs deutlich steigern, indem ich eher weniger statt mehr dieser Links verwendete und dafür lieber auf qualitativ hochwertigere externe oder interne Verweise setzte. Idealerweise statte ich in diesen Fällen die meistbesuchten Artikel zu einem Thema und Partnerprogramm direkt mit prominent gesetzten Trackinglinks – also den vom Partnerprogrammbetreiber vorgegebenen und für mein Portal individualisierten Werbelinks – aus. Aber natürlich möchte man auch den Traffic der restlichen Beiträge möglichst gut nutzen und kann diesen zu diesem Zweck auf einen der inhaltlich passenden Artikel mit direktem Affiliatelink verweisen, oder eben – noch besser – auf die eigens hierfür eingerichtete Landingpage.

Auf und mittels einer solchen Seite kann ich nun:

- optimierten und immer einmal wieder wechselnden SEO-Text zum jeweiligen Partnerprogramm unterbringen
- hierdurch – neben den Artikeln – zusätzlichen wertvollen und auf diesen wichtigen Partner zugeschnittenen Content von Google indizieren lassen
- mit einem zentral und auffällig ausgerichteten »Call to Action«-Element wie einem »Hier weitere Informationen zu xy lesen«-Button direkt zur Seite des Advertisers weiterleiten
- indirekte Besucherströme auf diesen Partner lenken (etwa als Zwischenschritt von eigenen Google-AdWords-SEM-Kampagnen, prominenten Querverweisen innerhalb des Blogs oder aber von Backlinks anderer Portale aus)
- weniger offensichtliche Verweise zu meinem Werbepartner implementieren, wobei die Kennzeichnung als »Werbung« oder »Anzeige« nach wie vor bestehen bleiben sollte

Ich konnte mit solchen Affiliate-Landingpages bereits sehr gute Erfahrungen sammeln. Probieren Sie es doch einfach einmal bei einem gut besuchten Blog mit

Ihrem dort prominentesten Partnerprogramm aus, »spendieren« Sie diesem eine eigene Landingpage und beobachten Sie, ob und welche positiven Veränderungen sich eventuell erzielen lassen:

■ mittels der Verlinkung auf diese Landingpage aus einzelnen Blogbeiträgen heraus

■ aber auch, indem man einen Verweis auf diese Seiten in das Hauptmenü des Blogportals integriert, diese innerhalb der Kategorienauflistung in der Sidebar verlinkt oder Ähnliches mehr

8.8   Besucherzeiten berücksichtigen

Gerade große Unternehmen im Onlinebereich überlassen auch nicht nur den kleinsten Kundenkontakt dem Zufall. Newsletter werden – sofern irgendwie möglich – nur an bestimmten Tagen und zu bestimmten Uhrzeiten verschickt, das telefonische Akquisegespräch am liebsten vormittags sowie eher am Freitag durchgeführt und und und ...

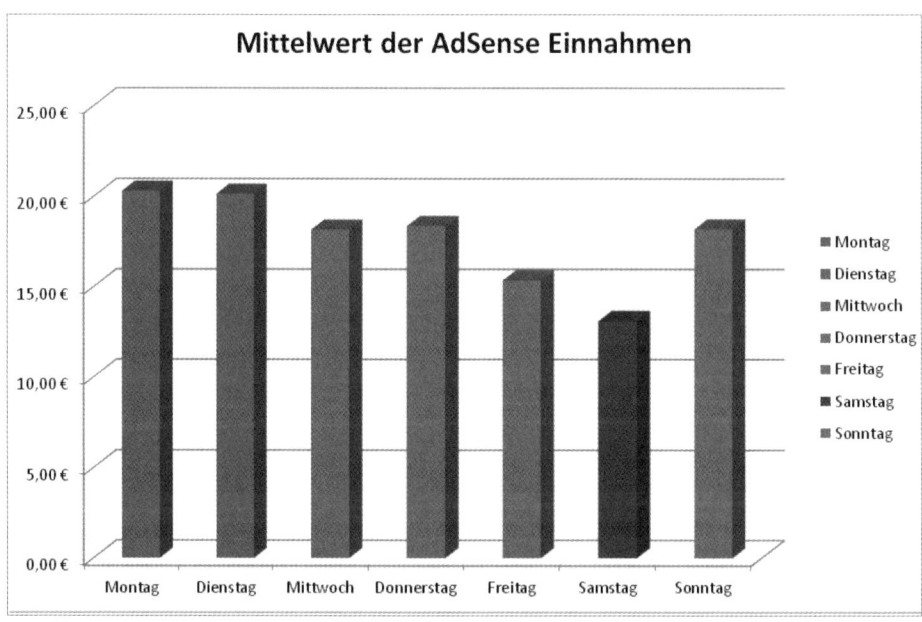

Abb. 8.9: Bei der tageweisen Verteilung von Werbeeinnahmen kann es deutliche Unterschiede geben, wie diese Auswertung exemplarisch zeigt.

Wieso sollte man dies als Blogger nicht ebenso machen? Am Anfang meiner Blogger-»Karriere« stellte ich schnell fest, dass selbst recht ähnliche Artikel teils doch sehr unterschiedlich bei den Lesern ankamen. Denn während die einen sehr häufig gelesen, geklickt, kommentiert und weitergegeben wurden, so sah dies bei anderen ohne wirklich erkennbaren Grund viel mauer aus. Also ging ich in die Analyse: Wann gelangen eigentlich meine Besucher zu mir? An welchem Tag und zu welcher Uhrzeit? Eher zu Monatsbeginn oder am Ende? Und wann lesen sie nicht nur, sondern klicken auch auf meine Partnerprogrammlinks?

Das Ergebnis dieser Untersuchung war erstaunlich klar und ich würde dieses anhand zweier Beispiele in Abbildung 8.9 und Abbildung 8.10 gerne mit Ihnen teilen.

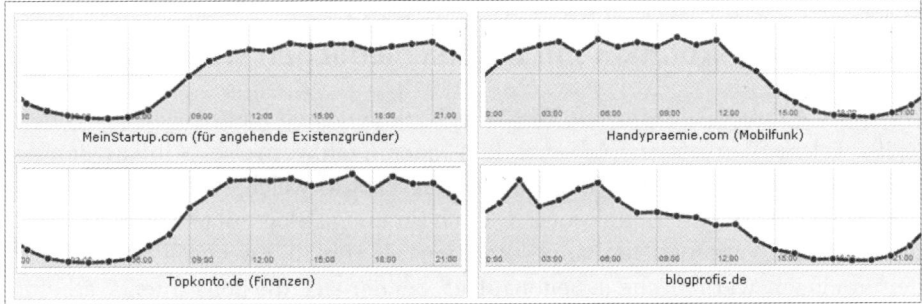

Abb. 8.10: Die Analyse der Uhrzeiten zeigt, dass das Besucherverhalten je nach Blogportal extrem unterschiedlich ausfallen kann.

Noch interessanter jedoch: Diese Zahlen sind teilweise je Blogthema deutlich unterschiedlich. Sie werden also wohl kaum darum herumkommen, Ihre eigenen Analysen dieses Phänomens anzustellen, denn was in dieser Hinsicht beim Elektronikblog zutrifft, das kann beim Literaturweblog schon wieder ganz anders aussehen. Zu viele Faktoren spielen hier eine Rolle (wann lesen diese spezifischen Blogbesucher typischerweise ihre einzelnen Medien, handelt es sich um ein Freizeit- oder eher Businessthema, wann rufen die meisten meinen RSS-Feed ab, wann haben die Leser Zeit, ihren Twitter-Account mit meinen Beitragspostings zu lesen etc.).

Warum überhaupt dieser ganze Aufwand, werden sich nun manche Leser fragen? Nun, ganz einfach. Wirklich wichtige Artikel – egal ob für die hoffentlich hierdurch zunehmende Reichweite des Blogs oder für die Blogeinnahmen – schalte ich nur noch an gewissen Tagen frei, und sogar – was natürlich nicht immer klappt – wenn möglich zu einer bestimmten Uhrzeit, obwohl dies durch die flexible WordPress-Veröffentlichungsoption ja ziemlich leicht gemacht wird. Ein Beispiel: Ein Affiliate-Artikel auf meinem Finanzblog – von dem ich vermutlich weiß, dass er viele Leser interessieren wird –, den ich zu Monatsbeginn an einem Montag am frühen Vormittag freischalte, wird um einiges mehr Besucher und damit auch Klicks sowie Einnahmen generieren als ein vergleichbarer Beitrag am Monatsende und freitagnachmittags. Was im Privatleben gilt, lässt sich nämlich selbst hier nachverfolgen: Zu Beginn eines neuen Monats oder gar Quartals scheinen die meisten Blogleser eher gewillt zu sein, etwas in einem bei mir eingebundenen Onlineshop zu kaufen oder einen bestimmten Vertrag abzuschließen, als dies in den letzten Tagen der Fall ist.

Und dann warte ich natürlich lieber schon einmal mit einem neuen Thema beziehungsweise dem zugehörigen Beitrag, es sei denn natürlich, es handelt sich um sehr kurzlebige oder besonders aktuelle Nachrichten. Probieren Sie es aus und Sie werden Ihren ganz eigenen Rhythmus des Blogschreibens finden, der deutlich mehr Einnahmen oder Besucher generieren kann.

8.9 Banner-Rotation mit unterschiedlichen Werbequellen

Oft optimiert man jede einzelne Werbefläche des eigenen Blogs so lange, bis man weiß, welche Werbeform (AdSense-Text- oder Grafikverweise, Affiliate-Banner, selbst vermarktete Flächen, Videoeinbindung etc.) in welcher Ausgestaltung am jeweiligen Ort am besten funktioniert. Doch für einige Blogs gibt es noch eine weitere attraktive Variante: Die Banner-Rotation, also zufällig wechselnde Inhalte in der jeweiligen Werbefläche je Seitenaufruf, bei der sich die genannten Werbeformen auf einen Ort konzentrieren und beliebig miteinander variieren lassen (selbst vermarktete Werbeflächen-Banner dann natürlich nur auf Basis der tatsächlich ausgelieferten Visits).

Insbesondere lohnenswert kann diese Form der Vermarktung erfahrungsgemäß dann sein, wenn:

- es sich grundsätzlich um ein nur schwer zu monetarisierendes Blogthema handelt

- dieses Thema nicht sehr spezifisch ist oder viele verschiedene inhaltliche Bandbreiten umfasst

- der Wert der Seitenaufrufe je Besucher/Besuch recht hoch ist (etwa deutlich größer als 2), weil dann die Wahrscheinlichkeit größer sein kann, dass sich diese Besucher zumindest für eines der angezeigten Werbemittel interessieren und dort eine Aktion auslösen

- man mit den genannten unterschiedlichen Werbeformen in etwa gleich viel verdient und das Risiko beziehungsweise die Verdienstformen möglichst streuen will

- oder aber wenn nur wenig Zeit für die fortlaufende Optimierung und den Austausch der einzelnen Werbemittel bleibt, so dass man mit einer Banner-Rotation dennoch für eine gewisse Abwechslung sorgen kann

Zudem sind solche Banner-Rotationen – etwa bei WordPress mit zahlreichen verfügbaren Plugins aus diesem Bereich – sehr schnell und einfach umzusetzen, meist lassen sich etwa einzelne Werbemittel mit nur einem Mausklick hinzufügen, wieder entfernen oder besser noch archivieren, selbst mehrere untereinander austauschbare Rotationen lassen sich damit oftmals erzeugen.

> **Tipp**
>
> Ich kann für diesen Zweck das WordPress-Add-On AdRotate (`http://wordpress.org/extend/plugins/adrotate/`) empfehlen, das mir bislang die treuesten Dienste geleistet hat und zudem auch mit sämtlichen WordPress-Versionen ab 3.x korrekt zusammenarbeitet. Besonders schön hierbei: Für die einzelnen Werbemittel erhält man bei Bedarf ein Reporting der Views und sogar der Klicks (wichtig etwa bei der Eigenvermarktung von Werbeflächen als Nachweis für den Kunden oder aber auch bei der Messung der Attraktivität selbst gestalteter bloginterner Werbeanzeigen), die Laufzeiten der Banner lassen sich individuell einstellen (nach Zeit, x views, x clicks), einzelne Werbemittel können gewichtet ausgegeben werden (Banner a doppelt so häufig wie Banner b) und das Tool ist integrierbar via Shortcode, Widgets oder auch PHP.

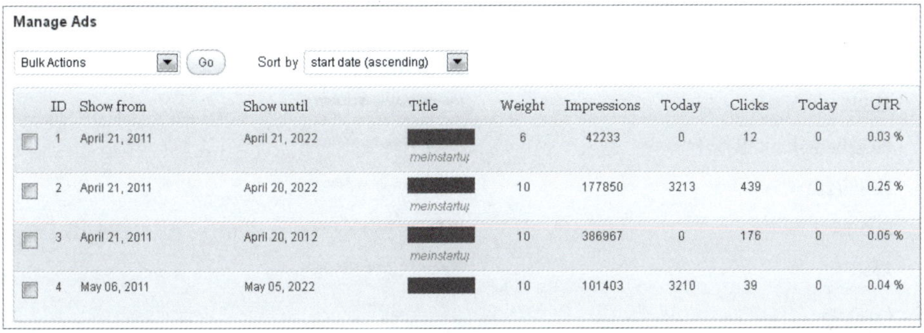

Manage Ads

	ID	Show from	Show until	Title	Weight	Impressions	Today	Clicks	Today	CTR
☐	1	April 21, 2011	April 21, 2022	meinstartu	6	42233	0	12	0	0.03 %
☐	2	April 21, 2011	April 20, 2022	meinstartu	10	177850	3213	439	0	0.25 %
☐	3	April 21, 2011	April 20, 2012	meinstartu	10	386967	0	176	0	0.05 %
☐	4	May 06, 2011	May 05, 2022		10	101403	3210	39	0	0.04 %

Abb. 8.11: Eine Analyse von AdRotate – Welches Werbebanner läuft wie erfolgreich?

8.10 Aktives Keywordranking

Fast jeder Affiliate-Blog hat ein/zwei/drei Partnerprogramme, die den Großteil des Blogumsatzes ausmachen. Entsprechend wird man des Öfteren über genau diese Partnerprogramme berichten beziehungsweise entsprechende hierzu passende Artikel freischalten. Mit der Zeit wird somit jeder Affiliate-gestützter Weblog fast ganz automatisch auf diese Kampagnen-Keywords hin optimiert.

Ein Beispiel: Ein Ernährungsblog refinanziert sich hauptsächlich über zwei Partnerprogramm-Anzeigen oder Textlinks, eine zum Thema »Öko Babynahrung« und eine andere zu »Isotonische Getränke«. Absichtlich oder unabsichtlich wird man nun sein Blogportal auf diese beiden Begriffe hin optimieren, da man höchstwahrscheinlich des Öfteren über genau diese lukrativen Produkte sowie tangierende Themen berichtet. Nun kann es natürlich sehr gut sein, dass ab und an die »Babynahrungs«-Kampagne deutlich mehr Einnahmen verspricht als die Isotonik und umgekehrt, da das eine Programm die Provisionen anhebt, eine sich auch positiv auf die Onlineleads auswirkende TV-Kampagne schaltet oder was auch immer. Oder – was leider nicht selten vorkommt – das eine Programm wird sogar für wenige Wochen deaktiviert, soll dann aber wieder neu starten, weswegen idealerweise das zweite Programm zumindest in diesem Zeitraum das Keywordranking Ihres Blogportals klar dominieren sollte.

Optimal gesehen (und hier auch zugespitzt beziehungsweise wirklich idealisiert dargestellt), sieht die Keyword-Analyse bei den Google-Webmaster-Tools (www.google.com/webmasters/tools/) nun in diesem Fall natürlich wie folgt aus: Auf Platz eins steht das Keyword »Babynahrung«, ganz dicht dahinter (was die Häufigkeit der jeweiligen Nennungen auf Ihrem Blog angeht) kommen hingegen auf Platz zwei die »Isotonische Getränke«, danach mit deutlicherem Abstand weitere für den Blog und dessen Refinanzierung wichtige Keywords.

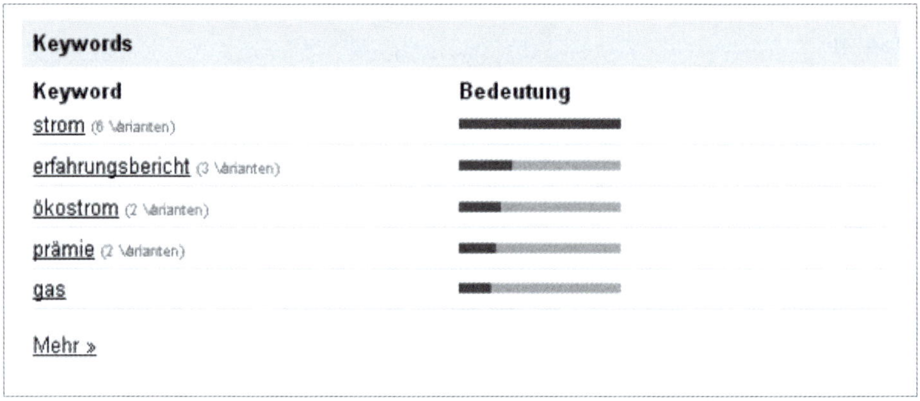

Abb. 8.12: Überblick in den Webmaster-Tools – welche Keywords sind ähnlich stark verteilt?

In diesem Fall reicht manchmal eine einzige, prominente Platzierung der Wortfolge »Isotonische Getränke« (etwa in einer <h1>-Überschrift auf der Startseite), um dieses Verhältnis genau umzukehren, so dass die Getränke auf eins und die Kleinkindnahrung auf zwei stehen. Merken Sie, worauf ich hiermit hinauswill?

Halten Sie diese gesamte Balance möglichst aufrecht, so reicht manchmal nur ein einziger Artikel, um genau das Thema in den Keywords ganz nach vorne zu bringen, mit dem Sie aktuell am meisten verdienen. Der zusätzliche Schub hierdurch kann teilweise erstaunlich sein. Denn nach einer solchen durchgeführten Optimierung verstärken sich die Einnahmen durch die prominentere Keywordplatzierung unter Umständen noch einmal zusätzlich, da Sie mit genau diesem Keyword nun auch häufiger bei Google gefunden werden. Sprich: Bringen Kampagne a und b in etwa gleich viele bezahlte Leads, zahlt jedoch Partnerprogramm b mehr als a, dann werde ich wohl auf das passende Keyword von b hin optimieren. Startet dann a hingegen eine hübsche Prämienaktion für Neukunden, die deutlich mehr Abschlüsse erwarten lässt, so schreibe ich fix einen Artikel genau darüber.

Diesen Keywordaufbau sollte man jedoch stets ausschließlich natürlich betreiben – also etwa über eine entsprechende Berichterstattung –, da dies ansonsten so manchen Partnerprogrammbetreuer nicht allzu sehr freuen dürfte (selbst wenn er ja eigentlich davon profitiert, aber auch er möchte natürlich, dass seine Kunden hauptsächlich über das eigene Internetportal zu ihm kommen). Dieses gesamte Prozedere lässt sich nun selbstverständlich ebenso auf den Corporate-Blog-Bereich hin adaptieren, denn auch dort werden Sie in bestimmten Zeiträumen einzelne Produkt- oder Aktionskeywords in den Vordergrund rücken wollen, etwa wenn eine neue unternehmensweite Marketingkampagne an den Start geht, die sich auch möglichst innerhalb des Firmenblogs und seinen jeweiligen Suchmaschinenbesuchern widerspiegeln soll.

8.11   Affiliatelinks und -Artikel-Frühjahrsputz

Nein, das, was ich jetzt beschreibe, gehört absolut nicht zu meinen Lieblingsbeschäftigungen, aber es kann leider (oder besser: zum Glück) so wirkungsvoll sein. Ich meine die regelmäßige und intensive Beschäftigung mit den wichtigsten Blogartikeln in den Weblog-Archiven. Wichtig kann dabei bedeuten: die meistbesuchten, umsatzstärksten oder werbewirksamsten Beiträge sowie generell alle Artikel, die Sie in den möglichst dauerhaften Fokus Ihrer Leser rücken wollen.

Die Bezeichnung »Frühjahrsputz« ist deswegen hierfür eigentlich nicht ganz geeignet, da ich normalerweise versuche, mich mindestens einmal in jedem Quartal an diese »Perlen« eines jeden meiner Blogs zu machen. Denn werden diese Artikel regelmäßig gepflegt, so ist die Chance um einiges höher, dass sie nicht nur prominent besucht bleiben sowie die Konversionsrate nicht abbricht, sondern sogar immer weiter in den Google-Suchergebnisseiten (SERPs) aufsteigen. Wodurch einige dieser besten Beiträge noch einmal zusätzlich an Attraktivität gewinnen werden.

Die Pflege solcher Artikel (und auch Seiten) bedeutet dabei unter anderem:

- Überprüfung der Texte auf inhaltliche Korrektheit sowie Aktualität (wie bereits beschrieben, ist dies etwa im Finanzblog-Bereich aufgrund der eventuellen Haftung unter Umständen von enormer Bedeutung)
- ebenso diverse Tests, ob die genannten Verweise noch zum richtigen Ziel führen, Affiliatelinks noch richtig eingebettet sind und auf die passende Landingpage verweisen, das Partnerprogramm selbst überhaupt noch besteht (manchmal erlebt man hier böse Überraschungen), das Tracking weiterhin korrekt arbeitet etc.

- Prüfen Sie bei älteren Beiträgen gegebenenfalls die korrekte Einbindung der Google-AdSense-Werbeblöcke beziehungsweise der entsprechenden Publisher-ID darin (klicken Sie aber niemals selbst auf eine in Ihrem Blog eingebundene Werbefläche von Google, da dies den Ausschluss aus dem Werbeprogramm mit sich bringen kann).

- Binden Sie – sofern noch nicht geschehen – bei den meistgelesenen Beiträgen unaufdringliche und vor allem thematisch passende (!) Google-AdSense- oder Affiliate-Textlinks direkt im oder am Ende des Artikels ein, sofern sich diese nicht oder nicht mehr über andere, hiermit konkurrierende Kanäle refinanzieren.

- Idealerweise ergänze ich den Artikel dann gleich um ein/zwei kleinere Absätze oder schreibe bestehende Textelemente um, etwa um Artikel-Updates und neuere Informationen zum Inhalt für den Leser beizusteuern. Meist schreibe ich dabei auch ein Aktualisierungsdatum (prominent markiert) vor diese neuen Inhalte, damit der Leser sofort weiß, dass es sich nicht um einen »Uralt-Beitrag« handelt (denn schreibe ich einen komplett neuen Artikel mit aktuellem Datum zum gleichen Thema, so belasse ich den bisherigen meist im System und verweise dort lediglich auf den neuen Beitrag, um keine Besucherströme und auch keinen Content zu verlieren).

- Manchmal bringe ich solche Updates auch in einem extra Kommentar zu diesem Artikel unter, um somit eine gewisse Historie für den Leser bieten zu können.

- Eventuell Auflockerung durch zusätzliche Bilder, prominentere Einbindung von bereits bestehenden Affiliate- und sonstigen wichtigen Verweisen, Einbindung von Links zu passenden weiteren Artikeln, die sich mittlerweile in der Blog-Datenbank befinden u.v.m.

- Gegebenenfalls erfolgt zudem die Implementierung neuer (Trackback-)Links mit eventuell manuellem Ping an die hierbei erwähnten Blogs (hierfür gibt es ein eigenes Feld »Trackbacks senden« innerhalb der WordPress-Artikelbearbeitung). Somit ist gewährleistet, dass andere Blogs auch darüber informiert werden, falls ich neue, zusätzliche Verlinkungen zu diesen in ein Artikelupdate mit aufnehme, woraufhin diese wiederum auf meinen Beitrag zurückverweisen, solange der zugehörige Trackback vom dortigen Blogbetreiber freigegeben wird.

- Prüfen Sie, ob die häufig aufgerufenen und damit besonders interessanten Artikel in einem anderen befreundeten Blog verlinkt werden können, um bei Google noch prominenter in den Suchergebnissen gelistet zu werden.

- Vielleicht kann man aus dem Thema der prominentesten und demnach viel gesuchten Artikel sogar eine kleine Pressemeldung gestalten und diese auf einem kostenlosen Presseportal mit Link zu Ihrem Blog veröffentlichen.

Wie effektiv solche und vergleichbare Aufräumarbeiten sein können, zeigte mir vor einiger Zeit mein Finanzblog. Die erste Entrümpelungsaktion brachte dabei selbst bei den meistgelesenen Artikeln böse Überraschungen zutage, wie nicht mehr korrekt eingebundene Affiliatelinks oder nicht mehr aktuelle Verbraucherinformationen. Insgesamt steigerte sich der Umsatz nach meiner Aktion – unter Einbeziehung der zuvor beschriebenen Maßnahmen – dauerhaft um etwa 40 Prozent! Bei den nächsten, regelmäßigeren Putzintervallen waren es dann zwar jeweils nur noch um die bis zu fünf Prozent, trotzdem: Hierbei handelt es sich um Geld, das man andernfalls verschenkt hätte.

Nun ist es recht aufwendig und auch nicht immer zielführend, bei einem Blog mit mehreren Hundert oder gar Tausend Artikeln diese komplett zu pflegen. Ich selbst gehe hierbei ganz pragmatisch vor: Die 20 Prozent wichtigsten (da beispielsweise meistgelesenen oder einnahmestärksten) Artikel werden ausführlich »gewartet«, die 30 Prozent danach grob überflogen und die letzten 50 Prozent meist gar nicht erst angeschaut. Diese Vorgehensweise hängt natürlich von der Anzahl der Artikel ab und wie viel Wert man selbst auf möglichst qualitativ hochwertige Blogarchive legt oder legen muss.

Die meisten Blogger konzentrieren sich stets nur auf die Schaffung neuer Inhalte und Beiträge. Die genannten Erfolgszahlen haben mir jedoch gezeigt, dass man sich in mindestens gleichem Maße auf alle bisherige Artikel eines jeden Blogprojekts konzentrieren sollte. Glauben Sie mir, es lohnt sich!

8.12 Google Suggest & Co. für Artikelüberschriften

Guter Content macht mehr als die halbe Miete bei einem Blog aus, das wissen Sie nun bereits. Und wiederum mehr als die Hälfte guten Contents macht eine gelungene, wohl überlegte Artikelüberschrift aus. Ich übertreibe? Keineswegs. Je mehr Mühe ich mir mit meinen Artikelüberschriften gebe – gute weitere Inhalte natürlich vorausgesetzt –, umso mehr Leser werden hierauf aufmerksam. Und dabei ist es egal, ob Besucher diese »anziehende« Überschrift in den Google-Suchergebnissen bevorzugen und anklicken, sie im RSS-Reader unter den sonstigen aktuellen Abonnements hervorsticht oder das Posting auf Facebook ob der Wortwahl für besondere Aufmerksamkeit sorgt.

Inhaltlich gute Überschriften zu gestalten, ist eine große Kunst für sich. Ich werde an dieser Stelle nur teilweise auf diesen Aspekt eingehen – da sich einiges auch mit den bereits genannten Kriterien der generellen guten inhaltlichen Contentgestaltung überschneidet –, kann aber gerne auf folgenden Artikel verweisen: www.blogprofis.de/buch/headlines. Zu einigen ganz konkreten Beispielen aus meiner Blogarbeit möchte ich Ihnen dann aber doch meine Erfahrungen mitteilen, auch auf die Gefahr hin, dass Sie den einen oder anderen Aspekt hieraus bereits kennen gelernt haben. Denn da ich selbst sehr oft mit der Optimierung

von Überschriften unterschiedlichster Art arbeite, haben sich folgende Gemein-
samkeiten als äußerst hilfreich erwiesen und dabei für eine deutliche Steigerung
der Besucherzahlen gesorgt:

■ Überraschen Sie Ihre Besucher bereits mit der »Schlagzeile« eines jeden Beitrags: Dieses Vorgehen eignet sich zwar nicht für jede nüchterne Meldung oder
jeden eher »trockenen« Artikel, doch im Zusammenhang mit dem richtigen
Beitragsthema darf eine Überschrift durchaus deutliches Interesse bei den potenziellen Lesern wecken und wenn dies auch nur in Teilen der Fall ist. Ein
»Hübsch hässlich: Google-AdSense-Image-Anzeigen« wird wahrscheinlich
mehr Leser anlocken – so zumindest meine Erfahrung – als ein »Wie man Ad-
Sense-Image-Anzeigen optimal einsetzt«.

■ Eine Überschrift muss emotional, aber nicht »marktschreierisch« sein: Die
Zeilen »Linktausch-Spam: Jetzt wird zurückgeschossen« sind dabei vielleicht
schon grenzwertig, ein »Vorsicht: Gefährliche Links in Kommentaren« bewirkt
jedoch meistens den gewünschten Effekt.

■ Verknappung wirkt meistens: Titel nach dem Motto »Nur noch heute registrieren«, »Steht Tool x oder Gadget y vor dem Aus?« oder »Jetzt aber fix: Die letzten
10 Zugänge für Tester zu vergeben« verfehlen ihr Ziel nur selten. Dies gilt zudem auch für regionale Berichterstattung oder Angebote. Mit einem »Auftritt
nur in Bremen: xy kommen nach Deutschland« finden Sie nicht nur die richtige Zielgruppe für Ihren Artikel, auch der Lokalpatriotismus kann hier für einige zusätzliche Leser sowie für eine bessere Verbreitung innerhalb der sozialen
Netzwerke sorgen.

■ Auf Fragen folgen Antworten: Headlines wie »Blogger Netiquette: Ist die persönliche Ansprache ein Muss?« münden in meinen Blogs regelmäßig in mehr
Feedbacks und Kommentaren als rein neutrale Sätze oder Feststellungen.

■ Eher Geschmackssache hingegen ist der »Befehlston«, der dennoch bei vielen
erfolgreichen Bloggern gerne zum Einsatz kommt. Beispiele hierfür wären
»Diese Tipps müssen Sie kennen« oder »Das Schnäppchen darf sich keiner
entgehen lassen«.

■ Wörter und Phrasen wie »Das Fazit«, »Ihre Meinung ist gefragt«, »Hilfe!«,
»Was nun?«, »Meine Erfahrungen zu« oder auch »Nachgefragt:« suggerieren
spannende und werthaltige Informationen, der Artikel dahinter sollte die Besucher dann aber natürlich in dieser Hinsicht auch nicht enttäuschen.

■ Ähnlich ist es mit der Nennung von Zahlen. Interessanterweise kann ein »Die
10 besten ...« oder »20 Gründe um ...« beziehungsweise »15 Dinge, die Sie niemals ...« für deutlich mehr Aufmerksamkeit sorgen als eine Überschrift der Art
»Wir stellen vor: ...«

■ Ein eindeutiger, vielleicht sogar konträrer Standpunkt hilft sehr oft. Etwas wie
»Der neue Tablet PC xy kann mit z nicht mithalten« zum Beispiel. Zwar sollten
Sie hierbei vorsichtig sein, nicht in die Fänge einer Abmahnung durch verglei-

chende Inhalte zu gelangen, vor allem wenn es sich um eine nicht rein redaktionelle und auf neutralen Fakten basierende Berichterstattung handelt. Dennoch werden sowohl die Fans des Tablet PC xy als auch das entsprechende technische Gegenlager sehr schnell auf Ihren Artikel aufmerksam werden.

■ Vorsichtig sollte man hingegen mit Ankündigungen sein, die sich im Artikel dann als falsch herausstellen. So traf ich jüngst auf einen Beitrag mit der Überschrift »Ist Google Plus am Ende?«, der zu den Hype-Zeiten des neuen Netzwerks herausgebracht wurde und von daher natürlich auch auf mein großes Interesse stieß. Innerhalb dieses Artikels war dann jedoch das alleinige Credo, dass Google Plus natürlich noch längst nicht »am Ende« sei, sondern im Gegenteil gerade erst durchstarten würde. Da diese Tatsache jedoch bereits auf unzähligen anderen Blogs und Beiträgen behandelt wurde, kann eine solche Meldung die eigenen Leser eher verärgern, als dass sie rein als kreative Schlagzeile gesehen wird, da die Erwartungen der Leser eindeutig enttäuscht werden. Ebenso wenig ist in einem Blog meist für das Spiel mit Gerüchten und Ähnlichem Platz (außer vielleicht im technischen Bereich), zumindest meines Erachtens.

Spielen Sie in jedem Blog mit Ihren Überschriften und Sie werden schnell merken, welche Art von Aufmachern von Ihren Lesern besonders geschätzt werden. Umstritten ist hierbei übrigens, in welcher »Dosis« man solche Schlagzeilen an seine Besucher weitergibt. Erstens sollte es zumindest einigermaßen zum Artikel passen und zweitens können allzu viele zu »kreative« Überschriften insbesondere regelmäßige Leser auch schnell ermüden oder gar stören. Wie überall kommt es auch hier auf das Blogthema und vor allem das Ziel des Blogs an. So bin ich bei einigen wenigen Newslettern, die ich täglich erhalte, immer wieder erstaunt, wie ich durch die wirklich guten und sich im Aufbau doch stets ähnelnden Überschriften jedes Mal auf deren Inhalte »hereinfalle«. Wenn eine reine Traffic-Generierung das Ziel des Weblogs ist, so kann diese Strategie durchaus aufgehen und zielführend sein.

Neben der rein textlichen Gestaltung ist jedoch die Verwendung der richtigen Keywords innerhalb einer Headline mindestens genauso wichtig – wenn auch nicht immer genauso »schön« zu lesen. Idealerweise kombiniert man also die oben genannten Aspekte mit der gleichzeitigen Benennung von ein/zwei relevanten Schlüsselwörtern. Für das Aufspüren dieser Keywords möchte ich im Folgenden einige Tipps geben, die der eine oder andere vielleicht bereits kennt, aber nicht unbedingt in diesem Zusammenhang einsetzt:

8.12.1 Google Suggest

Unter Google Suggest versteht man jene Funktion, die bei Tippen eines bestimmten Wortes in der Google-Suchbox bereits Vorschläge zu Wörtern und Wortkombinationen macht, die man vielleicht meinen könnte. Zum besseren Verständnis wiederum ein kleines Beispiel hierzu: Ein Internetnutzer sucht nach einem neuen Girokonto, ist sich jedoch noch nicht sicher bei welcher Bank. Er fängt also an, das Wort »Girokonto« bei Google einzugeben. Ist er jedoch erst bei dem »k« von Girokonto, so schlägt Google ihm an zweiter Stelle die Kombination »Girokonto Vergleich« vor. Es ist nun recht wahrscheinlich, dass er hierauf auch klicken wird, da er ja genau das eigentlich möchte: Verschiedene Girokonten miteinander vergleichen.

Vor Google Suggest hätte er also lediglich »Girokonto« eingegeben, nun landen er – und mit ihm viele weitere Suchende mehr – stattdessen auf den hierzu unterschiedlichen Ergebnisseiten von »Girokonto Vergleich«. Und dort werden ihm natürlich meist andere Portale und Blogs zur Auswahl angeboten als auf der ursprünglich besuchten Google-»Girokonto«-Seite.

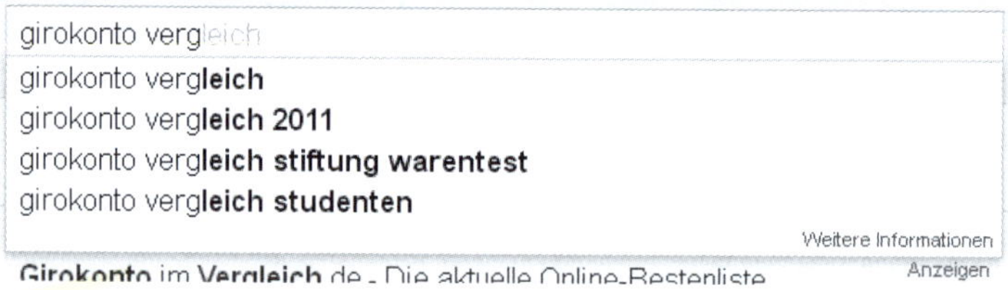

Abb. 8.13: Welche Suchbegriffe schlägt Google vor?

Gerade im so genannten »Long Tail« (http://de.wikipedia.org/wiki/ The_Long_Tail), also bei weniger prominenten Suchbegriffkombinationen, kann dies natürlich erhebliche Auswirkungen auf die optimale Gestaltung Ihrer Blog-Artikelüberschriften haben. So kann es sein, dass Sie eine solche Überschrift auf einem Musikblog etwa besser mit »Gitarrenunterricht in Berlin« anfangen lassen, statt mit »Gitarrenunterricht nehmen in Berlin«. Warum? Weil Google – zumindest bei Drucklegung dieses Buchs – den erstgenannten Begriff seinen Nutzern vorschlägt, den zweiten jedoch nicht.

Bin ich nun sogar der Einzige, der einen Artikel mit »Gitarrenunterricht in Berlin« anfangen lässt oder so betitelt, so habe ich zudem die recht gute Chance, auf Platz eins bei Google zu landen. Ein solcher Umstand kommt zwar nicht sehr oft vor, ist dann jedoch ein echter Glücksgriff, da man sich in einem solchen Fall gerade als Blog ab und an sogar an zahlreichen »normalen« und vielleicht weit größeren Internetportalen mit derselben Wortkombination vorbeidrängeln kann. Und selbst wenn Sie durch eine vergleichbare Maßnahme einfach nur in einigen Suchen mehr als Ergebnis auftauchen, so haben Sie den gewünschten Effekt bereits erzielen können.

Hat man also noch keine wirklich passende und griffige Überschrift für einen Beitrag parat oder muss man sich zwischen mehreren möglichen Varianten entscheiden, so hilft ein Blick in Googles »Suchschlitz« mit seiner Suggest-Funktion oft weiter.

8.12.2 Google AdWords Keyword Tool

Dieses bereits beschriebene, sehr mächtige Werkzeug von Google kommt bei mir ebenso regelmäßig zum Einsatz, wenn ich an neuen Beitragsüberschriften feile. Denn dieses Tool zeigt ja zum einen an, wie häufig bei Google nach bestimmten Suchwörtern und Kombinationen hieraus recherchiert wird. Zum anderen aber gibt diese Suchmaschine – über die standardmäßig eingeblendete Spalte »Wettbewerb« – gleichzeitig zumindest eine grobe Einschätzung darüber, wie umkämpft die jeweiligen Keywords bei Google-AdWords-Werbekunden sind.

Das bedeutet: Wählen Sie für Ihre Überschriften Schlüsselwörter und Kombinationen hieraus, die zwar seltener gesucht werden, dafür aber auch deutlich weniger gebucht beziehungsweise verwendet werden, so können die Chancen, dass dieser Artikel von den Suchenden auch gefunden wird, insgesamt deutlich größer ausfallen.

Um bei dem Girokonto-Beispiel von eben zu bleiben: So suchen zwar etwas mehr Menschen hierzulande nach dem Begriff »Girokonten«, dafür ist die Kombination »Bank Konto« fast gleich beliebt, bei gleichzeitig deutlich weniger Konkurrenz. Also sollten Sie in Ihren Blog in diesem Fall neben einem Beitrag zum Thema »Girokonten« gleichzeitig auch einen Artikel über »Bank Konto« mit aufnehmen und die jeweilige Besucherentwicklung gut beobachten.

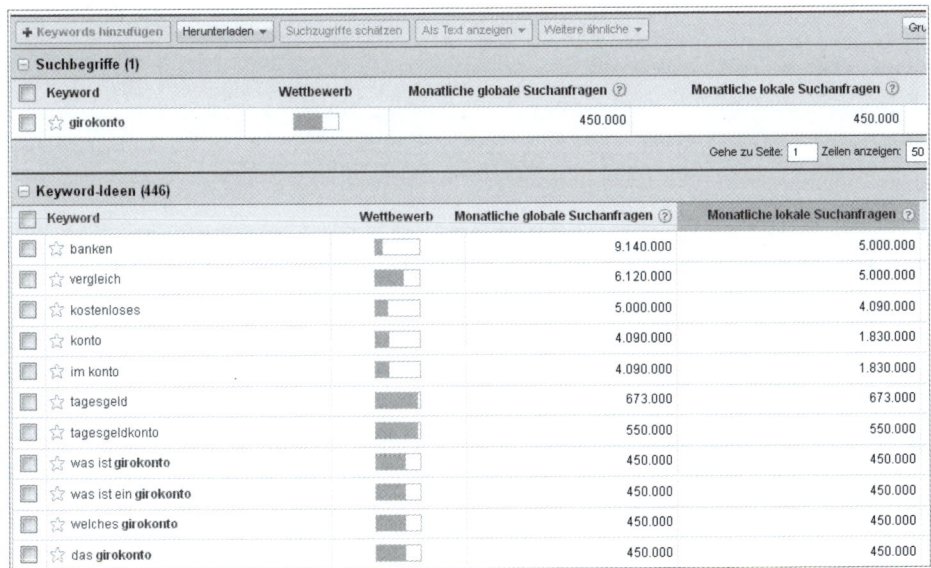

Abb. 8.14: Das Keyword-Tool gibt Aufschluss über prominente themenverwandte Suchbegriffe.

8.12.3 Google Insights for Search

Für eine noch tiefer gehende Analyse eignet sich zudem das Werkzeug »Google Insights for Search« (www.google.com/insights/search/), mit dem man nicht nur Trends in der jeweiligen Wettbewerbsentwicklung entdecken kann, sondern mit dem sich zudem gar mehrere Keywords auf ihre derzeitige Attraktivität hin vergleichen lassen.

Nehmen wir als Beispiel einen Blogbeitrag zum Thema »alternative Smartphone-Betriebssysteme zu Android und iOS«. Ich möchte darin die Systeme Symbian, Windows Phone 7 sowie bada vorstellen und weiß nun nicht, welche Artikelüberschrift für meine aus den Suchmaschinen kommenden Besucher am interessantesten sein wird. Also gebe ich alle drei Begriffe in das Tool Insights for Search ein und wähle beispielsweise den Betrachtungszeitraum der letzten zwölf Monate. Das Ergebnis aus Abbildung 8.15 erhalte ich daraufhin.

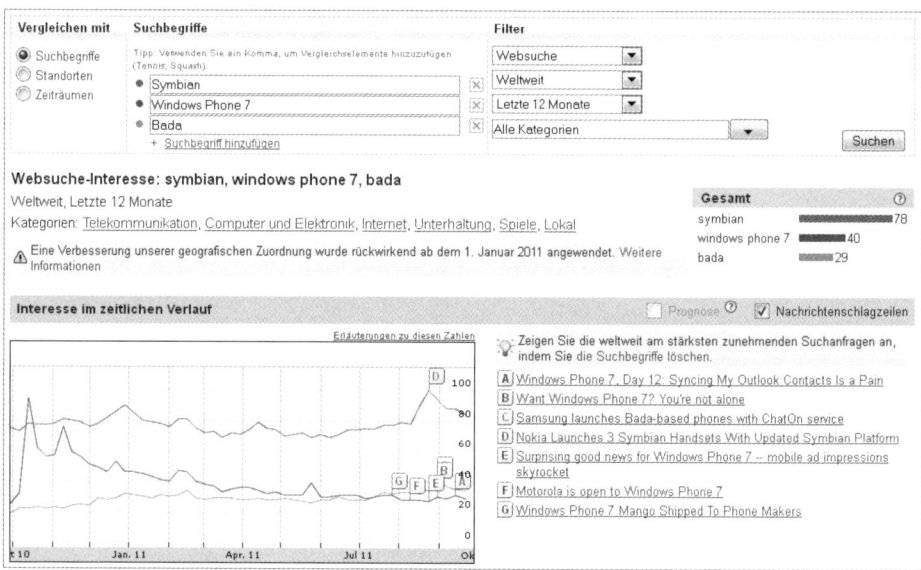

Abb. 8.15: Vergleichende Analyse mit Google Insights for Search

Wie man deutlich sieht, liegt Symbian bei dieser Abfrage zum aktuellen Zeitpunkt weit vorne, Windows Phone 7 sowie bada landen etwa gleichauf, aber weit abgeschlagen auf den Plätzen zwei und drei. Wenn ich nun nicht nur ganz bestimmte Besucher für den entsprechenden Beitrag gewinnen möchte – weil ich ein passendes Affiliate-Programm eingebunden habe –, so würde ich höchstwahrscheinlich mit einer Artikelüberschrift, die auf das Keyword »Symbian« ausgerichtet ist, am meisten Leser aus Suchmaschinenabfragen gewinnen, es sei denn, die Blogger- und sonstige Konkurrenz in diesem Bereich wäre unverhältnismäßig hoch, was ich über eine normale Google-Abfrage nach der Anzahl an jeweiligen Suchtreffer-ergebnissen zumindest in etwa einschätzen könnte. Spannend wird es jedoch, wenn man die gleiche Kurve für den Zeitraum Oktober bis November 2010 betrachtet, denn dann ergibt sich ein völlig anderes Bild: Zu diesem Zeitpunkt hätte man mit einem auf »Windows Phone 7« ausgerichteten Beitrag wohl deut-lich bessere Chancen gehabt.

Gerade bei kurzfristigen Trendthemen kann sich ein Blick in dieses Google-Tool also enorm lohnen, zumal man die Suche noch auf weitere Kriterien wie das Land der Blog-Zielgruppe oder auf unterschiedliche Suchkategorien eingrenzen kann. So würde man beispielsweise feststellen können, dass sich die Verteilung bezie-hungsweise Prominenz der drei genannten alternativen Betriebssysteme in der Schweiz anders als in Deutschland und Österreich darstellt. Das bedeutet jedoch: In der Schweiz beziehungsweise für eine dortige Zielgruppe würde ich zum glei-chen Zeitpunkt also unter Umständen eine andere Keyword- und Überschriften-strategie wählen als in den jeweiligen Nachbarländern. Gerade bei einem gut besuchten Blog oder einem lohnenswerten Affiliate-Artikel können solche Nuan-cen für die Höhe der entsprechenden Einnahmen eine nicht unwesentliche Rolle spielen.

8.12.4 Müssen Keyword-optimierte Überschriften langweilig sein?

Zu Recht sehe ich nun die Fragezeichen in den Köpfen vor allem der qualitätsori-entierten Blogger. Überschriften über solche Methoden zu optimieren, ergibt dies nicht sprachliche Satzmonster und die immer gleichen unpersönlichen Über-schriften? Nun, das Gute daran ist, dass man solche reinen Keyword-Überschrif-ten durchaus mit einer interessanten und raffinierten Schlagzeile kombinieren kann.

Bei meinem Blog MeinStartup.com etwa bietet es sich suchmaschinentechnisch durchaus an, immer einmal wieder die Keywords »Geschäftsidee« oder »Geschäft-sideen« in die Überschriften mit einzubringen, was auf Dauer natürlich sehr ein-tönig werden kann und wenig Vielfalt verspricht. Aber auch hier gilt: Ein Artikel mit dem Aufmacher »Die ›Zeigt her eure Füße‹-Geschäftsidee« wird mehr Leser mit Interesse lesen lassen, als ein trockenes »Neue Geschäftsidee im Modebereich eröffnet«. Und ich habe trotzdem mein Keyword untergebracht, ohne dass diese Strategie allzu offensichtlich beziehungsweise langweilig für den einzelnen Stammleser wird.

Was hier für den wichtigen Bereich der Überschriften gilt, das kann man übrigens fast eins zu eins auf die übrige Textgestaltung adaptieren. Nicht zu Unrecht sind so genannte »SEO-Texte« – also Texte, die weniger für Menschen, sondern opti-miert für Google & Co. geschrieben wurden – verrufen und wenig geliebt. Es gibt sogar ganze Seminare und E-Books von speziellen Experten darüber, wie man sol-che SEO-Texte am besten verfassen kann. Wenn man es nicht übertreibt, so kann man jedoch auch hier recht einfach die genannte Strategie anwenden, eintönige Keywords zumindest in einen originellen und abwechslungsreichen Kontext zu bringen, denn dann werden die Suchmaschinen dies auch weniger deutlich als Versuch erkennen können, ihre jeweiligen Algorithmen mit einer allzu künstlich optimierten Sprache zu umgehen.

8.13 Artikelstruktur mit dem more-Tag & richtige Reihenfolge der Kategorien

Ein kleiner Tipp, den die meisten Blogs bereits berücksichtigt haben dürften. Dennoch sehe ich immer wieder Blogportale, die etwa auf der Startseite oder sogar in den Archivlistings den kompletten Artikeltext anzeigen lassen, statt nur einen kurzen Auszug mit anschließendem »Hier weiterlesen«-Link auf die eigentliche Beitragsseite.

Abb. 8.16: Der »Weiterlesen«-Button in der Archivansicht

Ich hatte früher auch bei zwei/drei Blogs diese komplette Artikelansicht auf der Startseite anzeigen lassen, weil ich insbesondere den direkten Besuchern des Hauptportals einen möglichst schnellen Zugriff auf die gesamten neuen Inhalte bieten wollte. Die Umstellung auf die verkürzte Ansicht auf allen Übersichtsseiten hat sich jedoch sehr positiv sowohl im Google-Ranking (durch weniger Duplicate Content) als auch in der Kennzahl »Seiten pro Besuch« und weiteren Messgrößen niedergeschlagen. Wer also noch auf eine komplette Artikeldarstellung auf der Homepage und weiteren Bereichen außerhalb der Beitragsseiten setzt, der sollte hier schnell nachbessern und die Auswirkungen dieser Maßnahme vergleichen. Bei den meisten WordPress-Themes und Widgets lässt sich zudem mit nur einem

Mausklick festlegen, ob die Artikel komplett oder eben in gekürzter Form angezeigt werden sollen.

Um eine weitere, die Struktur insbesondere der Hauptseite eines Blogs betreffende Optimierung handelt es sich bei der effizient gestalteten Reihenfolge der einzelnen Beitrags-Kategorien. Im WordPress-Standard werden diese meist in alphabetischer Reihenfolge sortiert. Über ein gestaltetes und als Alternative zum Standardmenü eingebauten »Custom Menü« (bei WordPress unter dem Punkt *Design* → *Menüs* administrierbar) lässt sich genau diese Reihenfolge jedoch beliebig beziehungsweise individuell gestalten.

Was dabei der große Unterschied sein soll? Nun, indem ich via Google Analytics die bei meinen Besuchern beliebtesten Artikelkategorien ermittelt und somit sowohl das Hauptmenü meines Blogs als auch die Kategorieverweise in den Sidebars exakt nach dieser Reihenfolge ausgerichtet hatte (die beliebteste Kategorie an den Anfang beziehungsweise nach oben, die am wenigsten gelesene nach unten), führte dies teilweise zu deutlichen Steigerungen bei der Messzahl Seitenaufrufe je Besucher und damit zu mehr Blogeinnahmen. Ein weiterer Vorteil der Custom Menüs: Mit den neueren WordPress-Versionen ab 3.x lassen sich dort sogar weitere grafische und gar komplette HTML-Elemente einbinden, was ein solches Bedienfeld doch noch einmal deutlich aufwertet. Siehe hierzu die Anleitung unter `www.blogprofis.de/buch/menue`.

Abb. 8.17: Mittels eines Custom Menu kann man nicht nur die Reihenfolge der Einträge ändern, sondern auch grafische Elemente wie Social Buttons einfügen.

Tipp

In eine ähnliche Richtung geht zudem folgende Optimierungsmöglichkeit: Insbesondere wenn man über viele Besucher verfügt, die zunächst die Startseite eines Blogs aufrufen, so kann es sinnvoll sein, dort sehr prominent eine Art »Featured Article« zu präsentieren. In diesem Abschnitt sollte dann nicht immer unbedingt der aktuellste Blogbeitrag vorgestellt werden, sondern ein Artikel, der erfahrungsgemäß in den letzten Tagen oder Wochen mit Abstand für die meiste Aufmerksamkeit gesorgt hat, sei es in Form von Seitenaufrufen, Kommentaren oder natürlich auch der Konvertierungsrate. Unter diesem Featured-Article-Block können dann immer noch aktuellere Beiträge aus weiteren Kategorien präsentiert werden, um den Lesern und Google genügend Abwechslung zu bieten.

Gerade jedoch die längere Schaltung von besonders erfolgreichen Textbeiträgen direkt am Anfang der Startseite kann sowohl diesem Artikel als auch dem gesamten Blog einen deutlichen Auftrieb geben. Wobei man diesen Effekt natürlich nicht allzu sehr in die Länge ziehen sollte, wenn man über zahlreiche Stammleser verfügt, die ebenfalls des Öfteren über die Startseite einsteigen. Denn auch diese wollen ja möglichst regelmäßig etwas »Neues« zu sehen bekommen.

Bei entsprechender Blogpopularität kann es sich dann sogar lohnen, dieses Prinzip konsequent weiterzuführen, also auch auf Platz zwei, drei etc. der Startseite in absteigender Reihenfolge die jeweils prominentesten Artikel zu listen. Die meisten professionellen WordPress-Templates unterstützen beispielsweise über Artikel-Widgets eine solche Variabilität, indem sich dort exakt einstellen lässt, an welcher Stelle der Startseite welche Kategorien und sogar in welcher Beitragsreihenfolge abgebildet werden soll. Steht eine solche Möglichkeit nicht zur Verfügung, so kann man entweder mit einer eigenen Kategorie der Art »wichtigste Artikel« arbeiten. Oder aber man findet eine Lösung, indem man den entsprechenden Beiträgen spezielle Tags zuordnet und dann diese als Bedingung zur Steuerung der Artikelausgabe heranzieht.

8.14 Den Spieltrieb der Leser animieren

Ja, Sie haben durchaus richtig gelesen. Manche Blogs sind schlicht und einfach zu förmlich, zu langweilig, zu wenig interaktiv. Erneut möchte ich dies anhand des Beispiels meines Existenzgründerblogs www.meinstartup.com erläutern. Ich hatte dort zwar recht begehrte Inhalte, unter anderem weil ich meinen Lesern regelmäßig neue und bislang unbekannte Geschäftsideen etwa aus Übersee präsentierte, die von Gründungswilligen natürlich stets gerne als Impuls- und Ideengeber genutzt werden.

Mehr Dynamik (und interessanterweise damit auch Leser) brachte ich jedoch erst in diesen Blog, als ich ein simples kleines Tool freischaltete: Das Plugin WP-PostRatings (http://wordpress.org/extend/plugins/wp-postratings/), mit dem ich heute noch sehr gerne arbeite. Dabei handelt es sich um ein Bewertungstool für WordPress, mit dem man beispielsweise die berühmten »Sternchen« zur Beurteilung von Website-Inhalten, aber auch viele andere ähnliche Funktionalitäten einbinden kann. Aber selbst ganze Blogger-Wettbewerbe (wie etwa die bereits erwähnte Corporate-Blog-des-Jahres-Aktion auf den Blogprofis) lassen sich damit sehr einfach ausrichten.

Somit konnten die Blogleser nun die einzelnen Geschäftsideen auf Originalität und Tauglichkeit bewerten. In einem einführenden Artikel und über eine Pressemeldung wies ich auf diese neue Möglichkeit hin. Innerhalb weniger Wochen hatte ich bereits Hunderte von Bewertungen zusammenbekommen. Nicht nur, dass diese einen weiteren Mehrwert für die Besucher darstellten, auch ich konnte regelmäßig über die am besten bewerteten Geschäftsideen eines jeden Quartals oder Halbjahres berichten und diese Beiträge gehören bis heute zu den meistgelesenen auf besagtem Portal. Und es brachte mir eben – als kleiner, aber schöner Nebeneffekt – neue Besucher ein, davon einige, von denen ich mittlerweile weiß, dass sie regelmäßig die Geschäftsidee-Beiträge meines Blogportals verfolgen, um diese dann sogleich bewerten zu können.

Auch andere »Spielzeuge« sind natürlich denkbar: Etwa die bereits erwähnte Leserfotos-Aktion wie auf meinem Haustierblog. Die Besitzer der Vierbeiner sind sehr stolz und froh, wenn ich die Bilder ihrer Lieblinge auf meinem Internetportal präsentiere, zumal diese Zielgruppe ja nicht unbedingt mit den Möglichkeiten von Blogs & Co. aufgewachsen ist. Für sie ist es immer noch etwas Besonderes, das eigene Foto sowie ihren Schützling »live« im Internet sehen zu können, zumal ja theoretisch jeder andere Internetnutzer ihre tollen Vierbeiner dort ebenfalls betrachten und begutachten kann. Nicht nur, dass mein Blog damit eine kleine zusätzliche Attraktion hat, die meisten dieser Tierbesitzer, die mir ein Foto zukommen lassen, werden zudem auch treue Leser. Und eine Leserin – deren Haustierfoto ich veröffentlichte – berichtete mir gleich ganz stolz, dass sie den entsprechenden Link zu meinem Blogportal an alle ihre Verwandten und Bekannten geschickt hätte – schöne, zusätzliche Leserzahlen also.

8.15 Einbindung einer Sitemap

Nicht immer indiziert Google sämtliche Unterseiten und Beiträge eines Blogs, was vor allem bei neueren Portalen, aber durchaus auch bei seit Längerem existierenden Webseiten vorkommen kann. In diesem Fall kann die Einreichung einer so genannten XML-Sitemap bei Google oft deutliche Vorteile bringen. Im Prinzip enthält eine solche Sitemap nichts anderes als die maschinenlesbare Auflistung sämtlicher Beiträge und Seiten eines Blogs, so dass Google daraufhin auch jene Seiten identifizieren und vor allem in seinen Bestand mit aufnehmen kann, die zuvor noch nicht innerhalb der Suchmaschine gelistet waren und somit auch nicht von potenziellen Lesern gefunden werden konnten.

Bei einzelnen Blogs gelang es mir auf diese Weise, die Quote der indizierten Seiten um bis zu 20 Prozent zu erhöhen, was natürlich auch ein theoretisches Wachstum der Visits beziehungsweise Einnahmen um denselben Faktor zur Folge haben kann. Wie erstellt man nun eine solche XML-Sitemap beziehungsweise lässt diese noch besser mit jedem neuen Artikel und jeder neuen Seite automatisch neu erstellen? Hierzu kann ich für WordPress das Plugin »Google XML Sitemaps« (`http://wordpress.org/extend/plugins/google-sitemap-generator/`) empfehlen, das bereits über fünf Millionen Mal von WordPress-Nutzern heruntergeladen wurde und auch mit den aktuellsten Versionen von WordPress nach wie vor bestens funktioniert. In den dortigen Einstellungsoptionen kann man dabei auch sehr leicht festlegen, wohin und in welchem Rhythmus die generierte Sitemap automatisch gespeichert werden soll.

Idealerweise lasse ich diese immer an der gleichen Stelle auf meinem Server beziehungsweise Webspace ablegen, denn dann ist es auch ganz einfach, Google über die jeweils neueste Version in Kenntnis zu setzen. Hierzu muss man lediglich die Google-Webmaster-Tools aufrufen (unter `http://www.google.com/webmasters/tools/`) und dort in dem jeweils eingerichteten Blogbereich unter *Website-Konfiguration → XML-Sitemaps* diesen Pfad einmalig bekannt geben beziehungsweise über den Button »XML-Sitemap einreichen« einbinden. Von nun an sucht Google von sich aus in bestimmten Abständen nach der jeweils neuesten Version der Sitemap, gleichzeitig kann man in dem genannten Bereich ablesen, wie viele Beiträge und Seiten durch diese übermittelt wurden und welche davon tatsächlich in den Google-Index aufgenommen wurden.

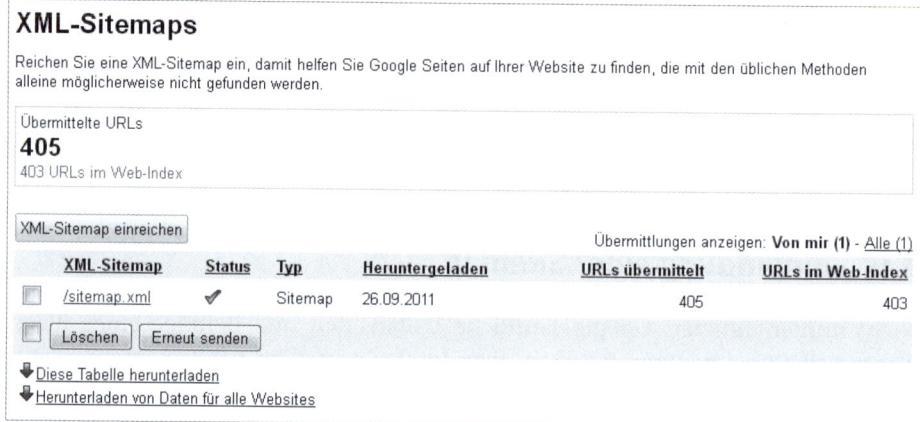

Abb. 8.18: Die Webmaster-Tools von Google zeigen die Anzahl der indizierten Seiten aus der Sitemap an.

Hinweis

Die Anzahl der eingereichten und tatsächlich indizierten Seiten stimmt in den seltensten Fällen vollkommen überein. So kann es der Fall sein, dass Google bestimmte neue Unterseiten noch nicht indizieren konnte oder dass diese sogar (etwa vom verwendeten SEO-Plugin) absichtlich zur Indizierung gesperrt wurden, weil sie keine relevanten Informationen enthalten. Eine hohe Abweichung beider Werte hingegen – gerade wenn man Google eine zusätzliche Sitemap zur Verfügung gestellt hat – kann jedoch darauf hindeuten, dass bestimmte Seiten beispielsweise Fehler im Quellcode haben, so dass sie aus diesem Grund nicht in den Index aufgenommen werden konnten.

8.16 Einsatz von Hooks für das effiziente A/B-Testing

Den so genannten Hooks sind Sie schon einmal bei den personalisierten Landing-pages begegnet (in Kapitel 4), doch diese Technologie bietet noch zahlreiche weitere Vorteile.

Sehr oft ist in diesem Buch von »Ausprobieren« die Rede und von »A/B-Testing«. In der Tat ist absolut jeder Blog einzigartig und was sich für Weblog x als vielversprechende Maßnahme etabliert hat, das muss für Weblog y noch lange nicht gelten. Ein Großteil meiner fast täglichen Arbeit in der Optimierung von Blogs unterschiedlichster Art besteht von daher vor allem darin, neue Dinge auszuprobieren und deren Erfolg beziehungsweise auch Misserfolg zu messen. Durch nichts anderes ist übrigens der bekannte Onlinehändler Amazon zu dem weltweit erfolgreichen Unternehmen geworden. Dort haben diese vergleichenden Tests – wenn auch um ein Vielfaches optimiert und vor allem systematisiert – eine lange Tradition auf dem Weg hin zum »besten« E-Shop überhaupt. Wollen Sie Ihr Blog- und Corporate-Blog-Portal nachhaltig optimieren, so werden wohl auch Sie um vergleichbare Testläufe nicht herumkommen, egal um welches inhaltliche Gebiet es sich dabei jeweils handelt.

Ohne Hooks könnte ich diese sehr speziellen Blog-Optimierungsarbeiten indessen kaum bewältigen, was die hierfür notwendige Arbeitszeit angeht. Denn damit lassen sich gerade umsatzrelevante Codeschnipsel – wie etwa Werbeblöcke, interne Banner etc. – meist unter Austausch nur eines Wortes nahezu beliebig innerhalb eines Blogs positionieren. Bringt der Link-Block von AdSense mehr ein, wenn er über der Beitragsüberschrift eingeblendet wird? Oder doch eher direkt darunter? Wo auf der »Über uns«-Seite sollte ich den Banner zu meinem internen Werbeprogramm genau platzieren, damit sich möglichst viele Leser darüber informieren? An welcher Stelle meines Blogmenüs im Corporate-Blog verweise ich auf die Unternehmenswebseite, so dass möglichst viele Besucher den Weg dorthin finden? All dies und mehr bewerkstellige ich mittlerweile mittels dieser simplen WordPress-Erweiterung. Wie dies – technisch gesehen – konkret funktioniert, habe ich neben dem in Abschnitt 8.6 genannten Beispiel auch hier noch einmal genauer erläutert: `www.blogprofis.de/buch/hookdesign`.

Generell sind bei einem A/B-Test jedoch auch völlig andere Testvarianten denkbar, etwa

- Welcher Preis meines E-Books wird eher akzeptiert beziehungsweise welches ist das für mich günstigste Verhältnis zwischen Preis und entsprechendem Absatz ($\rightarrow$ Gesamtumsatz)?
- Wird das Newsletter-Bestellformular eher ausgefüllt, wenn ich die Anzahl der hierfür notwendigen Schritte reduziere, ein Kommentar eher geschrieben, wenn ich auf das Captcha-Feld zur Spamabwehr verzichte?

- Welche Textvariante oder welches eingebundene Banner in einem Affiliate-Blogbeitrag sorgt für welche Konvertierungsrate?

- Wird der Bestellbutton auf meiner Blogseite eher angeklickt, wenn ich die Sidebar mit einblende oder nicht, und mit welchem Layout wird dieser am ehesten von meinen Besuchern wahrgenommen?

Der Effekt hierbei kann teilweise durchaus erstaunlich sein. So konnte ich bei verschiedenen Landingpage-Optimierungen (Austausch oder Weglassen bestimmter grafischer Elemente) Steigerungen von bis zu 300 Prozent und mehr erreichen, was zum Beispiel die Erfolgsquote »Klicks auf Call-to-Action-Button« anging. Gleichzeitig bleibt jedoch noch zu erwähnen, dass dieses optimale Ergebnis nicht immer gleich dem subjektiven Geschmack beziehungsweise den Vorlieben bei der Blog-Gestaltung entsprechen muss, will heißen: Die derlei optimierten Internetseiten sind nicht immer unbedingt die am schönsten anzusehenden.

Hinweis

Der A/B-Test – auch als Split-Run-Test oder Anzeigensplitting bezeichnet – kommt ursprünglich rein aus der Werbewelt, um die Effektivität verschiedener Werbemittel miteinander vergleichen zu können. Mittlerweile hat sich dieses Verfahren jedoch auch für die komplette Optimierung von Internetportalen bewährt und etabliert.

Bei einem ganz einfachen A/B-Test bekommen so 50 Prozent der Besucher Variante A einer Webseite zu sehen, bei den anderen 50 Prozent wird hingegen Variante B zugesteuert. Jeweils wird über einen zuvor festgelegten Erfolgsfaktor (dies kann zum Beispiel die Konversion, Abbrecherquote, Dauer der Verweilzeit etc. sein) gemessen, welche Variante sich nun besser auf die Ziele der jeweiligen Webseite auswirkt. Idealerweise sollte man einen solchen Test immer gleichzeitig durchführen, das bedeutet, während eines Tages bekommen die Seitenbesucher – zufällig ausgewählt – sowohl Variante A als auch B zu Gesicht, um ungewollte Nebeneffekte ausschließen zu können. Hierfür gibt es spezielle Tools, im kleinen Maßstab und über einen längeren Betrachtungszeitraum kann jedoch auch ein nacheinander folgender Test aussagekräftig genug sein.

Die zuvor genannte Hook-Variante führt die entsprechenden Tests jedoch nacheinander aus, was wissenschaftlich gesehen zwar nicht ganz einwandfrei ist, in den allermeisten Fällen jedoch zu den gleichen Ergebnissen führen dürfte. Wie lange sollte man nun einen solchen Test durchführen? Dies kommt natürlich ganz darauf an, was und mit wie vielen Besuchern ich testen möchte, um über eine ausreichende Masse an Messpunkten verfügen zu können. Bei großen Internetportalen können hierfür schon auch einmal ein/zwei Stunden ausreichen, im Weblogbereich spricht man meist jedoch eher von ein bis zwei Wochen oder gar mehr, um genügend Teilnehmer für den Vergleich zusammenbekommen zu können. Bei kleinen Blogportalen mit entsprechend wenigen Besuchern vergleiche ich etwa die Effektivität einzelner Werbeplatzierungen schon auch einmal im Monatsrhythmus.

Praktische und kostenlose Tools zur Bemessung von aussagekräftigen Mengen, aber auch zur Gegenüberstellung von A/B-Test-Ergebnissen finden sich beispielsweise unter der Adresse `http://visualwebsiteoptimizer.com/free-ab-split-testing-tools/`. Mit diesen kann man unter anderem feststellen, wie aussagekräftig beziehungsweise repräsentativ die innerhalb eines solchen Tests gewonnenen Erkenntnisse tatsächlich sind.

Tipp

Wenn Sie sich in die faszinierende Welt der Webseitenoptimierung mittels A/B- und sonstiger Variantentests einarbeiten möchten, kann ich Ihnen hierfür sehr das Portal `http://whichtestwon.com` empfehlen. Wöchentlich wechselnd werden dort prominente Beispiele unterschiedlichster Design- und sonstiger Testings präsentiert. Die Leser können dabei nicht nur mitraten, welche der gezeigten Varianten in der Konvertierung im Endeffekt am besten abgeschnitten hat, zusätzlich wird auch noch sehr detailliert erklärt, warum sich der jeweilige Siegerentwurf besser eignet beziehungsweise eher von den Betrachtern favorisiert wird. Hierbei lernt man recht viel über die optimale Gestaltung von Webseitenelementen jeglicher Art und kann somit die eigene Blog-Designstrategie fortlaufend ausbauen und optimieren.

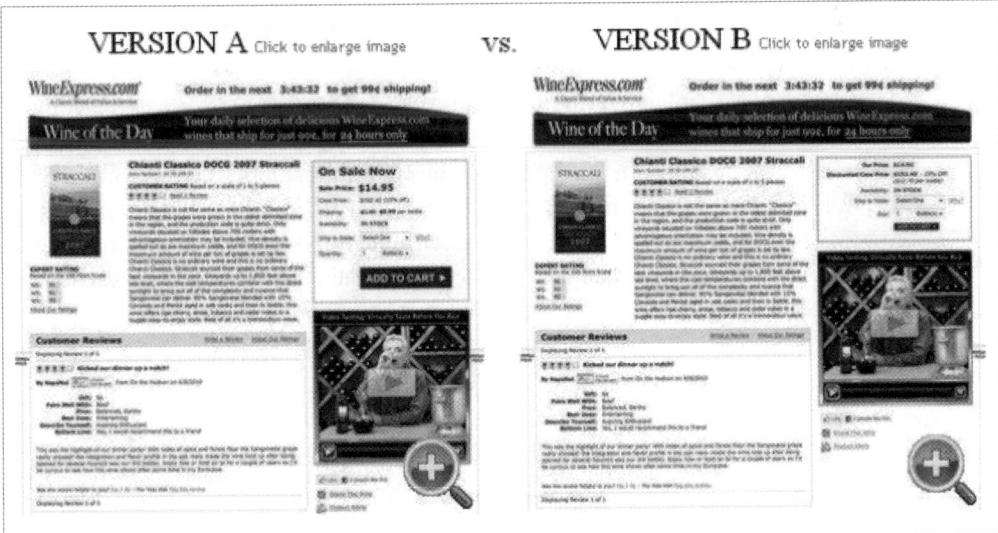

Abb. 8.19: `whichtestwon.com` – welche Landingpage-Variante schneidet wohl besser ab?

Noch ein kleiner Hinweis: Zumindest für WordPress-Blogseiten gibt es auch ein kleines Plugin, über das man vergleichende A/B- und sonstige Split-Tests durchführen kann. Dieses leider noch nicht oft eingesetzte und damit getestete Werkzeug ist erreichbar unter `http://wordpress.org/extend/plugins/maxab/`.

8.17 Konsequenter Einsatz von DoFollow

Fast nichts in der Blogosphäre ist so umstritten wie die Frage, ob man externe und insbesondere auch Kommentarlinks auf NoFollow oder DoFollow setzen soll. Eine kurze Erläuterung für all jene, die mit diesen Begriffen nichts anfangen können: mit dem zusätzlichen Linkattribut *rel="nofollow"* teilt man Suchmaschinen wie Google mit, dass dieser entsprechende Verweis nicht oder nicht im vollen Umfang zur Berechnung der Linkpopularität des Zielportals verwendet werden soll. Bei der Linkpopularität wiederum handelt es sich – grob gesagt – um eines der Merkmale, die die eigene Positionierung innerhalb der Suchmaschinenergebnisse beeinflusst, so dass jeder Webmaster als auch Blogbetreiber bemüht ist, dass möglichst viele DoFollow-Verweise auf das eigene Portal zeigen.

Unter Einsatz dieses NoFollow-Attributs stärkt man zwar gegebenenfalls die eigenen, wirklich wichtigen internen und externen Links, andererseits ist der Link für das zielführende Portal somit deutlich weniger attraktiv. Anfangs führte ich sowohl DoFollow- als auch NoFollow-Blogs. Bei den DoFollow-Blogs ergaben sich jedoch nach einer gewissen Zeit ungleich mehr Verweise auf meinen Blog, neue Kooperationen sowie viel mehr und auch qualifiziertere Kommentare. NoFollow-Blogportale gelten hingegen bei weiten Teilen der Blogosphäre als unattraktiv oder gar dem eigentlichen Gedanken des Bloggens abträglich, da diese mit ihrem »Linkgeiz« – also der Nicht-Übertragung positiver Ranking-Eigenschaften – dem Netzwerkgedanken sowie der gegenseitigen Unterstützung von Bloggern eher im Wege stehen.

Ein Nachteil dieser DoFollow-Methode ist hingegen: Im Gegenzug zu den positiven Vererbungseigenschaften steigt meist auch gleichzeitig das Spam-Kommentarvolumen teilweise deutlich an, da sich auch die Betreiber solcher Spam-Portale positive Auswirkungen von einem Backlink innerhalb eines Blogkommentars versprechen. Diesem Effekt kann man jedoch mit Anti-Spam-Plugins wie Akismet (`www.akismet.com`, in Deutschland durch Datenschutzbedenken jedoch nicht ganz unumstritten) oder der Antispam Bee (`www.antispambee.de`) entgegenwirken.

Insgesamt bewirkte dieser indirekte SEO-Effekt durch zusätzliche Kommentare und Partnerschaften bei meinen Portalen deutlich mehr als die – wenn auch Spam-begrenzende – »Linkgeiz«-Strategie mit NoFollow, auch wenn diese von einigen Suchmaschinenexperten empfohlen wird, um die eigenen internen Verweise möglichst zu stärken. Deswegen habe ich mittlerweile alle meine Blogs auf DoFollow umgestellt.

Hinweis

WordPress nutzt standardmäßig interessanterweise NoFollow-Links in seiner Kommentarfunktion. Möchte man diesen Effekt ausschalten, sollte man ein Plugin wie beispielsweise NoFollow-Free für WordPress einsetzen (`http://word-press.org/extend/plugins/nofollow-free/`). Dieses bietet diverse Einstellungsmöglichkeiten: So kann man etwa entscheiden, ob das NoFollow-Attribut nur aus dem Webseitenlink des Kommentators entfernt werden soll und/oder auch aus eventuellen im Kommentartext genannten Verweisen. Meistens bietet sich hierbei die Variante nur für den Kommentator-Webseitenlink an, da es sich bei Links im Fließtext doch eher einmal um Spam- oder Werbekommentare handeln könnte.

Noch weiterführend kann man das Plugin sogar insofern einstellen, dass das NoFollow-Attribut erst dann entfernt wird, wenn der jeweilige Kommentator zuvor bereits eine bestimmte Anzahl an Kommentarbeiträgen veröffentlicht hat, womit sich ebenfalls recht effektiv die meisten Spam-Kommentatoren abschrecken lassen. Nicht zuletzt kann man in dem Tool sogar eine Art Blacklist pflegen, so dass bei bestimmten Spam-verdächtigen Formulierungen in einem Kommentar – die man selbst festlegen und administrieren kann – das NoFollow-Attribut in jedem Fall erhalten bleibt. In der aktuellsten Version von NoFollow-Free lassen sich zudem die Top-Kommentatoren über ein entsprechendes Widget auf der Blog-Oberfläche darstellen.

Tipp

Wenn man des Öfteren mit der Optimierung von NoFollow- und DoFollow-Links auf dem eigenen Blogportal arbeitet, so leistet die kostenlose FireFox-Erweiterung »SearchStatus« (erhältlich unter `www.quirk.biz/searchstatus/`) sehr gute Dienste. Diese hebt bei Bedarf sämtliche NoFollow-Verlinkungen auf einer Webseite grafisch hervor, so dass man zur Kontrolle nicht ständig in den jeweiligen Quellcode schauen muss, ob darin das entsprechende Link-Attribut auch wirklich vergeben wurde (ein Nofollow-Link hat den HTML-Aufbau *<a href="http://www.domain.xy/" rel="nofollow">Linktext</a>*).

Ebenfalls ist dieses Tool gut geeignet, um auf einen Blick bewerten und gegebenenfalls kontrollieren zu können, in welcher Form andere Portale bestimmte Links gesetzt haben oder generell setzen. Zahlreiche weitere Features wie die Anzeige der jeweiligen robots.txt- oder Sitemap-Informationen, eine Übersicht über die Metainformationen der jeweiligen Internetseite oder die Anzahl indizierter Seiten sowie der Backlinks machen dieses Werkzeug zusätzlich sehr interessant für alle Webseitenbetreiber. Selbst ein umfangreicher Linkreport der Ausgangsseite sowie die Anzeige anderer Domains, die auf derselben IP-Adresse liegen, ist damit seit den neueren Versionen möglich.

8.18 Verweis auf ähnliche Artikel

Zeit ist Geld, das gilt auch bei den eigenen Bloglesern. In diesem Falle wünscht man sich jedoch, dass diese möglichst lange auf dem eigenen Portal verweilen, viele Artikel lesen, dementsprechend Feedback geben und bestenfalls sogar eine Aktion ausführen, die der Refinanzierung dient (etwa ein AdSense-Klick) oder sie zu dauerhaften Lesern macht (RSS-Abo, Twitter- & Facebook-Like, Newsletter-Abo etc.). Wie bringe ich nun gerade erstmalige Leser, aber auch Stammbesucher dazu, sich so ausführlich wie möglich mit meinen Inhalten und damit mit meinem Blog selbst auseinanderzusetzen?

Zum einen natürlich, indem ich guten Content mit Mehrwert bereitstelle, doch es gibt noch eine weitere, sehr einfache Möglichkeit. Seit ich konsequent alle meine Blog-Portale mit Verweisen auf »ähnliche Artikel« am Ende jedes Beitrags ausstatte, so konnte ich alleine hierdurch die durchschnittliche Besuchszeit teils um bis zu 60 Prozent erhöhen:

Ähnliche Artikel:

- Wordpress Deutschland knackt die Millionengrenze
- Den Blogprofis auf Facebook folgen und gewinnen
- Unser Blog des Monats Februar: myLifestyleBlog
- Die fünf besten Tipps für alle Linktausch-Spammer

Abb. 8.20: Eine einfach gestaltete Auflistung ähnlicher Artikel

Um eine solche Blogfunktion möglichst einfach einzubinden, empfiehlt sich zum einen das »Similar Posts Plugin« (http://wordpress.org/extend/plugins/similar-posts/), welches sogar die Artikelinhalte der Datenbank analysiert, um damit qualitativ sehr hochwertige Treffer an vergleichbaren Beiträgen zu liefern. Wer es jedoch gerne ein wenig »schlanker« mag – und da Similar Posts doch nicht ganz unerheblich Blog-Ressourcen verbrauchen kann –, für den eignet sich noch besser das etwas einfachere, aber meist nicht minder wirksame »Related Posts by Category« (http://wordpress.org/extend/plugins/related-posts-by-category/). Wie der Name schon verrät, wird dabei hauptsächlich die einem Artikel zugehörige Kategorie als Basis dafür herangezogen, welche ähnlichen Beiträge für den Leser zudem interessant sein könnten, wobei sich einzelne Kategorien von dieser Abfrage auch ausschließen lassen.

Sollte auf Ihrem Blog noch keine ähnliche Funktion eingebunden sein, so sollten Sie dieses so schnell wie möglich nachholen. Am besten, Sie messen direkt vor dieser Einbindung Ihre Blog-Kennzahlen zum Wert Besuchszeit oder noch besser »Seitenaufrufe je Besuch« und wiederholen diese Analyse einige Zeit nach Einbau des entsprechenden Plugins. Idealerweise können Sie ähnliche Steigerungsraten verzeichnen wie zuvor beschrieben. Und denken Sie immer daran: 60 Prozent mehr Besuchszeit oder Seitenaufrufe bedeuten in ungefähr (je nach Refinanzie-rungsmodell) auch eine Steigerung von bis zu 60 Prozent Ihrer Blog-Umsätze.

8.19 Maskierung von Affiliatelinks

Wie bereits erwähnt, umschreibe ich sämtliche Affiliate-Linkeinbindungen in meinen Beiträgen auch als »Werbelink«, »Anzeigenlink« oder »Werbebanner« und Ähnliches, ohne dass sich dies jemals spürbar negativ auf meine entsprechen-den Einnahmen ausgewirkt hätte.

Was in diesem Zusammenhang jedoch durchaus einen Unterschied bei der zu erzielenden Klickrate ausmacht, das sind die doch oft recht kryptischen Linkziele, auf die die meisten Partnerprogrammlinks als Ziel-URL verweisen. Zwar werden diese meistens lediglich in der unteren Leiste der diversen Browser angezeigt, so zumindest beim Internet Explorer, Firefox und Chrome, doch gerade auch eher weniger internetaffine Besucher scheinen doch bewusst oder unbewusst auf die-sen Eintrag zu achten. Da nun viele dieser Trackinglinks durchaus eine gewisse Ähnlichkeit mit Spam-Verweisen und Ähnlichem haben können, so lohnt sich hier durchaus der Einsatz eines entsprechenden Plugins oder ähnlichen Tools, um diesen Ziellink mit einem eigenen Verweis zu überschreiben, also zu maskieren, der dann wiederum auf das eigentliche Ziel verweist. Der Besucher selbst »sieht« dann nur den Text des optimierten Links.

So konnte ich meine Konversionsraten zumindest auf manchen Blogportalen doch noch einmal deutlich steigern, indem ich aus diesen Affiliatelinks maskierte Verweise mit der Blogdomain als wichtigstem Bestandteil machte, etwa nach dem Muster *www.blogdomain.xy/outgoing/IDxyz*. Ein sehr gutes WordPress-Plugin für diesen Zweck ist beispielsweise das kostenfreie Tool wpAFFI von Sergej Müller, erhältlich unter `http://playground.ebiene.de/263/wpaffi-wordpress-plugin-fuer-affiliate-links/`, das insbesondere auf meinen Affiliate-Blog-portalen zum Einsatz kommt. Denn dieses arbeitet nicht nur äußerst schnell und zuverlässig, so kommt es ohne eigene Datenbank aus, es ist zudem auch extrem einfach einzurichten und innerhalb aller Beiträge leicht über die Einbindung eines entsprechenden Shortcodes nach dem Muster

<a href="[wpaffi link="http://affiliatelink.xy"]">Dies ist der Affiliatelink</a>

zu verwenden.

Hinweis

Bei der Maskierung von einigen Zanox-Affiliatelinks mittels wpAFFI kann es vor-kommen, dass das innerhalb dieser Verweise enthaltene Kürzel &ULP=[[XXX]] durch die darin verwendeten eckigen Klammern nicht korrekt mittels wpAFFI umgesetzt werden kann und dieser Link somit ins Leere läuft. Bei den meisten dieser Links, bei denen der Platzhalter *XXX* nicht etwa durch eine spezielle Deeplink-Codefolge ersetzt wurde, kann man dieses komplette Kürzel jedoch in der Regel problemlos entfernen, ohne dass es hierbei zu Funktionsbeeinträchtigungen kommt. Sicherheitshalber sollte man danach jedoch noch einmal auf ein korrekt funktionierendes Tracking des derart gekürzten Verweises achten, da diese Methode von Zanox selbst nicht empfohlen wird.

8.20 Konkurrenzfilter für gut laufende Affiliate-Programme

Diese Variante der Webseiten- als auch Blogoptimierung fällt ebenfalls unter die Kategorie »klein, aber sehr fein«. Viele Blogger verzichten bei der Schaltung von Affiliatelinks auf die gleichzeitige Verwendung von PPC-Programmen wie Google AdSense, damit die Leser diesem ertragreicheren Link noch mehr Aufmerksamkeit schenken.

Bei den meisten (Affiliate-)Blogs macht es meistens dennoch Sinn, beide Varianten miteinander zu kombinieren. Erlange ich keinen Lead über den Partnerprogramm-Textlink oder -banner, so klickt der Besucher vielleicht wenigstens in das AdSense-Werbefeld und umgekehrt. Ich zumindest habe damit sehr gute Erfahrungen gemacht. Gerade bei sehr gut laufenden Partnerprogrammen auf einem Blog kann ein Umstand jedoch nahezu »tödlich« sein: In einem Artikel steckt ein schöner, von mir eingebauter und umsatzträchtiger Affiliatelink von Partnerprogramm xy und aufgrund der dort vorkommenden Keywords erscheint just in der AdSense-Box daneben ein AdSense-Werbelink desselben Partners! Wenn nun dessen Text auch noch deutlich besser gestaltet ist als der vorgegebene Affiliate-Text (was recht häufig der Fall ist), so klickt der Leser vermutlich in einigen Fällen eher dorthin und ich erhalte (etwa im Falle eines Finanzblogs) statt 30 Euro Provision für den Affiliate-Lead nur einen Euro bei AdSense.

Oder plastischer ausgedrückt: Indem ich bei meinen Google-AdSense-Blöcken die wichtigsten Affiliate-Partner des jeweiligen Blogs ausblende, verdreißigfache ich in diesem Fall mal so eben meine Blog-Einnahmen. Nicht schlecht, oder? Aber wie konkret mache ich dies? Nun, bei Google AdSense gibt es hierfür im »Setup«-Bereich eine Funktion namens »Filter für Konkurrenzanzeigen«. Dort hinterlegen normalerweise Unternehmensportale ihre Mitbewerber, damit in der AdSense-Box auf dem Vergleichsportal x nicht unangenehmerweise Werbung für Mitbewerber y gemacht wird. Ebenso kann man diese Funktion jedoch auch »kreativ erweitern«, indem man sie eben zur Sperre der wichtigsten Affiliate-Partner einsetzt, damit meine Blogleser sich der Affiliatelinks und nicht der zugehörigen AdSense-Links bedienen. Dabei reicht es, die Anzeige-URL oder Ziel-URL (Domain) des entsprechenden Unternehmens in diesem Konkurrenzanzeigen-Filter einzutragen.

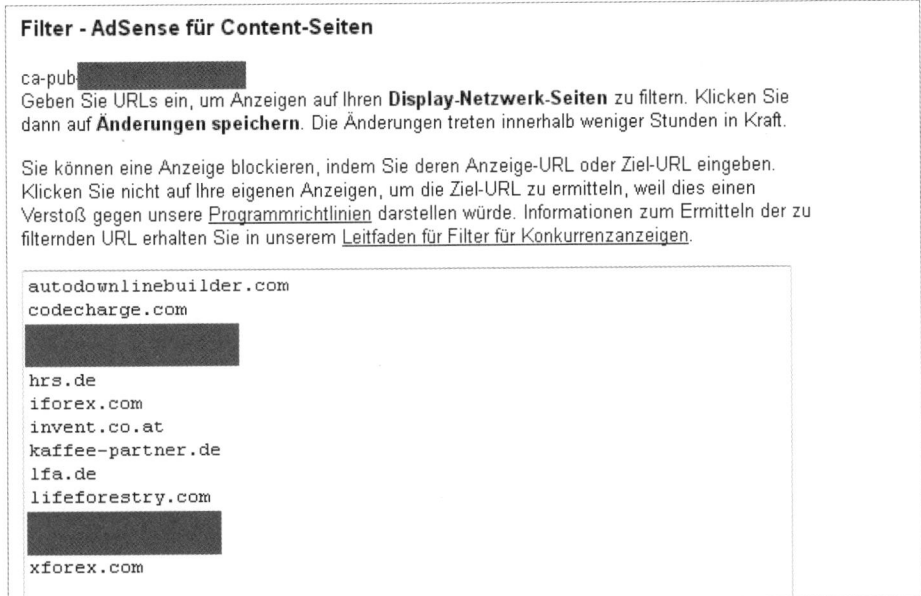

Abb. 8.21: Konkurrierende, aber auch unpassende Werbeanzeigen von Google AdSense kann man im Filter für Content-Seiten sperren lassen.

Natürlich kann auch ein Blog Mitbewerber haben, die man dort sperren sollte. Um am Beispiel des Finanzblogs zu bleiben: Wird von einem großen Finanz-Vergleichsportal AdSense-Werbung bei meinem Weblog eingeblendet, so macht es unter Umständen Sinn, auch dieses zu blockieren (es sei denn, der Klickpreis ist extrem gut). Schließlich möchte ich, dass man über meine Webseite ein für den Publisher lukratives Girokonto abschließt und nicht über das Vergleichsportal. Und es gibt ja auch bereits einige Blogger, die über Google-AdWords-Kampagnen Werbung für ihr Blogportal schalten. Richtet sich dieses an die gleiche Nischenbesuchergruppe wie mein Affiliate-Blog, so kann selbst hier ein entsprechender Filter Sinn machen.

Tipp

Im Übrigen nutze ich diese Funktionalität zudem, um die nicht gerade wenigen kuriosen oder aber auch unseriösen Anzeigenpartner bei Google zu filtern. Auf einem gut gestalteten und bis in jedes Detail durchdachten Weblog macht es sich nicht sonderlich gut, wenn dort Google AdSense plötzlich Werbung zu Onlinecasinos, dubiosen Gewinnspielen, Erotikseiten und mehr einblendet, was ich leider alles schon erlebt habe, selbst bei installiertem Section-Targeting (siehe Abschnitt 7.1).

Daneben bietet Google AdSense auch das so genannte »Überprüfungszentrum für Anzeigen« an (unter dem Punkt *AdSense-Setup → Überprüfungszentrum*), über das sich bestimmte Werbekategorien wie etwa Politik, Religion, Videospiele, Arzneimittel, Dating, aber vor allem auch im Über-18-Bereich zur Auslieferung sperren lassen.

Kapitel 9

SEO für Blogs

Die Suchmaschinenoptimierung (Search Engine Optimization – SEO) für Internetportale jeglicher Art ist eine Wissenschaft für sich. Ebenso zumindest Teile der Suchmaschinenoptimierer-Szene selbst (die im Bereich der Suchmaschinenoptimierung tätigen Personen werde ich im Folgenden ebenfalls SEOs nennen). »Frage zehn SEOs nach einem Rat und du wirst zehn verschiedene Antworten erhalten«, so sagt man gerne.

Dies liegt natürlich zum einen an der Schwierigkeit der Materie selbst. Obwohl nicht wenige im Bereich SEO tätige Berater versprechen, das eigene Portal in kurzer Zeit innerhalb des Google Rankings nach oben »wandern« zu lassen, so bleibt vieles in dieser Disziplin zumindest für Außenstehende doch eher leicht nebulös. Gerade Google – als wichtigste Suchmaschine begehrteste Arbeitsplattform der Suchmaschinenoptimierer – lässt sich nun einmal nicht in seine Karten schauen. Die verschiedensten Filter, Faktoren und Kennzahlen, die das Google Ranking einer Webseite beeinflussen, sind mittlerweile so komplex, dass man als seriöser SEO diese Faktoren meist nur ansatzweise – etwa über vergleichende Praxistests – herausfinden kann.

Was natürlich nicht etwa heißen will, dass die Disziplin der Suchmaschinenoptimierung reine Kaffeesatzleserei ist. Es gibt wirklich tolle und erfahrene Dienstleister und Experten auf diesem Gebiet. Leider aber auch umso mehr »schwarze Schafe«, die sich selbst zu diesem Expertenkreis zählen, aber meist über weit weniger Erfahrung verfügen. Jene Blogbetreiber, die bereits seit Längerem online sind, werden ein Lied von den unzähligen Spam-E-Mails singen können, in denen Versprechen der Art »Platz eins bei Google innerhalb weniger Wochen und für 99,99 Euro« oder ähnlich gemacht werden. Ich beschreibe dies deswegen so plastisch und durchaus auch ein wenig drastisch, da dennoch immer wieder unerfahrene Blog-Einsteiger auf solche zunächst verführerisch klingenden Angebote hereinfallen und dies später meist bitter bereuen, weil die Techniken dieser Schnäppchen-Anbieter dem eigenen Blogportal meist eher Schaden als Nutzen bringen.

Dieser Abschnitt will zum einen darlegen, was eine Suchmaschinenoptimierung speziell für Weblogs bedeutet. Aber natürlich werden zudem die wichtigsten Basismaßnahmen verdeutlicht, um das eigene Blogportal SEO-tauglich zu machen. Nicht zuletzt wird es jedoch gleichzeitig um die Frage gehen, wie man eine gute externe Unterstützung in diesem Bereich findet, weil man bei den wirklichen SEO-Feinheiten wohl kaum um die Einbeziehung eines entsprechenden Experten herumkommen wird. Das Interesse an WordPress-SEO und ähnlichen auf Weblogs spezialisierten Optimierungs-Disziplinen ist dabei hierzulande in den vergangenen Jahren deutlich angewachsen, was beispielsweise unter anderem auf der WordCamp-Veranstaltung 2011 durch zahlreiche Vorträge zu diesem Thema ersichtlich wurde. Dies ist ein weiterer Beleg dafür, dass zumindest ein Teil der Blogosphäre immer professioneller im Sinne von umsatzorientierter wird. Denn ein rein privater Blogbetreiber wird sich wohl kaum in gleichem Maße um die Disziplinen rund um die Suchmaschinenoptimierung kümmern wie ein (zumindest in Teilen) kommerzielles Projekt.

Hinweis

Insbesondere in diesem Artikel werden einige SEO-spezifische Begriffe und Methoden vorkommen, die ich nicht in jedem Fall näher erläutern, sondern jeweils nur kurz andeuten möchte, da alles andere wohl den Rahmen dieses Buchs sprengen würde. Für unerfahrene Anfänger im Bereich Suchmaschinen-optimierung und Online-Marketing kann ich an dieser Stelle das äußerst umfangreiche und leicht verständliche Standardwerk »Website Boosting« von Mario Fischer empfehlen, ebenfalls erschienen im mitp-Verlag. Es liegt stets griffbereit auf meinem Schreibtisch und hat mir bereits viele sehr wertvolle Dienste bei der SEO-Optimierung meiner Blogs geleistet. Sogar eine zweimonat-lich erscheinende Zeitschrift gleichen Namens ist mittlerweile erhältlich, die man in größeren Buchläden sowie im gut sortierten Zeitschriftenhandel erwer-ben kann. Auch darin gibt Mario Fischer tolle Ratschläge für kleinere bis mittel-große Webseitenbetreiber (siehe auch www.websiteboosting.com).

9.1 Was ist der Unterschied zwischen Blog- und »normalem« SEO?

Wie bereits erwähnt, bringt die Blog-Technologie an sich und quasi »out of the box« zahlreiche Mechanismen mit, die sich positiv auf die Bewertung des eigenen Portals durch Suchmaschinen auswirken. Dies führt sogar immer mehr dazu, dass E-Shops, umfangreiche eigenprogrammierte Portale oder gar auf bekannten CMS-Systemen (CMS = Content Management System, auch Redaktions- bezie-hungsweise Inhaltsverwaltungssystem genannt) basierende Webportale extra einen eigenen Blog in ihren Internetauftritt einbauen, um gleichfalls von diesen durchaus begehrten Mechanismen profitieren zu können.

Ich selbst gehe sogar noch einen Schritt weiter: Die meisten Internetportale, die keine größeren Bestellprozesse, spezielle Datenbankstrukturen oder ausgefeilte dynamische Multimediainhalte benötigen, würde man wohl besser als »Blog« programmieren als über HTML & Co. oder gar über ein (meist teures) proprietäres CMS. Denn hinter vielen größeren und auch bekannten Internetportalen steckt eigentlich reine Blog-Technologie, beispielsweise ein WordPress-System, ohne dass der Besucher dies in irgendeiner Form merken würde. Zum einen könnte sich so manches Unternehmen mit dieser Entscheidung sehr viel Geld einsparen, zum anderen ließe sich auf diese Weise die Abhängigkeit von teuren Dienstleistern und Herstellerfirmen minimieren, aber das ist ein anderes Thema.

Was sind dies nun für Besonderheiten und Features, die einen Blog quasi bereits per se mit zahlreichen suchmaschinenoptimierten Faktoren ausstatten? Zum einen natürlich die stetig wachsende und sich mehr oder weniger automatisch vernetzende Struktur eines Weblogs, wenn dieser regelmäßig gepflegt und um Inhalte erweitert wird. Ein guter Blog kann so schnell auf Hunderte von Unterseiten kommen, die –im Gegensatz zu reinen Shop-Portalen – jeweils über unique, also einzigartigen Content in umfangreicher Ausführung verfügen.

Weitere Bestandteile dieser SEO-Kompatibilität sind zudem unter anderem:

- Das natürliche Wachstum dieser Inhalte durch Kommentare, Follow-Up-Artikel, Trackbacks & Co.

- Die optimale interne Linkstruktur mit Kategorien, Archiven, Tags, Autoren, Suchergebnissen

- Trackbacks und Pingbacks (also die automatische Benachrichtigung und Verlinkung bei Verweisen zwischen zwei Blogs)

- SEO-optimierte gestalterische Elemente der freien und insbesondere kostenpflichtigen WordPress- und Blog-Themes (etwa unterschiedliche Überschriftenkategorien, hervorgehobene Texte, Link- und Bildbeschreibungen, die automatisch unterstützt und generiert werden)

- Die schnelle Indizierung entsprechender Blog-»News«-Quellen durch Google

- Eine ideale Anbindung an soziale Netzwerke via RSS, Twitter, Facebook-Verknüpfungen und mehr

- Und natürlich nicht zuletzt die Gemeinschaft der Blogosphäre, die bei guten Inhalten sehr offen mit Verlinkungen, Verweisen und Empfehlungen untereinander umgeht

Was bedeutet diese Tatsache nun für das Blog-SEO? Wird dieses damit weniger wichtig oder gar obsolet? Mitnichten, doch dies hängt sehr von der Zielstellung eines Weblogs ab. Ich bin nach wie vor der Meinung (und seit Googles Qualitätsoffensive über das Panda-Update zur »Abstrafung« qualitativ minderer Seiteninhalte noch mehr), dass man mit einem guten, inhaltsreichen und Mehrwert bietenden Blog fast »von alleine« Erfolg haben wird und sich in den Google Listings einen Namen macht. Diesbezüglich ein Beispiel, das ich bereits kurz erwähnt hatte:

Vor sechs Jahren begann ich als Hobby mit meinem ersten Portal, das nicht mehr auf HTML, sondern auf dem Blogsystem WordPress basierte. Dieses Portal namens MeinStartup.com beschäftigte sich mit Themen rund um die Existenzgründung, Geschäftsideen, Selbstständigkeit, Franchise-Systeme und mehr. Also mit einem vor allem durch diverse Verlage, Franchise-Anbieter, aber auch Finanzdienstleister und Versicherungen etc. hart umkämpften Markt. Seit fast zwei Jahren befindet sich der Blog MeinStartup.com mit den beiden wichtigsten Keywords »Geschäftsidee« und »Geschäftsideen« bei Google regelmäßig auf Platz eins, und dies wird wohl – wenn es mir meine Zeit zur weiteren Pflege des Blogs erlaubt – auch in diesen oder zumindest ähnlichen Dimensionen bleiben.

Abb. 9.1: Der Existenzgründer-Blog MeinStartup.com

Alleine das Stichwort »Geschäftsidee« bringt bei Google mittlerweile über 1,6 Millionen Treffer und obwohl die Domain selbst nicht gerade ideale Voraussetzungen bietet (da »MeinStartup« kein relevantes Keyword enthält und ich zudem auf die damals noch freie .com-Adresse statt einer .de-Domain ausweichen musste) sowie hinter einigen meiner Wettbewerber wohl ein um den Faktor 100 und mehr größeres Marketingbudget steckt, so konnte ich diesen Platz bislang verteidigen.

Bin ich nun ein SEO-Guru? Nein, keineswegs. Natürlich habe ich wie die meisten erfolgreichen Blogger zumindest gute Grundkenntnisse in dieser Disziplin, doch ein Experte hierfür bin ich keinesfalls. Wie ich dann auf Platz eins bei Google gekommen bin, von dem doch so viele Webmaster »träumen«? Ganz einfach: Indem ich im Vergleich zu meiner »Konkurrenz« als einer der wenigen in diesem Thema mit einem Blog arbeite und kontinuierlich qualitativ hochwertige sowie für die Leser spannende »Geschichten« sprich Content nachliefere. »Ein guter Verkäufer muss gute Geschichten erzählen können«, so der Leitspruch eines früheren Kollegen von mir, den man auch auf die Disziplin des Blog-SEO hin adaptieren kann. Was nicht heißen soll, dass man irgendwelche Inhalte schönt oder gar erfindet, doch die »Storytelling«-Komponente von Weblogs – sowie deren persönlicher Charakter – macht aus jedem engagierten Blogger fast schon von selbst einen guten Verkäufer, der mit seinen Artikel-»Geschichten« eben auch den Suchmaschinen die Grundlage für eine gute Positionierung liefert.

Abb. 9.2: Bis auf Platz eins bei Google ist es ein langer Weg, mit einem Blog kann es jedoch um einiges einfacher gehen.

Ich will es mir dabei nicht zu einfach machen. Den Verzicht auf reine SEO-Maßnahmen bezahlte ich im Fall von MeinStartup.com mit einem ganz anderen Preis, schließlich dauerte es rund fünf Jahre, bis ich diesen Blog so überaus erfolgreich machen konnte. Wenn ich heutzutage mit einem neuen Blog starte, so gebe ich mir hierfür sechs bis maximal 18 Monate Zeit, da ich diese Neustarts mittlerweile mit entsprechenden Marketing- und SEO-Maßnahmen flankiere. Woraus diese zusätzlichen Blog-SEO-Maßnahmen nun hauptsächlich bestehen, zeigt das nächste Unterkapitel.

9.2 Out-of-the-box-SEO für WordPress & Co.

Wer als Blogger noch nicht über ein bestimmtes Marketing- und eben auch SEO-Budget verfügt, der kann sich zahlreicher kostenfreier Plugins und sonstiger Tools bedienen, um die standardmäßig vorhandenen SEO-Eigenschaften von Weblogs noch weiter zu verfeinern. Oder aber um zumindest analysieren zu können, an welchen Stellen zusätzlicher Optimierungsbedarf herrscht.

Einige davon möchte ich hier vorstellen, sowohl im Tool- als auch im Onlinebereich. Die meisten dieser Werkzeuge haben den Vorteil, dass sie bereits mit ihren Standardeinstellungen sehr gute Dienste leisten. Dies ist wichtig zu wissen, da beispielsweise viele SEO-Plugins unzählige Möglichkeiten der individuellen Detaileinstellungen haben, mit deren Steuerung und Justierung Nicht-SEO-Experten jedoch sehr schnell an ihre Grenzen stoßen dürften.

9.2.1 Platinum SEO Pack/All in One SEO Pack

Hierbei handelt es sich um zwei recht ähnliche und kostenlose SEO-Plugins, die fast schon zum Standardrepertoire eines jeden WordPress-Blogs gehören. Zu finden sind beide über das WordPress-Plugin-Verzeichnis unter `http://wordpress.org/extend/plugins/all-in-one-seo-pack/` beziehungsweise `http://wordpress.org/extend/plugins/platinum-seo-pack/`. Da beide unterschiedlich weiterentwickelt werden, sollte man sich hierbei für die jeweils aktuellste Version entscheiden, ansonsten ähneln sich beide Tools in Bedienung sowie Leistungsumfang.

Bereits in der Grundeinstellung unterstützen die beiden Plugins viele sehr wertvolle Dienste zur SEO-Optimierung eines Weblogs:

- Automatische Optimierung der Seitentitel und Metatags
- Vermeidung doppelter Inhalte (Duplicate Content)
- Anpassbare Formate etwa für Titel, Descriptions, aber auch die Ausgabe von Suchergebnis- oder 404-Fehlerseiten
- Bei Bedarf manuelle Anpassung der Metainformationen für jeden Artikel und jede Blogseite
- Teils zusätzlich bei Platinum SEO: Automatische Weiterleitungen bei Änderung der Permalinks, zentrale Steuerung von Parametern wie index/noindex, follow/nofollow etc.

Das All in one SEO Pack gibt es mittlerweile auch in einer kostenpflichtigen Pro-Variante, wobei der Unterschied zwischen beiden Versionen zumindest bislang noch nicht allzu groß ausfällt. Von daher dürften die meisten Blogger mit dem Gratis-Plugin durchaus sehr gut bedient sein.

Tipp

Wie genau die beiden Plugins installiert werden, das zeigt die Schritt-für-Schritt-Anleitung unter `www.blogprofis.de/buch/platinumseo`. Auch konkrete Beispiele, wie man die wichtigsten Felder – etwa die Titel- und Keywordbeschreibungen – in dem Plugin ausfüllen sollte, werden dort gegeben. Denn dabei handelt es sich um die einzigen manuell notwendigen Einstellungen, die notwendig sind, um diese WordPress-Tools sinnvoll einsetzen zu können.

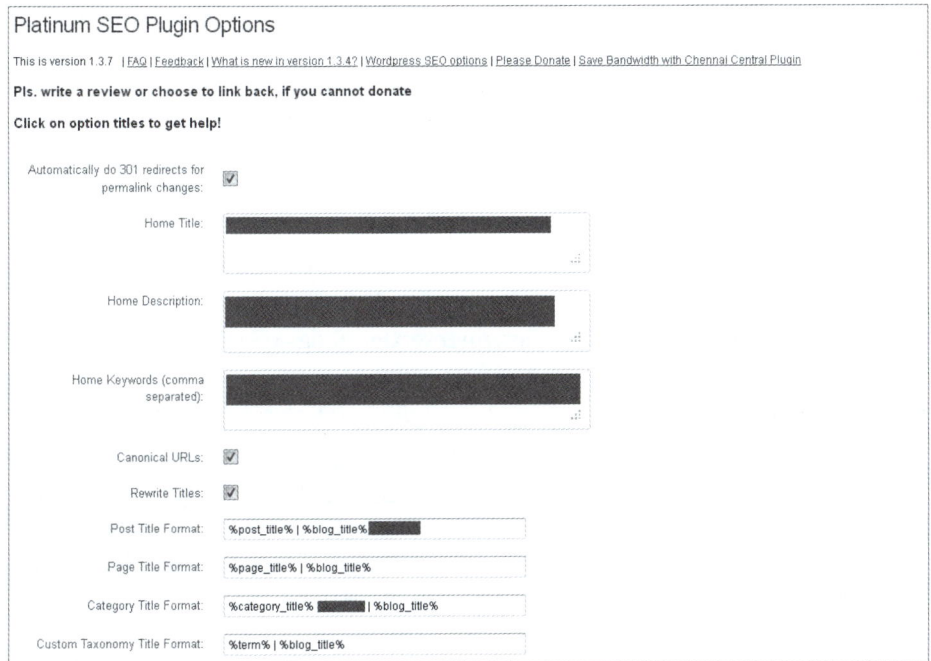

Abb. 9.3: Tools wie Platinum oder All in One SEO sind relativ leicht zu administrieren, nur die Inhalte/Metainformationen, die man einträgt, sollte man gegebenenfalls mit einem Suchmaschinenmarketing-Experten abstimmen.

9.2.2 wpSEO

Dieses kostenpflichtige SEO-Werkzeug (siehe `www.wpseo.de`) von Sergej Müller setze ich selbst erfolgreich auf den Blogprofis ein, da es teilweise doch noch einmal deutlich mehr leistet als die vorgestellten Gratis-Varianten. Zum einen kann man die einzelnen Einstellungsmöglichkeiten hinsichtlich der Metainformationen etc. noch um einiges genauer festlegen, andererseits gibt es hübsche exklusive Features wie die Hervorhebung einzelner Beiträge für Google mit dem ad_section-Tag, die optimierte Vermeidung doppelter Inhalte (»Duplicate Content«), ein SEO-Monitor als Analysewerkzeug oder beispielsweise eine Negativliste für den Ausschluss bestimmter nicht gewünschter Keywords, die also nicht automatisch generiert zur Verwendung kommen sollen. Eine ausführliche Dokumentation mit recht wertvollen SEO-Profi-Tipps rundet wpSEO noch weiter ab.

Der Autor wirbt damit, dass das Tool sowohl für SEO-Fortgeschrittene und -Profis unzählige Möglichkeiten bietet, aber eben auch bereits in der Standardeinstellung auf den »normalen« Blogeinsatz hin optimiert ist. Somit kann man sich als SEO-Laie auf den Betrieb und das Marketing für seinen Blog konzentrieren und die wichtigsten SEO-Aufgaben dem Tool überlassen. Ich selbst habe mit dem Wechsel von Platinum SEO auf wpSEO in einigen Kennzahlen wie der Suchmaschinen-

Positionierung einzelner Seiten doch noch einmal deutlich zulegen können und dies, ohne bedeutend in die Standardeinstellungen von wpSEO einzugreifen. Nicht zu vergessen ist zudem der Support, den Kunden des Tools online in Anspruch nehmen können, sowie die ständige Weiterentwicklung mit neuen Funktionen. Damit bleibt stets gewährleistet, dass das Tool auch nach einem WordPress-Versionsupdate zuverlässig seine Dienste leistet, was bei den kostenfreien Plugins dieser Gattung nicht immer der Fall sein muss.

Somit ist das in der Bloggerszene mittlerweile sehr bekannte Plugin auch seinen mehr als fairen Lizenzpreis wert, wobei es hierfür verschiedene Modelle je nach Umfang der Nutzung und Anzahl der eingesetzten Blogs gibt.

9.2.3 Backlinktest.com

Dieses in die Kategorie Onlinetools fallende Portal bietet – wie der Name ja bereits sagt – eine ausführliche und vor allem kostenlose Analyse der Backlink-Struktur des eigenen Blogs, wobei teilweise extrem wertvolle Informationen anfallen (siehe `www.backlinktest.com`). So gibt dieses Werkzeug nach Eingabe der Blogdomain nicht nur die einzelnen Backlinks selbst aus, weitergehende Informationen wie etwa das jeweilige Pagerank- und sonstige Ranking, die Verweisart des eingehenden Links (DoFollow oder NoFollow), Linktexte sowie sogar Einstufungen über die generelle Linkqualität des jeweiligen verlinkenden Portals lassen sehr wertvolle Rückschlüsse über die Quantität und vor allem Qualität der einzelnen Verweise zu. Somit kann man sich auf diese Weise beispielsweise die stärksten Links heraussuchen, diese eventuell gezielt erweitern, für andere Blogprojekte nutzen oder aber auch nach inhaltlich und qualitativ ähnlichen Verlinkungszielen recherchieren.

Eine Zusammenfassung der Backlinksuche mittels `Backlinktest.com` gibt zudem einen Überblick über:

- Struktur, Herkunft sowie Art der Backlinks. So die Aufschlüsselung nach Bild- oder Textlinks, da man hier zum einen auf eine möglichst gesunde Mischung achten sollte und Textlinks zumeist als werthaltiger gelten.

- Die häufigsten Linkziele sowie verlinkte Keywords zur Optimierung der eigenen Keyword-Strategie

- Die PageRank-Verteilung der verweisenden Portale, um einen Überblick darüber zu gewinnen, welche Link-Partnerschaften sich wirklich lohnen

- Aussagen zur Qualität der Links über einen eigenen von Backlinktest zur Verfügung gestellten Index. Dieser kann somit insbesondere einer schnelleren Orientierung dienen.

- Eine Analyse der Homelinks versus Deeplinks auf bestimmte Unterseiten (auch hier sollte man SEO-technisch auf ein ausgewogenes Verhältnis achten), Überprüfung auf Aktivität der einzelnen Links und vieles weitere mehr

Die Zusammenfassung kann man sich dann sogar als PDF generieren lassen und herunterladen. Mit diesem Werkzeug kann man also nicht nur die jeweilige Blog-Linkentwicklung genau beobachten, auch zum Monitoring jeglicher Link-Kooperationen können die Werte herangezogen werden. Und das wohl Wichtigste: Man kann besonders lohnenswerte Link-Quellen ausfindig machen, die man somit gegebenenfalls auch für weitere Links und/oder andere Weblog-Projekte nutzen kann.

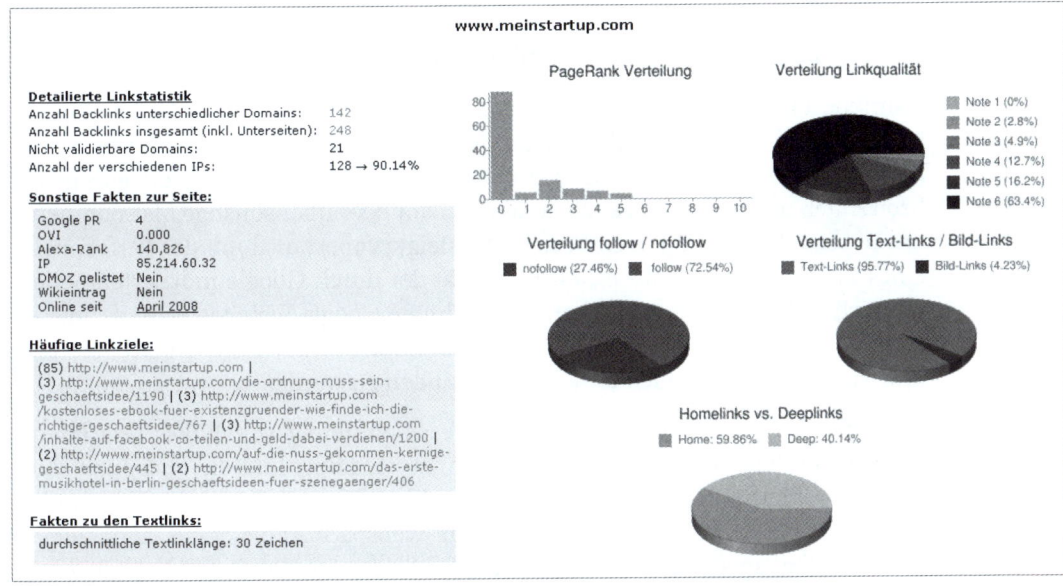

Abb. 9.4: Das Ergebnis einer Backlinktest.com-Analyse

9.2.4 German Permalauts

Ein kleines, aber extrem wichtiges Plugin für den deutschen Sprachraum, das unter http://wordpress.org/extend/plugins/wp-permalauts/ abgerufen werden kann.

Zu Erklärung: WordPress selbst wandelt leider Umlaute in Beitrags- und Seitenüberschriften nicht von sich aus um, so dass eine Blogseite »Über uns« unter der URL *www.blogname.xy/uber-uns/* erreichbar wäre. German Permalauts wandelt diese URL bei Artikelerstellung nun in das korrekte Format *www.blogname.xy/ueber-uns/* um, was nicht nur für den Besucher, sondern vor allem auch für Google & Co. um einiges einfacher zu lesen ist. Die Wahrscheinlichkeit, dass entsprechende Inhalte und Beiträge über Suchmaschinen gefunden werden, steigt also unter Umständen deutlich.

Ebenso kann das besagte Plugin Kategorien und Schlagwörter in die korrekte Permalink-Schreibweise umwandeln.

Tipp

Einige recht bekannte ähnliche Plugins werden mittlerweile nicht mehr weiter-entwickelt und funktionieren von daher teilweise nicht mehr im Zusammenspiel mit WordPress-Versionen ab 3.x. Wer also ein anderes AddOn als German Per-malauts für die Konvertierung der deutschen Sonderzeichen einsetzt, der sollte es dringend auf Funktionstüchtigkeit hin überprüfen und gegebenenfalls wech-seln.

9.2.5 Caching-Tools und beschleunigter Seitenaufbau

Zumindest indirekte Suchmaschinenoptimierung kann man mit jeglichen Mitteln betreiben, die WordPress oder andere Blogsysteme schneller machen. Denn es ist unumstritten, dass Google die Geschwindigkeit einer Seite mittlerweile genau beobachtet, und diese – sei es als Rankingfaktor oder über sonstige Maßnahmen – mit in seine Einstufungen einbezieht. So steigt proportional mit der Performance eines Blogs auch die Anzahl und Intensität der durch Google indizierten Seiten, was sich recht gut anhand der bereits erwähnten Google-Webmaster-Tools ablesen lässt. Und in gleichem Maße wächst damit natürlich auch die Chance, als Blog innerhalb von Google auch tatsächlich gefunden zu werden.

Über die verschiedenen Varianten zur Beschleunigung von WordPress könnte man fast ein eigenes Buch herausbringen, zu vielfältig sind die einzelnen Mög-lichkeiten hierfür. Ich selbst habe mit zahlreichen Varianten experimentiert, sowohl was den möglichst performanten Webspace-Anbieter als auch die so genannte OnPage-Optimierung (also die Verbesserung der Geschwindigkeit von WordPress und den durch das System ausgelieferten Quellcodes) angeht. In der Regel kommt man nur mit einem ganzen Maßnahmenbündel zum Ziel. Dies bedeutet: Natürlich braucht man einen geeigneten und möglichst performanten Webhoster, gerade aber bei umfangreichen Blogs mit zahlreichen Artikeln, Kom-mentaren etc. wird man auf Dauer jedoch nicht um eine zusätzliche Optimierung des Quellcodes herumkommen.

Einen Ausweg liefern dabei so genannte Caching-Plugins wie WP Super Cache (http://wordpress.org/extend/plugins/wp-super-cache/), SuperCache-Plus (http://wpscp.trac.armadillo.homeip.net/) oder aber auch WP Cachify (http://playground.ebiene.de/2652/cachify-wordpress-cache/), die – grob erklärt – quasi einzelne Teile der Blogseiten im Voraus zusammenstellen bezie-hungsweise »berechnen« und dann über einen internen Speicher deutlich schnel-ler an den Blogbesucher ausliefern. Die Einrichtung und der Betrieb dieser Werkzeuge ist jedoch erfahrungsgemäß nicht immer ganz unproblematisch, so können unschöne Nebenwirkungen wie etwa nicht mehr funktionierende sonstige Plugins, verzögert dargestellte Kommentare oder sonstige Fehlfunktionen und Fehlermeldungen auftreten, weswegen ich bei den meisten meiner Blogs auch auf einen entsprechenden Einsatz verzichte.

Ich möchte an dieser Stelle auf den Beitrag www.blogprofis.de/buch/supercache/ verweisen, in dem insbesondere einige Leser sehr gute Tipps innerhalb der dortigen Kommentare geben, wie man mit den gängigen dort genannten Caching-Plugins zu einem möglichst brauchbaren Ergebnis kommt, etwa im Zusammenhang mit bestimmten Detaileinstellungen der genannten Plugins.

Doch es existieren neben diesen vor allem für WordPress-Standardinstallationen praktischen Werkzeugen auch noch weitere Möglichkeiten, die Ladezeiten eines Weblogs auf individuelle Weise zu minimieren.

Serverseitige Komprimierung von Dateien

So gibt es beispielsweise über die serverseitige Komprimierung von .css, aber auch JavaScript- und sonstigen Files mittels gzip eine weitere Möglichkeit, dabei handelt es sich um ein sehr weit verbreitetes Kompressionsprogramm für Computerdateien jeglicher Art. Möglich ist dies etwa über den Einbau folgender Codezeilen in die so genannte .htaccess-Datei des eigenen Webauftritts:

```
# mod_deflate aktivieren
<FilesMatch "\\.(js|css|html|htm|php|xml)$">
SetOutputFilter DEFLATE
</FilesMatch>
```

Listing 9.1: Aktivierung der gzip-Komprimierung

Diese Zeilen sorgen nun dafür, dass – wie in diesem Fall – Dateien der Typen .js, .css, .htm/html, .php sowie .xml entsprechend komprimiert ausgeliefert werden. Diesen Schritt sollte man zuvor jedoch mit seinem Hosting-Provider abstimmen, da zum einen diese .htaccess-Methode nicht in allen Fällen unterstützt wird, zum anderen aber auch je nach Serverinstallation eine andere Komprimierungsform oder Quellcodezeile zum Einsatz kommen muss, die Ihnen dann der jeweilige Hosting-Support nennen kann.

Sollte die genannte .htaccess-Erweiterung nicht unterstützt werden – oder kennt man sich mit der entsprechenden Programmierung und Einbindung nicht aus –, so kann man alternativ auch das Plugin wpCompressor von Sergej Müller verwenden, erreichbar unter http://playground.ebiene.de/16/plugin-fuer-gzip-komprimierung-der-beitraege-in-wordpress-25/. Das Werkzeug unterstützt ebenfalls eine Datei-Komprimierung, wobei sich diese sogar noch in ihrer jeweiligen Komprimierungsstufe einstellen lässt.

Cache-Optimierung

Eine weitere Möglichkeit besteht darin, HTTP- beziehungsweise GET-Anfragen des Webbrowsers etwa nach der Gültigkeit von Caching-Informationen hin zu minimieren. Dabei »informiert« sich ein solcher Browser in der Regel bei jedem Aufruf, ob ein soeben in den Cache (Zwischenspeicher) geladenes Seitenelement immer noch Gültigkeit hat. Diese zusätzlichen Anweisungen kann man mit folgender Ergänzung in der .htaccess-Datei umgehen:

```
# GET Anfragen optimieren
<IfModule mod_expires.c>
ExpiresActive on
ExpiresDefault "access plus 35 days"
</IfModule>
```

Listing 9.2: Setzt die Gültigkeit der Informationen im Cache auf 35 Tage

Hierbei sollte man ebenso zuvor mit seinem Provider klären, ob bei diesem das Modul *mod_expires* unterstützt wird oder welche sonstigen Möglichkeiten es dort für den Ausbau der Caching-Gültigkeitsregeln gibt.

XCache und eAccelerator

Einige Hostingprovider bieten ihren Kunden den Einsatz vorinstallierter so genannter Script-Optimizer wie beispielsweise das Modul XCache oder auch eAccelerator und ähnliche an, die beispielsweise PHP-Abfragen oft noch einmal deutlich beschleunigen können. So bieten einige der zuvor genannten WordPress-Caching-Plugins die Möglichkeit, speziell auf dieses Modul hin optimierte Einstellungen zu verwenden. In Kombination etwa der Nutzung von XCache und WP Super Cache berichten einige Blogbetreiber von erstaunlichen Performancesteigerungen, die ich selbst bislang leider noch nicht bestätigen konnte, da die hiermit erzielbare Beschleunigung von zahlreichen Faktoren wie etwa der grundlegenden Serverkonfiguration oder der Gestaltung des Weblogs selbst abhängt.

Dennoch kann es Sinn machen, insbesondere – aber nicht nur – bei Einsatz eines Caching-Plugins den eigenen Webspace-Provider zu fragen, welche solcher Module von ihm jeweils unterstützt werden und deren Wirkungsweise zusammen in einem Test einfach einmal auszuprobieren. Da es dabei zu diversen Wechselwirkungen kommen kann, schalten die meisten Provider solche Beschleunigungs-Werkzeuge auch erst auf Wunsch der Kunden hin ein, gerade bei einem Managed Server (dessen Betriebssystem und Software vom Provider überwacht und aktualisiert wird und bei dem sich der Kunde demnach nicht um die Administration kümmern muss) wird hier also die Zusammenarbeit mit dem Support des jeweiligen Hosting-Unternehmens vonnöten sein. Somit kann man zudem gleich auch die eigene Situation und Konfiguration des Blogs schildern, um sich so zur idealen

Einsatzweise des im Einzelnen eingesetzten Beschleunigungsmoduls beraten zu lassen, da auch diese auf unterschiedlichste Weise konfiguriert werden können.

Hinweis

Für technisch versierte Blogbetreiber gibt Google selbst eine Anleitung mit zahlreichen wertvollen Hinweisen heraus, wie man den Seitenaufbau jeglicher Webseiten zusätzlich beschleunigen kann. Diese Tipps sind – leider nur auf Englisch – unter folgender Adresse abrufbar: `http://code.google.com/intl/de-DE/speed/page-speed/docs/rules_intro.html`.

9.2.6 Auto Tag Plugins

Tags sind eine Art Schlag- oder Stichworte, mit denen man etwa die Beiträge in einem Blog strukturieren und kennzeichnen kann. Diese Tags bilden dann eine komplett eigene Hierarchieebene, neben den Kategorien- und Autorenarchiven. Klickt man beispielsweise in einem Artikel auf das dort eingesetzte Tag »Blogging«, so werden alle Beiträge aufgelistet, die ebenfalls mit diesem Stichwort versehen wurden.

Nicht nur, dass man hierdurch eine weitere schöne Organisationsebene unabhängig von den Kategorien abbilden kann, auch im Nachhinein lassen sich so etwa bestimmte zusammengehörende Themen untereinander verlinken. Vor allem aber sind solche Tags und die hieraus entstehenden Strukturen ebenfalls nicht unerheblich für die Suchmaschinenoptimierung. Denn den Suchmaschinen bietet sich somit ein weiterer Ansatzpunkt für die Indizierung, aber auch für die möglichst effiziente Bildung relevanter Keywords. Wer nun einen gesamten Blog nachträglich mit solchen Schlagworten versehen will, weil er diese bislang nicht einsetzte oder sich die Arbeit der Verschlagwortung bei jeder Artikelerstellung sogar komplett abnehmen lassen will, für den gibt es so genannte Auto Tag Plugins, die mittlerweile für nahezu alle Blogsysteme erhältlich sind.

Hinweis

Stellvertretend für WordPress stelle ich hier an dieser Stelle das sehr weit verbreitete Plugin Simple Tags (`http://wordpress.org/extend/plugins/simple-tags/`) vor, da es mir zum einen in der Vergangenheit sehr gute entsprechende Dienste geleistet hat und die meisten ähnlichen Plugins nicht mehr weiterentwickelt werden. Zumindest mit einigen aktuellen WordPress-Installationen scheint jedoch auch das Simple Tags Plugin in der Version 2.0 seine Schwierigkeiten zu haben, hier sollte man also sorgfältig testen beziehungsweise gegebenenfalls eine aktualisierte Version abwarten.

9.2.7 SEO-optimierte Themes

Viele hauptsächlich kostenpflichtige Blogdesigns und -Themes werben zu Recht damit, von sich aus bereits suchmaschinenoptimiert zu sein. Dies kann eine für Suchmaschinen ideale Quellcode-Anordnung, eine möglichst schlanke Programmierung, wenige ausgelagerte und daher ladezeitintensive Objekte und vieles Weiteres mehr bedeuten.

Neben dem Einsatz der hier vorgestellten SEO- und Performance-Plugins kann es also durchaus sinnvoll sein, bereits bei der Auswahl des Erscheinungsbildes eines Blogs auf ein entsprechendes Thema zu achten. Ich beispielsweise habe sehr gute Erfahrungen mit den Templates von Studiopress gemacht (www.studiopress.com), sowohl was die generelle Qualität der Programmierung als auch die beschriebenen SEO-Qualitäten angeht. Einige der neueren Themes dieses Anbieters verfügen sogar über eine eigenentwickelte SEO-Komponente, deren Funktionsumfang teilweise fast schon an so manches der besseren SEO-Plugins heranreicht. Aber die meisten größeren Theme-Anbieter setzen mittlerweile auf vergleichbare Features. Manche professionellen Templates lassen sich dabei sogar so weit konfigurieren, dass zumindest der Einsatz kostenloser Plugins wie Platinum SEO oder All in One SEO komplett überflüssig wird.

9.3 Sonstige Optimierungstipps

9.3.1 Eigene IP-Adresse je Blog

Wiederum ein indirekter Faktor, der auch eigentlich nichts mit speziellen Werkzeugen oder Ähnlichem zu tun hat und trotzdem einen der wichtigsten Bausteine meines Blogerfolgs ausmacht: die eigene IP-Adresse je Blog.

Kurz zur Erläuterung für all jene, die mit diesem Begriff nicht wirklich etwas anfangen können: Bei einer IP-Adresse handelt es sich um eine Adresse in Computernetzen, unter der auch ihr Weblog erreichbar ist, und welche – im Gegensatz zur reinen Domain – eine logische Adressierung innerhalb des Internets erlaubt. World-Wide-Web-intern wird also unter anderem diese IP angesprochen, wenn sich jemand von einem Computer oder sonstigen externen Gerät Ihren Blog anschauen möchte. Gerade bei sehr günstigen Webspace-Angeboten liegen jedoch oft mehrere Dutzend oder gar Hunderte von Domains und damit einzelnen Internetportalen auf ein und derselben IP-Adresse.

Es gab nun schon seit Langem Anzeichen dafür, dass Google Blogportale mit eigener IP-Adresse – auf der sich ansonsten kein weiteres Portal »tummelt« – bevorzugt. Noch schlimmer kann der Effekt der so genannten »Bad Neighbourhood« sein, nämlich dann, wenn eines der Portale auf einem Massenhoster von Google abgestraft wurde, etwa weil dieses unseriöse Inhalte enthält oder sich sonstiger unfairer Methoden im SEO-Bereich bediente. Liegt Ihr Blog nun auf der gleichen IP-Adresse wie die besagte abgestrafte Domain, so kann dies sehr unschöne Nebeneffekte mit sich bringen.

Ich bin nun bereits mehrfach von einem Massenprovider zu einem Paket mit einer eigenen, unabhängigen IP-Adresse gewechselt und alleine diese Wechsel brachten mir jeweils deutlich sichtbare Vorteile im entsprechenden Ranking des Weblogs bei Google. Ich gehe mittlerweile deswegen sogar so weit, dass ich nicht mehr mehrere meiner Blogs auf ein und derselben IP auf einem eigenen Server unterbringe, sondern wirklich – vor allem für meine wichtigsten Blogportale – jeweils eine komplett eigene IP-Adresse reserviere. Zwar sind vergleichbare Webhosting-Angebote oft deutlich teurer als günstige Massenspeicher, dennoch haben sich zumindest in meinen Fällen diese Wechsel mehr als gerechnet, da sich alleine durch die eigene IP auch die entsprechenden Blog-Einnahmen deutlich positiv entwickelten. Ganz zu schweigen von der Geschwindigkeitsoptimierung, die ein solcher Wechsel neben dem reinen SEO-Effekt meist mit sich bringt.

Auf die Spitze treiben kann man diesen Effekt sogar noch weiter, wenn man jeden Blog bei einem anderen Provider hinterlegt. Dann müssten idealerweise jedoch auch die entsprechenden Domains auf unterschiedliche Besitzer und Postadressen eingetragen sein. Denn man geht davon aus, dass Google für die Qualitätsbewertung von Verweisen zwischen zwei Internetportalen sogar diese Informationen direkt oder indirekt heranzieht und quasi die Verlinkung möglichst unterschiedlicher Webseitenbetreiber höher bewertet als die Vernetzung eigener Projekte untereinander.

Tipp

Wenn Sie Ihren Blog auf einem Massenhosting-Paket betreiben und einmal wissen wollen, welche Portale und Domains sich hinter der gleichen IP-Adresse verbergen, so gibt es hierfür zahlreiche Online-Tools. Ich habe beispielsweise einmal geschaut, welche weiteren Domains denn auf der IP-Adresse meines Weblogs Top-Strom.com liegen.

Wer dies selbst einmal für seine eigene Seite ausprobieren möchte, der kann etwa mit dem Dienst http://ip-lookup.net/domain-lookup.php zunächst nach Angabe des Domainnamens die zugehörige IP herausfinden, auf der der jeweilige Blog liegt, und danach mittels einer so genannten »Reverse IP Lookup«-Suche (beispielsweise über den Anbieter www.yougetsignal.com/tools/web-sites-on-web-server/) anhand dieser IP evaluieren, welche anderen Projekte sich noch so auf demselben Speicherplatz beim Hosting-Provider befinden.

In meinem Fall fand ich neben durchaus »seriösen« Seiten wie »*elektrotechnik-xyz.de*« oder »*optik-xy.de*« auch einiges weniger Schönes, zum Beispiel – durch oben genannten Dienst gleich schön und treffend als »explicit content« hervorgehoben – eine Domain der Art »*xyzsex.de*«. Dies mitsamt dem Vermerk: »The web sites in question are highlighted in red below. There is a possibility that all of the web sites on this web server may be blocked by web filtering software. Search engine rankings for these web sites may be affected as well.«

Grund genug also für mich, zumindest die wichtigsten meiner Blog-Projekte nach und nach auf einen eigenen Server mit eigener IP-Adresse zu ziehen.

9.3.2 Deutschsprachige oder »eingedeutschte« Themes

Die meisten freien, aber auch kostenpflichtigen Blog-Templates (und -Plugins) werden im englischsprachigen Raum oder zumindest in englischer Sprache entwickelt. Kommt eine solche Designvorlage zum Einsatz, so sollte man unbedingt darauf achten, dass auch eine so genannte »Deutsche Sprachdatei« hierfür vorhanden ist. Mit dieser Datei – bei kostenlosen Themes manchmal von einzelnen Übersetzern frei entwickelt auf dem WordPress-Markt verfügbar, bei kostenpflichtigen Themes hingegen meist mit angeboten – werden die in WordPress und das Theme eingearbeiteten englischen Begriffe und Formulierungen übersetzt, etwa für die Kategorien (»*Kategorien*« oder »*Themen*« statt »*categories*«), die Suchfunktion (»*Webseite durchsuchen*« statt »*Search*«) oder auch die Kommentarfunktion.

Dies ist nun nicht nur für das Auge des (deutschsprachigen) Lesers wichtig, sondern dient ebenfalls der Suchmaschinenoptimierung. Wird doch ein Suchender – um ein Beispiel zu nennen – bei Google.de eher etwas wie »*Thema Bloggen*« statt »*Category Bloggen*« eingeben. Gibt es zu dem Wunsch-Theme der Wahl keine vorgefertigte Übersetzungsdatei, so kann man in den einzelnen Dateien die jeweiligen Formulierungen auch selbst übersetzen, was jedoch eine gewisse Grundkenntnis im Aufbau solcher Template-Dateien voraussetzt, um nicht fehlerhaften Quellcode zu generieren.

Bei Anbietern von kostenpflichtigen Themes sollte man sich indessen stets im Voraus erkundigen, ob auch wirklich aktuelle Sprachdateien in der jeweiligen Landessprache zur Verfügung stehen.

9.3.3 Optimierte Permalinkstruktur

Sollten Sie diese Möglichkeit noch nicht kennen, so ist hierauf unbedingt vor Start eines neuen WordPress-Blogs zu achten. Denn WordPress legt neue Beiträge und Seiten standardmäßig in einer URL-Struktur ab wie zum Beispiel *www.blogdomain.xy /?p=1* für den ersten Beitrag oder die erste Seite und so weiter. Es wird schnell einleuchten, dass Suchmaschinen – aber auch Bloglleser – mit einer »sprechenden« URL namens *blogdomain.xy/dies-ist-die-ueberschrift-meines-beitrags* deutlich mehr anfangen können als mit einer kryptischen Zahl, die auf »?p=« folgt. Und eine solche Struktur erst nach einiger Zeit anzupassen, ist nicht nur mit einigem Aufwand verbunden, es können hierbei unter Umständen auch wertvolle Verlinkungen »verloren« gehen.

Diese SEO-optimierten Permalinks kann man jedoch ganz leicht konfigurieren, indem man in der Administrations-Oberfläche von WordPress unter *Einstellungen* → *Permalinks* statt der dort möglichen Voreinstellungen den Eintrag laut Abbildung 9.5 vornimmt.

Abb. 9.5: Die Struktur der Permalinks ändern

Mit diesem Eintrag /%postname%/%post_id%/ beispielsweise – der sich als eine günstige Permalink-Struktur etabliert hat – setzt sich die URL dann zusammen aus eben dem Namen beziehungsweise der Überschrift des Beitrags sowie nachgestellt einer von WordPress automatisch vergebenen Artikel- oder auch Seitennummer. Diese Nummer kann deswegen als Zusatz zum Beitragstitel sehr sinnvoll sein, falls man aus Versehen einmal zwei Artikel oder Seiten gleich benennt (was bei umfangreichen Weblog-Projekten schneller geschehen kann, als man denkt) und somit über die angehängte Nummer sichergestellt werden kann, dass trotzdem jeder der beiden Beiträge erreichbar und aufrufbar ist.

9.3.4 Verbesserung der Seitennavigation

Viele selbst bekanntere Blog-Themes sind mit einer Seiten- oder Archivnavigation wie etwa »zurück«- und »weiter«-Links ausgestattet, um zwischen neueren und älteren Beiträgen hin und her zu blättern. Dabei ist für die Indizierung bei Google eine Struktur in Form von Seitennummerierungen oft sehr viel sinnvoller.

Abb. 9.6: Eine einfache Seitennummerierung

Wenn man bei Ihrem Template nicht zwischen diesen beiden Navigationsarten wechseln kann – und Sie den Quellcode nicht selbst entsprechend anpassen wollen oder können –, so gibt es auch hierfür wieder ein schönes WordPress-Plugin namens »WP Page Numbers«, erreichbar unter `http://wordpress.org/extend/plugins/wp-page-numbers/`. Mit wenig Aufwand können Sie somit die »weiter«-Navigation durch eine entsprechende Nummernleiste ersetzen lassen, wobei sogar mehrere Designvarianten einer solchen Navigation zur Verfügung stehen.

9.3.5 Richtige Pflege von Links und Bildern

Alle wichtigen Blogsysteme lassen es im Rahmen der Artikelerstellung zu, dass man Links und Bilder korrekt benennt, also auch die Metainformationen wie den Titel, die Beschreibung und Beschriftung von Bildern und Fotos sowie die Titel von Verweisen pflegt und diese Angaben suchmaschinengerecht möglichst ausführlich sowie vor allem unterschiedlich gestaltet. Denn je vielfältiger und intensiver man diese Informationen pflegt, umso größer ist die Wahrscheinlichkeit, dass eine bei Google durchgeführte Suche eine dieser Informationen als »Treffer« erkennt und der zugehörige Beitrag somit in den Suchergebnislisten auftaucht.

Bei einem Bild könnte dann der HTML-Titel etwa lauten »*SEO Plugin Beispiel-Screenshot Administration*«, die Beschreibung »*so richtet man das SEO-Plugin xy ein*« und die Bildunterschrift »*Die Administrationsoberfläche von xy*«. Der Vorteil liegt auf der Hand: Es gibt nun viel mehr Möglichkeiten, über Suchmaschinen wie Google gefunden zu werden, als wenn man diese Informationen leerlässt. Sowohl den Titel für eher kryptische Suchen bei Google als auch die Beschreibung sowie die Bildunterschrift bei »sprechenderen« Recherchen. Zudem gewichten einzelne Suchmaschinen diese Metainformationen höher als etwa ganz normalen Fließtext. In diesen Titeln und Beschreibungen sollte man also möglichst sinnvollen, aber dennoch Keyword-relevanten Inhalt unterbringen. In den nicht unmittelbar sichtbaren Metabeschreibungen kann man zudem auch einmal Text unterbringen, den man im reinen Fließtext nicht unbedingt nennen will, etwa weil dieser sich SEO-technisch eignet, aber den Leser eher verwirren könnte.

Bei jeglichen Linkverweisen gehört neben der Pflege der Metainformationen außerdem ein konstruktiver Linkname dazu, ein Umstand, der zwar eigentlich einleuchtet, dennoch immer wieder gerne einmal vernachlässigt wird (auch von mir natürlich). So wird ein Link mit dem Namen »hier« natürlich längst nicht so effektiv sein, wie – nach obigem Beispiel – »Hier weitere Beispiele zur Nutzung des xy Plugins nachlesen«.

> **Tipp**
>
> Neben den Metainformationen für Bilder und Verweise sollten auch die Tags (Schlagworte) zu jedem Blogbeitrag stets gut gepflegt werden, da diese zusätzliche

Organisationsebene nicht nur die Seitennavigation für die Blogbesucher deutlich einfacher machen kann, sondern sich zudem meist sehr gut auf die Aspekte der Suchmaschinenoptimierung auswirken.

Wer nun – so wie ich – diese bei jedem Artikel anfallende Pflege der Tags gerne einmal vergisst oder vernachlässigt und so plötzlich auf einen Schlag Hunderte von Artikeln und mehr nachträglich »verschlagworten« möchte, dem sei auch für diesen Fall das bereits erwähnte WordPress-Tool »Simple Tags« empfohlen (`http://wordpress.org/extend/plugins/simple-tags/`). Mit diesem können bei Bedarf nicht nur Tags mehr oder weniger automatisiert vergeben werden, das wichtigste Feature besteht meines Erachtens in einer sehr einfachen und schnellen Massenbearbeitung von Schlagworten innerhalb der Artikelübersicht. Somit kann man selbst eine drei- bis vierstellige Anzahl von Tags innerhalb kurzer Zeit vergeben, während man bei der nachträglichen Bearbeitung jedes einzelnen Beitrags wohl mehrere Stunden für diese Aufgabe benötigen würde.

9.3.6 DoFollow-Blogs finden

Wie erläutert, sind DoFollow-Links aus SEO-Gesichtspunkten deutlich wertvoller als ihr NoFollow-Pendant. Dies geht so weit, dass sich insbesondere im Linktausch-Bereich eine regelrechte »Jagd« nach DoFollow-Links von gut positionierten Portalen entwickelt hat.

Da Blogs standardmäßig mit NoFollow-Links versehen werden, ist dort die Anzahl von DoFollow-Portalen naturgemäß noch kleiner. Diese sind von daher recht begehrt, so dass ganze Listen und Verzeichnisse im Internet kursieren, auf denen DoFollow-Blogs unterschiedlichster Art aufgeführt werden. Es gibt jedoch auch Tools und Werkzeuge, um solche Weblogs aufzuspüren, etwa das von mir getestete »Fast Blog Finder« (`www.fastblogfinder.com`), eines der wenigen tatsächlich funktionierenden Hilfsmittel in diesem Bereich, das jedoch erst in der kostenpflichtigen Version wirklich Sinn macht. Es listet recht zuverlässig Blogs aus unterschiedlichsten Bereichen, die die Links in ihren Kommentaren nicht mit dem NoFollow-Tag ausstatten, inklusive der Nennung von weiteren Faktoren wie der jeweiligen Linkpopularität.

Traditionellen Bloggern wird nun zu Recht ein Schauer über den Rücken laufen bei dem Gedanken daran, dass mit vergleichbaren Werkzeugen noch mehr Kommentar-Spammer auf ihre Seiten aufmerksam werden. Doch ein kleiner Trost: Auch ich habe eine kurze Zeit lang dieses Tool eingesetzt, um gerade für den Start eines neuen Blogs die ersten DoFollow-Backlinks für mich verbuchen zu können. Nur kurze Zeit jedoch, weil diese Art des »gezwungenen« Kommentierens schlicht und einfach keinen Spaß macht. Von daher möchte ich das Werkzeug zwar der Vollständigkeit halber erwähnen, eine wirkliche Alternative für Blogger zum »natürlichen« Kommentieren stellt es meines Erachtens auf Dauer jedoch nicht dar. Zumal SEO-Experten davon ausgehen, dass eine allzu einseitige Ausrichtung einer Webseite auf reine DoFollow-Backlinks von Google und anderen Suchmaschinen eher als unnatürlich angesehen wird und von daher als kritisch betrachtet werden dürfte.

9.3.7 Sonstige Hinweise

Im Folgenden möchte ich noch einige weitere Hinweise jeweils kurz anschneiden, die sich insbesondere bei Blogprojekten positiv auf das Suchmaschinenranking auswirken können. Auch hier verweise ich für eine geeignete Vertiefung auf entsprechende SEO-Fachliteratur, wie etwa das bereits vorgestellte »Website Boosting«:

- Einzelne Blogseiten und -artikel, die über nur sehr wenige oder nicht für Suchmaschinen relevante Inhalte verfügen, kann man mit dem Tag »NoIndex« versehen. Somit werden diese nicht bei Google gelistet, und – grob gesagt – die Qualität der restlichen Seiten damit auch nicht verwässert. Diese Einstellung kann man unter Zuhilfenahme eines der genannten kostenlosen SEO-Plugins meist direkt innerhalb der Artikelerstellung vornehmen oder über einen zentralen Index-Optionsbereich in dem entsprechenden Plugin. Im Zweifelsfall sollte man mit einem SEO-Dienstleister abstimmen, welche Einstellungen hier für welche Blogbereiche am meisten Sinn machen, da dies von Situation zu Situation unterschiedlich ausfallen kann.

- Bei den eingesetzten Blog-Themes sollte man darauf achten, dass diese Überschriften und sonstige hervorgehobene Elemente in den Seiten und Beiträgen auch sinnvoll mit so genannten h-Auszeichnungen (h1, h2, h3) versehen. Diese steuern quasi, welche Textbestandteile von einer Suchmaschine wie stark gewichtet werden sollen. Google & Co. können somit in der Regel besser »erkennen«, welche Abschnitte den zugehörigen Text besonders relevant umschreiben. Auch sollten diese Auszeichnungen in einer sinnvollen semantischen Reihenfolge vergeben werden, also etwa nach einer Struktur

```
h1-Überschrift->
Inhalte
    h2-Überschrift->
    Inhalte
h1->
...
    h2->
    ...
        h3->
        ...
```

so wie es eben auch dem logischen Textaufbau entspricht. Die meisten SEO-optimierten Themes – vor allem aus dem Bezahlt-Bereich – sind jedoch auf diese Optimierung hin ausgerichtet.

- Auch die im Abschnitt »Content« bereits beschriebenen Elemente zur leserfreundlichen Strukturierung eines Beitrags (fett und kursiv geschriebene Texte, Aufzählungen, Zwischenüberschriften etc.) machen es nicht nur dem menschlichen Betrachter um einiges leichter, den Inhalt möglichst schnell und leicht zu erfassen. Denn eine Suchmaschine wertet diese Informationen ebenfalls entsprechend aus.

- Sie sollten doppelte Seiteninhalte in Form gleichlautender WordPress-Strukturelemente vermeiden. Ein Beispiel: Es existiert in einem Mobilfunkblog eine Kategorie namens »UMTS« sowie gleichzeitig ein Tag-Archiv mit exakt der gleichen Bezeichnung. Verweisen diese sogar noch auf dieselben Inhalte, so kann sich dies unter Umständen negativ auswirken.

- Ähnliches gilt für sich wiederholende Verweise innerhalb einer Blogseite, so genannte Duplicate Links. Dies wäre etwa dann der Fall, wenn Sie im Header-Menü des Blogs auf die einzelnen Kategorien verlinken und dasselbe noch einmal in der Sidebar oder im Footer geschieht. Wollen oder können Sie auf solche Dopplungen nicht verzichten, so können die Links in einem der beiden Bereiche beispielsweise mit dem NoFollow-Attribut ausgezeichnet werden. Von einer sonstigen Maskierung der »doppelten« Links über JavaScript-Methoden und Ähnliches rate ich persönlich ab, da dies eventuell von einer Suchmaschine als bewusst »versteckte« Links gewertet werden könnte, was den Google-Richtlinien widerspricht und von daher in einer Abstrafung durch Google enden könnte.

- Seiten und Beiträge, die sich als inhaltlich oder SEO-technisch besonders relevant herausstellen, sollten von der Startseite aus über möglichst kurze Wege, also maximal zwei Klicks erreichbar sein. Die recht einfache Faustregel hierbei ist: Was für den Leser möglichst bequem und leicht zu erreichen ist, das wird auch dem Google-Robot eher »auffallen«.

Die meisten dieser Tipps haben eines gemeinsam: Gestalten Sie die Seitennavigation sowie die Inhalte Ihres Blogs möglichst benutzerfreundlich, so hat dies in der Regel, egal ob auf direkte oder indirekte Weise, auch einen positiven SEO-Effekt.

9.4 Google Panda und seine Auswirkungen auf das Blog-SEO

Kurz vor Redaktionsschluss wurde auch hierzulande das so genannte Panda-Update der Suchmaschine Google herausgebracht, das nicht nur in Blogger-Kreisen, sondern generell in der Szene der Internetportalbetreiber für einigen Wirbel sorgte, so dass ich hier ein wenig näher auf diese doch zunehmend gewichtiger werdende Thematik eingehen will.

Zunächst einmal: Worum handelt es sich bei diesem Update mit dem possierlichen Namen, aber keinesfalls immer niedlichen Auswirkungen? Google selbst ist angesichts der steigenden Konkurrenz anderer Suchmaschinen darum bemüht, die Suchergebnisse des eigenen Tools qualitativ immer hochwertiger werden zu lassen. Schließlich werden in naher Zukunft die Nutzer vor allem jene Suchdienste nutzen, die möglichst genau das liefern, was man sich von solch einer Recherche erwartet: die »richtigen« Antworten. Nicht zuletzt dank oder undank der Disziplin, um die es in diesem Kapitel geht – der Suchmaschinenoptimierung –, wurden eben diese Suchergebnisse immer mehr verwässert. Nicht mehr das wirklich passendste Angebot oder Portal zu einer spezifischen Suchanfrage wurde in der Vergangenheit ganz oben bei den Suchmaschinenergebnissen (SERPs oder Search Engine Result Pages) gelistet, sondern mehr und mehr jene Anbieter, die am meisten Geld in die eigene Suchmaschinenoptimierung investieren konnten, egal ob mit redlichen oder eher zweifelhaften Methoden betrieben.

Dem möchte Google nun mit dem Panda-Update entgegenwirken. Dabei handelt es sich kurz gesagt um eine Ansammlung von Algorithmen, die rein auf bestimmten SEO-Techniken basierende Suchmaschinenergebnisse verhindern möchte. Vor allem liegen hierbei unter anderem so genannte »Content-Farmen« im Visier der Google-Bemühungen. Wir haben gelernt, dass gute, einzigartige und regelmäßig erneuerte Inhalte die beste Garantie dafür sind, von Google »gemocht« zu werden. Genau dies haben sich nun einige mittelgroße Internetportale in aller Welt zu Eigen gemacht, um mit möglichst günstig erstandenem Content möglichst viele Leser auf die eigenen Seiten zu bringen und dann mit eingebundener Onlinewerbung nicht gerade wenig Geld zu verdienen. Oftmals wurden diese schnell erhältlichen Inhalte von anderen Portalen in gekürzten Fassungen automatisiert zusammengesammelt oder rein durch die Nutzer generiert, etwa bei einigen Frage-Antwort-Portalen (so genannter User generated content). Entsprechende Inhalte und deren Portale wurden also mittels des Panda-Updates beziehungsweise den entsprechenden Algorithmen abgestraft, hochwertige Seiten sollten somit in umgekehrter Weise indirekt belohnt werden.

Das ist Google nach ersten Analysen auch durchaus gelungen, wie die bisherigen Ergebnisse des hierzulande Mitte August 2011 eingeführten Updates zunächst vor allem bei den größeren Internetportalen unter Beweis stellten. Zahlreiche bislang sehr prominente deutschsprachige Portale, die hauptsächlich oder teilweise mit den zuvor genannten Methoden der Content-Ansammlung arbeiteten, bekamen dies deutlich zu spüren und mussten nicht unerhebliche Besuchereinbußen durch gesunkene Suchmaschinenrankings hinnehmen. Und dieses »Panda« genannte Update wird sicherlich nur der Beginn vergleichbarer weiterer Bemühungen sein, um zusätzliche Qualitätseinstufungen möglich werden zu lassen.

Doch was bedeutet dies nun für die Blogosphäre selbst? Nun, auch Blogs sind trotz ihrer contentlastigen Ausrichtung nicht immer ein Garant für wirklich einzigartige und nachhaltige Inhalte, wenn man beispielsweise einmal die unzähligen Affiliate-Blogs betrachtet. Und selbst qualitativ hochwertige Blogportale, die sich über einzelne Partnerprogramm-Artikel refinanzieren, laufen schnell Gefahr, etwa durch die einseitige Verwendung breit verwendeter, lukrativer und damit prinzipiell »verdächtiger« Keywords in die Erkennungsmechanismen der neuen Google-Filter zu geraten. Eine erste Umfrage unter befreundeten Bloggern sowie die Betrachtung der unterschiedlichsten Projekte – auch meiner eigenen – bestätigte, dass der Panda von Google durchaus auch in Blogkreisen für einiges Auf und Ab gesorgt hatte. Zu den Verlierern gehörten meist einseitig ausgerichtete Affiliate-Portale, wirklich hochwertige Content-Blogs konnten hingegen nicht selten deutlich in den Besucherzahlen und sonstigen Erfolgsfaktoren hinzugewinnen. So zählten bei mir selbst vor allem jene Blogs mit eingebundener Affiliate-Werbung zu den Gewinnern, bei denen ich stets auf eine ausgewogene Mischung zwischen eingebundenen Partnerlinks und sonstigem Content zum einen (maximal jeder zehnte Artikel war eher Affiliate-ausgerichtet oder gesponsert) sowie auf eine möglichst umfassende und qualitativ hochwertige Berichterstattung Wert gelegt hatte. Hier verzeichnete ich in den ersten Wochen nach Freischaltung der Panda-Mechanismen Zuwächse etwa in den Besucherzahlen durch Google von 40 bis über 150 Prozent. Deutlich Partnerprogramm-lastigere Blogportale mussten hingegen auch bei mir mit Einbußen von bis zu 30 Prozent und mehr bei den Besucherzahlen leben. Ein Beweis mehr dafür, dass hochwertige Inhalte zunehmend immer wichtiger werden, und – so finde ich zumindest – eine Chance für die stets um Qualität bemühte traditionelle Blogosphäre an sich.

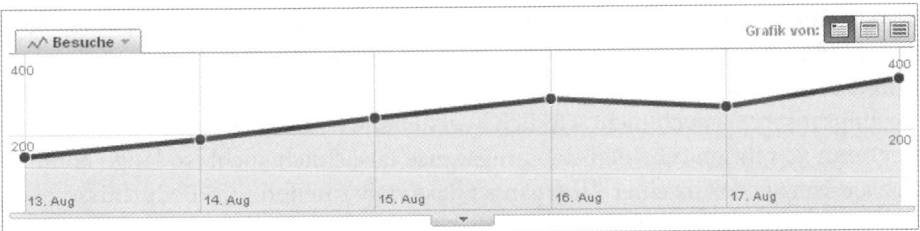

Abb. 9.7: Die Auswirkungen des Panda-Updates waren je nach Blog deutlich zu spüren.

Einige SEO-Experten gehen zudem davon aus, dass Faktoren wie die durchschnittliche Besuchsdauer auf einem Blog oder die Abbrecherquote ebenfalls in zunehmendem Maße in diese neueren Google-Berechnungen mit einfließen, was ja auch durchaus Sinn machen würde, da beide Faktoren deutliche Rückschlüsse auf die tatsächliche Qualität der Inhalte eines Onlineportals erlauben. Denn die beste Bewertungsgrundlage für hochwertigen Content bietet nach wie vor der Besucher selbst. Auch hiervon werden vor allem jene Blogger profitieren, die zum einen

Inhalte bereitstellen, die den Leser so gut wie möglich »fesseln« und somit binden, und die zum anderen all jene Mechanismen ausnutzen, um die eigenen Besucher möglichst lange auf dem Blogportal zu halten (siehe unter anderem Kapitel 10).

Zudem kann das Google-Panda-Update für einige Blogbetreiber zum unschönen Effekt der »Mitabstrafung« führen. Beispielsweise kann dies dann der Fall sein, wenn ein solches abgestrafte Portal über eine Verlinkung oder einen Werbebanner als gute Traffic-Quelle für Ihr Blogportal diente. Bleiben nun dort aufgrund des Panda-Updates die wichtigsten Besucherströme weg, so werden natürlich auch weniger Leser den Weg zu Ihrem Weblog finden.

9.5 Google-Plus-SEO

Noch ein eigenes Unterkapitel zur Suchmaschinenoptimierung mittels Google, aber die Suchmaschine ist mit Marktanteilen von bis zu 90 Prozent und mehr einfach zu wichtig, um nicht zumindest die relevantesten SEO-Aspekte für Blogbetreiber zu benennen. Bei dem neuen sozialen Netzwerk Google Plus – das ich an früherer Stelle bereits vorgestellt habe – handelt es sich um einen besonders nennenswerten Faktor. Und eigentlich begegnen wir selbst hier wieder einem Teil der immer stärker um sich greifenden Qualitätsoffensive von Google.

Linkverweise sind im Internet bislang quasi die Währung und Quelle, wenn es darum geht, die Werthaltigkeit und Attraktivität eines Webprojekts beurteilen zu können. Da diese Tatsache jedoch gleichzeitig immer weitere Methoden und Dienstleister auf den Plan ruft, um genau diesen Effekt auszunutzen, so suchen Suchmaschinenbetreiber aller Art schon seit Langem nach einer besseren und intelligenteren Möglichkeit, die tatsächliche Popularität eines Onlineportals oder eines jedweden sonstigen Angebots innerhalb des World Wide Web bemessen zu können. Und solange die Suchportal-Algorithmen – etwa über semantische Lösungsansätze – noch nicht wirklich »verstehen« können, was der jeweilige Nutzer denn von ihnen möchte beziehungsweise tatsächlich sucht, so lange könnten soziale Netzwerke in einer Übergangsphase dabei helfen, die Bedürfnisse eben dieser Suchenden besser einordnen zu können. Nehmen wir das Beispiel Facebook. Tritt dort ein Mitglied der Handwerker-Gruppe »Schlossermeister« bei und sucht dieses Mitglied nun in einer Suchmaschine nach dem Begriff »das beste Schloss«, so könnten jene Ergebnisse bevorzugt werden, die seiner Einstufung bei Facebook nahekommen. Statt luxuriöser Schloss-Immobilien würden also tatsächlich nur oder hauptsächlich Schloss-Werkzeuge als Resultat gelistet.

Die meisten Experten gehen davon aus – und es gibt auch bereits erste konkrete Anzeichen hierfür –, dass Google nun natürlich einzelne gewonnene Erkenntnisse und Daten aus Google Plus dazu nutzen wird, die eigenen Suchergebnislisten zu optimieren. Das beste Beispiel ist hierfür der mittlerweile allseits bekannte Google+-Button, mit dem man – ähnlich wie bei der »Gefällt mir«-Funktion von Facebook – bestimmte Portale und Webinhalte favorisieren kann. Hat also zum Beispiel ein in meinen Circles (die Freundeskreise von Google Plus) befindlicher Kontakt einen Webeintrag »geplusst«, der in einer meiner Suchabfragen als Ergebnis auftaucht, so würde dieser beispielsweise automatisch an die erste Position wandern, da der Rückschluss ja naheliegt, dass mir genau dieses Suchergebnis ebenfalls gefallen könnte.

Abb. 9.8: So sieht ein eingebundener Plus-Button aus.

Somit werden die Google Plusse quasi zu einer ganz neuen Währung, neben den anderen Rankingkriterien wie etwa der Linkpopularität, der Klickrate oder der Seitenperformance. Sofern Sie es noch nicht getan haben, sollten Sie also schleunigst die entsprechende Funktionalität von Google in Ihren Blog sowie in die einzelnen Beiträge einbinden. Das Beispiel der Blogprofis zeigt mir, dass diese Möglichkeit der Seitenbewertung durchaus schon von zahlreichen Blogbesuchern genutzt wird und es dürften weiterhin immer mehr werden. Und aus oben genannten Gründen sollte man rechtzeitig damit anfangen, derartige Plus-Punkte zu »sammeln«.

Tipp

Unter der URL www.google.com/webmasters/+1/button/ kann man sich sehr einfach und schnell den Quellcode erstellen lassen, den man benötigt, um eine solche Google+1-Schaltfläche in die eigenen Blogbeiträge oder sonstige Bereiche des Blogportals zu integrieren. Dabei wird ein Tag generiert, das man für die grundsätzliche Funktionsweise in den Head-Bereich oder direkt vor das schließende Body-Tag des Blogs einfügen muss. Die meisten WordPress-Themes bieten hierfür eine Funktionalität beziehungsweise ein Optionsfeld innerhalb der Administrationsoberfläche, in das man diesen Quellcode direkt per Copy&Paste einfügen kann. Das zweite, sehr kurze Codeschnipsel fügt man dann direkt an der Stelle der Blogtemplates ein, an der der +1-Button angezeigt werden soll.

Über das kleine oben genannte Onlinetool von Google kann man dabei sowohl festlegen, wie groß der generierte Button gestaltet werden soll, sowie – unter den »erweiterten Optionen« – zudem, ob der Zähler der »Plusse« mit angezeigt werden soll oder nicht. Gleichzeitig darf hier bei Bedarf eine alternative URL angegeben werden, für die das jeweilige +1 gegeben werden soll (standardmäßig wird die URL verwendet, auf welcher der Button eingebunden und sichtbar ist). Dies kann beispielsweise dann sinnvoll sein, wenn die +1-Schaltfläche neben einer Beschreibung für eine andere Seite angezeigt wird, die man zum Voting freigeben möchte.

Damit die eigenen Blogleser diese Schaltfläche nun möglichst bereitwillig nutzen, gelten im Prinzip die gleichen Mechanismen, die Sie zuvor schon bei der Sammlung möglichst vieler Kommentare oder bei der Gestaltung viraler Inhalte kennen gelernt haben. Auch das Kapitel 10 wird sich noch einmal mit den wichtigsten Strategien für eine erfolgreiche Social-Media-Vermarktung beschäftigen. Nicht verheimlichen will ich an dieser Stelle jedoch, dass es für einige Blogtypen sehr schwer werden dürfte, die Besucher zur Abgabe solcher »Gefällt mir«-Statements zu bewegen, sei es nun über Google Plus, Facebook oder welches Netzwerk auch immer. Insbesondere bei reinen Affiliate-Blogs werden die zugehörigen Inhalte den Leser möglicherweise zu einem Klick auf ein Werbemittel »verführen«, ihn aber gleichzeitig wohl kaum nachhaltig begeistern. Abhilfe kann man auch hier wieder durch die Einstreuung qualitativ besonders hochwertiger Beiträge schaffen, die nicht einem werblichen Zweck dienen. Oder man stellt den Besuchern ein besonders gut gestaltetes Tool zur Verfügung, etwa einen individuellen Produkt-Vergleichsrechner oder Ähnliches, welches dann durch seine Features überzeugen kann und somit gerne an Freunde und Bekannte weiterempfohlen wird.

Wenn der Google-Plus-Button jedoch Verwendung findet – und dies gilt ebenfalls für die Pendants wie die entsprechende Facebook-Schaltfläche –, so hat dies neben der positiven Außenwirkung als auch den SEO-Effekten jedoch noch einen ganz anderen Vorteil. Denn hierdurch erhalten Sie in diesem Fall eine weitere Messgröße – etwa neben der Anzahl an Kommentaren, die ein Beitrag für sich gewinnen kann –, die Ihnen relativ eindeutig zeigt, welche Inhalte Ihre Leser mögen und welche nicht oder nur weniger. Somit stellen diese Social-Buttons gleichzeitig eine recht gute Möglichkeit dar, Ihre eigene Blog-Marktforschung noch weiter zu verfeinern und hierauf Ihre zukünftige Content-Strategie aufzubauen.

Tipp

Um den sich derzeit fast schon überschlagenden Entwicklungen rund um Googles soziales Netzwerk zu folgen und somit jederzeit über neue Features, aber auch zugehörige Tools etc. informiert zu sein, kann ich Ihnen übrigens unter anderem die beiden Blogs www.gplusmarketing.de und http:// insidegoogleplus.de empfehlen. Eines dürfte klar sein: Wer für die Zukunft der Suchmaschinenoptimierung gerüstet sein will, der sollte sich ganz genau darüber auf dem Laufenden halten, wohin die weitere Reise von Google Plus geht.

9.6 Organischer Linkaufbau

Wie Sie wohl bereits mehrfach aus den vergangenen Kapiteln herauslesen konnten, möchte ich Sie insgesamt dazu animieren, bei dem Aufbau einer eigenen Backlinkstrategie möglichst auf ein organisches Linkbuilding zu achten und zu setzen. Organisch ist in diesem Fall gleichbedeutend mit »natürlich«, das heißt, es geht um jene Verweise zu Ihrem Blog, die von ganz alleine entstehen, also »freiwillig« abgegeben werden. Ich weiß natürlich, dass es sich gerade bei diesem natürlich entstehenden Linkaufbau recht eigentlich um die schwierigste und oftmals langwierigste Variante handelt, das eigene Blogportal entsprechend zu stärken. Dennoch bergen sämtliche im SEO-Bereich als »Alternative« hierzu angebotenen Techniken meist deutliche Gefahren, wie Sie sie etwa in den Bereichen des Linkkaufs oder der Linkmiete bereits kennen gelernt haben.

»Wozu benötige ich dann überhaupt noch einen Spezialisten für den Bereich Suchmaschinenoptimierung?«, wird sich nun vielleicht so mancher Leser zu Recht fragen. Nun, zum einen kann Ihnen ein solcher sehr wertvolle Hinweise und Tipps hinsichtlich der On-Page-SEO-Optimierung geben, also der suchmaschinentechnisch gesehen optimalen Platzierung und Gestaltung der Inhalte Ihres Blogs. Und selbst im Off-Page-, also unter anderem Linkbuliding-Bereich, wird er Ihnen einige Aspekte und Möglichkeiten benennen können, die möglichst konform zu einer rein organischen Linkstrategie gehen beziehungsweise einen solchen natürlichen Aufbau direkt oder indirekt unterstützen.

Ein paar Tipps möchte ich Ihnen an dieser Stelle ebenfalls geben, wie Sie diese freiwillige und von selbst wachsende Verlinkung auf Ihren Blog anregen und unterstützen können:

- Ich wiederhole mich, ich weiß, aber dies kann man nicht oft genug aufzeigen: Auch hier stellen werthaltige und gute textliche Inhalte das wesentlichste Element dar, um Leser und andere Portalbetreiber dazu zu ermutigen, auf Ihre Beiträge zu verweisen. Ein wirklich gut gemachter Artikel zu einem Thema, das Ihre Leser auch tatsächlich beschäftigt – und der zudem in dieser Form und mit diesen Inhalten so auch kein zweites Mal existiert –, der wird sich um Backlinks wohl kaum Sorgen machen müssen.
- Man wird über Ihre Artikel dann sprechen – und sie dann auch verlinken –, wenn sie überraschen, für eine kontroverse Auseinandersetzung sorgen, pro-

vozieren (aber nicht übertreiben bitte), eine Aktion auslösen (Gewinnspiele, Blogparaden etc.), zum Nachdenken anregen, das Gegenüber fröhlich oder auch weniger fröhlich stimmen. Haben Ihre Beiträge also eine eigene Persönlichkeit sowie eine eigene Meinung und lösen diese hiermit gar Gefühle jedweder Richtung aus, so ergibt sich der Rest meist von selbst.

- Je weniger werblich ein Beitrag gestaltet ist, umso mehr steigen die Chance einer aktiven Verlinkung. Unter anderem deswegen ist es für Affiliate-betriebene Weblogs so wichtig, eine gute Balance zwischen kommerziellen und nichtkommerziellen Inhalten zu finden.

- Auch hier zählt wieder der bereits zuvor erwähnte Spannungsbogen. Sie müssen gerade in einem Blog keine »Romane« schreiben, um verlinkt zu werden, weniger ist hier manchmal mehr. Wenn Sie innerhalb der ersten Zeilen zumindest einen Teil Ihrer Kernaussage prominent und deutlich herausstellen, so werden andere Blogger und Besucher eher dazu bereit sein, diese Inhalte zu teilen. Das Internet ist selten dazu geschaffen, bestimmte Themen in epischer Breite auszudiskutieren. Ein anderer Blogger schrieb einmal über meine Beiträge bei den Blogprofis, diese seien zwar stets recht »kurz« gefasst, aber würden dabei meist das Wesentliche umfassen. Genau das ist der Trick bei der ganzen Sache.

- Machen Sie selbst einmal den Test: Ob Sie einen anderen Artikel verlinken oder nicht, das entscheidet oft bereits der erste Eindruck, wie etwa die Beitrags-Überschrift.

- Verknappung und Exklusivität sind ebenfalls Stichworte, die einen gelungenen Beitrag ausmachen. Dies bedeutet zum Beispiel: Der Inhalt gilt nur heute oder für wenige Tage, das Blog-Interview ist nur bei Ihnen zu lesen, ein neues Tool oder Produkt wird zum ersten Mal bei Ihnen mit einigen wirklich neuen Details vorgestellt.

Ich hatte dies zwar bereits erwähnt, aber einen weiteren sehr wichtigen Baustein stellt hierbei Ihre eigene Verlinkungs-Aktivität dar. »Geizen« Sie selbst mit Empfehlungen und Verweisen auf andere Web-Inhalte, so dürfen Sie sich nicht wundern, wenn Ihre Beiträge und Inhalte ebenfalls kaum ein Echo innerhalb der Blogosphäre und auch darüber hinaus finden werden.

9.7 SEO und SEM auslagern

Sobald man mit einem Blog die ersten vielversprechenden Einnahmen erzielt – oder von vornherein vom Erfolg eines neuen Weblog-Projekts überzeugt ist –, lohnt es sich auch, darüber nachzudenken, im Falle der Suchmaschinenoptimierung in einen Spezialisten zu investieren. Denn die zuvor vorgestellten Werkzeuge und

Tipps sind zwar sehr effektiv; um wirklich in die SEO-Untiefen absteigen und damit noch mehr Umsatz mit dem eigenen Blog generieren zu können, bedarf es jedoch absoluter Expertenkenntnisse im Bereich der Suchmaschinenoptimierung, die wohl die wenigsten von uns besitzen werden. Auch wenn man auf SEM-Techniken (Suchmaschinenmarketing, wie der optimierte Einsatz von Google-AdWords-Werbekampagnen) zur Besuchergenerierung setzt, wird sich das Engagement eines entsprechend erfahrenen SEM-Consultants oder -Dienstleisters unter Umständen lohnen.

Das Outsourcing dieser beiden Disziplinen kann einen enormen Hebel bedeuten, wenn das Ziel der Suchmaschinenoptimierung aufgeht und der eigene Blog durch den Einsatz dieser Techniken deutlich prominenter und präsenter in den Suchergebnissen von Google wird. Denn gerade bei einem umsatzträchtigen Affiliate-Blog können sich die Einnahmen somit durchaus noch einmal ver-x-fachen. Aber auch einem Corporate-Blog ist natürlich daran gelegen, das Portal möglichst gut zu positionieren. Ich selbst habe die Erfahrung gemacht, dass sich bei gut laufenden Blogprojekten die Investitionen in einen externen SEO- oder auch SEM-Dienstleister sehr schnell amortisieren können. Schließlich kann man eine entsprechende Zusammenarbeit zunächst auch einmal ausprobieren, denn ein seriöser Dienstleister wird hierbei nicht gleich auf einen Vertrag mit längerer Mindestlaufzeit bestehen oder – noch besser – eh erst einmal eine Erst-Analyse und danach gegebenenfalls eine »Probezeit« für eine Zusammenarbeit anbieten wollen. Doch wie findet man nun einen wirklich guten SEO, mit dem sich eine vertrauensvolle und vor allem längerfristige Zusammenarbeit ergibt, und worauf sollte man bei dieser Auswahl achten?

Zum einen wachsen wirklich gute und erfolgreiche SEOs nicht gerade auf Bäumen, zum anderen ist wie bereits erwähnt die Grauzone in diesem Segment teils extrem groß und nicht zuletzt ist eine effektive SEO-Dienstleistung zudem meist nicht besonders günstig zu haben. Hinzu kommt noch erschwerend, dass so mancher größerer Dienstleister in diesem Bereich möglicherweise hervorragend geeignet ist, um einen größeren Onlineshop oder sonstige Portale zu betreuen, nicht jedoch einen kleineren bis mittelgroßen Blog mit seinen teils doch recht spezifischen »Eigenheiten«. Den meisten SEO- und SEM-Beratern wird ein entsprechender Auftrag schlicht nicht lukrativ genug erscheinen, selbst wenn man über eine ganze Reihe von Blogportalen verfügt.

Eine sehr gute Möglichkeit kann es deswegen sein, sich einmal unter den bekanntesten SEO-Bloggern in Deutschland, Österreich oder auch der Schweiz umzuschauen, die oftmals auch entsprechende Dienstleistungen anbieten. Denn diese vereinen gleich mehrere Vorteile in sich:

- Sie verstehen etwas von der Materie »Blog«, der dahinterliegenden Technik und den hieraus resultierenden spezifischen SEO-Voraussetzungen.

- Dementsprechend können konkrete Tipps zur Verbesserung einer Blogplatt-form abgegeben werden (etwa: Nutze Plugin x, stelle auf den Blog-Archivseiten dieses um, gestalte die Sidebar-Widgets auf jene Weise etc.).

- Meist verfügen sie über ein recht gutes Netzwerk an befreundeten Bloggern, die sich gegebenenfalls zu SEO-Zwecken nutzen lassen.

- Man wird nicht gleich die »Nase rümpfen« ob des vermeintlich zu kleinen Projekts.

- Die Kompetenz dieser SEO-Experten lässt sich aufgrund der Inhalte ihrer Blogs, der Leserreaktionen darauf sowie der Verbreitung ihrer Beiträge in der Blogosphäre relativ leicht überprüfen.

Ich persönlich habe lange genug nach einem vernünftigen und auch noch bezahl-baren SEO-Experten gesucht, der sich nicht zu schade war, selbst meine kleineren Blogs einmal unter die Lupe zu nehmen. Erst in einem SEO-Blogger fand ich schließlich eine wirklich gute Lösung, so dass ich mir mittlerweile gar keine andere Zusammenarbeit mehr vorstellen kann.

Doch selbst hierbei gilt es, die »Spreu vom Weizen« zu trennen. Viele selbst ernannte Experten rechnen sich der eigentlichen SEO-Szene zu und halten dabei nicht immer alles, was sie versprechen. Insbesondere bin ich bereits dem einen oder anderen SEO begegnet, dessen Spezialgebiet das so genannte »Black Hat SEO« zu sein scheint. Darunter versteht man generell Maßnahmen zur Optimie-rung von Webseiten, die nicht den erlaubten Richtlinien der Suchmaschinen ent-sprechen, etwa indem Lücken in den Ranking-Algorithmen ausgenutzt werden. Vor solchen Methoden kann nicht nur ich generell abraten. Vergleichbare »Profis« können einen Blog zwar recht schnell teils erheblich besser innerhalb der Such-maschinenergebnisse positionieren, ein in diesem Falle dauerhafter und umso schmerzlicherer Komplettabstieg beziehungsweise sogar eine Verbannung aus dem Google-Index kann jedoch ebenso die Folge sein, insbesondere wenn sich erst im Nachhinein herausstellt, dass dieser »Profi« wohl doch nicht so viel von seinem Handwerk verstand. Denn die meisten SEO-Maßnahmen wirken sich erst Wochen oder gar Monate nach der eigentlichen Implementierung aus.

Dann ist guter Rat teuer oder gar unmöglich, denn eine in dieser Form abgestrafte Domain wieder gut zu positionieren, kann extrem schwer oder gar unmöglich sein. Worauf sollten Sie also bei der Auswahl eines SEO-Dienstleisters oder -Blog-gers achten?

- Dieser sollte transparent und ausführlich darlegen können, am besten schrift-lich, mit welchen konkreten Methoden er den Blog besser in Suchmaschinen positionieren möchte, sowohl bei den OnPage-Maßnahmen (also alles, was die Optimierung der Webseitengestaltung selbst angeht) als auch im OffPage-

Bereich (Linkaufbau und -optimierung). In diesem Zusammenhang sollten Sie zudem darauf achten, dass generell möglichst viele OnPage-Werkzeuge sowie im OffPage-Bereich ein ausschließlich organischer Linkaufbau zu den Kernkompetenzen des Dienstleisters gehören, da alle anderen Methoden unter Umständen gefährlich für Ihr Blogportal werden können.

- Der Leistungsumfang und die Kosten hierfür sowie die notwendige Mitarbeit des Auftraggebers sollten ebenfalls schriftlich fixiert werden, gegebenenfalls ist es anzuraten, mehrere Angebote unterschiedlicher SEO-Dienstleister miteinander zu vergleichen.

- Referenzen sind in diesem Bereich extrem wichtig. Am besten, man kontaktiert mehrere (!) Kunden des SEO persönlich, um diese nach der Qualität und den Resultaten der Zusammenarbeit zu befragen. Diese Referenzen kann der SEO selbst darlegen (ein seriöser Experte wird auch über solche »öffentlichen« Referenzen verfügen). Wobei man unter Umständen darauf achten sollte, dass die Referenz und der Dienstleister nicht seit jeher zu eng miteinander »verbandelt« sind, um die Qualität der erfolgten Aussagen einschätzen zu können.

- Natürlich müssen gerade bei SEO-Bloggern diese Referenzen nicht immer gleich die größten Unternehmen sein. Trotzdem kann man an der Art dieser Kunden durchaus einiges erkennen. Bestehen diese hauptsächlich aus – nun sagen wir einmal – relativ »zwielichtigen« Portalen etwa im »Schnell-Geld-verdienen«-, Casino- oder Erotikbereich, dann würde ich genauer hinschauen. Denn gerade Kunden, die in der Hauptsache vom »schnellen Geld« leben, sind vielleicht eher bereit, hierfür das Risiko unlauterer SEO-Praktiken sowie deren möglichen Konsequenzen auf sich zu nehmen. Befinden sich jedoch bereits sehr lange existierende und gut positionierte Nischen-Shops oder Blogportale unter den Referenzen, so spricht dies mehr für die Qualität des Dienstleisters.

- Viele eher weniger gute SEO-»Experten« verraten sich interessanterweise dadurch, dass ihre eigenen Portale nicht sonderlich gut bei Google positioniert sind. Obwohl der Einfluss des PageRanks einer Seite durchaus umstritten ist, so kann man diesen immer noch recht gut als Grundlage hierfür nehmen. Hat der Internetauftritt eines Suchmaschinenoptimierers einen sehr niedrigen Pagerank oder sogar gar keinen, so kann es mit seinen Fähigkeiten nicht allzu weit her sein.

Sind Sie jedoch auf dem Gebiet der Suchmaschinenoptimierung relativ unerfahren oder haben Sie Zweifel bei der Wahl eines geeigneten Experten, so können Sie, wenn möglich, stets auch befreundete und eher SEO-erfahrene Blogger um Rat fragen, was diese von einem bestimmten Angebot halten oder ob der eine oder andere vielleicht sogar einen Dienstleister weiterempfehlen kann, mit dem er bereits persönlich zusammengearbeitet hat.

Hinweis

Wie erwähnt, gibt es eine solche Möglichkeit der Auslagerung von Dienstleistungen auch im Bereich SEM (»Search Engine Marketing« im Sinne von aktiver Werbung innerhalb von Suchmaschinen für das eigene Blogportal etwa über Google AdWords).

Denn in bestimmten Fällen kann es sich durchaus lohnen, aktiv Geld für die Bewerbung eines Blogs innerhalb von Suchmaschinen auszugeben, etwa im Affiliate-Blog-Bereich. Ein kleines Beispiel: Sind Sie in der glücklichen Lage, dass Ihnen ein Webseitenbesucher – der beispielsweise über das Keyword »Girokonto« auf Ihre Seite kommt – durchschnittlich einen Euro an Affiliate- oder sonstigen Einnahmen einbringt, und kostet Sie die Buchung eben dieses Keywords über Google AdWords (www.google.de/adwords) momentan lediglich 90 Cent pro Klick, so könnte sich diese Ausgabe tatsächlich lohnen, da Sie ja im Durchschnitt und bei entsprechender Besucherzahl 10 Cent Gewinn pro via AdWords generiertem und bezahltem Seitenbesucher machen würden.

Insbesondere bei einem Blog mit hohen Besucherzahlen kann man deswegen über die Zusammenarbeit mit einem solchen SEM-Spezialisten oder einer hierauf ausgerichteten Agentur nachdenken, da man auch im erfolgreichen Umgang mit dieser Form des Suchmaschinenmarketings sowie mit Google AdWords jede Menge Erfahrung und Know-how benötigt, das sich nur wenige Blogbetreiber zeit- und erfahrungsbedingt selbst in dieser Form aneignen können.

Kapitel 10

Blogleser zu Freunden machen und halten

Das Schöne an der Arbeit als Blogger ist nicht zuletzt, dass sich mit zunehmendem Erfolg eine Art fast schon automatischer Dynamik entwickelt, die wiederum für weiteres stetiges Fortkommen sorgt. Eine zunehmende Vernetzung innerhalb der Blogosphäre, eine steigende Anzahl an potenziellen und tatsächlichen Kooperationspartnern, nachhaltige Content- oder Linkpartnerschaften und mehr sorgen für diesen Effekt, solange man sich nicht als wenig offener oder unzuverlässiger Einzelkämpfer darstellt.

Das »Kapital« eines jeden Bloggers sind auch hier seine Kunden, also seine Leser. Man kann als Blogbetreiber noch so engagiert und diszipliniert vorgehen, ohne den Rückhalt einer oder mehrerer Leserschaft(en) wird man sich wohl kaum dauerhaft etablieren können. Was liegt in diesem Zusammenhang demnach näher, als sich einen dauerhaften Blog-Kundenstamm aufzubauen?

Um eines vorwegzunehmen: Nicht jede Art von Weblog ist hierfür gleichermaßen geeignet. Ein reiner Affiliate-Blog – auf dem ein Leser vielleicht einmal in seinem Leben vorbeischaut, weil er sich just in diesem Moment für Produkt x oder Dienstleistung y interessiert – wird wohl deutlich weniger »Fans« produzieren als der eher Community-ähnliche Gadget-Blog, der im Laufe der Zeit vielleicht sogar zu einer Art »Institution« für die teilnehmenden Leser wird. Und ein Corporate-Blog wird seine Leser über qualitativ hochwertige und produktunabhängige Inhalte erst einmal davon überzeugen müssen, dass nicht doch irgendwo die ständig versteckte Schleichwerbung lauert. Trotzdem gibt es ein paar Methoden und Ansätze, die es einem ProBlogger zumindest einfacher machen, eine treue Lesergemeinde aufzubauen sowie diese dann auch noch möglichst nachhaltig zu etablieren und zu halten.

10.1 Die Mitwirkung auf dem Blog stärken

Je interaktiver ein Internetportal, umso höher wird die Attraktivität für alle beteiligten Seiten ausfallen. Ergibt sich auf einem Blogportal nach und nach der bereits erwähnte Community-Effekt, so geht dies unweigerlich einher mit einer Zunahme der Stammleser, der Weiterempfehlung von Bloginhalten, einer steigenden Bekanntheit des Portals innerhalb der Blogosphäre und darüber hinaus im besten Fall sogar mit gelegentlichen viralen Marketingeffekten.

Doch wie rege ich nun meine vielleicht erst langsam wachsende und eher zufällig über meinen Blog stolpernde Leserschaft dazu an, sich aktiv zu beteiligen oder mich gar weiterzuempfehlen? Hierfür gibt es meines Erachtens – neben einem qualitativ hochwertigen Content als zwingend notwendige Grundlage natürlich – folgende generelle Bausteine:

10.1.1 Die »Persönlichkeit« eines Blogs oder Bloggers

Nun wird es für den einen oder anderen Leser möglicherweise ein wenig spirituell, ich denke jedoch, dieses Phänomen hat jeder Blogger und damit ja auch stets Blogleser selbst schon einmal feststellen können: Es gibt Blogportale, auf denen man sich – ohne eigentlich genau benennen zu können, warum – »wohler« fühlt als auf so manch anderen. Und dies völlig unabhängig vom Weblog-Thema selbst, und selbst abgesehen davon, wie perfekt oder eben nicht perfekt das Design des betreffenden Portals gestaltet war.

Bei derartigen Blogs »spürt« man fast schon auf den ersten Blick, dass eben nicht nur reine Werbung und keine in den Vordergrund tretende Selbstdarstellung dahintersteckt. Meist geht diese »Persönlichkeit« eines Blogportals einher mit eben der korrespondierenden Persönlichkeit des Bloggers oder der Autoren selbst. Denn sogar bei Firmenblogs kann ich diese Analogie immer wieder beobachten: Auch durch besonders hohe Besucherzahlen geadelte Corporate-Blogs gehen stets sehr offen mit den Autoren und deren Hintergrund um, diese können direkt kontaktiert werden, lassen in ihren Artikeln auch einmal eine persönliche Note durchblitzen, nehmen sich selbst und ihre Aufgabe nicht zu ernst, lassen andere (Leser-) Meinungen unvoreingenommen zu, gestehen sogar schon auch einmal Lücken in ihrem jeweiligen Expertenwissen ein etc.

Jüngst sprach mich ein Blogkollege an: Die `Blogprofis.de` fände er ja an sich sehr gut, nur manche Artikel darin wären ihm dann doch fast schon etwas zu »banal«, da ich dort eigentlich nur über meine eigenen Erfahrungen mit gewissen Techniken, Trends, Dienstleistern, Vermarktungstechniken und vielem mehr schreiben würde. Wenn er wüsste (was ich ihm aber natürlich auch entgegnete), dass genau diese Beiträge am besten ankommen bei meinen Lesern! Was ich damit sagen will: Egal ob es in einem Blog um Technik, Versicherungen, Kochrezepte, Politik, Gesundheit, Stromanbieter, das örtliche Nachtleben oder was auch immer geht, der Blog wird stets mehr Erfolg haben, hinter dem die Persönlichkeit seiner Macher mit durchschimmert. Auch hier sollte man sich immer einmal wieder an die ursprüngliche Aufgabe und Begrifflichkeit eines Blogs zurückerinnern, bei dem es sich in letzter Konsequenz ja um nichts anderes handelt als um profane und dennoch hilfreiche oder unterhaltsame Web-Tagebücher.

Als kleines Beispiel möchte ich an dieser Stelle einen Teilnehmer aus meinem Blog-Wettbewerb 2011 nennen, da dieser bei Erscheinen des Buchs bereits beendet sein wird, nämlich den Orangenmond-Blog (siehe `www.orangenmond.at`). Das

»Styling« des Portals ist vielleicht nicht immer perfekt, nicht jeder Beitrag ein absoluter Lesererfolg und dennoch strahlt dieser Weblog die Liebe für das Detail – mit dem er stets geschrieben wird – auch tatsächlich aus. Gekoppelt eben an die Persönlichkeit der Autorin, die bei Gelegenheit schon einmal aus dem eigenen Urlaub »bloggt«.

Abb. 10.1: Der Blog Orangenmond.at

Und ich denke, dass selbst »kommerzielle« oder gar Corporate-Blogs eine Menge von solchen Beispielen lernen können. Bei mir waren übrigens ebenfalls stets genau jene Projekte von Anfang an am erfolgreichsten, bei denen ich am offensten mit meiner Person als Autor umgegangen bin. Was nun natürlich nicht bedeutet, dass Sie dem FirmenBlogleser mitteilen sollen, was Sie am kommenden Wochenende vorhaben und wie sich Ihre derzeitige Sicht auf die Dinge der Weltpolitik darstellt, aber man sollte stets erkennen, dass nicht »nur« eine Firma oder nur ein sich refinanzierender Blogger hier schreibt, sondern eben eine oder mehrere Persönlichkeit(en) mit ihren ganz individuellen Eigenschaften.

10.1.2 Interaktive Blogelemente

Geben wir es doch zu, immer wieder einmal kommt das Kind in uns durch. Warum verbringen wir so viel Zeit im World Wide Web? Hauptsächlich doch, um unterhalten zu werden, in welcher Form auch immer. Interaktive oder fast schon spielerische Elemente gehören seit jeher mit zu den Lieblingen meiner Leser, viele davon hatte ich in den vorangegangenen Kapiteln auch bereits vorgestellt. Denn egal ob das Sternchen-Bewertungstool für einzelne Artikel, der Leserwettbewerb, das Gewinnspiel, die Blogger-Umfrage, Erfahrungsberichte oder Fotos von Lesern, Blogparaden, Flash-Spielchen, Facebook-like-Daumen, Blogstatistiken, Rabattaktionen, Gutscheine, Videos, Podcasts und vieles weitere mehr: All dies belohnt den Leser für seinen Besuch, macht jedwede Blogmaterie abwechslungsreicher und regt zum »Mitmachen« an.

Auch hier wieder: Der angesagte Coupon-Blog wird von derlei Modulen möglicherweise eher profitieren als der Bausparer-Blog. Trotzdem bin ich mir sicher, dass die in diesem Buch vorgestellten interaktiven Elemente und Tools – leicht abgewandelt vielleicht – in nahezu jedem Blog und auch Corporate-Blog zum Einsatz kommen können. Ein weiterer Vorteil ist zudem: Handelt es sich um eine wirklich schöne Aktion und dient diese nicht allzu offensichtlich einfach nur der Eigenvermarktung, so wird man auch über sie – und damit über das zugehörige Internetportal selbst – sprechen.

10.1.3 Belohnung der (Stamm-)Leser

In eine ähnliche Kategorie gehört die Belohnung der eigenen Blogleser, insbesondere natürlich jener, die regelmäßig mitlesen. Natürlich werden diese in erster Linie durch hochwertige und Mehrwert bringende Artikel entlohnt, doch auch darüber hinaus gibt es zahlreiche Elemente, die als zusätzlicher Anreiz dienen können, den Blog-Feed zu abonnieren, auf Twitter zu folgen oder einfach nur regelmäßig vorbeizuschauen. Als Blogger und damit immer auch Mittler zwischen Dienstleistern unterschiedlichster Art sowie den eigenen Lesern ergeben sich zudem zahlreiche Möglichkeiten hierfür, die man nur erkennen und nutzen muss.

So könnte man Sonderkonditionen mit einem Interviewpartner aushandeln, die man wiederum an seine eigenen Blogbesucher weiterreicht. Perfektionieren lässt sich dieser Effekt, indem man etwa den Stammlesern ab und an ein besonderes »Schmankerl« zukommen lässt, beispielsweise in Form eines exklusiven Angebots im RSS-Feed (etwa über www.feedburner.com realisierbar), als Empfehlung auf Twitter oder innerhalb des eigenen Newsletters. Und selbst das eigentliche Kapital eines jeden Weblogs – nämlich den Content – kann man auf diese Weise nutzen. Wieso nicht einmal einen besonders schönen »Premium«-Artikel ausschließlich für alle regelmäßigen Leser bereitstellen, indem man diesen als »versteckten« Artikel publiziert und den entsprechenden Link per E-Mail verschickt oder ihn mit einem exklusiv den Stammlesern bekannt gegebenen Passwort schützt? Oder ganz altmodisch: Wieso nicht den treuesten Folgern und Kommentatoren einen persönlichen Weihnachtsgruß oder Ähnliches mit einem kleinen formulierten Dankeschön zukommen lassen?

Nachricht am Internationalen Surfingday

Je nach Blogthema wird man zudem nach und nach eh in den direkten Kontakt mit einigen der wichtigsten Stammleser kommen, sei es über gegenseitige E-Mail-Rückfragen zu einem Beitrag oder etwa über Kooperationen, die sich aus Kommentardiskussionen heraus ergeben. Solche Kontakte – die teils zu regelrechten Freundschaften werden können – sind extrem wertvoll, und man sollte sie auch dementsprechend gut pflegen. Man hilft sich in diesem Fall nicht nur gegenseitig weiter oder empfiehlt dem Gegenüber so manche Tipps und Tricks, auch ist dies eine ideale Möglichkeit, um sich einmal möglichst »ungeschminkt« und quasi unter Experten ein gegenseitiges Feedback zu den einzelnen Blogs geben zu können. Blogger-Freundschaften sind die besten Ideengeber, aber auch die besten konstruktiven Kritiker, wenn es um die doch manchmal etwas eigenen Belange der Weblog-Gestaltung geht.

10.1.4 Präsenz innerhalb der Blogosphäre

Dieser spezielle Punkt ist nicht zu unterschätzen, wird sich jedoch nicht einfach so und von heute auf morgen umsetzen lassen. Gute und erfolgreiche Blogger sind immer auch präsent, sei es auf anderen Blogs, auf WordPress- und Affiliate-Marketing-Veranstaltungen, in Foren, wichtigen Kommentardiskussionen, selbst in so manchen Offline-Medien. Sie verkörpern genau das, was die Blogosphäre schließlich auch ausmacht, nämlich den Willen, etwas mitzugestalten und zu bewegen, auf welchem Sach- und Fachgebiet auch immer. Wer also nicht nur stets und ständig um das eigene Blogprojekt bemüht ist, sondern seine gemachten Erfahrungen gerne und bereitwillig weitergibt, der wird sich von ganz alleine einen gewissen Stellenwert innerhalb der doch so vielschichtigen Blogosphäre erarbeiten können.

Präsenz innerhalb dieser Sphäre heißt natürlich immer auch gleichzeitig Präsenz in der Zielgruppe des eigenen Blogs. Wollen Sie Ihren Weblog zum Thema Amateurfunk bekannter machen, so schadet es sicherlich nicht, wenn Sie die Zielgruppe auch außerhalb des Internets als einen »Experten« auf diesem Gebiet wahrnimmt. Sei es nun über den persönlichen Austausch, über einen entsprechenden Verein oder Verband, bei dem Sie mitwirken, oder was auch immer. Und: Präsenz zeigt sich zudem stets dadurch, dass sich ein Blogger für die Belange seiner (Fach-)Kollegen einsetzt. Von einem führenden Amateurfunker und Blogger könnte man sicher erwarten, dass er sich Diskussionen rund um seine Disziplin in Internetforen stellt, vielleicht wertvolle Anleitungen und Tipps für Anfänger bereitstellt, eben generell für die von ihm vertretene Sache eintritt und diese auch verkörpert, mit gutem Beispiel vorangeht und die jeweilige Szene weiterentwickelt, sei es nun als Mobilfunker, Modeschaffender, Existenzgründer, Handwerker oder was auch immer.

• Wellenreitverband

Nicht zuletzt durch eine aktive Verlinkung mit ähnlichen Blogs und Bloggern kann man sich einer positiven Wahrnehmung im Kreis der Blogbetreiber fast schon sicher sein. Dies sind übrigens allesamt Faktoren, die eine zuvor erwähnte Blogger-Persönlichkeit ausmachen.

10.2 Leser binden, belohnen und zu Stammlesern machen

Doch wie kann man nun ganz konkret den Leser beteiligen und zur Interaktion anregen, ihn gleichzeitig belohnen, für mehr Präsenz sorgen und somit am Ende gar die Persönlichkeit des eigenen Blogportals ausbauen?

Ich möchte dies anhand einiger ganz konkreter Beispiele erläutern, die stellvertretend für die unzähligen Möglichkeiten stehen, die eigene Leserschaft zu stärken und sich somit seine eigene kleine Micro-Blogosphäre aufzubauen:

- Innerhalb einer Kommentardiskussion wird eine Lösung zu einem bestimmten Problem gesucht. Ich biete daraufhin ganz konkret meine Hilfe an, etwa indem ich zu dieser Problematik recherchiere und aus den Ergebnissen einen How-to-Artikel verfasse, den ich dann natürlich auch innerhalb dieser Kommentarserie verlinke.

- Ich biete an, dass mich Leser bei Fragestellungen – die über den Blog hinausgehen oder die sie nicht unbedingt öffentlich besprechen wollen – persönlich kontaktieren. Und selbst dies kann wiederum als Grundlage für eine weiterführende Berichterstattung in meinem Blogportal dienen.

- Ich hole ein Feedback von meinen Lesern ein, welche zukünftigen Berichte sie sich von mir wünschen. Dieses gestalte ich offen als Kommentardiskussion und lobe für alle Teilnehmer zudem noch ein kleines Gewinnspiel aus.

- In Artikelinterviews mit Dienstleistern oder anderen Bloggern gehe ich ganz konkret auf Fragestellungen ein, die jüngst eine Rolle in meinem Blog spielten. Somit zeige ich, dass ich meinem Blogpublikum aufmerksam zuhöre und stets um eine Lösung bemüht bin. Dies kann sogar so weit gehen, dass ich – etwa bei einem bekannten oder besonders interessanten Interviewpartner – meinen Lesern vor diesem Interview die Möglichkeit gebe, ihre eigenen Fragen einzureichen, welche ich dann mit einbaue und stelle (kommen dabei sehr viele Fragen zusammen, so kann man auch diese selbst zur Abstimmung unter den Bloglesern geben).

- Kann ich einmal zu einem bestimmten Punkt nicht selbst weiterhelfen, so suche oder engagiere ich einen Gastautor, der einen Fachbericht oder einen ausführlichen Antwortkommentar hierzu verfassen kann.

- Ich verrate kleine Tipps, etwa wie ich den bekannten Experten x für ein Artikelinterview gewinnen konnte, was meine Quellen für die beliebtesten Fachberichte sind, woher ich die ganzen News für meinen Blog beziehe etc.

- Größere Artikel teile ich in sinnvolle Einheiten und gestalte hieraus eine Artikelserie. Für Stammleser mache ich hieraus am Ende ein kleines E-Book.

- Ein Unternehmen will, dass ich über seine Produkte berichte? Nur wenn ein paar meiner Leser diese auch gratis ausprobieren dürfen (und auf meinem Blog dann über ihre Erfahrungen berichten), der Hersteller Gratisexemplare für ein Gewinnspiel bereitstellt, meine Besucher Freimonate bekommen oder was auch immer ich für einen konkreten Mehrwert hierfür ausloben darf.

- Regelmäßige Leser frage ich auch schon einmal, ob ich sie und ihre Arbeit einmal als kleines »Best Practice«-Beispiel auf meinem Blog vorstellen darf, etwa in einer Serie der erfolgreichsten Amateurfunker, Designer, Gründer etc., um bei oben genanntem Beispiel zu bleiben. Das »schmeichelt« nicht nur den auf diese Weise Angesprochenen, es interessiert zudem die anderen Leser als eine Art »Home Story« unter Gleichen.

Sie sehen also: Der Kreativität sind hierbei keine Grenzen gesetzt. Solange man auch hier wieder authentisch bleibt (und keine »aufgesetzt« wirkenden Aktionen ins Leben ruft) und mit viel Spaß an die Sache herangeht, solange werden sich vergleichbare Hilfestellungen stets auszahlen. Sicherlich wird man dabei experimentieren müssen, nicht jede neue Maßnahme wird gleich ein voller Erfolg werden und nicht jedes Beispiel eignet sich stets für jegliches Auditorium. Doch Probieren geht über Studieren und nach und nach werden Sie als Blogger Ihr ganz eigenes Repertoire an erfolgreichen (Werbe-)Maßnahmen für die eigenen Stammkunden entwickeln.

10.3 Blog-Empfehlungsmarketing

Hat man einen Blog mit werthaltigen Informationen – und berücksichtigt insbesondere die Tipps der vorangegangenen Absätze –, so wird man über kurz oder lang zahlreiche dankbare und treue Leser gewinnen können. Dankbar für den exklusiven Tipp, dankbar für die Hilfestellung per E-Mail, dankbar für den Artikel, der endlich Antwort auf lange gestellte Fragen gibt, oder auch nur dankbar für den schönen Gutschein aus dem Blog-Gewinnspiel. Diese Hilfe sollte man zwar selbstlos geben, doch den Dank hierfür kann man durchaus nutzen. Die einfachste Form ist es dabei natürlich, den Empfänger schlicht und einfach zu bitten, den Blog doch weiterzuempfehlen, falls ihm der Ratschlag zugutekam, der Artikel weitergeholfen hat etc. Doch ein solches Entgegenkommen kann auch durchaus konkretere Formen annehmen, entweder indem man sein Gegenüber um einen Kommentar über seine Erfahrungen bittet, ihn nach einem Gastartikel, einer Verlinkung oder Ähnliches fragt und vieles weitere mehr.

Wie erwähnt: Es geht nicht darum, als Blogger stets und ständig eine Gegenleistung für alles Mögliche haben zu wollen, dies würde zum Glück nicht funktionieren. Doch »tue Gutes und rede darüber« oder lass darüber reden kann auch im Bereich des Bloggens gut funktionieren. Schließlich bloggt niemand aus reinem Selbstzweck, und man möchte doch auch, dass gerade hilfreiche Inhalte des eigenen Portals sich herumsprechen, und dies geht immer noch am besten in Form von Empfehlungen. Diese ergeben sich oftmals sogar ganz von alleine. So habe ich es bereits des Öfteren erlebt, dass andere Blogger – denen ich in besonderer Weise weiterhelfen konnte – hierüber wiederum einen Artikel auf ihrem eigenen Blogportal verfasst hatten, um etwa den erhaltenen Tipp an die eigene Leserschaft weiterzugeben.

Blogs mit ihren Trackback- und Kommentarfunktionen sind für diese Art des gegenseitigen Austauschs ja geradezu prädestiniert, doch vor allem soziale Netzwerke bieten sich hierbei als weitere Möglichkeit an. So kann man durchaus einmal einen Empfehlungsbutton oder Ähnliches in einen Artikel oder sogar eine Antwort-E-Mail einbinden. »Konnte ich dir helfen? Hat dir mein Artikel gefallen? Dann würde ich mich freuen, wenn du meinen Blog weiterempfiehlst, mir bei Twitter folgst, »Gefällt mir« auf Facebook oder den Google-Plus-Knopf klickst ...«. Ich selbst habe schon durchaus solche E-Mails selbst erhalten und bislang noch immer den entsprechenden Button angeklickt, wenn ich wirklich überzeugt war von der Mitteilung oder dem Geleisteten. Die neue Währung des Social Web sind nicht mehr nur Spendenaufrufe oder Backlinks, sondern ebenso ein Google Plus, ein Facebook-like oder ein Twitter-Follow.

Und eben diese Plus-, like- und Follow-Knöpfe sollten Sie dann auch stets an den Stellen einbauen und zur Verfügung stellen, an denen die Blogleser von Ihren Inhalten, Ratschlägen und sonstigen Feedbacks am ehesten profitieren, sei es neben dem Kontaktformular, innerhalb eines kostenlosen E-Books, in Ihrer E-Mail-Signatur, über Hinweise im Feed sowie in den Newslettern oder zu ähnlichen Gelegenheiten.

Aber auch auf eine andere Art und Weise lässt sich das so genannte Empfehlungsmarketing für Blogportale nutzen, wenn wir einmal an den Bereich der rein seiteninternen Empfehlungen denken. Berühmt geworden ist dieses Prinzip durch den Onlinehändler Amazon. Keine Suche wird dort ausgeführt, kein Produkt angeschaut und keine Bestellung aufgegeben, ohne dass dem Besucher stets meist erstaunlich passende Kaufvorschläge für ähnliche oder ergänzende Produkte gemacht werden. Nun hat Amazon dieses Verfahren natürlich über viele Jahre und durch extrem ausgeklügelte Programmieralgorithmen immer weiter verfeinert, doch auch ganz normale Contentportale wie eben Weblogs können von diesem Verfahren profitieren. Vorgestellt habe ich in diesem Zusammenhang bereits die sehr leserfreundliche Anzeige ähnlicher und thematisch passender Beiträge zu einem Blogartikel, was die Besuchszeit neuer, aber auch regelmäßiger Leser enorm erhöhen kann. Doch mit einer ausgeklügelten Programmierung beziehungsweise entsprechend zu erweiternden Blog-Templates lassen sich auch folgende Szenarien für eine Art »Empfehlungsmarketing« auf dem eigenen Weblog vorstellen:

- Passend zur Kategorie, zu den verwendeten Tags, zu Keywords in Artikelüberschriften etc. wird ein jeweils inhaltlich passender Werbeblock automatisch zugesteuert.

- Habe ich Inhalte auf meinem Blog, die verschiedene Zielgruppen ansprechen (etwa B2C und B2B), so könnte ich auch hier je Artikel unterschiedliche Elemente beisteuern. Beispielsweise könnte ich auf den `Blogprofis.de` bei Beiträgen, die sich an Firmenblog-Betreuer richten, einen anderen Newsletter bewerben als bei Inhalten für »normale« Blogger, wiederum gesteuert anhand der Kategorie oder verwendeter Artikel-Tags.

- »Landet« der Blogbesucher auf einem Beitrag mit integrierten Affiliatelinks, so blende ich die Sidebar mit AdSense-Werbung aus, um nicht vom deutlich lukrativeren Partnerprogramm-Link abzulenken. Besuchern aus Suchmaschinen hingegen kann ich passende AdSense-Blöcke zusteuern, während alle direkt meine URL aufrufenden Stammbesucher die Werbung für das eigene E-Book zu sehen bekommen.

- Sogar das Prinzip von Amazon selbst kann ich zumindest teilweise übernehmen, denn im dortigen Partnerprogramm existieren Widgets, die etwa meine eigenen Produktempfehlungen bewerben oder automatisch zum Beitrags- und Seitentext passende Angebote zusteuern.

Sie sehen also, diese Verfahrensweise lässt sehr viel Spielraum für äußerst kreative Vermarktungsansätze, die eben nicht einfach nur breit an alle Blogbesucher gestreut werden, sondern möglichst deren individuellen Bedürfnisse und Ziele berücksichtigen. Genau wie bei Amazon werden Ihre Leser diese Art des individualisierten Marketings meist nicht nur mögen, sondern auch rege nutzen.

Tipp

Mit welchen Mitteln man solche individuellen Zusteuerungen umsetzen kann, beziehungsweise wie sich diverse Situationen, in denen sich ein Besucher gerade befindet, abfragen lassen, darauf geht unter anderem dieser Artikel von Perun ein: `www.perun.net/2010/04/10/wordpress-inhalte-auf-der-startseite-steuern/`. Ebenfalls interessant ist in diesem Zusammenhang das Plugin »Search Engine query in WordPress«, das die Suchabfragen aus einer vor dem Blogbesuch aufgerufenen Suchmaschine abfängt und hieraus eine entsprechende Blog-interne Suche nach passenden Artikeln zusammenstellt (`http://wordpress.org/extend/plugins/search-engine-query-in-wordpress-related-contents/`). Eine Suche in der Plugin-Datenbank von WordPress (erreichbar unter `http://wordpress.org/extend/plugins/`) etwa unter den Stichworten »Google Search Query« bringt unzählige ähnlich funktionie-rende Erweiterungen für WordPress zutage, die man sich für die individuelle Zusteuerung angezeigter Inhalte und abhängig von den einzelnen Suchma-schinenabfragen zunutze machen kann.

Und noch einen dritten Aspekt – den man durchaus der Rubrik »Empfehlungs-marketing« zuordnen könnte – will ich Ihnen hier nennen. Sie können sich näm-lich auch »selbst« empfehlen. Wie das konkret funktioniert? Wenn ich in meinen Blogbeiträgen oder an anderer Stelle einen prominenten Verweis auf ein anderes Portal setze – egal ob es sich dabei um einen Blog handelt oder nicht –, so schreibe ich ab und zu eine kleine nette E-Mail an den entsprechenden Redakteur oder Webmaster, indem ich diesen genau hierauf hinweise, inklusive Nennung der URL auf meinem Portal, unter der er sich diese Verlinkung anschauen kann. Und dies übrigens völlig unabhängig von den beim Gegenüber eventuell so oder so auf-schlagenden Trackbacks.

Ganz nach dem Motto »Vielen Dank für deinen/Ihren interessanten Beitrag, den ich übrigens hier an meine Leser weiterempfohlen habe« weise ich den anderen Blogbetreiber also mehr oder weniger subtil darauf hin, dass ich ihm soeben einen schönen kleinen Gefallen getan habe. Schon sehr oft sind aus solchen E-Mails her-aus neue Partnerschaften oder sonstige Kooperationen entstanden oder mein Gegenüber hat sich an anderer Stelle in für mich positiver Weise wieder an diese Verlinkung zurückerinnert.

10.4 Arbeiten mit Testimonials

Auch eine Art Empfehlungsmarketing: So genannte Testimonials sind ein sehr mächtiges Werkzeug in der Vermarktung schlechthin. Dabei handelt es sich quasi um eine empfehlende, namentliche und von daher authentische Aussage eines Ihrer Kunden zu Ihrem Produkt oder Ihren Dienstleistungen, die Sie in der eige-nen Werbung mit einsetzen. Von daher sind diese eher im B2B-Umfeld hilfreich, um sich also »Freunde« unter möglichen Kooperations- und Werbepartnern zu machen. Jedoch können Testimonials beziehungsweise zugehörige Werbeaussa-gen auch den Lesern gegenüber hilfreich sein, etwa wenn es um die Vermarktung von Premiuminhalten, E-Books etc. geht.

Solch eine authentische, aber dennoch für Ihre Zwecke werbende Aussage können Sie etwa von einem besonders zufriedenen Kunden oder Leser gewinnen, der jedoch immer um Erlaubnis gefragt werden muss (am besten schriftlich), bevor man ein solches Testimonial veröffentlicht. Gute und hilfreiche Beispiele im Blog-bereich könnten in etwa sein:

■ Mit Namen versehene Kundenmeinungen auf der »Hier werben«-Seite nach der Art »Mit dem Werbebanner auf xy.de konnten wir unsere Zielgruppe um einiges direkter und erfolgreicher erreichen als über vergleichbare Formate – Thomas x. Leiter Marketing Firma y«

- Für das Blog-Consulting: »Die schnelle und sehr kompetente Zusammenarbeit war ausschlaggebend für den nachhaltigen Erfolg unseres Corporate-Blog-Projekts y«.

- Bei selbst vermarkteten E-Books oder Tools: »Das Werkzeug xy half mir dabei, mich sehr schnell in die Materie einzufinden. Damit konnte ich eine Menge Zeit sparen. Leser yz«

Natürlich sollten diese Meinungen stets ehrlich verfasst werden. Wenn ein Kunde wirklich begeistert ist von Ihrem Produkt, so müssen Sie diese Aussage nicht verschämt verstecken, sondern können offensiv damit werben. Rein künstlich zusammengetragene oder gar selbst getextete Testimonials werden Ihre Blogbesucher jedoch sehr schnell auch als solche erkennen, was zu einem eher negativen Marketingeffekt beitragen dürfte.

Fordern Sie noch heute unsere Mediadaten an.

❝ Durch die Anzeige auf MeinStartup.com konnten wir schnell die ersten 100 Mitglieder gewinnen und damit das Interesse von Finanziers wecken... ❞
Kai Lindemann, Gründer der Community YouStartup.de

Abb. 10.2: Ein Testimonial kann deutliches Interesse bei potenziellen Werbekunden wecken, schließlich werden die meisten davon Ihr Portal bislang noch nicht kennen.

10.5 Twitter, Facebook, Google Plus & Co. als Marketinginstrument für Blogs

Generell kann eine Anbindung an bekannte soziale Netzwerke wie Twitter, Facebook und – bei Entstehung dieses Buchs noch recht neu, aber bereits sehr hoffnungsvoll – Google Plus zahlreiche Vorteile mit sich bringen. Nicht nur dass man hierüber neue Blogleser gewinnen kann und sich unter Umständen bestimmte Blogthemen sogar »viral« verbreiten können, auch für den Effekt bei der Suchmaschinenoptimierung rechnet man solchen aus sozialen Netzwerken stammenden Links immer mehr Bedeutung bei. Denn über oben vorgestellte »like«-Buttons können bei einem interessanten Blogbeitrag schon einmal Hunderte oder gar Tausende Empfehlungen entstehen, die sich natürlich stets auch positiv auf die entsprechende Verlinkung, aber auch auf den Bekanntheitsgrad eines Weblogs auswirken.

Neben den drei genannten Netzwerken gibt es gerade innerhalb der englischsprachigen Blogosphäre noch zahlreiche weitere, oft recht spezialisierte Netzwerk-Portale. Mit den meisten befreundeten Bloggern teile ich jedoch bislang die

Einstellung, dass solche kleineren News-Aggregatoren in den seltensten Fällen einen wirklich spürbaren Marketingeffekt auf Blogportale haben, weswegen ich hier auch gar nicht näher darauf eingehen möchte. Über das bereits vorgestellte Plugin Sociable etwa lassen sich aber auch solch eher »exotische« Vertreter in den eigenen Weblog einbinden. Interessant könnte dies beispielsweise dann sein, wenn Ihr Weblog auch internationale Besucher zu seinen Lesern zählt.

Wie sollte man nun die eigene Blogpräsenz auf Facebook, Twitter und Google Plus gestalten? Zunächst einmal ist es äußerst ratsam, auf all diesen Portalen einen eigenen Bereich zu reservieren und zwar am besten (sofern noch verfügbar) unter dem Namen des Blogs. Bei Facebook heißt diese Möglichkeit »Fanpage«, bei Google und Twitter sind es die jeweiligen Profile (wobei Google Plus hier in Zukunft wohl noch eine ähnliche Funktionalität wie die Facebook-Fanpages bereitstellen dürfte, um Informationen aus unterschiedlichen Blog-Quellen trennen zu können). So sind die Blogprofis auch über `www.facebook.com/blogprofis` oder `www.twitter.com/blogprofis` erreichbar.

Tipp

Bei Einrichtung einer Facebook-Fanpage vergibt das Portal zunächst eine recht kryptische URL als Kennung, über die man auf diese Fanpage zugreifen kann. Unter *Konto → Kontoeinstellungen → Allgemein → Nutzername* kann man diesen jedoch in ein »lesbares« Format wie etwa *www.facebook.com/meinblogname* umwandeln lassen, natürlich ebenfalls nur, sofern er noch nicht anderweitig vergeben ist. Dies kann mittlerweile sogar bei der Auswahl eines Domainnamens für ein neues Blogprojekt eine Rolle spielen, indem man sich für einen Namen entscheidet, der eben auch noch bei Twitter, Facebook & Co. frei verfügbar ist. Achtung: Entgegen oft anderslautender Meldungen kann man seinen Facebook-Fanpage-Nutzernamen – zumindest derzeit – nicht mehr im Nachhinein ändern. Hier sollten Sie sich also im Vorfeld gut überlegen, wie ein solcher möglichst auch langfristig lauten kann.

Idealerweise (woran ich mich selbst ehrlicherweise noch nicht immer halte) gestaltet man diese öffentlichen Bereiche in den sozialen Netzwerken nun in der gleichen Farbgebung und Gestaltung wie das Blogportal selbst, um den jeweiligen Besuchern ein möglichst einheitliches Erscheinungsbild zu bieten. Dies fängt recht einfach bei der Einbindung des Bloglogos in Twitter, Facebook und Google Plus an, alle drei Netzwerke bieten mittlerweile jedoch recht umfangreiche Möglichkeiten, etwa über die Hintergrundgestaltung oder farblich zu beeinflussende Elemente dieses Erscheinungsbild noch deutlich weiter anzupassen.

Wirklich professionell wirkende Social-Media-Auftritte sind hingegen gar nicht immer so einfach zu realisieren, da man hierbei ja nicht nur die eigenen Designvorgaben berücksichtigen muss, sondern diese zudem möglichst fließend in die jeweiligen Vorgaben und designtechnischen Eigenheiten der verschiedenen Netzwerke einzubinden sind. Selbst »zusammengebastelt« kann dies recht schnell improvisiert und wenig einheitlich aussehen. Um diesem entgegenzuwirken, bieten manche Grafiker und Designer, aber auch die bereits erwähnte Plattform 12designer.com mittlerweile eigene Social-Media-Design-Dienstleistungen an, die nicht unbedingt viel kosten müssen, siehe das Interview hierzu unter www.blogprofis.de/buch/socialdesign.

Abb. 10.3: Die »Fanpage« der Blogprofis auf Facebook

Welche Inhalte sollte ich nun auf Twitter, Google Plus und Facebook hinterlegen, also »posten«, um es in der entsprechenden Fachsprache auszudrücken? Natürlich bietet es sich zunächst einmal an, die eigenen Blogbeiträge dort zu veröffentlichen. Diese werden dann etwa mit der Artikelüberschrift, einem kurzen Textauszug und/oder dem Beitragsbild auf der Fanpage von Facebook beziehungsweise auf den Twitter- und Google-Plus-Profilen und -Seiten veröffentlicht, mitsamt Verlinkung, über die die dortigen Leser dann direkt auf den jeweiligen Blogbeitrag zugreifen können. Wurde diese Möglichkeit anfangs relativ selten genutzt, so generieren einige meiner Blogs mittlerweile einen nicht unerheblichen Anteil ihrer Besucherströme aus diesen Quellen. Und war dies zu Anfang zunächst eher den rein blogtechnischen Themen vorenthalten, so wird dies auch zunehmend für alle anderen Weblogthemen interessant. In Teilbereichen löst eine solche Funktionalität mittlerweile sogar die altbewährte Funktion der RSS-Feeds ab.

Tipp

Das Posten der eigenen Blogbeiträge auf den wichtigsten Social Networks kann man manuell vornehmen – etwa falls Sie dort nicht jeden Beitrag listen möchten, der auf Ihrem Blog zu erreichen ist –, aber auch automatisieren lassen. Dann wird bei Veröffentlichung eines Blogartikels automatisch bei Twitter oder Facebook ein entsprechender Hinweis mit Link publiziert. Für Twitter gibt es zu diesem Zweck beispielsweise das kostenlose Tool www.twitterfeed.com; wie dies für Facebook am besten technisch realisiert werden kann, ist hingegen hier nachzulesen: www.blogprofis.de/buch/graffiti.

Um von diversen Blogsystemen hin zu Google Plus automatisiert zu »posten«, habe ich bis zur Drucklegung dieses Buchs zwar noch kein vernünftiges Werkzeug gefunden, diese werden aber sicherlich folgen, sobald das neue soziale Netzwerk aus dem Beta-Status herauskommt und es vor allem weitere Funktionalitäten wie ein offizielles Facebook-Fanpage-Pendant geben wird. Bislang liefere ich dorthin also die spannendsten und wichtigsten meiner Blogbeiträge manuell aus (hierzu reicht es bei Googles Netzwerk aus, einfach die entsprechende Beitrags-URL als so genannten »Stream« in dem Feld »hier einen neuen Beitrag erstellen« einzugeben), auch um meine Plus-Leser nicht zu »überfordern«. Denn wie bei allen neuen Netzwerken sollte man bei Google Plus zunächst einmal ausprobieren, in welchem Rahmen es hauptsächlich von den eigenen Circles-Mitgliedern genutzt wird und welche Posting-Frequenz hierbei überhaupt erwartet beziehungsweise am ehesten akzeptiert wird.

Tipp

Nicht selten kann es passieren, dass Stammleser eines Blogs gleich über mehrere Kanäle die jeweiligen Beiträge »abonniert« haben, so können sie diese beispielsweise gleichzeitig über den Twitter-Account, die Facebook-Fanpage oder das Google-Plus-Profil lesen. In einigen Fällen kann es daher sinnvoll sein, die Veröffentlichung eines neuen Beitrags auf den einzelnen sozialen Kanälen zeitlich zu streuen, also etwa ein und denselben Artikel vormittags bei Twitter zu posten, abends bei Google Plus und erst am nächsten Tag bei Facebook. Denn da natürlich nicht alle Stammleser zu jedem Zeitpunkt alle oder überhaupt einen dieser Kanäle im Auge haben, so erhöht sich damit die Wahrscheinlichkeit, dass der eigene Beitrag zumindest zu einem Zeitpunkt bei einem der genannten Medien »entdeckt« und dann auch geklickt beziehungsweise gelesen wird.

Mit manchen Tools wie dem erwähnten Twitterfeed lassen sich diese Prozesse sogar automatisieren, da man dort das Zeitintervall bestimmen kann, in dem neue Postings jeweils an die Netzwerke weitergereicht werden sollen.

Idealerweise belässt man es nun innerhalb der einzelnen Social-Network-Bereiche nicht einfach nur dabei, die neuesten Blogbeiträge dort zu veröffentlichen. Wirklich »leben« wird jede entsprechende Community als auch Fanpage nur dann, wenn man den jeweiligen Mitgliedern auch exklusive Inhalte bietet. Dies können sein:

- Passende Links und Verweise zu thematisch passenden Beiträgen anderer Portale und Blogs
- Individuelle Kommentare zu den geposteten Beiträgen
- Diskussionsrunden außerhalb der »offiziellen« Postings
- Im Idealfall sogar exklusive Artikel beziehungsweise Inhalte, die nur über Facebook, Twitter oder Google Plus aufrufbar sind, um die Leser-Folgschaft dort zu erhöhen
- Verweise auf Sonderaktionen wie selbst durchgeführte Gewinnspiele, Rabattaktionen, Discounts auf das eigene E-Book etc.
- Wenn man möchte, kann man beispielsweise auch anderen Lesern gestatten, im jeweiligen Bereich Nachrichten zu veröffentlichen, womit ich selbst jedoch eher schlechte Erfahrungen gesammelt habe (da dies oft für »Schleichwerbung« missbraucht wird)

Was Facebook anbelangt, so konnte ich durchaus feststellen, dass individuelle und zusätzliche Postings dort die Akzeptanz dieses Blog-Kanals deutlich erhöhen können. Aber auch bei Google Plus zeigen die ersten entsprechenden Versuche in die gleiche Richtung, mit teilweise sogar noch besseren Ergebnissen. Und: Wie eine kleine Umfrage von mir unter Facebook-Folgern ergeben hat, wünschen sich dies die meisten »Fans« auch oder erwarten gar eine solche individuelle und möglichst persönliche Behandlung. Das Problem hierbei: Facebook hat in diesem Fall andere interne »Benimmregeln« als Twitter, und bei Google Plus wird sich wohl erneut ein weiteres, wiederum differenziertes Nutzerverhalten ausprägen. So stellt sich die Frage, ob das doch deutlich »seriösere« Google-Tool die lockere Sprache der Facebook-Community übernehmen wird oder eher nicht. Bei Twitter sind die Postings hingegen schon alleine aufgrund der limitierten Zeichenbegrenzung in ganz anderem Stil gehalten. Und während bei Facebook oftmals kleinste »Nichtigkeiten« gepostet werden, ohne dass sich die Nutzer daran stören, so wäre dies bei Twitter und wohl auch bei Google Plus eher weniger anzuraten.

Jedes dieser Netzwerke hat also einen eigenen, wenn auch ungeschriebenen Verhaltenskodex sowie Schreibstil, an den ich mich als Blogbetreiber auch halten sollte. Will ich nun alle drei Kanäle gleichbedeutend mit manuell eingetragenen und sogar exklusiven Informationen befüllen und dies vielleicht auch noch für mehrere Blogportale, so kann dies schnell zu einem bedeutenden Zeitfaktor werden. Denn die Blogs selbst wollen ja auch noch »beschrieben« werden. Bei größeren, prominenten Blogs sollte man diese Option jedoch ernsthaft prüfen und dabei auch schauen, für welches soziale Netzwerk sich dieser zusätzliche Aufwand am ehesten lohnt. Dann kann man sich in Zukunft vor allem auf dessen Optimierung konzentrieren. Recht gute Erfahrungen habe ich persönlich in diesem Zusammenhang damit gesammelt, jeweils Netzwerk-kompatible Neuigkeiten weiterzureichen. Lese ich also einen hilfreichen Twitter-Beitrag eines befreundeten Bloggers, so gebe ich diesen an die (Blog-)Leser meines Twitter-Accounts weiter und zwar ausschließlich an diese. Einen gelungenen Google-Plus-Beitrag hingegen empfehle ich auch nur meinen dortigen Lesern. Alleine diese Vorgehensweise sorgt bereits dafür, dass sich der Twitter-, Facebook- und Google-Plus-Stream je Blogprojekt nicht allzu sehr ähneln.

Abschließend möchte ich noch darauf hinweisen, dass sich all diese Netzwerke hauptsächlich für die indirekte Vermarktung von Blogs eignen, eben indem man die eigenen Artikel und Beiträge sowie zugehörige Themen dort veröffentlicht, aber auch spannende externe Newsquellen. Ein Tabu hingegen ist zu Recht meist die direkte Verbreitung von Werbebotschaften über Twitter oder auch Facebook/Google Plus. Solche Postings nach dem Motto »Heute bei uns 33 Prozent sparen« oder »Wir sind der beste Dienstleister zum Thema xy« sowie vergleichbare spamverdächtige Botschaften sollte man also möglichst unterlassen – sowohl in Form von allgemein gestreuten als auch persönlichen Nachrichten –, um es sich nicht mit den eigenen Blog-Folgern auf diesen Kanälen langfristig zu verscherzen. Eigentlich eine Selbstverständlichkeit, allerdings erhalte ich in letzter Zeit regelmäßig unschöne Beispiele genau solcher Art und dies auch von durchaus seriösen Absendern, die es eigentlich besser wissen sollten. Dann jedoch kann man sich eine mühsam und über einen langen Zeitraum aufgebaute Gefolgschaft auch sehr schnell wieder zunichtemachen.

Tipp

Es gibt einige interessante Blog-Tools, die Einträge zwischen den einzelnen Netzwerken miteinander verknüpfen, passende Facebook-Postings etc. in die Blogkommentare mit einbinden oder es dem Nutzer gar ermöglichen, auf Basis seines Twitter- oder Facebook-Accounts auf Ihrem Weblog zu kommentieren. Siehe hierzu beispielsweise den Artikel unter www.elmastudio.de/wordpress/mit-dem-social-wordpress-plugin-kommentare-tweets-facebook-posts-und-pingbacks-verbinden/. Mit derlei Automatismen sollte man jedoch sehr vorsichtig umgehen. So können Sie zum Beispiel nicht immer einfach so voraussetzen, dass Ihnen ein Kommentator Ihrer Facebook-Fanpage automatisch auch die Erlaubnis einräumt, sein Statement auch auf Ihrem eigenen Blog als Kommentar zu veröffentlichen.

Hinweis

Immer wieder einmal werde ich im Zusammenhang mit meiner Bloggertätigkeit nach der Effizienz des Business-Netzwerks Xing (ehemals OpenBC) als Vermarktungskanal gefragt. Was die Leserakquise angeht, so ist dieses Werkzeug naturgemäß eher weniger geeignet. Gerade im B2B- oder Kooperationsbereich kann sich jedoch durchaus die ein oder andere interessante Kontaktmöglichkeit ergeben, gerade weil man als Blogbetreiber ja nicht nur für andere Blogs, sondern auch für ganz »normale« Internetportale als Partner interessant sein kann. Und vor allem im Geschäftsbereich setzen hierbei durchaus einige verantwortliche Marketing-, Vertriebs- und sonstige führenden Mitarbeiter auf diesen nach wie vor bewährten Ansatz.

So war ich jüngst bei einer Affiliate-Marketing-Veranstaltung recht erstaunt darüber, dass ich viel öfter nach meiner Xing-Kontaktmöglichkeit gefragt wurde als nach meinem Twitter- oder Google-Plus-Account. Natürlich hängt dies immer von der jeweiligen Zielgruppe ab, dennoch sollte man es potenziellen Kooperationspartnern stets so einfach wie möglich machen, in gegenseitigen Kontakt zu treten. Verfügen Sie also noch nicht über einen Xing-Account, so sollten Sie zumindest über einen kostenfreien Basis-Account dort nachdenken.

Generell hängt die Nutzung der einzelnen sozialen Netzwerke stark von ihrer jeweiligen Leserschaft ab. Während diese Leser bei manchen Themengebieten beispielsweise recht Facebook-affin zu sein scheinen (etwa bei Lifestyle-, Mode- oder Haustier-Themen), so wird im Technik-Bereich – je nach einzelner Nische – eher Twitter oder Google Plus bevorzugt. Und für Businessthemen können es dann schon auch einmal spezialisiertere Netzwerke wie eben Xing & Co. sein. In der Regel werden Sie anhand der erreichten Zugriffs- und Mitgliederzahlen je Netzwerkbereich recht schnell herausfinden können, auf welche Dienste sich Ihr Blog hauptsächlich konzentrieren sollte.

Gewinnung neuer Blog-»Fans«

Die Anzahl der Follower auf Twitter, Google Plus, Facebook und anderen Netzwerken kann einen nicht unerheblichen Anteil am Erfolg des eigenen Blogportals spielen. Denn zum einen verbergen sich hinter diesen Verfolgern natürlich immer auch potenzielle Leser, zum anderen kann eine stolze Zahl entsprechender »Fans« natürlich auch deutlich das Renommee eines jeden Blogs steigern. Selbst für die Eigenvermarktung des Portals wird diese relativ neue Schlagzahl immer wichtiger; wer neben einer hohen Zahl an monatlichen Besuchern und Seitenaufrufen auch noch die Verbreitung der Inhalte an Hunderte oder gar Tausende Follower anbieten kann, der wird in der Gunst so mancher Werbetreibender und potenzieller Kooperationspartner deutlich aufsteigen, da diese insbesondere an der als äußerst attraktiv geltenden Zielgruppe der Social-Network-Nutzer interessiert sind.

Für die Gewinnung möglichst vieler Blog-Fans gelten nun im Prinzip die gleichen Prinzipien wie bei der Vermarktung des eigentlichen Blogs selbst. Je werthaltiger und allgemein interessanter die Artikel und Nachrichten ausfallen, die man über diese Netzwerke streut, je umfangreicheren Mehrwert diese bieten und umso eindringlicher und attraktiver ich die entsprechenden Überschriften dieser Postings gestalte, umso größer ist die Chance, dass sich diese Inhalte teils fast von »alleine« innerhalb der jeweiligen Netze verbreiten.

Deutlich beschleunigen kann man das Wachsen der unterschiedlichen Fangruppen jedoch, indem man zum einen – wie bereits erwähnt – möglichst aktiv und individuell in diesen mitwirkt und dort auf die Fragen beziehungsweise Bedürfnisse der eigenen Follower eingeht, zum anderen sollte man die eigenen Blog-Profile in diesen Portalen möglichst prominent auf dem eigenen Blogportal bewerben. Hatte ich zu Beginn entsprechende »Folge mir auf ...«-Buttons und Werbeflächen noch sehr dezent in meine Blogportale eingebunden, so gehören diese Botschaften heute meist mit zu den zentralen Bestandteilen eines jeden Blog-Projekts, das auch auf allen Seiten und Unterseiten deutlich sichtbar eingebunden ist.

Abb. 10.4: Die »Folge mir«-Box der Blogprofis

Bei Twitter und Facebook werden den Nutzern jeweils entsprechende vorgefertigte Schaltflächen zur Implementierung in den eigenen Blog angeboten, wobei gerade das Facebook-Plugin datenschutzrechtlich relativ umstritten und von daher etwas mit Vorsicht zu genießen ist. Bei Twitter findet man vergleichbare Möglichkeiten im angemeldeten Zustand auf der Startseite in der rechten Seitenleiste ganz unten unter → *Quellen* → *Folge-Buttons* beziehungsweise → *Widgets*, bei Facebook – zumindest derzeit – im Footer unter → *Entwickler* → *Facebook zu meiner Webseite hinzufügen* → *Social Plugins*.

Tipp

Für Google Plus gab es bei Drucklegung noch keine offiziell freigegebenen Möglichkeiten, die Blogleser auf einen eigenen »Folge mir bei Google Plus«-Bereich zu verweisen. Ich kann hierfür für den Übergang jedoch die beiden Hilfsmittel unter www.socialstatistics.com beziehungsweise unter www.widgetsplus.com empfehlen.

Das erstgenannte Portal bietet ein so genanntes »Google+ Statistics Widget« zur einfachen Einbindung in den eigenen Weblog an, das zum einen die Anzahl der Plus-Folger anzeigt, zum anderen jedoch direkt auf das eigene Google-Plus-Profil verweist. Noch gelungener ist hingegen WidgetsPlus, denn dort wird nicht nur auf einen Backlink auf den Anbieter des Tools verzichtet, zusätzlich bietet das Online-Werkzeug eine prominente Möglichkeit, dass Besucher Ihres Blogs diesen beziehungsweise das zugehörige Google-Plus-Profil in ihre eigenen Kreise mit aufnehmen und somit dort nachverfolgen können.

Da sich Google Plus zum Zeitpunkt der Fertigstellung dieses Buchs wie gesagt noch im Beta-Status befand und von daher fortlaufend an seinem Netzwerk und der zugehörigen API (Programmierschnittstelle) gearbeitet wurde, funktionierten beide genannten Tools nicht zu jedem Zeitpunkt vollkommen einwandfrei. Diesen Effekt sollte man gut beobachten, um die eigenen Leser nicht mit einem unvollständig funktionierenden AddOn zu verärgern. Spätestens mit dem offiziellen Launch von Google Plus sollte sich diese Situation jedoch stabilisieren.

Hinweis

Bei den meisten dieser Follower-Buttons und -Möglichkeiten der einzelnen Netzwerke gibt es die Option, die Anzahl der bereits existierenden »Fans« mit anzeigen zu lassen. Also etwa die Anzahl der Facebook-Fanpage-Folger, der Mitglieder in den eigenen Google-Plus-Circles oder auch der Twitter-Abonnenten. Dies kann – eine entsprechend hohe Zahl bereits vorhandener Kontakte vorausgesetzt – für einige Leser einen zusätzlichen Anreiz darstellen, ebenfalls auf den entsprechenden »Knopf« zu klicken. Was so vielen Personen gefällt, das kann schließlich nicht schlecht sein. Verfügen Sie für den jeweiligen Blog jedoch erst über eine Handvoll an Followern, so kann eine solche Anzeige eher kontraproduktiv wirken, gerade auch im Rahmen der Kooperations- oder Werbekundenakquise.

Kapitel 11

Vermarktung mehrerer Blogs & Blognetzwerke

Ein paar Worte möchte ich an dieser Stelle noch verlieren an all jene, die mehrere Blogs oder gar ganz kleine bis größere Blognetzwerke betreiben. Denn schließlich lassen sich dort meist alle in den vergangenen Kapiteln genannten Werkzeuge und Methoden perfektionieren, da die unterschiedlichen Blogthemen in einem solchen Fall natürlich viel mehr Möglichkeiten zur jeweiligen Einbindung und Verfeinerung bieten. Auch ansonsten bestehen zahlreiche Synergieeffekte: Hilft man einem Blogger mit dem Blogthema x weiter, so kann man gleichzeitig darauf verweisen, dass man ja noch ein ähnliches Portal betreibt und ob nicht eventuell Interesse an einer weiteren Kooperation besteht.

Verfügt man in diesem Fall sogar über einen Metablog, so wie ich mit den Blogprofis zum Thema Bloggen selbst, dann werden Ihnen diese Möglichkeiten teilweise sogar noch leichter gemacht. Kommentiert beispielsweise ein Leser auf den Blogprofis, der einen Finanzblog betreibt beziehungsweise in seiner Kommentar-URL benennt, so frage ich diesen natürlich sofort, ob er nicht an einer Zusammenarbeit mit meinem Finanzportal interessiert ist. Folgt sein Weblog einer tollen neuen Idee, so bitte ich ihn um ein Interview für meinen Existenzgründerblog und so weiter. Gerade in der interdisziplinären Vermarktung können solche unterschiedlichen Blogs und Blogthemen also eine wahre Bereicherung darstellen, nicht nur was den rein externen sowie internen Verlinkungsfaktor angeht.

Auch ansonsten ergeben sich verständlicherweise zahlreiche weitere Möglichkeiten der interdisziplinären Zusammenarbeit:

- Beim Austausch mit anderen Bloggern kommt somit recht schnell die Sprache auf zwei, drei relevante Blogs statt nur auf einen, was die Chancen für einen inhaltlich passenden Austausch deutlich erhöht.

- Auch im Bereich der Marketingkooperation ergeben sich völlig neue Chancen: Ist Blog a als Partner für mein Gegenüber nicht interessant, dann dafür aber vielleicht Blog b oder c.

- Der vorgeschlagene Gastartikel, die Produktvorstellung, das Review oder die Interviewanfrage passen nicht wirklich in Ihr Blogkonzept? Dann vielleicht aber leicht abgewandelt zu einem anderen Ihrer Portale.

- »Ungleiche« Austausch-Anfragen an weit stärkere Blogs oder Portale kann man gegebenenfalls mit einem Gegenangebot von zwei oder gar drei seiner kleineren Weblogs kontern. Dies nach dem Motto: Berichtest du über mich, so schreibe ich auf zwei anderen Blogs über dich.

- Eventuell lässt sich bei der Vermarktung eigener Blog-Werbeflächen auch mit einer passenden Kombination mehrerer Blogs oder gar dem gesamten Netzwerk werben, nach der Art »Buche diese Werbefläche auf Blog a und du bekommst jene auf Blog b günstiger oder umsonst dazu«.

- Beim Neustart eines Blogthemas kann man schließlich auf einen immer größer werdenden Pool an möglichen Kooperationspartnern sowie Autoren der unterschiedlichsten thematischen Ausprägung zurückgreifen.

Insgesamt stärkt sich also somit die »Manövriermasse« beziehungsweise die Ausgangslage, wenn man über mehrere Blogportale oder ein ganzes Netzwerk verfügen kann. Dies geht so weit, dass es sich sogar lohnen kann, nicht mehr rentable oder nicht mehr gepflegte Weblogs aufrechtzuerhalten, um diese quasi als Joker in jeglichen Partnerschaftsverhandlungen zu nutzen. Man möchte einen Link oder einen Gastbeitrag oder Ähnliches nicht unbedingt auf dem umsatzstärksten beziehungsweise prominentesten Weblog platzieren? Dann vielleicht auf dieses nicht mehr oder nur von Zeit zu Zeit weitergeführte Portal, was man dem Gegenüber jedoch auch unbedingt transparent machen sollte.

Eine Umfrage unter meinen Bloglesern ergab übrigens, dass die meisten ProBlogger hierzulande in der Regel auf mehrere Blogportale setzen, in Abbildung 11.1 die Auswertung unter 140 Teilnehmern.

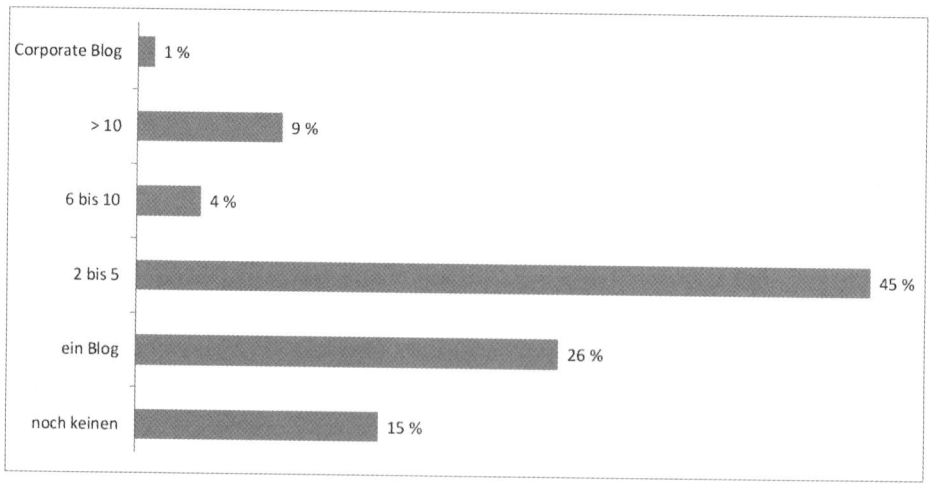

Abb. 11.1: Ergebnis der Frage »Wie viele Blogs betreibt ihr?«

Daraus ergibt sich, dass fast 60 Prozent der Befragten über mehr als nur einen Blog verfügen. Bei den insgesamt 13 Prozent mit mehr als fünf Portalen kann man sogar davon ausgehen, dass es sich hierbei hauptsächlich um teil- oder hauptberufliche Blogger handelt. Nicht wenige Blogbetreiber nutzen also diese teils doch erheblichen Vorteile, welche der Betrieb eines kleinen Blognetzwerks für sämtliche der darin enthaltenen Portale bietet.

Kapitel 12

Von den »Großen« lernen

Eines möchte ich den Lesern an dieser Stelle noch mit auf den Weg geben. Sie haben in diesem Kapitel viel gelernt, sowohl was die Vermarktung als auch die Optimierung von Blogs und Webseiten angeht. Dabei muss man das Rad nicht immer gleich neu erfinden. Viel zu selten schauen vermeintlich »kleine« Blogger auf die ganz großen der Internetbranche. Nehmen wir nur einmal das Beispiel des A/B-Testings. Nahezu perfektioniert hat diese Methode der Onlineshop-Gigant Amazon. Nicht wenige IT-Marketing-Lehrbücher befassen sich mit diesem Phänomen und nicht zuletzt aus diesen Methoden resultierte auch der enorme Erfolg dieses weltumspannenden Portals.

Oder nehmen wir wichtige heimische Content-Portale wie Spiegel Online (www.spiegel.de) als Beispiel. Ich bin immer wieder fasziniert darüber, wie dieses Internetportal zumindest in Deutschland regelmäßig zahlreiche Trends in der Webseitengestaltung vorwegnimmt. Als Spiegel Online vor wenigen Monaten das die gesamte Seitenbreite füllende erste Artikelbild auf der Startseite einführte, so konnte man im Folgenden immer weitere Newsportale und übrigens auch Blogs beobachten, die sich ähnlich ausrichteten. Seit daher habe ich das Gefühl, dass diese zentralen Beitragsbilder immer wichtiger werden und immer neue Größendimensionen annehmen, während früher aufgrund der Ladekapazitäten sowie der Idealvorstellungen der Designer doch eher kleinere, dezentere Grafikelemente zum Einsatz kamen.

Ich selbst habe vor meiner Selbstständigkeit als Blogger im Marketingbereich eines führenden deutschen Onlineportals gearbeitet und habe nicht zuletzt dort jede Menge Strategien und Vermarktungstipps kennen lernen dürfen, die mir auch bei meiner Blogarbeit stets weitergeholfen haben, und sich nicht zuletzt in diesem Buch widerspiegeln. Deswegen kann ich allen Blogbetreibern nur raten, sich stets durch Zeitschriften, Fachbücher und Interviews über den neuesten Stand der »Big Player« im Internetgeschäft auf dem Laufenden zu halten, sowie darüber, wie diese ihre Online-Kunden und Leser gewinnen.

Dabei spielen unter anderem folgende Faktoren eine Rolle:

- Wie rüsten sich diese Portale auf neue Herausforderungen wie die zunehmende mobile Internetnutzung oder aber die Abwanderung von Kundengruppen in soziale Netzwerke?

- Mit welchen Strategien werden sowohl neue Kunden akquiriert als auch Bestandskunden möglichst lange gehalten?

- Gibt es vielleicht einen Umbruch in der Ausrichtung mancher Internet-Geschäftskonzepte, welche Player nehmen im Vergleich zu den Mitbewerbern deutlich an Fahrt auf und warum?

- Wie refinanzieren sich diese Portale hauptsächlich und gibt es dabei eine sichtbare Verschiebung innerhalb der Gewichtung der einzelnen Einnahmequellen?

- Welche Trends und Technologien, die zum Einsatz kommen, kann ich auch für mich nutzen, wie beispielsweise die regionale Zielgruppenansprache und lokal ausgerichteten Content, Target Marketing, nutzergenerierte Inhalte, Video-Ads, in den Blog eingebundene Google-Maps-Anwendungen und mehr?

Berücksichtigen Sie diesen Ansatz, so können Sie sich zumindest einigermaßen sicher sein, keinen wichtigen neuen Trend zu »verschlafen«, der ja doch auch in Ihrem jeweiligen Zielmarkt oder sogar in der Blogosphäre an sich zu deutlichen Veränderungen führen könnte.

Nicht nur die »Großen« dieser Zunft bieten in diesem Zusammenhang jede Menge Anschauungsmaterial und Lehrstoff, auch die wichtigsten Online-Start-ups außerhalb der Blogosphäre sollte man immer wieder einmal hinsichtlich der oben genannten Punkte unter die Lupe nehmen. Gehen diese doch oftmals besonders kreativ und mit neuen Ansätzen an die Herausforderungen der Onlinebranche heran, die sich letztendlich ja auch stets jedem Blogbetreiber in der einen oder anderen Form stellen werden. Um solche neuen Online-Start-ups ausfindig zu machen, kann ich auf meinen Blog www.meinstartup.com verweisen, in dem ich regelmäßig Online-Gründer nach ihren Herausforderungen, aber auch jeweiligen Lösungsansätzen befrage. Die beste und umfangreichste Übersicht über Neugründungen im deutschsprachigen Web-Bereich bietet hingegen das bereits kurz erwähnte Blogportal www.deutsche-startups.de mit spannenden Einsichten in die Welt des Onlinemarketings junger Internetseiten.

Kapitel 13

Blog-Einnahmen reinvestieren

»Von den Großen lernen«, heißt dabei auch, wie ein Unternehmen nicht nur zu denken, sondern auch zu arbeiten. Möchte man wirklich auf Dauer teil- oder hauptberuflich von seinen Blogeinnahmen leben, so wird man nicht darum herumkommen, auch selbst mit seinem eigenen Kapital in diese Portale zu investieren. Sobald Sie also die ersten regelmäßigen Einnahmen durch Ihre Weblogs generieren, sollten Sie darüber nachdenken, zumindest zehn bis dreißig Prozent dieser Einnahmen direkt für die Vermarktung eben dieser Portale auch wieder auszugeben. Meist lässt sich somit ein nachhaltiger finanzieller Erfolg nicht nur beschleunigen, sondern überhaupt erst einmal einigermaßen sicherstellen. Wichtig ist es in diesem Zusammenhang natürlich, gerade am Anfang vor allem in jene Bereiche zu investieren, die auch eine direkte Auswirkung auf die Einnahmen- und Reichweitenseite der eigenen Weblogs haben, also etwa in eigene Werbung, das Linkbuilding, die Suchmaschinenoptimierung, Pressearbeit und ähnliche Disziplinen. Später und mit wachsendem Erfolg kann man sich dann immer noch um zusätzliche und eher periphere Aspekte wie zum Beispiel die Optimierung des Webdesigns oder die Ausgestaltung eigener Landingpages kümmern.

In einzelnen Stufen gedacht, könnte ein solcher Plan zur Reinvestierung der ersten Gewinne wie folgt aussehen:

1. Beauftragung eines SEO-Experten mit den ersten Online- und Offline-Maßnahmen

2. Schaltung von Werbeanzeigen und -artikeln auf thematisch passenden erfolgreichen und seit Längerem bestehenden Weblogs mit möglichst großer Stammleserschaft

3. Gegebenenfalls Initiierung umfangreicherer Kampagnen (siehe das Beispiel der eBuzzing-Kampagne)

4. Beauftragung von freien Autoren oder Textagenturen für zusätzliche wertvolle Inhalte

5. Suche nach einem unabhängigen Designer oder einer Agentur, welche das grafische Erscheinungsbild des Blogs sowie der zugehörigen Komponenten (Logo, zum Blog gehörige Social-Network-Seiten etc.) vereinheitlicht und auf eine durchgängige Blog-Identity hin optimiert

6. Technische Optimierung des Blogs durch einen Experten oder Dienstleister (Performance, Sicherheit, besseres Webhosting etc.) für steigende Besucherzahlen

Je nach eigenen Kenntnissen wird man zwar stets einige dieser Aspekte selbst übernehmen können. Trotzdem sollte man sich auch als professioneller Blogger nicht zu schade sein, einzugestehen, dass man wohl kaum gleichzeitig DER Experte in Sachen Texte, Vermarktung, Grafik/Design, Pressearbeit, Suchmaschinenoptimierung sowie IT-Technik sein wird. Und genauso wie Sie als Teilzeit- oder Vollzeitblogger Ihre Steuererklärung oder rechtliche Fragen wohl einem Fachmann anvertrauen werden, so sollten sich auch die oben genannten Investitionen langfristig finanziell auszahlen. Zumal Sie sich mit der hierdurch gewonnenen Zeit (ein Experte wird ein tolles Logo beispielsweise vielleicht in einer Stunde »zaubern«, während Sie selbst Tage damit verbringen könnten, ohne jemals zu demselben guten Ergebnis zu kommen) auf Ihre tatsächlichen Stärken hinsichtlich des Bloggens konzentrieren können.

Abb. 13.1: Wenn Sie dieses Buch in Ihren Händen halten, handelt es sich bei dieser Abbildung eventuell schon um das »alte« Blogprofis-Design.

Nachdem ich selbst beispielsweise für einige meiner Portale mittlerweile eine sehr gute Unterstützung im Bereich der Suchmaschinenoptimierung gefunden habe, werde ich nun dazu übergehen, einige meiner Portale doch noch einmal einem professionellen Design-Relaunch zu unterziehen, in Zusammenarbeit mit einer kleinen, aber sehr feinen Online-Grafikagentur. So werden höchstwahrscheinlich auch die `Blogprofis.de` in einem »neuen« Licht gegenüber den hier in diesem Buch gezeigten Screenshots erscheinen, sobald Sie diese gedruckte Ausgabe in Ihren Händen halten. Ich hoffe, Sie können dabei recht schnell erkennen, dass sich eine vergleichbare Investition durchaus lohnen kann, selbst wenn das »alte« Webdesign in diesem Fall keinesfalls unausgereift oder unansehnlich war, aber es geht eben immer noch ein wenig besser und effizienter. In diesem Fall sollen etwa eine durchgängigere Designsprache und eine noch stärker hervorgehobene grafische Blog-Identity dafür sorgen, den – sicherlich auch durch dieses Buch – weiter steigenden Besucherzahlen mit einem möglichst ansprechenden Äußeren gerecht zu werden.

Sicherlich wird man dabei auch so manches »Lehrgeld« bezahlen müssen, etwa für Investitionen, die sich erst im Nachhinein als nicht sonderlich sinnvoll herausstellen. So kann es sein, dass sich ausgegebene Mittel für Kampagnen, von denen man sich relativ viel versprochen hat, nur wenig auswirken. Andererseits habe ich auch schon für wenig Geld entsprechende Aktionen in die Wege geleitet, die dann hinterher erstaunlich erfolgreich liefen und mir ein Vielfaches der ursprünglich ausgegebenen Summe wieder einspielten. Sofern Sie also stets nur den Ihnen in Ihrer persönlichen Situation möglichen finanziellen Anteil der Blogeinnahmen reinvestieren und diese Ausgaben auch noch inhaltlich streuen, so werden am Ende die positiven Effekte zumeist deutlich überwiegen.

Ein weiterer Vorteil bei solchen Beauftragungen externer Freelancer und Dienstleister: Nicht selten hat man die Möglichkeit, nach Abschluss eines vergleichbaren Projekts als Referenz oder Testimonial (hierbei handelt es sich um eine werbende Empfehlungsaussage) genannt zu werden, meist mit Verlinkung auf das eigene Portal, was der eigenen Backlink-Strategie sowie Ihrem Bekanntheitsgrad sicherlich nicht gerade schadet. Zudem können sich hierdurch in der Regel weiterführende Kooperationen und Zusammenarbeiten mit anderen Dienstleistern ergeben.

Teil IV

Arbeiten als Blogger

Geld verdienen mit dem eigenen Blog? Oder sogar irgendwann davon leben können? In einem Unternehmen als
Corporate-Blog-Redakteur eben Weblog- und nicht einfach »nur« Marketingexperte sein? Nicht wenige Leser
werden dies zum Ziel haben. Sie wollen ihre Leidenschaft
zum Beruf machen, den Journalismus, das Schreiben
und die zukunftsträchtige Onlinewelt miteinander vereinen und sich in neuen, spannenden Disziplinen wie dem
Thema Onlinemarketing behaupten. Ein sehr schöner
Beruf, ein freier Beruf. Doch ist das realistisch? Kann man
als Blogger »überleben«? Und wie sind die Aussichten
dieses bislang ja noch nicht einmal offiziell formulierten
und anerkannten Berufsbildes? Das folgende Kapitel soll
eine Antwort sowie einen Ausblick auf diese und ähnliche
Fragen bieten.

In diesem Teil:

Kapitel 14

Diversifizierung

Ich habe es bereits angedeutet, während es etwa in den USA fast schon gang und gäbe ist, so ist ein Leben rein als Blogger hierzulande noch relativ schwierig, wenn auch längst nicht mehr unmöglich. Ich selbst und einige andere Bloggerkollegen vor und mit mir sind das beste Beispiel für diese These. Und – was ich immer wieder aus unterschiedlichsten Gesprächen mit anderen, nicht hauptberuflichen Bloggern entnehmen kann – es gibt nicht wenige Personen »da draußen«, die ebenfalls gerne in diese Riege der selbstständigen oder aber angestellten Blogprofis aufsteigen würden. Dennoch hängt ein auch finanziell tragbarer Erfolg natürlich von zahlreichen Fakten ab:

- Wie gut lassen sich meine jeweiligen Blogthemen monetarisieren und refinanzieren?

- Wie viel Zeit kann und will ich in den Betrieb meiner Blogs stecken?

- Habe ich bei einem Unternehmen die Chance, mich in Vollzeit auf den Betrieb eines Corporate-Blogs konzentrieren zu können oder läuft dies doch ständig neben diversen anderen Aufgabengebieten?

- Welche Ansprüche habe ich an meine Einnahmen beziehungsweise worauf bin ich vielleicht bereit, gerade in der Anfangsphase auch einmal zu verzichten?

- Wie stark ist mein Netzwerk an Freunden, Bekannten, ehemaligen Studien- und Arbeitskollegen, Experten, Unterstützern sowie Mitwirkenden auf meinem Bloggebiet?

- Wie stark ist mein Zielmarkt bereits umkämpft und wie hoch gestaltet sich dabei der Anteil wirklich hochwertiger (Blog-)Portale? Welches Budget und welche Vernetzungen stehen diesen Konkurrenten zur Verfügung?

- Kann ich vielleicht eine (auf dem deutschsprachigen Gebiet) gänzlich neue Nische besetzen und wie gut lässt sich diese vermarkten?

- Werde ich dauerhaft Spaß daran haben, täglich neue Artikel und Inhalte zu verfassen oder diese zu verwalten? Mich mit den Bedürfnissen und Fragen meiner Leser auseinanderzusetzen?

- Welche Kenntnisse (IT, Marketing, SEO, Design) decke ich selbst ab und wo muss ich gegebenenfalls investieren und outsourcen?

- Wie viel Kapital habe ich für gewisse Durststrecken zur Verfügung? Kann ich mein Konzept, eventuell parallel zu einem Nebenjob, erst einmal ausprobieren?

- Spezialisiere ich mich zu sehr auf das Thema Blogs oder habe ich im »Notfall« auch einen Plan B, etwa als Programmierer, Designer, Texter oder was auch immer?

Ich selbst bin mit meiner Blogger-Selbstständigkeit gewissermaßen ins kalte Wasser gesprungen, habe aber dennoch zuvor angetestet beziehungsweise konnte durch mein jahrelanges Hobby in etwa einschätzen, ob mich allein der Betrieb mehrerer Blogs würde tragen können. Dabei habe ich eine schlichte Hochrechnung herangezogen: Ich setzte den Faktor der zusätzlichen Zeit, die ich als Vollzeit-Blogger haben würde, in Relation zu den bisherigen Einnahmen aus meinen bereits bestehenden Portalen und rechnete diese entsprechend hoch. Was sich natürlich schnell als »Milchmädchenrechnung« erweisen kann, denn gerade Nischenblogs lassen sich nur selten wirklich zuverlässig skalieren. Ab einer gewissen erreichten Leserschaft kann man bei einigen Themen noch so viel Zeit investieren und die Kurve der Neuleser wird dennoch abflachen beziehungsweise stagnieren.

Und die Möglichkeit, ständig neue Blogs ins Leben zu rufen, ist auch nur bedingt ein Ausweg, da man sich ab einer bestimmten Anzahl eigener Portale relativ schnell verzettelt. So lag bei mir der Schwellenwert, bei dem ich mich tatsächlich noch um jeden einzelnen Blog selbst kümmern konnte, bei maximal acht Weblogs. Hinzu kommen ebenfalls die teilweise bereits erwähnten Risiken wie:

- Ein Portal verliert – etwa unter den wichtigsten Keywords – deutlich in den Suchmaschinenrankings, sei es aufgrund eines Ranking-Updates des Suchmaschinenbetreibers oder wodurch auch immer.

- Wichtige Partnerprogramme oder Werbetreibende springen plötzlich ab, da sie ihr jeweiliges Marketingbudget zusammenstreichen müssen oder neu ausrichten.

- Man bekommt neue und eventuell kapitalstärkere Konkurrenz von anderen Blogs oder sonstigen Internetportalen.

- Die Leserschaft des Themenbereichs, in dem man sich bewegt, wandert hin zu neuen mobilen oder sozialen Medien.

- Man hat die – immer einmal wieder auftretenden und nur bedingt prognostizierbaren – einnahmeschwachen Zeiten nicht mit einkalkuliert.

- Wenn man längere Zeit professionell bloggt, so besteht in Teilen die Gefahr, dass man manchmal das Wichtigste aus den Augen verliert: das regelmäßige leidenschaftliche Schreiben und Texten (denn selbst das Outsourcing solcher Aufgaben hilft nicht darüber hinweg, dass Sie hier dennoch zumindest in einem gewissen Umfang stets bei Ihren Wurzeln bleiben sollten, um nach wie vor ein Verständnis für Ihre Leser und deren jeweilige Wünsche entwickeln zu können).

Ich will mit dieser Aufzählung keinesfalls überzogene Ängste schüren. Denn hätte ich mir all diese Risiken allzu ernsthaft und in all ihren Möglichkeiten vor ein paar Jahren vor Augen geführt, so gäbe es mein Blognetzwerk heutzutage nicht. Trotzdem sollte man sich mit diesen und ähnlichen Fragestellungen intensiv auseinandersetzen, wenn man so weit wie möglich realistisch an ein »Leben als Blogger« herangehen möchte. Hinzu kommt: Viele der hauptberuflichen Blogger, die ich kennen lernen durfte, haben zunächst (oder dauerhaft) ihre Bedürfnisse heruntergefahren oder sich zumindest über mehrere Blog-Standbeine und -Aufgaben etabliert. Denn »reich« dürfte man alleine durch das Bloggen wohl kaum werden, es sei denn, es gelingt, eine wirklich lukrative (Affiliate-)Nische zu finden und sich in dieser dauerhaft zu etablieren.

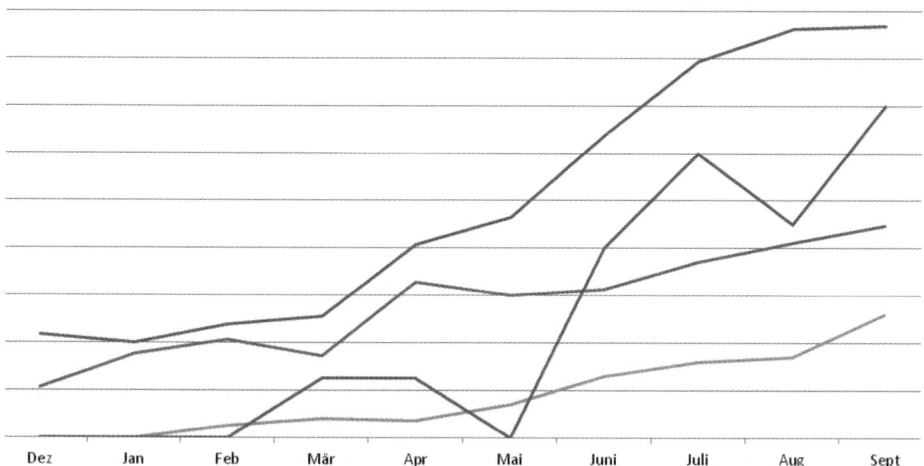

Abb. 14.1: Die Entwicklung der einzelnen Einnahmequellen innerhalb des ersten Jahres seit der »Selbstständigkeit« meiner Blogportale

Meine persönliche Risikominimierung sieht beispielsweise wie folgt aus: Neben meinen eher weniger umsatzträchtigen Blogs habe ich mir zwei/drei Affiliate-Portale zu rentablen Themen (in meinem Fall eben Finanzen, Energie und Telekommunikation) auf Blogbasis aufgebaut, die quasi diese eher niedrigen Einnahmen wieder in gewisser Weise ausgleichen. Gleichzeitig arbeite ich von Zeit zu Zeit im Kundenauftrag an kleinen bis mittelgroßen (Corporate-)Blogprojekten, die ich wiederum hauptsächlich über meinen Metablog Blogprofis.de sowie im Blogger- und Firmenfreundeskreis akquiriere. Nicht zuletzt dient natürlich auch dieses Buch unter anderem dazu, nicht etwa reich zu werden (was mit einem Sachbuch wohl kaum jemandem gelingen dürfte), aber doch meine Portale und vor allem meine Dienstleistungen in diesem Bereich weiter zu streuen und somit noch bekannter zu machen.

Andere hauptberufliche Blogger verdienen sich nebenbei als Firmenblog-Redakteur zusätzliche Einnahmen, setzen auf neue Vermarktungskanäle wie Amazon Kindle & Co., vermarkten ihre Design-Fähigkeiten, schreiben für Textagenturen, bauen auf E-Books und Kurse im allerdings sehr weit gefassten Bereich »Geld verdienen im Internet«, programmieren Templates und Plugins, bieten Webdesign kleinerer und mittelgroßer Portale über dahintersteckende Blogtechnologie an, sind als Suchmaschinenmarketing-Spezialist unterwegs, haben sonstige (IT- oder Marketing-)Nebenjobs, wandern bei Bedarf auch schon einmal ins Ausland aus, um ihre Kosten zu senken, und so weiter.

Trotzdem hat man gleichzeitig aber auch die Chance, mit zunehmendem Erfolg und zunehmender Vernetzung von zahlreichen peripheren Vorteilen profitieren zu können. Mit der Zeit werden Sie ein Gespür dafür entwickeln, welche Blog-Themen sich eher lohnen und welche nicht. Sie werden geschickter in der Werbe- und Kooperationspartnerakquise auftreten und somit gleichzeitig mehr und mehr nicht mehr nur als der kleine Portalbetreiber wahrgenommen, sondern als »Geschäftsmann oder -frau« auf Augenhöhe. Eine Tatsache, die zwar so manchem alteingesessenen Blogger vielleicht widerstreben dürfte, für einen nachhaltigen Erfolg jedoch sehr oft unerlässlich ist. Was übrigens keinesfalls bedeutet, dass man sich und seine Bloggerideale »verkaufen« muss. Ich selbst habe bereits genügend mir nicht wirklich zusagende Kooperations- und Werbeangebote abgelehnt und blogge dennoch – oder auch gerade deswegen – nach wie vor sowie immer erfolgreicher.

Einen ebenfalls positiven Faktor sollte man nicht unterschätzen: Wirklich vom Bloggen in Deutschland, Österreich oder der Schweiz zu leben, ist ein relativ neues Gebiet. Und wie in allen Bereichen hat man somit – als einer der ersten Pioniere quasi – den Vorteil, dass man sich durch dieses Alleinstellungsmerkmal zumindest in einigen Bereichen um einiges leichter tun wird als nachkommende Bloggergenerationen. Nach und nach spricht sich herum, dass man mit Weblogs oder mit dem Bloggen Geld verdienen kann. Wer hier früh genug sowie aus echter Überzeugung auf diesen Zug aufspringt, der hat gute Chancen, auch noch in einigen Jahren mit dabei zu sein. Nicht zuletzt wird zumeist jede Domain mit jedem Jahr und jedem zusätzlichen werthaltigen Beitrag per se schon immer wertvoller und somit auch lukrativer. Wohl kaum jemand hätte noch vor ein paar Jahren davon zu träumen gewagt, dass irgendwann einmal prominente Blogger ihre Portale für teils sehr gutes Geld schlicht und einfach verkaufen können.

Kapitel 15

Chancen und Risiken des neuen Berufsbilds

Redakteure von Firmenblogs – die ja oft eher zufällig zu dieser wirklich schönen, aber eben noch relativ neuen Aufgabe gekommen sind – berichten mir immer wieder, wie viel Freude ihnen diese doch sehr interdisziplinäre Arbeit macht. Ebenso sind junge und neue Blogger immer wieder überrascht, welcher positive Zusammenhalt nach wie vor innerhalb der so genannten Blogosphäre herrscht und wie sehr man als einzelnes Mitglied hiervon profitieren kann.

Zweifelsfrei ist die Arbeit als Blogger wohl einer der schönsten Berufe, die man sich vorstellen kann. Sie erinnert mich zeitweise an meine Anfänge als Tageszeitungs-Journalist, als der Konkurrenzdruck in den Redaktionen noch längst nicht so hoch war wie heute und man sich hierdurch eben noch deutlich freier in seinen persönlichen journalistischen Zielen verwirklichen konnte. Hinzu kommt, dass fast kein Tag eines Bloggers dem anderen gleicht. Zu wechselhaft sind die Szene, die Themen, die Leserschaft, Techniken, Marketingtrends und mehr. Einige Vor-, aber auch Nachteile des Blogger-Lebens möchte ich in den folgenden Abschnitten mit Ihnen teilen:

15.1 Persönliche Chancen

Wenn ich die eigene Tätigkeit als Blogger mit meinen diversen früheren Tätigkeiten als Arbeitnehmer vergleiche – egal ob als Zeitungsredakteur, Sales-, IT- oder Marketing-Manager –, so fällt mir immer wieder auf, wie viel ich durch diesen neuen Beruf »Bloggen« hinzugewonnen habe. Natürlich liegt dies einerseits in der Selbstständigkeit an sich begründet, doch ich kenne viele Kleinunternehmer und Freiberufler, die nicht unbedingt dieselben Freiheiten haben wie ein Blogger oder auch ein Blog-Redakteur (falls dieser relativ unabhängig von der Marketingleitung arbeiten kann).

Alleine, dass ich als so genannter Webworker eigentlich völlig ortsunabhängig bin, ist ein nicht zu unterschätzender Faktor. Es gibt deutschsprachige Blogger, die arbeiten in ganz Europa, teilweise sogar von den USA, Südamerika oder Asien aus. 95 Prozent meiner Kontakte und mehr kommen ausschließlich per E-Mail zustande und für den Rest gäbe es theoretisch Skype & Co. Ich kann jederzeit eine Art Halb-Urlaub machen, das heißt in eine schöne Region innerhalb oder außerhalb Deutschlands fahren, von dort aus halbtags bloggen und den Rest der Zeit genießen. Und kein Leser oder Kunde bekommt etwas davon mit oder hat einen Nachteil hierdurch.

Doch das sind nicht die einzigen Vorteile. Was mir zudem auffällt – und je nach Rolle beziehungsweise Position werden mir hier wohl die meisten Blogbetreiber zustimmen –, gehören zu den weiteren Vorteilen eines Bloggerdaseins:

- Man kann – wenn man dies nur möchte – völlig unabhängig arbeiten, sich Themen, über die man schreibt, selbst heraussuchen, Werbeprogramme akzeptieren oder eben auch ablehnen, Kooperationen sowie die Konditionen hierzu selbst aushandeln, fast ausschließlich bevorzugte Kontakte knüpfen und vieles mehr.

- Wenn ich mir meine Arbeitszeit einteile – etwa strukturiert nach Blogs, Themen, Aufgabenfeldern etc. – und gewisse Dinge in Auftragsarbeit vergebe, so arbeite ich derzeit deutlich effizienter als in meinen früheren Aufgabengebieten, in denen sich doch meist die unterschiedlichsten Disziplinen und Erwartungshaltungen sowie Ziele miteinander vermischten.

- Teilweise baut man ein unglaublich wichtiges, individuelles Know-how auf, das zudem sehr breit gefächert ist. Sei es in den Bereichen Marketing, Programmierung, Texten, Design, SEO und SEM, selbst Mitarbeiterführung (freie Autoren oder gar eigene Angestellte), aber auch viele buchhalterische und rechtliche Belange, bei denen man immer »up to date« sein muss. Und bei allem – bis vielleicht auf die beiden letzten Punkte ☺ – handelt es sich um spannende Themenstellungen, die einen immer auch persönlich weiterbringen.

- Nicht zu unterschätzen ist ebenfalls das Wissen über (neue) Internet- und Social-Network-Techniken, die andere – selbst spezialisiertere – Fachkräfte in so geballter Praxis nur sehr selten ihr Eigen nennen dürfen.

- Durch all dieses Wissen bleibt man mit entsprechenden Bemühungen auch stets vielseitig ausgebildet genug, dass man in der Regel immer noch auf andere Berufszweige zurückgreifen könnte, sollte sich die reine Blogarbeit als nicht tragfähig genug erweisen.

- Bei qualitativ hochwertigen und nicht allzu kurzlebigen Bloginhalten schaffe ich mir völlig unabhängig von der Technologie »Blog« eine unter Umständen sehr wertvolle Artikel- und Inhaltsbasis, die man gegebenenfalls auch anderweitig verwerten kann.

15.2 Gesellschaftspolitische Aspekte

Gesellschaftspolitisch? Ist diese Wortwahl nicht zu hochtrabend? Dass politische Blogs die Welt prägen und sogar verändern können, das haben wir in den letzten Monaten oft genug erlebt. Aber »normale«, zudem auch noch teilweise oder komplett kommerzielle Weblogs?

Sicherlich, kann ich doch etwa bestimmte Themengebiete über meine Blogs deutlich mehr nach vorne bringen, mich dafür einsetzen und anderen Personen dabei helfen, sie weiterzuverbreiten. Etwa, indem ich Gründungswillige auf meinem Start-up-Blog zu eben diesem Thema Existenzgründung berate und motiviere, den eigenen Sprung in die Selbstständigkeit zu wagen. Oder auch, indem ich über dieses Buch vielleicht den einen oder anderen dazu bewegen kann, sich ebenfalls als Blogger zumindest teilweise selbstständig zu machen. Es gibt hier zahlreiche Möglichkeiten, selbst im kommerziellen, sprich sich refinanzierenden Bereich. Der in diesem Buch angesprochene Google-Plus-Blog etwa wird eine ganz neue Technik mit nach vorne bringen und vielen Webseitenbetreibern dabei helfen, diese für sich zu nutzen. Ebenso könnte ich mich auf eine neue Technologie spezialisieren und darüber schreiben, einer noch nicht sonderlich internetaffinen Zielgruppe zu einem Blog-Sprachrohr verhelfen, ein neutraleres Gegengewicht zu so mancher etablierten (Fach-)Printzeitschrift etablieren, meinem Hobby zu mehr Onlinepräsenz verhelfen oder was auch immer.

Abb. 15.1: Gerade in der Selbstständigkeit kann man über einen Weblog oft sehr hilfreiche Informationen der unterschiedlichsten Art weitergeben.

Auch im Bereich der Corporate-Blogs gibt es meines Erachtens eine solche Chance hin zur nachhaltigen Optimierung von Kommunikations- und PR-Strukturen, zumindest wenn der Firmenblog tatsächlich als solcher gelebt wird. Denn die Corporate-Blog-Redakteure und -Macher, die ich kennen lernen durfte, etablieren teilweise eine gänzlich andere Unternehmens- und Marketingkultur, als ich diese in der »alten Marketing-Schule 1.0« zumeist wahrgenommen habe. Gleichzeitig haben diese Corporate-Blogger die einmalige Chance, eine solch neue, sehr faire und transparente Art des Kommunizierens – ohne die ein Firmenblog nun einmal keine wirkliche Chance zum Überleben hat – auch in andere Unternehmensbereiche zu tragen. Bei kleineren unternehmerischen Blogs – beispielsweise im handwerklichen, künstlerischen oder medizinischen Umfeld – liegt es noch mehr nahe, wie sich diese gesellschaftspolitisch positiv auswirken. Ich möchte an dieser Stelle als kleines Beispiel die Weblogs http://shivanireutlingen.wordpress.com/ einer Hypnotherapeutin oder auch www.yogatraumreise.de eines alternativen Reiseveranstalters nennen, die sich nicht nur für die Belange ihres jeweiligen Berufszweiges, sondern immer auch für ihre eigene Kundenklientel stark machen, indem sie dieser – völlig kostenfrei – werthaltige und hilfreiche Informationen weitervermitteln.

15.3 Risiken

Natürlich hat auch das Bloggen an sich – egal ob als kleiner Nebenjob betrieben, im Hauptberuf oder als Firmenblogger – bestimmte Risikofaktoren, von denen man sich zwar nicht den Spaß an seiner Arbeit nehmen lassen sollte, die es aber dennoch zu beachten gilt.

15.3.1 Onlinerecht, Abmahnungen & Co.

Wie bei allen Portalen im World Wide Web, so müssen Sie auch als Blogger leider mit dieser nicht andauernd lauernden, aber doch jederzeit möglichen Gefahr der teilweise unglücklich oder gar nicht definierten Rechtsauslegung im Onlinebereich leben. Viele Blogbetreiber unterschätzen diese Gefahr, werden höchstens von ab und an kursierenden aktuellen Abmahnwellen (bei der hierauf spezialisierte Anwälte systematisch nach unterschiedlichsten Rechtsverstößen auf größeren, aber auch kleineren Onlineportalen suchen, um diese zu verfolgen und mit den entstehenden Kosten ihr Geld zu verdienen) kurz aufgeschreckt, um dann nach der Devise »mich hat es ja nicht getroffen, sondern nur ein paar andere Blogger« wieder wie üblich weiterzumachen.

Gerade im Affiliate-Bereich, der ja die meisten Blogger direkt oder indirekt betreffen wird, aber auch hinsichtlich wettbewerbsrechtlicher Bestimmungen, Copyright-Verfahrensweisen, Bild- und Textrechten, Verbraucherschutzkriterien und Ähnlichem mehr hat bereits der eine oder andere Blogbetreiber eine böse Überraschung erlebt. Bis auf eine drohende Abmahnung bezüglich eines angeblich fälschlicherweise in einen meiner Blogs eingebundenen Fotos bin ich selbst zwar bislang glücklicherweise von derlei Praktiken verschont geblieben, dennoch sollte man sich mit diesen Themen auseinandersetzen.

Zum einen kann ich hier etwa den Newsletter des Portals e-recht24 (www.e-recht24.de) empfehlen, der stets aktuell über die neuesten Entwicklungen auf dem sich doch ständig ändernden Gebiet des Internetrechts berichtet. Zum anderen kann man den genannten Gefahren zumindest ein wenig entgegentreten, indem man sich um ein stets aktuelles und vor allem der eigenen Rechtsform (ist diese wirklich privat? Ist man vielleicht doch schon Unternehmer? Und welche Art von Unternehmer?) entsprechendes Impressum bemüht. Zusätzlich sollte man sich genauestens die Bedingungen jeglicher Affiliate-Programme durchlesen und diese auch einhalten sowie im Zweifelsfall lieber einmal direkt beim Netzwerkbetreiber nachfragen und sich dies schriftlich bestätigen lassen, ob man den Link auf diese Weise und mit diesem Text oder Bild auch tatsächlich einbinden darf. Und nicht nur der Corporate-Blogger muss Fallstricke wie die vergleichende Berichterstattung über verschiedene Unternehmen vermeiden, seine Leser im Finanzbereich über die berühmten »Sternchentexte« aufklären und so weiter.

> **Tipp**
>
> Zum Thema Impressum – und wie man dieses mit möglichst wenig Aufwand über so genannte Impressum-Generatoren erstellen kann – gibt es ein schönes Tool der Plattform e-recht24 (www.e-recht24.de/impressum-generator.html), das wir hier getestet haben: www.blogprofis.de/buch/impressum. Schritt für Schritt fragt es dabei Ihre jeweilige Situation und sonstige Bedingungen ab, um hieraus ein auf Ihre Bedürfnisse zugeschnittenes Impressum zu erstellen.

Auch kann es nicht schaden – und das ist keineswegs reine Panikmache –, sich gerade wenn man als selbstständiger Blogger arbeitet, einmal nach einem guten Rechtsanwalt umzuschauen, den man im Notfall oder bei bestimmten rechtlichen Fragestellungen kontaktieren kann. Dieser sollte sich dann jedoch auch mit der Thematik des Internetrechts auskennen und Sie hinsichtlich einer geeigneten Unternehmensform zur Minimierung der genannten Risiken beraten können.

15.3.2 Abhängigkeit von Werbepartnern und Kunden

Dieses Thema wurde bereits angerissen und gehört natürlich in allen dienstleistenden Disziplinen mit zu einem der wesentlichsten Geschäftsrisiken. Im Blog- oder Internetbereich wird diese Situation noch verschärft, da es hier meist keinerlei vertraglich festgelegte zeitliche Bindung zwischen Werbetreibenden und den Publishern gibt. Das bedeutet – was ich selbst schon oft genug erlebt habe – ein großes, bis dahin äußerst erfolgreiches und von einem sehr namhaften Unternehmen betriebenes Partnerprogramm wird buchstäblich über Nacht eingestellt, sei es, weil das Onlinemarketing-Budget zusammengestrichen wurde, der Konzern eine neue Akquisestrategie verfolgt oder was auch immer der Grund sein mag. Morgens findet man dann im E-Mail-Postfach eine Nachricht vor, dass just jenes

Affiliate-Programm eingestellt wurde, dem man 50 Prozent seiner – in diesem Fall bisherigen – Einnahmen verdankt. Das kann schon sehr schmerzen und – wenn man als Berufsblogger nicht breit genug aufgestellt ist oder über gewisse Rücklagen verfügt – für einen leichten Anfall von Panik sorgen.

Auch wenn man als zweites Standbein mit Kunden im Blogbereich arbeitet, sei es als Consultant, Texter oder Designer – so ist dies erfahrungsgemäß ein Geschäft, das deutlichen Schwankungen unterliegt. Einmal muss man Aufträge ablehnen, weil man gar nicht mehr über genügend Kapazitäten verfügt, ein andermal hat man gleich mehrere, an sich vielversprechende Angebote bei potenziellen Kunden platziert und keines kommt unterschrieben zurück. Das Gleiche passiert bei der Selbstvermarktung von Werbeflächen auf dem Weblog. Hier hilft nur eines: Das Blog-Geschäftsmodell möglichst zu diversifizieren und zwar auf mehrere Blogs, Themen, Technologien, Refinanzierungsmodelle, gegebenenfalls Kundengruppen etc.

15.3.3 Wettlauf gegen die Zeit

Einen guten und erfolgreichen Blog etabliert man nicht von heute auf morgen, das wissen Sie bereits. Viele anfangs durchaus euphorische Blogger sind sich jedoch nicht bewusst, wie lange eine solche Durststrecke tatsächlich dauern kann. Und am Ende kann es immer noch passieren, dass man sich eingestehen muss, dass eben jenes so engagiert und mit viel Arbeitsaufwand verfolgte Blogthema einfach nicht fruchten will oder sich eben doch nicht ausreichend refinanzieren lässt.

Hinzu kommt der Aufwand, der hinter dem vernünftigen Betrieb eines Weblogs steht. Denn um das eben genannte Ausfallrisiko einzelner Portale möglichst zu minimieren, so empfiehlt es sich natürlich, gerade als nebenberuflicher Blogger oder gar in der Existenzgründung mit mehreren Blogs und Blogthemen gleichzeitig durchzustarten, die man zuvor idealerweise bereits einigermaßen etabliert hat. Doch Bloggen ist mehr als nur ab und an ein paar kleine Artikel zu schreiben. Zu einem professionellen Blogportal gehören gleichsam zeitaufwendige Aufgaben wie das B2B-Marketing (gegenüber den Lesern), aber auch B2C-Marketing (etwa für Kooperationen), die Pressearbeit, Bereitstellung und Wartung der technischen Infrastruktur, Pflege und Austausch der Werbemittelcodes, die buchhalterische Abrechnung, Werbekundenakquise, Betreuung von Leseranfragen und Kommentaren, Vergabe und Kontrolle von Texteraufträgen oder freien Mitarbeitern, gegebenenfalls der Aufbau neuer Blogprojekte und vieles weitere mehr. Und so ganz nebenbei möchte man ja auch noch dem eigentlichen Zweck dieses Berufs nachgehen und einfach nur bloggen.

Deswegen ist es umso wichtiger, eine Blog-»Karriere« so gut wie möglich vorzubereiten. Verfügt man über die ersten einigermaßen regelmäßigen Einnahmen aus mehreren Portalen, so kann man etwa einen Teil dieser Einnahmen wieder in eigene Werbung, SEO etc. investieren und so neue oder noch schwächelnde Blogs aus dem eigenen Portfolio ebenfalls in die richtige Richtung bringen. Denn wie schnell ein neuer Weblog sich auch finanziell gesehen etablieren kann, das hängt eben nicht nur von der reinen Energie ab, die ich in diesen investiere, sondern kann über zielgerichtete und eben teilweise auch kostenpflichtige Vermarktungsmethoden – wie Sie sie in den vorangegangenen Kapiteln erfahren haben – doch deutlich beschleunigt werden. Und umso eher man sich als Blogbetreiber mit einem oder mehreren Portalen an den »Break-even-Point« – also an die Gewinnschwelle – herantastet, umso eher kann auch mit den ersten stetig steigenden dauerhaften Einnahmen gerechnet werden.

15.3.4 Den Kontakt nach außen nicht verlieren

Meist sind Blogger doch recht gesellige und vor allem offene Menschen, wieso sollte dies also ein Risiko darstellen? Nun, ich habe mittlerweile festgestellt, dass mit zunehmender Professionalisierung doch zumindest die Gefahr besteht, dass man sich zu sehr in seinen Blog-Elfenbeinturm zurückzieht. Es gibt ja eigentlich immer etwas zu tun, Kontakte laufen wie erwähnt bis zu 100 Prozent via E-Mail ab und ich kann prima sehr autark mehrere Portale gleichzeitig bloggen, ohne auch nur einmal einen Schritt vor die Türe zu machen. Gleichzeitig hat man schlicht und einfach nicht mehr in jedem Fall die notwendige Zeit übrig, die man sich normalerweise gerne nehmen würde, um beispielsweise lieb gewonnene Blogger-Kontakte weiter zu vertiefen, jede einzelne E-Mail-Anfrage der Leser bis in die letzte Tiefe zu beantworten etc.

Trotz des doch recht engen Blogosphäre-Netzwerks ist dies ein Nachteil gegenüber »konventionellen« Berufsbildern, bei denen ich normalerweise unweigerlich in direkten Kontakt mit Gleichgesinnten komme und mir somit natürlich ein ganz anderes berufliches soziales Netzwerk aufbauen kann. Mir hat es etwa geholfen, dass ich doch noch Kontakt zu dem einen oder anderen ehemaligen Kollegen von früher hatte, mit denen sich dann teilweise sogar neue Möglichkeiten der Zusammenarbeit ergaben. Auch sollte man sein neues Blogger-Dasein gegebenenfalls gut im privaten Umfeld abstimmen, da sich hier – organisatorisch wie auch finanziell – zunächst doch einige gewichtige Änderungen im Vergleich zu einer bisherigen Arbeit ergeben können. Solche Fakten können über Erfolg oder Misserfolg einer Existenzgründung entscheiden, gerade wenn man eben noch nicht Dutzende neuer Kontakte aufgebaut hat oder das persönliche Umfeld einer solchen Entscheidung kritisch gegenübersteht.

Die genannten Blogger- und Affiliate-Events sind im Falle der wegfallenden Vernetzung beispielsweise eine schöne Möglichkeit zur Kompensation. Oder wieso sollte man in der Stadt oder Region seiner Wahl nicht zusammen mit Gleichgesinnten einen kleinen Blogger- oder Publisher-Stammtisch aufbauen? Die Nachfrage nach solchen Möglichkeiten zum direkten Erfahrungsaustausch sollte eigentlich gegeben sein, angesichts der zunehmenden Dynamik, welche die professionell betriebene Blogosphäre derzeit erlebt.

Kapitel 16

Die Trends der Zukunft

Quo vadis Blogging? Wenn man sich einmal vergegenwärtigt, wie schnell im so genannten Internetzeitalter Technologien kommen, aber auch wieder verschwinden, so hat sich hier seit Mitte der 90er Jahre eine fast schon unglaublich stabile Philosophie und Technologie entwickelt, bei der auch zum Glück so schnell kein Ende abzusehen ist. Natürlich gab und gibt es immer wieder Veränderungen, vom privaten Web-Tagebuch-Hype über die teilweise Kommerzialisierung bis hin zu den politischen Bewegungen dieser Tage, die ja zum Glück das Bloggen wieder etwas zu seinen Ursprüngen zurückbringt.

Angesichts zunehmender Mobilität, schnellerlebiger Medien und neuer Trends wie etwa der Augmented Reality (der Vermischung von Echtbildern mit virtuellen Informationen) ist es natürlich schwierig zu sagen, wie die Blogosphäre in einigen Jahren aussehen wird, ich will trotzdem einen kleinen Versuch wagen:

16.1 Weiter zunehmende Professionalisierung

Das mag einigen Bloggern zwar nur wenig gefallen, trotzdem beginnt das »Pro-Blogging« zumindest hierzulande eigentlich erst so langsam. Natürlich gibt es schon seit ein paar Jahren Corporate-Blogs aller möglichen Art, doch meist waren dies mehr oder weniger überzeugte Versuche nach dem Motto »Das ist was Neues in Richtung Web 2.0, das müssen wir auch machen«, die erst jetzt langsam fruchten und nach und nach ihre volle Kapazität entfalten. Und natürlich haben Blogger seit jeher Geld mit ihren Portalen verdient, doch es ist noch nicht lange her, da sie dieses eher »verschämt« und im Untergrund taten, das Thema »Geld verdienen mit Blogs« war wie erwähnt lange ein Tabu.

Alleine wenn ich beobachte – den Aufwärtstrend und die zunehmenden Besucherzahlen meiner Blogs natürlich herausgerechnet –, wie ich immer öfter nicht nur von kleineren, sondern auch namhaften Unternehmen kontaktiert werde, die in irgendeiner Form mit mir und einem meiner Blogportale zusammenarbeiten möchten, so hat sich der Stellenwert, den Blogger genießen, in den letzten zwei/drei Jahren schon deutlich gebessert. Was früher eher den Ruf einer Randgruppe genoss, lässt heutzutage – oft in ziemlich lästiger Form – eher die Dollarzeichen in den Augen so mancher Marketingverantwortlichen, aber auch zunehmend Geschäftsführern und sonstigen Entscheidern leuchten. Die Ausgangsposition hat sich also verbessert, nicht zuletzt dank vieler erfolgreicher Online-Geschäftsmodelle im besagten Long Tail. So langsam spricht sich herum, dass man im World Wide Web auch in einer Nische recht erfolgreich sein kann und dies, ohne gleich eine Unmenge an Kapital investieren zu müssen.

Es gibt sie zwar nach wie vor, die zwei, drei, vier ganz großen Gewinnerunternehmen des Internetzeitalters und es wird diese auch immer geben. Doch daneben koexistieren eben genauso gut Tausende und Abertausende Klein(st)unternehmen und Blogbetreiber, die in der Summe zu einem echten »Player« auf dem Onlinemarkt avanciert sind. Und es hat sich eben herumgesprochen, dass eine Werbeschaltung oder gar ein Link von einem kleinen, aber erfolgreichen Nischenblog einen viel größeren Erfolgshebel haben kann als so manche große und aufwendig inszenierte Online-Streu-Kampagne. Zudem dieser Erfolg meist nicht nur viel direkter nachgewiesen werden kann, er ist in den meisten Fällen auch um ein Vielfaches günstiger zu haben und bringt den Unternehmen Neukundenströme, die sie ansonsten in vielen Fällen gar nicht mehr erreichen würden. Insofern helfen die Nischenanbieter der Blogportale so mancher Firma dabei, selbst in diese kleinen »Ecken« des Internets vordringen zu können.

Was heißt das alles nun für uns Blogger? Ganz einfach: Es sind gute Zeiten, mit einem Blog zu beginnen, und noch bessere Zeiten, bereits über solche Portale zu verfügen. Denn wenn man die Vermarktungstricks – die ich in diesem Buch genannt habe – berücksichtigt, gute Bloggerarbeit leistet und nicht unbedingt mit dem am meisten umkämpften Themengebiet anfängt, so kann man diese zunehmende Marktmacht durchaus für sich nutzen. Natürlich haben noch längst nicht alle Firmen begriffen, dass sich die Blogosphäre weiterentwickelt hat. Ich bekomme heute noch teilweise wirklich unverschämte Anfragen von sehr profitablen und umsatzträchtigen Firmen, die meinen, sie könnten einen kostenlosen und dauerhaften Keyword-Backlink umsonst auf meinem PR-starken Blogportal mit jährlichen Visits im Millionenbereich unterbringen (ganz getreu dem Motto: Versuchen kann man es ja mal). Doch das sind zunehmend Randerscheinungen eines neuen Marktes, der meist gerade eben erst entdeckt zu werden scheint.

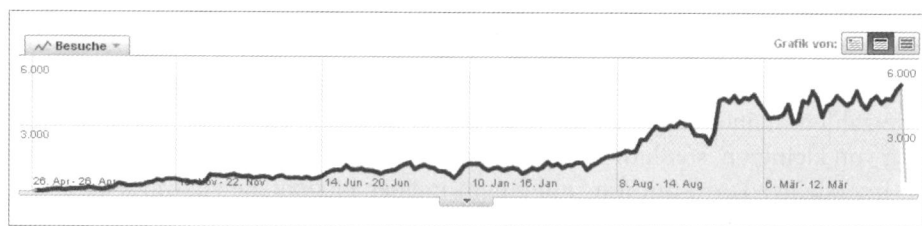

Abb. 16.1: Die Leserentwicklung von MeinStartup.com innerhalb von vier Jahren

Im positiven Sinne jedoch werden wir von vielen »normalen« Onlineportalen wohlwollend und fast sogar ein wenig neidisch als neue Geschäftschance zur Kenntnis genommen, man will zunehmend mit Bloggern zusammenarbeiten.

Nicht selten fragen mich etwa große, seit Jahren bestehende Konkurrenzportale, wie ich denn mit meinem »kleinen« Existenzgründerblog und vor allem als Einzelkämpfer, ja sogar die meiste Zeit über als reines Wochenend-Hobby betrieben, jemals so weit kommen konnte. Dies ist ein Aufruf an alle neuen, aber auch »älteren« Blogger, diese Zeichen der Zeit zu erkennen, sich ihrer zunehmenden Marktmacht bewusst zu sein und diese auch zu nutzen, natürlich ohne sich und die eigenen Ideale hierbei komplett zu verkaufen.

16.2 Qualität statt Quantität

Nun aber wieder ein kleiner Trost für all jene, die diese zunehmende Kommerzialisierung der Blogosphäre mit gemischten Gefühlen sehen. Ich mag es nicht verschweigen: Auch ich habe die Versuche hinter mir, in denen ich schnell und billig einen weiteren Blog zusammengeklickt habe. Mehr schlechte als rechte Artikel darauf publiziert, Affiliate-Textlinks und Google AdSense eingebaut und das war es. Als kleiner Trost: Diese Modelle funktionierten vielleicht in der Vergangenheit, werden in Zukunft aber nur durch enormen Einsatz von Werbemitteln möglich sein, so dass sich vergleichbare Geschäftskonzepte im Blogbereich dann nur noch in den seltensten Fällen lohnen dürften.

Diese Entwicklung verdanken wir nicht zuletzt der Qualitätsoffensive von Google, deren Macher mit dem letzten Panda-Update nicht wenigen »Ich mache das schnelle Geld mit Blogs«-Betreibern recht schlaflose Nächte bereitet haben dürften (bei »Panda« handelt es sich ja quasi um eine Korrektur der Suchmaschinen-Rankingkriterien, von der nun hauptsächlich qualitativ hochwertige Blogs und Portale profitieren, wie wir erfahren durften, siehe Abschnitt 9.4). Es ist natürlich klar, dass ich hier in diesem Buch die Qualität predige, schließlich schreibe ich dieser ja auch den hauptsächlichen Erfolg meiner eigenen Blogportale zu. Dennoch bin ich überzeugt davon, und einige SEOs geben mir in diesem Punkt durchaus recht, dass es qualitativ hochwertige Blogs in Zukunft um einiges einfacher haben werden, was wiederum eine gute Nachricht für all jene ist, die es wirklich ernst meinen mit dem Bloggen an sich.

Diese Dynamik hin zu mehr Qualität hat jedoch auch noch eine andere Auswirkung: Sehr schlicht designte Blogs – um es einmal vorsichtig auszudrücken – dürften es zunehmend schwerer haben, am Markt zu bestehen, sofern sie sich diesem überhaupt stellen wollen. Auch Blogleser werden zunehmend verwöhnter, zumal bei vielen Blogportalen die jeweiligen Besucher ja gar nicht zwischen einem Blog und einem sonstigen Internetportal unterscheiden können, und somit auch keinen nachsichtigen Bonus für den »kleinen Blogger« vergeben, dessen Portal nun einmal nicht ganz so perfekt ausgestattet ist. Ich selbst habe mich in letzter Zeit immer wieder einmal dabei erwischt, dass ich sehr vorschnell einen Blog oder ein Internetportal wieder wegklickte, ohne überhaupt dessen Inhalte zu erfassen, die ja vielleicht durchaus lesenswert waren. Doch der erste Eindruck entsprach einfach nicht dem, was ich von vielen anderen – auch kleinen – Internetportalen und deren Betreibern mittlerweile hinsichtlich eines bestimmten Qualitätsanspruchs gewöhnt bin. Da professionelle Templates heutzutage jedoch kaum mehr Kosten verursachen oder gar gratis verfügbar und zudem leicht zu installieren sind, so kann man sich gegenüber diesem neuen Trend relativ einfach wappnen.

16.3   Wie wird in Zukunft gelesen?

Das ist ehrlich gesagt die große Frage, die auch über die Zukunft der Blogs in ihrer jetzigen Form entscheiden wird. Schließlich leben Weblogs nur von einem: Sie müssen gelesen werden. Ehrlicherweise habe ich seit dem Hype um Smartphones & Co. gedacht, dass dies durchaus das »Aus« für Teile der Blogosphäre bedeuten könnte. Denn viele dieser doch recht umfangreichen und intensiv zu lesenden Medien machen auf den kleinen Formaten der kurzen Überschriften und bunten Bildchen nicht mehr wirklich Sinn. Selbst wenn man seinen Blog auf ein Theme umstellt, welches auf mobile Endgeräte optimiert ist, so macht es meist nicht wirklich Spaß, diese unterwegs zu lesen.

Neue Hoffnung schöpfe ich hingegen mit einem weiteren Trend, der mit der »Erfindung« des iPad begann und mittlerweile eine komplett eigene Geräteklasse mit sich gebracht hat. Technologieforscher gehen davon aus, dass wir in Zukunft nicht das eine Gerät zum Medienkonsum haben, sondern je nach momentaner Situation gleich mehrere. Zum Frühstück die flexible E-Zeitung im Tablet-Format, unterwegs im Auto dann das Head-up-Display, auf der Arbeit angekommen arbeiten wir an etwas, was sich früher einmal Personal Computer nannte, auf dem Weg in die Mittagspause kommt das Klein-Zoll-Smartphone zum Einsatz, abends dann die Online-TV-Projektion an der Wand oder gleich als 3D im Raum »schwebend«. Beides – sowohl das iPad als auch der Trend zu unterschiedlichsten, bedarfsgerecht eingesetzten Endgeräten – bedeutet, dass es zumindest in absehbarer Zukunft weiter ein oder mehrere »Formate« geben wird, das sich für das Lesen von Blogs und vergleichbaren Contentportalen eignet.

Vielleicht werden Beiträge dabei immer kürzer und multimedialer, möglicherweise gehen Blogs in einer Art Zwitter zwischen Twitter und Google-Plus-Fanpage auf, aber der Bedarf an ähnlich dimensionierten Informationen wird nach wie vor da sein, selbst wenn sich zumindest manche Inhalte (wie etwa die Empfehlungen eines »Schnäppchen«-Blogs) nahezu komplett in soziale Netzwerke »verabschieden« dürften.

Und auch die lange gehypten »Apps« – also die nicht rein HTML-basierten Minianwendungen für iPhone & Co. – stellen nicht die Gefahr für reine Contentseiten dar, wie man sich dies zu Anfang gedacht hatte. Denn zum einen ist es angesichts der unüberschaubaren Anzahl an Apps für alle möglichen Plattformen gar nicht mehr so einfach, eine solche erfolgreich zu vermarkten, zum anderen sind die technischen Hürden beziehungsweise die Aufwände zur Programmierung eines solchen Programms meist deutlich höher als bei der Erstellung eines Blogs, gerade wenn man sämtliche wichtigen technologischen Smartphone-Betriebssysteme mit abdecken möchte. Und nicht zuletzt hat sich auch hier gezeigt, dass man mit der Implementierung einer eigenen Anwendung für schlichte Textinhalte oftmals einfach nur »mit Kanonen auf Spatzen schießt«. Die bislang wenig erfolgreichen Versuche einiger Blogger, ihre Weblog-Inhalte gleichzeitig auch als mobile App für das iPhone oder Android-Systeme herauszubringen, stellen unter Beweis, dass die meisten Leser solche zusätzlichen Programme schlicht für unnötig halten, gerade weil es sich dabei meist um ein reines Eins-zu-eins-Abbild der zugehörigen HTML-Blogseiten handelt, ohne einen erkennbaren Mehrwert für die Nutzer zu bieten. Eine eigene App würde nur dann Sinn machen, wenn man die dortigen Inhalte mit aufwendigen interaktiven – und von daher zu berechnenden – Zusatzinformationen wie Charts, variablen Videoformaten oder E-Learning-Modulen und dergleichen erweitern würde. Dass solche aufwendig zu gestaltende Formate vor allem für Nischenthemen meist viel zu kostspielig sind, hat indessen die Vergangenheit bewiesen, denn trotz der entsprechenden technischen Voraussetzungen werden vergleichbare Möglichkeiten bei hauptsächlich contentbasierten Inhalten bislang kaum ausgenutzt.

16.4 Konzentration oder weitere Deregulierung

Früher gab es zahlreiche Suchmaschinen (wer erinnert sich noch an AltaVista, den MetaCrawler oder Lycos?), heute fast nur noch eine. Nutzte man früher jedes Mal eine andere Urlaubs-, Shopping- oder sogar Datingseite, so kennt man heute eigentlich nur noch jene aus der TV-Werbung. Wird den Blogs Ähnliches drohen? Nun, es wird wohl kaum Fernsehwerbung für Blogportale geben (obwohl, wer weiß ☺), aber kennt man in Zukunft auch hauptsächlich nur noch einen Technikblog, einen Reiseblog, Finanzblog, Gartenblog, Deals-Blog, Gadget-Blog, Lifestyle-Weblog? Und zwar hauptsächlich jenen, der am meisten Geld in jegliche Form von Werbung stecken kann? Mit zunehmender Professionalisierung – und damit zunehmenden Einnahmen der größten Blogs – ist eine derartige Tendenz zwar zumindest möglich, dennoch wird die Vielschichtigkeit der Blogszene sowie der Wunsch des typischen Bloglesers nach Unabhängigkeit eine solche Entwicklung wohl zumindest verlangsamen.

Es wird immer den kleinen Blog – oder zumindest etwas strukturell und inhaltlich sehr Ähnliches – zum Nischenthema »Ökologische Hamsterernährung« geben, denn für die sich immer mehr kommerzialisierenden Blogbetreiber werden solche Portale dann schlicht uninteressant, da sie nicht marktumfassend und somit lukrativ genug sind. Hinzu kommt: Was ich in meinem Start-up-Blog derzeit für tolle kleine, aber feine Onlinekonzepte vorstelle, die auch noch Erfolg haben, so mache ich mir wenig Sorgen um die Nischenportale der Zukunft. Gerade wenn man sich das aktuelle Thema der »mass customization« (kundenpersönliche Anpassung von Massenprodukten, ursprünglich von Portalen wie mymuesli.com begründet) anschaut, um das gerade unzählige neue Onlineshops im deutschsprachigen Raum entstehen, so scheint hier der Wunsch der Web-Konsumenten nach einem Zurück zu mehr Individualität deutlich zu werden, was auch den kleineren Contentportalen wie etwa den Blogs zugutekommt.

16.5 Und was macht Google?

Zumindest noch in den nächsten Jahren wird der Erfolg eines Weblogs nach wie vor von Google abhängen. Vor allem für all jene Blogportale, die nicht nur von Stammlesern und Empfehlungen leben, sondern eben auch stets auf neue Besucherströme aus den Suchmaschinen angewiesen sind. Doch wie wird sich Google ausrichten und was bedeutet dies für die Blogosphäre? Da ist zum einen der bereits erwähnte Faktor der qualitativ möglichst hochwertigen Suchergebnisse, da davon der nachhaltige Erfolg Googles abhängen dürfte. Nutzer werden nur dann weiterhin 90 Prozent ihrer Web-Suchen einer Suchmaschine und nicht einem proprietären sozialen Netzwerk anvertrauen, wenn die Trefferwahrscheinlichkeit nach Eingabe einer möglicherweise komplexen Suchabfrage immer mehr steigt.

Doch da sind wir schon beim zweiten Stichwort: Mit Google Plus wurde der Suchmaschinengigant schließlich fast über Nacht »sozial«, womit – abgesehen von bereits bekannten Netzwerken wie Twitter und Facebook – eine relativ neue Herausforderung auf den Blogger zukommt: Er muss quasi mit vielen kleinen »Mini-Blogs« konkurrieren, nämlich mit der Flut an Informationen, die uns direkt von unseren Plus-Freunden mitgeteilt, gepostet und geschrieben werden. Diese ständig zunehmende Diversifizierung wäre schließlich nur eine konsequente Weiterentwicklung genau jener Ziele, die sich einst die internationale Blogosphäre auf die Fahnen geschrieben hatte.

Eine andere Errungenschaft – die natürlich nicht nur von Google betrieben wird, aber hierdurch bekannt wurde – dürfte uns Bloggern hingegen ganz neue Möglichkeiten bieten. Die Rede ist von Google Translate und ähnlichen Programmen. Es dürfte im Interesse des Suchmaschinenkonzerns sein, solche und vergleichbare Dienste stets weiter zu perfektionieren. Wie ich anhand des GTranslate-Plugins im Ansatz bereits zeigte, würden damit wohl auch massenhafte Übersetzungen den endgültigen Durchbruch schaffen und vor allem leistbar sein. Dies wird nicht nur wie fast selbstverständlich dazu führen, dass ich ohne Spanisch-kenntnisse eine Onlinezeitung oder einen Blog aus Valencia lesen kann, so manches Blogportal würde dann zwar in Deutschland geschrieben, aber möglicherweise weltweit konsumiert werden.

16.6 Das Web 3.0

Wie auch immer das World Wide Web der Zukunft aussehen wird, es wird wohl generell individueller im Sinne von persönlicher, weniger statisch, aber gleichzeitig auch öffentlicher sein. Was heute die Widgets sind, das werden morgen die so genannten »Lifestreams« sein, also auf unsere persönlichen Interessen abgestimmte »Ströme« an Text-, Audio- und Videoinformationen, die wir in Auszügen auch noch mit anderen Kreisen (um das Google-Plus-Phänomen der Circles mit zu berücksichtigen) teilen. Die derzeitigen Entwicklungen beispielsweise von Facebook weisen exakt in diese Richtung, wobei noch unklar ist, welche der teilweise doch recht privatdatenlastigen Möglichkeiten von der großen Masse der Nutzer auch wirklich akzeptiert werden wird.

Diese Lifestreams werden jedoch nicht nur aus aktuellen Wetterdaten, den Angeboten meines Lieblingshops – an dem ich gerade vorbeifahre – oder aus Informationsschnipseln meines Arbeitgebers bestehen, der mich damit schon einmal auf das kommende Meeting einstimmen möchte, sondern eben nach wie vor aus News und Nachrichten in jeglicher Form. Blogs sind eigentlich hervorragend auf dieses individualisierte Informationsbedürfnis hin ausgerichtet, zumindest von der prinzipiellen Funktionsweise her. Denn einer dieser Streams wird dann eben nicht nur aus den persönlichen Lieblingsnachrichten von Spiegel Online zusammengestellt, sondern eben auch aus dem RSS-Feed des Blogs aus einem meiner favorisierten »Circles«. Nur dürfte es wahrscheinlich schwieriger werden, sich in diesem gesamten Datenfluss Gehör zu verschaffen beziehungsweise überhaupt wahrgenommen zu werden. Zum anderen sind wir Blogger dann noch mehr als jetzt darauf angewiesen, gemocht, geliked, geplusst und empfohlen zu werden, was nicht jedem traditionsbehafteten Schreib-»Puristen« und Alt-Blogger so wirklich gefallen dürfte. Es bleiben weiterhin spannende Zeiten für die Blogosphäre.

Kapitel 17

Hinweise zur konkreten Umsetzung

Innerhalb der vergangenen Kapitel haben Sie nun jede Menge gelernt. Dies sowohl über die unterschiedlichsten Möglichkeiten der Vermarktung eines Blogs als auch hinsichtlich der Steigerung Ihrer Reichweite, dem »richtigen« Texten, der Suchmaschinenoptimierung bis hin zu den wichtigsten Tricks und Werkzeugen, die Ihnen auf dem Weg zur eigenen Blogger-Karriere behilflich sein können. Im Folgenden möchte ich den einzelnen Lesern – je nach aktuellem Wissensstand sowie den bis heute erreichten Weblog-Erfolgen – eine Art Maßnahmenkatalog mit an die Hand geben: Welche der gegebenen Tipps sollte ich zuerst angehen? Welche Maßnahmen versprechen in meiner konkreten Situation die schnellste Wirkung? Und wie könnte eine kurzfristige, mittelfristige, aber auch langfristige Planung aussehen, um den Erfolg meiner Blogportale immer weiter steigern zu können? Die Antworten darauf und mehr will ich dabei mit Ihnen zusammen erarbeiten und beantworten.

Sicherlich wird hierbei nicht jedes Unterkapitel gleichermaßen interessant für jeden Leser sein. Einiges wird sich zudem wiederholen – da die entsprechenden Inhalte für gleich mehrere Phasen eines Blogger-Lebens interessant und hilfreich sein können –, anderes wiederum nicht über den Status einer reinen Aufzählung hinauskommen, da ich ja auch nicht noch einmal die Inhalte der letzten Kapitel komplett wiedergeben möchte. Dennoch dürfte es sich selbst für fortgeschrittene Blogger durchaus lohnen, auch einmal den Maßnahmenkatalog der »Anfänger« durchzulesen. Sei es als Grundlage der Planung für ein neu zu startendes Blogprojekt oder um einfach nur überprüfen zu können, ob bislang alle notwendigen Schritte berücksichtigt wurden beziehungsweise auf welchen Feldern es möglicherweise noch Nachholbedarf gibt. Neulinge auf dem Gebiet des Bloggens werden in den späteren Unterkapiteln hingegen erfahren, auf welche zukünftigen Arbeiten und Herausforderungen sie sich schon einmal vorbereiten und freuen dürfen. Und der Abschnitt für Corporate-Blogger dürfte zudem für den normalsterblichen Blogger ebenso interessant sein, wie es auch umgekehrt der Fall ist.

17.1 Bloggen für Anfänger

Mittlerweile habe ich nicht nur den Start und das Wachstum zahlreicher eigener Blogs aus unterschiedlichsten Bereichen begleiten dürfen, auch Bloggerkollegen berichten mir von ihren Erfahrungen zu Beginn der ersten Schritte mit ihrem Blogportal. Oder sie geben mir Feedback zu den einzelnen auf den `Blogprofis.de` gegebenen Hinweisen und Empfehlungen für diese erste Phase der Blogvermarktung. Zu Beginn eines entsprechenden Projekts kann man eigentlich gar nicht so viel »falsch« machen, wenn man denn mit Leidenschaft hinter dem jeweiligen Portal und seiner Grundidee steht, qualitativ hochwertig sowie abwechslungsreich und vor allem regelmäßig schreibt (dazu gleich mehr) und einige Fallstricke etwa aus dem Kapitel Suchmaschinenoptimierung berücksichtigt (Stichwort Vermeidung von Linkkauf und ähnlichen Praktiken). Ganz im Gegenteil: Gerade mit dem Start eines neuen Blogs ergeben sich so viele Aufgaben und Möglichkeiten, diesen innerhalb und außerhalb der Blogosphäre zu vermarkten, dass Sie gar nicht immer wissen werden, an welcher Stelle Sie denn nun am besten und ehesten beginnen sollen.

Eines kann ich Ihnen an dieser Stelle bereits verraten: Der Start eines Blogportals – wenn man es denn gleich richtig angehen möchte – bedeutet Arbeit, Arbeit und nochmals Arbeit. So muss nicht nur relativ schnell ein gewisser Grundstock an umfangreichen Blogbeiträgen erstellt und veröffentlicht werden, auch die Vermarktung beansprucht parallel hierzu Ihre gesamte Aufmerksamkeit. Nicht immer bereitet dabei jeder dieser Aspekte die größte Freude, gerade wenn Sie irgendwann Ihren zweiten, dritten, x-ten Blog starten. Denn egal mit wie viel Leidenschaft man inhaltlich an ein Thema herangeht: Innerhalb weniger Tage idealerweise 30 bis 50 unterschiedliche Beiträge für den ersten Start des Portals zu schreiben – und dies auch noch so, dass die Leser diese Anstrengung nicht bemerken –, das liegt nicht jedem Blogger. Was Sie sich an dieser Stelle jedoch immer wieder beruhigend selbst sagen können: Je mehr Aufwand Sie insbesondere in dieser ersten Blog-Phase betreiben und je mehr Energie Sie dabei investieren, umso mehr wird sich dies im weiteren Verlauf auszahlen.

Damit Sie sich bei all diesen zu Beginn anstehenden Aufgaben nicht verzetteln, so möchte ich Ihnen hier eine kleine Reihenfolge vorstellen, wie es mir gelingt, diese immer wieder neue Herausforderung jeweils einigermaßen strukturiert zu meistern. Wobei ich einen bereits komplett installierten Blog mit dem ersten zumindest grundlegenden Design (erstes Logo und Template) als auch den wichtigsten Plugins (etwa aus dem Bereich SEO, Kontaktmöglichkeit, Kommentarplugins, Anbindung an soziale Netzwerke sowie ähnliche Artikel) bereits voraussetze, diese Arbeiten – die bald schon Routine für Sie sein werden – sollten also schon im Vorfeld erledigt sein.

Schreiben, Schreiben und nochmals Schreiben

Gut, wenn Ihnen dieser Aspekt keinen Spaß machen würde, dann würden Sie sich wohl auch kaum für ein »Leben« als Blogger interessieren, egal ob nun hauptberuflich, nebenberuflich oder rein als (einträgliches) Hobby. Dennoch – wie ja eben beschrieben – ist die Gestaltung der ersten Inhalte nicht immer ein komplettes

Vergnügen. Hinzu kommt zudem ein Aspekt, der für viele Blogbetreiber frustrierend sein mag, der sich aber leider nicht wirklich ändern lässt: Die ersten 30, 40, 50 Beiträge müssen qualitativ und inhaltlich ebenso gut gestaltet sein wie die später folgenden. Dennoch wird eben diese Artikel – gerade zu Beginn – kaum jemand wirklich lesen, denn Sie verfügen am Anfang in der Regel weder über Stammleser noch über entsprechende Positionierungen innerhalb der Suchmaschinen. Wenn Sie Glück haben, so ranken diese ersten Gehversuche – oder zumindest einige davon – später dennoch relativ gut bei Google & Co. und finden somit immer noch ihre Leser, was als kleiner Ausgleich für Ihre Bemühungen dienen kann. Dies muss aber nicht in jedem Fall so sein.

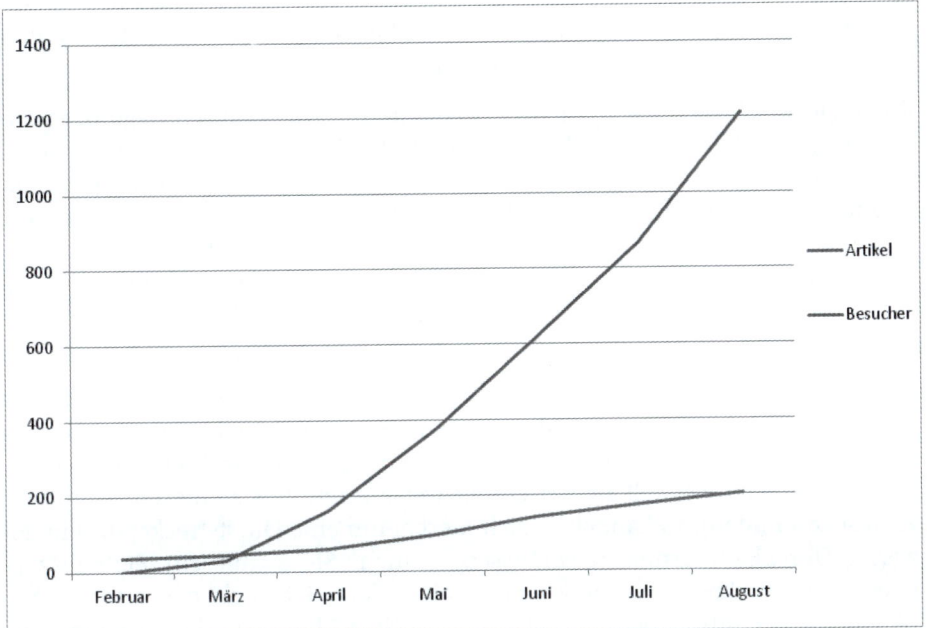

Abb. 17.1: Die Entwicklung der Artikelanzahl von MeinStartup.com (die stark ansteigende Linie) im Verhältnis zu den monatlichen Besuchern, innerhalb der ersten Monate nach dem Start

Hinzu kommt: Gerade in den ersten Wochen (bis Sie vielleicht über die ersten 80 bis 100 Beiträge verfügen) sollten Sie möglichst erst einmal überhaupt keine Werbung in Ihren Blog einbinden, Sie erhalten also zumindest keine monetäre Gegenleistung zu diesem Zeitpunkt. Denn erstens würden diese Anzeigen zunächst wohl eh kaum nennenswerte Beträge einbringen und andererseits wirkt ein Blog mit wenigen Inhalten bei gleichzeitiger umfangreicher Werbeschaltung nicht gerade sonderlich attraktiv, weder auf Leser noch auf potenzielle Kooperationspartner, andere Blogger oder aber auch auf Suchmaschinen.

Und: Bis zu den ersten 200 Artikeln – idealerweise aber selbst darüber hinaus – sollten Sie wenn möglich einmal täglich mindestens einen Artikel verfassen, um für ein sich nachhaltig verbesserndes Ranking bei Google & Co. zu sorgen. Wenn Sie davon ausgehen, dass sich die ersten deutlich sichtbaren Erfolge hinsichtlich der ansteigenden Besucherzahl – je nach Projekt natürlich – nach etwa 100 Beiträgen einstellen, es aber meist erst ab 200 Artikeln wirklich spannend wird (sollte sich bis dahin das Thema als lohnenswert herausstellen), so können Sie sich in ungefähr ausrechnen, mit welcher Schreib-Frequenz Sie welche Zeit für die ersten Schritte mit Ihrem Blogportal benötigen werden. Eine Schreibpause von mehreren Tagen oder gar Wochen kommt – gerade in dieser Phase des Blogaufbaus – hingegen weniger gut an. Sollte eine solche Pause unvermeidbar sein, so stellen Sie – zum Beispiel über die automatische WordPress-Veröffentlichungs-Option mit einem Beitragsdatum in der Zukunft – sicher, dass mindestens jeden zweiten bis dritten Tag ein vorverfasster Beitrag online geht.

Erfolgreiches Bloggen hat mit harter Arbeit zu tun. Nicht nur zu Beginn, einige der erfolgreichsten Weblogs gehen teilweise fortlaufend mit bis zu 20, 30 Artikeln und mehr je Tag (!) online, was sich jedoch meist nur in einem Team oder mit externen Autoren schaffen lässt. Sicherlich trifft dies nicht für jede Thematik zu. Wenn Sie Ihr Portal jedoch beispielsweise zum führenden aktuellen Sport-Blog-Magazin für das Ruhrgebiet ausbauen wollen, so werden Sie um ähnliche Schlagzahlen wohl kaum herumkommen, in diesem speziellen Fall gerade am Wochenende. Je mehr Beiträge, umso mehr potenzielle Leser, umso größer der Erfolg.

Viele angehende Blogger unterschätzen diese erste (und auch spätere) recht anstrengende Schreib-Phase. Gerade wenn zu Beginn verständlicherweise die ersten Erfolge wie stetig steigende Besucherzahlen oder gar Werbeeinnahmen ausbleiben (denn wer soll Sie beziehungsweise Ihren Blog zu diesem Zeitpunkt auch schon finden), so handelt es sich hierbei um eine Durststrecke, die ein gewisses Durchhaltevermögen voraussetzt. Zumal Sie zu diesem Zeitpunkt ja noch nicht wirklich wissen können, wie erfolgreich sich das ausgesuchte Blogthema zukünftig noch entwickeln wird. Diese Phase – und noch einige darauffolgende mehr – sind übrigens der Grund dafür, dass es sich wohl kaum jemals lohnen dürfte, mit einer Blogger-Selbstständigkeit quasi von »null« zu beginnen. Je mehr Vorlauf Sie Ihren Projekten in einem solchen Fall einräumen, umso schneller und erfolgreicher wird deren Vermarktung später erste Früchte tragen und umso eher können Sie sich auf jene Blogthemen konzentrieren, die am erfolgversprechendsten starten.

Auf eine andere Übung sollten Sie sich in dieser ersten Phase konzentrieren, wenn Sie sie nicht schon durch eine frühere Tätigkeit oder einen Ihrer Berufe kennen gelernt haben: das effiziente Schreiben. Man kann – mit einiger Übung zugegebenermaßen – innerhalb von 15 Minuten einen guten Blogartikel verfassen, ohne die Zeit für eine fundierte Recherche und abhängig vom Thema natürlich. Dies gelingt selbst den besten Bloggern nicht immer. Dennoch sollten Sie nach einer Weile einmal Ihren ganz persönlichen Schreibstil analysieren: An welchen Stellen halte ich mich am längsten auf? Sammle ich zu lange die entsprechenden Fakten? Benötige ich überproportional viel Zeit für die Aufbereitung und Einbindung der Bilder? Oder feile ich zu lange an einzelnen Sätzen, gehe diese immer wieder durch, bis ich die vermeintlich optimale Lösung gefunden habe? Es geht mir nicht darum, für ein Weniger an Qualität zu plädieren, ganz im Gegenteil. Dennoch sollten Sie als Blogger nach und nach Ihre Taktzahl steigern können. Leicht werden es hierbei ehemalige Print-Journalisten haben, die oftmals aus fast keinen Informationen innerhalb kürzester Zeit und noch rechtzeitig vor Redaktionsschluss mehrere qualitativ hochwertige Beiträge verfassen müssen. Glauben Sie mir, das funktioniert durchaus und solche Methoden kann man auch nach und nach lernen. Tun Sie sich dennoch schwer damit und wollen Sie nach wie vor den Großteil Ihrer Blogbeiträge selbst verfassen, so hilft Ihnen vielleicht der Besuch eines guten Texterseminars oder eine ähnliche Fortbildungsmaßnahme weiter.

Erstes Marketing

Ich möchte an dieser Stelle nicht im Detail auf die einzelnen notwendigen Schritte eingehen, da ich diese bereits in den vorangegangenen Kapiteln ausführlich beleuchtet habe. Dennoch sollten Sie sich – möglichst parallel zu der Erstellung der ersten Inhalte – mit folgenden zusätzlichen Aufgaben hinsichtlich der Vermarktung Ihres zu diesem Zeitpunkt noch sehr jungen Blogs auseinandersetzen:

- Ab einem einigermaßen gefüllten Blog (also mit etwa mindestens 20 Artikeln): Eintragung in die wichtigsten Blogkataloge

- Erstellung der ersten Pressemeldungen über den Start des Portals sowie später in regelmäßiger Reihenfolge zu zugehörigen Themen (neue Kategorien, erste Leseraktionen, aber auch neuer Besucherrekord etc.)

- Ebenfalls erst bei genügend werthaltigen Inhalten: Anfrage der ersten Blogger- und sonstigen Kooperationen, etwa zum Thema Blogroll-Tausch mit passenden (und, zumindest zu diesem Zeitpunkt, noch nicht allzu prominenten) Portalen. Oder aber auch hinsichtlich des Artikeltauschs mit einem themenverwandten Blog, der ebenfalls erst vor Kurzem an den Start gegangen ist (Blogverzeichnisse wie beispielsweise `bloggeramt.de` und ähnliche können hier mit ihren einzelnen Kategorien für die entsprechende Recherche recht gute Dienste leisten).

- Ausschreibung beziehungsweise Suche der ersten Gastartikel-Verfasser auf dem eigenen Blog (etwa über `bloggerjobs.de`), gleichzeitig können Sie anbieten, selbst auf anderen Blogportalen hochwertige Gastartikel zu erstellen (zwecks initialer Verlinkung).

- Wichtig: Etwa auf Messen, Veranstaltungen etc. sollten Sie grundlegende Kontakte aufbauen, mit denen sich die ersten Blog-Interviews durchführen lassen, um relativ einfach und schnell an qualitativ hochwertige sowie umfassende Artikelinhalte zu gelangen. Bei einem solchen kostenlosen Interview werden die meisten Ansprechpartner nicht gleich verlangen, dass Ihr Blog bereits mehrere Jahre existiert oder über Tausende Besucher täglich verfügt. Bei entsprechend guter grafischer Aufmachung Ihres Portals – sowie bei einem zum Blogthema passenden Interviewpartner – wird dieser Aspekt sogar nur sehr selten hinterfragt, es sei denn, Sie bewegen sich im Bereich IT, Technik oder sonstigen bloggeraffinen Themen. Dann jedoch hilft oft einfach die Ehrlichkeit weiter, zuzugeben, dass sich das entsprechende Portal gerade erst im Aufbau befindet, man daraus jedoch durchaus ein hochwertiges und langfristig orientiertes Projekt machen möchte.

- Falls Sie sich mit Ihrem Projekt beziehungsweise dessen zukünftigen Erfolgschancen einigermaßen sicher sind und über entsprechende Rücklagen verfügen, so kann es einen enormen Schub mit sich bringen, bereits zu diesem ja sehr frühen Zeitpunkt auf einem inhaltlich passenden Blog oder Portal Werbung für Ihr eigenes Projekt zu schalten. Ich habe die Erfahrung gemacht, dass hierüber unter Umständen sehr viele Leser sehr schnell auf den eigenen Blog aufmerksam gemacht werden können, die dann auch oftmals zu Stammlesern werden. Und eine solche Anzeigenplatzierung können Sie ja immer erst einmal einen Monat lang ausprobieren, um das hierfür günstigste Portal oder auch Werbeformat ermitteln zu können. Außerdem lässt sich mit einer solchen Maßnahme ausgleichen, dass Sie gerade zu Beginn eines neuen Blogvorhabens wohl kaum über sehr prominente (kostenlose) Linkverweise von anderen Internetprojekten auf sich aufmerksam machen werden. Dabei sollten Sie jedoch darauf achten, möglichst prominente Werbeflächen auf zwei, drei unterschiedlichen Portalen zu buchen, also nicht einen – wenn vielleicht auch preisgünstigen – Link im Footer oder Ähnliches, der kaum einem Leser auffallen wird. Mit einem gut und interessant gestalteten Werbebanner (hier sollten Sie sich eventuell einen Grafiker zu Hilfe holen, da eine professionelle Gestaltung die Klickrate enorm erhöhen kann) muss es dabei auch nicht immer das »größte« verfügbare Bannerformat sein, das Sie buchen, aber eine möglichst prominente Platzierung ist eben wichtig.

- Wie erwähnt, kann eine eigene eBuzzing-Kampagne oder ähnliche Werbemaßnahmen als sehr deutlicher Beschleuniger für die Vermarktung des eigenen Blogportals dienen. In diesem Fall müssen Sie üblicherweise jedoch relativ deutlich in finanzielle Vorleistung gehen, sollten sich also über den Erfolg des jeweiligen Blogs (oder aber die mögliche Abschreibung der ausgegebenen Mittel bei einem Misserfolg) im Klaren sein. Nicht immer lässt sich zudem der Erfolg einer solchen Maßnahme in Heller und Pfennig ausrechnen, sorgt jedoch in der Regel und bei einer guten zugrunde liegenden Kampagnenidee dafür, dass sich Ihr neues Blogprojekt relativ schnell einen Namen macht.

- Dieser Tipp ist eigentlich selbstverständlich, wird aber auch von mir ab und an immer noch gerne vergessen. Nutzen Sie Ihr ganz privates Netzwerk im jeweiligen Blogbereich. Dies bedeutet: Schreiben Sie einen Kaninchenzüchterblog, so fragen Sie doch innerhalb Ihres Vereins, wer selbst über eine Homepage verfügt und sich (gegenseitig) mit Ihnen verlinken mag. Im Elektronikbereich werden Sie zumindest von der Wahrscheinlichkeit her gesehen noch weit mehr solcher Möglichkeiten vorfinden und so weiter. Sie werden teilweise mit Erstaunen feststellen, wie viele Personen in Ihrem eigenen Umfeld auf dem einen oder anderen Wege im World Wide Web »unterwegs« sind und Ihnen somit bei der Blogvermarktung behilflich sein können. Die Inhalte der sich verlinkenden Seiten sollten dann aber möglichst auch inhaltlich zueinander passen. Gerade kleinere, aber auch größere Corporate-Blogger haben hier meist ein noch viel größeres Netzwerk unterschiedlichster potenzieller Verlinkungspartner zur Verfügung, nutzen dies jedoch erfahrungsgemäß viel zu selten. Selbst Jahre nach der Installation meines ersten Blogs finde ich heute ab und zu noch interessante Tauschmöglichkeiten und Ähnliches innerhalb meines Bekanntenkreises, an die ich zuvor leider nie gedacht hatte, die mir den Start eines neuen Projekts jedoch enorm erleichtert hätten.

- Sie werden in dieser Phase die ersten externen Anfragen von Bloggern oder sonstigen Personen erhalten, die sich um irgendeine Form der Zusammenarbeit mit Ihnen bemühen wollen. Filtern Sie hier – vor allem wenn es sich nicht um Bloggerkollegen handelt – sehr gut und auch kritisch. Sinnvolle Anfragen sollten Sie jedoch stets unmittelbar und auch ausführlich beantworten sowie weiter nachverfolgen.

- Vergessen Sie nicht vor lauter Schreiben das Bloglesen auf anderen Portalen. Bleiben Sie stets auf dem Laufenden, insbesondere was die Thematik Ihres Weblogs angeht. Hinterlassen Sie zudem Ihre Spuren innerhalb der Blogosphäre sowie darüber hinaus, etwa indem Sie bei anderen Bloggern mitkommentieren und -diskutieren, fremde Inhalte über soziale Netzwerke weiterempfehlen, Interviews mit Anbietern spannender Inhalte oder passender Dienstleistungen führen und so weiter. Nur so werden Sie sich nach und nach einen Namen mit Ihrem Blogportal machen können.

- In technischer Hinsicht: Nehmen Sie die Einrichtung eines Google-Webmaster-Tools-Accounts vor, um dort gegebenenfalls auch Ihre erste Sitemap einzureichen, sollte Google Sie nach zahlreichen verfassten Artikeln immer noch nicht komplett in seinen Index aufgenommen haben. Gleichzeitig sollte spätestens jetzt die Installation von Google Analytics, WP Stats oder einem ähnlichen Auswertungstool in Angriff genommen werden, um herausfinden zu können, ob und über welche Wege denn bereits Besucher zu Ihnen finden und ob beziehungsweise auf welche Weise sich Ihre unterschiedlichsten Marketingbemühungen kurz- oder mittelfristig bemerkbar machen.

Natürlich werden im Laufe der Zeit zu diesen hier genannten Möglichkeiten noch zahlreiche weiterführende Optionen kommen. Gerade aber für die erste Marketing-Aufbauarbeit haben Sie mit den hier genannten Punkten eine recht gute Arbeitsgrundlage zur Hand, um die ersten sowie wichtigsten Maßnahmen zum Start Ihres Portals treffen zu können.

Geld verdienen

Mit diesen zuvor erwähnten Maßnahmen werden Sie gut und gerne ein paar Wochen oder gar ein/zwei Monate beschäftigt sein, je nachdem, wie viel Zeit Ihnen täglich hierfür zur Verfügung steht. Und erst dann kommt der Aspekt auf die Tagesordnung, der Ihnen irgendwann einmal diese ganze Mühe auch entlohnen soll. Wobei die Überschrift dieses Absatzes vielleicht ein wenig irreführend ist, denn bevor Sie überhaupt die ersten Einnahmen tätigen können, so müssen Sie erst einmal die notwendigen Schritte hierfür unternehmen.

Diese wären etwa:

- Anlegen eines Google-AdSense-Accounts sowie erste Einbindung entsprechender Formate auf den noch freien Blog-Werbeflächen. Um die ersten Leser nicht gleich wieder zu verschrecken, eignen sich hierfür zu Beginn Flächen wie der typische 486x60-Banner im Header, oder aber auch Platzierungen innerhalb der Sidebar, die allgemein als Vermarktungsmöglichkeit von Online-Portalen bekannt sind und als solche akzeptiert werden. Wenn Sie hingegen schon zu diesem frühen Zeitpunkt mit AdSense-Werbeflächen innerhalb der einzelnen Artikel experimentieren wollen, so würde ich Ihnen dies zunächst höchstens am Ende der Beiträge empfehlen. Diese Positionierung sorgt in der Regel für einen recht guten Erfolg, ohne dass die Besucher in ihrem Lesefluss signifikant gestört werden.

- Gewöhnen Sie sich die genaue Beobachtung der hieraus entstehenden Einnahmen an, um den Erfolg späterer Optimierungsmaßnahmen jederzeit nachverfolgen zu können. Sie werden nie den ersten registrierten Klick sowie den ersten Verdienst aus AdSense vergessen und wenn es sich dabei lediglich um 10 Cent handelt. Seien Sie jedoch nicht enttäuscht, wenn dieser Klick nicht gleich am ersten Tag der AdSense-Einbindung zustande kommt. Gut Ding will Weile haben.

- Sind die ersten Vergütungen geflossen – und sind die ersten Besucherzahlen zudem bereits relativ konstant (ab etwa 5.000 Seitenaufrufen im Monat) –, so sollten Sie anfangen zu experimentieren: Welche Platzierung lohnt sich am ehesten? Steigern sich die Einnahmen bei der Schaltung von Text-, Bild- oder kombinierten Anzeigen? Ist das AdSense Targeting in meinem konkreten Fall eine sinnvolle Methode zur weiteren Optimierung (siehe Abschnitt 7.1)?

- Erst wenn Sie mit solchen Klick-Vergütungsprogrammen wie AdSense die ersten Erfahrungen gesammelt haben, lohnt es sich, über die Einbindung von passenden Affiliatelinks innerhalb von speziell hierfür vorgesehenen beziehungsweise geeigneten Beiträgen nachzudenken, sollten Sie diese Form der

Vermarktung in Betracht ziehen. Gerade am Anfang gilt hierbei: Bitte übertreiben Sie es niemals mit der mengenmäßigen Einbindung vergleichbarer Werbeformen. Denken Sie an den Eindruck, den die Besucher von Ihrem Portal haben sollen, aber auch an eventuelle Qualitätskriterien der Suchmaschinen, die
vielleicht gerade Ihr noch junges Blogportal ganz genau in Augenschein nehmen werden. Zudem wird die Anmeldung zu den meisten Partnerprogrammen auch hier erst dann erfolgreich bestätigt werden, wenn sich Ihr Blog bereits deutlich mit qualitativ hochwertigen sowie thematisch passenden Inhalten gefüllt hat. Und: Für die erste Provisionierung über ein Partnerprogramm
benötigen Sie in der Regel noch einmal einen deutlich längeren Atem, als dies
beispielsweise bei AdSense und ähnlichen Klick-Formaten der Fall ist. Dafür
dürfen Sie in einem solchen Fall mindestens doppelt so laut jubeln wie bei der
ersten AdSense-Vergütung, zeigen doch die ersten Leads und Sales aus Partnerprogrammen, dass Ihr Blog zumindest grundsätzlich für diese sehr attraktive und lohnenswerte Vermarktungsform geeignet sein sollte.

- Binden Sie dann – auch hier wieder die entsprechende Basis an geeigneten Artikeln vorausgesetzt – mehrere passende Partnerprogramme ein. Denn es
kann immer sein, dass ein ausbleibender Affiliate-Erfolg keinesfalls an Ihrem
Blogportal, sondern an den zum Einsatz kommenden Partnern liegt. Je weiter
Sie hier streuen, umso eher finden Sie einen der maximal ein Dutzend wirklich
guten Affiliate-Partner, mit dem erfolgreiche Blogger in der Regel ihr Geld verdienen. Eingebundene Partnerlinks, die keinerlei Erfolg zeigen, können Sie
dann nach einer Weile getrost wieder entfernen, um die richtige Mischung zwischen rein werthaltigen und eher werblichen Beiträgen beibehalten zu können.

- Nach und nach können Sie alle weiteren in diesem Buch genannten Refinan-
zierungsoptionen ausprobieren, wobei zumindest die – wenn auch sehr lukrative – Selbstvermarktung normalerweise einen bereits recht erfolgreichen Blog
voraussetzt.

Das Tuning

Nun könnten Sie einfach fleißig weiter Artikel für Artikel schreiben und abwarten,
bis sich die Besucherzahlen entsprechend positiv entwickeln und demzufolge
auch die Einnahmekurve langsam, aber stetig steigt. Nicht anders habe ich es
schließlich selbst – wenn auch eher unbewusst – mit meinem ersten Blog selbst
gemacht. Dieser wurde zwar ein voller Erfolg, benötigte jedoch fast vier Jahre.
Wenn Sie selbst schneller vorankommen möchten, so sollten Sie nach und nach
vor allem die folgenden der in diesem Buch genannten Maßnahmen planen und
umsetzen, wobei es in diesem Fall nicht so sehr auf die exakte Reihenfolge
ankommt:

- Arbeiten Sie nach und nach all die vorangegangenen Optimierungstipps ab, die
unter den Überbegriff »Design« fallen. Insbesondere zählt hierzu die Imple-

mentierung der vorgestellten Plugins oder ähnlicher Tools, sofern Sie diese nicht schon längst installiert haben (siehe Kapitel 4). Haben Sie mit einem sehr rudimentären Logo oder Blogdesign begonnen, so wird es spätestens jetzt höchste Zeit, über einen ersten Wechsel nachzudenken, auch wenn es sich dabei vielleicht noch längst nicht um den »100 Prozent«-Wurf handelt. Glauben Sie mir: Höchstwahrscheinlich werden Sie ein Blog-Leben lang an den grafischen Aspekten Ihrer Portale feilen.

- Kontrollieren Sie Ihre Text-Strategie: Sind die Inhalte nach wie vor werthaltig genug? Suchen meine Leser auch tatsächlich nach den Tipps und Anregungen, die ich präsentiere? Werte ich regelmäßig die jeweils meistgelesenen Artikel aus und welche Rückschlüsse für meine zukünftigen Blogbeiträge lassen sich hieraus ziehen? Fehlt möglicherweise eine gewisse Abwechslung in den Inhalten, die ich beispielsweise durch Gastbeiträge, Reviews oder Interviews ausgleichen könnte?

- Auch das Marketing-Kapitel sollten Sie sich jetzt noch einmal ganz genau durchlesen: Welche der dort genannten Optionen – für die bislang möglicherweise einfach noch zu wenig Besucher vorhanden waren – kann ich nun als Nächstes ausprobieren? Wie steht es um die Akquise passender Kooperationspartner? Bin ich bereits einigermaßen innerhalb der Blogosphäre in meinem inhaltlichen Bereich vernetzt? Welche Veranstaltungen kann ich besuchen (blogtechnisch als auch rein inhaltstechnisch gesehen), mit welchen bereits erfolgreicheren Bloggern und Fachexperten kann ich Kontakt aufnehmen, um über entsprechende Möglichkeiten der Zusammenarbeit zu sprechen?

- Nun wird es zudem Zeit, sich um die einzelnen Aspekte der Suchmaschinenoptimierung zu kümmern. Wie anfangs bereits erwähnt, sollten Sie zumindest eines der vorgestellten kostenloses Basis-SEO-Tools von Beginn an auf Ihrem Blog installiert haben, da es meist von Anfang an gute Dienste leistet, zumindest aber nicht schaden kann. Zusätzlich sollten nun alle anderen bereits vorgestellten SEO-Maßnahmen in Angriff genommen werden. Dies möglicherweise unter Zuhilfenahme eines befreundeten, bereits erfahreneren Bloggers, der Ihnen gerade bei den SEO-Basics für Blogger doch den einen oder anderen zusätzlichen Tipp darüber geben kann, welche Strategie bei ihm jeweils funktioniert hat und wovon Sie möglicherweise besser die Finger lassen sollten.

Tipp

Insbesondere, was den letzten der genannten Punkte angeht: Da gerade Blog-Anfänger erfahrungsgemäß sehr oft mit den mit steigendem Blogerfolg eingehenden SEO- und Kooperationsanfragen überfordert sind und nicht immer wissen, ob es sich um ein seriöses Angebot handelt oder nicht: Bei Bedarf können Sie mir gerne entsprechende E-Mail-Anfragen (in anonymisierter Form) weiterleiten, an `blogboosting@blogprofis.de`.

In der Regel können ich oder befreundete Blogger der `Blogprofis.de` recht schnell über ihren eigenen großen Fundus an entsprechenden Anfragen einschätzen, wie es in Ihrem Fall um die Qualität der Inhalte oder des jeweiligen Anbieters bestellt ist.

Zumindest für den Beginn war es das eigentlich schon an ersten »Tasks«, bevor Sie dann für den jeweiligen Blog nach einiger Zeit in den »Fortgeschrittenen-Modus« wechseln können. »Das hört sich doch alles gar nicht so schwer an«? Ist es auch nicht, wenn Sie kontinuierlich »am Ball« bleiben und sich von gelegentlichen Durststrecken oder gar kleineren Rückschlägen nicht entmutigen lassen.

Der Nächste bitte

»Für's Erste wäre das also geschafft«, mögen Sie sich nun wohl denken. Doch gerade wenn Sie aus Ihrer Blogger-Tätigkeit mehr als nur einen reinen Nebenverdienst machen wollen, so geht es jetzt eigentlich erst so richtig los. Denn parallel und möglichst früh zu den zuvor genannten Feinschliff-Arbeiten an Ihrem ersten Blog können Sie sich nun so langsam, aber sicher Gedanken darüber machen, welches weitere Blogthema oder gar welche weiteren Blogthemen Sie denn nun als neue, zusätzliche Projekte verfolgen wollen.

Sicherlich bringt es nichts, hierbei einen unwillkürlichen und ungeplanten Opportunismus an den Tag zu legen. Sollten Sie mit Ihrem ersten Blogportal noch sehr gut beschäftigt sein und noch nicht alle dort fälligen Aufgaben erledigt haben, so lohnt es sich auch nicht, vorschnell einen Schritt vor dem anderen zu tun. Und gerade wenn das initiale Projekt die ersten Einnahmen einbringt, so kann es sich in der Regel durchaus als sinnvoll erweisen, vielleicht eher zunächst dort weiter zu experimentieren und die dortigen Erträge somit Stück für Stück zu erhöhen, da Ihnen diese Erfahrungen auch bei allen kommenden Blogvorhaben sehr gute Dienste leisten werden. Doch wenn Sie noch »Luft« sowie vor allem Spaß am Schreiben übrig haben – was ich jetzt nach den ersten auftretenden Erfolgen einfach einmal voraussetze –, so kann sich der Gedanke »und was nun« durchaus in einem weiteren Blogportal manifestieren.

Idealerweise suchen Sie sich hierfür ein Themengebiet aus, das möglicherweise sogar in eine völlig andere Richtung geht als das zuerst gegründete. Trotzdem sollten Sie natürlich über eine entsprechende grundlegende Expertise auf diesem Gebiet verfügen und die Entwicklung eines solchen Themas muss Ihnen ebenfalls Spaß machen. Da aber nicht absolut jedes Blogmodell und -Themengebiet zum durchschlagenden Erfolg wird – egal wie viel Mühe Sie sich damit auch geben mögen –, so können Sie mit einer solchen Diversifizierung der inhaltlichen Vielfalt Ihr unternehmerisches Risiko doch noch einmal deutlich abmildern. Gerade wenn Sie an eine zukünftige (Teilzeit-)Selbstständigkeit mit Ihren Blogportalen denken. Diese teils diametral gegensätzlichen Blogthemen machten auch bei mir persönlich den nachhaltigen Erfolg aus. Das weiß ich zwar erst heute und im Nachhinein betrachtet, umso eher können Sie selbst von diesem Ratschlag profitieren. Denn auch wenn ich längst gar nicht mehr alle diese Themen selbst weiterverfolge, so gründete ich in den vergangenen Jahren und in folgender Reihenfolge teilweise gleich mehrere Weblogs parallel:

- Den Beginn – damals rein aus Neugier, Lust und Laune – machte das Thema Existenzgründung (`MeinStartup.com`).
- Dann folgten drei Finanzblogs, wobei ich mich recht schnell auf den ersten davon konzentrierte, was auch gut so war.
- Schließlich kam – nach einem kurzen und wenig erfolgreichen Ausflug in den Bereich Shopping-Blog – der Bereich Technik (DSL etc.) sowie Telekommunikation hinzu.
- Fortan wagte ich mich auf den Sektor der (nachhaltigen) Energie. Denn wenn meine Leser ganze Girokonten über mein Finanzportal abschließen, wieso dann nicht auch Strom- und Gasverträge. So dachte ich und so ergab es sich denn auch.
- Es folgten die Blogprofis als Blog für Blogger.
- Die letzte Variation galt vor einigen Monaten dem Thema Heimtiere, kurz nachdem in mein eigenes Leben – nach diversen anderen Haustieren – ein Hund getreten war.

Wobei ich zwischendurch über Kundenprojekte oder sonstige Blogs sogar noch an gänzlich anderen Themen beteiligt war. Und wenn der Tag 48 Stunden hätte, dann ginge dieser Prozess wohl noch so weiter.

Würde ich Ihnen – aus meinen Erfahrungen und Erkenntnissen heraus – nun ebenfalls eine solche Themenvielfalt empfehlen? Ja und nein. Zumindest würde ich mich an Ihrer Stelle auf genau jene Gebiete konzentrieren, zu denen Sie auch eine persönliche Bindung in irgendeiner Form haben. Ob diese Bindung nun auf einem Hobby von Ihnen beruht, auf einer früheren Ausbildung, der Tätigkeit Ihres Partners, Ihrem derzeitigen Beruf, dem Engagement innerhalb eines Vereins oder was auch immer: Sie sollten – wie bereits einige Male erwähnt – Spaß daran haben. So verfolge ich selbst aus oben genannter Liste genau jene Projekte – zumindest persönlich – nicht mehr weiter, mit denen ich eher experimentiert hatte (ganz nach dem Motto »was kann man mit einem Blog von null auf gleich alles erreichen«), zu denen ich aber ansonsten keinerlei persönliche Bindung innehatte und auch bis heute nicht aufbauen konnte. Mein Blog zum Thema DSL oder UMTS ist etwa solch ein Beispiel. Eine entsprechend an diesem Thema interessierte Person hätte diesen Weblog wahrscheinlich genauso erfolgreich werden lassen wie ich meinen Existenzgründerblog (was die Besucherzahlen angeht) oder meinen Finanzblog (hinsichtlich der Einnahmen). Ohne einen wirklichen Bezug zu den Inhalten macht ein solches Vorgehen meines Erachtens jedoch kaum einen Sinn.

Dennoch sollten Sie nicht nur auf »ein Pferd setzen«, gerade wenn Sie dauerhaft professionell bloggen wollen. Denn zu dem Thema »Spaß an der Arbeit« kommt noch ein weiterer Aspekt hinzu, den Sie auf den vorangegangenen Seiten bereits kennen lernen konnten: Das Blogthema, das Ihnen am meisten Freude bereitet, muss später nicht unbedingt auch jener Blog sein, über den Sie den Hauptteil Ihrer Einnahmen bestreiten werden. Gerade in einem solchen Fall ist es äußerst hilfreich, mehrere Trümpfe in der Hand zu haben, um einmal bei dieser bildhaften Sprache zu bleiben.

17.2 Bloggen für Fortgeschrittene

Sie verfügen bereits über ein, zwei, vielleicht sogar mehr eigene Blogs? Ihre Einnahmen hieraus übersteigen bereits – einmal angenommen – um die 100 Euro pro Monat insgesamt oder gar je Blog? Herzlich willkommen, dann dürfte Sie der Blogger-Virus bereits erfasst haben. Was in Ihrem Fall nun besonders gefragt sein wird, das ist – einmal mehr – Durchhaltevermögen. Die Höhe Ihrer Einnahmen zeigt Ihnen – auch wenn es sich momentan um wenig mehr als einen schönen kleinen Nebenverdienst handelt –, dass da doch wohl noch mehr möglich sein sollte, schließlich sind die meisten Blogportale skalierbar, zumindest bis zu einer gewissen Größe. Das bedeutet: Investieren Sie mehr Zeit in einen Weblog, so erreichen Sie in der Regel in etwa proportional mehr Besucher und damit auch mehr Einnahmen aus Ihren Projekten.

Das klingt ein wenig wie das viel zitierte Märchen vom Tellerwäscher, der zum Millionär wird, soll es aber keinesfalls. Denn zum einen scheint Ihr Modell ja bereits zu funktionieren – sonst hätten Sie keine Einnahmen hieraus –, was mehr auf Tatsachen sowie Ihrem Sachvermögen beruht denn auf irgendwelchen wundersamen Begebenheiten. Und zum anderen reicht es Ihnen ja vielleicht, wenn Sie von Ihren Blogportalen gut leben können, ohne gleich an die erste Million denken zu müssen. Was macht nun diese sehr reizvolle, aber auch alles entscheidende Phase eines Weblogs oder gar eines kompletten Blog-Netzwerks aus und worauf sollte man an dieser Stelle besonders achten?

Nicht mehr nur (alleine) Schreiben

Natürlich sollen Sie das wesentlichste Element der »Bloggerei« nicht aufgeben. Nach wie vor wird ein Großteil Ihrer täglichen Portalarbeit wohl darin bestehen, aktuelle und passende Themen aufzunehmen, zu recherchieren und in Artikel zu fassen, um Ihre Blogportale weiterhin mit Leben zu füllen. Schließlich werden Sie nur so möglichst nah an Ihren Kunden, also den Lesern selbst bleiben können.

Dennoch: Möchten Sie Ihr Dasein als Blogger an dieser Stelle immer weiter ausbauen, so werden Sie höchstwahrscheinlich nicht darum herumkommen, zumindest manche Ihrer Projekte teilweise oder komplett auch von anderen Autoren mit Inhalten bestücken zu lassen. Zu sehr werden Sie Ihr jeweils wichtigster Blog sowie Aufgaben wie beispielsweise die fortlaufende Administration von Anfragen jeglicher Art, Planung diverser Marketingaktionen, die technische Weiterentwicklung einzelner Portale oder aber auch Themenfelder wie die Suchmaschinenoptimierung und die Pressearbeit in Beschlag nehmen, als dass Sie gleichzeitig auch noch in der Lage sind – idealerweise mehrmals täglich –, all Ihre Blogs mit frischem und qualitativ hochwertigem Content zu versorgen. Wenn Sie diesen Spagat doch schaffen sollten, dann umso besser. In allen anderen Fällen rate ich Ihnen, bereits zu diesem Zeitpunkt einen Teil Ihrer ersten Blogeinnahmen wieder zu reinvestieren und die Zusammenarbeit mit externen Autoren auszuprobieren.

Um sich dabei nicht gleich an einen oder mehrere freie Texter binden zu müssen, lohnen sich gerade zu Beginn die bereits vorgestellten Content-Dienste wie `textbroker.de` oder `content.de`. Benötigen Sie sehr werthaltige Inhalte, so können Sie bei diesen Portalen ganz gezielt nach geeigneten Autoren suchen, etwa indem Sie passend zu einem Thema – sowie der gewünschten Textqualität und Ihrer eigenen Preisvorstellung – entsprechend filtern. Über die Anzahl der bereits erstellten Texte sowie die Kundenbewertungen der hieraus resultierenden Texter lässt sich dabei eine noch bessere Auswahl vornehmen. Für weniger anspruchsvolle Texte reichen hingegen meist die allgemein einstellbaren »Open Order« aus, zu denen sich jeder Autor innerhalb des Content-Netzwerks bewerben kann. Mit einer knappen, aber aussagekräftigen Beschreibung Ihres Auftrags werden Sie dann auch sehr schnell und günstig zu den gewünschten Inhalten kommen. Und selbst wenn der eine oder andere Text nicht immer vollkommen Ihren Vorstellungen entsprechen sollte, so können Ihre Blogportale in der Summe deutlich von derlei zusätzlichen Inhalten profitieren.

Wie sollte man nun entscheiden, für welche Portale und Themen man selbst in die Tasten greift und in welchen Fällen sich stattdessen eine Fremdbeauftragung lohnt? Nun, das ist relativ einfach. Da, wo Ihnen entsprechende Beiträge nach wie vor sehr leicht von der Hand gehen, Sie nicht schon im Vorneherein überlegen müssen, »wie bekomme ich nur meine 400 bis 500 Wörter zusammen«, und Sie nicht mehr als maximal eine halbe Stunde je Artikel benötigen, da dürfen und sollten Sie durchaus selbst kreativ werden. Alles andere ist erfahrungsgemäß bei einem externen Spezialisten des jeweiligen Gebiets deutlich besser aufgehoben, natürlich nur, solange dies Ihr Blog-Budget auch zulässt.

Sie müssen es sich so vorstellen: Wollen Sie irgendwann tatsächlich von Ihren Blogs hauptberuflich und selbstständig leben, so werden Sie zu einem bestimmten Zeitpunkt mindestens 3.000 bis 5.000 Euro pro Monat an Gewinn einnehmen müssen (je nach Lebensstandard), um nach Abzug aller Steuern und sonstiger laufender Betriebskosten einigermaßen bequem und sicher leben zu können. Selbst wenn wir nur 3.000 Euro als Basis nehmen und zu Beginn eine durchschnittliche selbstständige Arbeitszeit von 9 Stunden an insgesamt 18 Tagen je Monat voraussetzen (denn irgendwann wollen Sie ja vielleicht dennoch Urlaub machen, und sogar Selbstständige werden ab und an krank), so müssten Sie demzufolge auf um die 170 Euro Nettoeinnahmen am Tag kommen oder auf fast 19 Euro je Stunde. Ihr eigenes »Gehalt« müsste also pro Stunde ungefähr innerhalb dieser Größenordnung liegen. Bereits dann wäre es also sinnvoller, einen einfachen Text extern für teilweise unter zehn Euro erstellen zu lassen und sich in dieser Zeit lieber auf Themen wie die Anbahnung neuer Kooperations- oder Werbepartner zu konzentrieren, da dies in einem solchen Fall effizienter als Ihre eigene Arbeitskraft ist.

Ich habe hier bewusst eine sehr einfache Kalkulation zur Grundlage genommen. Und ich weiß, dass nicht jeder Blogger von der Idee begeistert sein wird, seine Zukunft sowie seine tägliche Arbeit in solch unternehmerischer Art und Weise zu planen. Auch möchte ich in keinster Weise irgendwelche Dumpingpreise bei der Beauftragung von Freiberuflern und Dienstleistern jeglicher Art unterstützen, bei erfolgreichen Portalen zahle ich meinen externen Blogautoren in der Regel deutlich mehr. Dennoch wird wohl auch hier kein Weg an einer professionelleren Arbeitseinteilung als auch an gewissen wirtschaftlichen Grundlagen vorbeiführen, wollen Sie sich Ihre Blogeinnahmen möglichst dauerhaft und nachhaltig sichern. Und gerade zu Beginn werden Sie sich schlicht und einfach keine anderen Möglichkeiten der günstigen Texterstellung leisten können. »Aber ich verdiene doch erst ein paar Hundert Euro, wieso soll ich mir dann jetzt schon Gedanken über derartige Prozesse machen?« Nun, je früher Sie beginnen, sich damit auseinanderzusetzen und allmählich Erfahrung in der Fremdvergabe bestimmter Aufgaben – wie hier dem Texten – die gewinnen, umso erfolgreicher wird sich der spätere Ausbau Ihrer Blogportale gestalten.

Und selbst wenn Sie nur nebenberuflich bloggen, so kann es sich dennoch lohnen, über eine Fremdvergabe diverser Aufgabenpakete nachzudenken. Dies natürlich nur dann, wenn Ihnen das entsprechende Blogportal auf Dauer finanziell deutlich mehr einbringt, als Sie für Textagenturen und sonstige Dienstleister ausgeben müssen. Denn gerade im Nebenberuf wird es Ihnen als Blogger wohl noch schwerer fallen, in der begrenzten zur Verfügung stehenden Zeit all die notwendigen Maßnahmen für einen erfolgreichen Blogbetrieb unter einen Hut bringen zu können. Und am leichtesten sowie günstigsten lässt sich nun einmal unter anderem – zumindest teilweise – die Texterstellung auslagern. Nicht vergessen sollten Sie dabei natürlich sämtliche kostenlosen Möglichkeiten der Contentgenerierung, wie Blog-Interviews, Gastartikel & Co.

Im Laufe der Zeit – und mit steigenden Einkünften – werden Sie diesen Prozess des Wirtschaftens sowie des Outsourcings natürlich noch auf weitere Bestandteile Ihrer Blogarbeit ausdehnen, etwa was grafische und technische Aufgaben, die

Pressearbeit oder das Suchmaschinenmarketing anbelangt. Wenn Sie jederzeit flexibel bleiben, sich dabei nicht vertraglich binden – und somit beispielsweise bei einer finanziellen Durststrecke auch wieder selbst Hand an all diese Themengebiete anlegen können –, so werden Ihnen vergleichbare Aufträge die Blog-Arbeit teilweise enorm erleichtern. Gerade auch wenn Sie als zweites Standbein als Berater oder Ähnliches arbeiten wollen, macht dies Sinn, denn dann wird es möglicherweise ganze Wochen oder Monate geben, an denen Sie nicht die Zeit für Ihre eigenen Projekte aufbringen können, wie Sie es sich eigentlich wünschen. Auch während der Erstellung dieses Buchs war ich froh, dank so mancher externer Hilfe meinen Blogbetrieb trotzdem einigermaßen stabil aufrechterhalten zu können.

Fokussierung auf das Wesentliche

Als fortgeschrittener Blogger betreiben Sie den einen oder anderen Weblog wohl bereits seit einigen Monaten oder gar Jahren. Auch einige der in den ersten Abschnitten dieses Buchs genannten Tipps und Tricks werden Sie bereits zuvor kennen gelernt und auch in der Praxis angewendet haben. Von daher wissen Sie auch schon, welche Maßnahmen für Ihre Blogportale gut funktionieren und welche eher weniger.

Dies hört sich nun sehr leicht und selbstverständlich an, wird aber doch in vielen Fällen nicht wirklich beachtet: Sie sollten sich nun allmählich auf die wirklich zielführenden und einträglichen Methoden der Blogvermarktung konzentrieren und fokussieren, während weniger zielführende Maßnahmen – die sich trotzdem als aufwendig gestalten – nicht oder kaum mehr zum Einsatz kommen sollten. Und dies je Blog wohlgemerkt, denn was für das Modeportal gilt und funktionieren mag, das muss für den Mobilfunkblog noch lange nicht der Fall sein.

Solche Methoden zur Fokussierung des Blogerfolgs könnten zum Beispiel bedeuten:

- Sie bauen ganz konsequent jene maximal zwei bis drei Einnahmequellen je Blog aus, die bisher am meisten Einnahmen generieren konnten, was die entsprechende regelmäßige inhaltliche und technische Pflege Ihres Blogs oder einzelner Beiträge darin angeht.

- Innerhalb eines Blogs entwickeln Sie vor allem jene thematischen Unterkategorien mit neuen Beiträgen weiter, die den Großteil Ihrer Zugriffszahlen oder Einnahmen ausmachen beziehungsweise Ihrer sonstigen Zielerfüllung dienen.

- Noch detaillierter: Sie konzentrieren sich dabei hauptsächlich auf die Artikelformen wie Reviews, Produkttests, Blog-Interviews, Diskussionen, Ratgeber etc., die am besten bei Ihren Lesern ankommen und auch weiterempfohlen werden.

- Für Affiliate-Blogs gilt in diesem Zusammenhang: Hier legt man idealerweise vor allem auf die Berichterstattung zu jenen Keywords wert, die am meisten

Umsatz generieren. Auch mit jeweils zugehörigen Begriffen, das heißt am Beispiel des Themas »Girokonto« sollte es dann schon auch einmal ein Beitrag zu den Themen »Gehaltskonto«, »Studentenkonto« oder »Geldanlage« und mehr sein.

- Die bereits getätigten Marketingaktionen werden auf den Prüfstand gestellt: Haben meine Gastartikel für eine deutliche Zunahme an Besuchern gesorgt? Oder aber der Werbebanner auf dem befreundeten Blog? Oder doch eher die Offline-Aktion xy? Dann wissen Sie, an welcher Stelle Sie hauptsächlich weiter ansetzen sollten.

- Sie testen ein neues Plugin – etwa eines unter Kapitel 4 vorgestelltes – auf einem Blogportal. Erhöht dessen Einsatz eine der wichtigen Blogkennzahlen – beispielsweise hinsichtlich der Reichweite oder der Besuchszeit –, so kann die Verwendung dieses Tools auch auf die anderen Weblogs ausgedehnt werden.

- Ähnlich: Sie ermitteln über mehrere Wochen die beste Anzeigenposition auf Blog a, danach führen Sie dasselbe für Blog b durch etc. Oder Sie ermitteln die Beiträge mit den erfolgreichsten Affiliatelinks und optimieren ganz zielgerichtet nur diese.

- Welche Pressemitteilung und welcher Social-Network-Eintrag hat für die meiste Aufmerksamkeit gesorgt? Welches Artikelthema wird von meinen Lesern innerhalb der Kommentare heiß diskutiert? Auf welchen Beitrag hin sind potenzielle Kooperationspartner auf mich aufmerksam geworden und warum? Versuchen Sie, diesen Erfolg über eine ähnliche Thematik oder Aktion zu kopieren.

Im Prinzip betreiben Sie hiermit also quasi nichts anderes als die zunehmend systematischere Optimierung jeglicher Aufgaben eines Blogbetreibers, sei es nun aus den Bereichen der Texterstellung, des Marketings, der Pressearbeit, des Medienmonitorings oder was auch immer. Mittels dieser Konzentration auf Ihre ganz persönlichen und individuellen Stärken sorgen Sie zum einen dafür, dass Sie sich nicht zwischen all den theoretisch anstehenden Aufgaben verzetteln und verlieren, zum anderen entwickelt sich somit nach und nach Ihr ganz eigener »roter Faden« der Blogvermarktung, den Sie auch auf weitere sowie zukünftige Blogprojekte adaptieren können. Denn: Nicht nur je Blogthema werden die jeweils erfolgreichsten Methoden unterschiedlich ausfallen, auch aufgrund Ihrer Persönlichkeit sowie Ihrem eigenen Know-how vermag die eine Maßnahme eher zu fruchten als die andere.

Marketing

Mit zunehmender Bekanntheit Ihres Blogs sowie einer immer größer werdenden Leserschaft bieten sich Ihnen nun natürlich auch neue und spannende weiterführende Möglichkeiten der Blogvermarktung. So können Sie ab einem gewissen Zeitpunkt in jeglichen Kooperationsgesprächen mit anderen Bloggern und Portalbetreibern um einiges selbstbewusster in die entsprechenden Verhandlungen gehen, da Ihr Blogportal mittlerweile über eine sehr begehrte »Währung« verfügt: Reichweite und Follower. Zwar können Sie es möglicherweise noch längst nicht mit den großen Weblogs aus Ihrem jeweiligen Bereich aufnehmen, trotzdem sollten Sie zu diesem Zeitpunkt – falls noch nicht geschehen – verstärkt proaktiv auf andere Anbieter jeglicher Art zugehen.

Sei es um gegenseitig Gastartikel zu publizieren oder Werbeflächen auszutauschen, gemeinsam eine Artikelserie zu verfassen, Sponsoren für die ersten Blog-Gewinnspiele zu rekrutieren, spannende Partnerangebote ausfindig zu machen (wie in Kapitel 6 beschrieben) oder einfach nur, indem Sie sich in Foren & Co. als Experte auf Ihrem Sachgebiet präsentieren. Ihr Blog hat sich nun bereits einen kleinen Namen gemacht, darauf dürfen Sie stolz sein und das sollten Sie auch ausnutzen sowie weiterhin ausbauen. Fast alle der im Bereich Marketing dieses Buchs aufgelisteten Maßnahmen dürften nun für Sie in Frage kommen und Sie sollten einen nach dem anderen der dort genannten Aspekte ausprobieren, ob er für Ihre Blogprojekte hilfreich sein kann.

Insbesondere auf eine gute und professionelle Außenwirkung kommt es bei dieser verstärkten Akquise an. Ihr gesamtes Auftreten je Projekt sollte also auf eine durchdachte und stringente Blog-Identity abgestimmt sein, von der passenden E-Mail-Signatur, dem Briefbogen über Visitenkarten für Events bis hin zu eigenen Profilen bei Facebook, aber auch Xing & Co. Unterschätzen Sie den Erfolg sowie die Wirkung eines derart durchdachten Auftretens nicht. Sie treten jetzt und in Zukunft nicht mehr nur als »einfacher kleiner« Blogger auf, sondern gleichzeitig auch als Auftraggeber und -nehmer, Kunde, Fachmann, Partnerunternehmen, Verleger, Autor und vieles weitere mehr, egal in welcher wirtschaftlichen Form Sie Ihre Blogportale betreiben.

Interaktion mit dem Leser

Bleiben Sie authentisch und hilfsbereit, halten Sie zu Ihren Stammbesuchern und vergessen Sie vor allen Dingen nie, dass auch Sie einmal als kleiner Blogger angefangen haben. Für einen nachhaltigen Erfolg Ihrer Blogs kommt es hierbei vor allem darauf an, wie und in welchem Umfang Sie mit Ihren Lesern interagieren. Für traditionelle Vertreter der Blogosphäre werden all diese Faktoren eine Selbstverständlichkeit darstellen, doch mit wachsender Professionalisierung und Kommerzialisierung kann man derartige Aspekte schon einmal aus den Augen verlieren.

Um es auch hier wieder ein wenig plastischer werden zu lassen: Ich – wie auch befreundete Blogger – hatten stets mit den Blogportalen am meisten Erfolg und auch Freude, bei denen sich fast schon eine Art Community innerhalb und zusammen mit der Leserschaft entwickeln konnte. Sei es dadurch, dass man genau dieser Leserschaft in Beiträgen, Kommentaren, Foren etc. immer wieder aktiv die Hilfe oder ein Expertenfeedback angeboten hat, stets auf Fragen innerhalb der Social-Network-Blog-»Fanpages« eingegangen ist, E-Mail-Anfragen möglichst umfassend und schnell beantwortet oder für die Leser jederzeit sichtbar über diverse Online-Kanäle erreichbar ist (prominent eingebundenes Kontaktformular, Twitter, Google, Facebook, Xing etc., wieso nicht bei Gelegenheit schon auch einmal Ihre Telefonnummer). Sie helfen Ihren Lesern, aber nutzen Sie auch deren Anregungen und Feedback. Eine günstigere Gelegenheit für die »Marktforschung« zur Akzeptanz und Verbesserung des eigenen Portals kann man sich kaum vorstellen, als immer wieder in möglichst direkten Kontakt mit Ihren Besuchern zu treten. Nutzen Sie diese Möglichkeiten so oft wie möglich, denn wenn Sie Ihren Blog stets komplett nach den aktuellen Bedürfnissen Ihrer Leser ausrichten, handelt es sich dabei um die beste Erfolgsgarantie.

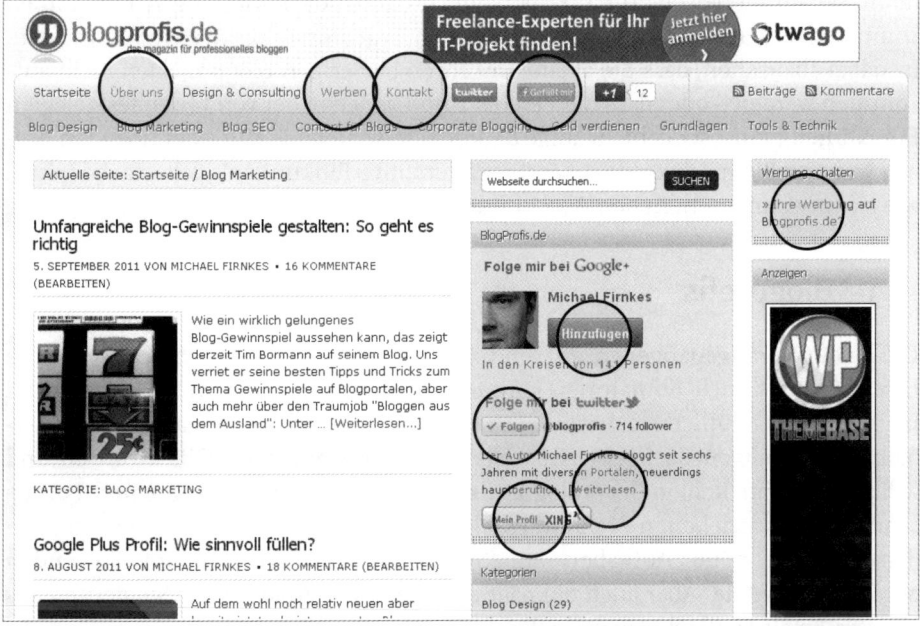

Abb. 17.2: Viele Wege führen nach Rom – hinter all diesen markierten Punkten stecken direkte oder indirekte Möglichkeiten, in Kontakt mit mir zu treten.

Refinanzierung

Den Fokus auf die wesentlichsten Refinanzierungsmodelle je Blog zu richten, habe ich bereits als Faktor genannt. Unabhängig davon ist jetzt der ideale Zeitpunkt gekommen, Ihre jeweiligen Chancen in der Selbstvermarktung Ihrer Blogportale auszuloten (siehe Abschnitt 7.3). Lassen Sie sich dabei von den ersten leichten Rückschritten nicht entmutigen, die hierbei auftreten können. Ich selbst musste sicherlich mit viel Mühe gut ein Dutzend Angebote für eine Werbeschaltung auf einem meiner Portale versenden, bis das erste in einem tatsächlichen

Auftrag resultierte. Heute spricht sich – zumindest bei einigen meiner Blogs – diese Möglichkeit fast von selbst herum und neue Kunden müssen bei manchen Werbeformaten teilweise sogar längere Wartezeiten in Kauf nehmen, bevor sie dort ihre Anzeigen schalten können. Eine lukrative Einnahmequelle also.

Die Vorteile einer solchen eigengesteuerten Vermarktung liegen hierbei auf der Hand. Zum einen sind Sie – eine entsprechende Auslastung mit Aufträgen vorausgesetzt – noch unabhängiger von den doch recht volatilen Einnahmen aus Affiliate- und Klickprogrammen, zum anderen wachsen die Preise, die Sie von Ihren Werbekunden verlangen können, meist noch proportionaler zu Ihrer ebenfalls ansteigenden Reichweite.

Je nachdem wie sich Ihre Blogeinnahmen insgesamt entwickeln, werden Sie auch zum jetzigen Zeitpunkt bereits grob einschätzen können, ob und in welchem Zeitraum Sie auf die jeweils für Ihre persönliche Situation notwendigen Einnahmen kommen werden, sollten sich die bisherigen Ergebnisse linear weiterentwickeln. Ist dabei abzusehen, dass Sie alleine mit Ihren bisherigen Blogprojekten nicht auskommen werden – oder dass die Zeit bis zum Erreichen der von Ihnen festgelegten Einnahmengrenze schlicht zu lange dauert –, so sollten Sie entweder über den Aufbau weiterer Blogportale oder aber über alternative Einkunftsmodelle nachdenken, wie sie unter anderem in den Abschnitten 7.7 und 7.8 vorgestellt wurden.

17.3 Blogprofis

Die beiden vorangegangenen Phasen haben Sie bereits hinter sich gelassen? Ihre Leserschaft als auch Einnahmen konnten Sie in den vergangenen Monaten und Jahren bereits deutlich steigern? Eines oder mehr Ihrer Portale haben sich innerhalb des jeweiligen Sachgebiets bereits etabliert? Herzlichen Glückwunsch und willkommen im Reigen der »Blogprofis«. Neben den für Einsteiger und Fortgeschrittene beschriebenen Handlungsschwerpunkten werden nun unter Umständen gänzlich neue Aufgaben auf Sie zukommen, die ich im Folgenden beschreiben werde. Aber auch ein paar eher generelle Ansätze zur Steigerung des eigenen Erfolgs will ich dabei für Sie skizzieren.

Das Blog-Portfolio optimieren

Sie betreiben nun bald ein Dutzend unterschiedlicher Blogs oder gar mehr? Zwei oder drei davon laufen sehr gut, der Großteil »normal«, aber einige lassen auch eher zu wünschen übrig? Nun ist es Zeit, sich zu entscheiden:

- Vergebe ich einige dieser Blogs in Auftragsarbeit an freie Autoren oder Journalisten?
- Gründe ich zusammen mit anderen Bloggern hieraus vielleicht ein kleines Blognetzwerk, das ich weiter ausbauen kann und bei dem ich mich eher auf das Management als auf das aktive Bloggen konzentriere?

- Lasse ich manche Projekte einfach weiterlaufen, ohne diese groß zu pflegen und solange die Einnahmen über den Ausgaben liegen? Oder kann ich diese in ein anderes Portal mit ähnlichen Inhalten umwandeln?

- Wie sieht es mit dem kompletten Verkauf eines oder mehrerer Blogportale beziehungsweise seiner Inhalte aus?

- Sollte ich vielleicht sogar einige Projekte veräußern, die mir weniger am Herzen liegen, und dafür ein/zwei komplett neue Blogs ins Leben rufen, die eine neue »Leidenschaft« in mir entfachen?

- Stelle ich möglicherweise einen Mitarbeiter freiberuflich, in Teilzeit oder gar Vollzeit ein, der die Portale oder einen Auszug hieraus weiter betreut, während ich mich auf andere Aspekte konzentriere (Blog-Consulting, den Launch neuer Onlineprojekte etc.)?

Sie werden sicherlich schon zu Beginn Ihrer Blogger-Karriere über Ihre ganz persönlichen Ziele nachgedacht haben, die Sie mit diesem Beruf und seiner Ausübung verbinden. Üblicherweise ist nun – da Sie ja Ihren ersten »Durchbruch« geschafft haben – eine gute Gelegenheit dafür, diese ursprünglichen Ziele zu überprüfen und gegebenenfalls auch zu korrigieren. Sehe ich mich wirklich als breit aufgestellten Blogger eines eigenen Netzwerks? Oder will ich mich lieber auf ein oder zwei Projekte konzentrieren, die ich richtig »groß« mache, vielleicht mit einem eigenen Shop ausbaue, ein Buch dazu verfasse und so weiter? Will ich wirklich länger Einzelkämpfer bleiben oder – etwa zunächst über Praktikanten, Werkstudenten, freie Mitarbeiter etc. – einmal ernsthaft ausprobieren, ob sich nicht noch mehr aus meinem kleinen Unternehmen machen lässt, mit eigenen Angestellten? Oder macht mir die Programmierung und die Blog-Beratung doch noch mehr Spaß, will ich anderen mein Wissen weitervermitteln, so dass ich mich ab sofort hierauf konzentriere?

Fragen über Fragen, doch wie bei jeder Expertenlaufbahn werden nun nach und nach genau solche Punkte zur Sprache kommen und Ihre weitere Laufbahn als professioneller Blogger mitbestimmen. Gerade der Punkt, aus einem oder mehreren größeren Blogportalen gar ein eigenes kleines Unternehmen mit mehreren Angestellten zu machen, scheint vielleicht manchen Bloggern zunächst ein wenig befremdlich zu sein. Nicht zuletzt hilft hier jedoch wieder ein kleiner Blick in die USA, wo bekannte Blogs wie `Gizmodo.com` oder das aus einem Blognetzwerk hervorgegangene `engadget.com` ein eigenes kleines News-»Imperium« geschaffen haben, mit Dutzenden, teils in mehreren Sprachen verfügbaren neuen Beiträgen täglich und somit natürlich auch mit einer entsprechenden Anzahl an Mitarbeitern. Ich denke, dass auch hierzulande nach und nach ein ähnlicher Trend einsetzen wird, zumindest bei einigen der führenden Blogs. Nur so lässt sich schließlich die Schlagzahl eines Onlinemagazin-Blogs – und damit die Leserschaft – noch einmal sehr deutlich erhöhen.

Diversifizierung

Dieser Punkt wurde soeben zwar mit erwähnt, ist aber dennoch äußerst wichtig, so dass man ihn nicht oft genug herausstellen kann. Selbst wenn ein Blogger zum ersten Mal nur über die eigenen Projekte zu einem Monatseinkommen gerät, über das er sich und seinen individuellen Lebensunterhalt langfristig selbst finanzieren könnte, so ist an ein Zurücklehnen leider noch nicht zu denken. In der Regel werden auch Sie über eine Refinanzierungsquelle verfügen, die 50 Prozent und mehr Ihrer Einnahmen ausmacht. Bricht diese Quelle selbst nur teilweise weg oder macht eine insgesamt schwache wirtschaftliche oder publikationstechnische Phase all Ihren unterschiedlichen Monetarisierungsoptionen zu schaffen, so kann dies Ihre gesamte bisherige Planung schnell obsolet werden lassen.

Zum einen ist es von daher wichtig, diese erreichte Gewinnschwelle eben als Minimum anzusehen, von der aus man die einzelnen Projekte weiter aufbauen kann. Idealerweise werden Sie mittelfristig in etwa mindestens 150 bis 200 Prozent dieser Basis-Einnahmen erreichen wollen, um sich eine dauerhafte Existenz sowie eine Rücklage für »schlechte Zeiten« oder aber auch Investitionen in neue Projekte sichern zu können. Dies könnte man nun über immer weitere Blogprojekte zumindest einigermaßen gewährleisten, doch langfristig gesehen stecken auch hierin doch einige Risiken, denn wer von uns weiß schon, wie das Web 3.0, 4.0. etc. aussehen und sich vor allem refinanzieren wird. In diesem Zusammenhang lohnt es sich, auch einmal über den reinen Content-Tellerrand hinauszuschauen und über eine zusätzliche, wenn auch artverwandte und synergiebehaftete Tätigkeit nachzudenken: eben als Autor, Entwickler, Designer, Dozent, Consultant, Marketing-Dienstleister, Partnerprogramm-Betreuer, Social-Media-Agenturinhaber, Blog-SEO-Experte, E-Commerce-Content-Berater, Corporate-Blog-Redakteur oder was auch immer. Im Rahmen sehr vieler Aufgabengebiete kann sich das doch recht interdisziplinäre Know-how eines Blogprofis deutlich auszahlen.

Ihre Blogger-Mission

»Geben ist seliger denn nehmen« hatte ich dieses Unterkapitel zunächst benannt. Ich bin schon immer recht offen mit den Inhalten, Quellen, Vermarktungstechniken, Kennzahlen, aber auch Erfolgsgeheimnissen meiner eigenen Blogs umgegangen. Einen nochmaligen wahren Schub meiner kompletten Projekte konnte ich jedoch feststellen, als ich mit meinem Portal `Blogprofis.de` online gegangen bin, das zumindest teilweise von eben dieser Philosophie des gegenseitigen Austauschs lebt. Angespornt durch die Tipps, die ich dort gebe, haben sich so viele andere Blogger bei mir gemeldet, die mir wiederum einen guten Ratschlag geben konnten, mit denen sich eine Kooperation ergeben hat oder die mich einfach nur weiterempfohlen haben. Ohne diese Blog-Kollegen wäre das rasante Wachstum dieses Weblogs niemals möglich gewesen. Aber es wirkte sich eben auch positiv auf mein komplettes Portfolio aus, da ich Portalbetreibern aller möglichen Arten begegnete, mit denen sich sinnvolle Möglichkeiten der Zusammenarbeit in sonstigen Projekten ergeben haben.

Was ich Ihnen damit vermitteln möchte? Meines Erachtens macht mit den größten Anteil an einer »Laufbahn« als professioneller Blogger die Bereitschaft aus, der eigenen Umgebung, der Blogosphäre sowie den Lesern etwas von diesem Erfolg zurückzugeben. Wenn Sie mit Ihren Portalen etwas bewirken wollen – sei es die Verbreitung eines neuen Hobbys, das Wissen zu streuen über eine neue Technologie, mit Ihrem Wirtschaftsblog über nicht immer wirklich einwandfreie Arbeitsweisen innerhalb der Finanzbranche aufzuklären oder die Verbraucher innerhalb Ihres Spezialgebiets einfach nur mündiger gegenüber der Industrie zu machen –, dann sind Sie bereits auf dem richtigen Weg, was den nachhaltigen Erfolg Ihrer Bloggerexistenz anbelangt.

Sicherlich werden Sie möglicherweise den einen oder anderen Blog – etwa aus dem Affiliate-Bereich – hauptsächlich betreiben, damit Ihre anderen Blogprojekte finanziell abgesichert werden. Aber selbst dort hat man als Blogger die »Macht«, Dinge zum Positiven zu verändern, alleine, indem man über gewisse Dinge berichtet und bei anderen eben konsequent genau hierauf verzichtet. Ich persönlich bin sogar der Meinung, dass erst eine solche inhaltliche »Mission« ein Blogportal wirklich erfolgreich machen kann. Mittels Techniken der Suchmaschinenoptimierung, regelmäßiger Bereitstellung neuer Inhalte sowie überhaupt sämtlicher Maßnahmen, um die es in diesem Buch geht, werden Sie sehr viel erreichen können. In die Top-Liga Ihres jeweiligen Gebiets stoßen Sie jedoch erst dann vor, wenn Ihr Blog auch ein gewisses ideelles Ziel verfolgt, wie auch immer dieses geartet sein mag. Und nicht nur, dass damit Ihre Arbeit als Blogger um einiges befriedigender ausfallen wird, als wenn Sie die Weblogs rein zum »Geld verdienen« installieren. Das professionelle Bloggen insgesamt wendet sich somit wieder der ursprünglichen Kernidee der Web-Tagebücher näher an, als so mancher Kritiker der zunehmenden Blog-Kommerzialisierung vermuten mag.

Sehen Sie sich doch als (Online-)Journalist, denn das sind Sie als Blogger ja eigentlich auch, zumindest wenn Sie Ihren Lesern eine qualitativ hochwertige Berichterstattung liefern möchten. So schreibt etwa der Deutsche Journalisten-Verband zum Berufsbild Journalist/in:

> *Journalistinnen und Journalisten haben die Aufgabe, Sachverhalte oder Vorgänge öffentlich zu machen, deren Kenntnis für die Gesellschaft von allgemeiner, politischer, wirtschaftlicher oder kultureller Bedeutung ist.*

Und selbst wenn Sie »nur« über den Bereich Elektronik, Lifestyle, Finanzen etc. berichten, so werden Sie doch immer auch eine ganz besondere Verantwortung Ihren Lesern gegenüber haben. Und sei es, indem Sie stets wahrheitsgemäß berichten, gut und umfassend recherchieren, Ihren Lesern nichts an Informationen vorenthalten, jegliche Werbung deutlich von sonstigen Inhalten trennen, über die Kommentarfunktion jedem Leser die freie Meinungsäußerung ermöglichen und so weiter.

Sie wissen nicht, ob Ihre Tätigkeit als Blogger auch wirklich einer »Mission« folgt? Dann stellen Sie sich doch einmal für Ihre Zukunft folgende Fragen:

- Was möchte ich mit meinem Portal/meinen Portalen bewirken?
- Welches konkrete Ziel verfolgen die einzelnen Bloginhalte?
- Gibt es eine Art »Kodex«, dem ich folge? Welche Arten der Berichterstattung unterstütze ich, welche lehne ich hingegen ab? Inwieweit bin ich »käuflich«?
- Schreibe ich hauptsächlich für Suchmaschinen oder doch eher für meine Leser?
- Wie wichtig ist mir eine möglichst rege und offene Beteiligung durch meine Blogbesucher?
- Was soll mein Blogportal von meinen Mitbewerbern unterscheiden, was will ich besser machen als diese?
- Über welches Alleinstellungsmerkmal verfügen meine Blogs?
- Wieso sollte ein Internetnutzer bei Milliarden von Seiten ausgerechnet meinen RSS-Feed abonnieren, meinem Twitter-Kanal folgen, den Blog-Newsletter abonnieren oder mich in seine Google-Plus-Kreise aufnehmen wollen und auch langfristig bei dieser Entscheidung bleiben?

Auch wenn Ihnen dies ein wenig »esoterisch« vorkommen mag, denken Sie einmal in Ruhe über die vorangegangenen Fragen nach. Sie werden einiges hieraus für sich und Ihre Weblogs lernen können. Erst wenn Ihre Blogportale einem wirklichen »Ziel« folgen, erst dann können Sie sich auch sicher sein, die notwendigen und richtigen Schritte hierfür auch erkennen und umsetzen zu können. Und nur dann werden Sie auch dauerhaft ein »Blogprofi« bleiben.

17.4 Corporate-Blogger

Sollten Sie den letzten Abschnitt der professionellen Blogger zum Thema »Mission« übersprungen haben, um direkt zu den für Sie als Firmenblogger relevanten Teilen zu gelangen, so rate ich Ihnen, diese Lektüre erst noch nachzuholen, bevor Sie weiter fortfahren. Und da ich voraussetze, dass die meisten Corporate-Blogger ihr technisches Handwerk ähnlich wie alle sonstigen professionellen Blogger bereits gut oder gar sehr gut beherrschen und sich über dieses Buch nur ein paar zusätzliche Anregungen und Tipps geholt haben, so möchte ich in diesem Abschnitt – zusätzlich zu den schon abgehandelten Inhalten – ein paar Ratschläge beziehungsweise Vorgehensweisen eher genereller Natur vorstellen, wie Sie aus einem durchschnittlichen oder guten Corporate-Blog einen sehr guten machen können.

Mehrwert statt Selbstvermarktung

Für den Corporate-Blog-Bereich ist eine solche eben erwähnte Blog-Mission mindestens genauso wichtig. Warum möchten Sie Ihr Unternehmensportal eigentlich voranbringen? Trifft auch nur eine der folgenden Antworten als Hauptgrund zu:

- Weil mein Vorgesetzter mich dazu »verdonnert« hat
- Weil ich am besten im Team »schreiben« kann
- Weil sich die Geschäftsführung mehr Umsatz hieraus verspricht
- Weil der Blog die Besucherzahlen des Hauptportals innerhalb eines Jahres verdoppeln soll
- Weil unsere Konkurrenten auch einen Blog haben
- Weil noch Marketing-Budget übrig war
- Weil die Direktmarketing-Maßnahmen nicht mehr so gut laufen
- Weil ein eigener Blog unseren SEO-Maßnahmen sehr gut tut

dann dürfte Ihr Firmenblog schon jetzt zumindest teilweise zum Scheitern verurteilt sein. Beziehungsweise Sie werden zumindest niemals jenen Erfolg damit verzeichnen können, der eigentlich prinzipiell möglich und auch wünschenswert wäre.

Schreiben Sie einen Corporate-Blog nur für Ihr Unternehmen oder die angebotenen Produkte und Dienstleistungen, so ist dies, als wenn ein »normaler« Blogger ausschließlich für Suchmaschinen schreibt. Es funktioniert einigermaßen, bringt vielleicht auch Geld und Umsatz, macht aber nicht wirklich Sinn. Ich habe eine kleine Aufgabe für Sie: Suchen Sie – sofern Sie noch keine kennen – einige wirklich gute Beispiele für Firmenblogs anderer Unternehmen innerhalb des World Wide Web. Diese können dabei auch aus einem inhaltlich völlig anderen Bereich stammen als Ihr bereits existierendes Portal oder als der Blog, den Sie erst noch installieren möchten. »Gut« bedeutet in diesem Sinne unter anderem:

- Es macht Ihnen sichtlich Spaß, mehr als nur den ersten Artikel auf der Startseite komplett zu lesen.
- Sie denken kein einziges Mal an den Begriff der Schleichwerbung.
- Sie könnten sich vorstellen, einzelne Beiträge aus diesem Firmenblog beziehungsweise deren Inhalte Ihren Kollegen oder auch Ihrem persönlichen Freundeskreis zu empfehlen, auf Ihrer eigenen Facebook-Seite zu posten und so weiter, da die darin enthaltenen Informationen werthaltig oder unterhaltsam genug sind.
- Dennoch haben Sie – wenn vielleicht auch nur unbewusst – bemerkt, zu welcher Firma dieser Weblog gehört beziehungsweise um welche Produkt- oder Dienstleistungs-Thematik es generell in diesem geht.

- Die Frage taucht auf, wie man einzelne positive Aspekte dieses Firmenblogs denn auf das eigene Portal übertragen könnte.

- Das Design finden Sie fast noch besser und »frischer« als das Ihres eigenen Corporate-Blogs.

- Sie fügen das Portal zu den Favoriten Ihres Browsers hinzu, abonnieren einen der Beitragskanäle oder Ähnliches.

Im zweiten Schritt sollten Sie dann einmal versuchen herauszufinden, warum Ihnen diese Blogportale denn so gut gefallen beziehungsweise was diese – aus Ihrer ganz persönlichen Sicht – einzigartig macht. Rein die Punkte, dass es dem zugehörigen Redaktionsteam um eine Umsatzsteigerung für das Unternehmen, mehr Besucherzahlen oder die Schaffung eines effizienten, aber möglichst günstigen weiteren Marketingkanals handelt, werden hierbei nicht dazu geführt haben, dass Sie ausgerechnet diese Blogs als besonders gut einstufen, denn dann würden sämtliche Corporate-Blogs in der Top-Liga mitspielen.

Ich will Ihnen einmal verraten, was ich in 95 Prozent aller Fälle herausfinde, wenn ich mir einen besonders erfolgreichen Firmenblog anschaue: Alle diese Portale haben eine Mission, die sich nicht rein in Euro oder der Anzahl an erzielten Page-Views ausdrücken lässt und die dennoch selbst mir als externer Person relativ schnell deutlich wird. Ein solches Ziel kann etwa sein, dass der Elektronikversand-Blog seinen Lesern die neuesten technischen Spielzeuge noch besser und noch aktueller, aber auch unabhängiger erklärt, als es das bekannte Gadgetportal x macht (sicherlich wird es auch Produkte im Portfolio Ihres Unternehmens geben, hinter denen Sie nicht zu 100 Prozent stehen, gerade im Versandhandel. Aber müssen Sie dann genau über diese berichten?). Oder die Modehaus-Blogger zeigen die neuesten Trends für die modische Frau ab 40 auf, die sich eben nicht nur um die eigene Produktpalette drehen und vielleicht sogar artfremde Accessoires und modische Tricks – etwa aus dem Ausland – vorstellen. Die Mission wäre es dann, nicht zum führenden Coporate-Blog im femininen Modebereich ab 40 zu werden, sondern zum führenden Online-Magazin in exakt diesem Bereich, was einen großen Unterschied darstellt. Oder aber der Großmetzgerei-Blog will wie kein anderes vergleichbares Portal zeigen, warum artgerechte Tierhaltung und eine gesunde Küche mit regionalen Rezepten die besten Voraussetzungen für eine gute, nachhaltige Ernährung sind.

Ich könnte diese Liste noch ewig weiterführen, aber ich denke, Sie haben erkannt, worauf ich mit diesen Beispielen hinauswill. Fragen Sie sich also nicht, welche unternehmerischen Botschaften Sie mit Ihrem Corporate-Blog unbedingt unter das Volk bringen möchten, denn dafür benötigen Sie keinen Weblog. Fragen Sie sich viel eher, wie Sie – nicht nur Ihren potenziellen Kunden gegenüber – für einen echten Mehrwert sorgen können, indem Sie Informationen bereitstellen, die Ihre Leser andernorts vergeblich suchen. Kurz: Denken Sie nicht in (Ihren) Produkten, sondern in Lösungen. Beschreiben Sie keine Waren, sondern schaffen Sie Lebenswelten. Fragen Sie sich stets und vor allem unabhängig von Ihrer Unternehmensbrillen-Sicht: »Warum sollte ausgerechnet dies meine Leser interessieren?« Dann werden auch Ihre Umsätze aus dem Blog sowie die Entwicklung der PageViews von ganz alleine in die richtige Richtung gehen.

Zeigen Sie Persönlichkeit

Vor einiger Zeit bat mich ein Corporate-Blog-Verantwortlicher eines großen und bekannten Unternehmens um meinen Rat, dessen Portal so gar nicht bei der eigentlich vorgesehenen Zielgruppe ankam beziehungsweise gar nicht erst bemerkt wurde. Ich schaute mir seinen Corporate-Blog an und wunderte mich. Die Artikel waren zahlreich und aktuell, fundiert recherchiert und hochwertig geschrieben, das Blogdesign professionell. Die Inhalte zeigten sich nicht in werblicher Art, sondern waren viel eher im allgemeinen Ratgeberstil zu dem zugrunde liegenden Thema gehalten. Beste Voraussetzungen eigentlich, möchte man meinen. Ich fragte meinen Ansprechpartner also, ob er denn die Inhalte selbst verfasse, ein eigens hierfür eingestellter Redakteur oder aber auch einzelne Mitarbeiter des Unternehmens. Daraufhin verriet er mir, dass er sämtliche Artikel bei einer prominenten Texteragentur anfertigen ließ und dies für eine Summe je Beitrag, über die ich mich bei 20 für das gleiche Geld zu verfassenden Artikeln immer noch sehr freuen würde.

Genau darin lag bei näherer Betrachtung das Problem: Die einzelnen Bloginhalte erwiesen sich als so professionell, so vom textlichen Standpunkt aus gesehen perfekt, aber gleichzeitig auch als so glatt und schlicht unpersönlich, dass es trotz oder gerade ob aller Qualitäten nun wahrlich keine Freude aufkommen ließ, diese im Detail zu studieren. Gleichzeitig kenne ich Blog-Redakteure – einige der entsprechenden Portale wurden in diesem Buch auch vorgestellt –, die mit so viel Leidenschaft und Freude nicht nur für das Unternehmen, sondern eben für die Sache an sich bloggen, dass es kaum mehr verwunderlich ist, dass diese mit ihrer ganz eigenen, vielleicht nicht immer wirklich perfekten Sprache die Bedürfnisse der Blogleser um ein Vielfaches mehr bedienen können, als es jede noch so gut organisierte und besetzte Agentur vermag. Gerade wenn diese Redakteure sich auch noch durch ihre jeweiligen Hobbys etc. direkt in den einzelnen Leser hineinversetzen können, so wird man dies den einzelnen Inhalten auch positiv anmerken.

Wie im normalen Blogbereich, so gilt eben auch bei den Corporate Blogs: Ist jemand mit »Leib und Seele« dabei, zu einem bestimmten Thema zu schreiben und sich mit den Lesern auf Augenhöhe auszutauschen, so hat man schon mehr als die Hälfte der Miete gewonnen.

Bleiben Sie sich treu

Eine letzte Bemerkung, deren Hintergrund Sie als bereits etablierter Firmenblogger höchstwahrscheinlich recht gut nachvollziehen können. Ich rate Unternehmen immer dazu, den Betreiber, Redakteur etc. eines Corporate-Blogs möglichst unabhängig innerhalb des Betriebs zu verankern und mit möglichst weitreichenden Kompetenzen auszustatten. Findet sich für eine entsprechend verantwortungsvolle Position intern kein geeigneter Mitarbeiter, so sollten Sie in Erwägung ziehen, einen solchen zu rekrutieren.

Warum? Nun, wenn der Blog-Mitarbeiter nur als gutes Mittel zum Zweck gesehen wird, die so dringende Botschaft von Kampagnenmanager x noch schnell unter die potenziellen Leser zu bringen, die von der Marketingleitung initiierte neue Anzeigenreihe in epischer Breite zu präsentieren, Vertriebsleiter y noch schnell bei seiner bislang fehlgeschlagenen Neukundenkampagne zu unterstützen oder ein Mitglied der Geschäftsführung in möglichst positivem öffentlichen Licht darstellen zu lassen, auch dann benötigen Sie keinen Firmenblog. Vielleicht sollten Sie in diesem Fall lieber ein zusätzliches Hochglanz-Advertorial in einer Fachzeitschrift veröffentlichen lassen oder eine weitere für die meisten Leser relativ uninteressante und daher uneffektive Pressemeldung herausgeben.

Die Redaktion oder der Verantwortliche eines Firmenblogs sollte sich und ihrer/ seiner Blog-Philosophie stets treu bleiben, ganz gemäß der zuvor erläuterten Aspekte, die einen erfolgreichen Corporate-Blog ausmachen. Denn ein solches Portal ist nicht einfach nur ein weiteres Sprachrohr des Unternehmens, das als Sammelbecken für alle möglichen internen und externen Veröffentlichungen dient. Spätestens an dieser Stelle haben Sie die einmalige Chance, Inhalte bereitzustellen, die Ihren jeweiligen (potenziellen) Kunden einen echten Mehrwert bieten, ganz unabhängig von den fein geschliffenen Marketingbotschaften der üblichen Art. Ein Firmenblog dient somit weniger der Vermarktung, sondern vielmehr dem Aufbau einer guten Kundenbeziehung, beziehungsweise als Grundlage für das Customer Relationship Management (CRM) Ihres Unternehmens. Diesen Aspekt sollten Sie als verantwortlicher Firmenleiter möglicherweise ernsthaft in Erwägung ziehen, wenn es darum geht, an welchen Unternehmensbereich man eine Corporate-Blog-Redaktion idealerweise andocken sollte.

Kapitel 18

Ausblick

Ich denke und hoffe, ich konnte Ihnen in den vergangenen Kapiteln einiges an Rüstzeug mitgeben, mit dessen Hilfe Sie nach und nach Ihre ganz persönliche Blog-Strategie immer weiter verfeinern und ausbauen können. Egal ob Sie dabei nebenbei einen kleinen Hobby-Blog betreiben, mittlerweile ein umfangreicheres Weblog-Netzwerk angesammelt haben, eine Selbstständigkeit als Blogger in Erwägung ziehen oder bereits – im Blog- oder Corporate-Blog-Bereich – zu den Profis gehören: Die Mechanismen der einzelnen Vermarktungsstufen sind hierbei relativ ähnlich.

In dieses Buch sind quasi bis zur letzten Minute immer wieder neue Ergänzungen oder Änderungen eingeflossen, zu schnell bewegt sich die Blogosphäre als auch die Szene der Onlinevermarktung generell, als dass man gerade als Blogger – der ja doch immer sehr interdisziplinär eingebunden ist – nicht jeden Tag etwas Neues dazulernen könnte. Egal ob es sich dabei um neue Tools, Plugins, Vermarktungsmethoden und -Dienstleister, rechtliche Vorgaben, die neuesten Entwicklungen der grafischen Gestaltung von Blogs und vieles weitere mehr handelt, als engagierter und möglichst erfolgreicher Blogbetreiber sollten Sie auf all diesen Gebieten stets auf der Höhe der Zeit bleiben und sich über all diese Trends regelmäßig informieren. Ich selbst beispielsweise nutze einen älteren, nicht mehr wirklich gepflegten Weblog, um all diese neuen »Spielereien«, die mir während meiner Arbeit begegnen, auszuprobieren und auf Herzen und Nieren zu prüfen. Überzeugt mich das Tool oder der Anbieter, so kommt es oder er meist erst dann in einem meiner wichtigeren Portale zum Einsatz.

Fortlaufend entdecke ich hierbei immer wieder wertvolle Tipps und Tricks, die ich natürlich gerne auch in Zukunft an Sie als Leser dieses Buchs weitergeben möchte. Ich kann Sie von daher nur recht herzlich einladen, etwa die Beiträge auf den Blogprofis.de weiter zu verfolgen, unter denen sicherlich noch die eine oder andere wichtige Vermarktungsmethode vorgestellt wird, die in den vorangegangenen Kapiteln noch nicht erwähnt werden konnte.

Auch so manche Frage wird Ihnen nach der Lektüre dieses Ratgebers sicherlich auf der Lippe liegen. Wie konkret muss noch einmal Plugin x eingestellt werden, um den besten SEO-Effekt zu erzielen? Welches Partnerprogramm-Netzwerk ist für meinen ganz persönlichen Zweck am besten geeignet? Was ist von meinem Blog-Design zu halten, wie wirkt dieses auf andere Blogger und Besucher? Oder welche Erfahrungen haben andere beim Outsourcing der Beitragserstellung gesammelt? Ich würde mich sehr freuen, wenn Sie diese und ähnliche Fragen innerhalb eines Kommentars zu einem passenden Beitrag der Blogprofis.de stellen würden, an der einen oder anderen Stelle habe ich ja entsprechende weiterführende Artikel hierzu bereits benannt. Ich oder viele meiner Leser sind sicherlich gerne bereit, Ihnen innerhalb der jeweiligen Kommentardiskussion weiterzuhelfen. Oder aber Sie nutzen für umfangreichere, eher allgemeine Fragestellungen die bereits vorgestellte Aktion unter www.blogprofis.de/buch/bloggerfragen. Haben sich die Blogprofis.de mittlerweile doch zu einer schönen kleinen ProBlogger-Community entwickelt, die ich auch Ihnen gerne zur Verfügung stellen möchte.

Falls ich Ihnen mit dem einen oder anderen Ratschlag in diesem Buch weiterhelfen konnte – oder aber auch, wenn in Ihrem Fall etwas einmal nicht funktioniert hat –, so freue ich mich jederzeit über ein persönliches Feedback. Auch hierzu finden Sie auf den Blogprofis diverse Möglichkeiten, mit mir in Kontakt zu treten. Ebenso sind Gastartikel zu Ihren jeweiligen Erfahrungen beim »Blog Boosting« jederzeit gerne gesehen, egal ob aus dem normalen oder dem Corporate-Blog-Bereich (so viel zum Thema Linkaufbau ☺). Nicht zuletzt würde es mich freuen, Sie bei der einen oder anderen Blogger- oder Affiliate-Veranstaltung kennen lernen zu dürfen, denken Sie immer daran, wie wichtig ein solches Networking gerade auch im ProBlogger-Bereich ist.

Eine Anmerkung noch zum Schluss: Gerade wenn Sie viele der in den vorangegangenen Kapiteln genannten Tipps noch nicht umgesetzt haben, wird nun eine ganze Menge Arbeit auf Sie zukommen. Nicht immer möchte oder kann man dabei die hier genannte Reihenfolge beachten. Falls Sie möglicherweise eh gerade das Projekt eines Redesigns Ihres Blogs in Angriff genommen haben, so werden Sie sich wohl zunächst für die Ratschläge und Werkzeuge aus diesem Bereich interessieren, bevor Sie beispielsweise die Thematik der Suchmaschinenoptimierung auch nur anlesen wollen. Legen Sie sich in diesem Fall am besten je Blog einen kleinen Plan zurecht, in dem Sie eintragen, welche der hier genannten Möglichkeiten Sie bei welchem Portal ausprobieren und umsetzen wollen. Dafür reicht eine einfache Word-Auflistung oder eine kleine Excel-Datei. Anhand dieser Anleitungen können Sie dann Schritt für Schritt vorgehen, erledigte Punkte markieren und sich zu diesen einzelnen Schritten immer auch die zeitliche Entwicklung einzelner Blog-Erfolgskennzahlen wie der Besuchsdauer oder der Anzahl der Seitenaufrufe markieren (zum Beispiel die Kennzahl direkt vor der Implementierung des Tipps oder des zugehörigen Tools, einen Monat später, zwei Monate später etc.). Somit lässt sich direkt überprüfen, welche Ihrer Maßnahmen sich in welchem Zeitraum wie auswirken, worauf sich dann auch alle zukünftigen Blog-Optimierungs-Strategien ausrichten lassen. Denn – wie Sie sicherlich nicht nur mittels dieses Ratgebers lernen konnten – ein erfolgreicher Blog ist kein Zauberwerk und auch keine Glückssache, er hängt von Ihrer Leidenschaft für die Materie, aber auch von Ihrem Engagement für das jeweilige Blogportal ab.

In diesem Sinne wünsche ich Ihnen viel Erfolg bei der Umsetzung der genannten Maßnahmen und heiße Sie herzlich willkommen in der wachsenden Riege der Blogprofis!

Stichwortverzeichnis

Sabrina Kirnapci

Erfolgreiche Webtexte

Online-Shops und Webseiten inhaltlich optimieren

- ▪ **Optischer und inhaltlicher Aufbau von Webtexten**

- ▪ **Ansprache der Zielgruppe**

- ▪ **Keywords für die Suchmaschinenoptimierung**

Webtexte dienen der Suchmaschinenoptimierung, Kundengewinnung, Benutzerführung, Verkaufsförderung und Kundenbindung. Sie sind neben aussagekräftigen Bildern das wichtigste verkaufsfördernde Werkzeug einer kommerziellen Webseite oder eines Online-Shops.

Erfolgreiche Webtexte sind auf das Leseverhalten im Internet abgestimmt. Sie enthalten relevante Suchbegriffe, damit die Webseite von den Suchmaschinen richtig in den Index eingeordnet und bei entsprechenden Suchanfragen gelistet wird. Auch eine auf Produkt und Zielgruppe abgestimmte Tonalität ist ein wichtiger Erfolgsfaktor.

In diesem Ratgeber erhalten Sie Tipps zum optischen und inhaltlichen Aufbau erfolgreicher Webtexte und lernen, wie Sie den Leser gezielt ansprechen. Die Basistexte der Webseite sind ebenso ein Thema wie Pressemitteilungen fürs Web, Blogtexte und Meldungen in den sozialen Netzwerken. Shopbetreiber erfahren, wie sie mit Kategorietexten und Produktbeschreibungen den Umsatz ankurbeln können. Sie erhalten Tipps zur Suchmaschinenoptimierung und zum Linkaufbau und erfahren, worauf sie beim Kauf von Webtexten achten sollten. Texter profitieren von der Zusammenstellung kostenloser Texter-Tools und nützlicher Formeln.

Mit diesem praktischen Handbuch erlernen Sie die Grundlagen zum Schreiben eigener erfolgreicher Webtexte.

Über die Autorin:
Sabrina Kirnapci ist freie Hörfunk-Redakteurin, war in PR-Abteilungen mittelständischer Unternehmen festangestellt und arbeitete als freie Texterin für Werbe- und SEO-Agenturen. 2007 gründete sie die Textagentur Ki-Worte, die 2010 in shoptexte.de umbenannt wurde. Als Expertin für Webtexte und Shoptexte hat sie bereits diverse Fachartikel zu den Themen »Redaktionelle Suchmaschinenoptimierung«, »Online-Marketing« und »Online-PR« veröffentlicht.

Probekapitel und Infos erhalten Sie unter:
www.mitp.de/9084

ISBN 978-3-8266-9084-6

Jim Sterne

Social Media Monitoring

Analyse und Optimierung Ihres Social Media Marketings auf Facebook, Twitter, YouTube und Co.

- ■ Awareness, Reichweite, Stimmung, Engagement und aktive Teilnahme messen

- ■ Wichtige Fans, Follower und Multiplikatoren identifizieren

- ■ Zahlreiche praxisnahe Beispiele

Bei dem Hype um Social Media Marketing mit Facebook, Twitter, Xing und Co. wird ein wichtiger Aspekt oft vergessen: Es ist wichtig, die Ergebnisse und den Erfolg Ihrer Social-Media-Maßnahmen zu messen. Nur so können Sie erkennen, ob sich die Investition lohnt, und Ihre Aktivitäten kontinuierlich verbessern.

Mit diesem Buch lernen Sie, Ihre Social-Media-Kampagnen zu analysieren. Jim Sterne zeigt Ihnen, wie Sie herausfinden, ob Ihre Kampagnen erfolgreich und welche Metriken hierfür relevant sind. So führen z.B. mehr Follower auf Twitter und Fans bei Facebook nicht unbedingt dazu, dass Sie letztendlich einen besseren Return on Investment (ROI) erzielen.

Die Analyse der Awareness, Reichweite, Stimmung und Meinung zeigt Ihnen, ob Ihre Message ankommt. Wenn sie kommentiert und von bedeutenden Multiplikatoren weitergeleitet wird, ist das nur der erste Schritt. Erst die aktive Teilnahme von Menschen, die sich engagieren und eine nachhaltige Beziehung zu Ihrem Unternehmen eingehen, ist ausschlaggebend für Ihren Erfolg. Denn letztendlich nutzen Social Media

Ihrem Unternehmen nur dann, wenn das Ergebnis Ihrer Aktivitäten für Ihre Unternehmensziele förderlich ist.

Eine Veränderung der Philosophie, ein Wandel der Strategie und brandneue Metriken sind die Schlüssel für den Marketingerfolg in einer vernetzten Welt. Andere Bücher erklären, warum Social Media für Ihren Unternehmenserfolg entscheidend sind und wie Sie partizipieren können. Dieses Buch geht einen Schritt weiter und zeigt Ihnen, was Sie messen, wie Sie vorgehen und welche Maßnahmen Sie aus den Ergebnissen ableiten sollten, um Ihre Social-Media-Programme zu verbessern.

Über den Autor:

Jim Sterne veröffentlichte schon 1994 die erste Seminarreihe »Marketing im Internet«. Heute ist er ein international anerkannter Fachmann für Digitales Marketing und Kundeninteraktion sowie Berater von Internet-Unternehmen. Er ist Gründer des eMetrics Marketing Optimization Summit und Mitbegründer der Web Analytics Association. Weitere Informationen finden Sie unter JimSterne.com.

Probekapitel und Infos erhalten Sie unter:
www.mitp.de/9094

ISBN 978-3-8266-9094-5

Marco Hassler
3., aktualisierte und erweiterte Auflage

Web Analytics
Metriken auswerten,
Besucherverhalten verstehen,
Website optimieren

Web Analytics bezeichnet die Sammlung, Analyse und Auswertung von Daten der Website-Nutzung mit dem Ziel, diese Informationen zum besseren Verständnis des Besucherverhaltens sowie zur Optimierung der Website zu nutzen. Je nach Ziel der eigenen Website – z.B. die Vermittlung eines Markenwerts, die Kommunikation mit unterschiedlichen Zielgruppen oder eine steigende Anzahl von Kontaktanfragen, Leads oder Bestellungen – können Sie anhand von Web Analytics herausfinden, wo sich Schwachstellen Ihrer Website befinden und wie Sie Ihre eigenen Ziele durch entsprechende Optimierungen besser erreichen.

Marco Hassler gibt Ihnen sowohl eine schrittweise Einführung als auch einen umfassenden Einblick in die Tiefe der Web-Analytics-Metriken. Mit diesem Buch finden Sie z.B. heraus, welche Traffic-Quelle die wertvollsten Besucher bringt oder welche Bereiche der Website besonders verkaufsfördernd wirken. Auf diese Weise werden Sie Ihre Besucher sowie deren Verhalten und Motivation besser kennenlernen, Ihre Website darauf abstimmen und somit Ihren Online-Erfolg steigern können.

Im letzten Teil des Buches zeigt Ihnen der Autor zusammen mit Siegfried Stepke, wie sich Google Analytics und Yahoo! Web Analytics einfach installieren und sofort nutzen lassen. Nützliche Tipps und eine ganze Reihe von Poweruser-Kniffs führen Sie vom Web-Analytics-Einsteiger zum Profi.

Ziel dieses Buches ist es, konkrete Web-Analytics-Kenntnisse zu vermitteln sowie wertvolle praxisorientierte Tipps zu geben. Dazu schlägt das Buch die Brücke zu tangierenden Themenbereichen wie Usability, User-Centered-Design, Online Branding, Social Media, Online-Marketing und Suchmaschinenoptimierung. Marco Hassler gibt Ihnen klare Ratschläge und Anleitungen, wie Sie Ihre Ziele erreichen.

Probekapitel und Infos erhalten Sie unter:
www.mitp.de/9122

ISBN 978-3-8266-9122-5

Tim Sebastian

Facebook Fanpages Plus

- Das »Missing Manual« zum Erstellen von Fanpages
- Fanpages erweitern: Tab-Applikationen, Open-Graph-Protokoll und Social-Plugins
- Aktionen mit Tracking und Monitoring auswerten und analysieren

Im Social-Media-Marketing ist Facebook eines der wichtigsten und mächtigsten Werkzeuge. Die zahlreichen Schnittstellen ermöglichen es, die eigene Fanpage individuell zu erweitern, zusätzliche Features für die Kunden zu erstellen und die Fanpage mit der eigenen Website zu verknüpfen.

Lernen Sie zunächst detailliert am Beispiel der Fanpage zu diesem Buch, wie eine Fanpage erstellt wird. Dabei werden Ihnen Fallstricke aufgezeigt, die Sie von Anfang an beachten sollten, um nicht in eine der zahlreichen Stolperfallen zu tappen, die später zu schweren Problemen führen können.

Weiter erfahren Sie, wie Sie die Funktionalität Ihrer Fanpage mit den vorhandenen Schnittstellen erweitern.

Der Autor erläutert, wie Tab-Applikationen auf-gebaut sind und stellt zusätzlich weitere als kosten-losen Download zum Buch zur Verfügung.

Sie lernen das vielfach noch unbekannte Open-Graph-Protokoll kennen, das es ermöglicht, Inhalte bzw. Websites so zu klassifizieren, dass Facebook diese auslesen und verwerten kann. Erfahren Sie, welche Open-Graph-Elemente auf Ihrer Website notwendig sind und wie Sie gezielt steuern, welche Informationen Ihrer Website durch Teilen auf Facebook erscheinen. Auch erhalten Sie einen Einblick in die neuartigen Open-Graph-Applikationen, die Interaktionen auf Facebook jenseits von »Like« und »Share« ermöglichen.

Darüber hinaus geht der Autor auf Social-Plugins ein und zeigt, wie Sie diese auf Ihrer Website integrieren und effektiv einsetzen.

Um sowohl Ihre Präsenz auf Facebook verbessern als auch Rückschlüsse über Erfolg und Misserfolg Ihrer Kampagnen ziehen zu können, rundet ein Kapitel über Tracking und Monitoring das Buch ab. So lernen Sie, Ihre Aktionen auf Facebook zu analysieren und auszuwerten.

Probekapitel und Infos erhalten Sie unter:
www.mitp.de/9184

ISBN 978-3-8266-9184-3

Susanne Diehm, Michael Firnkes

Die Macht der Worte
Schreiben als Beruf

■ 20 Interviews mit Experten aus neuen Schreibberufen

■ Mit Ausarbeitungen aller wichtigen Themen zum professionellen Schreiben

■ Für Profis und alle, die ihr Hobby zum Beruf machen wollen

Guter Content ist die Basis für Erfolg – online und offline. Gute Texter werden in allen Bereichen immer häufiger gesucht. Gleichzeitig träumen mehr und mehr Menschen davon, in einem Schreibberuf ihr Geld zu verdienen. Und es gibt viel mehr Möglichkeiten vom Schreiben zu leben, als man denkt.

Die Autoren Susanne Diehm und Michael Firnkes führen Interviews mit zahlreichen Autoren und Textern aus den unterschiedlichsten Feldern: von der Social Media Beraterin und dem PR-Profi über Schreibberatung und -therapie bis hin zur Autorin von Erotik-E-Books. Die Erkenntnisse aus den Interviews werden in jedem Kapitel nutzbringend aufbereitet und zusammengefasst: Wie ist der Werdegang für diesen Beruf und was sind die typischen Arbeitsaufgaben? Welchen Herausforderungen müssen sich die Profischreiber stellen? Wie lange dauert es, bis sich der finanzielle Erfolg einstellt? Aber auch: Was muss ich bei Selbstständigkeit beachten? Wie überwinde ich Schreibblockaden? Was ist guter Schreibstil?

Das Buch ist eine Orientierungshilfe für das weite Feld der Schreibberufe – für Einsteiger, die wissen wollen, welche Art des Schreibens zu ihnen passt und wie sie ihr Hobby zum Beruf machen können. Gleichzeitig ist es ein Nachschlagewerk für den »Schreibprofi«, der seine Kenntnisse über Kreatives Schreiben auffrischen will und neue Betätigungsfelder sucht.

Probekapitel und Infos erhalten Sie unter:
www.mitp.de/9192

ISBN 978-3-8266-9192-8

Björn Tantau

Google+

Einstieg und Strategien für erfolgreiches Marketing und mehr Reichweite

- Einfacher Einstieg in das Social Network von Google
- Google+ als Marketinginstrument nutzen
- Nachhaltige Strategien für mehr Reichweite

Mit Google+ hat sich Google ein soziales Netzwerk geschaffen, das im Markt gegen den großen Konkurrenten Facebook ansteht. Das mit klarem Design und Innovationen überzeugende Netzwerk will künftig zentrale Schaltstelle für alle Google-Dienste werden. Über 100 Millionen Menschen sind bereits angemeldet. Aber Google+ ist nicht nur ein weiteres Social Network. Durch die Unternehmensseiten, den +1-Button sowie die zunehmende Integration in die Websuche wird Google+ im Online-Marketing künftig eine wichtige Rolle spielen.

Björn Tantau, Social Media Referent und Autor zahlreicher Fachartikel, erklärt im ersten Teil dieses Buches Schritt für Schritt den Einstieg in Google+: vom eigenen Profil über die nötigen Privatsphäre-Einstellungen bis hin zum Anlegen von Circles. So bauen Sie sich nach und nach Ihr eigenes Netzwerk auf und entwickeln es durch regelmäßige und interessante

Inhalte zu einer treuen Community.
Der zweite Teil des Buches widmet sich dann dem Marketing mit Google+. Ob Sie das Image Ihres Unternehmens verbessern möchten oder Ihren Blog in den Suchergebnissen von Google an die Spitze bringen wollen, der Autor erklärt Ihnen nachhaltige Strategien für mehr Reichweite und zeigt Ihnen, wie Sie diese mit einer eigenen Unternehmensseite auf Google+, Suchmaschinenoptimierung und der Verwendung von Google+ Apps erfolgreich umsetzen.

Über den Autor:
Björn Tantau ist seit Ende der 1990er Jahre im Bereich Online-Marketing aktiv und beschäftigt sich mit Suchmaschinenoptimierung, Linkaufbau und Social Media Marketing. Er ist als Referent im Bereich Social Media und Google+ tätig, schreibt für Fachmagazine und spricht bei Branchenkonferenzen und Messen.

Probekapitel und Infos erhalten Sie unter:
www.mitp.de/9223

ISBN 978-3-8266-9223-9

Piyal Michael Ranasinghe

Die Welt der iPhone Apps
Das neue iOS, iCloud und das Beste aus dem App Store

- ■ Ausgewählte Apps, die auf keinem iPhone fehlen sollten
- ■ Übersichtlich nach Einsatzzweck geordnet
- ■ Alle Möglichkeiten des iPhones nutzen

Viele iPhone-Neulinge, aber auch langjährige Nutzer, sind ständig auf der Suche nach der perfekten App: Sie suchen den besten Kalender, das spannendste soziale Netzwerk, den effektivsten E-Mail-Client, das unterhaltsamste Spiel. Denn so großartig das iPhone und seine vielen Möglichkeiten auch sind – der App Store ist oft zu unübersichtlich, um sich darin ohne Wegweiser zurechtzufinden.

Für die ersten Schritte mit dem neuen iPhone erklärt der Autor das Ökosystem „Apple", die iPhone-Basics, den App Store und die iCloud grundlegend und mit vielen Abbildungen. Zu den vorinstallierten Apps verrät er zusätzliche Tipps und Tricks: die versteckte Wahlwiederholung, den Zeichenzähler bei Nachrichten, automatische Geburtstagserinnerungen und vieles mehr.

Die ausgewählten Apps sind die besten aus der jeweiligen Kategorie – alle praktisch nach Einsatzzweck geordnet und mit QR-Tag versehen. Das Buch zeigt, welche Apps auf keinem iPhone fehlen dürfen und mit welchen es sich am besten arbeiten, surfen, lernen, fotografieren, einkaufen und spielen lässt. Zusätzliche „Alltagshelfer" unterstützen Sie dabei, das Beste aus Ihrem iPhone herauszuholen.

Probekapitel und Infos erhalten Sie unter:
www.mitp.de/9469

ISBN 978-3-8266-9469-1

Vladimir Simovic
Thordis Bonfranchi-Simovic

WordPress
Das Praxisbuch
5. Auflage

- WordPress von A bis Z beherrschen
- Themes anwenden und bearbeiten
- WordPress als CMS verwenden

Die 5. Auflage – aktualisiert und erweitert zur neuen Version 3.6.

Mit dem Buch erhalten Sie zunächst eine gründliche Einführung in die Arbeit mit WordPress: Die Autoren erklären die Installation sowie die verschiedenen Menü-Bereiche und wie man sie konfiguriert.

Nach den Hinweisen für die ersten Schritte als Blogger geht es insbesondere um das Anpassen des Systems an die eigenen Bedürfnisse, denn durch die WordPress-Themes ist die Software so flexibel, dass sie auch für professionelle Websites eingesetzt werden kann. Ein weiteres Kapitel beschäftigt sich mit der Nutzung von WordPress als Content-Management-System (CMS).

Viele nützliche Anleitungen für die tägliche Praxis rund um Sicherheit, Backups und Suchmaschinenoptimierung helfen Ihnen beim Betreiben eines professionellen Weblogs. Tipps zu nützlichen Plugins und eine ausführliche Referenz runden das Praxisbuch ab.

Das Buch richtet sich an alle WordPress-Einsteiger und ambitionierte Blogger, die ihr Wissen vertiefen möchten. Vorkenntnisse in HTML und CSS sollten vorhanden sein.

Probekapitel und Infos erhalten Sie unter:
www.mitp.de/9494

ISBN 978-3-8266-9494-3

Martin Schirmbacher

Online-Marketing und Recht

■ **Zahlreiche Beispiele und konkrete Fälle aus der Praxis**

■ **Wann verletzen Sie Rechte anderer**

■ **Wie setzen Sie Ihre Rechte durch**

■ **Die häufigsten Fehler im Online-Marketing**

■ **Checklisten, Tipps, Hinweise und Übersichten**

2. Auflage

Online-Marketing bietet nicht nur viele Chancen im Web, sondern beinhaltet auch rechtliche Tücken, die häufig von Nicht-Juristen kaum voraussehbar sind.

In diesem umfassenden und praktischen Handbuch werden alle Themen behandelt, die im Web zu rechtlichen Schwierigkeiten führen können, sei es, weil Sie unbewusst Rechte Dritter verletzen oder jemand anderes Ihre Rechte nicht beachtet.

Schirmbacher behandelt detailliert die für Deutschland relevanten rechtlichen Aspekte der einzelnen Formen des Online-Marketings. Dabei werden immer wieder vorhandene Fälle herangezogen, um die einzelnen Sachverhalte und Fragestellungen zu verdeutlichen und aus der praktischen Rechtsprechung zu beleuchten. So erhält der Leser eine konkrete und realitätsnahe Vorstellung, welche Probleme auftreten können und wie diese von Richtern bewertet werden.

Ein Kapitel zu Verträgen im Online-Marketing gibt Hinweise, wie Sie spätere Diskussionen mit Ihrer Agentur oder Ihren Kunden durch eine kluge Vertragsgestaltung vermeiden können.

Zahlreiche Checklisten, Beispiele und Tipps helfen Ihnen, juristisch „sauber" zu bleiben und Fallstricke zu vermeiden, bevor es zu spät ist.

Die Webseite zum Buch finden Sie unter www.online-marketing-recht.de

Über den Autor:
Dr. Martin Schirmbacher ist Fachanwalt für IT-Recht in der Berliner Kanzlei HÄRTING Rechtsanwälte mit den Schwerpunkten Medien und Technologie. Er berät Mandanten im E-Commerce- und IT-Recht und hält darüber hinaus zahlreiche Vorträge auf verschiedenen Kongressen.

Probekapitel und Infos erhalten Sie unter:
www.mitp.de/9498

ISBN 978-3-8266-9498-1

Web. Trend. Buch.
Die kleinen Schwarzen von mitp

Praktische Tools und Online-Trends begeistern uns durch klare Strukturen und einfache Bedienung. Doch viele Nutzer fahren damit bisher nur im ersten Gang.

Die neue Buchreihe von mitp setzt genau hier an und zeigt das Potenzial, das in Diensten wie Evernote, Dropbox, Pinterest und Scrivener steckt: Mit den Tipps aus den Büchern organisieren Sie Ihren Alltag, bewältigen die Informationsflut, erleichtern sich die Arbeit und unterstützen das Unternehmen.

Die kleinen Schwarzen sind dabei mehr als reine Handbücher. Mit anschaulichen Beispielen und ungewöhnlichen Best Practices vermitteln die Autoren, was unter der Haube steckt und wie die Tools optimal eingesetzt werden können – egal ob beruflich oder privat.

Die Begeisterung ist ansteckend. Die kleinen Schwarzen machen die nützlichen Alltagshelfer zu Ihren neuen Lieblingstools.

Probekapitel und Infos erhalten Sie unter:
http://www.hjr-verlag.de/kleineschwarze